MATEMÁTICA
Uma Ciência para a Vida

Volume 1

MATEMÁTICA
Uma Ciência para a Vida

Volume 1

ANTONIO CARLOS ROSSO Jr.
Mestre em Sistemas Dinâmicos
pela Escola Politécnica da Universidade de São Paulo
Bacharel em Matemática
pelo Instituto de Matemática e Estatística
da Universidade de São Paulo

PATRÍCIA FURTADO
Mestre em Ensino da Matemática
pela Pontifícia Universidade Católica de São Paulo
Bacharel e Licenciada em Matemática
pela Pontifícia Universidade Católica de São Paulo

Direção Geral:	Julio E. Emöd
Supervisão Editorial:	Maria Pia Castiglia
Edição de Texto:	Roberto Gumercindo Furtado
Coordenação de Produção e Programação Visual:	Grasiele Lacerda Favatto Cortez
Revisão de Texto:	Estevam Vieira Lédo Jr.
Revisão de Provas:	Patricia Gazza
	Isabela Zanoni Morgado
Auxiliar de Edição:	Ana Olívia Ramos Pires Justo
História & Matemática:	Oscar João Abdounur
Tecnologia & Desenvolvimento:	Antonio Gil Vicente de Brum
Ilustrações:	Kanton
Gráficos:	Stella Bellicanta Ribas
	Danilo Molina Vieira
Editoração Eletrônica:	AM Produções Gráficas Ltda.
Auxiliares de Produção:	Maitê Acunzo
	Hacsa Mariano Franco
	Mônica Roberta Suguiyama
	Hudson Flaudir Hipólito dos Santos
Impressão e Acabamento:	Pancrom Indústria Gráfica Ltda.

Dados Internacionais de Catalogação na Publicação (CIP)
(Câmara Brasileira do Livro, SP, Brasil)

Rosso Jr, Antonio Carlos
   Matemática : uma ciência para a vida, 1 / Antonio Carlos Rosso Jr, Patrícia Furtado. -- São Paulo : Editora HARBRA, 2011.

   Bibliografia
   ISBN 978-85-294-0386-X

   1. Matemática (Ensino médio) I. Furtado, Patrícia. II. Título.

10-10632   CDD-510.7

Índices para catálogo sistemático:
1. Matemática : Ensino médio   510.7

MATEMÁTICA – Uma Ciência para a Vida – volume 1

Copyright © 2011 por **editora HARBRA ltda.**
Rua Joaquim Távora, 779
04015-001   São Paulo – SP
Promoção: (0.xx.11) 5084-2482 • Fax: (0.xx.11) 5575-6876
Vendas: (0.xx.11) 5084-2403, 5571-0276 e 5549-2244 • Fax: (0.xx.11) 5571-9777

Todos os direitos reservados. Nenhuma parte desta edição pode ser utilizada ou reproduzida – em qualquer meio ou forma, seja mecânico ou eletrônico, fotocópia, gravação etc. – nem apropriada ou estocada em sistema de banco de dados, sem a expressa autorização da editora.

ISBN 978-85-294-0386-X

Impresso no Brasil   *Printed in Brazil*

Para Priscilla, que com seu amor me ajuda
todos os dias a ser uma pessoa melhor,
e para Matteo, que com sua chegada nos mostrou
que o amor pode ser incondicional.

Rosso

A minha mãe Maria de Lourdes (*in memoriam*),
que, além da vida, sempre me apoiou e deu forças
para que eu trilhasse meu caminho
com perseverança e retidão.

Patrícia

Conteúdo

Apresentação

① Conjunto 2

1. A noção de conjunto, suas representações e conceitos fundamentais 4
   1.1 A relação de pertinência 5
   1.2 Tipos de conjunto 8
   1.3 A relação de inclusão 10
       Conjunto das partes de um conjunto 12
   1.4 Diagrama: outra forma de representar conjuntos ... 13
2. Operações com conjuntos 16
   2.1 Intersecção e união de conjuntos 16
       Propriedades da intersecção e união de conjuntos ... 22
   2.2 Diferença entre conjuntos 23
       Complementar de um conjunto em relação a outro ... 23
   2.3 Utilizando conjuntos para resolver problemas 26
3. Conjuntos numéricos 30
   3.1 O conjunto dos números racionais 30
       Subconjuntos importantes de $\mathbb{Q}$ 31
       Representações de um número racional 32
   3.2 Os números irracionais 34
   3.3 O conjunto dos números reais 35
       Representação dos números reais na reta numérica ... 36
       Intervalos reais 37

Seções especiais e leituras

Conheça mais 21
Enigmas, Jogos & Brincadeiras
   Quantos somos? 9
   Qual é o "segredo"? 31
Matemática, Ciência & Vida 7, 22, 26
Tecnologia & Desenvolvimento
   Conjuntos, classificação e biometria 28
História & Matemática 42

② Estudo Geral de Funções 48

1. Sistema de coordenadas cartesianas 50
2. Relações 53
3. Funções 55
   3.1 O conceito de função 55
   3.2 Identificando e representando funções 56

3.3 Domínio, contradomínio e conjunto imagem de uma função 60
   Zeros de uma função 63
   Determinação do domínio de uma função 64
3.4 O gráfico de uma função 67
   Construção de alguns gráficos de funções 67
4. Tipos de função 70
 4.1 Funções polinomiais 70
 4.2 Funções definidas por mais de uma sentença 72
 4.3 Propriedades gerais de funções 74
   Crescimento e decrescimento de funções 75
   Paridade de uma função 78
   Funções injetoras, sobrejetoras e bijetoras 82
   Funções invertíveis 87
   O gráfico da função inversa 92
5. Funções compostas 95

Seções especiais e leituras

Conheça mais 74
Enigmas, Jogos & Brincadeiras
   Jogo dos pares ordenados 53
   Tiro ao alvo das funções 87
Matemática, Ciência & Vida 60, 66
Tecnologia & Desenvolvimento
   Jogos eletrônicos, simuladores e funções matemáticas 94
História & Matemática 98

③ FUNÇÃO AFIM 108

1. Um tipo de função polinomial: a função afim 110
 1.1 O gráfico de uma função afim 112
2. A função constante 116
 2.1 O gráfico da função constante e outras características 116
3. A função polinomial do 1.º grau 117
 3.1 O zero de uma função polinomial do 1.º grau 119
 3.2 O gráfico de uma função polinomial do 1.º grau 120
   A equação da reta 127
 3.3 Crescimento e decrescimento da função polinomial do
   1.º grau 130
 3.4 Funções polinomiais do 1.º grau invertíveis 132
 3.5 Estudo do sinal da função polinomial do 1.º grau 134
4. Resolução de inequações e aplicações 136
 4.1 Inequações do 1.º grau 136
 4.2 Inequações-produto e inequações-quociente 140

Seções especiais e leituras

Enigmas, Jogos & Brincadeiras
   Balança, mas não cai! 115
Matemática, Ciência & Vida 127
Tecnologia & Desenvolvimento
   A reta ótima 129
História & Matemática 147

④ FUNÇÃO QUADRÁTICA 158

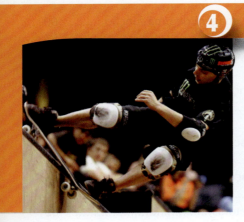

1. A função polinomial do 2.º grau 160
   1.1 Os zeros de uma função quadrática 162
2. O gráfico de uma função quadrática 164
   2.1 Concavidade e pontos notáveis da parábola 168
      A concavidade da parábola e os zeros da função 168
      Como encontrar o vértice de uma parábola 169
   2.2 Crescimento e decrescimento da função quadrática 179
3. Valor máximo, valor mínimo e conjunto imagem de uma função
   quadrática 181
4. Estudo do sinal da função quadrática 187
5. Resolução de inequações e aplicações 189
   5.1 Inequações do 2.º grau 189
   5.2 Inequações-produto e inequações-quociente 194

Seções especiais e leituras

Conheça mais 178
Enigmas, Jogos & Brincadeiras
   Presente em função da amiga 162
   Caça-zeros da função 164
Matemática, Ciência & Vida 169, 180
Tecnologia & Desenvolvimento
   Armamentos e parábolas 186
História & Matemática 197

⑤ FUNÇÃO MODULAR 206

1. Módulo de um número real 208
   1.1 Algumas propriedades envolvendo módulo 210
2. A função modular 212
   2.1 Gráficos de funções modulares 213
3. Equações modulares 220
4. Inequações modulares 225

Seções especiais e leituras

Enigmas, Jogos & Brincadeiras
   Jogo especular 220
Matemática, Ciência & Vida 212
Tecnologia & Desenvolvimento
   Tecnologia de radar e medição de distâncias 224
História & Matemática 231

⑥ FUNÇÃO EXPONENCIAL 238

1. Potenciação 240
   1.1 Ampliando a definição de potência para expoente real 241
   1.2 Propriedades da potenciação 242
2. A função exponencial 245
   2.1 Algumas propriedades válidas para uma função exponencial 246
   2.2 Gráfico de uma função exponencial 248

3. Equações exponenciais 252
4. Inequações exponenciais 253
5. Aplicações da função exponencial 257

Seções especiais e leituras

Conheça mais 251, 259
Enigmas, Jogos & Brincadeiras
   Que tipo de pessoa você é? 245
   Sudoku exponencial 255
Matemática, Ciência & Vida 247, 258
Tecnologia & Desenvolvimento
   Função exponencial em processos biotecnológicos 256
História & Matemática 260

⑦ FUNÇÃO LOGARÍTMICA 268

1. Logaritmo 270
   1.1 Consequências da definição de logaritmo 271
      Bases especiais de logaritmos 273
   1.2 Propriedades operatórias dos logaritmos 274
      Mudança de base de um logaritmo 277
   1.3 Condições de existência de um logaritmo 278
2. A função logarítmica 279
   2.1 Algumas propriedades válidas para uma função logarítmica 280
   2.2 Gráfico de uma função logarítmica 281
   2.3 A função logarítmica como inversa da função exponencial 286
3. Equações logarítmicas 288
4. Inequações logarítmicas 291
5. Aplicações da função logarítmica 294

Seções especiais e leituras

Conheça mais 286, 297
Enigmas, Jogos & Brincadeiras
   O logaritmo resolve mais um mistério 274
Matemática, Ciência & Vida 276, 291
Tecnologia & Desenvolvimento
   Escala logarítmica e fenômenos da Natureza 295
História & Matemática 298

⑧ SEQUÊNCIAS 308

1. Sequências: conceito e representação 310
2. Progressão aritmética (PA) 317
   2.1 Representações especiais de uma PA 319
   2.2 Propriedades dos termos de uma PA 321
      Propriedade do termo médio 321
      Propriedade dos termos equidistantes dos extremos 321
   2.3 Termo geral de uma PA 323
   2.4 Interpolação de termos em uma PA 325
   2.5 Soma dos n primeiros termos de uma PA 327
      Fórmula da soma dos n primeiros termos de uma PA qualquer 327
   2.6 Interpretação geométrica de uma PA 331

3. Progressão geométrica (PG) 333
    3.1 Representações especiais de uma PG 336
    3.2 Propriedades dos termos de uma PG 337
        Propriedade do termo médio 337
        Propriedade dos termos equidistantes dos extremos 338
    3.3 Termo geral de uma PG 339
    3.4 Interpolação de termos em uma PG 343
    3.5 Soma dos termos de uma PG 344
        Fórmula da soma dos n primeiros termos de uma PG 345
        Soma dos termos de uma PG infinita 346
    3.6 Interpretação geométrica de uma PG 350
4. Situações que envolvem PA e PG 352

Seções especiais e leituras

Conheça mais 314, 342
Enigmas, Jogos & Brincadeiras
    Padrões ocultos 311
Matemática, Ciência & Vida 350, 353
Tecnologia & Desenvolvimento
    Sequências, DNA humano e investigação científica criminal 316
História & Matemática 354

⑨ MATEMÁTICA FINANCEIRA 366

1. Razões e proporções 368
    1.1 Propriedade fundamental de uma proporção 368
    1.2 Números proporcionais 370
2. Porcentagem 372
    2.1 Taxa porcentual e porcentagem de um valor 373
        Cálculo de porcentagem 374
    2.2 Comparação porcentual entre dois valores 378
        Aumentos e descontos sucessivos 380
3. Lucro e prejuízo 383
4. Juros 388
    4.1 Juro simples 388
        Interpretação geométrica de juro simples 391
    4.2 Juro composto 392
        Cálculo do montante no regime de juro composto 394
        Interpretação geométrica de juro composto 397
    4.3 Comparação dos dois regimes de capitalização 399
5. Valor presente e valor futuro 401
6. Taxas proporcionais e taxas equivalentes 404

Seções especiais e leituras

Enigmas, Jogos & Brincadeiras
    Quantos quartos tem neste hotel?! 377
    Afinal, onde estão os 2 reais? 387
Matemática, Ciência & Vida 382, 401
Tecnologia & Desenvolvimento
    Matemática, finanças e tecnologia 396
História & Matemática 407

10 TÓPICOS DE GEOMETRIA PLANA 414

1. Ângulos 416
   1.1 Classificação dos ângulos.. 416
   1.2 Ângulos de paralelas cortadas por uma transversal 417
2. Triângulos 420
   2.1 Elementos de um triângulo.. 421
   2.2 Classificação de triângulos 421
      Quanto às medidas dos lados.. 421
      Quanto às medidas dos ângulos internos 422
3. Semelhança 428
   3.1 Semelhança de triângulos.. 428
      Casos de semelhança de triângulos 431
4. O teorema de Tales 434
5. Relações métricas nos triângulos retângulos 438
   5.1 O teorema de Pitágoras 441

Seções especiais e leituras
Conheça mais.. 430
Enigmas, Jogos & Brincadeiras
   Tábua das sete sabedorias... 434
   Deu nó! 443
Matemática, Ciência & Vida... 420, 424
Tecnologia & Desenvolvimento
   Geometria triangular e estruturas de alta tecnologia 425
História & Matemática 445

11 TRIGONOMETRIA NO TRIÂNGULO RETÂNGULO 454

1. Ângulos e lados no triângulo retângulo............................. 456
   1.1 Os ângulos agudos de um triângulo retângulo 457
2. As razões trigonométricas 457
3. Relações importantes envolvendo as razões trigonométricas ... 465
4. Seno, cosseno e tangente de ângulos complementares .. 468
5. Seno, cosseno e tangente dos ângulos notáveis............... 469
   5.1 Ângulos notáveis a partir do triângulo equilátero......... 470
   5.2 Ângulos notáveis a partir do quadrado 471
   5.3 A tabela de razões trigonométricas para os ângulos notáveis ... 472
      Tabela de razões trigonométricas para ângulos agudos... 477

Seções especiais e leituras
Conheça mais.. 475
Enigmas, Jogos & Brincadeiras
   Jogo da memória trigonométrico 471
Matemática, Ciência & Vida.. 467
Tecnologia & Desenvolvimento
   Trigonometria e sistema de posicionamento global (GPS) ... 463
História & Matemática 476

Bibliografia 486
Crédito das Fotos.. 487
Banco de Questões de Vestibular... 488
Banco de Questões do ENEM.. 508
Respostas 520

APRESENTAÇÃO

Quando iniciamos o projeto que resultou nesta obra, a primeira — e talvez a mais importante — pergunta que nos fizemos foi: **Por que** escrever um livro de Matemática?

A resposta veio dos nossos muitos anos em sala de aula: a prática nos mostrou a necessidade de um livro que, ao mesmo tempo, fosse rigoroso e tivesse uma linguagem acessível ao aluno; fosse completo, porém permitisse a todos localizar os diversos assuntos e seções de forma rápida, seguindo um encadeamento lógico; um livro que contemplasse as diretrizes dos PCN+, não em um momento ou outro, mas sim em todos os conteúdos de Matemática normalmente trabalhados no Ensino Médio, e — para nós, fundamental — que fosse agradável ao aluno e o estimulasse ao estudo.

Todas essas necessidades nos levaram a outra pergunta: **Como** conseguir tudo isso em um mesmo livro?

Um cuidadoso planejamento pedagógico, aliado a um projeto gráfico esmerado, deu conta de responder a essas duas perguntas, ou seja, de atingir nossos principais objetivos: colocar nas mãos de nossos colegas professores uma obra que fosse ao encontro de suas necessidades em sala de aula, uma verdadeira ferramenta de trabalho, sendo, ao mesmo tempo, adequada à realidade de nossos alunos neste início de século XXI — jovens atuantes, constantemente estimulados pelas diferentes formas de tecnologia ao seu alcance.

Com esses objetivos em mente, os capítulos foram organizados em três partes bem-definidas: um corpo de **teoria**, sempre adequada em profundidade ao nível dos estudantes, **exercícios** de diferentes tipos e graus de complexidade, e **seções especiais**.

Cada capítulo se inicia com um "olho", um texto abordando uma situação da vida moderna em que a teoria a ser estudada é relevante. Com isso, buscamos uma aproximação do aluno com o conteúdo a ser estudado, mostrando que tais conteúdos estão presentes, explícita ou implicitamente, em sua vida. Aliados à teoria, complementando-a e aplicando seus conceitos, estão os inúmeros **exercícios resolvidos** passo a passo — importante ferramenta para os alunos em seus estudos e para o professor no desenvolvimento de suas aulas. Como auxiliares na avaliação da aprendizagem temos os blocos de **exercícios propostos**, contendo uma imensa variedade de questões, além das atividades de **revisão**, **questões** de **vestibulares** e de **programas de avaliação seriada** ao final de cada capítulo.

As várias seções mostram ao aluno como a Matemática está presente em diferentes contextos na vida de um cidadão. São elas:

- **Matemática, Ciência & Vida** — exemplos de aplicação dos conceitos estudados em outras ciências ou em situações do cotidiano;
- **Tecnologia & Desenvolvimento** — a Matemática como instrumento para inovações e transformações tecnológicas;
- **História & Matemática** — apresenta, de forma simples, o processo histórico que gerou o desenvolvimento da teoria estudada no capítulo;
- **Enigma, Jogos & Brincadeiras** — um momento em que a Matemática é tratada de forma lúdica; uma seção que convida os leitores a participar de uma atividade descontraída em que se aplicam conceitos estudados no capítulo;
- **Conheça mais...** — assuntos que ampliam e enriquecem o conteúdo tratado;
- **Encare Essa!** — uma seção que desafia o aluno a investigações que lhe propiciam ampliar sua capacidade de aprender e sua destreza mental.

Os volumes desta coleção se encerram com dois bancos de questões — de vestibulares e do ENEM — além de respostas a todos os exercícios.

Elaboramos toda essa ampla gama de atividades para permitir ao professor enriquecer suas aulas e utilizar diferentes estratégias para manter a motivação dos alunos. Buscamos fazer com que cada volume desta coleção seja um forte motivador ao estudo, um instrumento poderoso na formação do aluno como cidadão atuante que deve ser, contribuindo para que ele assuma seu papel de agente participativo em nossa sociedade.

Não poderíamos terminar sem expressar algumas palavras de gratidão: a Maria Pia e Julio, por todo apoio e confiança; a toda equipe editorial, em especial a Roberto, Grasiele, Ana Olívia e Mônica, pela competência, dedicação e paciência, e a todos que colaboraram com suas valiosas opiniões para o enriquecimento desta obra, nossos sinceros agradecimentos.

Esperamos que aproveitem a leitura e nos colocamos desde já à disposição para troca de ideias, pois entendemos que a melhor forma de evoluir é em conjunto!

Os autores

Capítulo 1

Objetivos do Capítulo

▶ Conceituar conjuntos.
▶ Representar conjuntos de diferentes formas.
▶ Explorar as relações de pertinência e inclusão.
▶ Realizar operações com conjuntos.
▶ Trabalhar com conjuntos numéricos.

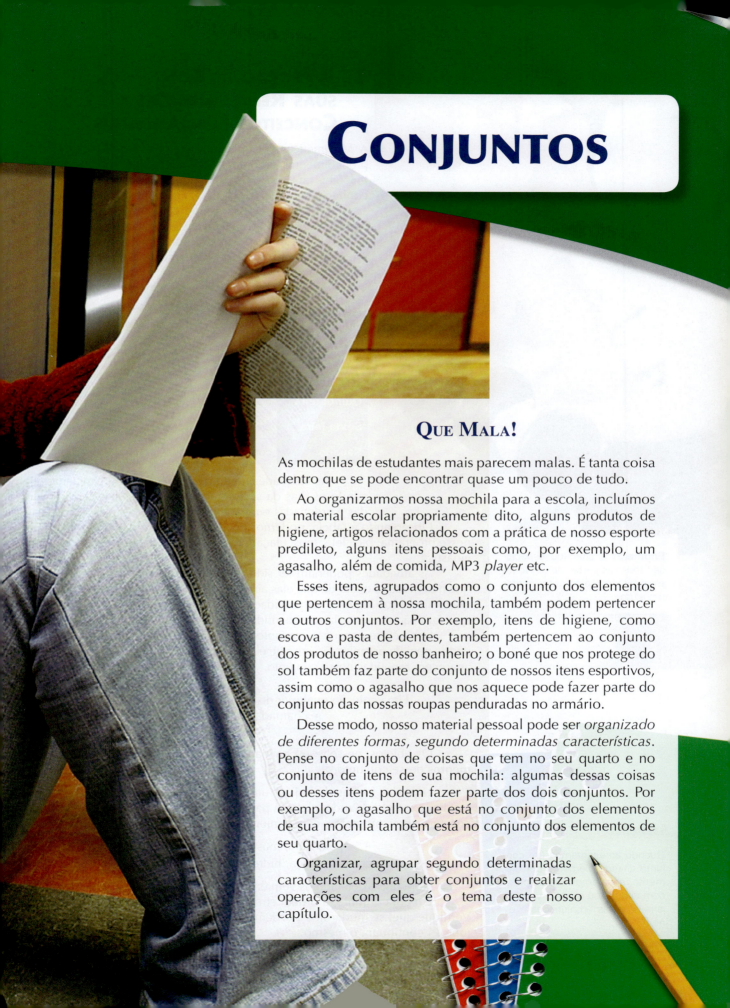

Conjuntos

Que Mala!

As mochilas de estudantes mais parecem malas. É tanta coisa dentro que se pode encontrar quase um pouco de tudo.

Ao organizarmos nossa mochila para a escola, incluímos o material escolar propriamente dito, alguns produtos de higiene, artigos relacionados com a prática de nosso esporte predileto, alguns itens pessoais como, por exemplo, um agasalho, além de comida, MP3 *player* etc.

Esses itens, agrupados como o conjunto dos elementos que pertencem à nossa mochila, também podem pertencer a outros conjuntos. Por exemplo, itens de higiene, como escova e pasta de dentes, também pertencem ao conjunto dos produtos de nosso banheiro; o boné que nos protege do sol também faz parte do conjunto de nossos itens esportivos, assim como o agasalho que nos aquece pode fazer parte do conjunto das nossas roupas penduradas no armário.

Desse modo, nosso material pessoal pode ser *organizado de diferentes formas, segundo determinadas características*. Pense no conjunto de coisas que tem no seu quarto e no conjunto de itens de sua mochila: algumas dessas coisas ou desses itens podem fazer parte dos dois conjuntos. Por exemplo, o agasalho que está no conjunto dos elementos de sua mochila também está no conjunto dos elementos de seu quarto.

Organizar, agrupar segundo determinadas características para obter conjuntos e realizar operações com eles é o tema deste nosso capítulo.

1. A Noção de Conjunto, suas Representações e Conceitos Fundamentais

PANTHERMEDIA/KEYDISC

A Matemática tem uma ferramenta especial para realizar procedimentos de organização e classificação: os **conjuntos**, úteis tanto para ela própria quanto para outras áreas do conhecimento, como Biologia, Física, História etc.

Iniciaremos nosso estudo com situações em que podemos destacar os *conceitos básicos* do trabalho com conjuntos. Por exemplo, suponha que uma academia ofereça um programa especial de treinamento conforme mostra a tabela abaixo.

	1.ª atividade	2.ª atividade	3.ª atividade
Segunda-feira	bicicleta	musculação	dança
Terça-feira	natação	corrida	ioga
Quarta-feira	musculação	bicicleta	hidroginástica
Quinta-feira	corrida	natação	ioga
Sexta-feira	bicicleta	musculação	hidroginástica
Sábado	corrida	ioga	dança

As atividades desse programa foram organizadas segundo os dias da semana (com domingos livres), distribuídas e ordenadas em cada dia.

Observando a tabela, podemos *enumerar* as 7 atividades que constam nesse programa: bicicleta, musculação, ioga, natação, corrida, dança e hidroginástica.

As atividades poderiam ter sido organizadas de diferentes maneiras, o que não mudaria o fato de que elas ainda constam no mesmo programa. Além disso, ainda que algumas das atividades tivessem sido citadas repetidamente, esse fato não aumentaria sua quantidade.

Isso ocorre porque o *conjunto das atividades* desse programa não depende nem da organização em que elas são citadas tampouco se as atividades aparecem repetidas nesse conjunto.

> Uma coleção qualquer de objetos, pessoas, animais etc. é chamada de **conjunto**.

Saiba +

Enumerar é citar (ou especificar) todas as partes de um todo, elemento por elemento; contar um a um.

Os objetos, pessoas, ou animais que formam essa coleção são os **elementos** desse conjunto.

Uma das formas de indicar um conjunto é *enumerando seus elementos*. Por exemplo, usando a letra A para indicar o conjunto das atividades que constam nesse programa, esse conjunto pode ser indicado assim:

$A = \{$ bicicleta, musculação, ioga, natação, corrida, dança, hidroginástica $\}$

Note que os elementos vêm entre chaves e separados por vírgula.

Em um conjunto, a ordem em que citamos os elementos não importa. Verifique que, se mudarmos a ordem na enumeração das disciplinas, o conjunto A continuará o mesmo.

Atenção!

Quando apresentamos um conjunto citando elemento por elemento, separamos um do outro com vírgula (ou ponto e vírgula), jamais pelas conjunções "e" nem "ou".

4 MATEMÁTICA — UMA CIÊNCIA PARA A VIDA

Em certo dia, essa academia fez uma pesquisa com o grupo de atletas desse programa para saber as três atividades preferidas do grupo.

Derek, um desses atletas, formou o conjunto E_{Derek} de suas atividades preferidas:

$$E_{Derek} = \{ \text{corrida, natação, bicicleta} \}$$

Note que o conjunto E_{Derek} é formado pelas atividades do conjunto A que Derek prefere. Todos os elementos de E_{Derek} têm uma *propriedade específica*, uma condição especial, que é ser atividade do programa da academia que Derek prefere. Podemos indicar o conjunto E_{Derek} por essa propriedade. Veja como fazer isso:

$$E_{Derek} = \{ \text{atividades de } A \text{ que Derek prefere} \} = \{ \text{corrida, natação, bicicleta} \}$$

Fabiana e Marcos, outros participantes desse programa, também montaram o conjunto das atividades que preferem:

$$E_{Fabiana} = \{ \text{atividades de } A \text{ que Fabiana prefere} \} = \{ \text{natação, corrida, bicicleta} \}$$
$$E_{Marcos} = \{ \text{atividades de } A \text{ que Marcos prefere} \} = \{ \text{ioga, corrida, natação} \}$$

Note que Derek e Fabiana preferem as mesmas atividades; já Marcos e Derek, não. Veja que, embora ambos prefiram natação e corrida, Derek prefere bicicleta, enquanto Marcos prefere ioga. Assim, podemos dizer que:

$$E_{Derek} = E_{Fabiana} \quad \text{e} \quad E_{Derek} \neq E_{Marcos}$$

Note que o que faz um conjunto ser igual ou não a outros são os elementos que ele contém. Todos conjuntos de nosso exemplo têm o mesmo número de elementos: três.

OBSERVAÇÕES

1. Uma coleção de elementos determina um conjunto.
2. Dois conjuntos são iguais se, e somente se, possuem os mesmos elementos.

1.1 A RELAÇÃO DE PERTINÊNCIA

Dizemos que um elemento a *pertence* a um conjunto A quando ele figura na enumeração dos elementos de A, e indicamos simbolicamente por: $a \in A$. Quando isso não ocorre, dizemos que o elemento a *não pertence* ao conjunto A, fato que indicamos assim: $a \notin A$.

Na situação da tabela com o programa de treinamento que Derek faz, podemos dizer que:

- a atividade natação é um elemento do conjunto A das atividades desse programa, ou seja: natação $\in A$
- a atividade judô não é um elemento do conjunto A das atividades desse programa (pois ela não consta na tabela), ou seja: judô $\notin A$
- a atividade bicicleta é um elemento do conjunto E_{Derek} das atividades do programa que Derek prefere, ou seja: bicicleta $\in E_{Derek}$
- os elementos ioga, corrida e natação formam o conjunto:

$$E_{Marcos} = \{ \text{atividade} \in A \,|\, \text{Marcos prefere} \}$$

- o conjunto formado pelas *primeiras atividades* de cada dia desse programa é:

$$\{ \text{bicicleta, natação, musculação, corrida} \}$$

Note que, embora sejam seis os dias de treinamento, cada atividade deve ser considerada uma única vez para formar o conjunto.

Responda

Dados dois conjuntos, A e B, em que condições eles são diferentes?

Saiba +

O símbolo | significa "tal que".

Observações

1. Você já viu que um conjunto é formado por elementos. Veja mais alguns exemplos.
   - Tanto a reta quanto o plano são conjuntos de pontos.
   - Um dicionário é um conjunto de palavras.
2. Os elementos de um conjunto também podem ser outros conjuntos. Por exemplo, no Brasil, a Região Sudeste é um conjunto de estados e cada um desses estados (elementos dessa região) é um conjunto de municípios (elementos desses estados).

3. De modo genérico, podemos indicar um conjunto descrito por uma propriedade da seguinte maneira:

$$\{x \in A \mid x \text{ tem a propriedade } P\}$$

em que A é um conjunto conhecido.

Exercício Resolvido

ER. 1 [SAÚDE] Derek separou as roupas e acessórios que vai utilizar terça-feira nas atividades do treinamento.

a) Dê o conjunto das atividades que Derek tem nesse dia.
b) Derek faz musculação nesse dia? Justifique sua resposta usando notações de conjunto.
c) Quais são os dias com as mesmas atividades? O que se pode dizer sobre os conjuntos que indicam as atividades desses dias? Justifique.

Resolução:

a) Consultando a tabela com o programa de treinamento, vista anteriormente, temos o seguinte conjunto:

$$A_{terça} = \{\text{natação, corrida, ioga}\}$$

b) Não há musculação nesse dia, pois musculação $\notin A_{terça}$.

c) Nesse programa de treinamento, há dois dias em que as três atividades se repetem: terça-feira e quinta-feira. Os conjuntos que indicam as atividades de cada um desses dias são:

$$A_{terça} = \{\text{natação, corrida, ioga}\} \quad \text{e} \quad A_{quinta} = \{\text{corrida, natação, ioga}\}$$

Esses conjuntos são iguais, pois têm os mesmos elementos. Isso significa que toda atividade de terça-feira é uma das atividades de quinta-feira e toda atividade de quinta-feira é uma das atividades de terça-feira.

Note que terça-feira e quinta-feira são os únicos dias da semana que têm as mesmas atividades (nesse programa de treinamento).

EXERCÍCIOS PROPOSTOS

1. Classifique cada afirmação como verdadeira ou falsa.
   a) $2 \in \{2, 3, 4\}$
   b) $3 \notin \{2, 3, 4\}$
   c) $5 \in \{2, 3, 4\}$
   d) $6 \notin \{2, 3, 4\}$
   e) $-3 \in \{2, 3, 4\}$
   f) $\{2, 3\} \in \{2, 3, 4\}$

2. Determine o número de elementos dos conjuntos:
   a) $\{1, 2, -5, 7\}$
   b) $\{2, 3, 4, 5, 5\}$
   c) $\{7, 7, 3, 8\}$

3. Encontre, em cada caso, os possíveis valores de x e y para os quais se tem:
   a) $\{-1, 7, 3\} = \{-1, x, 7\}$
   b) $\{x + y, x - y, 9\} = \{0, 2, 9\}$
   c) $\{x - 1, 2, -3, 7\} = \{0, x, 2, -3\}$
   d) $\{x - 1, 7, 2, -3\} = \{0, -3, 2, 9\}$

4. Considere o conjunto $T_{equilátero}$ dos triângulos equiláteros. Um triângulo retângulo pertence a esse conjunto? Por quê?

Matemática, Ciência & Vida

A ideia de três poderes para reger a sociedade não é nova, tampouco unicamente brasileira. Ela foi aperfeiçoada pelo pensador Montesquieu (1689-1755) com base em algumas premissas do filósofo grego Aristóteles (384 a.C.--322 a.C.).

Nossa sociedade é regida por três poderes oficialmente constituídos: o Executivo, encarregado da administração do país (representado pelo presidente da República e seus ministros); o Legislativo, que elabora as leis que regem a sociedade (de responsabilidade do Congresso Nacional: Senado e Câmara dos Deputados); e o Judiciário, encarregado de aplicar as leis (de responsabilidade de ministros do Supremo Tribunal, desembargadores e juízes).

Tanto o Senado como a Câmara dos Deputados — no âmbito federal — são formados por representantes da sociedade, eleitos pelo povo e agrupados segundo uma legenda, isto é, um partido político. Temos vários partidos políticos no Brasil: PMDB, PP, PT, PSDB, PSOL, Democratas, PCdoB, entre tantos outros. Espera-se que cada um deles tenha uma filosofia e um programa de governo para o desenvolvimento e a melhoria da qualidade de vida de nossa gente.

Os integrantes de uma legenda constituem um grupo e os partidos políticos podem ser considerados **conjuntos mutuamente excludentes**, isto é, o elemento de um partido *não pode pertencer* a outro partido. Ao filiar-se a um partido político, o candidato está mostrando aos eleitores o que pensa, em que acredita. Ao votar, o eleitor não vota apenas em uma pessoa, mas sim em uma filosofia, em um programa de governo, em uma série de medidas que nortearão a sua vida, a de sua família e a sociedade brasileira.

Cidade de Brasília, DF, construída para abrigar a sede dos três poderes.

DU ZUPPANI/PULSAR IMAGENS

1.2 TIPOS DE CONJUNTO

Alguns conjuntos recebem nomes especiais de acordo com o seu número de elementos.

- **Conjunto unitário**: aquele que tem apenas um elemento.
  Por exemplo, o conjunto das vogais da palavra banana é um conjunto unitário:
  $$V = \{a\}$$

  Atenção! O fato de dois conjuntos serem unitários não quer dizer que eles sejam iguais.

- **Conjunto vazio**: aquele que não tem elemento algum. Podemos indicar o conjunto vazio de duas formas:
  $$\emptyset \quad \text{ou} \quad \{\ \}$$
  Por exemplo, o conjunto dos números pares que não são divisíveis por 2 é o conjunto vazio, pois todo número par é divisível por 2.

- **Conjunto finito**: aquele que tem um determinado número de elementos. Indicamos o número de elementos de um conjunto finito A pela notação $n(A)$. Por exemplo, o conjunto das cores do arco-íris é um conjunto finito, com 7 elementos:
  $$A = \{\text{vermelho, laranja, amarelo, verde, azul, anil, violeta}\} \quad \text{e} \quad n(A) = 7$$

- **Conjunto infinito**: é aquele que não é finito.
  Por exemplo:

  a) o conjunto P_p dos números pares positivos é um conjunto infinito:
  $$P_p = \{2, 4, 6, 8, 10, 12, 14, 16, 18, 20, \ldots\}$$

  b) o conjunto P dos números pares é infinito:
  $$P = \{\ldots, -4, -2, 0, 2, 4, \ldots\}$$

  Atenção! Um conjunto infinito pode ser descrito citando-se alguns de seus elementos sequencialmente e deixando-se, no final, a indicação de reticências, o que mostra que a lista de elementos continua indefinidamente. No entanto, isso só vale para conjuntos infinitos cujos elementos podem ser enumerados um a um.

OBSERVAÇÕES

1. Apenas em conjuntos finitos indicamos o número de elementos.
2. Por definição, o conjunto vazio é finito. Assim, podemos indicar $n(\emptyset) = 0$.
3. Um conjunto A tem $n(A) = 0$ se, e somente se, A é o conjunto vazio.
4. O fato de um conjunto ter um número de elementos muito grande, mesmo que não se possa precisar esse número, não o caracteriza como conjunto infinito. Por exemplo, o conjunto G dos grãos de areia de uma praia. Embora não se saiba exatamente quantos são, há uma quantidade finita de elementos em G (mesmo sendo muito grande). Logo, G é um conjunto finito.

Atenção! O símbolo $\emptyset$, usado para designar o conjunto vazio, é uma letra do alfabeto norueguês e foi inventado por Bourbaki.

A luz do Sol, que aparentemente vemos como branca, na verdade é formada por uma somatória de outras: verde, vermelho, azul etc. Quando essa luz branca atravessa as gotículas de chuva, ela sofre um processo de separação de suas cores, formando o conhecido arco-íris.

Exercícios Propostos

5. Quantos elementos tem cada conjunto? Quando for o caso, classifique-os em unitário, vazio, finito e infinito.

a) $D = \{x \text{ é um número natural tal que } x \text{ está entre 3 e 5}\}$

b) $G = \{x \text{ é um número natural tal que } x \text{ está entre 3 e 4}\}$

c) $K = \{x \text{ é um número natural } | x \leq 3\}$

d) $A = \{x \text{ é um número natural } | x < 3\}$

e) $H = \{x \text{ é um número natural } | x > 3\}$

6. Identifique os elementos de cada conjunto descrito por meio de uma propriedade.

a) $\{x \in A \mid x \text{ está entre } -2 \text{ e } 8\}$, sendo $A = \{-3, -2, 0, 1, 3, 5, 7, 8, 11\}$

b) $\{x \in D \mid x \text{ não é primo}\}$, sendo $D = \{0, 1, 2, 3, 4, 5\}$

c) $\{x \in N \mid x \text{ é nome de seu irmão ou sua irmã}\}$, sendo N o conjunto de nomes de pessoas.

7. Determine o número de elementos de cada conjunto:

a) $A = \left\{\dfrac{1}{4}, \dfrac{1}{\sqrt{16}}, \left(\dfrac{1}{2}\right)^2\right\}$

b) $B = \{2, 2, 3, 3, 3, 4, 4, 4, 4\}$

c) $C = \{(0, 2), (-1, 4), (2, 0)\}$

d) $D = \{\{0, 2\}, \{-1, 4\}, \{2, 0\}\}$

e) $E = \{x \text{ é número natural } | x \neq x\}$

f) $F = \{x \text{ é par } | x > 4 \text{ e } x < 4\}$

g) $G = \{\{0\}, \emptyset, \{\ \}, \{\emptyset\}\}$

Enigmas, Jogos & Brincadeiras

Quantos Somos?

Na fazenda Matemática sabemos que existem bois, cavalos e porcos. Sabemos também que todos os animais são bois, menos 5 deles, todos são cavalos, menos 4 deles, e todos são porcos, menos 3 deles.

Quantos animais há na fazenda Matemática?

1.3 A RELAÇÃO DE INCLUSÃO

Dados dois conjuntos, A e B, se todos os elementos de A são também elementos de B, dizemos que A é **subconjunto** de B, ou seja, A é uma parte de B. Simbolicamente, indicamos: $A \subset B$ (lê-se: "A está contido em B").

Se existir pelo menos um elemento de A que não está em B, então dizemos que A não está contido em B, ou, ainda, A não é subconjunto de B, fato que denotamos assim: $A \not\subset B$ (lê-se: "A não está contido em B").

> *Atenção!*
> Se A é subconjunto de B, também podemos dizer que *B contém A*, que indicamos por $B \supset A$.

Exemplos

Considere os conjuntos dados nos seguintes casos:

a) M é o conjunto dos mamíferos e C é o conjunto dos cetáceos.

Como todo cetáceo é um mamífero, temos que C é um subconjunto de M.

b) $F = \{\text{sábado, domingo}\}$ e S é o conjunto dos dias da semana.

Desse modo, S contém F, ou seja, F é um subconjunto de S.

c) C é o conjunto dos múltiplos de 3 e $D = \{0, 3, 6, 9\}$.

Note que todo elemento de D também é elemento de C. Portanto, D é subconjunto de C.

d) $A = \{a, b, c, d, e\}$ e $V = \{a, e, u\}$

Observe que A não é subconjunto de V nem V é subconjunto de A, pois há pelo menos um elemento de V que não está em A (a letra **u**) e há elementos de A que não estão em V (as letras **b, c, d**).

e) $B = \{\text{São Paulo, Minas Gerais, Rio de Janeiro, Espírito Santo}\}$ e $J = \{x \text{ é um estado brasileiro} \mid x \text{ é estado da Região Sudeste}\}$

Note que todo elemento de B é elemento de J, e todo elemento de J é de B. Logo, B está contido em J e J está contido em B, ou seja, um é subconjunto do outro. Nesse caso, temos $B = J$.

De modo geral, dados dois conjuntos quaisquer A e B, temos:

> $A = B$ se, e somente se, $A \subset B$ e $B \subset A$.

Sempre que $A \neq B$ é porque existe algum elemento x que pertence a um dos conjuntos e não pertence ao outro.

Para a relação de inclusão ainda são válidas as seguintes propriedades:

- $A \subset A, \forall A$
- Se $A \subset B$ e $B \subset A$, então: $A = B, \forall A$ e $\forall B$
- Se $A \subset B$ e $B \subset C$, então: $A \subset C, \forall A, \forall B$ e $\forall C$

> *Atenção!*
> O símbolo $\forall$ significa "qualquer que seja".

Os cetáceos, como os golfinhos desta foto, são mamíferos totalmente adaptados à vida na água.

PANTHERMEDIA/KEYDISC

Observações

1. Para quaisquer dois conjuntos, A e B, apenas uma das afirmações seguintes é verdadeira: ou $A \subset B$ ou $A \not\subset B$.
2. O conjunto vazio é subconjunto de qualquer conjunto, ou seja:

$$\emptyset \subset B, \text{ qualquer que seja } B$$

3. Se A e B são dois conjuntos finitos e $A \subset B$, então $n(A) \leq n(B)$.
4. Os símbolos $\subset$ e $\not\subset$ (ou $\supset$ e $\not\supset$) indicam sempre relações entre dois conjuntos. Para relacionar elemento e conjunto devemos usar $\in$ e $\notin$, como já vimos.

Exercícios Resolvidos

ER. 2 [GEOGRAFIA]
Premissas são proposições (afirmações) tomadas como verdadeiras e que são o ponto de partida para se obter uma conclusão por meio de um encadeamento lógico de ideias.

Usando as propriedades sobre a relação de inclusão e partindo apenas da suposição de que as afirmações I e II são verdadeiras (as premissas), verifique a validade da conclusão.

Premissas:
I. Todos os soteropolitanos são baianos.
II. Todos os baianos são brasileiros.

Conclusão:
Todos os soteropolitanos são brasileiros.

Os indivíduos que nascem em Salvador, são chamados de soteropolitanos. (do grego *sotérion* = = salvador + *polis* = cidade).

Resolução: Identificando cada um dos conjuntos que aparece nas premissas, temos:

A, o conjunto dos soteropolitanos
B, o conjunto dos baianos
C, o conjunto dos brasileiros

> *Faça*
> Pesquise sobre o que é um *silogismo* e dê um exemplo.

Desse modo, com base nas premissas, podemos estabelecer as seguintes relações entre esses conjuntos:

$$A \subset B \text{ e } B \subset C \Rightarrow A \subset C$$

Logo, a conclusão "Todos os soteropolitanos são brasileiros" é válida.

ER. 3 Justifique a afirmação: "Qualquer subconjunto A de um conjunto finito B é também finito".

Resolução: De fato, se B é um conjunto finito, ele tem uma quantidade determinada de elementos que é dada por um número natural. Suponhamos $n(B) = m$.

Se A é um subconjunto de B, então $A \subset B$. Caso A tivesse mais elementos do que B, deveria existir algum elemento em A que não estaria em B, o que não é possível, pois A é uma parte de B. Assim, a quantidade de elementos de A é menor ou igual a m, um número natural determinado. Logo, A também é finito.

Conjuntos **11**

EXERCÍCIOS PROPOSTOS

8. As afirmações abaixo são verdadeiras ou falsas?
  a) $3 \subset \{3, 4\}$
  b) $\{3\} \subset \{3, 4\}$
  c) $\{3\} \in \{3, 4\}$
  d) $\{5\} \not\subset \{5, 7\}$
  e) $\{-2, 2, 0, -3, 3\} \subset \{0, 1, -1, 2, -2, 3, -3\}$

9. Identifique "quem é subconjunto de quem" em cada caso, denotando simbolicamente.
  a) P, conjunto dos polígonos, e C, conjunto das circunferências.
  b) Q_ℓ, conjunto dos losangos, e Q_p, conjunto dos paralelogramos.
  c) Q_t, conjunto dos trapézios, e Q_r, conjunto dos retângulos.
  d) Q_q, conjunto dos quadrados, e Q_r, conjunto dos retângulos.

10. Responda e justifique:
  a) Se $A \subset B$ e $n(A) \leq 15$, então podemos afirmar que $n(B) = 15$? É garantido que o conjunto B seja finito?
  b) Se $A \subset B$ e $n(B) \leq 15$, então podemos afirmar que $n(A) = 15$? É garantido que o conjunto A seja finito?

11. A quantidade de subconjuntos de um conjunto A de n elementos é 2^n.
  Com base nessa informação, determine a quantidade de subconjuntos de cada conjunto a seguir e liste todos os seus subconjuntos.
  a) $A = \{1\}$
  b) $A = \{1, 2\}$
  c) $A = \emptyset$

12. [GEOGRAFIA] Com base nas premissas a seguir, verifique a validade da conclusão e justifique sua resposta.
  Premissas:
  I. Todos os romanos são italianos.
  II. Todos os italianos são europeus.
  Conclusão:
  Todos os romanos são europeus.

Conjunto das partes de um conjunto

Dado um conjunto A com um número finito de elementos, dizemos que o **conjunto das partes de A** é aquele formado por *todos* os subconjuntos de A. Denotamos o conjunto das partes de A por $\mathcal{P}(A)$.

EXEMPLO

Considere o conjunto $A = \{a, b, c\}$. Vamos listar todos os subconjuntos de A, inclusive ele próprio:

$$\emptyset, \{a\}, \{b\}, \{c\}, \{a, b\}, \{a, c\}, \{b, c\}, \{a, b, c\}$$

Assim, o conjunto das partes de A é dado por:

$$\mathcal{P}(A) = \{\emptyset, \{a\}, \{b\}, \{c\}, \{a, b\}, \{a, c\}, \{b, c\}, \{a, b, c\}\}$$

EXERCÍCIOS PROPOSTOS

13. Represente o conjunto das partes de $A = \{-2, 1, 2\}$ e mostre que ele tem 8 elementos.

14. Dado $E = \{0, 1, 2, 3, 4, 5, 6, 7, \ldots\}$, considere os conjuntos:
$A = \{x \in E \mid x \leq 10\}$ $B = \{x \in E \mid x \geq 9\}$ $C = \{9, 10\}$
e classifique cada afirmação como verdadeira ou falsa:
  a) $A \subset B$
  b) $B \subset A$
  c) $\mathcal{P}(C) \subset B$
  d) $\mathcal{P}(C)$ é finito
  e) $\mathcal{P}(A)$ não é finito
  f) $C \subset A$
  g) $C \subset B$
  h) $\mathcal{P}(C) \subset \mathcal{P}(A)$

1.4 DIAGRAMA: OUTRA FORMA DE REPRESENTAR CONJUNTOS

Vamos mostrar agora mais um jeito de representar conjuntos: por meio de *diagramas*. Por ser um modo visual, ele nos permite, em muitas situações, entender melhor o que estamos estudando.

EXEMPLO

Veja como procedemos para representar cada conjunto ou sentença por meio de um diagrama nos exemplos abaixo.

$F = \{-1;\ 0;\ 0,5;\ 4;\ 8,5;\ 25\}$ $\qquad G = \{-1,\ 4\} \subset F$

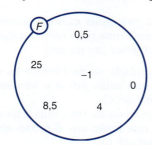 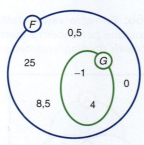

Note como visualizamos facilmente que elementos de F estão ou não em G. Por exemplo, $0,5 \in F$, mas $0,5 \notin G$; $4 \in F$ e $4 \in G$.

Os diagramas não precisam obrigatoriamente expor os elementos dos conjuntos, eles podem apenas mostrar a relação existente entre os conjuntos considerados. Por exemplo, o diagrama a seguir descreve a relação $B \subset A$.

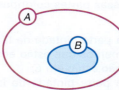

Veja abaixo mais um exemplo de representação por meio de diagrama em que $A = \{1,\ 3\}$ e $B = \{3,\ 2\}$.

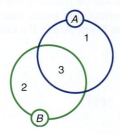

Observe como visualmente podemos perceber que nem $A \subset B$ nem $B \subset A$, pois, embora tenham uma parte em comum, existe outra parte de cada um deles que não está contida no outro.

Mandala, espécie de diagrama circular.

Conjuntos 13

Exercícios Resolvidos

ER. 4 Represente os conjuntos $A = \{0, 1, 2, 3\}$ e $B = \{2, 3, 4, 5\}$ por meio de um diagrama.

Resolução: O diagrama deve retratar todas as relações existentes entre os conjuntos envolvidos. Assim, a parte do diagrama em que figuram os elementos 2 e 3 deve ser a mesma para os conjuntos A e B. Veja um possível diagrama para esse caso:

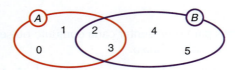

ER. 5 Identifique e descreva cada região do diagrama abaixo segundo a pertinência dos elementos em relação aos conjuntos A, B e C.

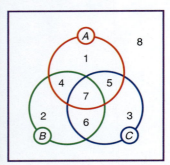

Resolução: Primeiro vamos falar das regiões nas quais existem somente elementos que pertencem a apenas um dos conjuntos ou a nenhum deles. Vamos colorir no diagrama cada uma dessas regiões (ou partes):

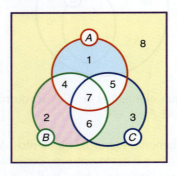

- a parte pintada de azul indica os elementos que estão em A e não estão em B nem em C;
- a parte pintada de rosa indica os elementos que estão em B e não estão em A nem em C;
- a parte pintada de verde indica os elementos que estão em C e não estão em B nem em A;
- já a parte pintada de amarelo indica os elementos que não estão em A nem em B nem em C.

Em seguida, vamos mostrar as regiões que contêm elementos de pelo menos dois desses conjuntos. Veja essas partes coloridas no diagrama a seguir:

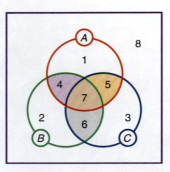

- a parte pintada de lilás indica os elementos que estão em A e em B, mas não estão em C;
- a parte pintada de laranja indica os elementos que estão em A e em C, mas não estão em B;
- a parte pintada de cinza indica os elementos que estão em B e em C, mas não estão em A;
- já a parte pintada de marrom-claro indica os elementos que estão nos três conjuntos, isto é, em A, em B e em C.

ER. 6 Observe o diagrama abaixo e identifique cada conjunto, enumerando seus elementos.

Mostre, com símbolos, que relação de inclusão existe entre eles.

Resolução: Observando o diagrama, temos:

$$A = \{2, 4, 6, 8\} \quad \text{e} \quad B = \{2, 101\}$$

Dessa forma, vemos que:

$$A \not\subset B \quad \text{e} \quad B \not\subset A$$

▶ **ER. 7** [CIDADANIA] Todo senador é membro do Congresso Nacional. Com base na sentença acima, faça um diagrama que represente essa situação, considerando a realidade brasileira.

Resolução: Observe que nessa sentença há duas qualificações: "ser senador" e "ser membro do Congresso Nacional".

Indiquemos por S o conjunto de todos os senadores e por C o conjunto dos membros do Cogresso Nacional. Como todo senador (elemento de S) é um membro do Congresso Nacional (elemento de C), concluímos que $S \subset C$. Assim, um possível diagrama dessa situação é:

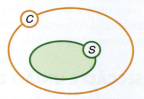

Responda

Existe algum membro do Congresso Nacional que não seja senador? Em caso afirmativo, dê um exemplo.

EXERCÍCIOS PROPOSTOS

15. Considere o diagrama a seguir.

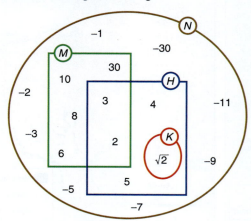

a) Enumere os elementos de cada conjunto nomeado nesse diagrama.
b) Identifique as relações de inclusão existentes entre esses conjuntos.

16. Determine uma possível identificação dos conjuntos nomeados no diagrama abaixo, considerando a classificação dos quadriláteros que você estudou em Geometria, no Ensino Fundamental.

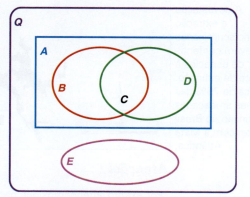

17. De acordo com o diagrama abaixo, analise cada afirmação a seguir e classifique-a como verdadeira ou falsa.

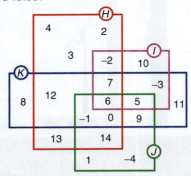

a) 8 é elemento apenas de K.
b) 5 pertence aos conjuntos I, J e K, mas não pertence a H.
c) O conjunto J tem 8 elementos, enquanto o conjunto I tem 2.
d) O conjunto K é $\{-3, -1, 0, 5, 6, 7, 8, 9, 11, 12\}$
e) O maior elemento de H é 14 e o menor elemento de J é -4.
f) 9 pertence aos conjuntos K, J, I e H.
g) 6 pertence aos conjuntos K, J, I e H.
h) 1 não pertence a K, mas pertence a H.

18. [ASTRONOMIA] Com base nas premissas a seguir, verifique a validade da conclusão. Faça um diagrama que descreva a situação das premissas e justifique sua resposta.

Premissas:
 I. Todo planeta gira ao redor do Sol.
 II. Plutão gira ao redor do Sol.

Conclusão:
Plutão é um planeta.

2. Operações com Conjuntos

Vamos apresentar agora as operações mais simples entre conjuntos, importantes instrumentos para outros temas que desenvolveremos em nosso curso.
Os resultados das operações entre conjuntos são também um conjunto. Aprenderemos como chegar a ele.

2.1 INTERSECÇÃO E UNIÃO DE CONJUNTOS

O Brasil é famoso pela enorme biodiversidade de suas florestas. Mas também é internacionalmente reconhecido pela enorme devastação de seus biomas. Um deles em especial, a Floresta Atlântica (ou Mata Atlântica), foi tão grandemente devastado que resta pouco mais de 7% de sua cobertura inicial.

MATA ATLÂNTICA EM 1500

MATA ATLÂNTICA EM 1989

Fonte: UZUNIAN, A. et al. *Mata Atlântica e Manguezais.* São Paulo: HARBRA, 2008. (coleção Biomas do Brasil).

A devastação e extração indiscriminadas levam centenas de espécies à ameaça de extinção. Cerca de 75% das espécies ameaçadas de extinção no Brasil pertencem à Mata Atlântica.

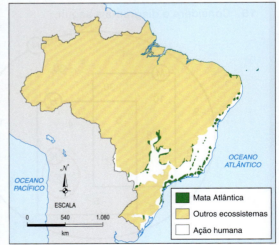

Atenção!
Por *extinto* entendemos que nenhum ser vivo de certa espécie será encontrado sobre a face da Terra ou só o encontraremos sob condições controladas pelo ser humano para garantir sua sobrevivência.

Veja o quadro a seguir formado por alguns seres vivos da Floresta Atlântica, agrupados segundo determinadas características.

	Alguns seres vivos da Mata Atlântica	
	Animais	**Plantas**
Seres sem risco de extinção	pardal (ave)	quaresmeira
	paca (mamífero)	manacá-da-serra
	jararaca (réptil)	bromélias
Seres ameaçados de extinção	tatu-canastra (mamífero)	palmiteiro-juçara
	mico-leão-dourado (mamífero)	xaxim
	onça-parda (mamífero)	pau-brasil

Conjuntos **17**

Com base no quadro anterior, consideremos o conjunto R, formado pelos seres vivos da Mata Atlântica que correm risco de extinção, e A, dos animais desse bioma. Assim:

R = { tatu-canastra, mico-leão-dourado, onça-parda, palmiteiro-juçara, xaxim, pau-brasil }

A = { pardal, paca, jararaca, tatu-canastra, mico-leão-dourado, onça-parda }

Agora, veja como podemos representar em um diagrama o conjunto dos seres vivos da Mata Atlântica com risco de extinção **e** o dos que são animais desse bioma. Note que buscamos elementos que pertencem aos conjuntos R e A simultaneamente.

Observe que, no diagrama, a parte pintada de amarelo, comum aos dois conjuntos (R e A), é o conjunto procurado (B), cujos elementos estão em R e também em A:

B = { tatu-canastra, mico-leão-dourado, onça-parda }

Nesse caso, dizemos que B é a **intersecção** dos conjuntos R e A. Indicamos:

$$B = R \cap A$$

De modo geral, dados dois conjuntos quaisquer A e B, temos:

$$A \cap B = \{x \mid x \in A \text{ \textbf{e} } x \in B\}$$

Vejamos outro exemplo, ainda usando os elementos do quadro.

Consideremos o conjunto M, formado pelos animais da Mata Atlântica que mamam quando pequenos, e o N dos mamíferos que não correm risco de extinção:

M = { paca, tatu-canastra, mico-leão-dourado, onça-parda }

N = { paca }

Vamos determinar a intersecção dos conjuntos M e N, isto é, o conjunto dos animais do quadro que são mamíferos **e** não estão ameaçados de extinção.

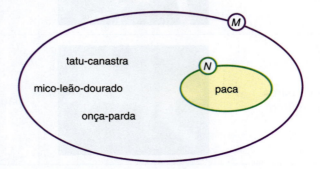

18 MATEMÁTICA — UMA CIÊNCIA PARA A VIDA

Observe que o conjunto procurado (C) é um conjunto unitário:

$$C = M \cap N = \{\text{paca}\}$$

Atenção!
Note que, nesse caso, temos:
$M \cap N = N$

No diagrama, a região colorida de amarelo indica a intersecção dos conjuntos M e N.

Agora, ainda com base no quadro anterior, vamos representar o conjunto formado pelos mamíferos da Mata Atlântica **ou** pelos seres vivos em extinção desse bioma, ou seja, vamos reunir os elementos dos conjuntos M e R e formar o conjunto D. Assim, temos:

D = {paca, tatu-canastra, mico-leão-dourado, onça-parda, palmiteiro-juçara, xaxim, pau-brasil}

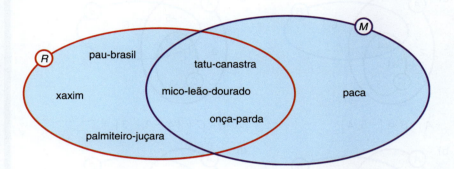

Recorde
Não repetimos elementos em um conjunto.

Nesse caso, dizemos que D é a **união** (ou **reunião**) dos conjuntos R e M. Indicamos:

$$D = R \cup M$$

Atenção!
Mesmo os elementos que estão *apenas* em um dos conjuntos devem figurar na união desses conjuntos.

Observe que o conjunto D procurado é formado por todos os elementos de R e por todos os elementos de M, ou seja, os elementos da união de R e M são de R ou são de M.

No diagrama, a região pintada de azul indica a união dos conjuntos R e M.

De modo geral, dados dois conjuntos quaisquer A e B, temos:

$$A \cup B = \{x \mid x \in A \text{ ou } x \in B\}$$

Responda
Quantos elementos obtemos na intersecção dos conjuntos dos inconfidentes e dos bandeirantes?

OBSERVAÇÕES

1. Dois conjuntos que têm como intersecção o conjunto vazio são chamados de **conjuntos disjuntos**.

2. O número de elementos da união de dois conjuntos finitos, A e B, é dado por:
$$n(A \cup B) = n(A) + n(B) - n(A \cap B)$$

3. Para qualquer conjunto A, sempre valem:
   - $A \cup \emptyset = A$
   - $A \cap \emptyset = \emptyset$
   - $A \cup A = A$
   - $A \cap A = A$

Conjuntos **19**

Exercícios Resolvidos

ER. 8 Considere os conjuntos:
$A = \{-1, 2, -3, 4, -5\}$,
$B = \{4, -5, 6, 7\}$ e
$C = \{-1, -3, 4\}$

Represente em um diagrama os conjuntos A e B, em outro os conjuntos A e C, e, em um terceiro diagrama, os três conjuntos.

Em seguida, determine os conjuntos indicados abaixo, representando-os com os elementos entre chaves:

a) intersecção de A e B
b) união de A e B
c) intersecção de A e C
d) intersecção de B e C

Resolução:

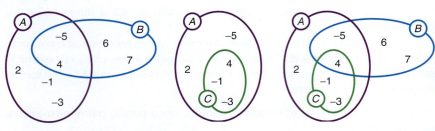

Vamos destacar no terceiro diagrama os conjuntos pedidos em cada item.

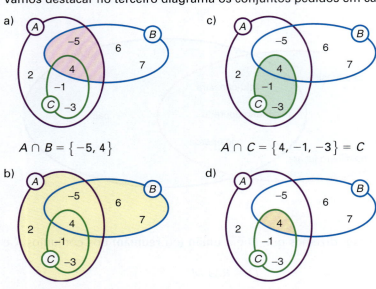

a) $A \cap B = \{-5, 4\}$
c) $A \cap C = \{4, -1, -3\} = C$
b) $A \cup B = \{-1, 2, -3, 4, -5, 6, 7\}$
d) $B \cap C = \{4\}$

ER. 9 Considere E o conjunto dos números pares positivos menores que 10 e F um conjunto de múltiplos positivos de 3 com 9 elementos, incluindo os múltiplos de apenas um algarismo. Determine o número de elementos da união de E e F.

Resolução: O conjunto E está determinado. Assim, podemos estabelecer que:

$$E = \{2, 4, 6, 8\} \quad \text{e} \quad n(E) = 4$$

Embora o conjunto F não esteja determinado, sabemos algumas informações sobre ele:

$$F \subset \{3, 6, 9, 12, 15, \ldots\}, \quad \{3, 6, 9\} \subset F \quad \text{e} \quad n(F) = 9$$

Do que foi exposto, conseguimos obter o conjunto intersecção de E com F, pois é possível concluir que o único elemento que pertence a esses dois conjuntos é o 6, ou seja:

$$E \cap F = \{6\} \quad \text{e} \quad n(E \cap F) = 1$$

Com isso, já podemos determinar o número de elementos da união dos conjuntos E e F:

$$n(E \cup F) = n(E) + n(F) - n(E \cap F)$$
$$n(E \cup F) = 4 + 9 - 1$$
$$n(E \cup F) = 12$$

Logo, o conjunto união de E e F tem 12 elementos.

Note que, embora saibamos a quantidade de elementos da união, não podemos explicitar seus elementos.

Exercícios Propostos

19. Dados os conjuntos $A = \{3, 4, 5, -1\}$, $B = \{8, 3, 4\}$ e $C = \{5, 3\}$, determine:
a) $A \cap B$
b) $A \cup B$
c) $A \cap C$
d) $A \cup C$
e) $(A \cap B) \cup C$
f) $(A \cap C) \cup B$
g) $(A \cup B) \cap C$

20. Represente por meio de um diagrama as relações existentes entre os conjuntos A, B e C da questão anterior, e identifique nele cada conjunto obtido nos itens de **a** a **g**.

21. Sabendo que os conjuntos E e F são tais que
$$n(E) = 12, \ n(F) = 7 \text{ e } n(E \cap F) = 3,$$
determine $n(E \cup F)$.

22. Os conjuntos M e N são disjuntos, $n(M) = 12$ e $n(M \cup N) = 15$. Quantos elementos tem o conjunto N?

23. Se $A \subset B$, então o que podemos dizer sobre os conjuntos $A \cup B$ e $A \cap B$? Ilustre essas situações com diagramas.

Conheça mais...

Quando falamos do Sistema Solar, normalmente só mencionamos os planetas que giram ao redor de nosso Sol. Mas esse Sistema engloba muito mais do que isso: pertencem a ele todos os corpos celestes que se encontram sob a ação gravitacional do Sol, ou seja, planetas, luas, cometas, asteroides, meteoroides.

Todos esses elementos são classificados segundo determinadas características (ou critérios). Essa classificação pode ser alterada em função de novos conhecimentos. Por exemplo, tome o caso dos planetas de nosso Sistema Solar. Até meados de 2006, nesse conjunto eram incluídos Mercúrio, Vênus, Terra, Marte, Júpiter, Saturno, Urano, Netuno e Plutão. Até aquela época levava-se em conta o tamanho, os elementos de que são formados os planetas e o fato de girarem ao redor do Sol.

Com a descoberta de novos corpos celestes e o conhecimento mais preciso de suas órbitas, houve a reclassificação dos planetas de nosso Sistema: Plutão perdeu seu *status* e passou a ser considerado um planeta-anão, assim como os recém-descobertos Ceres e Éris. Agora, o conjunto do Sistema Solar é formado pela reunião dos subconjuntos: o que contém a estrela principal (com 1 elemento, o Sol), o dos planetas (contendo 8 elementos, de Mercúrio a Netuno), o dos planetas-anões (com 3 elementos) e o que contém os satélites naturais, os cometas, os asteroides e os meteoroides. Isso, até que novas descobertas ampliem nossos conhecimentos e modifiquem a visão que temos do Universo.

Os oito planetas do Sistema Solar.

Propriedades da intersecção e união de conjuntos

Da mesma forma que existem propriedades para as operações entre números, também consideramos essas propriedades nas operações entre conjuntos.

Consideremos três conjuntos, A, B e C, quaisquer. São válidas para as operações de intersecção e união de conjuntos as seguintes propriedades:

- **comutativa**

$$A \cap B = B \cap A \quad \text{e} \quad A \cup B = B \cup A$$

- **associativa**

$$A \cap B \cap C = (A \cap B) \cap C = A \cap (B \cap C) \quad \text{e}$$
$$A \cup B \cup C = (A \cup B) \cup C = A \cup (B \cup C)$$

- **distributiva de uma em relação à outra**

$$A \cap (B \cup C) = (A \cap B) \cup (A \cap C) \quad \text{e} \quad A \cup (B \cap C) = (A \cup B) \cap (A \cup C)$$

EXERCÍCIOS PROPOSTOS

24. Determine em cada expressão o conjunto resultante.
a) $A \cap (\emptyset \cup C) \cap C$
b) $A \cap (A \cup C) \cap C$
c) $(A \cap B) \cup (A \cap C)$, sendo $A \subset B$ e $C \subset A$

25. Mostre, usando diagramas, uma propriedade válida para a intersecção e outra válida para a união de conjuntos.

Matemática, Ciência & Vida

Você já ouviu falar em enzimas, hormônios, hemoglobina, queratina, colágeno, anticorpos? Todos esses elementos são proteínas, compostos formados por moléculas menores, chamadas de *aminoácidos*.

Para a construção de suas proteínas, o ser humano utiliza apenas 20 diferentes aminoácidos, sendo que 11 deles, denominados *naturais*, são sintetizados pelo fígado. Os outros 9, chamados de *essenciais*, devem ser obtidos pela alimentação.

No caso do povo brasileiro, a base de sua dieta (arroz com feijão) é extremamente rica, contendo 8 dos 9 aminoácidos essenciais necessários. O único aminoácido essencial que falta, a histidina, está presente na soja ou na carne, por exemplo.

Se pensarmos no arroz e no feijão como dois conjuntos, A e B, respectivamente, cujos elementos são seus aminoácidos, podemos dizer que:

$A \cap B = \{$ leucina, fenilalanina, treonina, valina $\}$

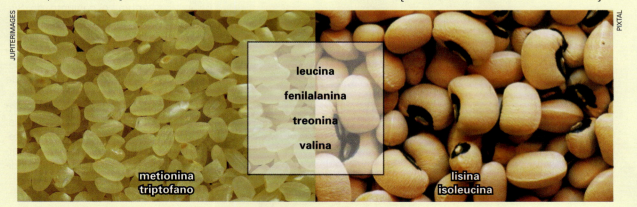

Aminoácidos essenciais presentes no arroz e no feijão Observe, pelo *diagrama*, que o importante é uma refeição em que haja os dois cereais.

2.2 DIFERENÇA ENTRE CONJUNTOS

A **subtração** (ou **diferença**) entre dois conjuntos A e B é mais uma operação que podemos definir: $A - B$ (lê-se: A menos B) é o conjunto dos elementos de A que *não são* elementos de B, ou seja:

$$A - B = \{x \mid x \in A \text{ e } x \notin B\}$$

Exemplo

Dados dois conjuntos não vazios, A e B, veja, nos diagramas a seguir, as possíveis situações para o conjunto $A - B$, representado pela região pintada de amarelo.

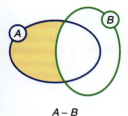
$A - B$

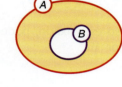
$A - B$

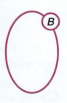
$A - B = A$

Observações

1. Pela própria definição, o conjunto diferença $A - B$ está sempre contido no conjunto A.

2. Quando A está contido em B, o conjunto $A - B$ é vazio.

3. Se A e B são dois conjuntos não vazios e distintos, sempre temos:

$$A - B \neq B - A$$

Faça

Para um conjunto A qualquer, determine:

a) $A - \emptyset$ b) $\emptyset - A$ c) $A - A$

Complementar de um conjunto em relação a outro

Vamos considerar o conjunto diferença $A - B$ (região pintada de verde no diagrama abaixo) para o caso em que $B \subset A$.

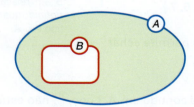

Dado um elemento x de A só é possível uma relação de pertinência entre x e B:

ou $x \in B$ ou $x \notin B$ (mas está em A)

Note que, nesse caso, podemos determinar $A - B$ pensando assim: "o que falta em B para ele chegar a ser o A?" e, dessa forma, o conjunto diferença pode ser descrito deste modo: $A - B$ é o conjunto formado pelos elementos de A que não estão em B. Dizemos, então, que $A - B$ é o **conjunto complementar de B em relação ao conjunto A** (com $B \subset A$). Indicamos: $\complement_A^B$

O conjunto que serve de base para o cálculo do complementar (no caso, o conjunto A) é chamado de **conjunto universo**, que indicamos por U.

Assim, determinado um universo U, só tem sentido calcularmos o conjunto complementar de seus subconjuntos.

De modo geral, definido um conjunto universo U e dado um subconjunto B de U, temos:

$$\complement_U^B = U - B = \{x \mid x \in U \text{ e } x \notin B\}$$

Exemplo

Considere o conjunto $A = \{13, 3, 7, 5\}$ no universo $U = \{1, 3, 5, 7, 9, 11, 13\}$. Note que o elemento 11 de U não pertence a A, ou seja, 11 pertence ao complementar de A (em relação a U).

Seguindo esse raciocínio, obtemos:

$$\complement_U^A = U - A = \{11, 1, 9\}$$

Quando o conjunto universo está fixado, pode-se omitir a expressão "em relação a U" e denota-se $\complement_U^A$ por A^c.

Observações

1. Fixado um universo U, são válidas para A e B, subconjuntos de U:
   - $(A^c)^c = A$
   - $A \subset B \Leftrightarrow B^c \subset A^c$
2. Se $B \not\subset U$ (universo), então não se define $\complement_U^B$.

Saiba +

$A \Leftrightarrow B$ lê-se
A se, e somente se B ou (A implica em B e B implica em A)

Faça

Sendo U o conjunto universo fixado, determine:

$\emptyset^c$ e U^c

Exercícios Resolvidos

ER. 10 Analise o diagrama a seguir e determine os conjuntos:

a) $\complement_B^A$ e) $\complement_D^{B \cup C}$
b) $\complement_D^C$ f) $\complement_B^{A \cap C}$
c) $\complement_D^B$ g) $\complement_D^{C \cap B}$
d) $\complement_A^B$

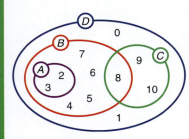

Resolução:

a) Como $A \subset B$, temos:
$\complement_B^A = \{4, 5, 6, 7, 8\}$

b) Já que $C \subset D$, podemos encontrar:
$\complement_D^C = \{0, 1, 2, 3, 4, 5, 6, 7\}$

c) O fato de $B \subset D$ nos permite achar:
$\complement_D^B = \{0, 1, 9, 10\}$

d) Note que B **não está** contido em A. Logo, $\complement_A^B$ não está definido.

e) Pelo diagrama, vemos que $(B \cup C) \subset D$ e, assim, é possível concluir que:
$\complement_D^{B \cup C} = \{0, 1\}$

f) Do mesmo modo, visualizamos que $A \cap C = \emptyset$. Como $\emptyset$ é subconjunto de qualquer conjunto, $\emptyset \subset B$, e assim:
$\complement_B^{A \cap C} = \complement_B^{\emptyset} = B$

g) Já que C e B estão contidos em D, obrigatoriamente $C \cap B$ também está contido em D. Desse modo, temos:
$\complement_D^{C \cap B} = \complement_D^{\{8\}} = \{0, 1, 2, 3, 4, 5, 6, 7, 9, 10\}$

Atenção!

Devemos lembrar sempre que, dados dois conjuntos A e B, o complementar de B em relação a A só está *definido* quando B está contido em A.

ER. 11 Considere como universo o conjunto U de todos os triângulos da Geometria plana e seus subconjuntos A, dos triângulos retângulos, e B, dos triângulos que não são isósceles. Determine, por meio de uma propriedade, os seguintes conjuntos:

a) A^c
b) B^c
c) $(A \cup B)^c$
d) $(A \cap B)^c$
e) $A^c \cup B^c$
f) $A^c \cap B^c$

Recorde
Triângulo retângulo é aquele que tem um ângulo interno reto (de 90°).
Triângulo isósceles é aquele que tem dois lados de mesma medida.

Resolução: Vamos representar os conjuntos dados por meio de um diagrama, considerando as propriedades que determinam os conjuntos U, A e B, respectivamente:

"ser triângulo", "ser triângulo retângulo" e "ser triângulo não isósceles".

a) Como $A = \{T \in U \mid T \text{ é triângulo retângulo}\}$, no diagrama A corresponde às duas regiões pintadas de amarelo. Assim, as duas regiões com fundo branco (pontilhado ou não) representam o conjunto complementar de A em relação a U. Dessa forma:

$$A^c = \{T \in U \mid T \text{ não é triângulo retângulo}\}$$

b) Como $B = \{T \in U \mid T \text{ não é triângulo isósceles}\}$, no diagrama B corresponde às duas regiões não pontilhadas (fundo amarelo ou branco). Logo, o conjunto complementar de B em relação a U é indicado pelas duas regiões pontilhadas (com fundo branco ou amarelo). Daí:

$$B^c = \{T \in U \mid T \text{ é triângulo isósceles}\}$$

c) No diagrama, $A \cup B$ corresponde às regiões de fundo amarelo (pontilhado ou não) e à de fundo branco não pontilhado, ou seja:

$$A \cup B = \{T \in U \mid T \text{ é triângulo retângulo ou } T \text{ não é triângulo isósceles}\}$$

Observando o diagrama, podemos verificar que o conjunto $(A \cup B)^c$, representado pela região com fundo branco e pontilhado, é o conjunto dos triângulos isósceles que não são retângulos, ou seja:

$$(A \cup B)^c = \{T \in U \mid T \text{ é triângulo isósceles e não retângulo}\}$$

d) No diagrama, $A \cap B$ corresponde à região pintada de amarelo sem pontilhado. Dessa forma, $(A \cap B)^c$ corresponde às demais regiões, ou seja:

$$A \cap B = \{T \in U \mid T \text{ é triângulo retângulo e não isósceles}\}$$

$$(A \cap B)^c = \{T \in U \mid T \text{ é triângulo não retângulo ou isósceles}\}$$

e) Vamos hachurar no diagrama as regiões correspondentes aos conjuntos A^c e B^c (já determinados nos itens **a** e **b**), e verificar qual é a região que corresponde ao conjunto $A^c \cup B^c$.

Fazendo a união das regiões hachuradas, obtemos:

$$A^c \cup B^c = \{T \in U \mid T \text{ é triângulo não retângulo ou isósceles}\}$$

Note que: $A^c \cup B^c = (A \cap B)^c$

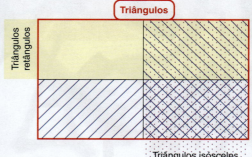

f) Observando o diagrama com os conjuntos A^c e B^c hachurados (item **e**), podemos verificar que a região correspondente ao conjunto $A^c \cap B^c$ é aquela com duplo hachurado (com fundo branco e pontilhado). Assim:

$$A^c \cap B^c = \{T \in U \mid T \text{ é triângulo isósceles e não retângulo}\}$$

Note que $A^c \cap B^c = (A \cup B)^c$

OBSERVAÇÃO

Dados dois conjuntos quaisquer A e B subconjuntos de U (conjunto universo), são válidas as propriedades:

$$(A \cap B)^c = A^c \cup B^c \quad \text{e} \quad (A \cup B)^c = A^c \cap B^c$$

Exercícios Propostos

26. Sendo dados dois conjuntos $A = \{3, 4, 5, -1\}$ e $B = \{8, 3, 4\}$, determine:
a) $A - B$
b) $B - A$
c) $\complement_B^{B \cap A}$

27. Considere os conjuntos
$A = \{0, 1, 2, 3, 4\}$, $B = \{0, 1, 2\}$ e $C = \{3, 4\}$,
e identifique que conjuntos são estes:
a) $(A \cap B) - A$
b) $(A \cup B) - B$
c) $A - (B \cup A)$
d) $B - (A \cap B)$
e) $\complement_A^B$
f) $A - (B \cap C)$
g) $(B \cup C) - (A \cap B)$
h) $A \cap B \cap C$
i) $\complement_A^{B \cup C}$

28. Considere o diagrama:

Com base nele, determine os conjuntos:
a) $A \cap B$
b) $C \cap A$
c) $A \cap B \cap C$
d) $A - (C \cap B)$
e) $(B - A) \cap C$
f) $\complement_C^{(B \cap C) - A}$

Matemática, Ciência & Vida

O ato de pichar pode ser visto simplesmente como deixar uma mensagem, desenhos ou nomes assinados em paredes de casas, prédios, estabelecimentos ou monumentos, sem que para isso tenha havido autorização do proprietário. Mas é muito mais do que isso.

A identificação com um grupo, ajustar seu comportamento para ser aceito por ele, tem seus resultados positivos e negativos. Os pichadores buscam sair do anonimato, ser reconhecidos pelos membros do grupo, sentir a "adrenalina" ligada ao desafio de subir aos lugares mais difíceis, escalada que muitas vezes termina em tragédia. Como toda ação que transgride o que foi estabelecido, não raro eles sofrem as consequências do grupo maior em que estão incluídos, ou seja, os efeitos da lei.

Na sociedade, há grupos que consideram as pichações pequenas obras de arte. Há aqueles que as consideram simplesmente um ato de transgressão. Para outros, é puro vandalismo. Cada um desses grupos pode ser visto como um *subconjunto* da sociedade, considerada como *conjunto universo*.

Estranha forma de expressão essa, cujos autores se escondem covardemente na noite para deixar marcas do que sua "tribo" sabe fazer.

2.3 UTILIZANDO CONJUNTOS PARA RESOLVER PROBLEMAS

O uso de diagramas facilita bastante a resolução de problemas envolvendo operações entre conjuntos. Conhecidos como os **diagramas de Venn**, foram introduzidos pelo matemático e filósofo inglês John Venn (1834-1923) em 1880.

Exercícios Resolvidos

ER. 12 [COMUNICAÇÃO] Uma emissora de televisão fez uma consulta para saber que jogos deve transmitir dentre as modalidades esportivas vôlei e basquete. Das 100 pessoas consultadas, 60 assistem os jogos de basquete e 80 assistem os jogos de vôlei. Sabendo que todas essas pessoas assistem jogos de, pelo menos, uma dessas modalidades, quantas delas assistem *apenas* jogos de basquete?

Resolução: Indiquemos por A o conjunto das pessoas consultadas que assistem os jogos de basquete e por B o conjunto das pessoas consultadas que assistem os jogos de vôlei.

Para responder à questão, precisamos obter o número de pessoas que assistem jogos de basquete, mas não assistem jogos de vôlei, ou seja, devemos determinar o número de elementos do conjunto $A - B$.

Para isso, vamos calcular o número de pessoas que assistem jogos dessas duas modalidades. Temos:

$n(A \cup B) = 100$ (total de pessoas)
$n(A) = 60$ (quantidade de pessoas que assistem jogos de basquete)
$n(B) = 80$ (quantidade de pessoas que assistem jogos de vôlei)
$n(A \cup B) = n(A) + n(B) - n(A \cap B)$

Daí, vem:

$100 = 60 + 80 - n(A \cap B)$
$n(A \cap B) = 140 - 100 = 40$ (total de pessoas que assistem jogos de basquete e vôlei)

Sabendo que 40 pessoas assistem jogos das duas modalidades, vamos representar a situação em um diagrama, colocando a *quantidade de elementos* nos conjuntos.

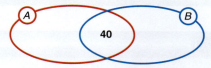

Temos 40 elementos na intersecção.

Como o conjunto A tem 60 elementos e 40 já foram considerados, faltam 20 para completar o número de elementos desse conjunto. Note que a parte pintada de amarelo no diagrama representa o conjunto $A - B$. Dessa forma, temos que $n(A - B) = 20$.

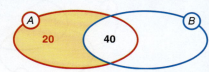

Logo, 20 pessoas assistem somente os jogos de basquete.

ER. 13 [COTIDIANO] Dos habitantes da cidade de Borogodó, o passeio preferido aos domingos de 1.200 pessoas é ir à sorveteria Melhorsabor. Já 800 pessoas gostam mais de ir à doceria Superdoce. Sabendo que 300 pessoas gostam dos dois locais e que 600 não gostam nem de um nem de outro, determine o número de habitantes de Borogodó.

Resolução: Para facilitar, vamos descrever a situação por meio de um diagrama. Para isso, chamemos de B o conjunto formado pelos habitantes dessa cidade, de S o conjunto das pessoas que preferem ir à doceria Superdoce, e de M o conjunto das pessoas que preferem ir à sorveteria Melhorsabor.

Nesse caso, colocaremos no diagrama a quantidade de elementos de cada conjunto. Inicialmente, nos preocupamos em preencher com a quantidade de elementos das intersecções dos conjuntos envolvidos (primeiro de todos, depois dois a dois, e assim por diante). Em seguida, completamos o diagrama com as quantidades que faltam para se obter o número de elementos de cada conjunto.

Assim, obtemos o seguinte diagrama ao lado.

Note que, dessa forma, ficam distribuídos todos os habitantes de Borogodó, e o número de habitantes da cidade é dado por $n(B)$. Assim, pelo diagrama, temos:

$n(B) = 500 + 300 + 900 + 600 = 2.300$

Logo, Borogodó tem 2.300 habitantes.

Conjuntos **27**

ER. 14 [COMUNICAÇÃO] Uma editora fez uma pesquisa sobre três revistas, *A*, *B* e *C*, que edita. Todas as 350 pessoas entrevistadas liam pelo menos uma das três revistas. Além disso, apurou-se também que:

- 130 leem a revista *A*;
- 140 leem a revista *B*;
- 175 leem a revista *C*;
- 50 leem a revista *A* e *B*;
- 40 leem a revista *A* e *C*;
- 15 leem a revista *B* e *C*.

Quantas pessoas leem as três revistas?

Resolução: Vamos representar a situação por meio de um diagrama. Para isso, já vimos que precisamos iniciar pelas intersecções. Indicando o número de pessoas que leem as três revistas por *x*, obtemos a situação ao lado.

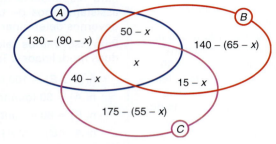

Como o total de pessoas entrevistadas é 350 e todas elas leem pelo menos uma das três revistas, temos:

$130 - (90 - x) + 50 - x + x + 40 - x + 140 - (65 - x) + 15 - x + 175 - (55 - x) = 350$

$130 - 90 + x + 50 - x + x + 40 - x + 140 - 65 + x + 15 - x + 175 - 55 + x = 350$

$130 + 140 - 65 + 15 + 175 - 55 + x = 350$

$270 - 50 + 120 + x = 350$

$340 + x = 350$

$x = 10$

Portanto, 10 pessoas leem as três revistas.

Exercícios Propostos

29. Reproduza o diagrama

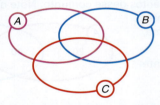

para cada item abaixo e pinte a região que indica cada conjunto:

a) $A - B$
b) $A - C$
c) $A \cap B \cap C$
d) $A \cap B$
e) $A \cap C$
f) $B \cap C$
g) $(A \cap B) - C$
h) $(A - B) \cap C$
i) $A \cap (B - C)$

30. [SAÚDE] Em uma escola, todos os 500 alunos precisam praticar esportes. Eles podem escolher futebol ou basquete, ou ambos. Sabendo que 400 alunos optaram por basquete e 300 por futebol, quantos alunos praticarão as duas modalidades?

31. [LAZER] Em um edifício com 32 apartamentos, os moradores de 18 desses apartamentos querem uma churrasqueira e 20 querem um *playground*. Sabendo que 10 deles querem as duas opções, em quantos apartamentos os moradores não querem qualquer das duas opções?

32. [EDUCAÇÃO] Em uma classe, 20 alunos gostam somente de Matemática, 10 alunos somente de Português, 5 alunos das duas matérias e 2 alunos, de nenhuma delas. Quantos alunos há na classe?

Tecnologia & Desenvolvimento

Conjuntos, Classificação e Biometria

Classificar, separar objetos em *conjuntos* de acordo com um critério, é atividade que ocupa vários setores do conhecimento.

Conjuntos de produtos, por exemplo, podem ser observados no supermercado, organizados em prateleiras; costumamos separar e agrupar calças, blusas e sapatos, quando arrumamos essas peças no armário; podemos agrupar os seres vivos de um jardim em plantas, fungos, animais, e assim por diante.

A tecnologia tem sido forte aliada na formação e análise de conjuntos das diferentes ciências, fornecendo informações que auxiliam a classificar elementos.

Objetos: por que classificá-los?

Objetos produzidos industrialmente e classificados como pertencentes a um mesmo conjunto podem ser projetados, construídos, armazenados e catalogados, o que organiza e simplifica cada um desses processos, otimizando o tempo de produção e reduzindo os custos envolvidos.

Um exemplo prático: engenharia – projeto e produção de partes industriais

Um bom exemplo de partes industriais são as peças que compõem os veículos automotores e que são vendidas em concessionárias de veículos e lojas de autopeças. Em engenharia industrial, por exemplo, a tecnologia é ferramenta fundamental na elaboração de um projeto e na produção de partes industriais.

Atualmente, com o uso dessa tecnologia, podem-se classificar as peças que se quer produzir como sendo elementos desse ou daquele conjunto específico de peças, mesmo antes de realmente existirem (isto é, ainda na fase de projeto).

Tal classificação é feita tomando-se por base as similaridades nas características da peça (dimensões, forma, massa etc.) ou no processo de produção (máquinas a utilizar, tipo de acabamento etc.).

O fato de uma peça ter sido classificada como elemento de determinada família ou conjunto de peças significa que ela, como todas as outras peças do mesmo conjunto, será produzida da mesma maneira específica que as outras, isto é, a partir de um conjunto específico (predeterminado) de operações, organizadas em uma sequência conhecida e com utilização de um mesmo conjunto de máquinas. Assim, por exemplo, em termos da produção propriamente dita, as máquinas que participam do processo de produção desse conjunto de peças são dispostas no chão da fábrica de maneira que criem um circuito que simplifique e otimize a realização do processo completo de produção.

Conjunto de peças agrupadas por semelhanças de fabricação. Os componentes apresentados na foto são fabricados por *injeção* de peças plásticas. O processo de injeção de plásticos consiste em injetar o plástico derretido em moldes para que se obtenha a forma da peça desejada.

Biometria e identificação de pessoas

A *biometria* estuda métodos e técnicas de mensuração de determinadas características dos seres vivos. No caso do ser humano, algumas dessas características mensuráveis são únicas e podem ser utilizadas para identificar a pessoa. Esse é o caso da impressão digital, da impressão da palma da mão, das características da íris, do formato da face, do DNA etc.

Em empresas de segurança, por exemplo, informações biométricas das pessoas com acesso a determinada área especial são reunidas em um conjunto específico (por exemplo, as características da íris do conjunto de funcionários que podem ter acesso a determinado laboratório de pesquisa da empresa). Esse conjunto é catalogado no sistema de informações e seus elementos passam a ser identificados por meio dos dados biométricos. Um sistema sensor é associado ao processo e, quando solicitado, mede a característica da pessoa que deseja identificação positiva (como o acesso a determinada área). Uma vez que o sistema biométrico identifique essa pessoa como sendo elemento do grupo com acesso permitido, será liberado o acesso da pessoa.

O sistema biométrico também é amplamente utilizado para a identificação de terroristas em importantes aeroportos do mundo, principalmente depois dos atentados de 11 de setembro de 2001 nos Estados Unidos. Nesse caso, o banco de dados biométricos é formado a partir de imagens dos terroristas, obtidas em diferentes recintos. Os dados de cada elemento procurado ficam disponíveis nesse, poderia se dizer, "conjunto dos terroristas mais procurados do planeta". Quando há identificação de terroristas em aeroportos, um sinal é disparado e a polícia é acionada.

A íris de cada pessoa é única. Com base nessa característica, foram desenvolvidos sistemas de reconhecimento e identificação de pessoas.

3. Conjuntos Numéricos

Atenção!

Existem outros tipos de número, além dos reais, que neste momento não serão objeto de nosso estudo, como é o caso dos *números complexos*, que estudaremos no 3.º ano deste curso.

Nesta seção vamos estudar uma categoria especial de conjuntos: os **conjuntos numéricos**. Muitos deles você já conhece.

A noção do que é número evoluiu com a humanidade. Os diversos tipos de número surgiram de acordo com a necessidade da época: os números naturais para indicar uma simples contagem; os números fracionários (expressos na forma de fração ou na forma decimal) para indicar medidas não inteiras; os números inteiros para indicar dívidas; os números irracionais para indicar a medida de um segmento que não continha exatamente um número de vezes um outro tomado como unidade; os números reais, como reunião de todos os demais etc.

3.1 O CONJUNTO DOS NÚMEROS RACIONAIS

Com os diferentes tipos de número formaram-se conjuntos. Na busca destes, os novos números surgiam sempre para ampliar o conjunto que já se tinha. Assim, temos:

- **o conjunto dos números naturais**

$$\mathbb{N} = \{0, 1, 2, 3, 4, 5, 6, 7, 8, 9, 10, 11, 12, 13, \ldots\}$$

Os primeiros números que surgiram foram ligados à contagem, mas não serviam para indicar uma situação de falta ou de dívida, necessidade que aparece com o desenvolvimento das relações comerciais. Nesse conjunto, não se tem uma resposta para, por exemplo, a operação $4 - 5$.

Saiba +

O símbolo $\mathbb{Z}$ vem da primeira letra da palavra alemã *zahl* que significa número.

- **o conjunto dos números inteiros**

$$\mathbb{Z} = \{\ldots, -7, -6, -5, -4, -3, -2, -1, 0, 1, 2, 3, 4, \ldots\}$$

Amplia o conjunto dos números naturais com o aparecimento dos números negativos, que podem indicar débitos e temperaturas abaixo de zero, e resolvem as subtrações de números naturais cujos resultados não podem ser expressos com outro natural, como, por exemplo, $4 - 5 = -1$.

Note que o conjunto dos números naturais é um subconjunto do conjunto dos números inteiros.

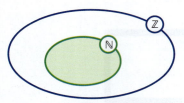

Temos também os números fracionários. São números não inteiros, porém expressos por razões de inteiros. Reunindo os números inteiros e os números fracionários formamos o **conjunto dos números racionais**, que pode ser definido assim:

$$\mathbb{Q} = x \text{ é racional se } \left\{ x = \frac{a}{b} \text{ com } a \text{ e } b \text{ inteiros e } b \neq 0 \right\}$$

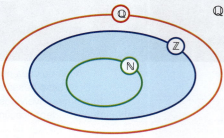

Note que todo número inteiro pode ser escrito na forma de fração, com denominador igual a 1. Assim, o conjunto $\mathbb{Z}$, dos números inteiros, é um subconjunto de $\mathbb{Q}$, conjunto dos números racionais.

Subconjuntos importantes de ℚ

Além dos conjuntos ℕ e ℤ, temos mais alguns subconjuntos especiais de ℚ:

- ℕ* = {1, 2, 3, 4, 5, 6, ...} conjunto dos números naturais não nulos
- ℤ* = {..., −2, −1, 1, 2, 3, ...} conjunto dos números inteiros não nulos
- ℤ₊ = {0, 1, 2, 3, ...} conjunto dos números inteiros não negativos
- ℤ₋ = {..., −5, −4, −3, −1, 0} conjunto dos números inteiros não positivos
- ℤ₋* = {..., −5, −4, −3, −1} conjunto dos números inteiros negativos

Da mesma forma, podemos indicar:

$$\mathbb{Q}^*, \mathbb{Q}_+ \text{ e } \mathbb{Q}_-$$

> **Responda**
>
> ℤ₊ é igual a outro subconjunto de ℚ. Qual é esse subconjunto?

Exercícios Propostos

33. Classifique como verdadeira ou falsa cada afirmação:

a) $3,0 \in \mathbb{N}$
b) $0 \in \mathbb{N}^*$
c) $-1 \in \mathbb{N}^*$
d) $-1 \in \mathbb{Z}, -1 \in \mathbb{Z}_-$, mas $-1 \notin \mathbb{Z}_+$
e) $-3,5 \notin \mathbb{Z}_-$, mas $-3,5 \in \mathbb{Q}$
f) $-\dfrac{1}{3} \notin \mathbb{Q}_-^*$
g) $0,333... \in \mathbb{Q}$
h) $\sqrt{2} \notin \mathbb{Q}$
i) $\sqrt{2} \in \mathbb{Q}$
j) $\mathbb{N} \not\subset \mathbb{Q}$, mas $\mathbb{N} \subset \mathbb{Z}$
k) $\mathbb{N} \subset \mathbb{Z} \subset \mathbb{Q}$
l) $C_{\mathbb{Z}}^{\mathbb{N}} = \mathbb{Q} - \mathbb{Z}$

34. Identifique as sentenças verdadeiras e corrija as falsas.

a) Todo número natural é inteiro.
b) Todo número natural é racional.
c) Todo número inteiro negativo é racional.
d) Nem todo número racional é inteiro.
e) Existe número racional negativo que não é inteiro.
f) Todo número racional negativo é inteiro.

35. Denomine cada subconjunto de ℚ dado abaixo.

a) $\mathbb{Z}_+^*$
b) $\mathbb{Q}^*$
c) $\mathbb{Q}_+$
d) $\mathbb{Q}_-$

Enigmas, Jogos & Brincadeiras

Qual é o "Segredo"?

Convide três colegas para seguir a sequência de instruções abaixo, conhecida há muito tempo, e que nos permite descobrir o que as pessoas "estão pensando".

Peça que anotem suas respostas sem que um olhe a resposta do outro. Depois, confronte as três respostas e tente descobrir o que aconteceu.

1. Pense em um número natural de 1 a 9.
2. Multiplique esse número por 9.
3. Some os algarismos do número que você obteve.
4. Subtraia 5 desse total.
5. Caso seu resultado seja 1, associe a letra **A**, caso seja 2, associe a letra **B**, e assim por diante, seguindo a ordem das letras do nosso alfabeto.
6. Escolha um país cujo nome comece por essa letra.
7. Tome a quinta letra dessa palavra e escolha um animal cujo nome inicie por ela.

Pronto! Tenho quase certeza sobre o que seus colegas pensaram. Verifique o que eles escreveram.

Representações de um número racional

Você já trabalhou com números racionais expressos na forma de fração e na forma decimal. Todo número racional pode ser expresso em uma dessas duas formas.

Observe a tabela abaixo que mostra alguns números racionais e suas representações.

Número racional	Forma fracionária	Forma decimal
5	$\frac{5}{1}$	5,0 = 5
0,5	$\frac{1}{2}$	0,5
$-\frac{1}{3}$	$-\frac{1}{3}$	−0,33333...
1,5	$\frac{3}{2}$	1,5
$2\frac{1}{4}$	$\frac{9}{4}$	2,25

Vamos ver mais detalhes sobre os números dessa tabela.

- O número racional 5 é um número inteiro. Por isso, na sua forma fracionária temos denominador 1. Dizemos que sua forma decimal é exata, pois tem um número finito de casas decimais.

- O número racional 0,5 é um *número fracionário* (não inteiro) *decimal exato*, pois tem um número finito de casas decimais e pode ser representado por uma fração decimal $\left(\frac{5}{10}\right)$. Note que existe mais de uma forma fracionária para se indicar um número racional, mas todas são equivalentes. No caso, temos:

$$0,5 = \frac{1}{2} = \frac{5}{10} = \frac{10}{20} = ...$$

Atenção!
Um número fracionário é um número racional não inteiro.

- O número racional $-\frac{1}{3}$ é um número fracionário negativo e já está expresso na forma de fração. Para encontrar sua forma decimal, basta dividir o numerador pelo denominador, e assim aparece o número −0,33333..., que é uma *dízima periódica*, pois tem infinitas casas decimais e apresenta um *período* (repetição) que, nesse caso, é formado pelo número 3.

Como todo número racional, as dízimas periódicas também podem ser expressas na forma fracionária. Uma fração que determina a dízima é uma *geratriz* dessa dízima.

Recorde
$1,5 = 1\frac{5}{10} = \frac{1 \times 10 + 5}{10} =$
$= \frac{15}{10}$

- O número racional 1,5 é um número fracionário decimal exato. Nesse caso, para obter a sua forma fracionária, basta escrever uma fração decimal correspondente a ele, e depois simplificá-la. No caso, temos:

$$1,5 = \frac{15}{10} = \frac{3}{2}$$

- O número racional $2\frac{1}{4}$ está expresso na forma de número misto (parte inteira e fração). Como $2\frac{1}{4} = 2 + \frac{1}{4}$ e $2 = \frac{8}{4}$, a forma fracionária desse número é $\frac{9}{4}$. Para obter a sua forma decimal, basta lembrar que $\frac{1}{4} = 0,25$ e fazer $2 + 0,25 = 2,25$

Exercícios Resolvidos

ER. 15 Faça o que se pede.

a) Determine uma geratriz das dízimas periódicas: 2,555555... e 2,3656565...

b) Mostre que 0,99999... é um número inteiro.

Resolução:

a) Indiquemos por x o representante da geratriz da dízima periódica em cada caso. Assim, temos:

- $x = 2{,}555555\ldots$ ①
  $10x = 25{,}555555\ldots$ ②

Fazendo ② − ①, vem:

$$10x - x = 25{,}555555\ldots - 2{,}555555\ldots$$
$$9x = 23$$
$$\frac{9x}{9} = \frac{23}{9}$$
$$x = \frac{23}{9}$$

Logo, $\frac{23}{9}$ é uma geratriz da dízima periódica 2,555555...

- $x = 2{,}3656565\ldots$
  $10x = 23{,}656565\ldots$ ①
  $1.000x = 2.365{,}656565\ldots$ ②

Fazendo ② − ①, vem:

$$1.000x - 10x = 2.365{,}656565\ldots - 23{,}656565\ldots$$
$$990x = 2.365 - 23$$
$$990x = 2.342$$
$$x = \frac{2.342}{990} = \frac{1.171}{495}$$

Logo, a fração irredutível $\frac{1.171}{495}$ é uma geratriz da dízima periódica 2,3656565...

b) Seguindo o que fizemos no item **a**, temos $x = 0{,}99999\ldots$ e, assim, obtemos:

$$10x - x = 9{,}99999\ldots - 0{,}99999\ldots$$
$$9x = 9$$
$$x = \frac{9}{9}$$
$$x = 1 \text{ (que é um número inteiro)}$$

Faça
Verifique com uma calculadora as respostas encontradas no item **a** deste exercício resolvido.

ER. 16 [NEGÓCIOS] Em uma loja, a razão entre o número de carros vendidos e o de carros disponíveis em estoque foi 0,98 no último final de semana.

Determine a quantidade mínima de carros que estavam no estoque dessa loja.

Resolução: Representando 0,98 na forma de fração, vamos encontrar:

$$0{,}98 = \frac{98}{100}$$

Faça
Razão é o quociente entre dois números.

Note que essa fração indica o quociente entre os números 98 e 100. Como desejamos a quantidade mínima, precisamos encontrar uma fração irredutível equivalente a essa. Ao simplificarmos a fração $\frac{98}{100}$, obtemos $\frac{49}{50}$, que é uma fração irredutível.

Logo, a quantidade mínima de carros em estoque é 50. Nessas condições, foram vendidos 49 carros nesse final de semana.

Conjuntos

Exercícios Propostos

36. Encontre uma fração geratriz das dízimas periódicas:
   a) 0,44444...   b) 1,3333...   c) 0,232323...   d) 0,2454545...

37. Mostre que o número dado em cada caso é racional.
   a) $\sqrt{\sqrt{5}+1} \times \sqrt{\sqrt{5}-1}$
   Sugestão: Use produtos notáveis.
   b) $\sqrt{9+\sqrt{80}} - \sqrt{9-\sqrt{80}}$
   Sugestão: Indique o número por *y* e eleve-o ao quadrado.

38. Identifique cada região pintada de amarelo dos diagramas a seguir e especifique o tipo de número que pertence a ela.

a) 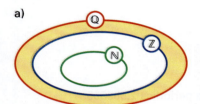 b) 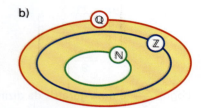 c)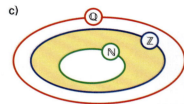

3.2 OS NÚMEROS IRRACIONAIS

Pitágoras, matemático e filósofo da Grécia Antiga, e seus seguidores acreditavam que todas as medidas podiam ser representadas por números naturais ou por razões entre eles. Essa ideia deu origem aos números racionais.

No entanto, por ironia do destino, esse mesmo grupo descobriu que existiam segmentos de reta cujas medidas não podiam ser expressas por uma razão desse tipo, originando com isso um novo tipo de número: os **irracionais**.

Um número irracional tem sua forma decimal não periódica e com infinitas casas decimais. *Nenhum* número irracional *pode* ser expresso por uma fração cujos termos são dois números inteiros.

Dois exemplos importantes de números irracionais são o $\sqrt{2}$, que relaciona a medida do lado de um qua-drado com a medida de sua diagonal, e o π, cujo valor aproximado é 3,14159, que relaciona o comprimento *C* de uma circunferência com a medida de seu diâmetro.

Busto de Pitágoras (571-480 a.C.). Museu Capitolino, Roma, Itália.

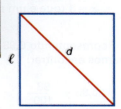 $d = \ell\sqrt{2}$ 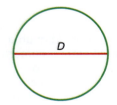 $\dfrac{C}{D} = \pi$

Com o desenvolvimento de teorias matemáticas mais avançadas foi possível demonstrar a irracionalidade do π e de outros números.

Recorde

Dois números, *x* e *y*, são opostos se, e somente se, $x + y = 0$; e eles são *inversos* se, e somente se, $xy = 1$.

Observação

Se *x* é irracional, $-x$ (oposto de *x*) e $\dfrac{1}{x}$ (inverso de *x*) também são números irracionais. Por exemplo, como $\sqrt{2}$ é irracional, $-\sqrt{2}$ e $\dfrac{1}{\sqrt{2}}$ também são irracionais.

Exercício Resolvido

ER. 17 Classifique cada afirmação abaixo como verdadeira ou falsa. Justifique.

a) O quociente $\dfrac{\sqrt{18}}{\sqrt{8}}$ é um número irracional.

b) O produto $(\sqrt{7} + 1)(\sqrt{7} - 1)$ é um número racional.

c) Se x é um número racional e y é um número irracional, então $x \cdot y$ sempre é irracional.

d) Se x e y são números racional e irracional, respectivamente, então $x \cdot y$ pode ser irracional.

e) Se x e y são números irracionais, então $x \cdot y$ pode ser racional.

Resolução:

a) Efetuando o quociente dado, temos: $\dfrac{\sqrt{18}}{\sqrt{8}} = \dfrac{\sqrt{9 \cdot 2}}{\sqrt{4 \cdot 2}} = \dfrac{3\sqrt{2}}{2\sqrt{2}} = 1{,}5$

Logo, a afirmação é falsa, pois 1,5 é um número racional.

b) Vamos efetuar usando o produto (notável) da soma pela diferença:

$$(\sqrt{7} + 1)(\sqrt{7} - 1) = (\sqrt{7})^2 - 1^2 = 7 - 1 = 6$$

Como 6 é um número racional, a afirmação é verdadeira.

c) Falsa, pois 0 é racional, π é irracional e $0 \cdot \pi = 0$, que é racional.

d) Verdadeira; como queremos provar a existência da possibilidade, nesse caso, basta mostrar um exemplo:

1 é racional, $\sqrt{2}$ é irracional e $1 \cdot \sqrt{2} = \sqrt{2}$, que é irracional.

Atenção!
Quando se quer provar que um resultado vale sempre para determinado universo, não se pode mostrar apenas com exemplos. É necessário fazer uma *demonstração* matemática.

e) Verdadeira, basta, por exemplo, fazer $x = y = \sqrt{2}$ e, assim, obter o produto $\sqrt{2} \cdot \sqrt{2} = 2$, que é racional.

Exercício Proposto

39. Faça o que se pede.
   a) Determine a medida da diagonal de um quadrado que tem 4 cm de lado.
   b) Calcule o comprimento de uma circunferência que tem 4 cm de diâmetro.
   c) Refaça os itens **a** e **b** usando $\sqrt{2} = 1{,}41$ e $\pi = 3{,}14$.

3.3 O CONJUNTO DOS NÚMEROS REAIS

Para resumir o que vimos até aqui, podemos montar o seguinte esquema:

números racionais $\begin{cases} \text{números inteiros} \\ \text{decimais exatos} \\ \text{dízimas periódicas} \end{cases}$

números irracionais $\begin{cases} \text{dízimas não periódicas} \end{cases}$

Responda
Existe um número que seja racional e também irracional?

Da reunião dos números racionais com os números irracionais obtemos um novo conjunto numérico chamado de **conjunto dos números reais**, que indicamos:

$\mathbb{R} = \mathbb{Q} \cup \{\text{números irracionais}\}$

Da mesma forma que fizemos para os racionais, também temos os seguintes subconjuntos para os reais:

$\mathbb{R}^*$, $\mathbb{R}_+$ e $\mathbb{R}_-$

Veja o diagrama ao lado que mostra como os conjuntos numéricos estudados se relacionam.

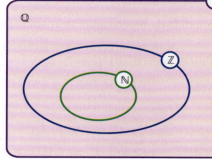

Conjuntos **35**

EXERCÍCIOS PROPOSTOS

40. Classifique em verdadeira ou falsa cada afirmação abaixo:
a) $0,5 \in \mathbb{R}$
b) $-0,3333... \notin \mathbb{R}$
c) $1,21212121...$ é irracional
d) $-\dfrac{1}{16} \in \mathbb{R}$
e) $(\sqrt{3} - 1) \notin \mathbb{Q}$
f) $\dfrac{1}{\sqrt{2}} \in \mathbb{Q}$
g) $\mathbb{N} \subset \mathbb{R}$
h) $\mathbb{Z} \not\subset \mathbb{R}$
i) $(\mathbb{Z} - \mathbb{N}) \not\subset (\mathbb{R} - \mathbb{Q})$
j) $\mathbb{Q} \cap \{\text{irracionais}\} = \emptyset$
k) $\mathbb{R} \cap \mathbb{Q} = \mathbb{Z}$

41. Identifique as afirmações verdadeiras e corrija as falsas.
a) Nenhum número real é racional.
b) Nenhum número irracional é racional.
c) Existe número real que não é racional.
d) Existe número racional que não é real.
e) Todo número real é irracional ou racional.
f) Todo número real é inteiro, mas nem todo inteiro é real.

42. Identifique os elementos dos conjuntos numéricos abaixo, subconjuntos do universo $\mathbb{R}$.
a) $\mathbb{R} - \{0\}$
b) $\mathbb{R}_- \cap \mathbb{Q}$
c) $(\mathbb{R}^* \cap \mathbb{Q}) - \mathbb{Z}$
d) $\mathbb{Q}^c$
e) $\mathbb{R} - \mathbb{Q}^c$
f) $(\mathbb{Z} - \mathbb{N}) \cap \mathbb{Q}^c$
g) $\mathbb{Q}^c \cup (\mathbb{Q} - \mathbb{Z})$

Representação dos números reais na reta numérica

No Ensino Fundamental, você viu que podemos associar, de maneira única, *números* a *pontos* de uma reta, que é chamada de **reta numérica** (em que colocamos uma orientação de ordenação). Isso foi feito, inicialmente, com os números naturais e com os inteiros.

Da mesma forma, representamos todos os números racionais nessa reta; porém, apesar de todos eles terem um ponto correspondente, nela restarão pontos que não correspondem a nenhum dos números racionais.

Para exemplificar essa ideia, observe a construção a seguir. Tomemos dois triângulos retângulos conforme mostra a figura:

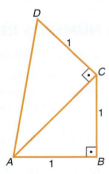

Sabemos também que, em todo triângulo retângulo, é válido o teorema de Pitágoras:

(medida da hipotenusa)² = (medida de um cateto)² + (medida de outro cateto)²

Aplicando, então, esse teorema aos dois triângulos, podemos determinar a medida de suas hipotenusas:

$$(AC)^2 = (AB)^2 + (BC)^2 \quad \text{e} \quad (AD)^2 = (AC)^2 + (CD)^2$$

Dessa forma, temos:

$(AC)^2 = 1^2 + 1^2 \Rightarrow (AC)^2 = 1 + 1 = 2 \Rightarrow AC = \sqrt{2}$ (pois $AC > 0$)

$(AD)^2 = (\sqrt{2})^2 + 1^2 \Rightarrow (AD)^2 = 2 + 1 = 3 \Rightarrow AC = \sqrt{3}$ (pois $AD > 0$)

Responda

É possível encontrar um número irracional entre dois números racionais? E um número racional entre dois irracionais?

Saiba +

$A \Rightarrow B$, lê-se
se A então B ou A implica em B.

Adotando a medida do lado $\overline{AB}$ como a unidade na reta numérica, podemos associar ao ponto A o número 0 (zero) e ao ponto B o número 1 (um). Com o auxílio de um compasso, podemos transportar as medidas das hipotenusas $\overline{AC}$ e $\overline{AD}$ para a reta numérica.

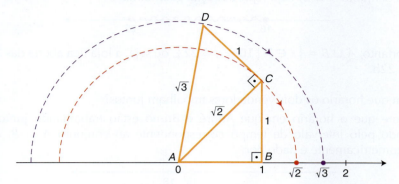

Portanto, existem pontos na reta que são representados por números irracionais.

Como a cada ponto corresponde um único número (e vice-versa), apenas ao fazermos a reunião dos números racionais com os irracionais esgotamos todos os pontos da reta, ou seja, somente o conjunto dos números reais *completa* a reta, que, nesse caso, é denominada **reta real**.

Exercício Proposto

43. Represente na reta real os seguintes números:

$$\pi, \sqrt{5}, -\sqrt{5}, \frac{\sqrt{5}-1}{2}, -\frac{4}{3} \text{ e } -0{,}25$$

Intervalos reais

Considere a situação a seguir.

Uma loja tem dois vendedores: André, que trabalha das 10h às 18h, e Bruno, que fica das 16h às 22h. A loja deve ter *pelo menos* um vendedor enquanto permanecer aberta.

Note que os horários de trabalho de André e de Bruno são dados por intervalos de tempo, que podem ser associados a números reais. Cada intervalo de tempo é um subconjunto de $\mathbb{R}$.

A *reta real* vai nos auxiliar a representar esses subconjuntos.

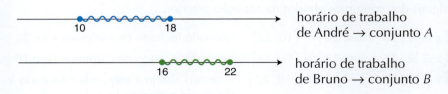

Quando expressos por sentenças matemáticas, os conjuntos A e B têm de traduzir a sua representação geométrica dada na reta real. Veja como isso pode ser feito:

$$A = \{x \in \mathbb{R} \mid 10 \leq x \leq 18\} \text{ e } B = \{x \in \mathbb{R} \mid 16 \leq x \leq 22\}$$

Dessa forma, podemos responder algumas questões sobre essa situação.

a) Qual é o horário de funcionamento da loja?

Durante o tempo em que a loja fica aberta, André **ou** Bruno devem estar trabalhando. Logo, o horário da loja é o intervalo de tempo correspondente ao conjunto $A \cup B$, cuja representação geométrica é:

Portanto, $A \cup B = \{x \in \mathbb{R} \mid 10 \leq x \leq 22\}$, ou seja, a loja fica aberta das 10h às 22h.

b) Em que horário os dois vendedores trabalham juntos?

Note que o horário em que André **e** Bruno estão trabalhando juntos é dado pelo intervalo de tempo correspondente ao conjunto $A \cap B$, que geometricamente é dado por:

Logo, $A \cap B = \{x \in \mathbb{R} \mid 16 \leq x \leq 18\}$, ou seja, os dois trabalham juntos das 16h às 18h.

c) Qual é o horário em que cada um trabalha sozinho?

Devemos encontrar o intervalo de tempo em que um está e o outro não. Note que às 18h os dois ainda estão juntos. Somente após às 18h Bruno fica só, ou seja, o horário em que Bruno trabalha sozinho é o intervalo de tempo correspondente ao conjunto $B - A$. Veja como representamos esse conjunto geometricamente:

Assim: $B - A = \{x \in \mathbb{R} \mid 18 < x \leq 22\}$

Para André, raciocinamos da mesma forma: ele está sozinho até antes das 16h. Então, o horário em que só André trabalha é o intervalo de tempo correspondente ao conjunto $A - B$, que geometricamente é dado por:

Portanto: $A - B = \{x \in \mathbb{R} \mid 10 \leq x < 16\}$

Os subconjuntos de números reais determinados por desigualdades são chamados de **intervalos reais** ou, simplesmente, de **intervalos**. Observe que nem sempre os extremos de um intervalo real pertencem a ele (caso dos conjuntos $A - B$ e $B - A$).

Dada a sua grande importância na Matemática, os intervalos reais podem ser indicados de uma forma mais simples. Observe como indicamos alguns dos conjuntos obtidos na situação anterior:

$\{x \in \mathbb{R} \mid 10 \leq x \leq 22\} = [10, 22]$ intervalo fechado de extremos 10 e 22

$\{x \in \mathbb{R} \mid 16 \leq x \leq 18\} = [16, 18]$ intervalo fechado de extremos 16 e 18

$\{x \in \mathbb{R} \mid 18 < x \leq 22\} = \,]18, 22]$ intervalo aberto à esquerda e fechado à direita de extremos 18 e 22

$\{x \in \mathbb{R} \mid 10 \leq x < 16\} = [10, 16[$ intervalo fechado à esquerda e aberto à direita de extremos 10 e 16

Note que o intervalo é chamado de **fechado** apenas quando os dois extremos pertencem a ele. Da mesma forma, é chamado de **intervalo aberto** somente quando os dois extremos não pertencem a ele.

Então, dados dois números reais quaisquer, *a* e *b*, veja as possibilidades de intervalos que temos:

$\{x \in \mathbb{R} \mid a \leq x \leq b\} = [a, b]$ intervalo fechado

$\{x \in \mathbb{R} \mid a < x \leq b\} = \,]a, b]$ intervalo aberto à esquerda e fechado à direita

$\{x \in \mathbb{R} \mid a \leq x < b\} = [a, b[$ intervalo fechado à esquerda e aberto à direita

$\{x \in \mathbb{R} \mid a < x < b\} = \,]a, b[$ intervalo aberto

$\{x \in \mathbb{R} \mid x \leq a\} = \,]-\infty, a]$ intervalo aberto em $-\infty$ e fechado à direita em *a*

$\{x \in \mathbb{R} \mid x < a\} = \,]-\infty, a[$ intervalo aberto

$\{x \in \mathbb{R} \mid x \geq a\} = [a, +\infty[$ intervalo fechado à esquerda em *a* e aberto em $+\infty$

$\{x \in \mathbb{R} \mid x > a\} = \,]a, +\infty[$ intervalo aberto

Observações

1. Os símbolos $+\infty$ ("mais infinito") e $-\infty$ ("menos infinito") *não são* números reais. Onde eles aparecem indicam que o intervalo continua indefinidamente (à esquerda, à direita ou em ambos os sentidos).
2. Na representação geométrica dos intervalos na reta real, temos a seguinte convenção:
   - o extremo marcado com bolinha cheia (●) indica que o número pertence ao intervalo;
   - o extremo marcado com bolinha vazia (○) indica que o número não pertence ao intervalo.

   Por exemplo:

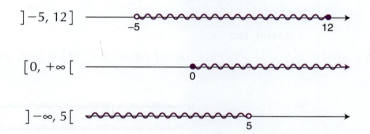

3. Nas indicações de $-\infty$ e $+\infty$ o intervalo sempre será aberto.
4. O conjunto dos números reais também é considerado um intervalo:

   $$\mathbb{R} = \,]-\infty, +\infty[\text{ intervalo aberto}$$

5. Todos os intervalos de extremos distintos são conjuntos infinitos.

▶ Exercício Resolvido

ER. 18 Sejam os conjuntos:

$A = \,]-1, 1[$

$B = \{x \in \mathbb{R} \mid 1 < x \leq 4 \text{ e } x \neq 3\}$

$C = [3, 5]$

Determine:
a) $A \cup B \cup C$
b) $B \cap C$

Resolução: Vamos obter os conjuntos solicitados usando a representação geométrica.

a) $A \cup B \cup C$

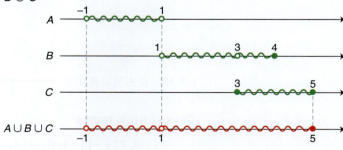

Logo, $A \cup B \cup C = \{x \in \mathbb{R} \mid -1 < x \leq 5 \text{ e } x \neq 1\}$.

b) $B \cap C$

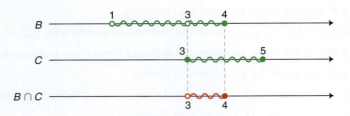

Logo, $B \cap C = \,]3, 4]$.

ER. 19 Determine os conjuntos abaixo, e represente-os.
a) $\mathbb{R} - \{x \in \mathbb{R} \mid x \leq -3\}$
b) $\mathbb{R} - \{x \in \mathbb{R} \mid x \neq -5\}$
c) $[-8, 12] - A$ sendo $A = \,]-4, 0] \cup [8, 12[$

Resolução:

a) Note que $\mathbb{R} = \,]-\infty, +\infty[$ e $\{x \in \mathbb{R} \mid x \leq -3\} = \,]-\infty, -3]$. Assim:

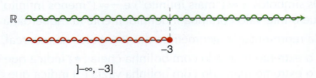

Assim, temos:
$$\mathbb{R} - \{x \in \mathbb{R} \mid x \leq -3\} = \,]-3, +\infty[$$

b)

$\mathbb{R}$
-5

$]-\infty, -5[\, \cup \,]-5, +\infty[$

$\mathbb{R} - \{x \in \mathbb{R} \mid x \neq -5\}$
-5

Daí, vem:
$$\mathbb{R} - \{x \in \mathbb{R} \mid x \neq -5\} = \{-5\}$$

c)

$[-8, 12]$
$-8 \quad\quad\quad\quad 12$

$-4 \quad 0 \quad\quad 8 \quad 12$

$]-4, 0] \cup [8, 12[$

$[-8, 12] - (]-4, 0] \cup [8, 12[)$
$-8 \quad -4 \quad 0 \quad\quad 8 \quad 12$

Dessa forma, temos:
$$[-8, 12] - (]-4, 0] \cup [8, 12[) = [-8, -4] \cup \,]0, 8[\cup \{12\} =$$
$$= \{x \in \mathbb{R} \mid -8 \leq x \leq -4 \text{ ou } 0 < x < 8 \text{ ou } x = 12\}$$

ER. 20 Sendo $5 \leq x \leq 8$ e $7 \leq y \leq 10$, quais são os valores mínimo e máximo da expressão $2x + 3y$?

Resolução:

$5 \leq x \leq 8 \Rightarrow 2 \cdot 5 \leq 2 \cdot x \leq 2 \cdot 8 \Rightarrow 10 \leq 2x \leq 16$
$7 \leq y \leq 10 \Rightarrow 3 \cdot 7 \leq 3 \cdot y \leq 3 \cdot 10 \Rightarrow 21 \leq 3y \leq 30$

Como os dois intervalos obtidos são formados de números positivos e estão ordenados de forma crescente, temos:

$10 + 21 \leq 2x + 3y \leq 16 + 30 \Rightarrow 31 \leq 2x + 3y \leq 46$

Assim, o valor mínimo dessa expressão é 31 e o valor máximo é 46.

Exercícios Propostos

44. Represente no eixo real os seguintes conjuntos:
a) $A = \{x \in \mathbb{R} \mid x > 3\}$
b) $B = \{x \in \mathbb{R} \mid x \geq 5\}$
c) $C = \{x \in \mathbb{R} \mid x < -1\}$
d) $D = \mathbb{R}_+$
e) $E = \{x \in \mathbb{R} \mid 0 \leq x \leq 7\}$
f) $F = \mathbb{R}_-^*$

45. Represente com notação de intervalo os conjuntos do exercício anterior.

46. Usando a representação geométrica, determine os conjuntos abaixo e expresse-os com notação de intervalo.
a) $A \cap B$, sendo $A = \{x \in \mathbb{R} \mid 3 \leq x \leq 8\}$ e $B = \{x \in \mathbb{R} \mid 2 < x < 4\}$
b) $C \cup D$, sendo $C = \{x \in \mathbb{R} \mid 3 \leq x < 7\}$ e $D = \{x \in \mathbb{R} \mid 1 < x \leq 6\}$
c) $E = (C \cup D) - (A \cap B)$, sendo A, B, C e D os conjuntos descritos nos itens **a** e **b**.

47. Represente os intervalos usando a notação de conjunto com chaves.
a) $[3, 5[$
b) $]2, 7]$
c) $[-1, 3]$
d) $]-2, 4[$
e) $[2, 8[$
f) $]-8, 3]$
g) $[1, 1]$
h) $]1, 1[$
i) $]-\infty, 1]$

48. Represente com notação de intervalo os conjuntos indicados no eixo real:

a)

b)

c)

d)

49. Dados os intervalos $A = [2, 7]$ e $C =]3, 6]$, obtenha:
a) $A \cap C$
b) $A \cup C$
c) $A - C$
d) $C - A$
e) $A \cap (C - A)$
f) $A - (C - A)$

50. Sabendo que $A = [2, 5]$, $B - A =]5, 8]$ e $A - B = [2, 4]$, obtenha $A \cup B$ e $A \cap B$.

51. Para $4 \leq x \leq 13$ e $5 \leq y \leq 10$, calcule o menor e o maior valor que $\frac{x}{y}$ pode assumir e expresse-os na forma decimal.

Encare Essa!

1. Se um número real a é tal que $0 < a < 1$, então:
   a) $-1 < \frac{1}{a} < 0$
   b) $\frac{1}{a} = 1$
   c) $a^2 > 1$
   d) $\frac{1}{a} > 1$
   e) $-a > 0$

2. Se $0 < a < b < 1$, então:
   a) $a + b > 1$
   b) $a - b > 0$
   c) $\frac{a}{b} < 1$
   d) $\frac{1}{a} < 0$
   e) $\frac{b}{a} < 1$

3. (UFES) Uma empresa tem 180 funcionários. Dentre os funcionários que torcem pelo Flamengo, 25% também torce pelo Cruzeiro. Dentre os funcionários que torcem pelo Cruzeiro, $\frac{1}{8}$ também torce, simultaneamente, pelo Flamengo e pelo Rio Branco. Nessas condições:
   a) mostre que, no máximo, 16 funcionários da empresa torcem, simultaneamente, pelo Flamengo, pelo Cruzeiro e pelo Rio Branco;
   b) admitindo que, dentre os funcionários da empresa:
      - 80 torcem pelo Flamengo;
      - 20 torcem pelo Rio Branco e não torcem nem pelo Flamengo nem pelo Cruzeiro;
      - 60 não torcem nem pelo Flamengo, nem pelo Cruzeiro, nem pelo Rio Branco;

   calcule o número de funcionários que torcem, simultaneamente, pelo Flamengo, pelo Cruzeiro e pelo Rio Branco.

História & Matemática

Analisando o processo de desenvolvimento histórico de conceitos matemáticos, observa-se, na maioria dos casos, que um longo processo pode ser traçado, no qual ideias relacionadas se encontram potencialmente presentes até que um último *insight*, comumente produzido por alguns matemáticos simultaneamente, resulta em uma descoberta de grande importância.

Entretanto, a história da *teoria de conjuntos* não segue esse modelo, mas tem sua origem de maneira pontual em 1874 com a publicação de um trabalho do matemático russo Georg Cantor (1845-1918), que investigava o conceito de conjunto como um objeto matemático. Ele concebeu a ideia de conjunto como um conceito primitivo, caracterizado por qualquer coleção bem definida de objetos passíveis de serem distinguidos, tais como uma coleção de pedras, uma coleção de números, uma coleção de coisas diferentes, ou seja, uma coleção ou uma lista bem definida de objetos, símbolos etc. Nesse sentido, qualquer agrupamento pode ser denominado *conjunto*, sendo este constituído por *elementos*.

Em sua teorização, conjuntos podiam possuir qualquer número de elementos, podendo ter até mesmo infinitos elementos, como, por exemplo, o conjunto dos números naturais. Para tratar formalmente tais conjuntos infinitos, Cantor tentou transferir para eles procedimentos intuitivos e relativamente óbvios utilizados em conjuntos finitos. Tal tentativa o levou ao estabelecimento de um critério para comparar coleções infinitas, por meio da *correspondência um a um* entre seus elementos, generalizando o conceito de *número de elementos* de um conjunto finito para o conceito de *cardinalidade* de um conjunto infinito. Por exemplo, o conjunto dos números naturais pares possui a mesma cardinalidade do conjunto dos números naturais ímpares, pois pode-se estabelecer uma correspondência um a um entre cada número par e este acrescido de um, que é naturalmente um número ímpar, resultando na associação de 0 ao 1, de 2 ao 3, de 4 ao 5 etc. Logo, os conjuntos dos números pares e dos números ímpares, que são ambos infinitos, possuem a mesma cardinalidade, segundo a definição de Cantor.

Considerando conjunto como uma noção fundamental e tratando de suas propriedades, a teoria de conjuntos básica abarca fundamentalmente relações de pertinência, propriedades elementares das operações união e intersecção, diferença e complementar de conjuntos, princípios de inclusão e exclusão, bem como técnicas de contagem elementar. As pesquisas de Cantor sobre teoria de conjuntos o levaram ao desenvolvimento de uma teoria de conjuntos mais abstrata, que considera a generalização do conceito de conjunto, o que proporcionou o desenvolvimento não somente de diferentes áreas dentro da própria Matemática, mas de muitas ciências de grande importância na atualidade.

Reflexão e ação

Qual conjunto você acha que tem mais elementos: o conjunto dos números naturais ou o dos números naturais pares?

Agora, verifique qual deles tem mais elementos utilizando o critério de Cantor.

GRASIELE L. F. CORTEZ

ATIVIDADES DE REVISÃO

1. Determine quantos elementos tem cada um dos conjuntos abaixo.
   a) $\{x \text{ é natural} \mid 5 < x < 10\}$
   b) $\{x \text{ é natural} \mid 5 \leq x \leq 10\}$
   c) $\{x \text{ é natural} \mid x \leq 5\}$
   d) $\{x \text{ é natural} \mid x \geq 5\}$
   e) $\{x \text{ é inteiro} \mid x \leq 5\}$
   f) $\{x \text{ é natural} \mid x < 0\}$

2. Represente todos os subconjuntos de $A = \{1, 2, 3\}$.

3. Quantos subconjuntos tem o conjunto $A = \{1, 2, 3\}$?

4. Sendo $A = \{x \text{ é natural} \mid x \leq 5\}$,
   $B = \{x \text{ é inteiro} \mid -2 \leq x \leq 3\}$ e
   $C = \{0, 2, 4, 6, 8, 10\}$, obtenha:
   a) $A \cup B$
   b) $A \cap B$
   c) $A - C$
   d) $C - A$
   e) $A \cup B \cup C$
   f) $A \cap B \cap C$

5. [EDUCAÇÃO] Em uma escola com 200 alunos sabemos que 120 estudam Espanhol, 120 são meninas e 60 meninas estudam Espanhol. Quantos meninos não estudam Espanhol nessa escola?

6. [MARKETING] Ao fazer uma pesquisa para lançar um novo sabor de biscoitos, uma empresa constatou que, dos 1.000 entrevistados, 200 não gostavam de biscoitos, 550 gostaram do novo sabor e 400 preferiram biscoitos do antigo sabor.
   a) Quantas pessoas gostaram dos dois sabores?
   b) Quantos dos entrevistados preferiram somente o novo sabor?
   c) Dentre as pessoas que preferiram um único sabor (antigo ou novo), quantas a mais escolheram o sabor novo em relação ao que já existia?

7. [GEOGRAFIA] Em uma cidade com 5.000 habitantes sabemos que 2.400 são de outro país, 2.700 têm menos de 45 anos e há 800 estrangeiros com 45 anos ou mais.
   a) Quantos habitantes do próprio país com menos de 45 anos moram nessa cidade?
   b) Quantos habitantes não estrangeiros há com 45 anos ou mais?
   c) Nessa cidade, quantos habitantes são estrangeiros ou têm menos de 45 anos?

8. [ADMINISTRAÇÃO] A empresa Quero-Quero pretende criar um turno matutino, além dos vespertino e noturno já existentes. Para isso, fez uma consulta para saber o turno de preferência dos seus funcionários. Todos os 1.000 funcionários escolheram pelo menos um turno dos três existentes. Além disso, constatou-se que:
   - 630 preferem trabalhar no período noturno;
   - 420 querem o período matutino;
   - 300 escolheram o vespertino;
   - 150 gostariam de trabalhar nos períodos matutino e noturno;
   - 130 nos períodos vespertino e noturno;
   - 120 querem matutino e vespertino.

   Quantos funcionários escolheram os três períodos?

9. Determine uma fração geratriz para cada uma das dízimas abaixo.
   a) 0,555...   b) 0,363636...   c) 1,1454545...

10. Considere a dízima periódica obtida pela fração $\dfrac{9}{13}$. Contando sempre da esquerda para a direita, responda aos itens abaixo.
    a) Qual é o primeiro algarismo desse número?
    b) E qual é o terceiro algarismo? E o sétimo algarismo? E o décimo?
    c) Qual é o centésimo algarismo desse número?

11. Classifique como verdadeira ou falsa cada uma das afirmações:
    a) $3 \in \mathbb{N}$
    b) $-1 \in \mathbb{N}$
    c) $-1 \in \mathbb{Z}$
    d) $3 \in \mathbb{Z}^*$
    e) $0 \in \mathbb{N}^*$
    f) $\dfrac{2}{3} \in \mathbb{N}$
    g) $\dfrac{2}{3} \in \mathbb{Z}$
    h) $-5 \in \mathbb{Z}_+$
    i) $0 \in \mathbb{Z}_+$

12. Identifique as afirmações verdadeiras e corrija as falsas.
    a) $0 \in \mathbb{Q}$
    b) $-1 \in \mathbb{Q}$
    c) $\dfrac{\sqrt{12}}{\sqrt{3}} \in \mathbb{Q}$
    d) $0,5 \notin \mathbb{Q}$
    e) $\sqrt{16} \notin \mathbb{Q}$
    f) $(\sqrt{5} - 1) \cdot (\sqrt{5} + 1) \in \mathbb{Q}$
    g) $0 \in \mathbb{Q}^*$
    h) $\sqrt{3} \in \mathbb{Q}$
    i) $(5 + \sqrt{2}) \in \mathbb{Q}$

13. Mostre que o número $\sqrt{11 + 6\sqrt{2}} + \sqrt{11 - 6\sqrt{2}}$ é racional.

14. Represente na notação de intervalo cada um dos conjuntos abaixo.
    a) $A = \{x \in \mathbb{R} \mid x \geq 3\}$
    b) $B = \{x \in \mathbb{R} \mid x < 5\}$
    c) $C = \{x \in \mathbb{R} \mid 2 \leq x \leq 7\}$
    d) $D = \{x \in \mathbb{R} \mid -3 < x \leq 5\}$
    e) $E = \{x \in \mathbb{R} \mid 5 \leq x < 8\}$
    f) $F = \{x \in \mathbb{R} \mid 2 < x < 4\}$

15. Sendo $A = [2, 5]$ e $B = \,]3, 6[$, determine:
    a) $A \cup B$
    b) $A \cap B$
    c) $A - B$
    d) $B - A$
    e) $\complement_{\mathbb{R}}^{A}$
    f) $\complement_{\mathbb{R}}^{B}$

Conjuntos 43

16. Dados os intervalos
$$A = [2, 7], B = \,]5, 9[\text{ e } C = \,]3, 6],$$
obtenha:
a) $A \cap B$
b) $A \cup B$
c) $A - B$
d) $B - A$
e) $(A \cap B) - C$
f) $(A - B) \cap C$

17. Considere a e b dois números reais positivos menores que 1 tais que $a < b$. Represente no eixo real os números a, b, ab, $\frac{1}{a}$, $(b - a)$ e $(a - b)$.

18. Se $2 \leq x \leq 3$ e $4 \leq y \leq 5$, determine o intervalo para $x + y$. Qual é o valor mínimo de $x + y$? E o máximo?

QUESTÕES PROPOSTAS DE VESTIBULAR

1. (FEI – SP) Se A é um conjunto de números primos, identifique a alternativa incorreta:
a) $A = \{2, 5, 11, 29\}$
b) $A = \{3, 7, 13, 37\}$
c) $A = \{5, 11, 17, 27\}$
d) $A = \{2, 41, 89\}$
e) $A = \{43, 83, 91\}$

2. (UEA – AM) Quantos são os subconjuntos de $\{1, 2, 3, 4, 5, 6\}$ que contêm pelo menos um múltiplo de 3?
a) 32
b) 36
c) 48
d) 60
e) 64

3. (FEI – SP) Sejam os conjuntos numéricos
$A = \{2, 4, 8, 12, 14\}$, $B = \{5, 10, 15, 20, 25\}$,
$C = \{1, 2, 3, 18, 20\}$ e $\emptyset$ o conjunto vazio.
É correto afirmar que:
a) $B \cap C = \emptyset$
b) $A - C = \{-6, 1, 2, 4, 5\}$
c) $A \cap C = \{1, 2, 3, 4, 8, 12, 14, 20\}$
d) $(A - C) \cap (B - C) = \emptyset$
e) $A \cup C = \{3, 6, 11, 20, 34\}$

4. (Uneal) Na figura abaixo, R é um retângulo, T é um triângulo e C, um círculo.

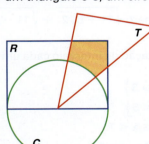

A região destacada representa o seguinte conjunto:
a) $(T \cap R) - C$
b) $(T \cap C) - R$
c) $(T \cup C) - R$
d) $(R \cup C) - T$
e) $(R - T) \cap C$

5. (UEPB) Considere os conjuntos X e Y, e as proposições abaixo:
I. Se $X \subset Y$, então $X \cap Y \subset X$.
II. $X \cup \emptyset \subset \emptyset$
III. Se $A \subset X$ e $X \subset Y^c$, então $A \cap Y = \emptyset$.
(Y^c: complementar de Y)

Classificando as sentenças em verdadeiras (V) ou falsas (F), obtemos, nesta ordem:
a) F, V, F
b) V, V, F
c) F, V, V
d) V, F, V
e) V, F, F

6. (FGV – SP) Sejam A, B e C conjuntos finitos. O número de elementos de $A \cap B$ é 30, o número de elementos de $A \cap C$ é 20 e o número de elementos de $A \cap B \cap C$ é 15. Então, o número de elementos de $A \cap (B \cup C)$ é igual a:
a) 35
b) 15
c) 50
d) 45
e) 20

7. (UFG – GO) A afirmação "Todo jovem que gosta de Matemática adora esportes e festas" pode ser representada segundo o diagrama:
$M = \{\text{jovens que gostam de Matemática}\}$
$E = \{\text{jovens que adoram esportes}\}$
$F = \{\text{jovens que adoram festas}\}$

a)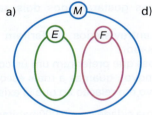

d)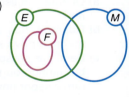

b)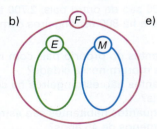

e)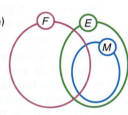

c)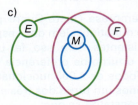

44 MATEMÁTICA — UMA CIÊNCIA PARA A VIDA

8. (Ibmec – SP) Em certo país, sabe-se que:
- todo médico usa roupa branca;
- nem todas as pessoas que usam roupa branca trabalham em hospitais.

Uma pessoa faz as afirmações seguintes referindo-se a esse país:

I. Somente médicos trabalham em hospitais.
II. Existem médicos que não trabalham em hospitais.
III. Algumas pessoas que trabalham em hospitais não usam roupa branca.

Pode-se concluir que é(são) necessariamente verdadeira(s):

a) as afirmações II e III.
b) a afirmação III.
c) a afirmação II.
d) a afirmação I.
e) nenhuma das três afirmações.

9. (Unifor – CE – adaptada) Sejam os conjuntos:

A, das consoantes da palavra CEARÁ
B, das vogais da palavra CEARÁ
C, das consoantes da palavra FORTALEZA
D, das vogais da palavra FORTALEZA

Sobre as afirmações:

I. $A \subset C$
II. $D - B = \{O\}$
III. $A \cup B = \{A, C, E, R\}$

está correto SOMENTE o que se afirma em:

a) I   c) III   e) II e III
b) II   d) I e II

10. (UPF – RS) No diagrama abaixo

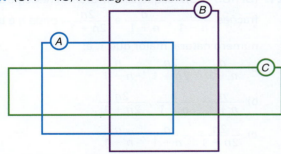

a parte sombreada representa:

a) $B \cap C$ d) $(A \cup C) - B$
b) $(A \cup B) - C$ e) $A \cap C$
c) $(B \cap C) - A$

11. (UFBA) 35 estudantes estrangeiros vieram ao Brasil. 16 visitaram Manaus; 16, São Paulo e 11, Salvador. Desses estudantes, 5 visitaram Manaus e Salvador e, desses 5, 3 visitaram também São Paulo. O número de estudantes que visitaram Manaus ou São Paulo foi:

a) 29   c) 11   e) 5
b) 24   d) 8

12. (UFPE) Em uma pesquisa de mercado, foram entrevistados consumidores sobre suas preferências em relação aos produtos A e B. Os resultados da pesquisa indicaram que:
- 310 pessoas compram o produto A;
- 220 pessoas compram o produto B;
- 110 pessoas compram os produtos A e B;
- 510 pessoas não compram nenhum dos dois produtos.

Indique o número de consumidores entrevistados, dividido por 10.

13. (Ibmec – SP – adaptada) Uma escola irá escolher duas pessoas dentre os seus 20 melhores alunos para representá-la em um encontro de estudantes no Canadá, país que possui dois idiomas oficiais, o inglês e o francês. Sabe-se que, nesse grupo, apenas dois alunos não falam nem inglês nem francês, sendo que 16 falam inglês e 7 falam francês. Quantos alunos falam francês e inglês?

14. (UFC – CE) Em uma turma com 40 alunos, sabe-se que 20% da turma já leu o livro *Quincas Borba* e 40% já leu o livro *Dom Casmurro*.

Podemos afirmar com certeza que:

a) algum aluno já leu os dois livros.
b) nenhum aluno leu os dois livros.
c) escolhidos 30 alunos quaisquer na turma, algum deles já leu *Quincas Borba*.
d) mais de 20 alunos já leram algum dos livros.
e) escolhidos 25 alunos quaisquer na turma, algum deles já leu *Dom Casmurro*.

15. (FAAP – SP) Uma pesquisa feita entre os moradores de um condomínio mostrou que 65% deles assinam o jornal *A Bolha*, 40% assinam a revista *Leija* e 25% assinam ambas as publicações. Qual é a porcentagem de moradores que não assinam o jornal nem a revista?

a) 8%   c) 5%   e) 2%
b) 18%   d) 20%

16. (PUC – RJ) Um trem viajava com 242 passageiros, dos quais:
- 96 eram brasileiros;
- 64 eram homens;
- 47 eram fumantes;
- 51 eram homens brasileiros;
- 25 eram homens fumantes;
- 36 eram brasileiros fumantes;
- 20 eram homens brasileiros fumantes.

Calcule:

a) o número de mulheres brasileiras não fumantes;
b) o número de homens fumantes não brasileiros;
c) o número de mulheres não brasileiras, não fumantes.

17. (UFPA) Feita uma pesquisa entre 100 alunos, do Ensino Médio, acerca das disciplinas Português, Geografia e História, constatou-se que 65 gostam de Português, 60 gostam de Geografia, 50 gostam de História, 35 gostam de Português e Geografia, 30 gostam de Geografia e História, 20 gostam de História e Português e 10 gostam dessas três disciplinas. O número de alunos que não gosta de nenhuma dessas disciplinas é:

a) 0
b) 5
c) 10
d) 15
e) 20

18. (UFES – adaptada)

O Brasil é um país que possui imensa dívida social, também no âmbito urbano. Alguns autores preferem chamar de "tragédia urbana" este quadro que se desenvolveu principalmente ao longo do século XX, mas que tem raízes no período colonial. Atualmente, mais de 80% da população brasileira, de 184 milhões de habitantes, vivem nas cidades. Os déficits são impressionantes. Faltam moradias para 7,2 milhões de famílias – 5,5 milhões das quais nas áreas urbanas. Cerca de 10,2 milhões de moradias carecem de pelo menos um dos serviços públicos básicos (abastecimento de água, esgotamento sanitário, coleta de lixo ou fornecimento de energia elétrica). As cidades possuem 18 milhões de pessoas sem abastecimento público de água potável, 93 milhões sem rede de esgotos sanitários e 14 milhões sem coleta de lixo. Cerca de 70% do esgoto coletado é despejado *in natura* nos rios, mares e corpos d'água, gerando impactos no ambiente e na saúde humana. A cada ano, aproximadamente 33 mil pessoas morrem e 400 mil são feridas por acidentes de trânsito no país.

(*Le Monde Diplomatique Brasil*, abril 2008)

Existem, nas cidades brasileiras, 18 milhões de pessoas sem abastecimento público de água potável, 93 milhões sem rede de esgotos sanitários e 14 milhões sem coleta de lixo. Admita que 103 milhões dessas pessoas carecem de pelo menos um desses serviços públicos básicos e que 6 milhões não usufruem nenhum desses serviços. O número de pessoas, em milhões, que usufruem exatamente um desses serviços é:

a) 8
b) 10
c) 12
d) 14
e) 16

19. (UFPA) Um professor de Matemática, ao lecionar teoria dos conjuntos em uma certa turma, realizou uma pesquisa sobre as preferências clubísticas de seus *n* alunos, tendo chegado ao seguinte resultado:

- 23 alunos torcem pelo Paysandu Sport Club;
- 23 alunos torcem pelo Clube do Remo;
- 15 alunos torcem pelo Clube de Regatas Vasco da Gama;
- 6 alunos torcem pelo Paysandu e pelo Vasco;
- 5 alunos torcem pelo Vasco e pelo Remo.

Se designarmos por *A* o conjunto dos torcedores do Paysandu, por *B* o conjunto dos torcedores do Remo e por *C* o conjunto dos torcedores do Vasco, todos da referida turma, teremos, evidentemente, $A \cap B = \emptyset$.

Concluímos que o número *n* de alunos dessa turma é:

a) 49
b) 50
c) 47
d) 45
e) 46

20. (UFMG) Considere o conjunto de números racionais $M = \left\{ \dfrac{5}{9}, \dfrac{3}{7}, \dfrac{5}{11}, \dfrac{4}{7} \right\}$.

Seja *x* o menor elemento de *M* e *y* o maior elemento de *M*. Então, é CORRETO afirmar que:

a) $x = \dfrac{5}{11}$ e $y = \dfrac{4}{7}$

b) $x = \dfrac{3}{7}$ e $y = \dfrac{5}{9}$

c) $x = \dfrac{3}{7}$ e $y = \dfrac{4}{7}$

d) $x = \dfrac{5}{11}$ e $y = \dfrac{5}{9}$

21. (UFRGS – RS) A sequência em ordem crescente das frações $\dfrac{n}{n-1}, \dfrac{n}{n+1}$ e $\dfrac{2n}{2n+1}$, onde *n* é um número natural maior que 1, é:

a) $\dfrac{n}{n+1}, \dfrac{2n}{2n+1}, \dfrac{n}{n-1}$

b) $\dfrac{n}{n+1}, \dfrac{n}{n-1}, \dfrac{2n}{2n+1}$

c) $\dfrac{2n}{2n+1}, \dfrac{n}{n+1}, \dfrac{n}{n-1}$

d) $\dfrac{2n}{2n+1}, \dfrac{n}{n-1}, \dfrac{n}{n+1}$

e) $\dfrac{n}{n-1}, \dfrac{n}{n+1}, \dfrac{2n}{2n+1}$

22. (PUC – RJ) Escreva na forma de fração $\dfrac{m}{n}$ a soma:

$$0,2222\ldots + 0,23333\ldots$$

23. (Uespi) Qual o valor de $\sqrt{1,777\ldots}$?

a) 1,222...
b) 1,333...
c) 1,555...
d) 1,666...
e) 1,777...

46 MATEMÁTICA — UMA CIÊNCIA PARA A VIDA

24. (Fuvest – SP) O menor número inteiro positivo que devemos adicionar a 987 para que a soma seja o quadrado de um número inteiro positivo é:
a) 37 c) 35 e) 33
b) 36 d) 34

25. (UTFPR – adaptada) De acordo com a representação geométrica de números reais a seguir, considere as afirmações:

I. $\dfrac{b}{c} < 1$ III. $bc < c$
II. $a + b > 0$ IV. $ac > b$

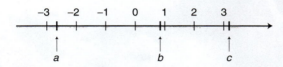

Somente estão corretas as afirmações:
a) I e III
b) II e III
c) I, II e IV
d) III e IV
e) I, II e III

26. (UFG – GO) Sejam os conjuntos:
$A = \{2n \mid n \in \mathbb{Z}\}$ e $B = \{2n - 1 \mid n \in \mathbb{Z}\}$
Sobre esses conjuntos, pode-se afirmar:
I. $A \cap B = \varnothing$
II. A é o conjunto dos números pares.
III. $B \cup A = \mathbb{Z}$
Está correto o que se afirma em:
a) I e II, apenas
b) II, apenas
c) II e III, apenas
d) III, apenas
e) I, II e III

27. (UECE) Se x e y são números reais que satisfazem, respectivamente, as desigualdades
$$2 \leq x \leq 15 \text{ e } 3 \leq y \leq 18$$
então todos os números da forma $\dfrac{x}{y}$, possíveis, pertencem ao intervalo:
a) $[5, 9]$
b) $\left[\dfrac{2}{3}, \dfrac{5}{6}\right]$
c) $\left[\dfrac{3}{2}, 6\right]$
d) $\left[\dfrac{1}{9}, 5\right]$

Programas de Avaliação Seriada

1. (PAS – UnB – DF) Ao investigar, em três bares – P, Q e R –, um crime ocorrido no último sábado à noite, a polícia identificou 11 suspeitos e descobriu os seguintes fatos:

I. 5 suspeitos estiveram em P sábado à noite;
II. 4 suspeitos permaneceram em R a noite toda, e 3 outros que estiveram por lá, estiveram também em todos os outros bares, em algum momento à noite;
III. 6 suspeitos estiveram em Q;
IV. 1 suspeito esteve fora da cidade a noite toda.

Representando por X o conjunto dos suspeitos que estiveram em determinado bar no sábado à noite, por n(X) o número de elementos de X e por X^c o complementar de X em relação ao conjunto de todos os suspeitos, julgue os itens abaixo.
(1) $n(P \cup Q) = 6$
(2) $n(R^c) > 4$
(3) Os fatos III e IV podem ser representados, respectivamente, por
$n(Q) = 6$ e $n[P \cup Q \cup R^c] = 1$
(4) Se investigações complementares levarem a polícia à conclusão de que o criminoso esteve no bar Q durante toda a noite, então ela será capaz de descobrir quem é o criminoso.

2. (PASES – UFV – MG – adaptada) Em uma cidade do interior de Minas Gerais com 680 mil habitantes há três grupos de voluntariado: Sapos, Louros e Araras. Os Sapos ficaram com 180 mil habitantes; os Louros, com 250 mil e os Araras, com 380 mil. Sabendo-se que os Sapos e os Louros não se misturam e que 80 mil habitantes são Sapos e Araras, é CORRETO afirmar que:
a) 30 mil habitantes são Sapos, Araras e Louros.
b) 50 mil habitantes são Araras e Louros.
c) 90 mil habitantes são Sapos e não são Araras.
d) 320 mil habitantes são Araras e não são Louros.
e) 190 mil habitantes são Louros e não são Araras.

3. (PSS – UFS – SE – adaptada) Sejam as seguintes afirmações:
• Todo homem é um animal.
• Todo animal é mortal.
Com base nessas afirmações e considerando que H, A e M são os conjuntos dos homens, dos animais e dos mortais, respectivamente, analise a veracidade das afirmações seguintes:
(1) $H \subset (M \cap A)$
(2) $H = M - A$
(3) $A \subset (M \cap H)$
(4) $\complement_M^H \cap \complement_M^A = M - A$

4. (PSS – UFAL) Em uma escola, exatamente 0,300300300...% dos alunos estudam todos os dias, e exatamente 30,303030...% dos alunos estudam somente durante os exames. Se o número total de alunos da escola é inferior a 4.000, quantos são os alunos?
a) 3.661
b) 3.662
c) 3.663
d) 3.664
e) 3.665

Conjuntos **47**

Capítulo 2

Objetivos do Capítulo

- Explorar a noção de função a partir de variação de grandezas.
- Definir e identificar funções.
- Estudar alguns tipos de função.
- Identificar, interpretar e esboçar gráficos de algumas funções.
- Trabalhar com composição e inversão de funções.

Estudo Geral de Funções

Eu Como, tu Comes, ele Passa Fome!?!

A maioria das pessoas bem nutridas preocupa-se com os quilogramas que a balança marca. Quer por estética, quer por saúde, "quilos" a mais são, em geral, um problema.

Estamos acostumados a ver na mídia notícias sobre as desigualdades e necessidades do povo brasileiro em diferentes setores: renda, educação, saúde etc. Não é de estranhar, portanto, que o resultado da Pesquisa de Orçamentos Familiares (POF), do IBGE, indique que os brasileiros não estão se alimentando como deveriam. Só que, desta vez, o que chama a atenção é o percentual da população adulta que se encontra acima do "peso": 40,6% ou cerca de 38,6 milhões de habitantes. Destes, 10,5 milhões são considerados obesos.

Se, por um lado, há uma multidão de obesos, por outro há 3,8 milhões de brasileiros que não ingerem as calorias necessárias para manter adequadamente seu organismo. Alguns o fazem por estética, mas, na maioria dos casos, isso ocorre em virtude das precárias condições socioeconômicas da população.

Essa pesquisa utilizou um indicador (IMC – Índice de Massa Corpórea) que relaciona medidas (altura e massa) das pessoas para classificá-las. Como você verá neste capítulo, existem relações entre grandezas que são chamadas de *funções*, e esse será nosso tema central.

1. Sistema de Coordenadas Cartesianas

Na fachada do edifício representado ao lado, cada janela é da sala de um apartamento. Para localizar a janela da sala de seu apartamento, Marina ficou de frente para o prédio e verificou que ela é a 1.ª janela da direita para a esquerda, no 2.º andar, é a de sua sala.

Assim, Marina utilizou:

- *dois números* (1.º e 2.º);
- *duas direções* (vertical, em relação à reta que passa pelo seu corpo, e horizontal, em relação à reta que contém a base do edifício);
- *dois sentidos* (de baixo para cima e da direita para a esquerda).

Em Matemática, procederemos de modo análogo ao de Marina para localizar um ponto no plano.

Já vimos, no capítulo anterior, que a cada número real está associado um único ponto na reta. Essa reta numérica é chamada de **reta real**, e por ser uma reta orientada é também denominada de **eixo real**. Veja alguns pontos destacados neste eixo:

Então, para localizar um ponto no plano, consideremos duas retas numéricas, uma horizontal e outra vertical, perpendiculares entre si, de modo que:

- o ponto de intersecção é aquele que representa o zero nas duas retas;
- na reta horizontal, os pontos à direita do zero representam números reais positivos e à esquerda, negativos;
- na reta vertical, os pontos acima do zero representam números reais positivos e abaixo, negativos.

Essas duas retas numéricas serão denominadas **eixos cartesianos** e o plano determinado por elas, **plano cartesiano**.

Atenção!

Da Geometria sabemos que duas retas (ou eixos) concorrentes determinam um único plano.

> Um **sistema de coordenadas** é composto de um par de eixos perpendiculares entre si e todos os pontos do plano determinado por eles.

Os pontos do plano cartesiano são indicados por um *par ordenado* de números reais, por exemplo, $(2, -1)$, cujos valores são chamados de **coordenadas cartesianas** do ponto.

Cada número representado no eixo horizontal é denominado **abscissa**, e é o primeiro valor indicado no par ordenado. Da mesma forma, cada número representado no eixo vertical é denominado **ordenada**, e é o segundo número indicado no par ordenado.

Ao longo de nosso estudo sobre funções, iremos utilizar um *sistema de coordenadas cartesianas*.

O eixo horizontal é o **eixo das abscissas**, ou eixo x (ou eixo Ox). O eixo vertical é o **eixo das ordenadas**, ou eixo y (ou eixo Oy). O ponto de encontro entre os eixos x e y, cujas coordenadas são $x = 0$ e $y = 0$, denomina-se **origem** do sistema (usualmente indicado por O).

Assim, um ponto P qualquer nesse plano pode ser identificado por uma abscissa (x) e uma ordenada (y), isto é, por um par de números reais, registrados nessa ordem, como $P(x, y)$.

Quando dizemos, por exemplo, que o ponto M tem abscissa 2 e ordenada -1, registramos esse fato assim: $M(2, -1)$ e dizemos que as coordenadas de M são 2 e -1. Observe na figura ao lado como o ponto M é representado no plano cartesiano.

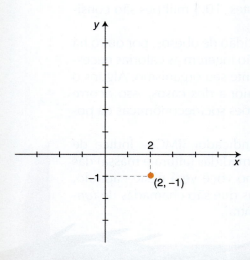

50 MATEMÁTICA — UMA CIÊNCIA PARA A VIDA

Um sistema de eixos cartesianos divide o plano em quatro regiões distintas denominadas **quadrantes**, contados no sentido anti-horário. No exemplo anterior, o ponto *M* pertence ao 4.º quadrante.

Sentido anti-horário é o sentido contrário ao dos ponteiros do relógio.

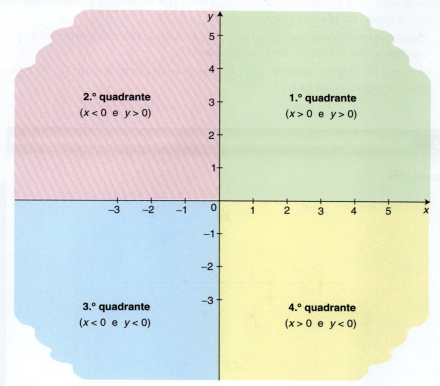

Observação

Repare que:

- os pontos dos eixos não pertencem a qualquer um dos quatro quadrantes;
- os pontos que têm coordenadas positivas estão no 1.º quadrante;
- os pontos que têm coordenadas negativas estão no 3.º quadrante;
- os pontos que têm abscissa negativa e ordenada positiva estão no 2.º quadrante;
- os pontos que têm abscissa positiva e ordenada negativa estão no 4.º quadrante.

Exemplo

Observe como indicamos as coordenadas dos pontos em destaque no plano cartesiano ao lado.

- O ponto *B* pertence ao 1.º quadrante e tem coordenadas (5, 3). Dizemos que 5 é a **abscissa** do ponto *B* (valor em *x*) e 3 é a **ordenada** desse ponto (valor em *y*).
- O ponto *G* de coordenadas (−7, 8) pertence ao 2.º quadrante e tem abscissa −7 e ordenada 8.
- O ponto *H*(−6, −6) pertence ao 3.º quadrante, enquanto *C*(6, −3) é um ponto do 4.º quadrante.
- Os pontos *F*(−3, 0) e *A*(8, 0) são pontos do eixo *x*, das abscissas. Note que por isso eles têm ordenada zero.
- Os pontos *D*(0, 7) e *E*(0, −9) estão sobre o eixo *y*, das ordenadas. Observe que, nesse caso, é a abscissa dos pontos que é zero.

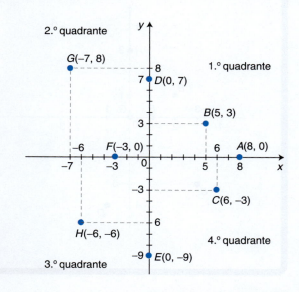

Estudo geral de funções **51**

Observações

1. Qualquer ponto P do plano cartesiano tem suas coordenadas dadas pelo par ordenado (x, y) e vice-versa, isto é, a todo par ordenado corresponde um único ponto do plano cartesiano.
2. Todos os pontos do plano cartesiano que estão no eixo x têm ordenada zero, e os que estão no eixo y têm abscissa zero.
3. O ponto O, origem desse plano, corresponde ao par ordenado (0, 0) e pertence aos dois eixos (x e y).

Exercício Resolvido

ER. 1 Localize os pontos dados abaixo em um plano cartesiano.

$A(-1, -1)$, $B(1; -2,5)$, $C\left(-\dfrac{3}{2}, 0\right)$, $D(0, 0)$, $E(-3, 0)$, $F(0, 2)$ e $G(2, 2)$

Resolução:

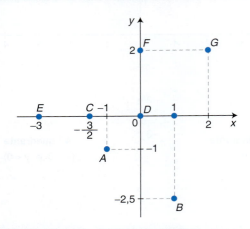

Exercícios Propostos

1. Observe o plano cartesiano abaixo e identifique as coordenadas de cada ponto destacado nele e o local onde o ponto se encontra (quadrantes ou eixos).

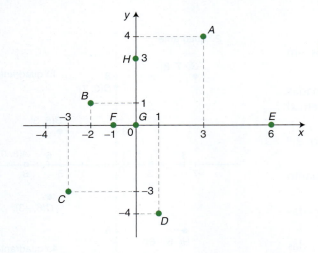

2. Represente em um mesmo plano cartesiano cada um dos pontos abaixo.

$A(2, 3)$ $E(0, 0)$ $I(0,5; 0,5)$
$B(-1, 2)$ $F(-3, -1)$ $J(-0,5; -1)$
$C(0, 2)$ $G(2, -1)$
$D(2, 0)$ $H(-2, 0)$

3. Classifique cada afirmação abaixo como verdadeira ou falsa.

   a) Um ponto do 1.º quadrante tem sempre ordenada negativa.
   b) Um ponto do 2.º quadrante tem sempre abscissa negativa.
   c) Todo ponto do eixo x tem ordenada nula.
   d) Existem pontos do eixo y que têm ordenada não nula.
   e) Existem pontos do 4.º quadrante que têm ordenada positiva.
   f) Um ponto do eixo x pode ter abscissa zero.
   g) Existem pontos do 3.º quadrante com as duas coordenadas iguais.
   h) Todo ponto de um dos eixos tem sempre coordenadas distintas.

Enigmas, Jogos & Brincadeiras

Jogo dos Pares Ordenados

Este jogo envolve dois participantes.

Material

Fazer cartelas contendo os pares ordenados:

(1, 1), (1, 2), (1, 3),
(2, 1), (2, 2), (2, 3),
(3, 1), (3, 2) e (3, 3)

Cada cartela deve conter um único par ordenado.

Regras

Cada jogador pega uma cartela por vez, procurando escolher pares que satisfaçam uma das seguintes condições:

- tenham uma mesma 1.ª coordenada;
- tenham uma mesma 2.ª coordenada;
- tenham as coordenadas iguais entre si;
- tenham a soma das coordenadas igual a 4.

Vence o jogo aquele que conseguir escolher primeiro três pares que satisfaçam uma das condições descritas.

Você conhece esse jogo com outra "cara"! Que jogo é esse?

Bom divertimento!

2. Relações

Considere a situação a seguir.

Joana tem 2 saias e 3 blusas. Ela precisa escolher uma saia e uma blusa para vestir. Quantas possibilidades ela tem de escolha?

Para mostrar as possibilidades de escolha, podemos fazer um diagrama, como se vê ao lado.

Vamos montar o conjunto S de saias e o conjunto B de blusas que Joana tem:

$$S = \{s_1, s_2\} \text{ e } B = \{b_1, b_2, b_3\}$$

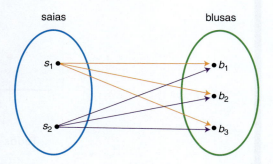

Observe que o conjunto (E) formado por todas as possibilidades de escolha que Joana tem pode ser dado por:

$$E = \{(s_1, b_1), (s_1, b_2), (s_1, b_3), (s_2, b_1), (s_2, b_2), (s_2, b_3)\}$$

Note que o número de elementos de E é a quantidade de escolhas que Joana pode fazer.

Esse conjunto pode ser expresso por meio de uma operação entre S e B. Essa operação é denominada **produto cartesiano** entre S e B e produz pares ordenados em que o primeiro elemento pertence a S e o segundo pertence a B, usando-se todos os elementos de S e de B.

Assim, dizemos que E é o produto cartesiano de S por B e indicamos por $E = S \times B$.

> O **produto cartesiano** de dois conjuntos não vazios, A e B, é formado por todos os pares ordenados em que o primeiro elemento do par está em A e o segundo está em B, ou seja:
> $$A \times B = \{(x, y) \mid x \in A \text{ e } y \in B\}$$

Dizemos ainda que qualquer subconjunto de um produto cartesiano $A \times B$ (inclusive ele próprio) é uma **relação** de A em B, ou seja:

> Dados dois conjuntos A e B, não vazios, chamamos de **relação de A em B** qualquer associação entre elementos desses conjuntos, expressa por pares ordenados (x, y) em que $x \in A$ e $y \in B$.

Estudo geral de funções

Exercícios Resolvidos

ER. 2 Dados os conjuntos $A = \{-1, 1, 2, -2\}$ e $B = \{1, 2\}$, represente graficamente:

a) o conjunto $A \times B$;
b) o conjunto R formado pelos pares (x, y), tais que $x \in A$, $y \in B$ e $y = x^2$;
c) o conjunto P dado por $P = \{(x, y) \in A \times B \mid x < y\}$.

Verifique quais desses conjuntos são relações de A em B.

Resolução:

a) $A \times B = \{(-1, 1), (-1, 2), (1, 1), (1, 2), (2, 1), (2, 2), (-2, 1), (-2, 2)\}$

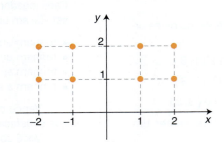

b) $R = \{(-1, 1), (1, 1)\}$ c) $P = \{(-1, 1), (-1, 2), (-2, 1), (-2, 2), (1, 2)\}$

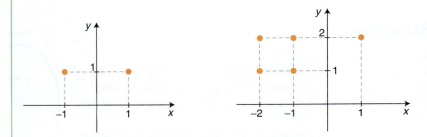

Todos esses conjuntos são relações de A em B.

ER. 3 Dados os conjuntos $A = \,]2, 3]$ e $B = [1, 4]$, represente graficamente o conjunto R formado pelos pares $(x, y) \in A \times B$, tais que $y > x$.

Resolução: Para visualizar quais são os pares de que dispomos, inicialmente vamos representar em um plano cartesiano o conjunto $A \times B$ (veja Figura 1 abaixo). Note que, nesse caso, o gráfico é uma região do plano.

Em seguida, dentre os pares ordenados da região obtida, escolhemos aqueles em que $y > x$ (condição dada para os elementos de R). A região destacada na Figura 2 (a seguir) determina graficamente o conjunto R, que é uma relação de A em B.

Note que as bolinhas vazias e as linhas tracejadas indicam os pontos que não fazem parte da região, ou seja, não pertencem à relação R.

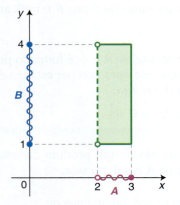
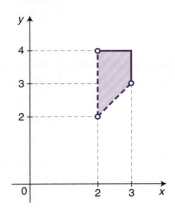

Figura 1: $A \times B$ Figura 2: R

Exercícios Propostos

4. Sendo $A = \{1, 3, 5, 7\}$ e $B = \{0, 2, 4\}$, obtenha:
   a) $A \times B$
   b) $B \times A$
   c) $B \times B = B^2$
   d) $C = \{(x, y) \subset (A \times B) | x + y = 5\}$
   e) $D = \{(x, y) \subset (B \times A) | x > y\}$

5. Sendo $A = [2, 4[$ e $B = [4, 6[$, represente no plano cartesiano:
   a) $A \times B$
   b) $B \times A$
   c) $(A \cup B) \times (B \cup A)$
   d) $(A \times B) \cup (B \times A)$

6. Expresse como produto cartesiano entre dois intervalos cada uma das representações gráficas abaixo.

a)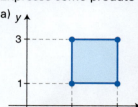
b)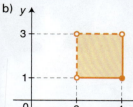
c)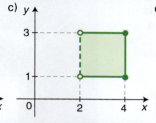
d)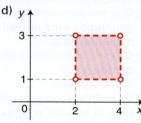

3. Funções

Há muitos tipos de relação entre dois conjuntos e já vimos alguns deles. No entanto, um tipo em particular de relação tem grande importância na Matemática e em outras ciências. O que caracteriza essas relações é o que veremos a seguir.

3.1 O conceito de função

Podemos destacar as relações que nos permitem descrever matematicamente a maior parte dos fenômenos naturais — e, assim, estudá-los —, ou seja, relações que estabelecem uma dependência entre duas grandezas.

Observe as seguintes situações:

> **Saiba +**
>
> **Grandeza** é uma característica de um objeto (ou fenômeno) que pode ser medida ou contada.

Um automóvel em movimento ocupa, a cada instante, uma *única* posição.

Cada lugar à mesa corresponde a uma *única* pessoa que se sentará nele.

Esse tipo de relação que associa *cada* elemento de um conjunto *A*, não vazio, a um *único* elemento de um conjunto *B*, também não vazio, é denominado **função**.

> Uma **função de A em B**, com *A* e *B* conjuntos não vazios, é toda associação que faz corresponder a cada elemento de *A* um *único* elemento de *B*.

Estudo geral de funções **55**

EXERCÍCIO RESOLVIDO

ER. 4 [COTIDIANO] Das situações abaixo, identifique aquelas que representam uma função. Justifique suas respostas.

a) Quando associamos cada aluno de uma sala a seus irmãos.
b) Quando associamos cada gatinho de uma ninhada à mamãe gata.
c) Quando associamos cada pessoa à sua nacionalidade.
d) Quando associamos cada pessoa ao local em que nasceu.

Resolução:

a) Não representa função, pois um aluno pode ter mais de um irmão (associação a mais de um elemento), ou, ainda, pode não ter irmão algum (haveria elementos sem associação).

b) Representa uma função, pois cada gatinho tem uma única mãe.

c) Não representa uma função, pois há pessoas que têm dupla nacionalidade.

d) Representa uma função, pois cada pessoa só pode ter nascido em apenas um local.

EXERCÍCIO PROPOSTO

7. Verifique se em cada uma das situações abaixo a associação pode ser uma função.

a) A cada número real associamos o seu dobro.
b) A cada número real associamos o seu quadrado.
c) A cada par (x, y) associamos o número $x + y$.
d) A cada par (x, y) associamos o número x.
e) A cada número natural x, não nulo, associamos um número natural y, tal que $x > y$.

3.2 IDENTIFICANDO E REPRESENTANDO FUNÇÕES

Podemos representar uma função da mesma forma que representamos uma relação: por meio de um conjunto de pares ordenados, por diagramas ou graficamente, em um sistema de coordenadas cartesianas.

Também podemos determinar uma função por meio de uma tabela ou algebricamente, por uma lei.

OBSERVAÇÃO

Denotamos $f: A \to B$ (lê-se: f de A em B) o fato de uma função f estar definida de A (1.º conjunto) em B (2.º conjunto).

Atenção!

Para se ter uma função, o importante é sempre verificar se para cada elemento do 1.º conjunto *há um único* elemento correspondente no 2.º conjunto.

EXERCÍCIOS RESOLVIDOS

ER. 5 Determine quais diagramas abaixo representam uma função de A em B. Justifique sua resposta.

a) relação f

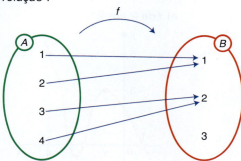

c) relação h

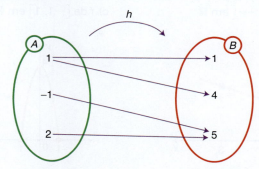

b) relação g

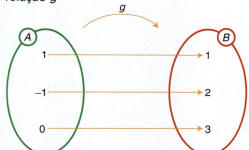

d) relação i

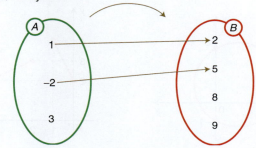

Resolução: Os diagramas (a) e (b) representam funções, pois para cada elemento de A existe um único elemento correspondente em B. Note que o contrário não é obrigatório, isto é, para um elemento de B pode haver diversos correspondentes em A ou mesmo nenhum.

Já os diagramas (c) e (d) não representam funções, pois em (c) o elemento 1 de A tem dois correspondentes em B, e em (d) o elemento 3 de A não tem correspondente algum em B.

ER. 6 As tabelas a seguir determinam funções em que x pertence ao 1.º conjunto e y pertence ao 2.º conjunto.

I.
x	−1	4	7	0
y	0	5	8	1

II.
x	0	1	2	3
y	1	1	1	1

a) Para cada tabela, determine os conjuntos que dão origem a essa associação.
b) Represente essas funções na forma de um conjunto de pares ordenados e, em seguida, represente cada conjunto em um plano cartesiano.

Resolução:

a) Na tabela I, a função é dada de $A = \{-1, 4, 7, 0\}$ em $B = \{0, 5, 8, 1\}$.
Na tabela II, a função é dada de $C = \{0, 1, 2, 3\}$ em $D = \{1\}$.

b) A função correspondente à tabela é dada por:

Tabela I
$\{(-1, 0), (4, 5), (7, 8), (0, 1)\}$

Tabela II
$\{(0, 1), (1, 1), (2, 1), (3, 1)\}$

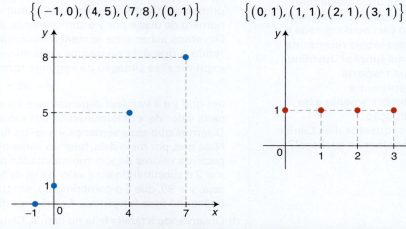

Estudo geral de funções **57**

ER. 7 [EDUCAÇÃO] Cláudia e Joana fizeram juntas um trabalho de Matemática que consistia em desenhar gráficos que pudessem representar funções. Elas combinaram que cada uma faria três gráficos. Uma deveria conferir o que a outra fez, mas não houve tempo para isso. Descubra quem acertou mais, sabendo que os gráficos (a), (b) e (c) foram feitos por Cláudia.

a) f de $]0, +\infty[$ em $\mathbb{R}$

c) f de $[-1, 1]$ em $\mathbb{R}$

e) f de $\mathbb{R}$ em $\mathbb{R}^*$

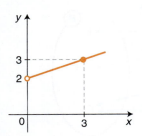
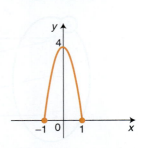
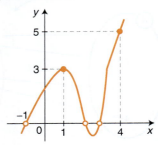

b) f de $\mathbb{R}$ em $\mathbb{R}$

d) f de $[0, 1[\cup [2, 4[$ em $\mathbb{R}_+$

f) f de $\mathbb{R}$ em $\mathbb{R}$

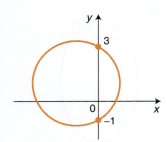
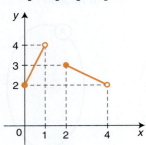
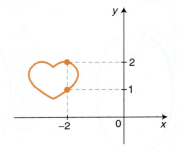

Resolução: O gráfico (e) não representa função, pois existem elementos no 1.º conjunto ($\mathbb{R}$) que não têm correspondentes no 2.º conjunto ($\mathbb{R}^*$), como é o caso do elemento -1. Os gráficos (b) e (f) também não representam funções, pois existem elementos do 1.º conjunto que têm mais de um correspondente no 2.º conjunto, como é o caso do zero em (b) e -2 em (f). Os demais gráficos, (a), (c), (d), representam funções, pois para cada elemento do 1.º conjunto existe um único correspondente no 2.º conjunto.

Logo, Cláudia acertou mais, pois fez dois gráficos corretos, enquanto Joana acertou apenas um.

ER. 8 [ARTESANATO] Clarice precisa terminar um cachecol que já está com 50 cm de comprimento e deseja que ele fique com 1,5 m. Ela consegue tricotar 20 cm por dia.

a) Faça uma tabela que mostre o comprimento do cachecol em cada dia.
b) Essa tabela representa uma função? Justifique sua resposta.
c) Represente algebricamente essa situação.
d) Em quantos dias Clarice terminará o cachecol?

Resolução:

a)

Número de dias	0	1	2	3	4	5
Comprimento (cm)	50	70	90	110	130	150

b) Sim, pois para cada dia temos um único comprimento correspondente.

c) Nesse caso, estamos relacionando as grandezas "número de dias" e "comprimento". Conforme uma varia, a outra também varia. Indicando por x o número de dias e por y o comprimento, dizemos que x e y são as *variáveis*. Devemos achar uma sentença matemática que traduza o que está ocorrendo e que dela possamos determinar a tabela dada. Assim, podemos exprimir essa situação da seguinte forma:

$$y = 50 + 20x$$

em que y é a *variável dependente* e x é a *variável independente*, pois para cada valor de x determinamos um valor de y correspondente.

Dizemos que essa sentença é a *lei* da função correspondente à tabela. Note que, por meio dela, fazendo variar os valores de x, encontramos os respectivos valores de y, como mostrados na tabela. Por exemplo, escolhendo $x = 2$ e substituindo esse valor na lei da função, obtemos $y = 50 + 20 \cdot 2$, ou seja, $y = 90$, que é o comprimento, em cm, depois de dois dias de trabalho. Indicando essa função por f, podemos dizer que $f(2) = 90$ e que $y = f(x)$.

d) Observando a tabela feita no item **a**, Clarice terminará o cachecol em 5 dias.

ER. 9 A relação $R = \{(x, y) \in \mathbb{R} \times \mathbb{R} \mid x^2 + y^2 = 4\}$ define uma função? Justifique.

Resolução: Podemos notar que os pares $(0, 2)$ e $(0, -2)$ são elementos de R, ou seja, para $x = 0$ há dois valores de y correspondentes: 2 e -2, fato que impossibilita R de ser função.

EXERCÍCIOS PROPOSTOS

8. Para cada diagrama dado abaixo, decida se a relação estabelecida é uma função ou não. Justifique sua resposta.

a)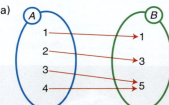

b)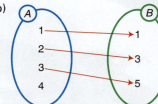

c)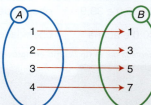

d)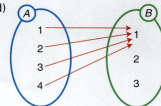

e)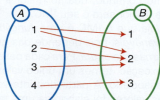

9. Das relações abaixo, quais determinam uma função? Para as que determinam, identifique os conjuntos envolvidos. Para as que não determinam, explique o porquê.

a) $R = \{(1, 2), (3, 4), (5, 6)\}$

b) $P = \{(1, 2), (1, 4), (3, 6)\}$

c) $T = \{(2, 1), (4, 3), (6, 5)\}$

d) $U = \{(1, 2), (3, 2), (5, 2)\}$

10. Dos gráficos abaixo, identifique aqueles que podem representar uma função f de A em B, com $x \in A$ e $y \in B$.

a) f de $\mathbb{R}$ em $\mathbb{R}$

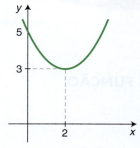

b) f de $[2, +\infty[$ em $\mathbb{R}$

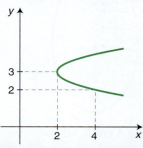

c) f de $[-1, 2] \cup [3, 5]$ em $\mathbb{R}$

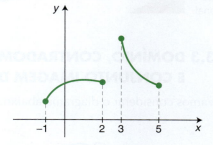

d) f de $[1, 5]$ em $\mathbb{R}_+$

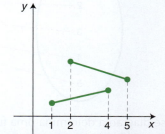

e) f de $[1, 7]$ em $\mathbb{R}$

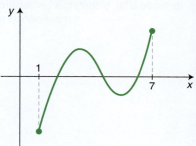

f) f de $[1, 5]$ em $[1, 5]$

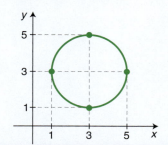

Estudo geral de funções **59**

Matemática, Ciência & Vida

Você pode calcular seu IMC (Índice de Massa Corpórea) por meio da fórmula:

$$IMC = \frac{m}{h^2}$$

em que *m* é sua massa (em quilogramas) e *h* é sua altura (em metros). Note que esse índice é diretamente proporcional a sua massa; assim, naturalmente, e a menos que você esteja em crescimento contínuo, quanto maior a sua massa, maior será o seu IMC.

Veja que o IMC é uma *função de duas variáveis*, pois depende das grandezas *massa* e *altura*. Para cada pessoa, sem exceção, temos um único valor de IMC associado. A partir dos intervalos desses valores foi elaborada uma tabela (ao lado) que indica a condição física da pessoa.

Como você pode observar, todos acharão nessa tabela um único intervalo em que se encontra o valor de seu índice, não existindo pessoa sem IMC.

Relação IMC e condição física do indivíduo

IMC	Condição Física
abaixo de 18,5	abaixo do peso ideal
de 18,5 a 24,9	peso normal
de 25,0 a 29,9	acima do peso normal (sobrepeso)
de 30,0 a 34,9	obesidade grau I
de 35,0 a 39,9	obesidade grau II
40,0 e acima	obesidade grau III

Adaptada de: <http://como-emagrecer.com>. Acesso em: 13 abr. 2009.

Observação: embora não sejam a mesma coisa, no cotidiano usa-se "peso" em lugar de massa.

A ingestão diária de alimentos excessivamente calóricos, sem que haja atividade física suficiente para compensar o consumo das calorias ingeridas, pode levar à obesidade. Dentre as muitas consequências desse desequilíbrio estão aumento da possibilidade de derrames e infartos, hipertensão (pressão alta), diabetes, arteriosclerose e insuficiência renal.

PANTHERMEDIA/KEYDISC

3.3 DOMÍNIO, CONTRADOMÍNIO E CONJUNTO IMAGEM DE UMA FUNÇÃO

Vamos considerar o diagrama abaixo.

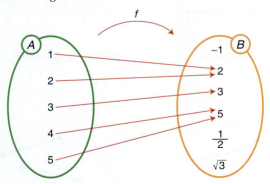

Esse diagrama determina uma função *f* de *A* em *B*, tal que:

$$f = \{(1, 2), (2, 2), (3, 3), (4, 5), (5, 5)\}$$

60 MATEMÁTICA — UMA CIÊNCIA PARA A VIDA

Isso significa que:

$$f(1) = 2, f(2) = 2, f(3) = 3, f(4) = 5 \text{ e } f(5) = 5$$

Ou seja, o 1.º conjunto, $A = \{1, 2, 3, 4, 5\}$, é o conjunto de todos os elementos para os quais a função f está definida.

> O conjunto para o qual uma função f está definida é chamado de **domínio** dessa função e pode ser indicado por D(f) ou, simplesmente, por D.

No caso do diagrama anterior, o conjunto A é o domínio da função f.

A indicação $f(a)$, para $a \in D(f)$, significa "a *imagem* de a pela função f". Como vimos no diagrama, $f(1) = 2$, o que significa que a imagem de $1 \in D(f)$ pela função f é 2.

O 2.º conjunto é chamado de **contradomínio** da função f, e é indicado por CD(f) ou apenas CD.

Note que na função f dada pelo diagrama, temos:

$$CD(f) = B = \left\{-1, 2, 3, 5, \frac{1}{2}, \sqrt{3}\right\}$$

O conjunto formado pelos elementos (y) do contradomínio que são correspondentes aos $x \in D(f)$ é denominado **conjunto imagem** da função f e é indicado por Im(f).

No exemplo do diagrama, o conjunto imagem de f é dado por:

$$Im(f) = \{2, 3, 5\}$$

Observe que Im(f) está contido em B, ou seja, o conjunto imagem de uma função é um subconjunto do contradomínio dessa função.

Podemos também determinar o domínio e o conjunto imagem de uma função por meio de seu gráfico, basta *projetar ortogonalmente* os pontos da curva sobre o eixo x, para achar o domínio, e sobre o eixo y, para achar o conjunto imagem. Observe como fazemos no exemplo a seguir, em que mostramos, separadamente, como encontrar o domínio e o conjunto imagem de uma função f definida por seu gráfico.

> **Saiba +**
>
> **Projeção ortogonal** de um ponto A sobre uma reta r é o ponto B de r, que é a intersecção de r com a reta perpendicular a r que passa por A:
>
>

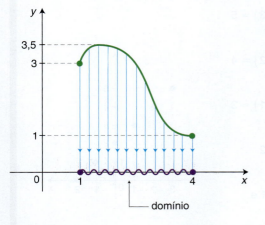
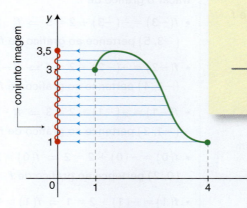

$$D(f) = [1, 4] \text{ e } Im(f) = [1; 3,5]$$

Observações

1. Toda função com contradomínio real (CD = $\mathbb{R}$) é chamada de **função real**.
2. Quando o contradomínio não for citado, vamos assumir que é o conjunto dos números reais.

Exercícios Resolvidos

ER. 10 O gráfico abaixo define uma função f.

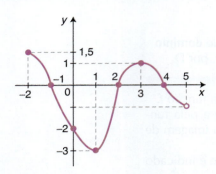

Determine:
a) a imagem de -2 pela função f
b) $f(0)$ e $f(1)$
c) a imagem de 5 pela função f
d) o domínio de f
e) $x \in D(f)$ tal que $f(x) = -3$
f) $x \in D(f)$ tal que $f(x) = 0$
g) o conjunto imagem de f
h) $x \in D(f)$ tal que $y = 10$

Resolução: Observando o gráfico, verificamos que:

a) $f(-2) = 1,5$
b) $f(0) = -2$ e $f(1) = -3$
c) A imagem de 5 pela função f não existe, pois 5 não pertence ao domínio de f.
d) Observando o gráfico, temos $D(f) = [-2, 5[$.
e) O único elemento do domínio de f que tem imagem -3 é o 1.
f) Os elementos do domínio de f que têm imagem zero são -1, 2 e 4.
g) Pelo gráfico também verificamos que $Im(f) = [-3; 1,5]$.
h) Para nenhum x do domínio de f temos $y = 10$. Por isso, 10 não pertence ao conjunto imagem de f. Observe esse fato no item **g**.

ER. 11 Considere a função $f: A \to \mathbb{R}$ dada por $f(x) = -x + 2$. Sabendo que $A = \{-3, -2, -1, 0, 1, 2\}$, obtenha $Im(f)$ e faça a representação gráfica de f no plano cartesiano.

O símbolo $\Rightarrow$ significa "implica".

Resolução: O domínio da função é um conjunto finito. Dessa forma, a substituição direta de cada x do domínio na lei da função f nos dá a imagem de cada um desses elementos e, assim, podemos formar o conjunto imagem da função. Além disso, considerando os pares (x, y) formados, podemos traçar o gráfico de f.

- $f(-3) = -(-3) + 2 = 5 \Rightarrow f(-3) = 5$
  $(-3, 5)$ pertence ao gráfico de f

- $f(-2) = -(-2) + 2 = 4 \Rightarrow f(-2) = 4$
  $(-2, 4)$ pertence ao gráfico de f

- $f(-1) = -(-1) + 2 = 3 \Rightarrow f(-1) = 3$
  $(-1, 3)$ pertence ao gráfico de f

- $f(0) = -(0) + 2 = 2 \Rightarrow f(0) = 2$
  $(0, 2)$ pertence ao gráfico de f

- $f(1) = -(1) + 2 = 1 \Rightarrow f(1) = 1$ e
  $(1, 1)$ pertence ao gráfico de f

- $f(2) = -(2) + 2 = 0 \Rightarrow f(2) = 0$
  $(2, 0)$ pertence ao gráfico de f

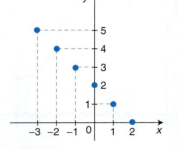

Logo, $Im(f) = \{0, 1, 2, 3, 4, 5\}$.

O gráfico da função f é *formado apenas pelos seis pontos* obtidos acima.

Exercícios Propostos

11. Dê o domínio, o contradomínio e obtenha o conjunto imagem das seguintes funções:
a) $f: \{0, 1, 2, 3\} \to \{2, 3, 4, 5\}$ tal que $f(x) = x + 2$
b) $g: \{0, -1, 1, 2, -2\} \to \mathbb{R}$ tal que $f(x) = x^2$
c) $h: \{0, 1, 2, 3\} \to \mathbb{R}_+$ tal que $f(x) = \sqrt{x}$

12. Considere o gráfico ao lado que representa uma função f.
Determine:
a) o domínio de f;
b) o conjunto imagem de f;
c) $f(0)$, $f(8)$ e $f(-5)$;
d) os valores de x para os quais $y = 0$;
e) o valor máximo (o maior de todos) e o valor mínimo (o menor de todos) que f assume, caso existam;
f) os valores de x para os quais f assume valor mínimo e valor máximo, caso existam.

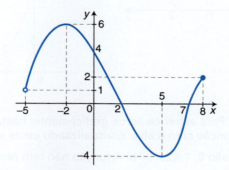

Zeros de uma função

Os elementos do domínio que têm imagem zero ($y = 0$) são chamados de **zeros da função**. Na representação gráfica da função, os zeros são as abscissas dos pontos do gráfico que pertencem ao eixo x (pontos de intersecção do gráfico com o eixo x).

Exercícios Resolvidos

ER. 12 Determine os zeros da função g de $\mathbb{R}$ em $\mathbb{R}$ definida por:
a) $g(x) = x - 1$
b) $g(x) = x^2 - 1$
c) $g(x) = 2^x$
d) $g(x) = 3x^2 + x - 2$

Resolução: Para encontrar os zeros de uma função g, devemos impor que $g(x) = 0$.

a) $g(x) = 0 \Rightarrow x - 1 = 0 \Rightarrow x = 1$
Logo, g tem um único zero, o 1.

b) $g(x) = 0 \Rightarrow x^2 - 1 = 0 \Rightarrow x^2 = 1 \Rightarrow x = \pm 1$
Logo, os zeros de g são -1 e 1.

c) $g(x) = 0 \Rightarrow 2^x = 0$
Como uma potência de base 2, para qualquer expoente real, nunca se anula ($2^x > 0, \forall\, x$ real), concluímos que não existe x real tal que $2^x = 0$.
Logo, a função g não tem zeros.

d) $g(x) = 0 \Rightarrow 3x^2 + x - 2 = 0$
Como encontramos uma equação do 2.º grau completa, vamos usar a fórmula resolutiva:

$$x = \frac{-b \pm \sqrt{b^2 - 4ac}}{2a} \Rightarrow x = \frac{-1 \pm \sqrt{1^2 - 4 \cdot 3 \cdot (-2)}}{2 \cdot 3} \Rightarrow$$

$$\Rightarrow x = \frac{-1 \pm \sqrt{25}}{6} \Rightarrow x = \frac{-1 \pm 5}{6} \begin{cases} \frac{-1 + 5}{6} = \frac{4}{6} = \frac{2}{3} \\ \frac{-1 - 5}{6} = \frac{-6}{6} = -1 \end{cases}$$

Logo, os zeros de g são -1 e $\frac{2}{3}$.

Estudo geral de funções

ER. 13 Observe os gráficos que representam funções de $\mathbb{R}$ em $\mathbb{R}$ e determine os zeros de cada uma.

a)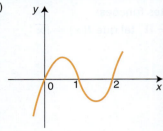

b)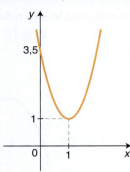

c)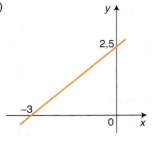

Resolução: Para achar os zeros graficamente, basta determinar as abscissas dos pontos de intersecção do gráfico da função com o eixo x, visualizando esses valores no gráfico dado.

a) Os zeros são 0, 1 e 2.   b) A função não tem zeros.   c) A função tem um único zero, que é o -3.

Determinação do domínio de uma função

Nem sempre o domínio de uma função vem descrito explicitamente. Nesses casos, muitas vezes, necessitamos determiná-los.

Acompanhe, no exercício resolvido a seguir, a utilização de algumas técnicas de obtenção do domínio quando conhecemos a lei da função.

Atenção!

Quando procuramos o domínio de uma função, ele deve ser o "maior" subconjunto possível dentro do universo considerado. Caso o conjunto universo não seja explicitado, vamos supor $U = \mathbb{R}$.

Exercício Resolvido

ER. 14 Determine o domínio das funções reais dadas abaixo.

a) $f(x) = \dfrac{1}{2x - 1}$

b) $g(x) = 3x + 7$

c) $h(x) = \sqrt{5x + 2}$

d) $p(x) = \sqrt[3]{x + 4}$

e) $t(x) = \dfrac{\sqrt{x}}{\sqrt{x - 5}}$

f) $u(x) = \dfrac{\sqrt{x}}{1 - \sqrt{2 - x}}$

Resolução: Obter o domínio de uma função real $(CD = \mathbb{R})$ é determinar o "maior" subconjunto de $\mathbb{R}$ no qual a função está definida. Para isso, devemos obter a condição de existência das sentenças que definem a lei da função.

a) Em $f(x) = \dfrac{1}{2x - 1}$, devemos encontrar todos os valores reais de x de modo que $\dfrac{1}{2x - 1}$ também seja real. Isso só acontece se o denominador for não nulo, ou seja:
$$2x - 1 \neq 0 \Rightarrow 2x \neq 1 \Rightarrow x \neq \dfrac{1}{2}$$
Logo, $D(f) = \left\{ x \in \mathbb{R} \mid x \neq \dfrac{1}{2} \right\} = \mathbb{R} - \left\{ \dfrac{1}{2} \right\}$.

b) Em $g(x) = 3x + 7$, não existe restrição alguma.
Logo, $D(g) = \mathbb{R}$.

c) Em $h(x) = \sqrt{5x + 2}$, devemos encontrar todos os valores reais de x tal que $\sqrt{5x + 2}$ também seja real. Para que uma raiz de índice par seja um número real, o radicando deve ser não negativo.
$$5x + 2 \geq 0 \Rightarrow 5x \geq -2 \Rightarrow x \geq -\dfrac{2}{5}$$
Portanto, $D(h) = \left[-\dfrac{2}{5}, +\infty \right[$.

d) Em $p(x) = \sqrt[3]{x + 4}$, não temos restrição alguma, pois raízes de índice ímpar são números reais para qualquer radicando real.
Logo, $D(p) = \mathbb{R}$.

64 MATEMÁTICA — UMA CIÊNCIA PARA A VIDA

e) Em $t(x) = \dfrac{\sqrt{x}}{\sqrt{x-5}}$, temos duas restrições:

① para $\sqrt{x}$

$x \geqslant 0$

② para $\dfrac{1}{\sqrt{x-5}}$

$x - 5 > 0 \Rightarrow x > 5$

Quando existe mais de uma restrição, o domínio é dado pela intersecção dos conjuntos formados pelos valores de x obtidos a partir de cada restrição.

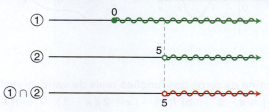

Portanto, $D(t) = \{x \in \mathbb{R} \mid x > 5\}$.

f) Em $u(x) = \dfrac{\sqrt{x}}{1 - \sqrt{2-x}}$, precisamos encontrar os valores reais de x para que $\dfrac{\sqrt{x}}{1 - \sqrt{2-x}}$ seja um número real. Nesse caso, devemos verificar as restrições a seguir.

I. Para que uma raiz de índice par seja um número real, o radicando deve ser não negativo, ou seja:

$x \geqslant 0$ ①

II. Como $1 - \sqrt{2-x}$ está no denominador, essa expressão precisa ser diferente de zero. Além disso, também temos de ter o radicando maior ou igual a zero. Assim:

$1 - \sqrt{2-x} \neq 0$ e $2 - x \geqslant 0$

$1 \neq \sqrt{2-x}$ ② $x \leqslant 2$ ③

Para encontrar os valores de x que satisfazem a desigualdade ②, vamos encontrar os valores de x que tornam $\sqrt{2-x} = 1$ e depois excluí-los. Note que $\sqrt{2-x} = 1$ é uma equação irracional. Daí:

$(\sqrt{2-x})^2 = (1)^2 \Rightarrow 2 - x = 1 \Rightarrow x = 1$

Verificação

$\sqrt{2-1} = 1$ (verdadeira)

Logo, para $x = 1$, temos $\sqrt{2-x} = 1$ e, portanto, $\sqrt{2-x} \neq 1$ para $x \neq 1$ (②).

Assim, o domínio é dado por:

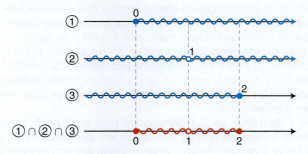

Portanto, $D(f) = [0, 1[\cup]1, 2]$.

Recorde

Devemos sempre fazer a verificação dos valores obtidos na resolução de uma equação irracional.

Exercícios Propostos

13. Obtenha os zeros das funções dadas pelos gráficos:

a) 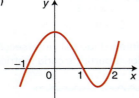 b) 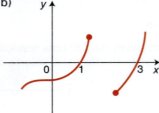 c)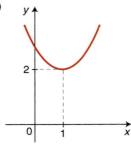

14. Determine os zeros das funções reais de variável real definidas pelas leis:
  a) $f(x) = x - 3$
  b) $f(x) = (x + 2)(x - 1)$
  c) $f(x) = x^2 - 5x + 6$
  d) $f(x) = \sqrt{x^2 - 3x + 2}$

15. Determine o domínio das funções reais, com $x \in \mathbb{R}$, cujas leis são:
  a) $f(x) = \dfrac{1}{x - 3}$
  b) $f(x) = \dfrac{1}{x^2 - 9}$
  c) $f(x) = \sqrt{x - 1}$
  d) $f(x) = \sqrt{x + 2} + \dfrac{1}{\sqrt{5 - x}}$
  e) $f(x) = \dfrac{\sqrt{x - 4}}{x - 5}$
  f) $f(x) = \sqrt[3]{x + 3} + \sqrt[4]{x + 5}$
  g) $f(x) = \dfrac{\sqrt{x - 3}}{x^2 - 16}$
  h) $f(x) = \dfrac{1}{\sqrt{x - 2} - 3}$

Matemática, Ciência & Vida

Com exceção dos natimortos, toda pessoa vive determinado número de anos, meses e dias. Podemos, então, associar a cada pessoa o seu tempo de vida, obtendo assim uma *função*. O conjunto formado pelo tempo de vida de cada pessoa é o *conjunto imagem* dessa função, que nos dá a esperança de vida, cujos dados podem ser agrupados em uma tabela de fácil leitura.

Esperança de vida ou *expectativa de vida* é um indicador do número de anos que se estima que uma pessoa irá viver, mantendo-se constantes as condições em que essa estimativa foi realizada. Esse indicador varia com o tempo, em virtude das condições socioeconômicas e ambientais da população em estudo.

Entre 1991 e 2007, a população do Brasil "ganhou" 5,57 anos em sua expectativa de vida (ou esperança de vida) ao nascer, ao passar de 67,00 anos, em 1991, para 72,57 anos, em 2007, um pouco mais do que a esperança de vida para o Brasil no ano de 2006 (72,2 anos). O diferencial por sexo, que, em 1991, era de 7,70 anos, experimentou um discreto declínio, passando para 7,62 anos, em 2007. Os mais expressivos diferenciais por sexo são encontrados nas Regiões Sudeste e Centro-Oeste, certamente fruto da combinação de efeitos como a maior longevidade feminina e as mortes por causas externas entre a população masculina jovem.

O *índice de sobremortalidade masculina* é dado pela razão entre as taxas de mortalidade masculina e feminina por faixa etária. No Brasil, no grupo etário de 20 a 24 anos, esse índice passou de 3,34, em 1991, para 4,20, em 2007. Ou seja, a chance de um homem brasileiro falecer com idade de 20 a 24 anos era *quatro vezes maior* que a de uma brasileira no mesmo grupo etário.

Os dados da Tábua de Vida fornecidos pelo Instituto Brasileiro de Geografia e Estatística (IBGE) são utilizados pelo Ministério da Previdência Social no cálculo do fator previdenciário das aposentadorias das pessoas regidas pelo Regime Geral da Previdência Social.

Adaptado de: <http://www.ibge.gov.br>. Acesso em: 18 mar. 2009.

Esperança de vida ao nascer por sexo e ganho absoluto – 1991/2007

Sexo	1991	2007	Ganho no período
ambos os sexos	67,00	72,57	5,57	5 a, 6 m e 26 d
homens	63,20	68,82	5,62	5 a, 7 m e 14 d
mulheres	70,90	76,44	5,54	5 a, 6 m e 15 d

a = anos   m = meses   d = dias

3.4 O GRÁFICO DE UMA FUNÇÃO

Já vimos que uma função pode ser representada graficamente. O conjunto de pontos ou a curva formada é o *gráfico* dessa função. Vejamos o gráfico de algumas funções reais:

a) $f(x) = x$
   $D(f) = \mathbb{R}$

c) $h(x) = \dfrac{1}{x}$
   $D(h) = \mathbb{R}^*$

e) $q(x) = x^2$
   $D(q) = \,]-2, 1[$

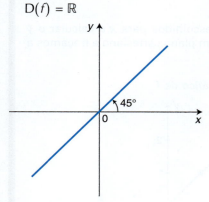
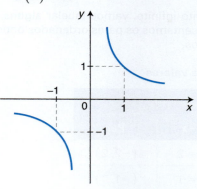
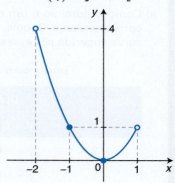

b) $g(x) = x$
   $D(g) = \{-3; -1; 0; 1,5\}$

d) $p(x) = -3$
   $D(p) = [0, 3]$

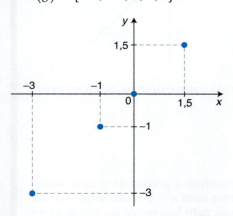
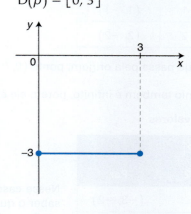

As funções acima são de diversos tipos e, embora algumas tenham a mesma lei de formação, podem ter gráficos diferentes dependendo do domínio, como mostram os gráficos (a) e (b).

Construção de alguns gráficos de funções

Para construir o gráfico de uma função, precisamos inicialmente saber o seu domínio. Se ele for um subconjunto finito de números reais, determinamos a imagem de todos os seus elementos encontrando todos os pares ordenados que compõem a função e, em seguida, representamos esses pares como pontos em um plano cartesiano. Esse conjunto finito de pontos será o gráfico da função.

Se o domínio da função for um subconjunto infinito de números reais, fazemos uma tabela com alguns pares ordenados que pertencem a essa função, representamos esses pares como pontos em um plano cartesiano e traçamos a curva obtida dentro de seu domínio.

A quantidade de valores que escolhemos para *x* deve ser suficiente para que possamos visualizar o formato do gráfico. Mais adiante, para certas funções especiais, veremos como escolher esses valores.

No exercício resolvido a seguir, vamos mostrar a construção do gráfico de algumas funções bem simples. Em outros capítulos estudaremos cada tipo de função e seu gráfico mais detalhadamente.

Estudo geral de funções **67**

Exercício Resolvido

ER. 15 Construa os gráficos das seguintes funções reais:

a) $f(x) = -x$, com $D(f) = \mathbb{R}$ b) $g(x) = -2$, com $D(g) = [-3, 2[$ c) $h(x) = -x$, com $D(h) = \mathbb{Z}$

Resolução:

a) Como o domínio é um conjunto infinito, vamos tabelar alguns valores escolhidos para x e calcular o y correspondente. Depois, representamos os pares ordenados obtidos em um plano cartesiano e traçamos a curva sugerida por esses pontos.

Tabela com alguns valores

$D(f) = \mathbb{R}$		
x	$y = f(x) = -x$	Par
-2	$y = -(-2) = 2$	$(-2, 2)$
-1	$y = -(-1) = 1$	$(-1, 1)$
0	$y = -(0) = 0$	$(0, 0)$
1	$y = -(1) = -1$	$(1, -1)$
2	$y = -(2) = -2$	$(2, -2)$

Gráfico de *f*

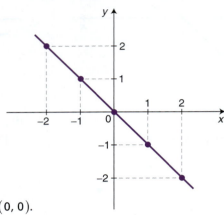

Note que o gráfico é uma reta que passa pela origem, ponto $(0, 0)$.

b) Sendo um intervalo real, o domínio também é infinito, porém ele é limitado pelos extremos desse intervalo.

Tabela com alguns valores

$D(g) = [-3, 2[$		
x	$y = g(x) = -2$	Par
-3	$y = -2$	$(-3, -2)$
-2	$y = -2$	$(-2, -2)$
-1	$y = -2$	$(-1, -2)$
0	$y = -2$	$(0, -2)$
1	$y = -2$	$(1, -2)$

Nesse caso, para obter o gráfico de *g*, precisamos saber o que ocorre para $x = 2$, mesmo que ele não esteja no domínio, pelo fato de ele ser um dos limites do intervalo.

Como a função assume um valor fixo, sempre -2, para $x = 2$ também temos $y = -2$.

Gráfico de *g*

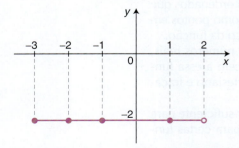

Recorde

O extremo marcado com bolinha vazia (○) indica que o ponto não pertence ao conjunto.

Observe que todos os elementos do domínio se relacionam com -2, e o gráfico é um segmento de reta paralelo ao eixo x, aberto à direita (extremo direito do segmento não faz parte do gráfico).

68 MATEMÁTICA — UMA CIÊNCIA PARA A VIDA

c) Observe que a lei da função *h* é a mesma da função *f* (do item **a**). Essas funções diferem apenas no domínio. Já vimos que para domínio real o gráfico correspondente é uma reta. No entanto, *h* está definida apenas para os números inteiros, ou seja, seu gráfico é formado por infinitos pontos alinhados de coordenadas inteiras do tipo $(x, -x)$:

$$..., (-2, 2), (-1, 1), (0, 0), (1, -1), (2, -2), ...$$

Graficamente, vamos indicar esses pontos sobre a reta que os contém, desenhando-a tracejada. Nesse caso, dizemos que ela é a *reta suporte* desses pontos.

Gráfico de *h*

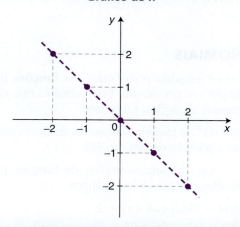

Atenção!

A reta é tracejada porque nem todos os seus pontos formam o gráfico.

Exercícios Propostos

16. Esboce o gráfico e dê o conjunto imagem das funções:

a) $f: \mathbb{R} \to \mathbb{R}$ tal que $f(x) = x + 2$
b) $f: \mathbb{N} \to \mathbb{R}$ tal que $f(x) = x + 2$
c) $f: \{0, 1, 2\} \to \mathbb{N}$ tal que $f(x) = x + 2$

Os gráficos obtidos são diferentes? Justifique sua resposta.

17. [TRANSPORTE] Duas empresas de mudanças têm os seguintes planos de preços:

- a NÃO DEIXO CAIR CACHORRO cobra R$ 500,00 fixos mais R$ 0,50 por quilograma transportado;
- a NUNCA QUEBRO COPO cobra R$ 700,00 fixos mais R$ 0,30 por quilograma transportado.

As relações que fornecem o valor do carreto, em reais, em função da massa transportada, em kg, pelas empresas são:

NÃO DEIXO CAIR CACHORRO: $f(x) = 0{,}50x + 500$
NUNCA QUEBRO COPO: $g(x) = 0{,}30x + 700$

a) Construa o gráfico dessas funções, em um mesmo plano cartesiano, e destaque o ponto de intersecção entre eles. Explique o significado desse ponto no contexto da situação.
b) Como você pode obter esse ponto algebricamente?
c) Que ligação existe entre esse ponto e a solução da equação $0{,}5x + 500 = 0{,}3x + 700$?
d) Explique em que condições é mais vantajoso contratar uma das empresas em relação à outra.

4. Tipos de Função

Você já se deparou com uma variedade de funções. Uma das maneiras de se diferenciar uma função de outra é observar a localização da variável na lei de formação dessas funções. A variável pode aparecer apenas multiplicando um número, pode ser a base de uma potência, pode aparecer no denominador de expressões fracionárias ou no expoente de potências ou, ainda, dentro de radicais.

Funções que têm as mesmas características se agrupam e formam determinada categoria de função. Vamos destacar aqui alguns desses tipos. Nos capítulos seguintes vamos estudar detalhadamente os principais tipos de função.

4.1 Funções Polinomiais

No Ensino Fundamental, você estudou *polinômios*. As **funções polinomiais** são aquelas cuja lei é dada por um polinômio. Esse primeiro tipo de função é muito útil para *modelar* diversas situações, tais como:

- saber o valor de uma "corrida" de táxi em função da distância percorrida;
- descrever algebricamente a posição de um projétil.

> **Recorde**
>
> **Polinômio** é uma expressão algébrica que não apresenta variáveis no radicando, no expoente nem no denominador.

Veja alguns exemplos de funções polinomiais definidas por suas leis e gráficos.

a) $f: \mathbb{R} \to \mathbb{R}$ tal que $f(x) = 2$

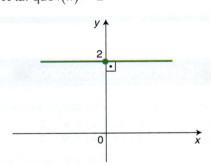

f é uma função polinomial constante.

b) $g: \mathbb{R} \to \mathbb{R}$ tal que $g(x) = x + 1$

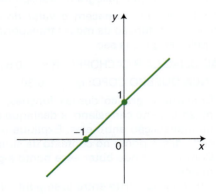

g é uma função polinomial do 1.º grau.

Conhecer a que distância um alpinista está do topo de uma montanha, se ele sobe a uma velocidade constante, também é uma situação que pode ser descrita por uma função polinomial.

c) $h: \mathbb{R} \to \mathbb{R}$ tal que $h(x) = x^2 - 4x + 3$

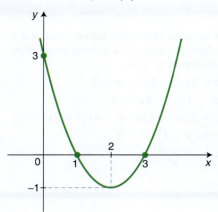

h é uma função polinomial do 2.º grau.

d) $j: \mathbb{R} \to \mathbb{R}$ tal que $j(x) = x^3 - 6x^2 + 11x - 6$

j é uma função polinomial do 3.º grau.

De modo geral, dizemos que:

> Uma função f é polinomial quando sua lei pode ser escrita na forma
> $$f(x) = a_n x^n + a_{n-1} x^{n-1} + \ldots + a_2 x^2 + a_1 x + a_0$$
> sendo $a_0, a_1, \ldots, a_n$ constantes, n natural e x a variável.

As constantes $a_0, a_1, a_2, \ldots$ e a_n são os coeficientes da função polinomial f.

EXERCÍCIOS RESOLVIDOS

ER. 16 Identifique quais das funções definidas abaixo são polinomiais e justifique o porquê das que não são.
a) $f(x) = 2x^2 + 3x + 1$
b) $f(x) = (a - 2)x^4 + 3x + 1$, com a constante
c) $f(x) = x^3 + 5\sqrt{x} + 1$
d) $f(x) = \dfrac{x}{2 - x} + 2x + 5$

Resolução:
a) Como a lei é definida por um polinômio $(2x^2 + 3x + 1)$, f é uma função polinomial, no caso, do 2.º grau.

b) Para $a \neq 2$, f é uma função polinomial do 4.º grau; e para $a = 2$, f é uma função polinomial do 1.º grau.

c) A função f não é polinomial, pois sua lei não é dada por um polinômio pelo fato de termos x dentro de radical.

d) Aqui também f não é uma função polinomial, pois em sua lei aparece x no denominador.

ER. 17 [COTIDIANO] Em uma empresa, a sala do departamento de suporte de informática deve ter sua temperatura mantida em 18 °C durante as 24 horas do dia.
Esboce o gráfico da função que relaciona essas duas grandezas.

Resolução: Podemos definir uma função que associa a temperatura da sala em cada instante do dia. Como essa temperatura deve ser mantida em 18 °C, dizemos que a função obtida é *constante*. Tal função pode ser definida da seguinte maneira:

f de $[0, 24[$ em $\mathbb{R}$ tal que $f(x) = 18$

Veja que, nessas condições, o domínio de f é $[0, 24[$ e seu conjunto imagem é $\{18\}$.
Com essas informações podemos esboçar o gráfico da função.

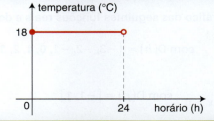

Estudo geral de funções

EXERCÍCIOS PROPOSTOS

18. Identifique quais leis podem ser de uma função polinomial. Justifique aquelas que não podem.
a) $f(x) = -5 + x$ b) $g(x) = 2^x$

19. Dê a denominação de cada função cuja lei é:
a) $f(x) = 5x + 2$
b) $f(x) = 7x^3 + 2x + 1$
c) $f(x) = -2x^2 + 5x^4 + 3x + 7$
d) $f(x) = 0x^7 + 4x^6 + 35$
e) $f(x) = -\pi$

20. Obtenha os valores reais das constantes a e b para que as funções definidas abaixo sejam funções polinomiais do 2.º grau.
a) $f(x) = (a-2)x^3 + 3x^2 + x + 1$
b) $f(x) = (a^2 - 1)x^3 + 2x^2 - 1$
c) $f(x) = (a+2)x^{20} + (a-b-4)x^3 + 2x^2 + 1$
d) $f(x) = x^2 + (a+2)\sqrt{x} + 3$
e) $f(x) = x^2 + \dfrac{a^2 + 9}{x}$

4.2 FUNÇÕES DEFINIDAS POR MAIS DE UMA SENTENÇA

Existem muitas situações nas quais não é possível obter a lei da função expressa por uma única sentença. Acompanhe uma dessas situações em que a função associada precisa ser definida por *mais de uma sentença*.

Uma rede de cinemas adotou uma política de preços para incentivar as pessoas a ir ao cinema na parte da tarde. Veja como isso funciona:

- da abertura — às 12 horas — até as 18 horas, cada ingresso custa R$ 15,00;
- após as 18 horas até o fechamento — às 24 horas — cada ingresso custa R$ 20,00.

Vamos representar a função f que descreve o preço do ingresso em função do horário t ao longo de um dia, com $t \in [12, 24]$.

Note que, para $t \in [12, 18]$, o preço do ingresso, em reais, é 15; e para $t \in \,]18, 24]$ o preço é 20.

Dessa forma, para representar essa função precisamos de duas sentenças. Observe:

$$f(t) = \begin{cases} 15, \text{ se } 12 \leq t \leq 18 \\ 20, \text{ se } 18 < t \leq 24 \end{cases}$$

Veja, ao lado, o gráfico dessa função.

O conjunto imagem dessa função é $\{15, 20\}$, formado pelos preços que um ingresso pode ter ao longo de um dia.

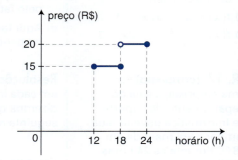

EXERCÍCIO RESOLVIDO

ER. 18 Construa o gráfico das seguintes funções reais e determine seu conjunto imagem.

a) $h(x) = \begin{cases} -x, \text{ se } x < 1 \\ 0, \text{ se } x = 1 \\ x, \text{ se } x > 1 \end{cases}$ com $D(h) = \{-3, -2, -1, 0, 1, 2, 3\}$

b) $p(x) = \begin{cases} 2, \text{ se } x \leq 0 \\ 2x + 1, \text{ se } x > 0 \end{cases}$ com $D(p) = [-1, 1]$

MATEMÁTICA — UMA CIÊNCIA PARA A VIDA

Resolução:

a) Como o domínio da função *h* em questão é um conjunto finito, vamos determinar a imagem de todos os seus elementos e representar em um plano cartesiano os pontos correspondentes. Note que a lei de *h* tem sentenças diferentes em seu domínio. Assim, dado $x \in D(h)$, devemos observar a qual sentença ele se refere para achar sua imagem.

Tabela com todos os valores

$D(h) = \{-3, -2, -1, 0, 1, 2, 3\}$		
x	$y = h(x)$	Par
−3	$y = -x = 3$	(−3, 3)
−2	$y = -x = 2$	(−2, 2)
−1	$y = -x = 1$	(−1, 1)
0	$y = -x = 0$	(0, 0)
1	$y = 0$	(1, 0)
2	$y = x = 2$	(2, 2)
3	$y = x = 3$	(3, 3)

Gráfico de *h*

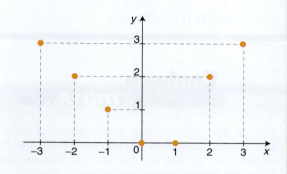

O gráfico da função *h* é formado por esses sete pontos.
Da tabela ou do gráfico, temos: $Im(h) = \{3, 2, 1, 0\}$

b) A função *p* também é definida por sentenças diferentes para determinados intervalos do domínio, que nesse caso é um conjunto infinito. Por isso, precisamos escolher valores convenientes e pertencentes a cada intervalo.

Tabela com alguns valores

$D(p) = [-1, 1]$		
x	$y = h(x)$	Par
−1	$y = 2$	(−1, 2)
−0,5	$y = 2$	(−0,5; 2)
−0,25	$y = 2$	(−0,25; 2)
0	$y = 2$	(0, 2)
0,25	$y = 2x + 1 = 2 \cdot (0,25) + 1 = 1,5$	(0,25; 1,5)
0,5	$y = 2x + 1 = 2 \cdot (0,5) + 1 = 2$	(0,5; 2)
1	$y = 2x + 1 = 2 \cdot (1) + 1 = 3$	(1, 3)

Note que, embora para $x = 0$ usemos a sentença $y = 2$, para obter o gráfico precisamos saber também o que ocorre para $x = 0$ na sentença $y = 2x + 1$. O par $(0, 1)$ obtido dessa forma corresponde a um ponto que não pertence ao gráfico da função *p*, por isso ele vai ser marcado com bolinha vazia.

Gráfico de *p*

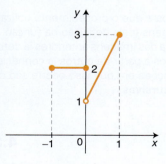

Observando o gráfico, temos:
$Im(p) = \,]1, 3]$

> **Atenção!**
> Para obter o conjunto imagem de uma função a partir de seu gráfico, devemos projetar os pontos do gráfico sobre o eixo das ordenadas.

Estudo geral de funções **73**

Exercícios Propostos

21. Esboce o gráfico e dê o conjunto imagem das funções definidas por:

a) $g(x) = \begin{cases} 2, \text{ se } x \text{ é ímpar} \\ 1, \text{ se } x \text{ é par} \end{cases}$

com $D(g) = \{0, 3, 5, 8, 10\}$

b) $f(x) = \begin{cases} 2, \text{ para } x \leq 1 \\ x + 1, \text{ para } x > 1 \end{cases}$

com $D(f) = [-2,5; 2[$

22. [NEGÓCIOS] Uma empresa de telefonia oferece a seus clientes o seguinte plano: valor fixo de R$ 120,00 (inclusos até 100 minutos de conversação) e R$ 0,30 por minuto excedente.

a) Encontre uma lei que descreva o valor da conta (V) em função do número de minutos utilizados (m).
b) Para um cliente que conversa 150 minutos todo mês, qual é o valor da conta?

Conheça mais...

Com o que já vimos até agora, podemos dizer que uma função estabelece um procedimento para, de um elemento do domínio em que está definida, se chegar a outro, seu correspondente no contradomínio.

Considere a função F definida em $\mathbb{N}^*$ por mais de uma sentença da seguinte maneira:

$F(n) = \begin{cases} 1, \text{ se } n = 1 \\ 1, \text{ se } n = 2 \\ F(n-1) + F(n-2), \text{ se } n > 2 \end{cases}$

Observe que na lei de F aparece a própria F, ou seja, ela utiliza a si própria em sua definição. Veja como obtemos as imagens $F(n)$ de alguns elementos de $D(F) = \{1, 2, 3, 4, 5, 6, 7, 8, 9, 10, 11, 12, 13, 14, ...\}$:

- $F(1) = $ **1**
- $F(2) = $ **1**
- $F(3) = F(3-1) + F(3-2) = F(2) + F(1) = 1 + 1 = $ **2**
- $F(4) = F(4-1) + F(4-2) = F(3) + F(2) = 2 + 1 = $ **3**
- $F(5) = F(5-1) + F(5-2) = F(4) + F(3) = 3 + 2 = $ **5**
- $F(6) = F(6-1) + F(6-2) = F(5) + F(4) = 5 + 3 = $ **8**
- $F(7) = F(7-1) + F(7-2) = F(6) + F(5) = 8 + 5 = $ **13**
- $F(8) = F(8-1) + F(8-2) = F(7) + F(6) = 13 + 8 = $ **21**

Repare que o procedimento utilizado para obtenção das imagens (pela definição da função F) é sequencial e necessita das imagens anteriores já determinadas (obtém elementos a partir de outros já conhecidos).

Funções em que isso ocorre são chamadas de **funções recursivas**.

Ordenando as imagens de acordo com a sequência dos números naturais, obtemos uma sucessão de números muito conhecida:

1, 1, 2, 3, 5, 8, 13, 21, 34, 55, 89, 144, 233, ...

que é denominada sequência de Fibonacci, matemático italiano do século XII.

Os números de Fibonacci são bem conhecidos em computação, área em que as funções recursivas são amplamente utilizadas.

Leonardo de Pisa (11475-1250), ficou conhecido como Fibonacci.

STEFANO BIANCHETTI/CORBIS/LATINSTOCK

4.3 PROPRIEDADES GERAIS DE FUNÇÕES

Analisar o comportamento de funções é outra forma de agrupá-las em uma mesma categoria. Podemos observar como a função varia quando tomamos conjuntos diferentes para seu domínio, que valores ela assume, o que ocorre com os elementos do contradomínio em relação ao conjunto imagem etc. A seguir, vamos analisar alguns desses comportamentos.

Crescimento e decrescimento de funções

Vamos analisar a situação a seguir, que envolve a variação de temperatura em uma cidade ao longo de um dia: de início, a madrugada foi fria, mas a temperatura começou a aumentar a partir das 6 horas da manhã até as 16 horas e, depois desse horário, passou a diminuir.

O gráfico abaixo representa o que ocorreu nesse dia:

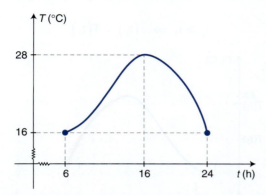

Analisando as duas grandezas, "temperatura" (T) e "tempo" (t), notamos que, para $6 \leq t \leq 16$, a temperatura aumenta à medida que t aumenta. Já para $16 \leq t \leq 24$, a temperatura diminui à medida que t aumenta.

Esse exemplo sugere que podemos classificar uma função a partir da relação de crescimento e decrescimento entre as grandezas envolvidas.

> Quando os valores de uma grandeza aumentam em função do aumento dos valores de outra grandeza, dizemos que a função que as relaciona é uma **função crescente**.

Assim, podemos dizer que uma função f é crescente em um subconjunto de seu domínio quando, para dois valores quaisquer x_1 e x_2 desse subconjunto, temos:

$$x_2 > x_1 \Rightarrow f(x_2) > f(x_1)$$

Na situação anterior, da temperatura, podemos concluir que a função T é crescente no intervalo $[6, 16]$, pois:

$$t_2 > t_1 \Rightarrow T(t_2) > T(t_1)$$

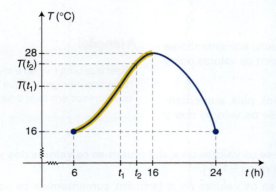

> Quando os valores de uma grandeza diminuem em função do aumento dos valores de outra grandeza, dizemos que a função que as relaciona é uma **função decrescente**.

Estudo geral de funções 75

Assim, podemos dizer que uma função f é decrescente em um subconjunto de seu domínio quando, para dois valores quaisquer x_1 e x_2 desse subconjunto, temos:

$$x_2 > x_1 \Rightarrow f(x_2) < f(x_1)$$

Por exemplo, ainda considerando a situação da temperatura, vemos que, após as 16 horas, à medida que o tempo aumenta, a temperatura diminui, pois:

$$t_2 > t_1 \Rightarrow T(t_2) < T(t_1)$$

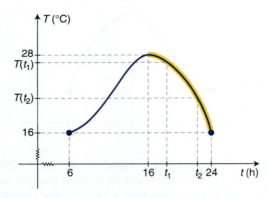

Exercícios Resolvidos

ER. 19 Determine, se houver, os intervalos de crescimento e de decrescimento das funções representadas pelos gráficos abaixo. Justifique suas respostas.

a) $D = [-1, 3]$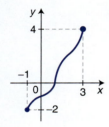

b) $D = \,]-4, 5[$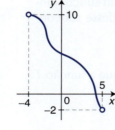

c) $D = [-1, 3]$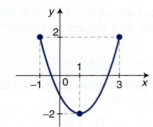

d) $D = [0, 4]$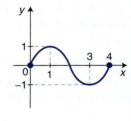

Resolução:

a) A função é crescente (em todo o seu domínio), pois, aumentando-se os valores de x do domínio, aumentam-se também os valores dos y correspondentes.

Atenção!
Dizer que uma função é crescente ou decrescente significa que ela cresce ou decresce em todo o seu domínio.

b) A função é decrescente (em todo o seu domínio), pois, aumentando-se os valores de x do domínio, diminuem-se os valores dos y correspondentes.

c) No intervalo $[-1, 1]$ do domínio, aumentando-se os valores de x, diminuem-se os valores dos y correspondentes. Assim, a função é decrescente no intervalo $[-1, 1]$.

No intervalo $[1, 3]$ do domínio, aumentando-se os valores de x, também aumentam-se os valores dos y correspondentes. Portanto, a função é crescente no intervalo $[1, 3]$.

d) A função cresce nos intervalos $[0, 1]$ e $[3, 4]$, pois é neles que, aumentando-se os valores de x, aumentam-se os valores dos y correspondentes; e decresce em $[1, 3]$, pois, nesse intervalo, se aumentamos os valores de x, diminuem-se os valores dos y correspondentes.

ER. 20 [CONTABILIDADE] Uma indústria avalia seu faturamento por meio de uma função f de $\mathbb{N}$ em $\mathbb{R}$, em que x é o dia do ano, com $1 \leq x \leq 365$. Abaixo encontram-se as funções que descrevem esse faturamento nos últimos três anos. Avalie em cada caso o crescimento e o decrescimento dessas funções e diga em que ano essa indústria teve melhor faturamento.

1.º ano: $f(x) = 2x + 3$ 2.º ano: $g(x) = \dfrac{1}{x}$ 3.º ano: $h(x) = 3$

Resolução:

- Para o 1.º ano, vamos tomar x_1 e x_2 do domínio de f, com $x_2 > x_1$, e verificar o que ocorre com os valores dos y correspondentes. Assim, temos:

$$y_2 = f(x_2) = 2x_2 + 3 \text{ e } y_1 = f(x_1) = 2x_1 + 3$$

Dessa forma, vem:

$$x_2 > x_1 \Rightarrow 2x_2 > 2x_1 \Rightarrow 2x_2 + 3 > 2x_1 + 3 \Rightarrow f(x_2) > f(x_1)$$

Logo, a função f é crescente.

- Para o 2.º ano, note que para quaisquer x_1 e x_2 do domínio de g, com $x_2 > x_1$, temos:

$$x_2 > x_1 \Rightarrow \dfrac{1}{x_2} < \dfrac{1}{x_1} \Rightarrow g(x_2) < g(x_1)$$

Logo, a função g é decrescente.

- Já para o 3.º ano, note que para quaisquer x_1 e x_2 do domínio de h, temos:

$$h(x_2) = h(x_1) = 3$$

Logo, a função h é constante (não é crescente nem decrescente).

Portanto, nos últimos três anos o melhor faturamento dessa indústria foi no ano descrito pela função f.

Faça

Escolha pares de números, x_1 e x_2, com $x_2 > x_1$, e verifique o que ocorre com as suas imagens através das funções f e g deste exercício.

Exercício Proposto

23. Identifique os intervalos de crescimento e de decrescimento de cada uma das funções definidas por seus respectivos gráficos:

a)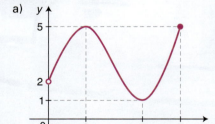

c)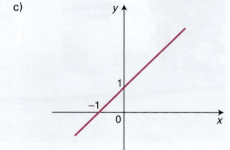

b)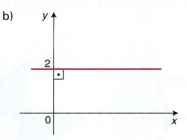

d)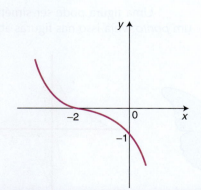

Paridade de uma função

Uma noção importante na Matemática e mesmo em nossa vida é a noção de *simetria*. Ao olhar um edifício ou apreciar um bordado, frequentemente identificamos algum tipo de padrão, e a simetria é um deles.

Observe na foto da fachada da Igreja de São Francisco de Assis, em Ouro Preto, MG, a simetria dos elementos.

Uma figura pode ser simétrica em relação a um *eixo* (uma reta) e, também, em relação a um *ponto*. Veja isso nas figuras abaixo.

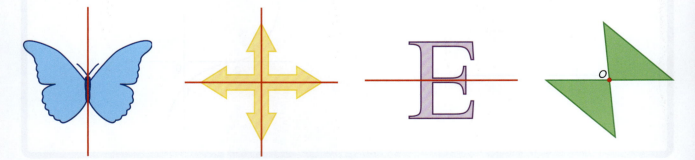

78 MATEMÁTICA — UMA CIÊNCIA PARA A VIDA

Procurar as simetrias que existem nos gráficos de funções é mais uma forma de estudar o seu comportamento. Observe, abaixo, o gráfico de algumas funções reais:

a) com simetria em relação ao eixo y

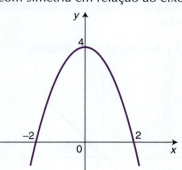

c) gráfico sem simetria

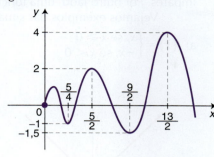

b) com simetria em relação à origem

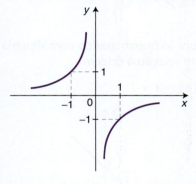

d) com simetria em relação ao eixo y

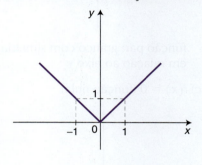

Note que os gráficos (a) e (d) apresentam simetria em relação ao eixo vertical. Observe também que, quando isso ocorre, para cada ponto (x, y) do gráfico, $(-x, y)$ também é ponto desse gráfico, sendo $y = f(x)$.

Funções cujos gráficos apresentam simetria em relação ao eixo vertical são chamadas de **funções pares**.

> Uma função f em que temos $f(-x) = f(x)$,
> para todo x do domínio de f, é uma **função par**.

Observando novamente os gráficos dados, notamos que o gráfico (b) apresenta simetria em relação ao ponto $(0, 0)$, origem do sistema. Note que, quando isso ocorre, para cada ponto (x, y) do gráfico, o ponto $(-x, -y)$ também está nesse gráfico, sendo $y = f(x)$.

Funções cujos gráficos apresentam simetria em relação à origem são chamadas de **funções ímpares**.

> Uma função f em que temos $f(-x) = -f(x)$,
> para todo x do domínio de f, é uma **função ímpar**.

Observação

Pelas definições dadas acima, podemos concluir que, se uma função é par (ou é ímpar), é válida a seguinte condição:

$$x \in D(f) \Rightarrow -x \in D(f)$$

isto é, seu domínio é *simétrico* (em relação à origem).

Estudo geral de funções

Saber se uma função é par ou se ela é ímpar pode nos ajudar na construção do gráfico dessa função, por meio da simetria conhecida.

Entretanto, existem funções cujos gráficos não apresentam essas simetrias, como é o caso do gráfico (c). Funções desse tipo não são pares nem ímpares. Por outro lado, uma função pode ser par e ímpar, simultaneamente.

Vejamos exemplos das situações citadas.

a) $f(x) = \begin{cases} x, \text{ se } x \geq 0 \\ -x, \text{ se } x < 0 \end{cases}$

b) $f(x) = x$ (função identidade)

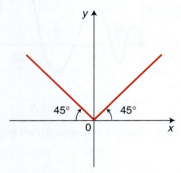
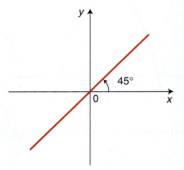

função par: gráfico com simetria em relação ao eixo y

função ímpar: gráfico com simetria em relação à origem

c) $f(x) = 0$ (função nula)

d) $f(x) = x + 1$

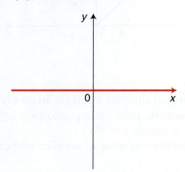
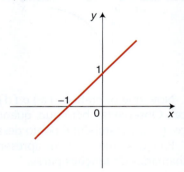

função par e ímpar: gráfico com simetria em relação ao eixo y e à origem

função nem par nem ímpar: gráfico não possui simetria em relação ao eixo y nem em relação à origem

Exercício Resolvido

ER. 21 Considere as funções reais dadas abaixo. Verifique, em cada caso, se a função é par, ímpar, nem par nem ímpar ou par e ímpar.

a) $f(x) = 0$ b) $f(x) = x^2 - 3x$ c) $f(x) = \dfrac{x^2 + 1}{x^2}$ d) $f(x) = \dfrac{1}{x}$

Resolução: Para verificar a paridade de uma função f por meio de sua lei, devemos calcular $f(-x)$ e comparar com $f(x)$ e $-f(x)$.

a) Temos: $f(x) = 0$ e $-f(x) = 0$

Para todo x do domínio de f, obtemos: $f(-x) = 0$

Assim, $f(-x) = f(x)$ e $f(-x) = -f(x)$, ou seja, a função f é par e é ímpar.

b) Temos: $f(x) = x^2 - 3x$ e $-f(x) = -x^2 + 3x$

Para todo x do domínio de f, obtemos: $f(-x) = (-x)^2 - 3 \cdot (-x) \Rightarrow f(-x) = x^2 + 3x$

Daí, $f(-x) \neq f(x)$ e $f(-x) \neq -f(x)$. Portanto, f é uma função que não é par nem ímpar.

c) Temos: $f(x) = \dfrac{x^2 + 1}{x^2}$ e $-f(x) = -\dfrac{x^2 + 1}{x^2}$

Para todo x do domínio de f, obtemos:

$$f(-x) = \dfrac{(-x)^2 + 1}{(-x)^2} \Rightarrow f(-x) = \dfrac{x^2 + 1}{x^2}$$

Assim, $f(-x) = f(x)$ e $f(-x) \neq -f(x)$. Logo, f é apenas uma função par.

d) Temos:

$$f(x) = \dfrac{1}{x} \text{ e } -f(x) = -\dfrac{1}{x}$$

Para todo x do domínio de f, obtemos:

$$f(-x) = \dfrac{1}{(-x)} \Rightarrow f(-x) = -\dfrac{1}{x}$$

Daí, $f(-x) \neq f(x)$ e $f(-x) = -f(x)$. Então, f é apenas uma função ímpar.

Atenção!

Note que as funções dos itens **c** e **d** têm $D = \mathbb{R}^*$, que é *simétrico* (mesmo não contendo o zero). No entanto, se o número real excluído for qualquer outro, o domínio já não será simétrico e a função não será par nem ímpar, como é o caso de

$$f(x) = \dfrac{x^2 - x}{x - 1}$$

com $D = \mathbb{R} - \{1\}$.

Exercícios Propostos

24. Quais gráficos abaixo podem representar funções pares ou ímpares? Caso não seja possível, diga o porquê.

a)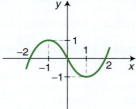

b)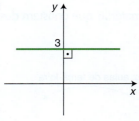

c)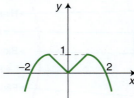

d)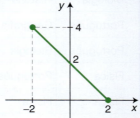

e)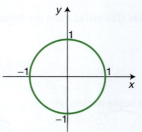

f)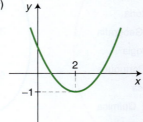

g)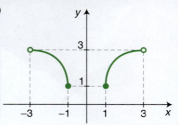

h)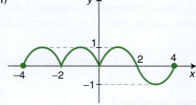

i)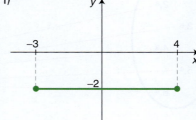

25. Classifique quanto à paridade cada uma das funções abaixo.

a) $f: \mathbb{R} \to \mathbb{R}$ tal que $f(x) = x^4$

b) $f: \mathbb{R} \to \mathbb{R}$ tal que $f(x) = x^5$

c) $f: \mathbb{R} \to \mathbb{R}$ tal que $f(x) = x^2 + x + 1$

d) $f: \mathbb{R} \to \mathbb{R}$ tal que $f(x) = \sqrt{(x^2 - 9)^2}$

e) $f: \mathbb{R}^* \to \mathbb{R}$ tal que $f(x) = \dfrac{x^2 + 2}{x^3}$

Funções injetoras, sobrejetoras e bijetoras

Vamos observar agora como se comporta uma função em relação ao seu contradomínio e ao seu conjunto imagem.

Considere a situação a seguir.

Para a semana de recuperação, foi montado um horário escolar especial para o 1.º ano do Ensino Médio, apresentado na tabela abaixo.

	Segunda-feira	Terça-feira	Quarta-feira	Quinta-feira	Sexta-feira
1.ª aula	História	Matemática	Português	Português	Português
2.ª aula	Biologia	História	Português	Português	Matemática
3.ª aula	Português	Geografia	Matemática	Matemática	Biologia
4.ª aula	Português	Biologia	Matemática	Matemática	História
5.ª aula	Física	Português	Física	Física	Geografia
6.ª aula	Física	Física	Química	Física	Inglês

PANTHERMEDIA/KEYDISC

Relacionando o conjunto P das sequências das aulas com o conjunto D das matérias que constam desse horário escolar, vamos montar os diagramas a seguir.

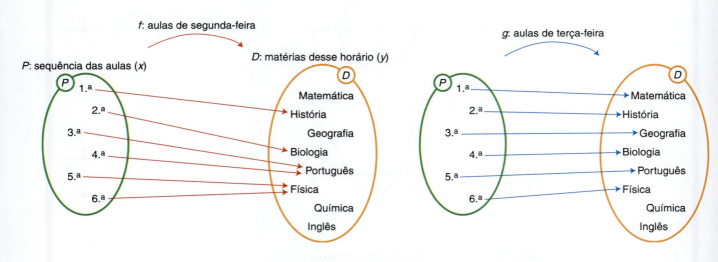

Esse diagrama representa a função f (aulas de segunda-feira) que relaciona o conjunto P (das sequências das aulas) com o conjunto D (das matérias desse horário).

Esse diagrama representa a função g (aulas de terça-feira) que relaciona o conjunto P (das sequências das aulas) com o conjunto D (das matérias desse horário).

82 MATEMÁTICA — UMA CIÊNCIA PARA A VIDA

Note que, na segunda-feira (pela função *f*), em duas aulas diferentes é estudada a mesma matéria. Isso ocorre com Português, na 3.ª e 4.ª aulas, e com Física, na 5.ª e 6.ª aulas.

Assim, pela função *f*, existem elementos distintos em *P* que têm a mesma imagem em *D*.

Veja que isso não acontece para a função *g*, aulas de terça-feira, pois nesse dia não há matérias repetidas. Desse modo, pela função *g*, para elementos distintos em *P* sempre temos imagens distintas em *D*.

Quando isso ocorre, dizemos que a função é **injetora**. No caso das funções *f* e *g* definidas pelos diagramas acima, *f* não é injetora e *g* é injetora.

> Uma função *f* de *A* em *B* é **injetora** se, e somente se, para quaisquer x_1 e x_2 em *A*, temos:
>
> $$x_1 \neq x_2 \Rightarrow f(x_1) \neq f(x_2)$$

Responda

Para verificar se uma função dada por um diagrama é injetora, qual conjunto devemos observar: domínio ou contradomínio?

Observando ainda os diagramas dados, notamos que nos dois casos (função *f* e função *g*) sobram matérias (por exemplo, Química e Inglês), que não são estudadas nos respectivos dias da semana considerados (segunda e terça-feira).

Vamos montar agora outro diagrama, ainda com base no horário mostrado na tabela.

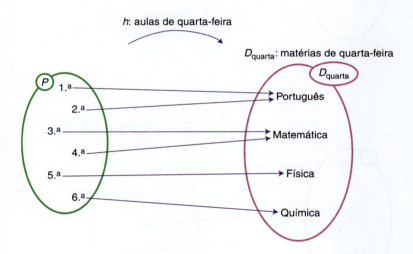

Note que agora temos a função *h* (aulas de quarta-feira), que relaciona o conjunto *P* (das sequências das aulas) com o conjunto D_{quarta} (das matérias de quarta-feira).

Essa função não é injetora, pois existem elementos distintos em *P* que têm a mesma imagem (por exemplo, 3.ª e 4.ª aulas se relacionam com Matemática).

Entretanto, observando o contradomínio de *h*, vemos que não sobram matérias, ou seja, todos os elementos do conjunto $D_{quarta} = CD(h)$ são imagem de algum elemento de *P* (domínio de *h*).

Quando isso ocorre, dizemos que a função é **sobrejetora**. Assim, a função *h*, dada pelo diagrama anterior, é uma função sobrejetora.

Responda

Para verificar se uma função dada por um diagrama é sobrejetora, qual conjunto devemos observar: domínio ou contradomínio?

> Uma função *f* de *A* em *B* é **sobrejetora** se, e somente se, para qualquer *y* de *B*, existe *x* em *A* tal que $y = f(x)$.

Estudo geral de funções **83**

Ainda considerando a função h do diagrama, temos:

CD(h) = { Português, Matemática, Física, Química }
Im(h) = { Português, Matemática, Física, Química }

Note que CD(h) = Im(h). Isso acontece para todas as funções sobrejetoras, como é o caso de h.

Observação

Uma função é sobrejetora se, e somente se, ela tem o conjunto imagem igual ao contradomínio.

Vejamos mais estes diagramas, ainda usando o horário da tabela.

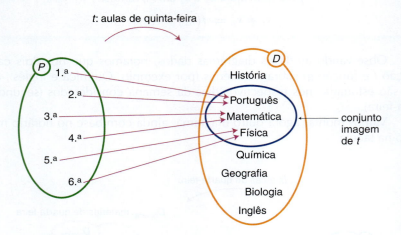

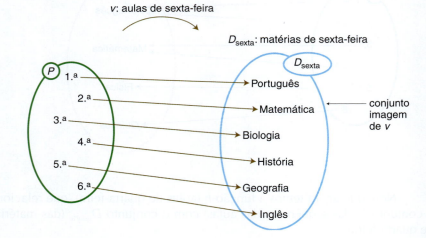

A função t não é injetora nem sobrejetora, pois existem aulas repetidas e sobram matérias. Note que Im(t) ≠ CD(t).

A função v é injetora, pois, para elementos diferentes do domínio, temos imagens diferentes, e também é sobrejetora, pois não sobram matérias. Note que Im(v) = CD(v).

Quando uma função é injetora e sobrejetora, dizemos que ela é **bijetora**, como é o caso de v.

> Uma função f de A em B é **bijetora** se, e somente se,
> f é injetora e sobrejetora.

Faça

Invente e desenhe diagramas:
- de uma função que seja só injetora;
- de uma função só sobrejetora;
- de uma função que seja bijetora.

Exercício Resolvido

ER. 22 Verifique se as funções abaixo são bijetoras.

a) f de $\mathbb{R}$ em $\mathbb{R}$ tal que $f(x) = -x$

b) g de $\mathbb{R}$ em $\mathbb{R}$ tal que $g(x) = x^2$

Resolução: Sabemos que uma função é bijetora se ela for injetora e sobrejetora. Assim, vamos verificar se isso ocorre para as funções dadas.

a) Para quaisquer x_1 e x_2 de $D(f) = \mathbb{R}$, temos:

$$x_1 \neq x_2 \Rightarrow -x_1 \neq -x_2 \Rightarrow f(x_1) \neq f(x_2)$$

pois os opostos de dois números reais distintos são sempre distintos.

Logo, f é injetora.

Como todo número real é o oposto de algum número real, $\text{Im}(f) = \mathbb{R} = \text{CD}(f)$.

Logo, f é sobrejetora.

E, portanto, f é bijetora.

> **Atenção!**
> Outra forma de se mostrar que f é injetora e sobrejetora:
> Se $f(x_1) = f(x_2)$, então $-x_1 = -x_2$.
> Assim, $x_1 = x_2$, o que indica que a função é injetora.
> Dado $y \in \text{CD}(f) = \mathbb{R}$, existe $x \in D(f) = \mathbb{R}$ tal que $y = f(x)$. Basta tomar $x = -y$. Dessa forma f é sobrejetora.

b) Observe que existem dois números reais distintos que têm mesmo quadrado, por exemplo, 2 e -2, ou seja, $2^2 = (-2)^2 = 4$. Assim, 2 e -2 são elementos distintos de $D(g)$ que correspondem à mesma imagem 4. Com isso, a função g não é injetora. Portanto, também não é bijetora.

Exercícios Propostos

26. Identifique dentre os gráficos abaixo aqueles que não representam funções injetoras. Justifique sua resposta.

a)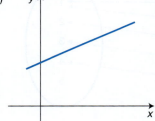

c)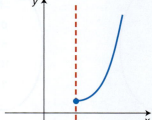

e)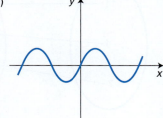

b)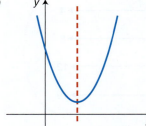

d)

f)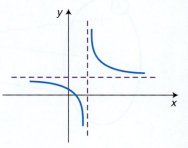

27. Verifique em cada caso se a função é injetora, sobrejetora ou bijetora. Justifique sua resposta.

a) função f dada pelo conjunto de pares ordenados: $f = \{(-2, 5), (3, -1), (-1, 3), (5, 5)\}$

Estudo geral de funções **85**

b) função g definida pela tabela:

x	0	1	2	3	4	5
y	55	50	45	40	35	30

c) função h de ℝ em ℝ cuja lei é: $h(x) = -\sqrt{2}$

d) funções reais t, de domínio $[-1, 1]$, e r, de domínio ℝ, dadas pelos gráficos a seguir.

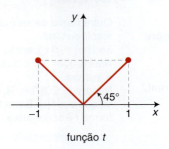

função t

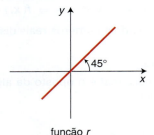

função r

28. [COTIDIANO] No edifício Matemática, é costume usar crachás indicados com números inteiros. O visitante recebe um crachá e a pessoa com quem vai conversar está com outro. Sabe-se que cada visitante conversa com uma única pessoa no edifício.

Em cada um dos diagramas a seguir, o conjunto da esquerda (A) é formado pelos números dos crachás entregues aos visitantes, em certo dia, e o conjunto da direita (B), pelos números dos crachás das pessoas do edifício que são contatadas nessa visita, definindo, assim, uma função para cada dia.

Classifique cada função como injetora, sobrejetora, bijetora ou nenhuma delas. Em seguida, escolha um dos diagramas e explique o seu significado no contexto da situação.

a)

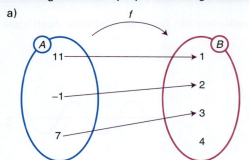

c)

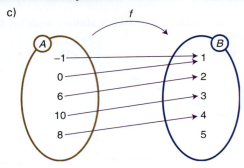

b)

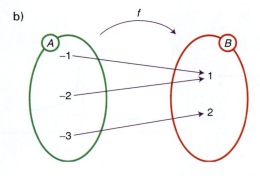

d)

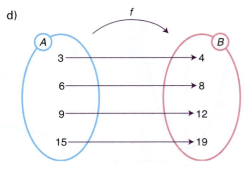

29. Considere a função $g: [1, 4] \to [1, 8]$ definida por $g(x) = 2x - 1$. Com base no gráfico dessa função, verifique se g é bijetora. Justifique sua resposta.

30. Determine o conjunto B para que a função $h: [0, 1] \to B$ tal que $h(x) = -x + 2$ seja sobrejetora. *Sugestão:* Faça o gráfico de h.

Enigmas, Jogos & Brincadeiras

TIRO AO ALVO DAS FUNÇÕES

Material:
quadro de pontuação, cartelas de funções e alvo

Número de participantes:
de 3 a 6 jogadores

O objetivo deste jogo é escolher valores para x e aplicá-los nas funções das cartelas (veja abaixo) para achar o valor de y de modo que o ponto (x, y) do gráfico da função acerte o alvo.

Para facilitar, os números escolhidos devem ser sempre inteiros (a imagem encontrada pela função, não).

As cartelas contendo as funções devem ficar sobre a mesa, e o número escolhido para cada cartela não pode ser repetido.

Na primeira rodada, cada jogador escolhe uma cartela e um valor para x. Em seguida, determina o ponto, verifica em que lugar do alvo ele se situa e calcula sua pontuação de acordo com o Quadro de Pontuação a seguir.

Nas demais rodadas, cada jogador deve escolher a cartela que ele ainda não usou em duas das rodadas anteriores.

Para cada tiro, identifique que região do alvo foi atingida e anote os pontos obtidos. Ao final do jogo, some seus pontos.

O jogo termina quando todas as cartelas já tiverem sido escolhidas duas vezes por cada jogador.

Vence aquele que tiver a maior pontuação.

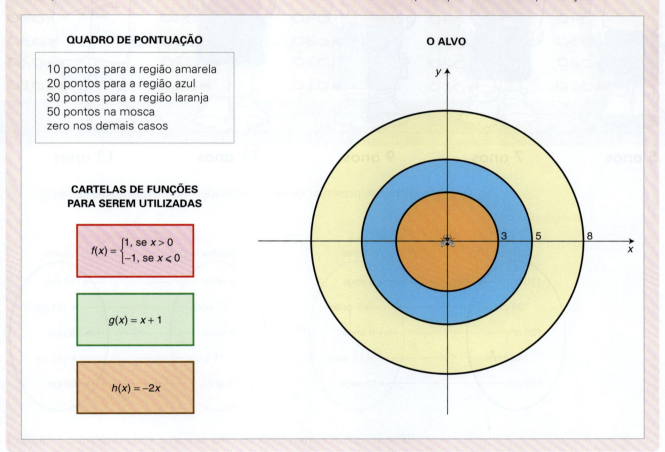

Funções invertíveis

Acompanhe a situação a seguir.

Uma mãe marcava em uma parede a altura do filho conforme ele crescia.

Note que a cada altura marcada na parede podemos associar uma única idade em que a marca foi feita, e a cada idade corresponde uma única altura marcada.

Estudo geral de funções **87**

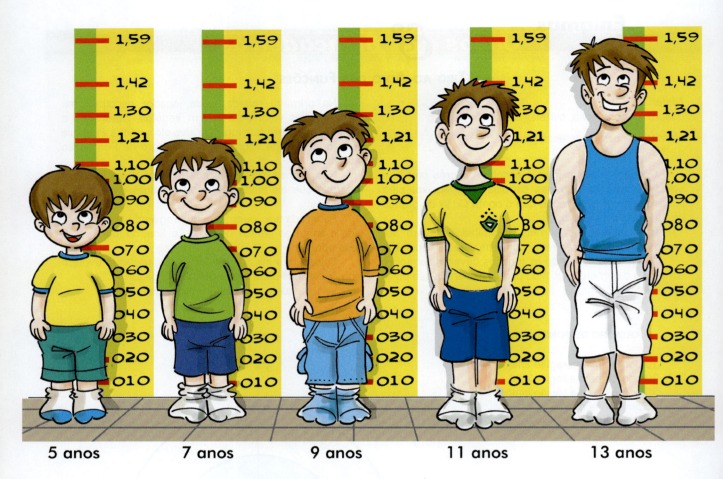

5 anos   7 anos   9 anos   11 anos   13 anos

Vamos representar essas correspondências nos diagramas a seguir.

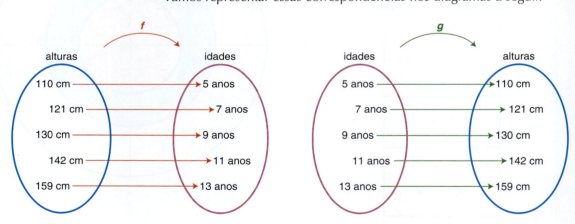

Observe que podemos associar uma função a cada diagrama: a função *f* que associa cada altura marcada à idade correspondente e a função *g* que associa cada idade à altura correspondente.

Para cada altura *x*, a função *f* leva à idade correspondente *y*, que pela função *g* volta à mesma altura *x*, ou seja:

$$f(x) = y \text{ e } g(y) = x$$

Note que há uma *correspondência um a um* entre as alturas marcadas na parede e a idade em que as marcas foram feitas. Por isso, os dois diagramas anteriores podem ser reunidos em um só. Veja como isso pode ser feito no diagrama a seguir.

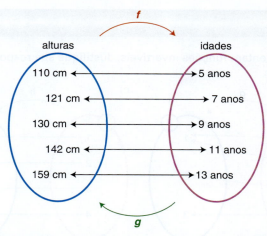

Quando duas funções têm essa propriedade, dizemos que elas são *inversas* entre si.

Então, as funções f e g dadas pelos diagramas anteriores são inversas e indicamos:

$$f = g^{-1} \text{ e } g = f^{-1}$$

Uma função f de A em B é **invertível** quando existe uma função g de B em A tal que, para todo x de A e y de B, se $f(x) = y$, então $g(y) = x$.

Observe novamente os diagramas que determinam as funções f e g. Note que essas funções são bijetoras. Essa é a *condição necessária e suficiente* para que uma função seja invertível.

Uma função f de A em B é invertível se, e somente se, f é bijetora.

Exemplo

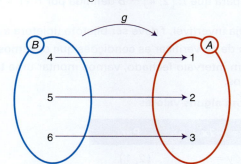

Note que a função h é bijetora. Logo, h é invertível. A função inversa de h é a função $g = h^{-1}$, que também é bijetora e, portanto, invertível, cuja inversa é $g^{-1} = h$.

Observação

Se $f: A \to B$ é invertível, então f^{-1} é uma função de B em A. Como f e f^{-1} são funções bijetoras, temos $\text{Im}(f) = \text{CD}(f) = B$ e $\text{Im}(f^{-1}) = \text{CD}(f^{-1}) = A$. Logo, o domínio de f é o conjunto imagem de f^{-1} e o domínio de f^{-1} é o conjunto imagem de f.

Estudo geral de funções

Exercícios Resolvidos

ER. 23 Verifique se os diagramas seguintes representam funções invertíveis. Justifique sua resposta. Em caso afirmativo, faça o diagrama da função inversa.

a)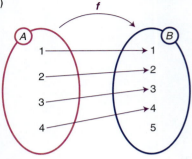

b)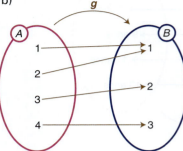

c)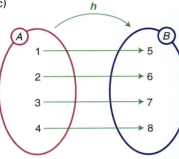

Resolução:

a) A função *f* é injetora, mas não é sobrejetora, pois para 5 em *B* não existe *x* em *A* tal que $f(x) = 5$. Logo, *f* não é bijetora e, portanto, não é invertível, ou seja, não existe a inversa de *f*.

b) A função *g* é sobrejetora, mas não é injetora, pois existem os elementos 1 e 2 em *A* que têm a mesma imagem 1 em *B*. Assim, *g* não é bijetora e, portanto, não é invertível.

c) A função *h* é injetora e sobrejetora, pois todo elemento de *B* é imagem de um único elemento de *A*. Portanto, *h* é invertível e h^{-1}, dada pelo diagrama abaixo, é a função inversa de *h*.

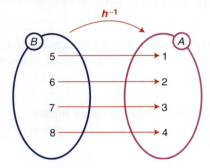

ER. 24 Determine CD(*f*) para que $f: [2, 4] \to B$ definida por $f(x) = -2x + 5$ seja invertível.

Resolução: Para que *f* seja invertível, *f* deve ser bijetora (injetora e sobrejetora).

Vamos construir o gráfico de *f* e verificar as condições que devemos impor para que *f* seja bijetora.

Como o domínio de *f* é um intervalo fechado, vamos montar uma tabela com alguns elementos desse intervalo, incluindo os extremos.

Tabela com alguns valores

x	y = −2x + 5	Par
2	y = 1	(2, 1)
3	y = −1	(3, −1)
4	y = −3	(4, −3)

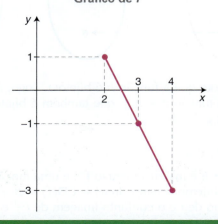

Gráfico de *f*

Observando o gráfico, determinamos $\text{Im}(f) = [-3, 1]$ e vemos que a função é injetora para qualquer *B* que contenha o intervalo $[-3, 1]$ (condição para que *f* seja função). Assim, para que *f* também seja sobrejetora, devemos impor que Im$(f) = \text{CD}(f)$, ou seja, $B = [-3, 1]$.

90 MATEMÁTICA — UMA CIÊNCIA PARA A VIDA

ER. 25 Obtenha a função inversa das funções dadas a seguir.

a) $f: \mathbb{R} \to \mathbb{R}$
definida por $f(x) = 2x + 1$

b) $f: \mathbb{R} - \{2\} \to \mathbb{R} - \{1\}$
definida por $f(x) = \dfrac{x + 3}{x - 2}$

c) $f: [1, +\infty[\to [-1, +\infty[$
definida por
$f(x) = x^2 - 2x$

Resolução: Para determinar a lei da inversa de uma dada função cuja lei é $y = f(x)$, devemos isolar x na lei de f, trocar as variáveis x e y e montar a lei da função inversa na forma $y = f^{-1}(x)$.

a) Como $f(x) = y$, temos:

$$y = 2x + 1 \Rightarrow y - 1 = 2x \Rightarrow$$
$$\Rightarrow x = \dfrac{y - 1}{2}$$

Portanto, a função inversa de f é:

$$f^{-1}: \mathbb{R} \to \mathbb{R} \text{ definida por } f^{-1}(x) = \dfrac{x - 1}{2}$$

> **Atenção!**
> Note que f^{-1} não é $\dfrac{1}{f}$.
> No caso deste exercício,
> temos: $f^{-1}(x) = \dfrac{x - 1}{2}$ e
> $\dfrac{1}{f(x)} = \dfrac{1}{2x + 1}$

b) $y = f(x) \Rightarrow y = \dfrac{x + 3}{x - 2} \Rightarrow y(x - 2) = x + 3 \Rightarrow yx - x = 3 + 2y \Rightarrow$

$$\Rightarrow x(y - 1) = 3 + 2y \Rightarrow x = \dfrac{3 + 2y}{y - 1} = \dfrac{2y + 3}{y - 1}$$

Portanto, a função inversa de f é:

$$f^{-1}: \mathbb{R} - \{1\} \to \mathbb{R} - \{2\} \text{ tal que } f^{-1}(x) = \dfrac{2x + 3}{x - 1}$$

c) $y = f(x) = x^2 - 2x$

$x^2 - 2x - y = 0$

$x = \dfrac{-(-2) \pm \sqrt{(-2)^2 - 4 \cdot 1 \cdot (-y)}}{2 \cdot 1}$

$x = \dfrac{2 \pm \sqrt{4 + 4y}}{2} = \dfrac{2 \pm \sqrt{4(1 + y)}}{2}$

$x = \dfrac{2 \pm 2 \cdot \sqrt{1 + y}}{2} = \dfrac{2(1 \pm \sqrt{1 + y})}{2}$

$x = 1 \pm \sqrt{1 + y}$

> **Recorde**
> $x^2 - 2x - y = 0$ é uma equação do 2.º grau em x (y funciona como uma constante) com coeficientes $a = 1$, $b = -2$ e $c = -y$, cuja solução é dada pela fórmula:
> $x = \dfrac{-b \pm \sqrt{b^2 - 4ac}}{2a}$

Para que a função esteja definida, precisamos saber se

$$x = 1 + \sqrt{1 + y} \text{ ou se } x = 1 - \sqrt{1 + y}$$

Vamos, então, investigar algumas imagens pela f e pela f^{-1}. Assim, para $f(x) = x^2 - 2x$, temos:

$$f(1) = (1)^2 - 2 \cdot (1) = 1 - 2 = -1 \Rightarrow f^{-1}(-1) = 1$$
$$f(2) = (2)^2 - 2 \cdot (2) = 4 - 4 = 0 \Rightarrow f^{-1}(0) = 2$$

Agora, substituímos esses valores nas prováveis leis para fazer a verificação.

Para $y = -1$ e $x = 1$, temos:

- $x = 1 + \sqrt{1 + y} \Rightarrow 1 = 1 + \sqrt{1 + (-1)} \Rightarrow 1 = 1$ (verdadeira)
- $x = 1 - \sqrt{1 + y} \Rightarrow 1 = 1 - \sqrt{1 + (-1)} \Rightarrow 1 = 1$ (verdadeira)

Para $y = 0$ e $x = 2$, temos:

- $x = 1 + \sqrt{1 + y} \Rightarrow 2 = 1 + \sqrt{1 + 0} \Rightarrow 2 = 2$ (verdadeira)
- $x = 1 - \sqrt{1 + y} \Rightarrow 2 = 1 - \sqrt{1 + 0} \Rightarrow 2 = 0$ (falsa)

Logo, já podemos decidir: a relação válida é $x = 1 + \sqrt{1 + y}$ e, portanto, a função inversa de f é:

$$f^{-1}: [-1, +\infty[\to [1, +\infty[\text{ tal que } f^{-1}(x) = 1 + \sqrt{1 + x}$$

Estudo geral de funções

EXERCÍCIOS PROPOSTOS

31. Obtenha a lei da inversa, se existir, da função g de $\mathbb{R}$ em $\mathbb{R}$ definida por:

a) $g(x) = 2x + 3$

b) $g(x) = \dfrac{5x + 2}{3}$

c) $g(x) = x^3$

d) $g(x) = \sqrt[3]{x + 1}$

e) $g(x) = x^2$

32. Determine a função inversa de h em cada caso abaixo.

a) $h: \mathbb{R} - \{1\} \to \mathbb{R} - \{2\}$ tal que $h(x) = \dfrac{2x + 3}{x - 1}$

b) $h: \mathbb{R} - \{3\} \to \mathbb{R}^*$ dada por $h(x) = \dfrac{1}{x - 3}$

c) $h: \mathbb{R}_+ \to \mathbb{R}_-$ definida por $h(x) = -x^2$

33. [NEGÓCIOS] Uma empresa presta serviços de manutenção de portões. O valor cobrado mensalmente, em centenas de reais, é dado em função do número de visitas desse período. Sabe-se que essa função é invertível, sua lei é da forma $g(x) = mx + n$ e seu gráfico contém os pontos $(1, 2)$ e $(2, 5)$.

a) O que indica cada um desses pares ordenados?
b) Encontre a lei da função g^{-1}.

34. [ECONOMIA] O número de pessoas dispostas a comprar um produto varia de acordo com o seu preço, em reais. A relação que descreve esse fato é denominada **função demanda**. Esse tipo de função geralmente é decrescente e bijetora.

Considere a função demanda

$$f: [1, 5] \to [0, 16]$$

tal que

$$f(x) = x^2 - 10x + 25$$

a) Explique no contexto o que significa a função ser decrescente.
b) Determine o número de pessoas dispostas a comprar quando o preço do produto é 1 real e quando o preço é 5 reais.
c) Sabendo que f é bijetora, determine a função inversa de f.

O gráfico da função inversa

A relação gráfica entre uma função e a sua inversa é extremamente interessante.

Para observar essa relação, vamos lembrar que, dada uma função f invertível, vale:

$$f(x) = y \Leftrightarrow f^{-1}(y) = x$$

Desse modo, para todo ponto (x, y) pertencente ao gráfico de f, o ponto (y, x) pertence ao gráfico de f^{-1}.

Assim, existe uma *simetria* entre os pontos do gráfico da função f e os pontos do gráfico de sua inversa f^{-1}. Os gráficos de f e f^{-1} são *simétricos* em relação à reta suporte das bissetrizes dos quadrantes ímpares — reta cujos pontos são do tipo (x, x).

Veja como fica a aparência dos dois gráficos no exemplo abaixo.

Recorde

Bissetriz é uma semirreta que divide um ângulo em dois outros ângulos congruentes.

Reta suporte de uma bissetriz é a reta que contém essa bissetriz.

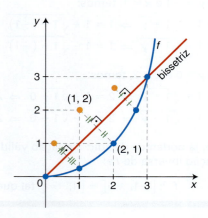
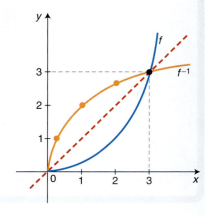

EXERCÍCIO RESOLVIDO

ER. 26 A partir do gráfico da função g dado abaixo, obtenha o gráfico de g^{-1}.

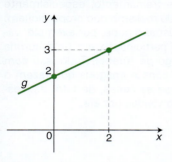

Resolução: Para que os gráficos de g e g^{-1} sejam simétricos em relação a um eixo (aquele formado pelas bissetrizes dos quadrantes ímpares), eles devem ser formados pelo mesmo tipo de curva. No caso, o gráfico de g é uma reta. Logo, o gráfico de g^{-1} também será uma reta, simétrica ao gráfico de g em relação à reta suporte das bissetrizes dos quadrantes ímpares.

Sendo assim, escolhemos pontos no gráfico de g e encontramos seus simétricos em relação às bissetrizes dos quadrantes ímpares. Os pontos simétricos encontrados são pontos do gráfico de g^{-1}. Com isso, já podemos traçar o gráfico.

> **Recorde**
>
> Bastam dois pontos para se determinar uma reta.

Veja esse procedimento abaixo:

- $(0, 2) \in$ gráfico de $g \Rightarrow g(0) = 2 \Rightarrow g^{-1}(2) = 0 \Rightarrow (2, 0) \in$ gráfico de g^{-1}
- $(2, 3) \in$ gráfico de $g \Rightarrow g(2) = 3 \Rightarrow g^{-1}(3) = 2 \Rightarrow (3, 2) \in$ gráfico de g^{-1}

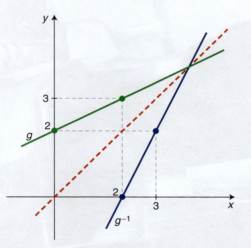

EXERCÍCIOS PROPOSTOS

35. [SAÚDE] Ocorreu um primeiro surto de gripe em certo país. O gráfico da função h abaixo mostra o número (y) de dezenas de pessoas que contraíram gripe em um segundo país, decorridos x meses desde o início do surto inicial.

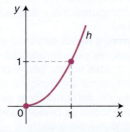

a) Explique o que indicam os pontos destacados no gráfico.
b) Reproduza o gráfico da função h e, a partir dele, trace o gráfico de h^{-1}.

36. [TRANSPORTE] O total a ser pago, em reais, por uma corrida de táxi em certa cidade varia de acordo com o número de quilômetros rodados e é descrito pela função g de $[0, +\infty[$ em $[1, +\infty[$ definida por $g(x) = 2x + 1$.

a) Dê o significado de $g(0)$ na situação.
b) Mostre que g é uma função invertível.
c) Quantos quilômetros são rodados quando o total pago pela corrida é de R$ 26,00?
d) Construa em um mesmo plano cartesiano o gráfico de g e o de g^{-1}.

Estudo geral de funções

Tecnologia *Desenvolvimento*

Jogos Eletrônicos, Simuladores e Funções Matemáticas

Com o crescimento das cidades e os problemas daí advindos, principalmente a insegurança, os equipamentos eletrônicos para entretenimento e treinamento ("simuladores") em ambientes fechados ganharam maior projeção. A cada dia, aumenta a oferta de jogos computacionais que apresentam incrível realismo, envolvendo e divertindo não apenas crianças e jovens, mas toda a família.

Em uma relação de diferentes tipos de jogo, os simuladores estão entre os principais responsáveis pelo sucesso dessa modalidade de entretenimento e treinamento, especialmente por causa da imersão e do realismo que proporcionam. Em um jogo desses, o usuário pode, por exemplo, virtualmente, simular sua participação em uma corrida de carros ou em um jogo de futebol. Tudo isso com extremo realismo, com sons e imagens que fazem o jogador sentir como se as cenas, de fato, estivessem sendo vividas por ele.

Como as funções matemáticas são utilizadas para conferir realismo aos jogos e simuladores?

Sistemas de coordenadas são utilizados para determinar a posição de cada elemento dentro do cenário virtual do jogo e *funções matemáticas* são utilizadas para modelar cada um dos movimentos dentro desse ambiente virtual. Assim, se alguém chutar uma bola em gol, o jogo mede a posição e a direção de saída da bola, ajusta uma reta a esse movimento, propaga-o no cenário virtual com a velocidade esperada e de acordo com as leis da Física, e verifica se essa trajetória intercepta algum objeto em seu percurso. Em caso positivo, a simulação o mostra; se não, nenhum é atingido e a simulação continua.

Outras aplicações

Dentre as simulações mais difíceis de realizar, destacam-se o movimento da água (em cenários com mares ou rios, água calma ou agitada pelo vento, passagem de embarcação sendo atingida por projéteis etc.) e o movimento dos cabelos de um personagem. Para se ter ideia, a simulação do movimento dos cabelos, para dar a impressão de realismo, envolve a modelagem individual de cada fio, bem como a integração e interação de cada um com o todo para que se obtenha a simulação integrada do movimento do conjunto.

Nem é preciso dizer que só mesmo com o avanço da tecnologia computacional é que tais realizações se tornaram possíveis!

Nos cinemas, a realidade virtual está muito avançada. Supercomputadores são utilizados para produzir imagens tão reais que, muitas vezes, não é possível distingui-las no cenário. Um ótimo exemplo de um filme todo feito com animações de computador e simulações é o *Final Fantasy*, em que todos os personagens são virtuais, mas parecem reais. Vale a pena conferir.

5. Funções Compostas

Considere a situação a seguir.

Um industrial sabe que o custo total de produção (y) de sua empresa se divide em dois tipos: um custo fixo de R$ 1.000,00 e um custo variável x.

Dessa forma, o custo total de produção dessa empresa é uma função g do custo variável. Então, o custo total é dado por:

$$y = g(x) = x + 1.000$$

O industrial também sabe que o custo variável (x) depende da quantidade n de peças produzidas e que são gastos R$ 2,00 por peça produzida.

Assim, o custo variável é uma função f da quantidade de peças produzidas e pode ser dado por:

$$x = f(n) = 2n$$

Dessa forma, o industrial percebe que é possível obter o custo total em função da quantidade de peças produzidas:

$$y = g(x) = g(f(n)) = 2n + 1.000$$

Com isso obtemos uma nova função, h, *composta* a partir de f e de g, que é dada por:

$$h(n) = g(f(n)) = 2n + 1.000 \text{ ou, ainda, } h(n) = 2n + 1.000$$

Vamos mostrar essa situação por meio de diagramas:

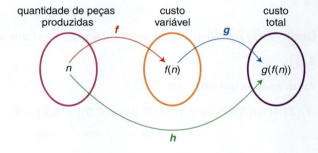

Nessas condições, dizemos que h é a **função composta** de g com f, que indicamos por $g \circ f$ (lê-se "g composta com f" ou "g bola f"). Portanto, $(g \circ f)(n) = g(f(n))$.

> Dadas as funções $f: A \to B$ e $g: B \to C$, chamamos de **função composta** de g com f à função $g \circ f: A \to C$ definida por:
> $(g \circ f)(x) = g(f(x))$, para todo x de A.

Observações

1. Quando existem $g \circ f$ e $f \circ g$, *nem sempre* temos $g \circ f = f \circ g$, isto é, a **composição de funções** não é uma operação comutativa.
2. Considere uma função f invertível. A composição das funções f e f^{-1} (inversa de f) resulta na **função identidade** $I(x) = x$, para todo $x \in D(I)$.

Responda

Dadas duas funções f e g, qual é a condição para que exista a função $g \circ f$ (composta de g com f)?

Exercícios Resolvidos

ER. 27 Dadas as funções de $\mathbb{R}$ em $\mathbb{R}$ definidas por $f(x) = x + 1$ e $g(x) = x^2 - 1$, obtenha:
a) $f(g(2))$ e $g(f(2))$
b) $g(f(0))$
c) $f(f(2))$
d) $(f \circ g)(x)$
e) $(g \circ f)(x)$
f) $(f \circ f)(x)$

Recorde

Como $(x + 1)^2$ é um produto notável, temos:
$(x + 1)^2 = x^2 + 2 \cdot x \cdot 1 + 1^2$

Resolução:

a) Para obter $f(g(2))$, vamos calcular primeiro $g(2)$.
$$g(2) = 2^2 - 1 = 4 - 1 = 3 \quad \text{e} \quad f(g(2)) = f(3) = 3 + 1 = 4$$
Para obter $g(f(2))$, podemos fazer do seguinte modo:
$$g(f(2)) = g(\underbrace{2 + 1}_{f(2)}) = g(3) = 3^2 - 1 = 9 - 1 = 8$$
Logo, $f(g(2)) = 4$ e $g(f(2)) = 8$.
Note que $f(g(2)) \neq g(f(2))$, o que acarreta $g(f(x)) \neq f(g(x))$.

b) $g(f(0)) = g(\underbrace{0 + 1}_{f(0)}) = g(1) = 1^2 - 1 = 0 \Rightarrow g(f(0)) = 0$

c) $f(f(2)) = f(3) = 4 \Rightarrow f(f(2)) = 4$

d) $(f \circ g)(x) = f(g(x)) = f(x^2 - 1) = (x^2 - 1) + 1 = x^2 - 1 + 1 = x^2$
Logo, $(f \circ g)(x) = x^2$.

e) $(g \circ f)(x) = g(f(x)) = g(x + 1)$
$(g \circ f)(x) = (x + 1)^2 - 1$
$(g \circ f)(x) = x^2 + 2x + 1 - 1$
$(g \circ f)(x) = x^2 + 2x$

f) $(f \circ f)(x) = f(f(x)) = f(x + 1) = (x + 1) + 1 = x + 2$
$(f \circ f)(x) = x + 2$

ER. 28 O gráfico a seguir determina uma função f de $[0, 3]$ em $[0, 3]$.

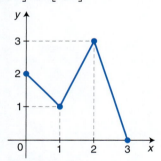

a) Encontre o conjunto imagem de f.
b) Quais são os zeros de f?
c) Calcule $(f \circ f \circ f \circ f)(2)$.

Resolução: Observando o gráfico, obtemos as respostas dos itens **a** e **b**.

a) $\text{Im}(f) = [0, 3]$

b) A função f tem apenas um zero, o 3.

c) $(f \circ f \circ f \circ f)(2) = f(f(f(f(2)))) = f(f(\underbrace{f(3)}_{f(2)})) = f(\underbrace{f(0)}_{f(3)}) = \underbrace{f(2)}_{f(0)} = 3$

ER. 29 Sabendo que $f(x) = 2x + 1$ e $f(g(x)) = x^2 - 2x + 1$, obtenha $g(x)$.

Resolução: Para obter a lei da função g, vamos usar a composta $f \circ g$. Você já viu que para determinar $f(g(x))$, substituímos x por $g(x)$ na lei da função f. Desse modo, temos:
$$f(g(x)) = 2 \cdot [g(x)] + 1$$
Mas $f(g(x)) = x^2 - 2x + 1$. Assim:
$$2 \cdot [g(x)] + 1 = x^2 - 2x + 1 \Rightarrow 2 \cdot g(x) = x^2 - 2x + 1 - 1 \Rightarrow$$
$$\Rightarrow g(x) = \frac{x^2 - 2x}{2}$$

ER. 30 Sendo $f(x + 2) = x^2$, obtenha $f(x)$.

Atenção!

A variável x aparece com dois significados diferentes.

Em $f(x + 2) = x^2$ achamos a imagem da expressão $(x + 2)$ pela função f.

Em $f(x) = x^2 - 4x + 4$ indicamos a lei geral de f, que pode ser dada com qualquer letra.

Resolução: Nesse caso, precisamos de uma variável auxiliar t, de modo que $t = x + 2$. Assim: $x = t - 2$.

Agora, substituímos x por $(t - 2)$ em $f(x + 2) = x^2$. Daí, vem:

$$f(\overbrace{t-2}^{x} + 2) = (\overbrace{t-2}^{x})^2 \Rightarrow f(t) = t^2 - 4t + 4$$

Podemos exprimir a lei $f(t)$ usando a variável x. Veja:

$$f(x) = x^2 - 4x + 4$$

Exercícios Propostos

37. Considerando as funções dadas por $f(x) = x^2 + 2$ e $g(x) = 2x - 1$, determine:
a) $f(g(-1))$
b) $g(f(-1))$
c) $f(g(x))$
d) $g(f(x))$
e) $f(f(x))$
f) $g(g(x))$

38. Sabendo que $f(x) = 3x + 1$ e $g(x) = x^2$, calcule:
$$f(g(0)) + g(f(1)) + g(g(2)) + f(f(3))$$

39. [PUBLICIDADE] Na empresa AQUI O CLIENTE TEM SEMPRE RAZÃO sabe-se que:
- para cada quantia q investida em propaganda, em milhares de reais, o número de clientes, em milhares, que lembram da sua marca é dado pela função $g(q) = q + 2$;
- o faturamento mensal, em milhares de reais, em função do número n de clientes, em milhares, que lembram da sua marca é dado pela função $f(n) = 2n + 3$.

a) Represente essa situação por diagramas.
b) Qual será, em milhares de reais, o faturamento de um certo mês dessa empresa caso nada seja investido em propaganda nesse mês?
c) O que significa nesse contexto $f(g(q))$?

40. Sendo $f(x) = 3x + 2$ e $g(x) = -x + 7$, determine x real tal que $f(g(x)) = 20$.

41. Sendo $f(x) = x^2 - 1$, obtenha $g(x)$ de modo que:
$$g(x) = f(x) + f(x + 1)$$

42. Sabendo que $f(x - 1) = x^2 + 3x + 1$, determine:
a) $f(1)$
b) $f(0)$
c) $f(x)$

43. Sendo $f(3x + 1) = 2x + 3$, obtenha $f(x)$.

44. Sendo $f(x) = \dfrac{x - 1}{x + 2}$, determine $(f \circ f)(x)$.

45. Sabendo que $f(x) = 2x + a$, calcule o valor de a para que se tenha $(f \circ f)(x) = 4x + 5$.

46. Obtenha a e b em $f(x) = ax + b$ para que:
$$(f \circ f)(x) = 4x + 3$$

47. [COTIDIANO] Em uma comunidade, o número de pessoas que ficam sabendo de uma notícia em função da quantidade de pessoas que ficaram sabendo do fato no minuto anterior é dado por $f(x) = 2x + 1$.

a) Supondo que há um minuto uma pessoa ficou sabendo da notícia, quantas pessoas ficaram sabendo dessa notícia neste momento?
b) Expresse na forma $f(k)$ o valor encontrado no item **a**, para algum k natural.
c) Calcule $f(f(f(1)))$.
d) Quantas pessoas ficam sabendo da notícia passados três minutos do momento em que a primeira pessoa ficou sabendo?

48. Sabendo que $f(x) = 3x + k$ e $g(x) = 2x - 1$, determine k real para que se tenha $(f \circ g)(x) = (g \circ f)(x)$, para todo x real.

49. Considere as funções:

f de $\mathbb{R}$ em $\mathbb{R}$ tal que $f(x) = -x + 2$
g de $\mathbb{R}$ em $\mathbb{R}$ tal que $g(x) = x^2 + 1$
h de $\mathbb{R}_+$ em $\mathbb{R}$ tal que $h(x) = \sqrt{x}$

e obtenha $(f \circ g \circ h)(x)$.

Estudo geral de funções

50. Observe:
- o gráfico da função f

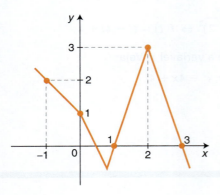

- o gráfico da função g

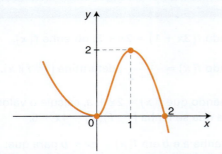

Determine:
a) $(f \circ f \circ f \circ f \circ f)(1)$ c) $(g \circ f)(1)$
b) $(f \circ g)(1)$

51. Considere a função definida por:
$$f(x) = \begin{cases} 2x - 1, \text{ se } x \geq 0 \\ x^2, \text{ se } x < 0 \end{cases}$$
Determine $(f \circ f \circ f \circ f)(0)$.

52. Sabendo que $f(x) = x - 3$ e $f(g(x)) = x^2 - 2x$, obtenha $g(x)$.

53. Sendo $f(x) = 2x - 1$ e $f(g(x)) = x + 2$, determine $g(f(x))$.

54. Dados $g(x) = 2x + 3$ e $f(g(x)) = 3x + 2$, obtenha $f(x)$.

55. Sejam $g(x) = x - 1$ e $f(g(x)) = x^2$. Determine os zeros de f.

56. Dados $f(x) = x + 2$ e $g(x) = x^2 - 4$, verifique que:
$(f \circ (g \circ f))(x) = (f \circ g \circ f)(x), \forall x \in \mathbb{R}$

57. Sabendo que
$f: \mathbb{R} \to \mathbb{R}^*$ é definida por $f(x) = \dfrac{1}{x+3}$,
determine:
$(f \circ f^{-1} \circ f \circ f^{-1} \circ f)(4)$

Encare Essa!

1. Dentre os conjuntos abaixo, quais determinam uma função do tipo $y = f(x)$?
a) $\{(x, y) \in \mathbb{N} \times \mathbb{N} \mid x^2 + y^2 = 25\}$
b) $\{(x, y) \in \mathbb{R} \times \mathbb{R} \mid y^2 = x + 2\}$
c) $\{(x, y) \in \mathbb{R} \times \mathbb{R} \mid y = 5x^2 + 1\}$

2. Esboce o gráfico das funções dadas a seguir e destaque graficamente o conjunto imagem da função. Depois, verifique se a função é sobrejetora. Justifique sua resposta.
a) $h: \mathbb{R} \to \mathbb{R}$ tal que $h(x) = x^2 + 1$
b) $t: \mathbb{R} \to \mathbb{R}_+$ tal que $t(x) = \begin{cases} x, \text{ se } x \geq 0 \\ x^2 + 1, \text{ se } x < 0 \end{cases}$

3. Obtenha o domínio, o conjunto imagem e esboce o gráfico da função dada por:
$$f(x) = 2 + \sqrt{-(x^2 - 9)^2}$$

História Matemática

É razoável considerar que as primeiras ideias relacionadas ao conceito de *função* tenham surgido no início do desenvolvimento da Matemática, especialmente ao se associar tal conceito a uma tabela ou a uma correspondência. Por exemplo, os babilônios faziam uso de tabelas de quadrados, cubos e inversos de números naturais, revelando a presença potencial do conceito de função na maneira com que tal cultura lidava com a Matemática. Dados históricos, no entanto, apontam para o fato de que, provavelmente, esses conhecimentos não eram concebidos por eles no sentido de uma função propriamente dita.

De maneira ainda geral, outros sinais da ideia de função ocorreram durante o século XIV nas escolas de Filosofia Natural francesas e inglesas. Por exemplo, o matemático francês Nicole Oresme (1323-1382) demonstrou estar muito próximo da ideia de função em 1350 ao descrever as leis da Natureza por meio de relações entre quantidades.

No século XVII, em seus estudos sobre movimento e em seus trabalhos matemáticos, o astrônomo, físico e matemático italiano Galileu Galilei (1564-1642) revelou uma compreensão mais precisa desse conceito na maneira com que considerava a relação entre variáveis, bem como no uso de mapeamento entre conjuntos.

Nessa mesma época, o matemático francês René Descartes (1596-1650) aplicou o conceito de função para descrever diversas relações matemáticas em seu livro *A Geometria*, publicado em 1637. Esse foi um período de grande desenvolvimento em uma importante área da Matemática, o *cálculo diferencial* (assunto que você verá no terceiro volume desta coleção).

O conceito de função tem significativa importância em cálculo diferencial, fator que contribuiu fortemente para o desenvolvimento desse tema. Nesse contexto, um importante nome associado a esse desenvolvimento é o do físico e matemático inglês Isaac Newton (1642-1727), que se aproximou bastante do que atualmente entendemos sobre função, com as ideias de variável dependente e de quantidades obtidas a partir de outras.

No que concerne ao termo "função", ele foi utilizado pela primeira vez pelo matemático e filósofo alemão Gottfried Wilhelm von Leibniz (1646-1716) em um manuscrito seu de 1673 sobre cálculos envolvendo tangentes a uma curva. Leibniz fez uso do termo para caracterizar uma curva pela relação entre suas variáveis geométricas associadas.

O uso da álgebra como ferramenta no estudo de curvas exigiu a criação de um termo e de uma notação capazes de representar quantidades dependentes de alguma variável por meio de uma expressão analítica. Nesse sentido, a palavra "função" foi utilizada por Leibniz e Johann Bernoulli (1667-1748) em suas correspondências no final do século XVII. Em meados do século XVIII, o matemático suíço e aluno de Bernoulli, Leonhard Euler (1707-1783), introduziu a notação $f(x)$, contribuindo significativamente para a sistematização do conceito de função.

Funções possuem aplicações nas mais diferentes áreas. O conceito de função exerce um papel fundamental no modelamento de fenômenos nas ciências aplicadas. Em Física, por exemplo, esse conceito é bastante empregado para representar relações entre grandezas utilizadas em modelos teóricos para explicar fenômenos físicos.

Reflexão e ação

Pegue um jornal e/ou uma revista e procure algum artigo em que haja uma correspondência entre duas variáveis. Por exemplo, o *valor do dólar* no decorrer dos *meses* ou a *temperatura média de um dia* no decorrer dos *dias da semana*. Com base nesses dados, construa uma tabela associando as variáveis. Identifique as variáveis (dependentes e independentes) em cada caso que você encontrar e, fazendo uso das propriedades e dos conceitos associados ao estudo geral de funções apresentados neste capítulo, comente o comportamento funcional de cada dinâmica observada.

ADAM HART-DAVIS/SPL/LATINSTOCK

A foto mostra a trajetória de uma bolinha. Esse movimento pode ser modelado usando a teoria de funções.

Estudo geral de funções 99

Atividades de Revisão

1. Considere os conjuntos $A = \{1, 3, 5, 7\}$ e $B = \{2, 4, 6\}$. O produto cartesiano $A \times B$ é tal que:
a) possui 7 elementos
b) possui menos elementos que $B \times A$
c) possui mais elementos que $A \times A$
d) $(3, 4) \in A \times B$
e) $(4, 3) \in A \times B$

2. Identifique a representação gráfica que pode ser associada ao conjunto $A \times B$, sendo:
$$A = \{x \in \mathbb{R} \mid 2 \leq x \leq 5\} \text{ e}$$
$$B = \{2, 3\} \cup \{y \in \mathbb{R} \mid 4 \leq y \leq 5\}$$

a)
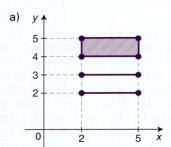

b)
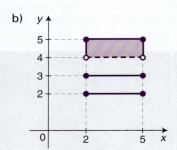

c)
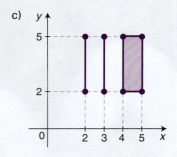

3. Represente graficamente os conjuntos $F = \{0; 1,5\}$, $G = \,]1, 3[\,$ e $F \times G$.

4. [TRABALHO] Rodrigo trabalha no supermercado Baratinho e recebe R$ 4,00 por hora.
a) Qual é a relação que descreve o salário de Rodrigo, em reais, em função das horas trabalhadas?
b) Quanto tempo Rodrigo precisa trabalhar para receber R$ 650,00?

5. Uma função é definida por $f(x) = 3x + a$, com $a \in \mathbb{R}$. Determine $f(a)$ sabendo que $f(0) = 2$.

6. Determine o domínio, o contradomínio e o conjunto imagem para cada uma das funções definidas abaixo.
a) $f: \mathbb{R} \to \mathbb{R}$ tal que $f(x) = x^2$
b) $f: \mathbb{N} \to \mathbb{N}$ tal que $f(x) = x + 4$
c) $f: \{0, 1\} \to \mathbb{R}$ tal que $f(x) = 1 - x$

7. Encontre os zeros de cada função definida abaixo.
a) $f(x) = \dfrac{2x - 7}{87}$
b) $g(x) = x^2$
c) $h(x) = \dfrac{x}{2} + \dfrac{10}{3}$

8. Considere a função f de A em $[-3, 10[$ cujo gráfico é dado a seguir.

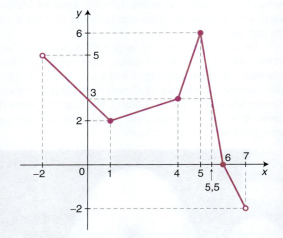

Determine:
a) o conjunto A (domínio)
b) o contradomínio de f
c) o conjunto imagem da função
d) os zeros da função
e) $f(4)$, $f(1)$, $f(0)$, $f(7)$ e $f(-2)$
f) os valores reais de m para os quais $f(m) = 3$

9. Determine o domínio das funções definidas por:
a) $f(x) = x^2 - 4$
b) $g(x) = \dfrac{x - 1}{x + 2}$
c) $h(x) = \dfrac{x - \sqrt{x + 2}}{x - 1}$
d) $m(x) = \dfrac{\sqrt{x + 11}}{1 - \sqrt{1 - x}}$

10. Dê o conjunto imagem de cada função cuja lei é:
a) $f(x) = \begin{cases} -3, \text{ para } x > 1 \\ 3, \text{ para } x \leq 1 \end{cases}$
b) $g(x) = \begin{cases} 2x, \text{ para } x \geq 0 \\ -x + 4, \text{ para } x < 0 \end{cases}$
c) $h(x) = \begin{cases} x - 2, \text{ para } x > 2 \\ -x + 2, \text{ para } x \leq 2 \end{cases}$

d) $p(x) = \begin{cases} 0, \text{ para } 0 \leq x \leq 1 \\ 1, \text{ para } 1 < x \leq 2 \\ 2, \text{ para } 2 < x \leq 3 \end{cases}$

e) $q(x) = \begin{cases} 2x, \text{ para } 0 \leq x \leq \frac{1}{2} \\ 2 - 2x, \text{ para } \frac{1}{2} < x \leq 1 \end{cases}$

11. Considere a função f definida abaixo e faça o que se pede.

$$f: \{0, 1, 2, 3, 4\} \to \mathbb{N} \text{ tal que}$$

$$f(n) = \begin{cases} 1, \text{ se } n = 0 \\ n \cdot f(n-1), \text{ se } n > 0 \end{cases}$$

a) Identifique o domínio e o contradomínio de f.
b) Determine a imagem de cada elemento do domínio de f.
c) Agrupe todas as imagens dos elementos de $D(f)$ em um conjunto. Que nome se dá a esse conjunto?

12. Considere a função $f: \mathbb{R} \to \mathbb{R}$ tal que $f(2x) = 2 \cdot f(x)$ para todo x real. Se $f(10) = 20$, então:

a) $f(5) = 5$ c) $f(20) = 30$ e) $f(5) = 10$
b) $f(5) = 20$ d) $f(20) = 10$

13. Considere uma função f tal que

$$f(a \cdot b)) = f(a) + f(b)$$

para quaisquer a e b reais positivos. Sabendo que $f(3) = 1$, calcule:

a) $f(9)$ c) $f(1)$ e) $f(\sqrt{3})$
b) $f(27)$ d) $f\left(\frac{1}{3}\right)$

14. Se f é uma função real e a e b são números reais positivos do domínio de f em que

$$f(a \cdot b) = f(a) + f(b),$$

mostre que:

$$f\left(\frac{a}{b}\right) = f(a) - f(b)$$

15. O gráfico abaixo define uma função f. Determine x tal que:

$$[f(x)] \cdot [f(x)] = 0$$

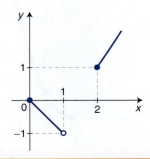

16. Considere as funções f e g definidas em $[-2, 5[$ cujos gráficos são:

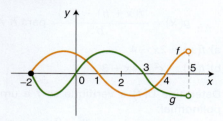

Determine x com base no gráfico de f e de g tal que:

a) $f(x) = 0$ d) $g(x) \geq 0$
b) $g(x) = 0$ e) $f(x) \cdot g(x) > 0$
c) $f(x) > 0$ f) $f(x) \cdot g(x) \leq 0$

17. Considere a função dada por:

$$f(x) = \begin{cases} 2x, \text{ se } x \in [0; 0,5[\\ 2 - 2x, \text{ se } x \in]0,5; 1] \end{cases}$$

Obtenha:

a) os intervalos de crescimento e de decrescimento dessa função;
b) os valores mínimo e máximo que a função pode assumir.

18. [BIOLOGIA] A população de certa espécie de insetos, em milhões de indivíduos, é dada em função do tempo, em meses, pelo gráfico abaixo.

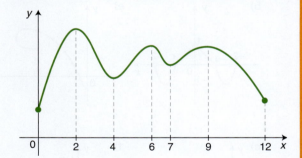

Com base no gráfico, responda:

a) Em quais intervalos de tempo a população de insetos é crescente?
b) Em quais intervalos de tempo ela é decrescente?
c) A que intervalo de tempo se refere o gráfico?
d) Em que período desse intervalo a população teve o maior número de indivíduos?
e) Em algum período desse intervalo o número de indivíduos da população ficou menor do que o que havia no início? Justifique.

19. Qual é a quantidade de pontos de intersecção entre os gráficos das funções f e g dadas por

$$f(x) = \frac{2}{x^2} \text{ e } g(x) = -1?$$

20. Considere a função f em cada caso e obtenha a lei da função g definida por:
$$g(x) = \frac{f(x+h) - f(x)}{h} \text{ para } h \neq 0$$
a) $f(x) = 2x - 4$
b) $f(x) = x^2 - 4x + 3$

21. Determine D(f) e verifique se f é uma função polinomial:
$$f(x) = 2 \cdot \frac{x^2 - 9}{x - 3} - 5$$

22. Dentre os gráficos abaixo, determine quais podem representar:
  I. uma função par
 II. uma função ímpar
III. uma função nem par nem ímpar
IV. uma curva que não representa uma função

a)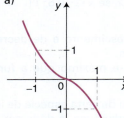
d)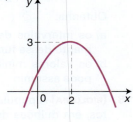
b)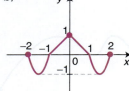
e)
c)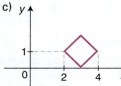
f)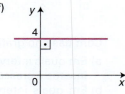

23. Quais das funções reais abaixo são pares e quais são ímpares?
a) $f(x) = x^3$
b) $g(x) = \dfrac{1}{x^3}$
c) $h(x) = x^2 + 4$
d) $m(x) = x^2 - 3x + 4$
e) $n(x) = \dfrac{1}{x^2 + x + 4}$

24. [BIOLOGIA] O número de bactérias, em milhares, numa cultura varia de acordo com o tempo, em minutos, segundo uma função invertível dada por:
$$f: \mathbb{R}_+ \to [1, +\infty[\text{ tal que } f(t) = 2^t$$
cujo gráfico está representado abaixo.

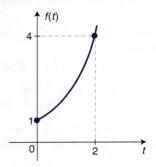

a) Que pontos estão destacados no gráfico? O que eles indicam?
b) Construa o gráfico da função f^{-1} a partir do gráfico de f.
c) A que pontos no gráfico de f^{-1} correspondem os dois pontos destacados no gráfico de f?

25. Determine o contradomínio da função h, em cada caso, para que h seja invertível.

a) $h: \mathbb{R} - \{2\} \to B$ tal que $h(x) = \dfrac{x+1}{x-2}$

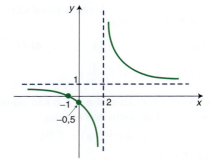

b) $h: [-1, +\infty[\to B$ tal que $h(x) = x^2 + 2x + 1$

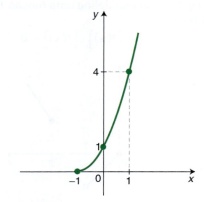

QUESTÕES PROPOSTAS DE VESTIBULAR

1. (Cefet – MG) Sendo A um ponto de coordenadas $(2x + 4, 3x - 9)$ do quarto quadrante do plano cartesiano, é correto afirmar que x pertence ao intervalo real:
a) $-2 < x < 3$
b) $2 \leq x \leq 3$
c) $-3 < x < 2$
d) $-3 \leq x \leq 2$

2. (Cefet – MG) Nos conjuntos $P = \{0, 1, 2\}$ e $R = \{(x, y) \in P \times P \mid x + y < 3\}$
o número de elementos do conjunto R é igual a:
a) 3
b) 4
c) 5
d) 6

3. (UFRN) Considerando $K = \{1, 2, 3, 4\}$, marque a opção cuja figura representa o produto cartesiano $K \times K$.

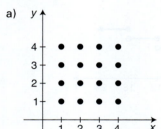

4. (UFPE) Dados os conjuntos $A = \{a, b, c, d\}$ e $B = \{1, 2, 3, 4, 5\}$, identifique a única alternativa que define uma função de A em B.
a) $\{(a, 1), (b, 3), (c, 2)\}$
b) $\{(a, 3), (b, 1), (c, 5), (a, 1)\}$
c) $\{(a, 1), (b, 1), (c, 1), (d, 1)\}$
d) $\{(a, 1), (a, 2), (a, 3), (a, 4), (a, 5)\}$
e) $\{(1, a), (2, b), (3, c), (4, d), (5, a)\}$

5. (UEPB) Uma função real $f(x)$ satisfaz às condições: $f(x + y) = f(x) + f(y)$ para todo x e y reais, $f(1) = 3$ e $f(\sqrt{5}) = 4$. O valor de $f(2 + \sqrt{5})$ é:
a) 9
b) 10
c) 8
d) 12
e) 16

6. (Unesp) O desenvolvimento da gestação de uma determinada criança, que nasceu com 40 semanas, 50,6 cm de altura e com 3.446 gramas de massa, foi modelado, a partir da 20.ª semana, aproximadamente, pelas funções matemáticas:
$$h(t) = 1,5t - 9,4 \text{ e } p(t) = 3,8t^2 - 72t + 246$$
onde t indica o tempo em semanas, com $t \geq 20$, $h(t)$, a altura em centímetros e $p(t)$, a massa em gramas.
Admitindo o modelo matemático, determine quantos gramas tinha o feto quando sua altura era 35,6 cm.

7. (Unifesp) A tabela mostra a distância s em centímetros que uma bola percorre descendo por um plano inclinado em t segundos.

t	0	1	2	3	4
s	0	32	128	288	512

A distância s é função de t dada pela expressão $s(t) = at^2 + bt + c$, onde a, b, c são constantes. A distância s em centímetros, quando $t = 2,5$ segundos, é igual a:
a) 248
b) 228
c) 208
d) 200
e) 190

8. (UFMT – adaptada) Quando da realização de um experimento, foram obtidos para determinados valores de x os correspondentes valores de y, conforme tabela abaixo.

X	0	1	2
Y	1	2	0

Na sequência do experimento necessitou-se fazer uma estimativa para y a partir de um determi-

Estudo geral de funções **103**

nado valor de x, utilizando-se para tanto a função P(x) = ax² + bx + c tal que P(x) = y. Nessas condições o valor de $P\left(\dfrac{1}{2}\right)$ é:

a) $\dfrac{5}{2}$ b) $\dfrac{15}{8}$ c) $-\dfrac{3}{2}$ d) 1   e) 2

9. (UFPA) Dada a função f: A → B onde A = {1, 2, 3} e f(x) = x − 1, o conjunto imagem de f é:

a) {1, 2, 3}   c) {0, 1}   e) n.d.a.
b) {0, 1, 2}   d) {0}

10. (UFMT) Seja f: ℝ → ℝ uma função que satisfaz f(tx) = t² · f(x), para quaisquer x e t reais. A partir dessas informações, identifique a afirmativa correta.

a) f(−x) = −f(x), para qualquer x real
b) f(x) = 0, para qualquer x real
c) f(0) = 1
d) f(1) = 1
e) f(−x) = f(x), para qualquer x real

11. (UFSCar – SP) A figura representa, em sistemas coordenados com a mesma escala, os gráficos das funções reais f e g, com f(x) = x² e g(x) = x.

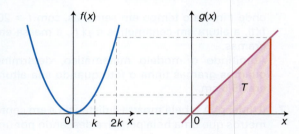

Sabendo que a região poligonal T demarca um trapézio de área igual a 120, o número real k é:

a) 0,5   b) 1   c) √2   d) 1,5   e) 2

12. (Mackenzie – SP – adaptada) Considere as sentenças abaixo, relativas à função y = f(x), definida no intervalo $\left[-3, \dfrac{11}{2}\right]$ e representada, graficamente, na figura abaixo.

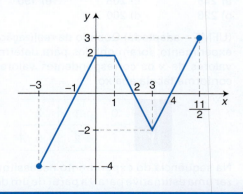

I. Se x < 0, então f(x) < 0.
II. f(1) + f(3) = f(4)
III. O conjunto imagem de f é o intervalo [−4, 3].

É correto afirmar que:

a) apenas III é verdadeira.
b) apenas I e II são verdadeiras.
c) apenas I e III são verdadeiras.
d) apenas II e III são verdadeiras.
e) todas as sentenças são verdadeiras.

13. (Unifesp) Uma forma experimental de insulina está sendo injetada a cada 6 horas em um paciente com diabetes. O organismo usa ou elimina a cada 6 horas 50% da droga presente no corpo. O gráfico que melhor representa a quantidade y da droga no organismo como função do tempo t, em um período de 24 horas, é:

a)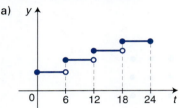

b)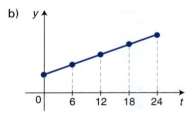

c)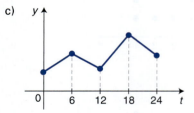

d)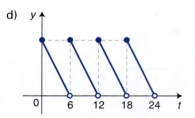

e)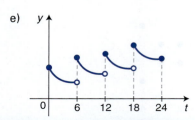

14. (Cefet – MG) Os gráficos das funções f e g estão representados no plano cartesiano, conforme mostra a figura ao lado.

Para [−3, 5], o produto $f(x) \cdot g(x) > 0$ é válido no intervalo:

a) $2 < x < 5$
b) $-3 < x < 0$
c) $-1 < x < 2$
d) $0 < x < 5$

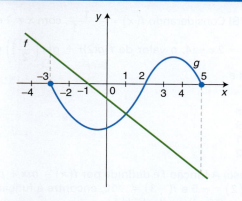

15. (UFMG) Considere a função $y = f(x)$, que tem como domínio o intervalo $\{x \in \mathbb{R} \mid -2 < x \leq 3\}$ e que se anula somente em $x = -\dfrac{3}{2}$ e $x = 1$, como se vê na figura abaixo.

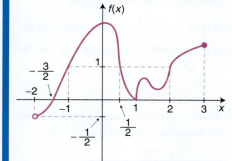

Assim sendo, para quais valores reais de x se tem $0 < f(x) \leq 1$?

a) $\left\{x \in \mathbb{R} \mid -\dfrac{3}{2} < x \leq -1\right\} \cup \left\{x \in \mathbb{R} \mid \dfrac{1}{2} \leq x < 1\right\} \cup \{x \in \mathbb{R} \mid 1 < x \leq 2\}$

b) $\left\{x \in \mathbb{R} \mid -2 \leq x \leq -\dfrac{3}{2}\right\} \cup \left\{x \in \mathbb{R} \mid -1 \leq x \leq \dfrac{1}{2}\right\} \cup \{x \in \mathbb{R} \mid 2 \leq x \leq 3\}$

c) $\left\{x \in \mathbb{R} \mid -\dfrac{3}{2} \leq x \leq -1\right\} \cup \left\{x \in \mathbb{R} \mid \dfrac{1}{2} \leq x \leq 2\right\}$

d) $\left\{x \in \mathbb{R} \mid -\dfrac{3}{2} < x \leq -1\right\} \cup \left\{x \in \mathbb{R} \mid \dfrac{1}{2} \leq x \leq 2\right\}$

16. (PUC – RS) Em uma fábrica, o número total de peças produzidas nas primeiras t horas diárias de trabalho é dado por:

$$f(t) = \begin{cases} 50(t^2 + t), \text{ se } 0 \leq t \leq 4 \\ 200(t + 1), \text{ se } 4 < t \leq 8 \end{cases}$$

O número de peças produzidas durante a quinta hora de trabalho é:

a) 40   b) 200   c) 1.000   d) 1.200   e) 2.200

17. (UFPR – adaptada) Um estudo feito com certo tipo de bactéria detectou que, no decorrer de uma infecção, a quantidade dessas bactérias no corpo de um paciente varia aproximadamente segundo uma função $q(t)$ que fornece o número de bactérias em milhares por mm³ de sangue no instante t. O gráfico da função q encontra-se esboçado ao lado. O tempo é medido em horas, e o instante $t = 0$ corresponde ao momento do contágio.

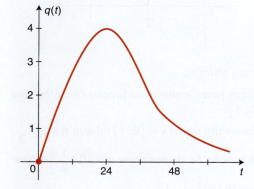

Com base nessas informações, considere as seguintes afirmativas:

I. A função q é crescente no intervalo [0, 48].
II. A quantidade máxima de bactérias é atingida 24 horas após o contágio, aproximadamente.
III. 60 horas após o contágio, a quantidade de bactérias está abaixo de 1.500 por mm³.

Identifique a alternativa correta.

a) Somente as afirmativas I e II são verdadeiras.
b) Somente as afirmativas I e III são verdadeiras.
c) Somente as afirmativas II e III são verdadeiras.
d) Somente a afirmativa I é verdadeira.
e) Somente a afirmativa III é verdadeira.

18. (UEPB) Considerando $f(x) = \dfrac{1}{x-1}$, com $x \neq 1$ e $g(x) = 2x - 4$, o valor de $f(g(2)) + g\left(f\left(\dfrac{1}{2}\right)\right)$ é igual a:

a) 1
b) −8
c) −9
d) −1
e) −2

19. (Udesc) A função f é definida por $f(x) = mx + p$. Se $f(2) = -5$ e $f(-3) = -10$, encontre a função $h(x) = f(f(x))$ e calcule $h(1)$.

20. (UFAL) Sejam f e g funções reais definidas por:

$$f(x) = x - 1 \quad \text{e} \quad g(x) = x^2 + 1$$

Então, o valor de $g(f(2))$ é igual a:

a) 0
b) 2
c) 1
d) 4
e) 3

21. (UFBA – adaptada) Sobre a função $f: [0, 1] \to \mathbb{R}$, representada pelo gráfico abaixo

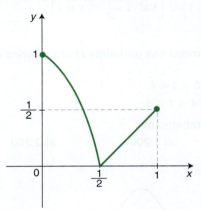

é correto afirmar:

(01) O conjunto imagem da função f é o intervalo $[0, 1]$.

(02) Existe um único $x \in [0, 1]$ tal que $f(x) = \dfrac{1}{2}$.

(04) A função f é decrescente em $\left[0, \dfrac{1}{2}\right]$ e crescente em $\left[\dfrac{1}{2}, 1\right]$.

(08) O conjunto imagem da função $g: [-1, 0] \to \mathbb{R}$ definida por $g(x) = f(-x)$ é o intervalo $[0, 1]$.

(16) $f(f(f(0))) = 0$ e $f(f(f(1))) = 1$

(32) $f \circ f \circ f$ é a função identidade.

Dê como resposta a soma dos números associados às proposições corretas.

22. (UFPR – adaptada) Considere as seguintes afirmativas a respeito da função

$$f: D \to \mathbb{R} \text{ definida por } f(x) = \dfrac{x}{1-x}$$

I. O valor $x = 1$ não pertence ao conjunto D.

II. $f\left(\dfrac{1}{x}\right) = \dfrac{1}{x-1}$

III. $f(x) \neq -1$, qualquer que seja $x \in \mathbb{R}$.

IV. A função inversa de f é $f^{-1}(x) = \dfrac{x+1}{x}$.

Identifique a alternativa correta.

a) Somente as afirmativas I e IV são verdadeiras.
b) Somente as afirmativas II e III são verdadeiras.
c) Somente as afirmativas I, II e III são verdadeiras.
d) Somente as afirmativas I, III e IV são verdadeiras.
e) Todas as afirmativas são verdadeiras.

23. (UECE) Sejam $f(x) = \dfrac{x+1}{x-1}$ uma função real de variável real e f^{-1} a função inversa de f. Então, o valor de $f(2) \cdot f^{-1}(2)$ é igual a:

a) 3
b) 5
c) 7
d) 9

24. (UFJF – MG) Abaixo encontram-se representados os gráficos das funções $f: \mathbb{R} \to \mathbb{R}$ e $g: \mathbb{R} \to \mathbb{R}$.

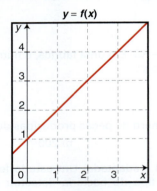

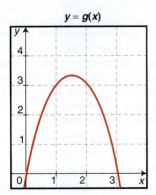

Sabendo que f possui inversa $f^{-1}: \mathbb{R} \to \mathbb{R}$, o valor de $(f \circ g \circ f^{-1})(2)$ é:

a) 0
b) 1
c) 2
d) 3
e) 4

25. (UFC – CE) Para cada número real $x \neq 1$, define-se $f(x)$ por $f(x) = \dfrac{x}{x-1}$. Então, $f(f(x))$ é sempre igual a:
a) x
b) $-x$
c) $f(x)$
d) $[f(x)]^2$
e) $f(x^2)$

26. (Fuvest – SP) Uma função f satisfaz a identidade $f(ax) = a \cdot f(x)$ para todos os números reais a e x. Além disso, sabe-se que $f(4) = 2$. Considere ainda a função $g(x) = f(x-1) + 1$ para todo número real x.
a) Calcule $g(3)$.
b) Determine $f(x)$, para todo x real.
c) Resolva a equação $g(x) = 8$.

27. (Unifor – CE) Seja a função de $\mathbb{R}$ em $\mathbb{R}$, definida por:

$$f(x) = \begin{cases} 2 - x, \text{ se } x \in \mathbb{Q} \\ x^2, \text{ se } x \notin \mathbb{Q} \end{cases}$$

Calculando o valor da expressão

$$f\left(f\left(\sqrt{12}\right)\right) - f\left(f\left(\dfrac{1}{5}\right)\right) + f(f(-3))$$

obtém-se um número:
a) compreendido entre 0 e 3.
b) divisível por 6.
c) múltiplo de 11.
d) irracional.
e) negativo.

PROGRAMAS DE AVALIAÇÃO SERIADA

1. (PAS – UnB – DF – adaptada) A quantidade e a distribuição das chuvas definem o potencial agrícola de uma região. De acordo com a região do país, as chuvas se distribuem diferentemente ao longo do ano, como consequência da interação dos diversos fatores determinantes do clima. Os gráficos a seguir representam a distribuição da chuva, ao longo de um ano, em duas cidades brasileiras, Brasília e João Pessoa.

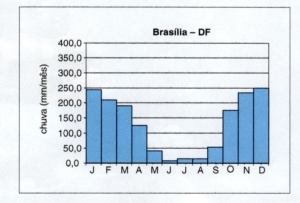

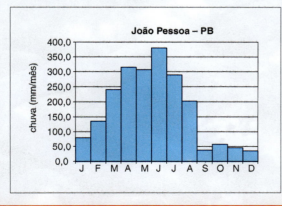

Considere a função $d(t) = b(t) - p(t)$, em que $b(t)$ e $p(t)$ representam as quantidades de chuva, em mm/mês, respectivamente, em Brasília e João Pessoa, no mês t, com $1 \leq t \leq 12$, em que $t = 1$ corresponde a janeiro, $t = 2$, a fevereiro, $t = 3$, a março e, assim, sucessivamente, até $t = 12$, que corresponde ao mês de dezembro. Com base nos gráficos, julgue os itens a seguir.

(1) Tem-se $d(t) > 200$ mm/mês para algum valor de t no domínio especificado.

(2) A função $d(t)$ assume valor máximo para $5 < t \leq 6$.

(3) A função $d(t)$ é crescente nos meses de janeiro a junho.

2. (PEIES – UFSM – RS) A função $f(x) = ax + 3$, com $x \in \mathbb{R}$, tem como sua inversa a função $f^{-1}(x) = \dfrac{1}{2}x + d$, com $x \in \mathbb{R}$. O valor de $2a + 2d$ é:
a) -2
b) -1
c) 0
d) 1
e) 2

3. (PISM – UFJF – MG) Em relação à função $f: \mathbb{R} \to \mathbb{R}$ dada por:

$$f(x) = \dfrac{1}{x^2 + 1} - \dfrac{1}{4}$$

podemos afirmar que:
a) é sempre positiva.
b) é sempre negativa.
c) nunca assume o valor $-\dfrac{1}{4}$.
d) o seu gráfico não intercepta o eixo dos x.
e) é sempre decrescente.

Estudo geral de funções **107**

Capítulo 3

Objetivos do Capítulo

▶ Definir função afim e explorar suas principais características.

▶ Identificar, interpretar e esboçar o gráfico de funções constantes e de funções polinominais do 1.º grau.

▶ Estudar aplicações de funções afins em diferentes contextos.

Função Afim

Nas Profundezas do Oceano!

Dar um mergulho em uma piscina é muito diferente de praticar mergulho submarino. Neste caso, é preciso toda uma preparação e aparelhagem adequadas. O preparo inclui não só o condicionamento físico, conhecimento das espécies que podem trazer algum tipo de prejuízo ou malefício aos seres humanos, como também aspectos ligados à nossa fisiologia, como o transporte de gases, por exemplo.

Nosso sangue transporta alguns gases para nosso organismo, como oxigênio, nitrogênio e gás carbônico, que estão presentes no ar que respiramos ou que são o resultado de nosso metabolismo. Esses gases estão dissolvidos no sangue e sofrem os efeitos da pressão: quanto maior a profundidade, maior a pressão, maior a dissolução de oxigênio e de nitrogênio. Mas como isso afeta o mergulhador?

Com o aumento da concentração de nitrogênio no sangue, nosso organismo experimenta diferentes fases, passando da euforia para uma perigosa espécie de confusão mental. Quando o mergulhador sobe bruscamente para a superfície, vindo de grandes profundidades, ele também enfrenta problemas, pois o nitrogênio que se encontrava dissolvido retorna a sua forma gasosa e pode criar bolhas no sangue, levando ao infarto ou até mesmo a um acidente vascular cerebral.

Ocorre que há uma relação linear entre profundidade e aumento da pressão, ou seja, graficamente essa relação é descrita por uma reta (ou parte dela).

Muitas situações de nosso cotidiano podem ser modeladas por funções desse tipo, chamadas de *função afim*, tema deste nosso capítulo.

DORIVAL MOREIRA/PULSAR IMAGENS

1. Um Tipo de Função Polinomial: a Função Afim

Neste exato momento existem pessoas fazendo atividades físicas ou algum esporte radical, falando ao telefone ou pegando um táxi. Há algum *modelo matemático* comum a essas atividades? Acompanhe a situação a seguir.

Um turista, em viagem para o arquipélago de Fernando de Noronha, decidiu conhecer uma das grandes atrações desse local, a vida submarina!

Fernando de Noronha é um arquipélago que pertence ao Estado de Pernambuco, famoso pela diversidade da flora e fauna e por belas paisagens, como a do Morro Dois Irmãos, na foto.

Atenção!
A atmosfera, cujo símbolo é atm, é uma unidade usual de medida de pressão.

Para que realizasse os mergulhos ele recebeu um treinamento prévio no qual foi informado de que a pressão ao nível do mar é de 1 atm e que a cada 10 metros de profundidade no mergulho a pressão aumenta de 1 atm.

A partir das orientações dadas ao turista, podemos modelar a situação com uma função de $\mathbb{R}_+$ em $\mathbb{R}_+$, que relaciona a pressão (y) com a profundidade (x), cuja lei é $y = 0,1x + 1$.

Assim, por exemplo, em um mergulho de 25 metros de profundidade temos uma pressão de 3,5 atm, pois para $x = 25$ temos:

$$y = 0,1 \cdot 25 + 1 = 3,5$$

A função descrita acima é um exemplo de **função afim**, um tipo de função polinomial.

> Toda função cuja lei é do tipo $y = ax + b$, com a e b reais, é chamada de **função afim**.

Recorde
A lei de uma função f pode ser dada por $y = f(x)$.

Exemplos
Veja algumas funções afins de $\mathbb{R}$ em $\mathbb{R}$, dadas por:

a) $y = 3$, em que $a = 0$ e $b = 3$
b) $f(x) = -1 + x$, em que $a = 1$ e $b = -1$
c) $g(x) = -3x$, em que $a = -3$ e $b = 0$
d) $y = \frac{1}{2}x - 5$, em que $a = \frac{1}{2}$ e $b = -5$

Podemos dividir as funções afins em dois grupos: *função constante* e *função polinomial do 1.º grau*.

> • Uma função afim dada por $y = k$ (constante real) é chamada de **função constante**.
> • Uma função afim dada por $y = ax + b$, com $a \neq 0$, é chamada de **função polinomial do 1.º grau** (ou simplesmente **função do 1.º grau**).

110 MATEMÁTICA — UMA CIÊNCIA PARA A VIDA

Exercícios Resolvidos

ER. 1 Identifique quais leis podem representar uma função afim. Dentre elas, quais são funções polinomiais do 1.º grau? Justifique suas respostas.

a) $y = 3^x$
b) $g(x) = \sqrt[3]{2}$
c) $y = -x$
d) $h(x) = -x - 1$
e) $y = x^2$
f) $y = \dfrac{1}{x}$

Resolução:

a) Não é função afim, pois apresenta a variável x no expoente e, portanto, não é do tipo $y = ax + b$.
b) A função g é afim, pois é do tipo $y = ax + b$, com $a = 0$ e $b = \sqrt[3]{2}$. Nesse caso, é uma função constante, pois, para qualquer x real, temos $g(x)$ igual a um mesmo valor, que é $\sqrt[3]{2}$.
c) É função afim, pois é do tipo $y = ax + b$, com $a = -1$ e $b = 0$. Como $a \neq 0$, é uma função polinomial do 1.º grau.
d) A função h é uma função afim e é uma função polinomial do 1.º grau, pois é do tipo $y = ax + b$, com $a = -1$ (e, portanto, $a \neq 0$) e $b = -1$.
e) Nesse caso, a função não é afim, pois apresenta um termo (não nulo) com x^2 e, portanto, não é do tipo $y = ax + b$.
f) Nesse caso, a função não é afim, pois apresenta a variável x no denominador e, portanto, não é do tipo $y = ax + b$.

ER. 2 Determine a e b reais para que cada função definida a seguir seja:
 I. função afim;
 II. função constante;
III. função polinomial do 1.º grau.

a) $f(x) = ax - 1$
b) $g(x) = x - b$
c) $y = ax + b$
d) $y = bx^2 + ax$

Atenção!
No item **d**, usamos $y = cx + d$ para não confundir com a e b da lei dada.

Resolução:

a) Como a função é do tipo $y = ax + b$, temos:
  I. a função é afim para qualquer valor real de a;
  II. a função é constante para $a = 0$;
  III. a função é do 1.º grau para a real e $a \neq 0$.

b) Como a função é do tipo $y = ax + b$, temos:
  I. a função é afim para qualquer valor real de b;
  II. a função nunca é constante, pois o coeficiente de x é diferente de zero;
  III. a função é do 1.º grau para qualquer valor real de b, pois $a = 1$ e, portanto, $a \neq 0$.

c) Como a função é do tipo $y = ax + b$, temos:
  I. a função é afim para quaisquer valores reais de a e b;
  II. a função é constante para $a = 0$;
  III. a função é do 1.º grau para a real e $a \neq 0$.

d) Devemos estudar para que valores reais de a e b a função dada por $y = bx^2 + ax$ é do tipo $y = cx + d$. Sabemos que na lei de uma função afim não podem aparecer termos não nulos com x^2. Assim, devemos ter $b = 0$.

Com isso, obtemos $y = ax$, que é do tipo $y = cx + d$. Logo:
  I. a função é afim para $b = 0$ e qualquer valor real de a;
  II. a função é constante somente quando $a = b = 0$;
  III. a função é do 1.º grau para $b = 0$ e a real não nulo.

Exercícios Propostos

1. Determine em que itens cada uma das funções reais abaixo é uma função polinomial do 1.º grau, é uma função constante ou não é uma função afim.

a) $f(x) = 2x - 5$
b) $f(x) = 7$
c) $f(x) = ax + b$
d) $f(x) = kx^2 + 2x + 1$
e) $f(x) = \dfrac{k}{x}$

2. Determine a e b em $f(x) = ax + b$ tal que $f(-1) = 2$ e $f(2) = -1$.

3. Dada a função $f(x) = -mx + n$ de domínio real tal que $f(0) = 3$ e $f(1) = 2$, obtenha $m + n$.

4. Dada a função afim $f: \mathbb{R} \to \mathbb{R}$ tal que $f(x) = -3x - 1$, obtenha:
a) $f(0)$ b) $f(\sqrt{3})$ c) $f(a)$ d) $f(a + 1)$

5. [SALÁRIO] Uma balconista recebe R$ 10,00 por hora trabalhada mais uma ajuda de custo mensal de R$ 250,00.
a) O que ocorre com o valor da renda mensal dessa balconista?
b) Expresse a renda mensal (S) da balconista em função do número (x) de horas trabalhadas e diga que tipo de função se obtém.

Função afim **111**

1.1 O GRÁFICO DE UMA FUNÇÃO AFIM

Para obter o gráfico de uma função a partir de sua lei, escolhemos alguns valores para x e calculamos os valores correspondentes de y. Com isso, obtemos alguns pontos pertencentes a esse gráfico. Colocando-os em um plano cartesiano e verificando o domínio da função, podemos esboçar a curva que representa a função.

No caso de uma função afim, o gráfico que a representa é sempre *uma reta* ou *parte dela*.

Da Geometria, sabemos que dois pontos distintos determinam uma única reta. Assim, para obter o gráfico de uma função afim (seja ela constante ou do 1.º grau) de domínio real, basta encontrar dois pontos desse gráfico.

Exercícios Resolvidos

ER. 3 Construa o gráfico das funções afins determinadas abaixo.

a)
x	4	7	11	0
y	3	6	10	−1

b) $g: [-1, 1] \to \mathbb{R}$ tal que $g(x) = -x$

c) h de $\mathbb{R}$ em $\mathbb{R}$ definida por $h(x) = 1 + x$

d) f de $\mathbb{R}$ em $\mathbb{R}$ dada por $f(x) = 1$

e) $j: \,]-1, 1] \to \mathbb{R}$ tal que $j(x) = -x$

Responda

O que ocorrerá com o gráfico se o domínio da função for $\mathbb{R}^*$?

Resolução:

a) Como a função é determinada por uma tabela, vamos marcar os pontos do plano cartesiano que correspondem a todos os pares (x, y) que podemos formar com os dados dessa tabela: $(4, 3)$, $(7, 6)$, $(11, 10)$ e $(0, -1)$.

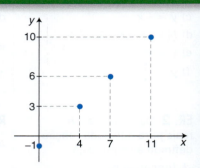

b) Como sabemos que o gráfico de uma função afim é uma reta (ou parte dela), basta escolher dois pontos que estão nesse gráfico (dois pares ordenados da função). Nesse caso, como o domínio é o intervalo $[-1, 1]$, é importante trabalhar com os extremos desse intervalo.

Tabela com alguns valores

x	y = g(x) = −x	Pares
−1	y = −(−1) = 1	(−1, 1)
1	y = −(1) = −1	(1, −1)

Gráfico da função

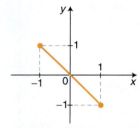

c) Como h é uma função afim de domínio real, seu gráfico é uma reta e, portanto, bastam dois pontos para traçá-lo.

Tabela com alguns valores

x	y = h(x) = 1 + x	Pares
0	y = 1 + 0 = 1	(0, 1)
1	y = 1 + 1 = 2	(1, 2)

Gráfico da função

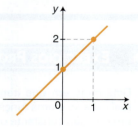

d) Nesse caso, temos uma função constante. Então, o gráfico ao lado é a reta paralela ao eixo x que cruza o eixo y no ponto (0, 1).

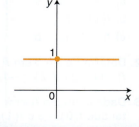

112 MATEMÁTICA — UMA CIÊNCIA PARA A VIDA

e) Veja que, neste item, a lei da função é igual à do item **b**, mas com domínio diferente (intervalo aberto em −1). Nesse caso, não podemos considerar o extremo −1. Então, escolhemos outros valores dentro do intervalo, por exemplo, $x = 0$ e o extremo $x = 1$.

No entanto, apesar de $x = -1$ não pertencer a D(j), precisamos saber o y correspondente, caso esse valor pertencesse ao domínio, para conhecer as características do gráfico.

Assim, para $x = -1$, temos $y = -x = 1$ e, portanto, o ponto $(-1, 1)$ não pertence ao gráfico de j e deve ser marcado com uma bolinha vazia.

Tabela com alguns valores

x	$y = j(x) = -x$	Pares
0	$y = -(0) = 0$	$(0, 0)$
1	$y = -(1) = -1$	$(1, -1)$

Gráfico da função

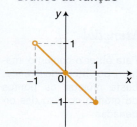

ER. 4 Dos gráficos abaixo, verifique aqueles que correspondem a uma função afim. Nesse caso, diga se a função é constante ou polinomial do 1.º grau. Justifique suas respostas.

a)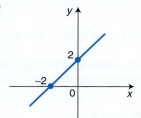

c)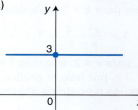

e)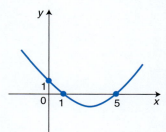

b)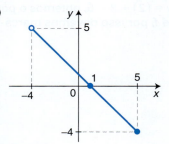

d)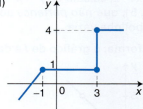

f)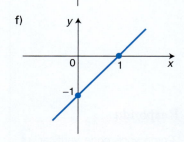

Resolução:

a) Quando o gráfico é uma reta oblíqua em relação aos eixos x e y, ele determina uma função afim do tipo polinomial do 1.º grau.
b) O gráfico determina uma função afim do tipo polinomial do 1.º grau, pelo mesmo motivo do item **a**, só que nesse caso temos um segmento de reta aberto em uma das extremidades (o que significa que essa extremidade não pertence ao segmento).
c) O gráfico é uma reta paralela ao eixo x, por isso determina uma função afim do tipo constante.
d) O gráfico não determina função alguma, pois para $x = 3$ há vários valores correspondentes de y (1 e 4, por exemplo). Portanto, não determina uma função afim.
e) O gráfico determina uma função, mas não é uma reta. Logo, não representa uma função afim.
f) O gráfico determina uma função afim do tipo polinomial do 1.º grau, pelo mesmo motivo do item **a**.

Atenção!

O gráfico de uma função afim é sempre uma reta (ou parte dela), mas nem toda reta representa uma função afim.

Função afim **113**

ER. 5 Esboce o gráfico correspondente em cada caso e, em seguida, dê o domínio e o conjunto imagem de cada função.

a) $f: [-1, 3[\to \mathbb{R}$ tal que
$f(x) = -x + 4$

b) $f: A \to \mathbb{R}$ tal que
$f(x) = 1 + \dfrac{x^2 - 4}{x - 2}$

Atenção!

Para obter o conjunto imagem por meio do gráfico, basta projetar os pontos do gráfico no eixo das ordenadas.

Responda

Como você pode verificar que este é realmente o gráfico de f?

Resolução:

a) A função f é afim de domínio $[-1, 3[$. Por isso, seu gráfico é parte de uma reta. Podemos proceder do seguinte modo:
- Calculamos $f(-1) = -(-1) + 4 = 5$, já que a função é definida para $x = -1$, um dos extremos do intervalo. O ponto $(-1, 5)$ pertence ao gráfico de f.
- Para $x = 3$, calcula-se $y = -x + 4$. Como $y = -(3) + 4 = 1$, obtemos o ponto $(3, 1)$, que *não pertence* ao gráfico de f (mas é necessário para seu traçado), por isso devemos marcá-lo com bolinha vazia.

Com isso, já é possível traçar o gráfico de f:

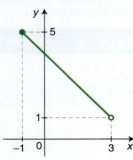

Portanto, $D(f) = [-1, 3[$ e $\text{Im}(f) =]1, 5]$.

b) A função f não é definida para $x = 2$, pois esse valor anula o denominador. Então, 2 não pertence ao domínio de f.

Note que, para $x \neq 2$, é verdade que:

$$f(x) = 1 + \dfrac{x^2 - 4}{x - 2} = 1 + \dfrac{(x + 2) \cdot (x - 2)}{x - 2} = 1 + (x + 2) = x + 3$$

Ou seja, para $x \neq 2$, a função f se comporta como a função afim dada por $y = x + 3$ e, por isso, o gráfico de f é a reta correspondente a $y = x + 3$ excluindo-se o ponto de abscissa 2.

Assim, podemos proceder de modo análogo ao item **a**:
- Calculamos $f(0) = (0) + 3 = 3$. O ponto $(0, 3)$ pertence ao gráfico de f.
- Para $x = 2$, calcula-se $y = x + 3$. Como $y = (2) + 3 = 5$, obtemos o ponto $(2, 5)$, que *não pertence* ao gráfico de f, por isso devemos marcá-lo com bolinha vazia.

Dessa forma, o gráfico de f é dado por:

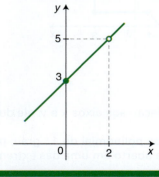

Analisando o gráfico, podemos verificar que $A = D(f) = \mathbb{R} - \{2\}$ e $\text{Im}(f) = \mathbb{R} - \{5\}$.

OBSERVAÇÃO

Uma reta vertical (perpendicular ao eixo das abscissas) nunca representa uma função, pois os pontos pertencentes a retas desse tipo têm sempre a mesma abscissa, isto é, para um único valor de x associamos diferentes valores de y (fato que impossibilita de essa reta representar uma função).

Desse modo, o gráfico de uma função afim de domínio real será uma reta oblíqua (em relação aos eixos x e y) ou uma reta horizontal (paralela ao eixo x).

EXERCÍCIOS PROPOSTOS

6. Construa o gráfico de cada função afim dada abaixo, todas de domínio real, e determine o conjunto imagem de cada uma delas.

a) $f(x) = x + 2$
b) $f(x) = \dfrac{2}{3}x + 1$
c) $f(x) = -x + 4$
d) $f(x) = -1$
e) $f(x) = x\sqrt{3} + 1$
f) $f(x) = 6$
g) $f(x) = -2x + 3$
h) $f(x) = 0$

7. [COTIDIANO] Uma caixa-d'água de 1.000 litros foi construída para manter sempre uma reserva de 200 litros de água, para ser usada em alguma emergência. Essa caixa-d'água é abastecida por uma torneira e, nesse caso, o volume V de água, em litros, na caixa pode ser descrito pela função $V(t) = 200 + 10t$, sendo t o tempo, em segundos, que a torneira permanece aberta, com $0 \leq t \leq 80$.

a) Esboce o gráfico dessa função.
b) Se a torneira ficou aberta por 10 s, qual volume V de água se encontra na caixa?
c) Quanto tempo a torneira precisa ficar aberta para que o volume de água na caixa corresponda à metade de sua capacidade?

8. Os gráficos a seguir representam funções afins dadas por $y = ax + b$.

Determine os valores reais de a e b, e encontre a lei da função em cada caso.

a)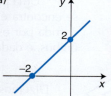

b)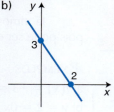

c)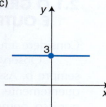

d)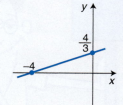

e)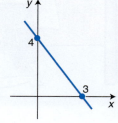

f)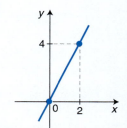

Enigmas, Jogos & Brincadeiras

BALANÇA, MAS NÃO CAI!

Em uma loja de material para construção estão armazenados 100 tijolos em 10 pilhas com 10 tijolos em cada pilha. Apesar de os tijolos serem idênticos em sua aparência, em uma dessas pilhas cada tijolo tem 900 g e em todas as outras cada tijolo tem 1 kg.

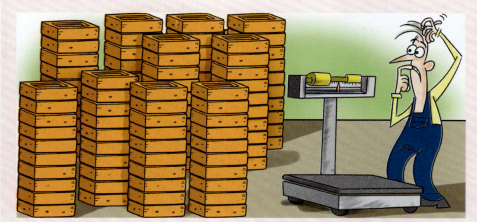

O dono da loja precisa descobrir em qual pilha estão os tijolos de 900 g. Para isso, ele possui uma balança, mas, infelizmente, só pode usá-la uma única vez.

Como ele faz para descobrir em qual pilha estão os tijolos com massa diferente, isto é, com 900 g?

Função afim **115**

2. A Função Constante

Uma função é chamada de **constante** quando para qualquer elemento de seu domínio se associa uma mesma imagem.

Como exemplo, vamos supor a situação a seguir.

Uma pessoa está parada em um ponto de ônibus. A posição em que ela se encontra é sempre a mesma (até que ela entre no ônibus). A distância percorrida por essa pessoa em função do tempo, enquanto ela está no ponto de ônibus, é dada por $d = 0$, que é uma função constante.

> Dizemos que uma função é **constante** quando ela pode ser expressa na forma $y = k$, com k constante.

Já vimos que a função constante é um caso particular de função afim, pois pode ser expressa na forma $y = ax + b$, com $a = 0$ e b real.

Exemplos

a) $f(x) = -3 = 0x - 3$
b) $y = 2 = 0x + 2$

2.1 O GRÁFICO DA FUNÇÃO CONSTANTE E OUTRAS CARACTERÍSTICAS

Considere a função constante de $\mathbb{R}$ em $\mathbb{R}$ dada por $f(x) = b$, com $b \in \mathbb{R}$.

Observe que para qualquer valor de x o correspondente valor de y é sempre b. Assim, todos os pontos do gráfico de f têm ordenada b e, consequentemente, esse gráfico é uma reta paralela ao eixo das abscissas, sendo, por isso, perpendicular ao eixo das ordenadas. Esse gráficos cruza o eixo y no ponto $(0, b)$.

Veja alguns exemplos de gráficos de funções constantes:

a) $f(x) = 2$

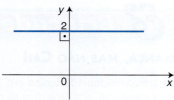

c) $h(x) = 0$

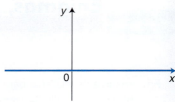

Faça

Determine o conjunto imagem das funções dadas pelos gráficos ao lado.

b) $g(x) = 1$

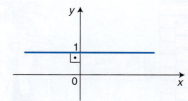

d) $q(x) = -2$

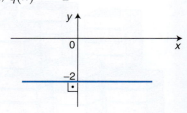

O conjunto imagem de uma função constante é sempre um conjunto unitário, isto é, se $f(x) = b$, então $\text{Im}(f) = \{b\}$.

Uma função constante de domínio real não é injetora e, por isso, não é bijetora. Portanto, não é invertível.

Uma função constante só tem zeros quando ela é definida por $f(x) = 0$, e, nesse caso, ela tem infinitos zeros.

EXERCÍCIO RESOLVIDO

ER. 6 Trace o gráfico da função dada pela lei $f(x) = 2$, cujo domínio é $D = \{-2, -1, 0, 2\}$.

Resolução: Trata-se de uma função constante, pois para todo elemento do domínio temos $y = 2$. Como o domínio é um conjunto finito de quatro elementos, que com suas imagens dão origem a quatro pontos alinhados cuja reta suporte é paralela ao eixo x, o gráfico é formado por esses quatro pontos.

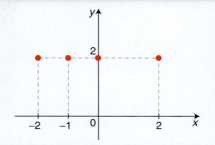

EXERCÍCIOS PROPOSTOS

9. Trace o gráfico de cada função definida abaixo.
   a) f de $\mathbb{R}$ em $\mathbb{R}$ tal que $f(x) = 3$
   b) g de $]-\infty, -1[$ em $\mathbb{R}$ tal que $g(x) = -1$
   c) h de $\{0, 2, 4, 8, 10\}$ em $\{-1,5\}$ tal que $h(x) = -1,5$

10. Dentre os gráficos a seguir, identifique aqueles que representam uma função constante. Justifique.

a) 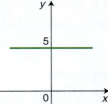 b) 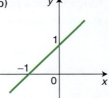 c) 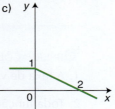 d)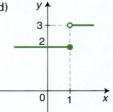

11. [TERMOLOGIA] Sabe-se que a temperatura interna de um refrigerador deve manter-se em 5 °C. Represente graficamente a temperatura interna de um refrigerador em função do tempo, no período de 24 horas de um dia.

3. A Função Polinomial do 1.º Grau

Uma das principais funções para descrever fenômenos é a **função polinomial do 1.º grau** (ou simplesmente função do 1.º grau). Por isso é importante conhecer um pouco mais sobre ela.

> **Funções polinomiais do 1.º grau** são todas as funções afins do tipo
> $y = ax + b$, com $a \neq 0$.

A função polinomial do 1.º grau tem um papel fundamental na Matemática e em outras ciências, pois é por meio dela que podemos descrever a relação entre duas grandezas em que a *taxa de variação* é *constante*. Vejamos o que isso significa.

Função afim **117**

Dada uma função polinomial do 1.º grau, definida por $f(x) = ax + b$, para quaisquer x_1 e x_2 distintos do domínio de f, é sempre válido que $\dfrac{f(x_2) - f(x_1)}{x_2 - x_1} = k$, em que k é uma constante real fixa.

Inicialmente vamos determinar as imagens de x_1 e x_2 pela função f e, em seguida, encontrar a diferença $f(x_2) - f(x_1)$.

$f(x_1) = ax_1 + b$ e $f(x_2) = ax_2 + b$
$f(x_2) - f(x_1) = (ax_2 + b) - (ax_1 + b) = ax_2 - ax_1 + b - b = a(x_2 - x_1)$

Agora, vamos calcular a razão dada anteriormente:

$$\dfrac{f(x_2) - f(x_1)}{x_2 - x_1} = \dfrac{a(x_2 - x_1)}{x_2 - x_1} = a$$

Como a é um coeficiente da lei da função $f(x) = ax + b$, temos que a é uma constante real fixa para quaisquer x_1 e x_2 distintos do domínio de f.

Note que do fato de $\dfrac{f(x_2) - f(x_1)}{x_2 - x_1} = k$, temos $f(x_2) - f(x_1) = k \cdot (x_2 - x_1)$, para quaisquer x_1 e x_2 distintos.

Assim, a diferença $\Delta y = f(x_2) - f(x_1)$ é *diretamente proporcional* à diferença $\Delta x = x_2 - x_1$, ou seja, $\Delta y = k\Delta x$.

> A razão $\dfrac{\Delta y}{\Delta x} = \dfrac{f(x_2) - f(x_1)}{x_2 - x_1} = a$ é chamada de **taxa de variação** da função f dada por $f(x) = ax + b$.

Atenção!

A notação Δy (lê-se: "delta y") é usada para indicar a diferença entre dois valores da grandeza y (ou de qualquer outra). Por exemplo:

$\Delta t = t_2 - t_1$

Observações

1. A taxa de variação é constante para qualquer função afim.
2. Toda função f de $\mathbb{R}$ em $\mathbb{R}$ em que a razão $\dfrac{f(x_2) - f(x_1)}{x_2 - x_1}$ é uma constante real k, para quaisquer reais x_1 e x_2 distintos, é uma função afim. Se $k \neq 0$, a função é polinomial do 1.º grau.

Exercício Resolvido

ER. 7 [INCLUSÃO SOCIAL]
Hiromi é uma digitadora com deficiência visual e recebe um valor mensal fixo de R$ 300,00 mais R$ 2,00 por página digitada em *braille*.

a) Determine a taxa de variação da renda mensal de Hiromi relativa a esse trabalho.
b) Explique o significado dessa taxa de variação.

Resolução:

a) A renda mensal de Hiromi se altera segundo a variação da quantidade de páginas digitadas. Se x é o número de páginas digitadas no mês, a renda mensal $r(x)$ que ela recebe em função de x é dada por $r(x) = 2x + 300$, que é uma função polinomial do 1.º grau.

Assim, a taxa de variação salarial, para qualquer dupla de valores distintos de x, é dada pela razão:

$$\dfrac{\Delta y}{\Delta x} = \dfrac{r(x_2) - r(x_1)}{x_2 - x_1} = \dfrac{(2x_2 + 300) - (2x_1 + 300)}{x_2 - x_1}$$

$$\dfrac{\Delta y}{\Delta x} = \dfrac{2(x_2 - x_1) + 300 - 300}{x_2 - x_1} = \dfrac{2(x_2 - x_1)}{(x_2 - x_1)} = 2$$

Ou seja, essa *razão* é um *valor constante* e igual ao coeficiente de x na lei da função, isto é, $\dfrac{\Delta y}{\Delta x} = a = 2$.

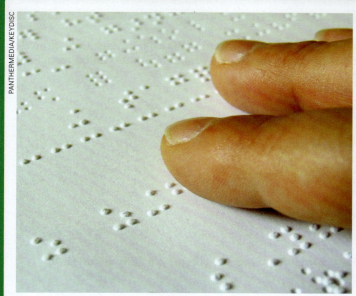

Na escrita em *braille*, os caracteres são impressos sob a forma de pontos em relevo.

b) Nesse caso, a taxa de variação indica que *a cada página digitada, Hiromi recebe 2 reais a mais*, ou seja, seu salário *aumenta* 2 reais a cada página digitada.

Por exemplo, se em um mês Hiromi digitar 500 páginas, receberá $r(500) = 1.300$ reais. Se no mês seguinte ela digitar 600 páginas, receberá $r(600) = 1.500$ reais. Note que houve uma variação no valor da renda de $\Delta y = 200$ reais, enquanto nas páginas digitadas houve uma variação de $\Delta x = 100$ páginas, o que nos dá a razão:

$$\frac{\Delta y}{\Delta x} = \frac{200}{100} = 2 \text{ (taxa de variação)}$$

Ou, ainda, se para cada página digitada há um acréscimo de 2 reais na renda obtida, para 100 páginas digitadas a mais de um mês para outro, a renda aumenta em 200 reais.

EXERCÍCIOS PROPOSTOS

12. [FÍSICA] Um automóvel descreve um movimento cuja função horária é dada por $s = -3 + 2t$, sendo t o tempo, em segundos, e s a posição, em metros. Determine:
a) a posição do automóvel no instante inicial $(t_0 = 0)$;
b) o instante em que o automóvel passa pela posição $s = 0$;
c) a taxa de variação da posição (Δs) em relação ao intervalo de tempo (Δt) correspondente;
d) o que indica essa taxa de variação.

13. [SALÁRIO] Um vendedor recebe por mês um salário fixo de R$ 350,00 mais comissão de 5% sobre o total de sua venda apurada no mês.
a) Determine a sentença matemática que descreve essa situação.
b) Essa sentença é a lei de que tipo de função?
c) Quanto esse vendedor recebe em um mês em que o total de suas vendas foi R$ 5.000,00?
d) Qual deve ser o total de vendas no mês para que esse vendedor receba R$ 3.500,00?
e) O que ocorre no mês em que ele não efetua venda alguma?
f) Encontre a taxa de variação da quantia recebida mensalmente em relação ao total de vendas apurado por esse vendedor e explique o seu significado.

3.1 O ZERO DE UMA FUNÇÃO POLINOMIAL DO 1.º GRAU

Já vimos que para achar os zeros de uma função devemos encontrar os valores que anulam essa função.

Assim, para achar os zeros de uma função do 1.º grau, que é do tipo $y = ax + b$, com $a \neq 0$, devemos fazer:

$$y = ax + b = 0 \Rightarrow ax + b = 0 \Rightarrow x = -\frac{b}{a}$$

Note que funções polinomiais do 1.º grau têm um único zero, quando ele existe.

Recorde

Zeros de uma função são os **valores de x do domínio** dessa função que correspondem a $y = 0$.

Graficamente, os zeros são as abscissas dos pontos onde o gráfico da função cruza o eixo x.

Função afim **119**

Exercícios Resolvidos

ER. 8 Determine os zeros da função real f de domínio real em cada caso.

a) $f(x) = -2x + 9$
b) $f(x) = 3x - 5$
c) $f(x) = -2x$

Resolução: Todas as funções dadas são funções polinomiais do 1.º grau de domínio real. Logo, em todos os casos a função f tem um único zero. Para determiná-lo, basta achar $x \in D(f)$ tal que $f(x) = 0$.

a) $f(x) = -2x + 9$
$f(x) = 0 \Rightarrow -2x + 9 = 0 \Rightarrow -2x = -9 \Rightarrow$
$\Rightarrow x = 4,5$

Logo, 4,5 é o zero da função f.

Recorde
$-2x + 9 = 0$
$-2x + 9 - 9 = 0 - 9$
$-2x = -9 \quad \times (-1)$
$2x = 9$
$\dfrac{2x}{2} = \dfrac{9}{2}$
$x = 4,5$

b) $f(x) = 3x - 5$
$3x - 5 = 0 \Rightarrow 3x = 5 \Rightarrow x = \dfrac{5}{3}$
Logo, o zero de f é $\dfrac{5}{3}$.

c) $f(x) = -2x$
Note que $f(x) = 0$ somente quando $x = 0$, que é o zero da função f.

ER. 9 Determine o valor real de k para que a função dada por
$f(x) = -kx - k + 3$ ($D = \mathbb{R}$)
tenha como zero:

a) $x = 2$
b) $x = -1$
c) $x = 0$

Resolução:

a) Vamos determinar k para $x = 2$ e $y = 0$ (condição para que 2 seja zero da função):
$0 = -k \cdot (2) - k + 3 \Rightarrow -2k - k + 3 = 0 \Rightarrow -2k - k = -3 \Rightarrow$
$\Rightarrow -3k = -3 \Rightarrow k = 1$

Logo, para $k = 1$, a função tem 2 como zero.

b) Agora precisamos achar k para que tenhamos $x = -1$ e $y = 0$:
$0 = -k \cdot (-1) - k + 3 \Rightarrow k - k + 3 = 0 \Rightarrow -3 = 0$ (falsa)

A sentença obtida é sempre falsa, independentemente do valor de k. Portanto, para nenhum valor real de k a função tem como zero $x = -1$.

c) Vamos determinar k para $x = 0$ e $y = 0$:
$0 = -k \cdot (0) - k + 3 \Rightarrow 0 = -k + 3 \Rightarrow k = 3$

Logo, para $k = 3$, temos $x = 0$ como zero da função.

Exercícios Propostos

14. Determine o zero das funções dadas abaixo.
a) $f: \mathbb{R}$ em $\mathbb{R}$ tal que $f(x) = -2x + 1$
b) $g: \,]0, 1] \to \mathbb{R}$ tal que $g(x) = -x$
c) $h: [-1, 1] \to \mathbb{R}$ tal que $h(x) = -x$

15. Determine o valor real de m para que 3 seja o zero da função dada por:

$g: \mathbb{R} \to \mathbb{R}$ tal que $g(x) = 3x - m$

3.2 O GRÁFICO DE UMA FUNÇÃO POLINOMIAL DO 1.º GRAU

O gráfico de uma função polinomial do 1.º grau é uma reta (ou parte dela) oblíqua em relação aos eixos x e y, pois ela é uma função afim não constante.

Consideremos uma função f de domínio real dada por $f(x) = ax + b$, com $a \neq 0$.

Observe que, quando $x = 0$, temos $y = b$, ou seja, o ponto $(0, b)$ pertence à reta que é o gráfico da função f. Esse é o ponto de intersecção da reta (gráfico de f) com o eixo y.

Responda

O gráfico de uma função do 1.º grau pode ser uma reta paralela ao eixo y? Por quê?

Essa reta (gráfico de f) também cruza o eixo x, no ponto cuja abscissa é o zero da função.

E quando a reta (gráfico de f) passa pela origem?

Note que isso só acontece quando o par (0, 0) pertence à função f, o que ocorre para f(x) = ax, ou seja, quando b = 0.

Exemplos

a) $y = 2x + 1$ b) $y = -\dfrac{1}{3}x$ c) $y = -x + 3$ d) $y = x$

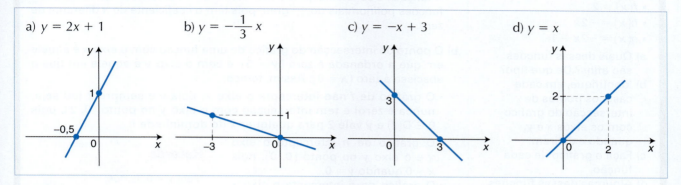

Observações

1. Toda função polinomial do 1.º grau cujo gráfico passa pela origem é chamada de **função linear**. Assim, temos que uma função linear f é do tipo $y = ax$, com $a \neq 0$. Quando $a > 0$ e $D(f) \subset \mathbb{R}_+$, dizemos que as grandezas correspondentes a y e a x são *grandezas diretamente proporcionais*.

2. O coeficiente a de $y = ax + b$ (com $a \neq 0$) determina a inclinação da reta em relação ao eixo x.

3. É comum se fazer referência a funções que podem ser representadas por uma reta (ou parte dela) como *relações lineares*, mesmo que essa reta não passe pela origem.

Matemática, Ciência & Vida

O treinamento físico de um indivíduo, dependendo da qualidade e da quantidade do esforço realizado, provoca a longo prazo aumento do fígado e do volume do coração, existindo uma *relação linear* entre a massa hepática e o volume cardíaco. Assim, o fígado de uma pessoa que pratica esportes de forma sistemática tem maior capacidade de armazenar moléculas de glicogênio, daí o aumento no tamanho desse órgão. O glicogênio é uma substância cujo papel principal é servir de reserva energética. Durante os esforços de longa duração, suas moléculas serão "quebradas", liberando glicose para o organismo.

O pesquisador W. Thörner observou que essa relação é expressa, *aproximadamente*, por $f(x) = 0{,}95x - 585$, em que x é a massa hepática, em gramas, e $f(x)$ é o volume cardíaco, em mililitros. Por exemplo, se a massa hepática de um atleta é de 1.400 g, seu volume cardíaco é de:

$y = f(1.400) = 0{,}95 \cdot 1.400 - 585$
$y = 745$ mL

Observe que utilizamos o termo "aproximadamente", pois em Biologia e, particularmente, em Medicina, os fenômenos são complexos e há as variações individuais, razão por que nesses casos as relações $y = f(x)$ são aproximações.

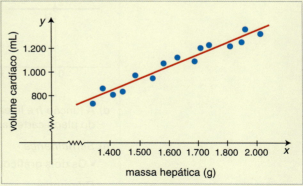

Relação entre o volume cardíaco e a massa hepática de um indivíduo fisicamente treinado.

Adaptado de: AGUIAR, A. F. A.; XAVIER, A. F. S.; RODRIGUES, J. E. M. *Cálculo para Ciências Médicas e Biológicas*. São Paulo: HARBRA, 1988.

Função afim **121**

Exercícios Resolvidos

ER. 10 Considere as seguintes funções reais de domínio real definidas abaixo.
- $f(x) = 2$
- $h(x) = -2x$
- $q(x) = -2x + 1$

a) Quais dessas funções são afins? De que tipo?
b) Identifique, em cada caso, os pontos de intersecção do gráfico com os eixos x e y, quando existirem.
c) Faça o gráfico de cada função.
d) Algumas dessas funções são lineares? Justifique.
e) Identifique diferenças e semelhanças entre os gráficos das funções f e h.

Resolução:

a) Todas as funções dadas podem ser expressas na forma $y = ax + b$. Logo, todas são funções afins.

A função f é constante, pois o coeficiente de x é zero; as funções h e q são funções polinomiais do 1.º grau, pois têm o coeficiente de x diferente de zero.

b) O ponto de intersecção do gráfico de uma função com o eixo x é aquele em que a ordenada é zero ($y = 0$), e com o eixo y é aquele em que a abscissa é zero ($x = 0$). Assim, temos:

- O gráfico de f não intercepta o eixo x, pois y é sempre 2 (ou seja, nunca é zero) e tem intersecção com o eixo y no ponto $(0, 2)$, pois $0 \in D(f)$ e y vale 2 para qualquer x do domínio de f.
- O gráfico de h intercepta o eixo x e o eixo y no ponto $(0, 0)$, pois $x = 0$ quando $y = 0$.
- O gráfico de q intercepta o eixo x em $(0{,}5; 0)$ e o eixo y em $(0, 1)$.

Recorde

Para $y = 0$, temos:
$y = q(x) = -2x + 1 = 0 \Rightarrow$
$\Rightarrow x = 0{,}5$
Para $x = 0$, temos:
$y = q(0) = -2 \cdot 0 + 1 = 1$

c) Aproveitando os pontos de intersecção com os eixos e sabendo que todos os gráficos são retas que passam por esses pontos, podemos traçar o gráfico de cada função:

- Para a função f, pelo fato de ela ser constante, apenas com o ponto $(0, 2)$ é possível traçar o gráfico, pois a reta é sempre paralela ao eixo x e perpendicular ao eixo y, nesse caso em $(0, 2)$.
- Para a função h, precisamos de mais um ponto para obter a reta, já que até agora temos apenas um ponto do gráfico dessa função, o $(0, 0)$. Para isso, basta escolher mais um valor para x e encontrar o correspondente valor de y na lei de h. Assim, fazendo $x = -1$, vem:

$$h(-1) = -2 \cdot (-1) = 2 \Rightarrow (-1, 2) \in \text{gráfico de } h$$

- Para a função q, já temos dois pontos distintos: $(0{,}5; 0)$ e $(0, 1)$.

Gráfico de f Gráfico de h Gráfico de q

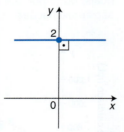
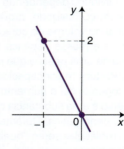
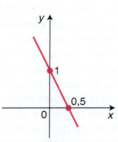

d) A função h é linear, pois seu gráfico é uma reta que passa pela origem $(0, 0)$ do plano cartesiano.

e) *Semelhança*
- Os dois gráficos (de f e de h) são retas que passam pelo ponto $(-1, 2)$.

Diferenças
- O gráfico de f é uma reta paralela ao eixo x (horizontal), enquanto o de h é uma reta oblíqua em relação aos eixos x e y.
- Uma reta passa pela origem (gráfico de h) enquanto a outra não (gráfico de f).

Observando ainda os gráficos, podemos notar outras diferenças entre as funções f e h:

- a função f não tem zero e a função h tem $(x = 0)$;
- f não é injetora, pois qualquer que seja x real, a imagem sempre é 2; já a função h é injetora, pois, para valores distintos de x, encontramos sempre imagens distintas;
- tomando dois valores quaisquer, x_1 e x_2, do domínio de cada função, com $x_1 < x_2$, as imagens correspondentes, y_1 e y_2, por meio de f são sempre iguais a 2 (f é função constante), e por meio de h são distintas, com $y_1 > y_2$, ou seja, h é uma função decrescente.

ER. 11 Construa em um mesmo plano cartesiano os gráficos das funções, de domínio real, dadas por:
- $g(x) = 2x$
- $p(x) = 2x + 1$
- $t(x) = 2x - 1$

a) Compare esses três gráficos. O que pode ser observado?
b) Compare o gráfico da função g com o da função h dada por $h(x) = -2x$ (veja ER. 10). O que pode ser observado?

Resolução:

a) As funções g, p e t são todas funções afins de $D = \mathbb{R}$. Assim, o gráfico de cada uma dessas funções é uma reta e, portanto, basta encontrar dois pontos distintos de cada gráfico, usando tabelas auxiliares.

$g(x) = 2x$	
x	y
0	0
1	2

$p(x) = 2x + 1$	
x	y
0	1
$-\dfrac{1}{2}$	0

$t(x) = 2x - 1$	
x	y
0	-1
$\dfrac{1}{2}$	0

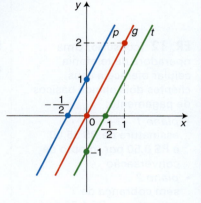

Note que as três retas são paralelas entre si, ou seja, têm a mesma inclinação em relação ao eixo x (o coeficiente a é o mesmo para as três funções).

Observe também que podemos obter os gráficos de p e t (retas azul e verde, respectivamente) deslizando sobre o eixo y (sem mudar o ângulo de inclinação) o gráfico de g (reta vermelha), 1 unidade para baixo, para obter o gráfico de t, ou 1 unidade para cima, para obter o gráfico de p. Esse movimento é chamado de **translação**.

Ou seja, para obter o gráfico de t ($y = 2x - 1$) a partir do gráfico de g ($y = 2x$), **subtraímos 1 unidade** dos valores de g para encontrar as novas ordenadas. E para obter o gráfico de p ($y = 2x + 1$) a partir do gráfico de g ($y = 2x$), **somamos 1 unidade** aos valores de g para achar as novas ordenadas.

Observe na tabela abaixo alguns valores dessas três funções, partindo de um mesmo valor de x.

x	$y_1 = g(x) = 2x$	$y_2 = t(x) = 2x - 1$	$y_3 = p(x) = 2x + 1$
-2	-4	$-5 = -4 - 1$	$-3 = -4 + 1$
-1	-2	$-3 = -2 - 1$	$-1 = -2 + 1$
0	0	$-1 = 0 - 1$	$1 = 0 + 1$
1	2	$1 = 2 - 1$	$3 = 2 + 1$
3	6	$5 = 6 - 1$	$7 = 6 + 1$

Atenção!

Isso sempre vale para os gráficos das funções dadas por
$y = ax$ e $y = -ax$
para uma mesma constante a real não nula.

b) Para fazer a comparação dos gráficos de g e de h, vamos traçá-los em um mesmo plano cartesiano.

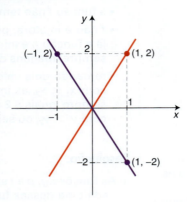

Note que cada ponto de uma dessas retas tem seu simétrico em relação ao eixo x na outra. Ou seja, podemos obter uma dessas retas achando os simétricos de dois pontos da outra em relação ao eixo x (verifique que o mesmo ocorre em relação ao eixo y).

ER. 12 [CONSUMO] Uma operadora de telefonia celular oferece a seus clientes dois planos básicos de pagamento:
- **plano 1**
  assinatura de R$ 35,00 e R$ 0,50 por minuto de conversação
- **plano 2**
  sem cobrança de assinatura e R$ 1,20 por minuto de conversação

Nessas condições:
a) obtenha a sentença matemática que permite encontrar o valor cobrado em cada um dos planos;
b) trace os gráficos das funções definidas por essas sentenças matemáticas em um mesmo plano cartesiano;
c) determine o tempo de conversação para que o valor cobrado seja igual nos dois planos.

Resolução:

a) • Plano 1

Se é cobrado R$ 0,50 por minuto de conversação, após x minutos o valor será de $0,5x$. Como ainda existe o valor da assinatura, a sentença matemática que dá o total cobrado por esse plano é $p_1(x) = 35 + 0,5x$, com $x \geq 0$.

• Plano 2

Como o preço cobrado agora por um minuto de conversação é R$ 1,20, após x minutos o valor será de $1,2x$. Como não há taxa de assinatura, a sentença que dá o total cobrado por esse plano é $p_2(x) = 1,2x$, com $x \geq 0$.

b) **Plano 1**

x	$y = p_1(x) = 35 + 0,5x$
0	$y = 35 + 0,5 \cdot 0 = 35$
100	$y = 35 + 0,5 \cdot 100 = 85$

Plano 2

x	$y = p_2(x) = 1,2x$
0	$y = 1,2 \cdot 0 = 0$
100	$y = 1,2 \cdot 100 = 120$

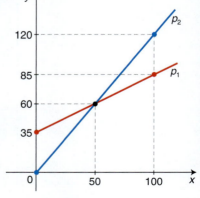

c) Para se obter o tempo de conversação que nos dá totais iguais cobrados nos dois planos, devemos fazer $p_1(x) = p_2(x)$, ou seja:

$$35 + 0,5x = 1,2x \Rightarrow 0,7x = 35 \Rightarrow x = 50$$

Logo, para que os valores totais cobrados nos dois planos sejam os mesmos, devemos ter uma conversação de 50 minutos.

ER. 13 Faça o gráfico da função real dada por
$$g(x) = \begin{cases} -2x + 3, \text{ se } x \leq 1 \\ x + 1, \text{ se } x > 1 \end{cases}$$
e determine o conjunto imagem de g.

Resolução: A lei de g é dada por mais de uma sentença. Então, vamos traçar a parte do gráfico correspondente a cada sentença como se tivéssemos domínio real, tracejando a parte que não corresponde ao gráfico de g (imagens de valores que não estão no domínio de g). Para isso, vamos usar as seguintes tabelas auxiliares com alguns valores, incluindo os extremos dos intervalos de cada sentença:

x	y = −2x + 3
0	y = −2 · 0 + 3 = 3
1	y = −2 · 1 + 3 = 1

x	y = x + 1
1	y = 1 + 1 = 2
2	y = 2 + 1 = 3

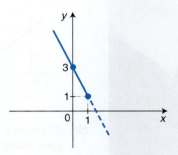
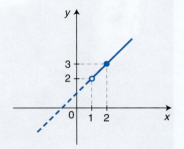

Assim, basta reunir as partes não tracejadas dos gráficos anteriores para obter o gráfico de g:

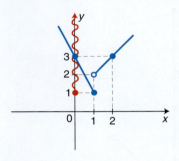

Como vemos destacado no gráfico, o conjunto imagem de g é:
$$\text{Im}(g) = \{y \in \mathbb{R} \mid y \geq 1\} = [1, +\infty[$$

Exercícios Propostos

16. Obtenha $f(3)$ em $f(x) = ax + b$ de modo que o gráfico de f passe pelos pontos $(1, 2)$ e $(2, 5)$.

17. Construa o gráfico e obtenha o conjunto imagem das funções:
a) f de $\mathbb{R}_-$ em $\mathbb{R}$ tal que $f(x) = 0{,}5x - 1{,}5$
b) g de $[-2, 2]$ em $\mathbb{R}$ tal que $g(x) = -5x$

18. Chamamos de **função identidade** à função que associa cada valor de seu domínio a ele próprio.
a) Determine a lei da função identidade.
b) A função identidade é uma função afim? Se for, de que tipo ela é?
c) Faça o gráfico da função identidade de domínio real.

Função afim **125**

19. [EDUCAÇÃO] Lucas estuda no Ensino Médio e foi participar de uma maratona matemática.

Uma das questões dessa maratona consistia em encontrar a lei e o conjunto imagem relativos à função h dada pelo gráfico a seguir.

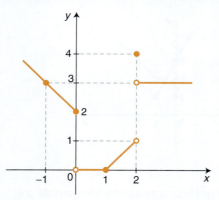

Sabe-se que, nessa questão, Lucas acertou apenas uma das respostas e o conjunto imagem encontrado por ele foi $\text{Im}(h) = [0, 1] \cup [2, +\infty[$.

a) Qual das respostas Lucas errou? Justifique.
b) Pode-se dizer qual foi a lei que Lucas escreveu para essa função? Justifique, dando a resposta de Lucas.

20. Considere a função g de $\mathbb{R}$ em $\mathbb{R}$ definida por $g(x) = -12 - 3x$. Sem construir o gráfico, responda:

a) Qual é o ponto de intersecção do gráfico de g com o eixo y? E com o eixo x?
b) O gráfico de g passa pela origem do sistema de eixos cartesianos? Por quê?

21. Determine o zero de cada função cujo gráfico é dado a seguir.

a)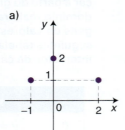

c)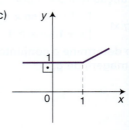

b)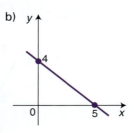

d)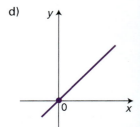

22. Obtenha o conjunto imagem das seguintes funções reais:

a) $f(x) = \begin{cases} -2x + 1, \text{ se } x \geq 0 \\ 2x + 1, \text{ se } x < 0 \end{cases}$

b) $g(x) = \begin{cases} -2, \text{ se } x \leq 1 \\ x + 2, \text{ se } x > 1 \end{cases}$

c) $h(x) = \begin{cases} -x + 1, \text{ se } x \leq 0 \\ 1, \text{ se } 0 < x \leq 2 \\ x - 1, \text{ se } x > 2 \end{cases}$

d) $p(x) = \begin{cases} 2x + 1, \text{ se } x < -1 \\ 3x + 2, \text{ se } x \geq -1 \end{cases}$

e) $q(x) = \begin{cases} 1, \text{ se } x = 0 \\ x, \text{ se } x \neq 0 \end{cases}$

23. Por meio do gráfico da função, determine quantos zeros ela tem.

a) $f(x) = \begin{cases} x - 2, \text{ para } x \geq 2 \\ -x + 1, \text{ para } x \leq 1 \end{cases}$

b) $g(x) = \begin{cases} 0, \text{ para } x \leq 2 \\ x + 1, \text{ para } x > 2 \end{cases}$

c) $h(x) = \begin{cases} -x + 4, \text{ para } x < 2 \\ x, \text{ para } 2 \leq x < 3 \\ 2, \text{ para } x \geq 3 \text{ e } x \neq 5 \\ -x + 3, \text{ para } x = 5 \end{cases}$

Matemática, Ciência & Vida

A frequência cardíaca do ser humano, ou seja, o número de vezes que o coração bate por minuto, varia com o esforço físico realizado. Essa relação pode ser modelada por uma *função afim crescente*. Assim, quanto maior o esforço físico realizado, maior a frequência cardíaca.

Cientistas constataram que a variação do número de batimentos por minuto também está relacionada com o condicionamento físico e se o indivíduo é cardíaco ou não. Indivíduos não cardíacos treinados (que realizam atividade física) têm frequência cardíaca mais baixa do que as pessoas cardíacas.

Com base nas informações anteriores e nos gráficos a seguir, você pode identificar o gráfico que representa a frequência cardíaca de um indivíduo treinado, de um não treinado e de um cardíaco (não treinado)?

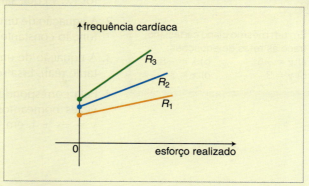

Adaptado de: AGUIAR, A. F. A.; XAVIER, A. F. S.; RODRIGUES, J. E. M. *Cálculo para Ciências Médicas e Biológicas.* São Paulo: HARBRA, 1988.

A Equação da Reta

Você já viu que o gráfico de uma função polinomial do 1.º grau, f, de domínio real é uma reta (não paralela ao eixo x nem ao eixo y). Também sabemos que a lei de qualquer função do 1.º grau pode ser expressa por $y = ax + b$, com $a \neq 0$.

Assim, a cada função do 1.º grau com domínio real está associada uma reta oblíqua (em relação aos eixos x e y) e a cada reta oblíqua podemos associar uma função do 1.º grau. Por isso, dizemos que a lei $y = ax + b$ da função é a **equação da reta** que corresponde ao gráfico dessa função.

EXEMPLOS

a) O gráfico da função f (com $D = \mathbb{R}$) dada por $f(x) = x + 1$ é a reta apresentada abaixo.

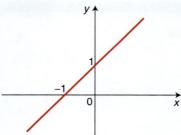

Por isso, dizemos que a equação dessa reta é $y = x + 1$.

b) O gráfico da função g (com $D = \mathbb{R}$) definida por $g(x) = 1 - x$ é a reta dada abaixo.

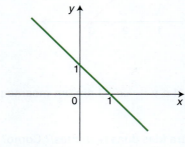

Por isso, dizemos que a equação dessa reta é $y = -x + 1$.

Função afim **127**

Faça

Em um mesmo plano cartesiano, trace as retas de equações:
a) $y = -5$ c) $x = -5$
b) $y = 3$ d) $x = 3$

Observações

1. Para se traçar uma reta de equação $y = ax + b$, basta determinar dois pontos (x, y) que satisfaçam essa equação.

2. A equação de uma reta horizontal (paralela ao eixo x e correspondente a uma função constante) é dada por $y = k$ (constante real).

3. A equação de uma reta vertical (paralela ao eixo y) é dada por $x = k$ (constante real). Essa reta não define função alguma.

4. Pela correspondência que existe entre lei da função e seu gráfico, algumas vezes nomeamos a reta pela sua equação. Por exemplo: dizemos a reta $y = -x + 1$, em vez de a reta de equação $y = -x + 1$.

Exercício Resolvido

ER. 14 Determine o valor das constantes k e m na função $f(x) = (k - 3)x + m$ sabendo que a reta que representa seu gráfico passa pelos pontos $A(2, 5)$ e $B(4, 1)$. Qual é a equação dessa reta?

Resolução: Como $A(2, 5)$ e $B(4, 1)$ pertencem à reta (gráfico da função f), temos $f(2) = 5$ e $f(4) = 1$. Assim:

$$\begin{cases} (k - 3) \cdot 2 + m = 5 \\ (k - 3) \cdot 4 + m = 1 \end{cases} \Rightarrow$$

$$\Rightarrow \begin{cases} 2k + m = 11 \\ 4k + m = 13 \end{cases} \Rightarrow k = 1 \text{ e } m = 9$$

Faça

Resolva o sistema e confirme os valores encontrados.

Desse modo, a equação dessa reta é $y = -2x + 9$.

Exercícios Propostos

24. Determine a equação da reta que passa pelos pontos:
a) $A(0, 2)$ e $B(2, 4)$
b) $C(-2, 0)$ e $D(0, 0)$

25. Determine a equação de cada reta dada a seguir.

a)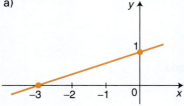

b)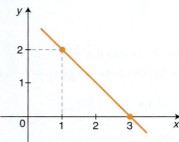

c)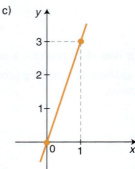

26. Construa as retas de equações $y = -x$, $y = -x + 1$ e $y = -x - 1$ em um mesmo plano cartesiano e responda:
a) O que você observa nesses gráficos?
b) Você pode obter uma das retas a partir de outra (das duas restantes)? Como?

Tecnologia & Desenvolvimento

A Reta Ótima

Você já viu que retas podem representar *funções afins* e são descritas pela equação $y = ax + b$, e sabe que para determinar uma reta basta calcular os valores dos coeficientes a e b que compõem a sua equação.

Da Geometria, sabe-se que dois pontos distintos determinam uma única reta. No entanto, não há reta que passe por três ou mais pontos não colineares, conforme ilustra a figura abaixo.

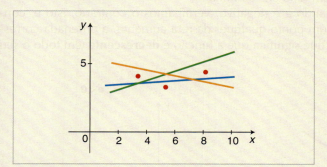

Observe que, por mais próxima que uma reta esteja dos pontos, ela não passa por todos eles.

Não é difícil perceber que há um número infinito de retas que passam o mais próximo possível desses três pontos mencionados.

Qual a melhor reta que se ajusta a três ou mais pontos?

Na maioria das vezes, ao observar algum fenômeno natural e tentar compreendê-lo, um cientista realiza medidas e obtém um conjunto de dados que pode ser representado por um gráfico. Em muitas dessas situações, deseja-se encontrar uma reta que melhor se ajusta ao conjunto de pontos obtido (esta será a reta *ótima*), mas qual delas devemos tomar? No desenvolvimento teórico desse estudo foram criados métodos para se encontrar essa reta. Atualmente, já existem calculadoras científicas com rotinas internas que fornecem os coeficientes a e b da equação da reta ótima.

Essas retas são úteis no estudo de modelagem e simulação de muitos fenômenos que manifestem comportamento linear (que podem ser descritos por funções afins). Um bom exemplo disso é o movimento de um projétil disparado por arma de fogo de uma pequena distância. Uma reta pode ser utilizada para modelar esse movimento. Com isso, é possível prever se o projétil atingirá ou não algum alvo. Esse assunto é de interesse, dentre outros, em criminalística e para simulações em geral (jogos de computador, por exemplo).

Uma importante aplicação: o desmatamento na Amazônia

De acordo com dados do Instituto Nacional de Pesquisas Espaciais (INPE), o desmatamento na Amazônia entre os anos de 2001 e 2004 evoluiu segundo o gráfico a seguir, cujos dados foram obtidos por imagens de satélites.

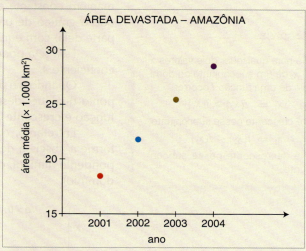

Histórico de desmatamento na Amazônia brasileira, no período de 2001-2004 (dados do INPE).

Observando o gráfico, podemos verificar uma tendência linear crescente. O ajuste de uma reta a esses dados permitiu prever como evoluiria o desmatamento nos anos seguintes. A previsão mostrava uma situação desastrosa. Com base nela, estimava-se a destruição total da floresta em poucos anos. Em virtude dessa previsão e da reação de grupos ambientalistas, o governo intensificou ações que visavam diminuir o desmatamento. Como resultado dessas ações, a tendência do desmatamento se inverteu, conforme mostra o gráfico seguinte:

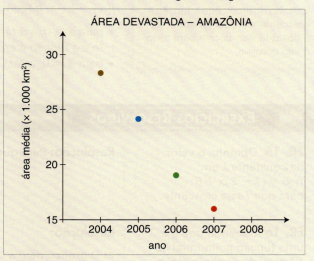

Histórico de desmatamento na Amazônia brasileira, no período de 2004-2008 (dados do INPE).

Com esse gráfico, podemos observar que o ritmo do desmatamento diminuiu. A reta ótima permitia prever desta vez o fim do desmatamento na Amazônia (que bela notícia para o Brasil e para o mundo seria essa!). No entanto, infelizmente, após três anos de queda, o desmate na Amazônia voltou a subir a partir de 2007.

Função afim **129**

3.3 CRESCIMENTO E DECRESCIMENTO DA FUNÇÃO POLINOMIAL DO 1.º GRAU

No capítulo anterior, estudamos quando uma função cresce, decresce ou se mantém constante em um subconjunto de seu domínio. Já sabemos também que o gráfico de uma função polinomial do 1.º grau é uma reta oblíqua (ou parte dela) com equação $y = ax + b$, com $a \neq 0$.

Essa reta pode ser *ascendente* ou *descendente*, dependendo do sinal do coeficiente a.

Quando a é positivo, verificamos que, quanto maior for a abscissa de um ponto qualquer dessa reta, maior será a ordenada correspondente, ou seja, a função é **crescente** (em todo o seu domínio).

Entretanto, quando a é negativo, verificamos o contrário, isto é, conforme a abscissa de um ponto qualquer da reta aumenta, a ordenada correspondente diminui, o que significa que a função é **decrescente** (em todo o seu domínio).

Recorde

Se para quaisquer dois valores x_1 e x_2 de um subconjunto do domínio de uma função f ocorrer:

$x_2 > x_1 \Rightarrow f(x_2) > f(x_1)$

f é crescente nesse subconjunto;

$x_2 > x_1 \Rightarrow f(x_2) < f(x_1)$

f é decrescente nesse subconjunto.

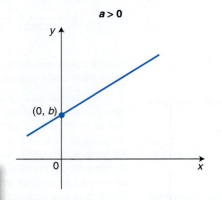

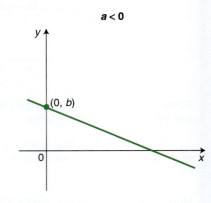

Atenção!

Quando $a = 0$, a função não é de 1.º grau e sim *constante*, $f(x) = b$, e o gráfico é uma reta paralela ao eixo das abscissas.

Quando dizemos que a função é crescente ou decrescente, significa que isso ocorre para todo o seu domínio.

Resumindo, dada uma função polinomial do 1.º grau definida por $f(x) = ax + b$ (com $a \neq 0$), temos:

- para $a > 0$, a *reta* (ou parte dela) que corresponde ao gráfico de f é *ascendente* e a *função é crescente*;
- para $a < 0$, a *reta* (ou parte dela) é *descendente* e a *função é decrescente*.

Exercícios Resolvidos

ER. 15 Obtenha o valor da constante k em $f(x) = (k-2)x + 5$ para que f seja crescente.

Resolução: Para que f seja crescente devemos ter:

$$a > 0 \Rightarrow (k-2) > 0 \Rightarrow k > 2$$

ER. 16 Sabendo que g é uma função polinomial do 1.º grau de domínio real e decrescente, responda:
a) Como deve ser o seu gráfico?
b) Como podemos comparar $g(5)$ e $g(-5)$?
c) O gráfico de g contém o ponto $(0, 0)$? Por quê?

Resolução:

a) O gráfico de g é uma reta descendente, pois a função é decrescente.

b) O fato de g ser decrescente ou de a reta correspondente ser descendente nos garante que $g(-5) > g(5)$, já que $-5 < 5$.

c) Como nada podemos dizer sobre o coeficiente b da lei da função g, não é possível afirmar que a reta (gráfico de g) passa pela origem nem que não passa.

Exercícios Propostos

27. Classifique cada uma das funções como crescente ou decrescente.
a) $f(x) = 2x + 5$
b) $f(x) = -4x + 3$
c) $f(x) = (2k-7)x + (5-k)x + 2$, com k constante
d) $f(x) = (x+1)^2 - (x+2)^2$

28. Na função f dada por $f(x) = -mx + 2$, determine os valores reais de m para que f seja crescente.

29. Obtenha os valores reais de k em
$$f(x) = (2 - 5k)x + 5$$
para que a função f seja decrescente.

30. [TERMOLOGIA] Em uma praça de uma cidade há um relógio com termômetro que registra a temperatura em duas escalas: a Celsius e a Fahrenheit, que se relacionam do seguinte modo: se x é a temperatura em graus Celsius (°C), o valor y correspondente em graus Fahrenheit (°F) é dado por $y = \dfrac{9}{5} + 32$.

a) Em certo dia, esse relógio registra 25 °C. Qual é o registro dessa temperatura apresentado em graus Fahrenheit?
b) Quando esse relógio apresenta uma temperatura de 50 °F, qual é o registro em graus Celsius?
c) A função definida por essa relação de temperaturas é crescente? Justifique.

31. Esboce o gráfico, dê o conjunto imagem e identifique os intervalos de crescimento e decrescimento de cada função definida abaixo.

a) $f(x) = \begin{cases} x + 2, \text{ se } x \geq 1 \\ 3, \text{ se } x < 1 \end{cases}$

b) $f(x) = \begin{cases} -x + 1, \text{ se } x \leq 1 \\ 2x - 2, \text{ se } x > 1 \end{cases}$

c) $f(x) = \begin{cases} -x - 2, \text{ se } x < 0 \\ 1, \text{ se } x = 0 \\ x + 2, \text{ se } x > 0 \end{cases}$

d) $f(x) = \begin{cases} x + 3, \text{ se } x \leq 1 \\ -x + 2, \text{ se } 1 < x \leq 4 \\ -x + 5, \text{ se } x > 4 \end{cases}$

32. Classifique as afirmações como verdadeiras ou falsas, sendo $f(x) = ax + b$ uma função polinomial do 1.º grau de domínio real. Em seguida, dê uma justificativa ou um *contraexemplo* para cada afirmação falsa (um exemplo que mostre a falha da afirmação).
a) O ponto (a, b) pode pertencer ao gráfico de f.
b) O gráfico de f corta o eixo das ordenadas em $(0, b)$.
c) O gráfico de f corta o eixo das abscissas em $\left(-\dfrac{b}{a}, 0\right)$.
d) Quando $a < 0$, o gráfico de f é uma reta ascendente.
e) Quando $a > 0$, temos $f(x) > 0 \Rightarrow x < -\dfrac{b}{a}$.

33. [CIDADANIA] No Brasil, os rendimentos do trabalho assalariado estão sujeitos à incidência do imposto de renda retido na fonte (IRRF). O valor desse imposto é retirado desses rendimentos, todo mês, e repassado para a Receita Federal. Seu valor é calculado segundo a tabela progressiva mensal estipulada pelo governo federal. Em 2008, a tabela vigente era:

Base de cálculo mensal em R$	Alíquota %	Parcela a deduzir do imposto em R$
até 1.372,81	–	–
de 1.372,82 até 2.743,25	15,0	205,92
acima de 2.743,25	27,5	548,82

Disponível em: <http://www.receita.fazenda.gov.br.
Acesso em: 5 mar. 2010.

Como essa tabela funciona?

Para obter a quantia correspondente à base de cálculo, subtraímos do rendimento mensal os valores estipulados por lei. Sobre essa base de cálculo aplicamos o porcentual indicado como alíquota (2.ª coluna da tabela). Da quantia obtida, subtraímos a parcela a deduzir indicada na 3.ª coluna da tabela, o que nos dá o valor do imposto de renda retido na fonte (isto é, direto do rendimento do trabalhador) e que deverá ser recolhido para o governo. Repare que na 1.ª linha não há porcentual (alíquota) a ser aplicado, o que significa que para uma base de cálculo até R$ 1.372,81 o valor é isento de IRRF. A partir de 2009 o governo aumentou o número de faixas para a base de cálculo.

Utilizando a tabela acima, resolva as questões:
a) Calcule o IRRF quando a base de cálculo é R$ 1.500,00.
b) Determine uma lei que forneça o valor do imposto de renda retido na fonte para uma base de cálculo (x) qualquer (quantia dada em reais).
c) Esboce o gráfico da função obtida no item **b**.

Função afim **131**

3.4 FUNÇÕES POLINOMIAIS DO 1.º GRAU INVERTÍVEIS

Já trabalhamos com funções reais (CD $\subset \mathbb{R}$) e sabemos que toda função polinomial do 1.º grau pode ser descrita na forma $f(x) = ax + b$, sendo a e b constantes reais, com $a \neq 0$.

Dessa forma, toda função polinomial do 1.º grau é injetora (pois tem-se que $x_1 \neq x_2$ implica $f(x_1) \neq f(x_2)$, para quaisquer x_1, x_2 do domínio de f).

Entretanto, f só será sobrejetora quando seu conjunto imagem for igual a seu contradomínio. Isso vai ocorrer quando $D(f) = \mathbb{R}$.

Logo, toda função polinomial do 1.º grau de domínio real é invertível, porque sempre é bijetora.

Já vimos como obter a função inversa, caso exista. Porém, quando a função é polinomial do 1.º grau, a técnica fica bem mais simples. Observe:

$$f(x) = ax + b \text{ (com } a \neq 0\text{)}$$
$$y = ax + b$$
$$y - b = ax$$
$$\frac{y - b}{a} = x$$
$$f^{-1}(x) = \frac{x - b}{a}$$

> A função inversa de f de $\mathbb{R}$ em $\mathbb{R}$ dada por $f(x) = ax + b$ (com $a \neq 0$) é a função f^{-1} de $\mathbb{R}$ em $\mathbb{R}$ tal que $f^{-1}(x) = \frac{x - b}{a}$.

Note que a inversa f^{-1} pode ser expressa na forma $f^{-1}(x) = \frac{1}{a}x - \frac{b}{a}$ (com $a \neq 0$), que é, também, uma função polinomial do 1.º grau.

Responda

Existem outras possibilidades de uma função polinomial do 1.º grau ser sobrejetora? Se existirem, exemplifique, caso contrário, diga por que não.

Recorde

Isolamos x na lei, depois trocamos x por y e y por x.

Exercícios Resolvidos

ER. 17 [PRODUÇÃO] O dono de uma padaria sabe que para fazer 1 kg de certo tipo de bolo são necessários 400 gramas de açúcar. Nessas condições:

a) Determine a função f que fornece a quantidade y, em kg, desse tipo de bolo em função da quantidade x, em kg, de açúcar consumido, supondo que essas grandezas sejam diretamente proporcionais.

Resolução:

a) Como x e y representam quantidades de massa, podemos assumir que são números não negativos, isto é, $x \in \mathbb{R}_+$. Como sabemos que as grandezas envolvidas são diretamente proporcionais, a função que descreve a relação entre elas pode ser dada por $y = ax$ (função linear).

Além disso, sabemos que, para fazer 1 kg de bolo, usam-se 400 g de açúcar, ou seja, 0,4 kg. Dessa forma, para $x = 0,4$, temos $y = 1$, o que acarreta:

$$1 = 0,4a \Rightarrow a = \frac{1}{0,4} \Rightarrow a = 2,5$$

Logo, a função que descreve essa relação é f de $\mathbb{R}_+$ em $\mathbb{R}_+$ dada por $f(x) = 2,5x$.

132 MATEMÁTICA — UMA CIÊNCIA PARA A VIDA

b) Encontre a lei que define a inversa da função obtida no item **a**.

c) O que descreve a função inversa encontrada no item **b**?

b) Para obter a função inversa de *f*, vamos reescrever a lei de *f* de modo que se obtenha *x* em função de *y*, sendo $y = f(x)$. Assim:

$$y = f(x) = 2,5x \Rightarrow y = 2,5x \Rightarrow \frac{y}{2,5} = \frac{2,5x}{2,5} \Rightarrow$$

$$\Rightarrow x = \frac{y}{2,5} \Rightarrow x = 0,4y$$

Logo, a função inversa de *f* é f^{-1} de $\mathbb{R}_+$ em $\mathbb{R}_+$ tal que $f^{-1}(x) = 0,4x$.

c) f^{-1} fornece a massa, em kg, de açúcar que será consumido em função da massa, em kg, que se deseja obter desse tipo de bolo.

ER. 18 Uma função *f* de $[0, 100]$ em $[20, 100]$ é representada pelo gráfico abaixo.

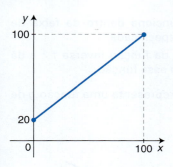

a) Determine $D(f)$, $Im(f)$ e $CD(f)$.
b) Obtenha o gráfico da função inversa *f*.
c) Determine $D(f^{-1})$ e $Im(f^{-1})$.

Resolução:

a) Pelo gráfico de *f*:

$D(f) = [0, 100]$ e $Im(f) = [20, 100]$

Pelo enunciado:

$CD(f) = [20, 100]$

> **Atenção!**
> Observe que:
> $Im(f) = CD(f)$

b) A inversa de *f* é a função f^{-1} de $[20, 100]$ em $[0, 100]$ e, com base no gráfico de *f*, podemos concluir que o gráfico de f^{-1} passa pelos pontos $(20, 0)$ e $(100, 100)$. Assim, o gráfico de f^{-1} é:

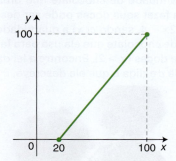

c) Pelo gráfico de f^{-1}:

$D(f^{-1}) = [20, 100]$ e $Im(f^{-1}) = [0, 100]$

EXERCÍCIOS PROPOSTOS

34. **[PRODUÇÃO]** Uma fazenda produtora de leite possui centenas de cabeças de gado. No inverno, o fazendeiro tem de alimentar suas vacas apenas com ração. Ele percebeu que sua produção de leite nesse período pode ser descrita pela função dada por $g(x) = 8x - 4$, em que $g(x)$ indica a quantidade de litros de leite produzida e *x*, a quantidade de ração, em kg, consumida no mesmo período. Calcule a função inversa de *g*, que descreve a quantidade de quilogramas de ração consumida em função da produção de leite, em litros, no mesmo período.

Função afim **133**

35. [COTIDIANO] Em um restaurante com música ao vivo é cobrada uma entrada de R$ 12,00. Além disso, são cobrados R$ 30,00 por kg de comida consumida. Sendo x a quantidade de comida consumida, em gramas, e y o valor total da conta, em reais, determine:

a) a lei da função f que relaciona o total da conta à quantidade de comida consumida;
b) a lei $f^{-1}(x)$ e seu significado.

36. [ENGENHARIA] Em um edifício foi construída uma rampa em que para cada 5 metros de deslocamento horizontal sobe-se 1 metro. Para facilitar os cálculos, os engenheiros tomaram uma função h, que descreve a altura em função do deslocamento horizontal, medidos em metros, de forma que $h(0) = 0$.

a) Determine a função que descreve o deslocamento horizontal em função da altura, medido em metros.
b) Calcule o deslocamento horizontal relativo ao topo da rampa, que está a 5 metros do solo.

37. [TRABALHO] A quantidade de chocolate que uma doceira usa para fazer seus doces pode ser descrita por $c(x) = 2x - 4$, sendo $c(x)$ a quantidade de quilogramas de chocolate que ela usa para fazer x centenas de doces ($x > 2$). Encontre a lei da função inversa de c e diga o que ela descreve.

38. [CONSUMO] O dono de uma fábrica de sorvetes montou um gráfico como modelo do que ocorre com o consumo anual de seus produtos, e que corresponde à função f que relaciona o consumo de sorvetes com a temperatura ambiente.

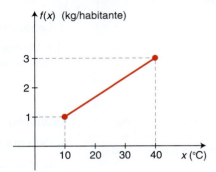

Esse modelo só funciona dentro da faixa de temperatura nele especificada.

Construa o gráfico da função inversa f^{-1} e dê um significado para essa função.

39. O gráfico a seguir representa uma função g de $\mathbb{R}$ em $\mathbb{R}$.

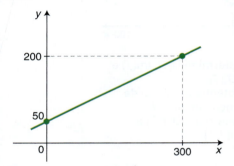

Reproduza esse gráfico e, a partir dele, construa, no mesmo plano cartesiano, o gráfico da função inversa de g.

3.5 ESTUDO DO SINAL DA FUNÇÃO POLINOMIAL DO 1.º GRAU

Já vimos que, dada uma função $y = f(x)$, para cada valor de x do $D(f)$ existe um único valor correspondente de y. Os valores de y determinados são os valores da função para aquele valor de x considerado.

> **Estudar o sinal** de uma função é determinar para que valores de x do domínio a função é positiva, negativa ou nula.

Esse estudo pode ser feito algébrica ou graficamente. Ele é uma ferramenta muito importante na resolução de inequações, assunto que veremos mais adiante.

EXERCÍCIO RESOLVIDO

ER. 19 Estude o sinal das funções de domínio real dadas a seguir, algébrica e graficamente.

a) $y = 2x + 1$
b) $f(x) = -5x + 2$

Resolução:

a) $y = 2x + 1$

- **algebricamente**

  Devemos achar os valores reais de x para os quais $y = 0$, $y < 0$ e $y > 0$.

  $y = 0 \Rightarrow 2x + 1 = 0 \Rightarrow x = -0,5$

  $y < 0 \Rightarrow 2x + 1 < 0 \Rightarrow x < -0,5$

  $y > 0 \Rightarrow 2x + 1 > 0 \Rightarrow x > -0,5$

  Recorde
  $2x + 1 < 0$
  $2x + 1 - 1 < 0 - 1$
  $2x < -1$
  $\dfrac{2x}{2} < -\dfrac{1}{2}$
  $x < -0,5$

  Assim, a função é nula ($y = 0$) para $x = -0,5$, a função é negativa ($y < 0$) para $x < -0,5$ e a função é positiva ($y > 0$) para $x > -0,5$.

- **graficamente**

  Para estudar o sinal, também podemos fazer um esboço do gráfico; basta considerar a inclinação da reta (se a função é crescente ou decrescente) e marcar o zero da função.

  Em $y = 2x + 1$, temos que a função é crescente ($a = 2$, isto é, $a > 0$) e tem $x = -0,5$ como zero.

  Veja como procedemos para fazer o esboço do gráfico:

  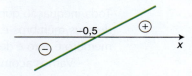

b) $f(x) = -5x + 2$

- **algebricamente**

  Sendo $y = f(x)$, vem:

  $y = 0 \Rightarrow -5x + 2 = 0 \Rightarrow x = \dfrac{2}{5}$

  $y < 0 \Rightarrow -5x + 2 < 0 \Rightarrow x > \dfrac{2}{5}$

  $y > 0 \Rightarrow -5x + 2 > 0 \Rightarrow x < \dfrac{2}{5}$

  Recorde
  $-5x + 2 < 0$
  $-5x < 0 - 2$
  $-5x < -2 \quad \times (-1)$
  $5x > 2 \quad$ Cuidado!
  $x > \dfrac{2}{5}$

  Assim, temos:

  $y = 0$ para $x = \dfrac{2}{5}$ $\qquad y < 0$ para $x > \dfrac{2}{5}$ $\qquad y > 0$ para $x < \dfrac{2}{5}$

- **graficamente**

  Em $y = f(x) = -5x + 2$, a função é decrescente ($a = -5 < 0$) e tem $x = \dfrac{2}{5}$ como zero.

  Esboço do gráfico:

  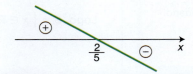

Função afim **135**

EXERCÍCIOS PROPOSTOS

40. Faça o que se pede.
   a) Estude o sinal das funções $f(x) = 2x - 3$, $g(x) = 5 - x$ e $h(x) = -x$, com domínio real, algébrica e graficamente.
   b) Determine para que valores reais de x a função g (com $D = \mathbb{R}$) dada por $g(x) = \frac{1}{4}x - 2$ é negativa ou nula.

41. [CONTABILIDADE] A empresa Pé no Chão fabrica chinelos com um custo de R$ 5,00 o par, que é vendido por R$ 8,00. Além disso, ela tem um custo fixo de R$ 3.000,00 mensais. Sabendo que essa empresa vende todos os pares fabricados, responda às questões:
   a) Determine o valor total de vendas V, em reais, obtido em função do número x de pares de chinelos vendidos por mês.
   b) Expresse o valor do custo total C, em reais, em função do número x de pares de chinelos vendidos por mês.
   c) Analisando a função receita $R = V - C$, decida em que situação a empresa Pé no Chão tem lucro mensal.

4. RESOLUÇÃO DE INEQUAÇÕES E APLICAÇÕES

Você já tem trabalhado com inequações do 1.º grau. Vamos retomar e aprofundar esse tema, ligando-o com função polinomial do 1.º grau.

4.1 INEQUAÇÕES DO 1.º GRAU

Toda inequação que pode ser escrita na forma de uma desigualdade em que um de seus membros é um polinômio do 1.º grau $(ax + b$, com $a \neq 0)$ e o outro membro é zero é denominada **inequação do 1.º grau** (na incógnita x).

Vamos acompanhar os exercícios resolvidos a seguir e ver como o estudo do sinal de uma função ajuda na resolução de inequações.

EXERCÍCIOS RESOLVIDOS

ER. 20 Resolva graficamente cada inequação e determine seu conjunto solução em $\mathbb{R}$:
a) $x + 2 \leq 0$
b) $-5x - 3 < 12$

Recorde

Podemos também resolver inequações do 1º. grau *algebricamente*. Dependendo do que se quer, é até mais simples. Por exemplo:
$-5x - 3 < 12$
$-5x < 15 \quad \times (-1)$
$5x > -15 \qquad$ Cuidado!
$\frac{5x}{5} > \frac{-15}{5}$
$x > -3$

Resolução:

a) Para resolver a inequação $x + 2 \leq 0$ graficamente, basta fazer $y = x + 2$ e verificar para que valores reais de x essa função é negativa ou nula.

Como $a = 1 > 0$, a função é crescente (reta ascendente) e tem -2 como zero.

Esboço do gráfico:

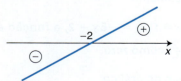

Resolução gráfica (em $\mathbb{R}$):

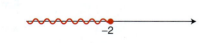

Logo, $S = \{x \in \mathbb{R} \mid x \leq -2\}$.

b) No caso da inequação $-5x - 3 < 12$, primeiro precisamos conseguir zero no segundo membro:

$$-5x - 3 < 12 \Rightarrow -5x - 15 < 0$$

Agora, podemos fazer $y = -5x - 15$, que representa uma função decrescente ($a = -5 < 0$; reta descendente) e tem -3 como zero.

Esboço do gráfico: Resolução gráfica (em $\mathbb{R}$):

Portanto, $S = \,]-3, +\infty[\,$.

ER. 21 Resolva, em $\mathbb{R}$, o sistema de inequações do 1.º grau: $\begin{cases} -x + 3 \geq 0 \\ x + 2 > 0 \end{cases}$

Resolução: Para resolver um sistema desse tipo, trabalhamos com cada inequação e depois fazemos a intersecção das soluções parciais encontradas, referentes a cada inequação.

① $-x + 3 \geq 0$
   $3 \geq x$
   $x \leq 3$

② $x + 2 > 0$
   $x > -2$

Intersecção dos intervalos encontrados em ① e ②:

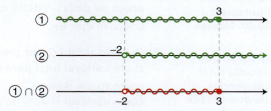

Logo, $-2 < x \leq 3$.

ER. 22 Determine o conjunto solução de $-3x - 5 < 2x \leq -6$, em $\mathbb{R}$.

Resolução: Esse é um exemplo de inequações simultâneas, que dão origem ao seguinte sistema de inequações: $\begin{cases} -3x - 5 < 2x \\ 2x \leq -6 \end{cases}$

Vamos, então, resolver esse sistema do modo como vimos na questão anterior.

① $-3x - 5 < 2x$
   $-5x < 5$
   $5x > -5$
   $\dfrac{5x}{5} > \dfrac{-5}{5}$
   $x > -1$

② $2x \leq -6$
   $\dfrac{2x}{2} \leq \dfrac{-6}{2}$
   $x \leq -3$

Intersecção dos intervalos encontrados em ① e ②:

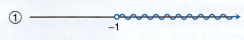

Logo, $S = \emptyset$.

Função afim **137**

ER. 23 Determine o domínio da função real dada por:

$$h(x) = \sqrt{4-x} + \frac{1}{\sqrt{x+5}}$$

Resolução: Para achar o domínio da função h, precisamos impor as restrições necessárias para que ela esteja definida e, em seguida, resolver o sistema formado por elas. Note que h só está definida para x real tal que:
$4 - x \geq 0$ e $x + 5 > 0$

① $4 - x \geq 0$
$4 \geq x$
$x \leq 4$

② $x + 5 > 0$
$x > -5$

Intersecção dos intervalos encontrados em ① e ②:

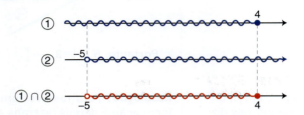

Logo, o domínio da função h é o intervalo $]-5, 4]$.

ER. 24 [CONTABILIDADE]
Uma indústria vende suas peças a R$ 5,00 cada unidade e tem um custo fixo de R$ 3.000,00. Nessas condições:

a) Qual é a expressão que descreve a receita total apurada pelas vendas em função da quantidade de peças vendidas?
b) Sabendo que o custo de produção variável é 40% do preço de venda, obtenha a lei de formação que descreve o custo total em função da quantidade de peças produzidas.
c) Construa os gráficos das funções obtidas nos itens **a** e **b**, em um mesmo plano cartesiano.
d) Existe algum ponto comum a esses dois gráficos? Se existir, o que ele significa?
e) Supondo que toda a produção seja vendida, qual é o número mínimo de peças vendidas para que haja lucro?

Resolução:

a) A receita (R) é igual ao produto do número (x) de peças vendidas pelo preço de cada unidade, que é R$ 5,00.
Logo, $R(x) = 5x$.

b) O custo total (C) de produção é dado pela soma do custo fixo com o custo variável total para se produzir as x peças vendidas. Assim:
custo fixo = 3.000
custo variável = 40% do preço de venda = $0,4 \cdot 5x = 2x$
custo total = custo variável + custo fixo
Portanto, $C(x) = 2x + 3.000$.

c) Como a lei das duas funções é da forma $y = ax + b$, podemos dizer que a receita e o custo são descritos por funções polinomiais do 1.º grau.

Observe também que, pelo fato de x indicar uma quantidade de peças (produzidas e vendidas), x deve ser um número natural e, portanto, $x \geq 0$. Com isso, sabemos que o gráfico das funções são pontos pertencentes a semirretas. Para indicar os infinitos pontos desses gráficos, vamos fazer essas semirretas suportes tracejadas.

$R(x) = 5x$	
x	$R(x)$
0	0
1.000	5.000

$C(x) = 2x + 3.000$	
x	$C(x)$
0	3.000
1.000	5.000

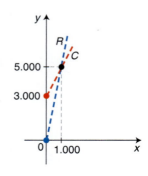

d) Observe que o ponto (1.000, 5.000) pertence aos gráficos da receita e do custo. Nesse ponto, temos $R(x) = C(x)$, ou seja, a receita apurada na venda de 1.000 peças é igual ao custo de produção dessas 1.000 peças. Nessa situação, a indústria não tem prejuízo nem lucro.

e) Para que a indústria tenha lucro, a receita total apurada tem de ser maior que o custo total, ou seja:

$$R(x) > C(x) \Rightarrow 5x > 2x + 3.000 \Rightarrow 3x > 3.000 \Rightarrow$$
$$\Rightarrow x > 1.000 \text{ (com } x \text{ natural)}$$

Logo, devem ser vendidas no mínimo 1.001 peças para que a empresa tenha lucro.

ER. 25 [LAZER] Em cada etapa de uma gincana que é feita durante o ano, cada equipe ganha 3 pontos quando vence e perde 7 pontos quando é derrotada. Se a gincana tiver 100 etapas, quantas delas uma equipe deve vencer, no mínimo, para ter saldo positivo de pontos?

Atenção!

Se a equipe vencer apenas 70 etapas, o que vai ocorrer?

Resolução:

	Número de vitórias	Número de derrotas
Equipe	x	$100 - x$

A quantidade de pontos que a equipe terá acumulado será:

$$P = \underbrace{3 \cdot x}_{\text{pontos ganhos}} - \underbrace{7 \cdot (100 - x)}_{\text{pontos perdidos}}$$
$$P = 3x - 700 + 7x$$
$$P = 10x - 700$$

Como queremos que o saldo P de pontos seja positivo, devemos achar o menor valor de x para que P seja maior que zero, isto é:

$$10x - 700 > 0 \Rightarrow 10x > 700 \Rightarrow \frac{10x}{10} > \frac{700}{10} \Rightarrow x > 70$$

Então, para $x > 70$, temos $P > 0$, ou seja, se a equipe vencer mais de 70 etapas ela terá um saldo positivo de pontos.

Portanto, a equipe deve vencer, no mínimo, 71 etapas.

Exercícios Propostos

42. Resolva graficamente as inequações a seguir, em $\mathbb{R}$, e determine o conjunto solução.

a) $x - 3 > 0$
b) $2x - 1 \geq 0$
c) $3 - x < 0$
d) $-x + 2 \geq 0$
e) $5 - 2x \leq -5$
f) $x - 2 < -2x + 1$

43. [COMÉRCIO] O custo de produção de um tipo de brinde de final de ano é R$ 300,00 fixos mais R$ 0,50 por unidade produzida. Deseja-se vender cada brinde a R$ 2,00. Quantos brindes precisam ser fabricados no mínimo para que se obtenha lucro?

44. [COTIDIANO] Em uma cidade, a bandeirada dos táxis é R$ 3,00 e o quilômetro rodado é R$ 0,50. Quantos quilômetros devem ser percorridos para que o valor da corrida seja superior a R$ 10,00?

45. [CONSUMO] Em certo mês, um garoto gastou um quinto de sua mesada com entrada de cinema, metade do restante em um novo quebra-cabeça e mais R$ 30,00 na cantina da escola. Após esses gastos ele percebeu que ainda possuía mais de um quarto da mesada, que resolveu guardar na poupança. Que quantia o garoto recebe de mesada?

46. [SAÚDE] Conhecer a frequência cardíaca ideal para uma pessoa alcançar os resultados esperados com uma atividade física é muito importante. Uma maneira de se obter a frequência cardíaca máxima, em batimentos por minuto (bpm), é subtrair a idade da pessoa, em anos, de 220.

Função afim **139**

Nessas condições, determine:
a) a lei da função que expressa essa relação;
b) o intervalo de valores da frequência cardíaca máxima de atletas cuja idade está entre 35 e 40 anos.

47. [COTIDIANO] Em uma locadora de filmes foi lançada uma promoção: o cliente paga mensalmente R$ 15,00 e tem desconto de R$ 0,80 a cada locação. Sabe-se que o valor normal de uma locação é R$ 6,00.
   a) Optando pela promoção, qual a lei da função que descreve o valor mensal pago à locadora em função do número x de locações?
   b) Quantas locações mensais um cliente deve fazer, no mínimo, para ter vantagem financeira ao optar por essa promoção?

48. [SALÁRIO] Uma empresa tem como plano de carreira um aumento de R$ 75,00 no salário a cada ano de trabalho do funcionário. Marcos foi contratado com um salário inicial de R$ 1.000,00. Supondo que esse plano seja a única forma de aumento, após quantos anos o salário de Marcos passa a ser maior que uma vez e meia o seu salário inicial?

49. [MARKETING] Em uma promoção, determinada operadora de telefonia cobra um valor fixo mensal de R$ 13,00 e R$ 0,08 por minuto de conversação. Quantos minutos podem ser utilizados para que o valor da conta seja menor que R$ 21,00?

50. Determine o conjunto solução, em $\mathbb{R}$, dos sistemas de inequações a seguir. Resolva algebricamente os itens **a**, **b** e **c**, e graficamente os itens **d** e **e**.

a) $\begin{cases} x - 3 \geq 0 \\ x - 5 \leq 0 \end{cases}$
d) $\begin{cases} 2x + 1 > 0 \\ x + 1 \leq 0 \end{cases}$

b) $\begin{cases} 2x - 1 > 0 \\ -x + 3 \geq 0 \end{cases}$
e) $\begin{cases} x - 3 \geq 0 \\ 5 - x \geq 0 \\ -x + 4 < 0 \end{cases}$

c) $\begin{cases} 3x - 3 \geq 0 \\ 2x - 1 > 0 \end{cases}$

51. Resolva, em $\mathbb{R}$, as inequações simultâneas:
a) $2 < x - 2 \leq 3$
b) $2 \leq 2x - 1 \leq 5$

52. Obtenha o domínio da função real dada por:
a) $f(x) = \sqrt{x + 3}$
b) $g(x) = \dfrac{\sqrt{3}}{2 - x}$
c) $h(x) = \sqrt{x + 3} + \dfrac{\sqrt{3}}{\sqrt{2 - x}}$

53. Determine o valor real de m para que o domínio da função real f seja o indicado em cada caso.
a) $f(x) = \sqrt{3x + m}$ e $D(f) = [1, +\infty[$
b) $f(x) = \dfrac{1}{\sqrt{-x + m}}$ e $D(f) =]-\infty, 2[$

4.2 INEQUAÇÕES-PRODUTO E INEQUAÇÕES-QUOCIENTE

Inequações que são dadas pelo produto ou pelo quociente de expressões que determinam a lei de funções são chamadas de **inequações-produto** ou **inequações-quociente**.

Exemplos

a) $(x - 1)(2x - 5) \leq 0$ é uma inequação-produto.
b) $\dfrac{3(x - 2)}{(5 - x)(5 + x)} \geq 0$ é uma inequação-quociente.
c) $(x - 2)^2 < 0$ pode ser transformada em uma inequação-produto.
d) $\dfrac{(x - 2)}{(-x + 1)} \geq x + 2$ pode ser transformada em uma inequação-quociente.

Para resolver inequações desse tipo, consideramos cada função separadamente, estudamos o sinal e, a partir daí, obtemos o sinal do produto ou do quociente pedido. Acompanhe os exercícios resolvidos a seguir que envolvem funções afins (constantes ou do 1.º grau).

Exercícios Resolvidos

ER. 26 Encontre o conjunto solução, em $\mathbb{R}$, das inequações:
a) $(x-3)(x+4)(2-x) < 0$
b) $(x^2 - 1)(1-x) \geq 0$
c) $2(x-1)(-x) > 0$

Resolução:

a) Primeiramente, identificamos cada função na inequação-produto dada:

$$\underbrace{(x-3)}_{f(x)} \cdot \underbrace{(x+4)}_{g(x)} \cdot \underbrace{(2-x)}_{h(x)} < 0$$

Em seguida, estudamos o sinal de cada uma das funções:

$f(x) = x - 3$
Função crescente
Zero: 3

$g(x) = x + 4$
Função crescente
Zero: -4

$h(x) = 2 - x$
Função decrescente
Zero: 2

Esboço do gráfico:

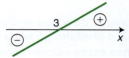

Esboço do gráfico:

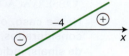

Esboço do gráfico:

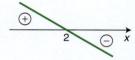

Depois, fazemos um *quadro de sinais* para determinar o sinal do produto e escolher a opção desejada, no caso $fgh < 0$.

		-4		2		3	
f	$-$		$-$		$-$		$+$
g	$-$		$+$		$+$		$+$
h	$+$		$+$		$-$		$-$
fgh	$+$		$-$		$+$		$-$

Logo, o conjunto solução da inequação dada é:

$$S = \{x \in \mathbb{R} \mid -4 < x < 2 \text{ ou } x > 3\}$$

Observação

Note que os valores de x que anulam as funções (os zeros) não podem ser considerados nesse caso, pois o produto fgh deve ser negativo. Por isso, no quadro de sinais, indicamos esses valores com bolinha vazia. ∎

b) Note que $(x^2 - 1) = (x-1)(x+1)$. Assim, podemos resolver a inequação dada como uma inequação-produto envolvendo apenas funções polinomiais do 1.º grau:

$$\underbrace{(x-1)}_{f(x)} \cdot \underbrace{(x+1)}_{g(x)} \cdot \underbrace{(1-x)}_{h(x)} \geq 0$$

$f(x) = x - 1$
Função crescente
Zero: 1

$g(x) = x + 1$
Função crescente
Zero: -1

$h(x) = 1 - x$
Função decrescente
Zero: 1

Esboço do gráfico:

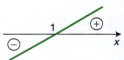

Esboço do gráfico:

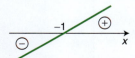

Esboço do gráfico:

Quadro de sinais (queremos $fgh \geq 0$)

	−1		1	
f	−	−		+
g	−	+		+
h	+	+		−
fgh	+	−		−

Logo, o conjunto solução da inequação dada é:
$$S = \{x \in \mathbb{R} \mid x \leq -1 \text{ ou } x = 1\}$$

OBSERVAÇÃO

Nesse caso, os valores de x que anulam as funções (os zeros) devem ser considerados, pois o produto fgh pode ser igual a zero. Por isso, no quadro de sinais, indicamos esses valores com bolinha cheia.

c) $2(x-1)(-x) > 0 \Rightarrow \underbrace{-2x}_{f(x)} \cdot \underbrace{(x-1)}_{f(x)} > 0$

$f(x) = -2x$
Função decrescente
Zero: 0

$g(x) = x - 1$
Função crescente
Zero: 1

Esboço do gráfico:

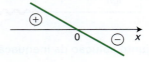

Esboço do gráfico:

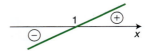

Quadro de sinais (queremos $fg \geq 0$)

		0	1	
f	+		−	−
g	−		−	+
fg	−		+	−

Logo, o conjunto solução da inequação dada é:
$$S = \{x \in \mathbb{R} \mid 0 < x < 1\}$$

ER. 27 Resolva, em $\mathbb{R}$, a inequação-quociente:

$$\frac{x-2}{x-3} - 2 \geq 0$$

Resolução: Inicialmente devemos apresentar a inequação contendo apenas produto e quociente de funções:

$$\frac{x-2}{x-3} - 2 \geq 0 \Rightarrow \frac{(x-2) - 2(x-3)}{x-3} \geq 0 \Rightarrow$$

$$\Rightarrow \frac{x - 2 - 2x + 6}{x-3} \geq 0 \Rightarrow \underbrace{\frac{(-x+4)}{(x-3)}}_{\text{inequação-quociente}} \geq 0$$

Agora, vamos identificar as funções, estudar o sinal de cada uma e fazer o quadro de sinais, para obter o conjunto solução dessa inequação-quociente.

$$\underbrace{\frac{\overbrace{(-x+4)}^{f(x)}}{\underbrace{(x-3)}_{g(x)}}} \geq 0$$

$f(x) = -x + 4$
Função decrescente
Zero: 4

$g(x) = x - 3$
Função crescente
Zero: 3

Esboço do gráfico:

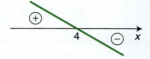

Esboço do gráfico:

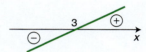

Antes de fazer o quadro de sinais, devemos lembrar que o zero da função que está no denominador (no caso, a função g) não pode ser considerado na solução da inequação (no caso, o valor 3 deve ser excluído).

Quadro de sinais $\left(\text{queremos } \dfrac{f}{g} \geq 0\right)$

		3		4	
f	+		+		−
g	−		+		+
$\dfrac{f}{g}$	−		+		−

Logo, $3 < x \leq 4$.

ER. 28 Determine o domínio das funções reais definidas abaixo.

a) $y = \sqrt{-(x+1)(x+2)}$

b) $y = \dfrac{-1}{\sqrt{x^2 - 2x + 1}}$

Resolução:

a) Para obter o domínio, vamos impor as restrições para a lei. No caso, o radicando deve ser positivo ou nulo, isto é:

$$-(x+1)(x+2) \geq 0 \text{ (inequação-produto)}$$

$$-(x+1)(x+2) = \underbrace{-1}_{f(x)} \cdot \underbrace{(x+1)}_{g(x)} \cdot \underbrace{(x+2)}_{h(x)} \geq 0$$

$f(x) = -1 < 0$
Função constante
Zero: não tem
f é sempre negativa

$g(x) = x + 1$
Função crescente
Zero: −1

$h(x) = x + 2$
Função crescente
Zero: −2

Esboço do gráfico:

Esboço do gráfico:

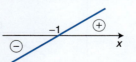

Quadro de sinais (queremos $fgh \geq 0$)

		−2		−1	
f	−		−		−
g	−		−		+
h	−		+		+
fgh	−		+		−

Assim, $-2 \leq x \leq -1$ e, portanto, o domínio da função é $D = [-2, -1]$.

b) Em $y = \dfrac{-1}{\sqrt{x^2 - 2x + 1}}$, devemos ter $x^2 - 2x + 1 > 0$, ou seja:

$$x^2 - 2x + 1 = (x - 1)^2 > 0$$

Observe que precisamos achar os valores de x que tornam o quadrado $(x - 1)^2$ positivo. Mas sabemos que todo número real elevado ao quadrado é positivo ou nulo. Então, devemos impor que $(x - 1)^2$ seja diferente de zero, o que acarreta que devemos ter a base não nula. Assim:

$$(x - 1)^2 \neq 0 \Rightarrow x - 1 \neq 0 \Rightarrow x \neq 1$$

Logo, o domínio da função é:

$$D = \mathbb{R} - \{1\}$$

> **Responda**
>
> Se o expoente n fosse ímpar, o que ocorreria com o sinal de $y = (x - 1)^n$?

ER. 29 Verifique se o domínio da função definida por

$$y = \dfrac{\sqrt[4]{x^2 + 2x}}{\sqrt{-x^2 + 1}}$$

é um intervalo fechado.

Resolução: Neste caso, temos radicais de índices pares e, portanto, os radicandos devem ser positivos ou nulos. No entanto, um desses radicais aparece no denominador, que não pode ser anulado. Daí, temos:

$$x^2 + 2x \geq 0 \text{ e } -x^2 + 1 > 0$$

Note que ainda podemos fatorar o primeiro membro das inequações obtidas.

$$x^2 + 2x = x(x + 2) \text{ e } -x^2 + 1 = 1 - x^2 = (1 - x)(1 + x)$$

Desse modo, as inequações-produto ficam apenas com funções afins.

$$x(x + 2) \geq 0 \text{ e } (1 - x)(1 + x) > 0$$

Como são duas inequações que devem ocorrer simultaneamente, temos um sistema de inequações-produto. Desse modo, resolvemos cada inequação-produto e, em seguida, fazemos a intersecção dos conjuntos soluções obtidos, que será o domínio da função.

① $\overbrace{x}^{f(x)} \cdot \overbrace{(x + 2)}^{g(x)} \geq 0$

$f(x) = x$ 　　　　　　　　　　$g(x) = x + 2$

Esboço do gráfico: 　　　　　Esboço do gráfico:

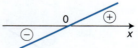
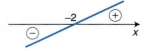

Quadro de sinais (queremos $fg \geq 0$)

	-2		0	
f	−		−		+
g	−		+		+
fg	+		−		+

Assim, o conjunto solução em ① é:

$$S_1 = \{x \in \mathbb{R} \mid x \leq -2 \text{ ou } x \geq 0\}$$

② $\overbrace{(1-x)}^{p(x)} \cdot \overbrace{(1+x)}^{q(x)} > 0$

$p(x) = 1 - x$

Esboço do gráfico:

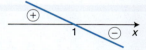

$q(x) = 1 + x$

Esboço do gráfico:

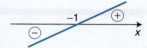

Quadro de sinais (queremos $pq \geq 0$)

	-1		1	
p	+		+		−
q	−		+		+
pq	−		+		−

Então, o conjunto solução em ② é:

$$S_2 = \,]-1, 1[$$

Intersecção dos intervalos encontrados em ① e ②:

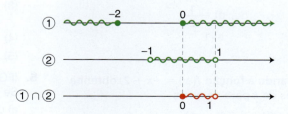

Logo, o domínio da função é $D = [0, 1[$ e, portanto, apesar de ser um intervalo real, não é um intervalo fechado, já que é aberto no extremo 1.

Exercícios Propostos

54. Resolva, em $\mathbb{R}$, as seguintes inequações-produto:
a) $(2x - 1) \cdot (3x + 5) \geq 0$
b) $x \cdot (x - 1) \cdot (x - 3) \geq 0$
c) $(x^2 - 1) \cdot (x + 1) < 0$
d) $(-x + 2) \cdot (x^2 - 10x + 25) < 0$
e) $(x - 1)^3 \cdot (x - 2) \geq 0$
f) $(x - 1)^5 \cdot (x - 2)^4 \leq 0$

55. Determine o conjunto solução, em $\mathbb{R}$, das inequações-quociente:
a) $\dfrac{2x + 1}{5x + 1} > 0$
b) $\dfrac{2 - x}{x + 1} \geq 0$
c) $\dfrac{x^2 - 4}{x - 2} \leq 0$
d) $\dfrac{x - 2}{(x - 1)(3 - x)} \geq 0$

56. Determine o domínio das funções reais definidas abaixo.
a) $f(x) = \sqrt{(x - 1)(2 - x)(x + 3)}$
b) $g(x) = \dfrac{1}{\sqrt{-2x + 1}}$
c) $h(x) = \sqrt{\dfrac{(x - 1)(x - 3)}{(x - 2)}}$
d) $t(x) = \sqrt{\dfrac{x^2 - 4x}{x - 1}}$

57. Determine as soluções inteiras das seguintes inequações:
a) $\dfrac{x - 1}{x + 2} \geq 2$
b) $\dfrac{2x + 1}{x + 1} \geq 2$
c) $\dfrac{x + 1}{x + 2} > \dfrac{x + 3}{x + 4}$
d) $\dfrac{(x - 1)^{21}}{(x - 3)^{10}} < 0$

58. Sendo $m > 1$ uma constante real, determine os valores reais de x que satisfazem a inequação:
$$\dfrac{x - m}{x - 1} \leq 1$$

Encare Essa!

1. (Mackenzie – SP) O gráfico de $y = f(x)$ está esboçado na figura.

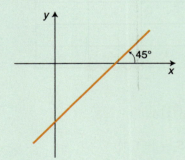

Se $\dfrac{f(5)}{3} = \dfrac{f(3)}{5}$, então $\dfrac{f(4)}{4}$ é:

a) $\dfrac{1}{8}$
b) -1
c) 2
d) $-\dfrac{1}{2}$
e) 1

2. Considerando a função $f(x) = -x + 2$, obtenha os valores de k para os quais
$$f(k) + f(2k - 4) = -k^2 + 6$$
e com eles resolva a inequação $\dfrac{x - k_1}{x - k_2} \geq 0$, sendo k_1 e k_2 os valores de k em ordem crescente.

3. Considere a função $f(x) = [x]$ em que $[x]$ é o maior inteiro que não supera x. Exemplos:
$$[5{,}7] = 5, \ [-3{,}1] = -4 \text{ e } [1] = 1$$
a) Calcule o valor de:
$$[5{,}3] + [9{,}9] + [\pi] + [-5{,}1] + [10]$$
b) Esboce o gráfico de $f(x) = [x]$.

4. (UFPE) Seja f a função, tendo o conjunto dos números reais como domínio, dada, para x real, por:
$$f(x) = (x - 1)(x^2 + 2x + 1)$$
Analise a veracidade das afirmações seguintes relativas a f:
(1) As raízes de $f(x) = 0$ são $x_1 = -1$ e $x_2 = 1$
(2) $f(x) < 0$ para todo x real com $x < 1$
(3) O gráfico de f intercepta o eixo das ordenadas no ponto $(0, -1)$
(4) $f(10^6) > 10^{18}$
(5) $f(x) = (x + 1)(x^2 - 1)$, para todo x real

5. (FGV–SP) Seja $f: \mathbb{R} \to \mathbb{R}$ uma função afim. Se $f(1) \leq f(2)$, $f(3) \geq f(4)$ e $f(5) = 5$, então $f(\pi)$ é:
a) um número irracional
b) um racional não inteiro
c) -1
d) 0
e) 5

História & Matemática

Informalmente falando, o conceito de funcionalidade é tão velho quanto a própria Matemática. Antigos registros provenientes, por exemplo, da Mesopotâmia Antiga, representando a relação entre fases da Lua e ciclos do Sol e de contagem de dias entre luas cheias consecutivas, revelam a presença já muito cedo da ideia de funcionalidade. Embora a sistematização do conceito de função comece a ocorrer a partir do século XVII, há registros na história da Matemática anteriores a esse período que contêm potencialmente esse conceito, alguns deles relacionados estruturalmente à *função afim*, como é o caso das descrições do matemático francês Nicole Oresme (1323-1382), no século XIV, das leis da Natureza como dependentes de grandezas. Lembrando, também, que se está falando de uma função do 1.° grau, pode-se observar ainda a sua trajetória por meio do desenvolvimento histórico de conceitos antecessores tais como proporção e equação.

Antes do uso de funções como instrumento para representar relações entre grandezas no modelamento de fenômenos físicos, utilizava-se para esse fim o conceito de proporção. Alguns teóricos medievais chegaram mesmo a fazer uso deste último na tentativa de expressar fenômenos da Natureza, o que os levou a diagramas geométricos com características lineares (que podem ser representadas por uma reta ou parte dela). Durante o século XIV, Oresme tentou representar com diagramas o modo como uma grandeza variava em função de outra, introduzindo a ideia de "configuração de quantidades e movimentos", na qual a velocidade era representada em um diagrama como uma função do tempo. Particularmente, ele representou a velocidade de um corpo em queda livre como proporcional ao tempo de queda, sendo a primeira expressa como função do 1.° grau do tempo se interpretada com um olhar atual, já que os conceitos de função e coordenadas ainda não existiam. Oresme categorizou o movimento em vários tipos, representados por diferentes configurações. Dentre eles, o *uniformemente diforme* (movimento uniformemente variado) dizia respeito aos movimentos com aceleração constante, representados nesse diagrama por um triângulo retângulo, que contém potencialmente a ideia de função afim, embora não ocorram em Oresme os conceitos de variáveis, variáveis independentes e dependentes.

Essas informações indicam sinais da estrutura do conceito de função do 1.° grau, representando um passo significativo no desenvolvimento histórico de funções. Além disso, os resultados de Oresme serviram de referência para Galileu Galilei, dois séculos mais tarde, e ainda para o início da sistematização do conceito de função nesse período.

Reflexão e ação

Observe em jornais e revistas representações gráficas em que as variáveis envolvidas se relacionam por meio de uma função afim. Esboce um gráfico que represente a dinâmica envolvida e comente seu comportamento com base em conceitos estudados neste capítulo, tais como crescimento e decrescimento, zeros etc.

Atividades de Revisão

1. [ENTRETENIMENTO]

Marcos e André brincam com um jogo de tabuleiro composto de 100 rodadas, em que não há empates. André é campeão desse jogo, por isso resolveu dar uma vantagem para Marcos: cada vez que Marcos vence uma rodada recebe 3 fichas de André e a cada derrota dá 2 fichas para André.

a) Obtenha a quantidade de fichas que Marcos recebe ou dá a André ao final das 100 rodadas em função do número (x) de vitórias que Marcos deve ter no jogo.

b) Qual é o número mínimo de vitórias que Marcos deve ter para que ele ganhe mais fichas do que perca?

2. Esboce o gráfico das seguintes funções, dadas por:

a) $f(x) = 5$
b) $f(x) = 2x + 3$
c) $f(x) = -x + 4$
d) $f(x) = 3x + 5$
e) $f(x) = -2x + 1$

3. Faça o gráfico das funções afins descritas abaixo.

a) $f: [0, 2[\to \mathbb{R}$
   $f(x) = 2x + 1$

b) $g: [0, 2] \to \mathbb{R}$
   $g(x) = 2x + 1$

c) $t: [-3, 4[\to \mathbb{R}$
   $t(x) = \begin{cases} 1, \text{ se } x \in [-3, -1[\\ 2, \text{ se } x \in [-1, 1[\\ 3, \text{ se } x \in [1, 3[\\ 4, \text{ se } x \in [3, 4[\end{cases}$

4. Nos gráficos a seguir são representadas funções afins. Determine, em cada caso, a lei da função.

a)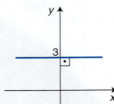

d)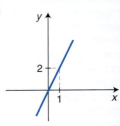

b)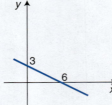

e)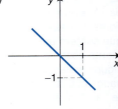

c)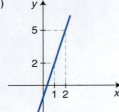

5. Determine o conjunto imagem de cada função dada abaixo.

a) $h: \{0, 1, 2\} \to \mathbb{R}$
   $h(x) = 2x + 1$

b) $p: [-1, 2] \to \mathbb{R}$
   $p(x) = \begin{cases} 1, \text{ se } x \in [-1, 1] \\ 0, \text{ se } x \in]1, 2] \end{cases}$

c) $q: [0, 1] \to \mathbb{R}$
   $q(x) = \begin{cases} 2x, \text{ se } x \in \left[0, \dfrac{1}{2}\right] \\ 2 - 2x, \text{ se } x \in \left]\dfrac{1}{2}, 1\right] \end{cases}$

6. Estude o sinal das funções abaixo, com domínio real, algébrica e graficamente.

a) $f(x) = x$
b) $y = 3x + 1$

7. Obtenha os valores de k para que a função
$$f(x) = (2 - 3k)x + 5(x + 2) - 3kx$$
seja decrescente.

8. **[PRODUÇÃO]** Em uma empresa, a produção está ligada diretamente ao seu faturamento (receita), que é descrito por $f(t) = 15t - 900$, sendo f a receita líquida (total faturado – despesas), em milhares de reais, e t o tempo de produção semanal da empresa, em horas. Determine qual deve ser o intervalo de tempo de produção, em horas semanais, para que essa empresa sempre tenha lucro.

9. **[MARKETING]** Em uma loja foi feita a seguinte promoção:

   "Nas compras acima de 100 reais ganhe 10% de desconto".

   Nessas condições:

   a) Esboce o gráfico que representa o valor a ser pago em função do valor da compra.
   b) Duas pessoas fizeram compras nessa loja. O valor da compra de uma, sem o desconto, foi menos de 100 reais e o da outra, mais de 100 reais. No entanto, as duas pagaram 97 reais. Quanto a pessoa cujo valor da compra foi mais de 100 reais teria pago sem o desconto?
   c) O gerente percebeu uma falha nesse sistema e mudou a promoção:

   "Nas compras acima de 100 reais ganhe 10% de desconto na quantia que ultrapassar esse valor".

   Esboce o gráfico referente a essa nova promoção e explique se a falha foi corrigida.

10. **[FÍSICA]** Em duas horas uma torneira enche um tanque, inicialmente vazio, cuja capacidade é de 500 litros.

    a) Supondo o fluxo de água constante, determine uma lei que descreva a quantidade de água no tanque em função do número de minutos transcorridos a partir do instante em que a torneira foi aberta.
    b) Após quanto tempo a quantidade de água no tanque é maior que 300 litros?

11. **[COMÉRCIO]** Na loja Apertadinhos foi feita uma promoção: cada par de sapatos só 50 reais. Se qualquer par de sapatos custa para a loja 30 reais, encontre uma lei que dê o lucro obtido em função do número de pares de sapatos vendidos nessa promoção. Quantos pares de sapatos devem ser vendidos para que se tenha lucro de 1.200 reais?

12. **[CONSUMO]** Uma operadora de telefonia oferece 3 planos a seus clientes.

    Plano 1: nenhum custo fixo e R$ 1,50 a cada minuto de conversação
    Plano 2: custo fixo de R$ 30,00 e R$ 1,00 a cada minuto de conversação
    Plano 3: somente custo fixo de R$ 150,00 sem cobrar por minutos

Nessas condições:

a) Obtenha as leis que descrevem o valor a ser pago em cada um dos planos em função do tempo de conversação, em minutos.
b) Em um mesmo plano cartesiano, esboce o gráfico de cada uma das funções obtidas no item **a**.
c) Quando o plano 1 é mais vantajoso? E o plano 2? E o plano 3? Justifique suas respostas.

13. **[ESTUDO]** Veja o que Sérgio e Maria disseram a respeito das seguintes afirmações sobre uma função f definida por $f(x) = 2x + 5$:

a) Se $x > 0$, então $f(x) > 3$.
b) Se $x < 0$, então $f(x) < 6$.
c) $x \geq 0$ se, e somente se, $f(x) \geq 5$.
d) Quando x triplica, $f(x)$ também triplica.

Quem está certo? Explique sua resposta.

Função afim **149**

14. [CONSUMO] Uma operadora de telefonia celular oferece aos seus clientes o seguinte plano: uma assinatura mensal de R$ 40,00 com direito a 100 minutos de conversação; após esse tempo, será cobrada uma quantia de R$ 0,30 por minuto adicional.
  a) Descreva a relação que associa o valor da conta em função do número de minutos utilizados.
  b) Esboce o gráfico da função obtida no item **a**.

15. Para que valores reais de m a reta de equação $y = (m - 1)x + 1$ representa uma função crescente?

16. Determine o domínio das funções:
  a) $f(x) = \sqrt{(x-3)(x-2)}$
  b) $f(x) = \sqrt{\dfrac{x-3}{x-2}}$
  c) $f(x) = \sqrt{\dfrac{(x-3)(x-4)}{x-5}}$
  d) $f(x) = \sqrt{(x-2)(5-x)} + \sqrt{\dfrac{(x-7)(x-3)}{x+1}}$
  e) $f(x) = \dfrac{\sqrt{x-5}}{\sqrt{18-3x}}$

17. Obtenha o valor real de m para o qual o domínio da função $f(x) = \sqrt{4 - 2m + x}$ é $[5, +\infty[$.

18. Considere uma função f definida por:
$$f(x) = 2 \cdot \dfrac{x^2 - 4}{x + 2} + 5$$
  a) Qual é o domínio de f?
  b) Qual é o conjunto imagem de f?
  c) A função g dada por $g(x) = 2x + 1$ é idêntica à função f? Por quê?

19. Uma função real de variável real é tal que $f(x) = \pi x + 3$.
  a) Calcule o valor de $\dfrac{f(\sqrt{3}) - f(\sqrt{2})}{\sqrt{3} - \sqrt{2}}$.
  b) Mostre que $\dfrac{f(x_1) - f(x_2)}{x_1 - x_2} = \pi$ para quaisquer x_1 e x_2 distintos $(x_1 \neq x_2)$.

20. Determine o valor de k para que a função dada por
$$f(x) = (x+1)^2 - (kx + 3)^2$$
seja uma função polinomial do 1.º grau cujo gráfico passa pelo ponto $(1, 0)$.

21. Determine o maior subconjunto de $\mathbb{R}$ para o qual $f(x) = \sqrt{x - 2} + \dfrac{1}{\sqrt{3 - x}}$ está definida.

22. Determine a lei da função inversa das funções de $\mathbb{R}$ em $\mathbb{R}$ definidas abaixo.
  a) $y = x$
  b) $y = -x$
  c) $y = x + 1$
  d) $y = 0,5x - 1$
  e) $y = -3x$

23. Esboce o gráfico da função inversa de:
$$f: [-1, 1] \to [1, 5] \text{ tal que } f(x) = 2x + 3$$

24. O gráfico de uma função g é o segmento de reta cujos extremos são os pontos $(-2, 5)$ e $(2, -1)$. Se g^{-1} indica a função inversa de g, obtenha o valor de $g^{-1}(3)$.

25. Considere $h(x) = 3x + 2$.
  a) Esboce, em um mesmo plano cartesiano, os gráficos de h e h^{-1} e determine o ponto de intersecção desses gráficos.
  b) Esse ponto pertence à reta suporte das bissetrizes dos quadrantes ímpares? Por quê?

26. Obtenha o valor real de m para que o intervalo $[1, +\infty[$ seja solução da inequação $3x - 4m \geq 15$.

27. Sendo a, b e c naturais tais que $b = 3a$ e $c + 5b < 10$, obtenha os possíveis valores de a, b e c.

28. Resolva, em $\mathbb{R}$:
  a) $\begin{cases} 2x - 6 < 0 \\ -x + 1 \leq 0 \end{cases}$
  b) $\dfrac{2x-3}{5} < \dfrac{5x-1}{7} < \dfrac{x+3}{4}$

29. Determine o conjunto solução no universo $\mathbb{R}$:
  a) $(x-3) \cdot (x-2) \cdot (x-5) \geq 0$
  b) $(x-1)^3 \cdot (2-x) \cdot (x+4)^2 < 0$
  c) $x^3 + x^2 > 4x + 4$
  d) $(x+3)^{22} \cdot (x-2)^{39} < 0$

30. Para cada inequação, encontre três números naturais que pertençam ao seu conjunto solução.
  a) $\dfrac{2x+3}{x-5} \geq 0$
  b) $\dfrac{x+2}{x-4} \leq 1$
  c) $\dfrac{(x+3)(x-2)}{x+5} \leq 0$
  d) $\dfrac{(x+2)(x-5)(x+7)^3}{(x-3)^2 \cdot (x-5)} \leq 0$
  e) $\dfrac{1}{x} - \dfrac{1}{2x+1} < 0$

Questões Propostas de Vestibular

1. **(UEG – GO)** Em uma fábrica, o custo de produção de 500 unidades de camisetas é de R$ 2.700,00, enquanto o custo para produzir 1.000 unidades é de R$ 3.800,00.

   Sabendo que o custo das camisetas é dado em função do número produzido através da expressão $C(x) = qx + b$, em que x é a quantidade produzida e b é o custo fixo, determine:

   a) os valores de b e de q;
   b) o custo de produção de 800 camisetas.

2. **(UFSM – RS)** Sabe-se que o preço a ser pago por uma corrida de táxi inclui uma parcela fixa, que é denominada bandeirada, e uma parcela variável, que é função da distância percorrida. Se o preço da bandeirada é R$ 4,60 e o quilômetro rodado é R$ 0,96, a distância percorrida pelo passageiro que pagou R$ 19,00, para ir de sua casa ao *shopping*, é de:

   a) 5 km   b) 10 km   c) 15 km   d) 20 km   e) 25 km

3. **(Udesc)** A soma dos coeficientes a e b da função $f(x) = ax + b$ para que as afirmações
   $$f(0) = 3 \text{ e } f(1) = 4$$
   sejam verdadeiras é:

   a) 4   b) 3   c) 2   d) 5   e) −4

4. **(UEPB)** Em uma indústria de autopeças, o custo de produção de peças é de R$ 12,00 fixo mais um custo variável de R$ 0,70 por unidade produzida. Se em um mês foram produzidas x peças, então a lei que representa o custo total dessas x peças é:

   a) $f(x) = 0,70 - 12x$
   b) $f(x) = 12 - 0,70x$
   c) $f(x) = 12 + 0,70x$
   d) $f(x) = 0,70 + 12x$
   e) $f(x) = 12 \cdot 0,70x$

5. **(UEPB)** O número do telefone residencial de Rebeca é **9374182** e do comercial é tal que:
   $$f(x) = \begin{cases} x, \text{ se } x > 7 \\ x - 1, \text{ se } x \leq 7 \end{cases}$$
   onde x é algarismo do telefone residencial. Dessa forma, a soma dos algarismos que compõem o telefone comercial será:

   a) 29   b) 28   c) 27   d) 30   e) 26

6. **(Unesp)** A unidade usual de medida para a energia contida nos alimentos é kcal (quilocaloria). Uma fórmula aproximada para o consumo diário de energia (em kcal) para meninos entre 15 e 18 anos é dada pela função $f(h) = 17 \cdot h$, onde h indica a altura em cm e, para meninas nessa mesma faixa de idade, pela função $g(h) = (15,3) \cdot h$. Paulo, usando a fórmula para meninos, calculou seu consumo diário de energia e obteve 2.975 kcal. Sabendo-se que Paulo é 5 cm mais alto que sua namorada Carla (e que ambos têm idade entre 15 e 18 anos), o consumo diário de energia para Carla, de acordo com a fórmula, em kcal, é:

   a) 2.501
   b) 2.601
   c) 2.770
   d) 2.875
   e) 2.970

7. **(UFPE)** O preço do quilograma de sorvete em uma sorveteria é de R$ 6,50 se o cliente consome até 1 kg, e é de R$ 6,00 se o cliente consome acima de 1 kg. Se um cliente consome 960 g, qual quantidade poderia ter consumido pagando o mesmo preço?

   a) 1,06 kg
   b) 1,05 kg
   c) 1,04 kg
   d) 1,03 kg
   e) 1,02 kg

8. **(PUC – SP)** Uma empresa concessionária de telefonia móvel oferece as seguintes opções de contrato:

   X: R$ 60,00 pela assinatura mensal e mais R$ 0,30 por minuto de conversação

   Y: R$ 40,00 pela assinatura mensal e mais R$ 0,80 por minuto de conversação

   Nessas condições, a partir de quantos minutos de conversação em um mês a opção pelo contrato X se torna mais vantajosa do que a opção por Y?

   a) 20   b) 25   c) 40   d) 45   e) 60

9. **(UEL – PR)** Um consumidor adquiriu um aparelho de telefonia celular que possibilita utilizar os serviços das operadoras de telefonia M e N. A operadora M cobra um valor fixo de R$ 0,06 quando iniciada a ligação e mais R$ 0,115 por minuto da mesma ligação. De modo análogo, a operadora N cobra um valor fixo de R$ 0,08 e mais R$ 0,11 por minuto na ligação.

   Considere as afirmativas a seguir.

   I. O custo de uma ligação de exatos 4 minutos é o mesmo, qualquer que seja a operadora.
   II. O custo da ligação pela operadora M será menor do que o custo da ligação pela operadora N, independentemente do tempo de duração da ligação.
   III. Uma ligação de 24 minutos efetuada pela operadora M custará R$ 0,10 a mais do que efetuada pela operadora N.
   IV. O custo da ligação pela operadora N será menor do que o custo da ligação pela operadora M, independentemente do tempo de duração da ligação.

   Identifique a alternativa que contém todas as afirmativas corretas.

   a) I e II
   b) I e III
   c) III e IV
   d) I, II e IV
   e) II, III e IV

Função afim **151**

10. (Cefet – AL – adaptada) Suponha que a fábrica de certo produto tenha uma despesa fixa mensal de R$ 8.000,00, além da despesa de R$ 75,00 por produto fabricado. Sua despesa mensal C para p produtos fabricados é, portanto, dada pela fórmula:

$$C = 8.000 + 75p$$

É verdade que a despesa mensal dessa fábrica para produzir 1.789 produtos é, em reais:

a) 124.157,00
b) 132.571,00
c) 142.175,00
d) 154.715,00
e) 165.517,00

11. (UFPR) Precisando contratar serviço de limpeza para carpetes, uma pessoa encontrou duas empresas que prestam o mesmo tipo de serviço e cobram os preços descritos a seguir, sempre baseados na área do carpete.

Empresa Limpinski: para áreas de até 50 m², preço fixo de R$ 70,00; para áreas superiores a 50 m², valor fixo de R$ 45,00, acrescido de R$ 0,50 por metro quadrado lavado.

Empresa Clean: para áreas de até 40 m², preço fixo de R$ 40,00; para áreas superiores a 40 m², R$ 1,00 por metro quadrado lavado.

Com base nessas informações, considere as seguintes afirmativas:

 I. Para lavar 80 m² de carpete, a empresa Clean cobra R$ 120,00.
 II. É a empresa Clean que oferece o menor preço para lavar menos de 70 m² de carpete.
 III. Para lavar entre 80 m² e 100 m² de carpete, a opção mais barata é sempre a empresa Limpinski.

Identifique a alternativa correta.

a) Somente as afirmativas I e II são verdadeiras.
b) Somente as afirmativas I e III são verdadeiras.
c) Somente as afirmativas II e III são verdadeiras.
d) Somente a afirmativa I é verdadeira.
e) Somente a afirmativa II é verdadeira.

12. (FGV – SP – adaptada) Ajusta-se um modelo linear afim aos dados tabelados (abaixo) do IDH brasileiro.

Ano	IDH do Brasil
2004	0,790
2005	0,792

Nível de desenvolvimento humano	IDH
baixo	até 0,499
médio	de 0,500 até 0,799
alto	maior ou igual a 0,800

Programa Nacional das Nações Unidas para o Desenvolvimento – PNUD.

De acordo com esse modelo, uma vez atingido o nível alto de desenvolvimento humano, o Brasil só igualará o IDH atual da Argentina (0,863) após:

a) 35,5 anos
b) 34,5 anos
c) 33,5 anos
d) 32,5 anos
e) 31,5 anos

13. (Unicamp – SP) O custo de uma corrida de táxi é constituído por um valor inicial Q_0, fixo, mais um valor que varia proporcionalmente à distância D percorrida nessa corrida. Sabe-se que em uma corrida na qual foram percorridos 3,6 km a quantia cobrada foi de R$ 8,25, e que em outra corrida, de 2,8 km, a quantia cobrada foi de R$ 7,25.

a) Calcule o valor inicial Q_0.
b) Se, em um dia de trabalho, um taxista arrecadou R$ 75,00 em 10 corridas, quantos quilômetros seu carro percorreu naquele dia?

14. (UFAM) Qual das representações gráficas abaixo melhor representa a função $f: \mathbb{Z} \to \mathbb{R}$ definida por $f(x) = x - 2$?

a)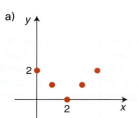

d)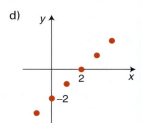

b)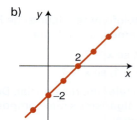

e)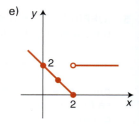

c)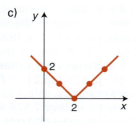

15. (PUC – MG) O gráfico da função $f(x) = ax + b$ está representado na figura:

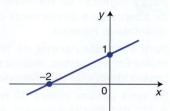

O valor de $a + b$ é:

a) -1
b) $\dfrac{2}{5}$
c) $\dfrac{3}{2}$
d) 2

16. (UFG – GO) A função, definida para todo número real x, cujo gráfico é:

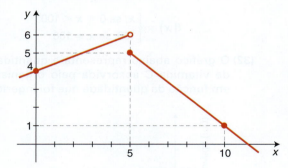

tem a seguinte lei de formação:

a) $f(x) = \begin{cases} \dfrac{2}{5}x + 4,\ \text{se } x < 5 \\ -\dfrac{4}{5}x + 9,\ \text{se } x \geq 5 \end{cases}$

b) $f(x) = \begin{cases} -\dfrac{2}{5}x + 4,\ \text{se } x < 5 \\ \dfrac{4}{5}x + 9,\ \text{se } x \geq 5 \end{cases}$

c) $f(x) = \begin{cases} \dfrac{5}{2}x + 4,\ \text{se } x < 5 \\ -\dfrac{5}{4}x + 9,\ \text{se } x \geq 5 \end{cases}$

d) $f(x) = \begin{cases} \dfrac{2}{5}x + 4,\ \text{se } x < 5 \\ \dfrac{4}{5}x + 9,\ \text{se } x \geq 5 \end{cases}$

e) $f(x) = \begin{cases} \dfrac{5}{2}x + 4,\ \text{se } x < 5 \\ \dfrac{5}{4}x + 9,\ \text{se } x \geq 5 \end{cases}$

17. (UEL – PR) Um usuário pagou R$ 2.000,00 para adaptar o motor do seu carro, originalmente movido a gasolina, para funcionar também com gás natural. Considerando que esse carro faz, em média, 10 km por litro de gasolina, cujo preço é de R$ 2,00 o litro, e 15 km por metro cúbico de gás, cujo preço é de R$ 0,90 o metro cúbico, assinale a alternativa em que o gráfico descreve corretamente os custos totais (C) em função da distância percorrida (d).

a)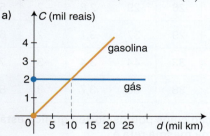

b)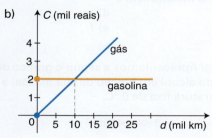

c)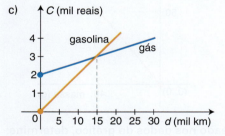

d)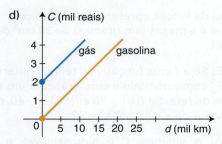

e)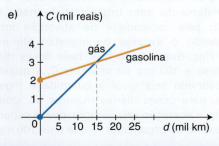

Função afim **153**

18. (PUC – RS – adaptada) Responder à questão com base na tabela a seguir, que apresenta dados sobre as funções g, h, k, m, f.

t	g(t)	h(t)	k(t)	m(t)	f(t)
1	23	10	2,2	−1	4,0
2	24	20	2,5	1	4,5
3	26	29	2,8	−2	5,5
4	29	37	3,1	2	6,5
5	33	44	3,4	−3	7,5
6	38	50	3,7	3	8,5

A função cujos pontos de seu gráfico estão sobre uma mesma reta é:
a) g
b) h
c) k
d) m
e) f

19. (Unesp) Apresentamos a seguir o gráfico do volume do álcool em função de sua massa, a uma temperatura fixa de 0 °C.

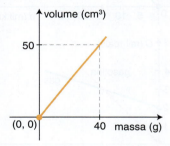

Baseado nos dados do gráfico, determine:

a) a lei da função apresentada no gráfico;
b) qual é a massa (em gramas) de 30 cm³ de álcool.

20. (UFPE) Seja f uma função real tendo o intervalo $[0, 99]$ como domínio e cujo gráfico é um segmento de reta. Se $f(0) = 70$ e $f(99) = -40$, para qual valor de x temos $f(x) = 0$?

21. (UFBA) A vitamina C é hidrossolúvel, e seu aproveitamento pelo organismo humano é limitado pela capacidade de absorção intestinal, sendo o excesso de ingestão eliminado pelos rins. Supondo-se que, para doses diárias inferiores a 100 mg de vitamina C, a quantidade absorvida seja igual à quantidade ingerida e que, para doses diárias maiores ou iguais a 100 mg, a absorção seja sempre igual à capacidade máxima do organismo — que é de 100 mg —, pode-se afirmar, sobre a ingestão diária de vitamina C, que são verdadeiras as proposições:

(01) Para a ingestão de até 100 mg, a quantidade absorvida é diretamente proporcional à quantidade ingerida.

(02) Para a ingestão acima de 100 mg, quanto maior for a ingestão, menor será a porcentagem absorvida de vitamina ingerida.

(04) Se uma pessoa ingere 80 mg em um dia e 120 mg no dia seguinte, então a média diária da quantidade absorvida nesses dois dias foi de 100 mg.

(08) A razão entre a quantidade ingerida e a quantidade absorvida pelo organismo é igual a 1.

(16) A função f que representa a quantidade de vitamina C absorvida pelo organismo, em função da quantidade ingerida x, é dada por:

$$f(x) = \begin{cases} x, \text{ se } 0 \leq x < 100 \\ 100, \text{ se } x \geq 100 \end{cases}$$

(32) O gráfico abaixo representa a quantidade de vitamina C absorvida pelo organismo em função da quantidade que foi ingerida.

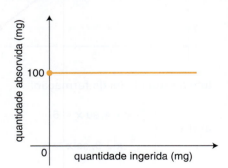

Dê como resposta a soma dos números associados às proposições verdadeiras.

22. (PUC – MG) O gráfico representa a variação da temperatura T, medida em graus Celsius, de uma barra de ferro em função do tempo t, medido em minutos.

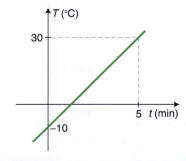

Com base nas informações do gráfico, pode-se estimar que a temperatura dessa barra atingiu 0 °C no instante t igual a:
a) 1 min 15 s
b) 1 min 20 s
c) 1 min 25 s
d) 1 min 30 s

23. (UFSC) Seja f uma função polinomial do primeiro grau, decrescente, tal que $f(3) = 2$ e $f(f(1)) = 1$. Determine a abscissa do ponto onde o gráfico de f corta o eixo x.

24. (UFRJ) Uma operadora de celular oferece dois planos no sistema pós-pago. No plano A, paga-se uma assinatura de R$ 50,00 e cada minuto em ligações locais custa R$ 0,25. No plano B, paga-se um valor fixo de R$ 40,00 para até 50 minutos em ligações locais e, a partir de 50 minutos, o custo de cada minuto em ligações locais é de R$ 1,50.
a) Calcule o valor da conta em cada plano para um consumo mensal de 30 minutos em ligações locais.
b) Determine a partir de quantos minutos, em ligações locais, o plano B deixa de ser mais vantajoso do que o plano A.

25. (Unesp) Seja x o número de anos decorridos a partir de 1960 ($x = 0$). A função
$$y = f(x) = x + 320$$
fornece, aproximadamente, a média de concentração de CO_2 na atmosfera em ppm (partes por milhão) em função de x. A média de variação do nível do mar, em cm, em função de x, é dada aproximadamente pela função $g(x) = \frac{1}{5}x$. Seja h a função que fornece a média de variação do nível do mar em função da concentração de CO_2. No diagrama seguinte estão representadas as funções f, g e h.

Determine a expressão de h em função de y e calcule quantos centímetros o nível do mar terá aumentado quando a concentração de CO_2 na atmosfera for de 400 ppm.

26. (Unesp) Seja T_C a temperatura em graus Celsius e T_F a mesma temperatura em graus Fahrenheit. Essas duas escalas de temperatura estão relacionadas pela equação:
$$9T_C = 5T_F - 160$$

Considere agora T_K a mesma temperatura na escala Kelvin. As escalas Kelvin e Celsius estão relacionadas pela equação:
$$T_K = T_C + 273$$
A equação que relaciona as escalas Fahrenheit e Kelvin é:

a) $T_F = \dfrac{T_K - 113}{5}$

b) $T_F = \dfrac{9T_K - 2.457}{5}$

c) $T_F = \dfrac{9T_K - 2.297}{5}$

d) $T_F = \dfrac{9T_K - 2.657}{5}$

e) $T_F = \dfrac{9T_K - 2.617}{5}$

27. (Unifesp – adaptada) Os candidatos que prestaram o ENEM podem utilizar a nota obtida na parte objetiva desse exame como parte da nota da prova de Conhecimentos Gerais da Unifesp. A fórmula que regula essa possibilidade é dada por:

$$NF = \begin{cases} 95\% \text{ de CG} + 5\% \text{ de ENEM, se ENEM} > CG \\ CG, \text{ se ENEM} \leq CG \end{cases}$$

onde NF representa a nota final do candidato, ENEM a nota obtida na parte objetiva do ENEM e CG a nota obtida na prova de Conhecimentos Gerais da Unifesp.

a) Qual será a nota final, NF, de um candidato que optar pela utilização da nota no ENEM e obtiver as notas CG = 2,0 e ENEM = 8,0?
b) Mostre que qualquer que seja a nota obtida no ENEM, se ENEM > CG, então NF > CG.

28. (PUC – MG) A receita R, em reais, obtida por uma empresa com a venda de q unidades de certo produto, é dada por $R(q) = 115q$, e o custo C, em reais, para produzir q dessas unidades, satisfaz a equação $C(q) = 90q + 760$. Para que haja lucro, é necessário que a receita R seja maior que o custo C. Então, para que essa empresa tenha lucro, o número mínimo de unidades desse produto que deverá vender é igual a:
a) 25
b) 29
c) 30
d) 31

29. (Unifor – CE) Seja f a função de $\mathbb{R}$ em $\mathbb{R}$ definida por $f(x) = 2 - 3x$. Os números reais que satisfazem a sentença $f(f(1 - x)) < -22$ pertencem ao conjunto:
a) $]2, +\infty[$
b) $]0, 2]$
c) $]-2, 0]$
d) $]-4, -2]$
e) $]-\infty, -4]$

30. (PUC – MG) Um motorista de táxi, que cobra R$ 3,70 a bandeirada e R$ 1,20 por quilômetro rodado, faz duas corridas. Na primeira delas percorre uma distância três vezes maior do que na segunda. Nessas condições, é correto afirmar que o custo da primeira corrida é:

a) igual ao triplo do custo da segunda.
b) menor do que o triplo do custo da segunda.
c) maior do que o triplo do custo da segunda.
d) igual ao custo da segunda.

31. (Unesp) A frequência cardíaca de uma pessoa, FC, é detectada pela palpação das artérias radial ou carótida. A palpação é realizada pressionando-se levemente a artéria com o dedo médio e o indicador. Conta-se o número de pulsações (batimentos cardíacos) que ocorrem no intervalo de um minuto (bpm).

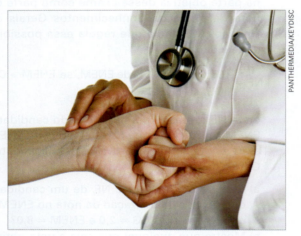

A frequência de repouso, FCRep, é a frequência obtida, em geral pela manhã, assim que despertamos, ainda na cama. A frequência cardíaca máxima, FCMax, é o número mais alto de batimentos capaz de ser atingido por uma pessoa durante um minuto e é estimada pela fórmula FCMax = (220 − x), onde x indica a idade do indivíduo em anos. A frequência de reserva (ou de trabalho), FCRes, é, aproximadamente, a diferença entre FCMax e FCRep.

Vamos denotar por FCT a frequência cardíaca de treinamento de um indivíduo em uma determinada atividade física. É recomendável que essa frequência esteja no intervalo:

50%FCRes + FCRep ≤ FCT ≤ 85%FCRes + FCRep

Carlos tem 18 anos e sua frequência cardíaca de repouso obtida foi FCRep = 65 bpm. Com base nos dados apresentados, calcule o intervalo da FCT de Carlos.

32. (UEPB) O domínio da função $f(x) = \sqrt{\dfrac{x-1}{x+1}}$ é dado por:

a) $D = \{x \in \mathbb{R} \mid x \geq 1\}$
b) $D = \{x \in \mathbb{R} \mid x < -1 \text{ ou } x \geq 1\}$
c) $D = \{x \in \mathbb{R} \mid x < -1 \text{ ou } x > 1\}$
d) $D = \{x \in \mathbb{R} \mid x \leq -1 \text{ ou } x \geq 1\}$
e) $D = \{x \in \mathbb{R} \mid x > 1\}$

33. (PUC – RJ) A soma dos números inteiros x que satisfazem $2x + 1 \leq x + 3 \leq 4x$ é:

a) 0
b) 1
c) 2
d) 3
e) −2

34. (PUC – MG) O domínio da função real

$$f(x) = \sqrt{\dfrac{1-x}{1+x}} - \sqrt[4]{x}$$

é o intervalo $[a, b]$. O valor de $a + b$ é igual a:

a) 1
b) 2
c) 4
d) 5

35. (ESPM – SP) Ao resolver a inequação

$$\dfrac{(x+1)(x-3)}{x} > x - 1$$

um aluno efetuou as seguintes passagens:

$\dfrac{(x+1)(x-3)}{x} > x - 1$ \hfill (1)

$(x+1)(x-3) > x^2 - x$ \hfill (2)

$x^2 - 2x - 3 > x^2 - x$ \hfill (3)

$-2x - 3 > -x$ \hfill (4)

$2x + 3 < x$ \hfill (5)

$x < -3$ \hfill (6)

Podemos afirmar que esse aluno:

a) cometeu um erro apenas, na passagem de 4 para 5.
b) cometeu erros nas passagens de 3 para 4 e de 4 para 5.
c) cometeu erros nas passagens de 1 para 2 e de 4 para 5.
d) cometeu um erro apenas, na passagem de 1 para 2.
e) não cometeu erro algum.

PROGRAMAS DE AVALIAÇÃO SERIADA

1. (PAS – UnB – DF – adaptada) Suponha que o consumo normal diário de energia de um trabalhador seja de 2.100 kcal e que o total de calorias correspondentes aos alimentos ingeridos que excede esse valor seja armazenado no organismo, na forma de gordura.

O gráfico abaixo representa a evolução da massa corporal desse indivíduo em um período de 660 dias. A tabela descreve situações relativas a consumo de alimentos e gasto de energia.

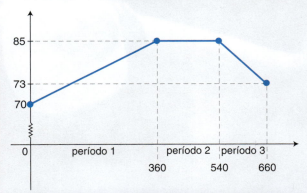

Situação	Ingestão diária de alimentos	Consumo diário de energia
A	alta	normal
B	alta	acima do normal
C	baixa	normal
D	baixa	acima do normal

I. Identifique a opção que apresenta uma correspondência plausível entre as situações descritas na tabela e os períodos indicados no gráfico.

a) período 1 → situação C;
período 2 → situação D
b) período 1 → situação B;
período 3 → situação A
c) período 1 → situação C;
período 2 → situação A
d) período 2 → situação B;
período 3 → situação D

II. A função cujo gráfico corresponde ao período 1 é:

a) $f(x) = \dfrac{1}{24}x + 70$
c) $f(x) = 24x + 70$
b) $f(x) = \dfrac{1}{24}x + 85$
d) $f(x) = 24x + 85$

III. Considerando-se que a tendência de perda de "peso" apresentada no período 3 seja mantida, o indivíduo voltará a ter massa corporal igual a 70 kg no:

a) 670.º dia.
b) 680.º dia.
c) 690.º dia.
d) 700.º dia.

2. (PSS – UEPG – PR) Se
$$A = \{x \in \mathbb{R} \mid 2x + 5 > 7\}$$
e
$$B = \{x \in \mathbb{R} \mid x^2 - 9 < 0\}$$

então $A \cap B$ é:

a) $\{x \in \mathbb{R} \mid -3 < x < 3\}$ d) $\{x \in \mathbb{R} \mid x > -3\}$
b) $\{x \in \mathbb{R} \mid -3 < x < 1\}$ e) $\{x \in \mathbb{R} \mid 1 < x < 3\}$
c) $\{x \in \mathbb{R} \mid x < 3\}$

3. (PSS – UFPA) Beber e dirigir é uma combinação perigosa, mas parece que o número de acidentes nas rodovias e estradas não está sendo suficiente para convencer os motoristas a abandonarem o volante depois de umas doses de álcool. Então, para evitar essa combinação perigosa, foi criada a chamada Lei 13, que determina uma punição muito mais rigorosa para os condutores bêbados.

Sobre a concentração de álcool (etanol) no organismo, um recente estudo científico concluiu que essa decai linearmente em função do tempo. Em outros termos, a concentração pode ser descrita por uma função do tipo:

$$C(t) = a \cdot t + b$$

Após o consumo de certa quantidade de álcool, verifica-se que a concentração de álcool no sangue de uma pessoa, após uma hora e meia da ingestão, é de 113,9 mg/dL, e, após duas horas e meia da ingestão, é de 96,9 mg/dL. Sabendo-se que essa pessoa, consciente de suas responsabilidades, só voltará a dirigir quando a concentração de álcool em seu sangue for zero, quanto tempo após o consumo, no mínimo, ela deve esperar para voltar a dirigir?

a) 8,2 horas   d) 7,9 horas
b) 2,0 horas   e) 8,6 horas
c) 9,7 horas

Função afim **157**

Capítulo 4

Objetivos do Capítulo

▶ Definir função quadrática e explorar as suas principais características.

▶ Identificar, interpretar e esboçar o gráfico de funções quadráticas.

▶ Estudar diferentes aplicações dessa função como modelos para outras ciências.

▶ Trabalhar com problemas de máximos e mínimos.

Função Quadrática

Skate, um Esporte Radical

O *skate* é um esporte dos tempos modernos e que engloba aventura, velocidade, equilíbrio, condicionamento físico... e funções quadráticas, tema deste nosso capítulo. Você deve estar se perguntando o porquê desse nome.

A expressão "quadrática" tem origem na palavra *quadratum*, que significa quadrado. Por isso, a lei dessa função deve sempre conter o termo em que a variável aparece ao quadrado (x^2).

Mas para que serve esse tipo de função, afinal, ou qual sua aplicação?

Ao contrário do que muitas pessoas pensam, funções quadráticas não existem apenas nos livros de Matemática. Podemos encontrá-las em diversas construções e situações, até mesmo nos esportes radicais. Sim! Isso mesmo!

As rampas de *skate*, conhecidas como *half-pipe* ou simplesmente *half*, e os saltos de *motocross* envolvem movimentos descritos por parábolas, curvas que são gráficos de funções quadráticas.

1. A Função Polinomial do 2.º Grau

O dono de um hotel notou que, se cobrar R$ 80,00 a diária, consegue ocupar o hotel com 100 hóspedes por dia e, para cada R$ 5,00 a mais na diária, a ocupação decresce de 1 hóspede. Sabendo que, diariamente, o hotel apresenta um custo fixo de R$ 2.000,00 e um custo variável de R$ 20,00 por hóspede, como o dono do hotel pode fazer para calcular o lucro por dia?

Sabendo que o lucro é a diferença entre o total arrecadado e os custos, vamos fazer as identificações a seguir:

- total arrecadado por dia: T = (valor da diária) × (número de hóspedes)
- número de hóspedes a menos no hotel caso a diária aumente: n

Para cada 5 reais a mais no valor da diária, temos 1 hóspede a menos. Então:

- $T = (80 + 5n)(100 - n)$
- custo diário: $C = 20(100 - n) + 2.000$

Assim, obtemos o lucro diário de:

$$L = (80 + 5n)(100 - n) - [20(100 - n) + 2.000]$$
$$L = (80 + 5n)(100 - n) - 20(100 - n) - 2.000$$
$$L = 8.000 - 80n + 500n - 5n^2 - 2.000 + 20n - 2.000$$
$$L = -5n^2 + 440n + 4.000$$

Essa equação nos fornece o lucro diário em função do número n de hóspedes que faltam para a lotação máxima de 100 hóspedes.

Dado o número de hóspedes, podemos estimar o lucro. Por exemplo, se em um dia temos 99 hóspedes, significa que $n = 1$ (ou seja, 1 hóspede a menos do que os 100) e o lucro diário é dado por:

$$L = -5 \cdot (1)^2 + 440 \cdot (1) + 4.000$$
$$L = -5 + 440 + 4.000$$
$$L = 4.435$$

Logo, o lucro diário é de R$ 4.435,00 nesse caso.

Funções dadas por leis do tipo $L = -5n^2 + 440n + 4.000$ são exemplos de **funções polinomiais do 2.º grau**, que também são chamadas de **funções quadráticas**.

> Toda função cuja lei é do tipo $y = ax^2 + bx + c$, com a, b, c reais e $a \neq 0$, é chamada de **função polinomial do 2.º grau** ou **função quadrática**.

EXEMPLOS

Veja algumas funções quadráticas de $\mathbb{R}$ em $\mathbb{R}$, dadas por:

a) $f(x) = x^2 + 5x + 6$ ($a = 1$, $b = 5$ e $c = 6$)
b) $y = x^2 + 6$ ($a = 1$, $b = 0$ e $c = 6$)
c) $g(x) = -5x + 2x^2$ ($a = 2$, $b = -5$ e $c = 0$)
d) $y = 2x^2 + \frac{2}{3}x - \sqrt{3}$ $\left(a = 2, b = \frac{2}{3} \text{ e } c = -\sqrt{3}\right)$

Responda
O que ocorre se $a = 0$ em $f(x) = ax^2 + bx + c$? Nessas condições, você pode dizer que a lei ainda é a de uma função quadrática?

EXERCÍCIOS RESOLVIDOS

ER. 1 Considere a função quadrática de $\mathbb{R}$ em $\mathbb{R}$ dada por $f(x) = 2x^2 + 3x - 1$.
Determine:
a) $f(2)$
b) $f(3)$
c) $f(0)$
d) $f(-2)$
e) $f(\sqrt{2})$
f) $f\left(\frac{1}{2}\right)$

Resolução:

a) $f(2) = 2 \cdot (2)^2 + 3 \cdot (2) - 1 = 8 + 6 - 1 = 13$

b) $f(3) = 2 \cdot (3)^2 + 3 \cdot (3) - 1 = 18 + 9 - 1 = 26$

c) $f(0) = 2 \cdot (0)^2 + 3 \cdot (0) - 1 = -1$

d) $f(-2) = 2 \cdot (-2)^2 + 3 \cdot (-2) - 1 = 8 - 6 - 1 = 1$

e) $f(\sqrt{2}) = 2 \cdot (\sqrt{2})^2 + 3 \cdot (\sqrt{2}) - 1 = 4 + 3\sqrt{2} - 1 = 3 + 3\sqrt{2}$

f) $f\left(\frac{1}{2}\right) = 2 \cdot \left(\frac{1}{2}\right)^2 + 3 \cdot \left(\frac{1}{2}\right) - 1 = 2 \cdot \left(\frac{1}{4}\right) + \left(\frac{3}{2}\right) - 1$
$f\left(\frac{1}{2}\right) = \frac{1}{2} + \left(\frac{3}{2}\right) - 1 = \frac{4}{2} - 1 = 2 - 1 = 1$

ER. 2 Obtenha os valores reais de k em
$$f(x) = x^2 + 2x + k$$
para que $f(2) = 3$.

Resolução:
$$f(x) = x^2 + 2x + k \Rightarrow f(2) = (2)^2 + 2 \cdot (2) + k \Rightarrow f(2) = 8 + k$$
Como devemos ter $f(2) = 3$, vem:
$$f(2) = 8 + k = 3 \Rightarrow k = 3 - 8 \Rightarrow k = -5$$

OBSERVAÇÃO

Em geral, as funções quadráticas têm sua lei dada na forma $y = ax^2 + bx + c$ (com $a \neq 0$), que é chamada de **forma geral**. Também podemos apresentar a lei de uma função quadrática de modo diferente, denominada **forma canônica**, dada por $y = a(x - h)^2 + k$, com a, h e k constantes reais e $a \neq 0$. Nesse caso, temos $b = -2ah$ e $c = ah^2 + k$.

EXERCÍCIOS PROPOSTOS

1. Verifique que leis definem uma função quadrática. Justifique o porquê das que não podem.
a) $f(x) = 2x^2 - 3$
b) $f(x) = 2x - 3$
c) $f(x) = \frac{2}{x}$
d) $y = 2^x$
e) $y = \sqrt{x}$
f) $f(x) = 7$
g) $y = 18 - 2x - x^2$
h) $y = \frac{x}{2}$

2. Determine os coeficientes a, b, c nas funções quadráticas dadas abaixo:
a) $f(x) = 7x^2 + 5x + 2$
b) $f(x) = x^2 + 3x$
c) $f(x) = -x^2 + 4$
d) $f(x) = 5 - 8x^2$
e) $f(x) = 2x^2 + mx + 3x + 1$
f) $f(x) = x^2 - 3x + k + 1$
g) $f(x) = (x - 1)(x - 3)$
h) $f(x) = 3(x - 1)^2$

3. Dada a função quadrática $f: \mathbb{R} \to \mathbb{R}$ tal que
$$f(x) = x^2 - 3x - 1$$
obtenha:
a) $f(0)$
b) $f(\sqrt{3})$
c) $f(a)$
d) $f(a+1)$

4. Determine m e n na função $f(x) = x^2 + mx + n$, tais que $f(1) = 2$ e $f(-1) = 3$.

5. Determine a lei da função quadrática dada por
$$f(x) = ax^2 + bx + c$$
sabendo que $f(0) = 3$, $f(1) = 0$ e $f(3) = 0$.

6. Dada a função $f(x) = -x^2 + mx + n$ de domínio real, tal que $f(0) = 3$ e $f(1) = 2$, obtenha $m + n$.

7. Considere a função f dada por $f(x) = 2x^2 - 8x - 4$.
a) Encontre os valores reais de h e k tal que $f(x) = a(x-h)^2 + k$.
b) Expresse a lei da função f na forma canônica.

8. Na figura a seguir, ABC é um triângulo, cuja base $\overline{BC}$ mede 12 e a altura relativa a essa base mede 10, e $DEFG$ é um retângulo inscrito nesse triângulo com $DE = x$ e $EF = y$.

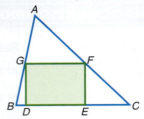

a) Obtenha $EF = y$ em função de $DE = x$.
b) Determine a área da região $DEFG$ em função de x.

Enigmas, Jogos & Brincadeiras

Presente em Função da Amiga

Um grupo de amigas faz aniversário no mesmo dia. Cada amiga presenteou cada uma das outras com um único presente.

a) Determine a lei que relaciona o número total de presentes em função do número de amigas do grupo.
b) Quantas devem ser as garotas do grupo para que juntas elas tenham comprado 12 presentes ao todo?

Saiba +

O símbolo Δ (lê-se "delta"), usado para designar o discriminante, é uma letra (maiúscula) do alfabeto grego. A letra delta minúscula desse alfabeto é dada pelo símbolo δ, e também será usada em nossos estudos.

1.1 OS ZEROS DE UMA FUNÇÃO QUADRÁTICA

Já vimos que, para determinar os zeros de uma função f, precisamos achar as raízes da equação $f(x) = 0$. No caso de uma função quadrática, temos de achar as raízes de uma equação do 2.º grau, que dependem do **discriminante** (Δ) dessa equação. Assim:

- se Δ > 0, a função tem dois zeros;
- se Δ = 0, a função tem um único zero;
- se Δ < 0, a função não tem zeros.

Exercícios Resolvidos

ER. 3 Determine os zeros das funções quadráticas de domínio real:
a) $y = 4x^2 - x$
b) $y = x^2 + 1$
c) $y = (x + 1)^2$

Recorde
Um produto de dois números reais é zero se pelo menos um deles for zero.

Faça
Explique o significado algébrico e gráfico de dizer que uma função não tem zeros.

Responda
Existe outra maneira de resolver a equação $(x + 1)^2 = 0$? Justifique sua resposta.

Resolução: Já sabemos que os zeros de uma função são os valores de x do domínio para os quais $y = 0$.

a) Assim:
$$y = 4x^2 - x = 0$$

Nesse caso, obtemos uma equação do 2.º grau incompleta, que resolvemos desta forma:
$$4x^2 - x = 0$$
$$x(4x - 1) = 0$$
$$x = 0 \quad \text{ou} \quad 4x - 1 = 0$$
$$x = \frac{1}{4}$$

Logo, a função $y = 4x^2 - x$ tem dois zeros, que são 0 e $\frac{1}{4}$.

b) Fazendo $y = x^2 + 1 = 0$, encontramos outra equação incompleta:
$$x^2 + 1 = 0 \Rightarrow x^2 = -1$$

Essa equação não tem raízes reais, pois nenhum número real elevado ao quadrado dá um número negativo. Logo, a função dada por $y = x^2 + 1$ não tem zeros.

c) Em $y = (x + 1)^2 = 0$, vamos efetuar o produto notável:
$$(x + 1)^2 = 0 \Rightarrow x^2 + 2x + 1 = 0$$

Obtemos uma equação completa do 2.º grau, que resolvemos assim:
$x^2 + 2x + 1 = 0$
$a = 1$, $b = 2$ e $c = 1$ (coeficientes da equação)
$\Delta = b^2 - 4ac$ (discriminante)
$\Delta = (2)^2 - 4 \cdot 1 \cdot 1 = 4 - 4 = 0$
$x = \dfrac{-b \pm \sqrt{\Delta}}{2a}$ (fórmula resolutiva de uma equação do 2.º grau)
$x = \dfrac{-2 \pm \sqrt{0}}{2 \cdot 1} = \dfrac{-2}{2} = -1$

Logo, a função $y = (x + 1)^2$ tem um único zero, que é -1.

ER. 4 Determine os valores reais de k para que a função h, de domínio real, definida por $h(x) = x^2 + 3x + k - 2$:
a) tenha dois zeros;
b) tenha um único zero;
c) não tenha zeros.

Resolução: Em $h(x) = x^2 + 3x + k - 2$, temos $a = 1$, $b = 3$ e $c = k - 2$. Já vimos que o número de zeros da função se relaciona com o valor do discriminante:
$$\Delta = b^2 - 4ac = 3^2 - 4 \cdot 1 \cdot (k - 2) = 9 - 4k + 8 = 17 - 4k$$

a) Para que h tenha dois zeros, devemos ter $\Delta > 0$:
$$17 - 4k > 0 \Rightarrow 17 > 4k \Rightarrow 4k < 17 \Rightarrow k < \frac{17}{4}$$

b) Para que h tenha um único zero, devemos ter $\Delta = 0$:
$$17 - 4k = 0 \Rightarrow 17 = 4k \Rightarrow k = \frac{17}{4}$$

c) Para que h não tenha zeros, devemos ter $\Delta < 0$:
$$17 - 4k < 0 \Rightarrow 17 < 4k \Rightarrow 4k > 17 \Rightarrow k > \frac{17}{4}$$

Função quadrática

Exercícios Propostos

9. Determine os zeros, se existirem, das funções de ℝ em ℝ dadas abaixo:
   a) $y = x^2 - 3$
   b) $y = 2x - 2x^2$
   c) $y = 2x^2 + 4$

10. Determine os valores reais de m para que
$$f(x) = 2x^2 - 3x + (m + 1)$$
   a) tenha dois zeros;
   b) tenha um único zero;
   c) não tenha zeros.

11. Discuta o número de zeros da função dada por $f(x) = (k-2)x^2 + 5x + 3$ de acordo com o parâmetro k.

12. O número d de diagonais de um polígono convexo é dado por $d = \dfrac{n(n-3)}{2}$, em que n é o número de lados do polígono.
   a) Determine qual é o número de diagonais de um dodecágono.
   b) Identifique qual é o polígono convexo que tem 14 diagonais.

13. [FÍSICA] Em relação ao solo, a altura de uma pedra, lançada verticalmente, em função do tempo é dada por $h(t) = -t^2 + 20t$, com h em metros e t em segundos. Determine a altura da pedra no instante 2 s.

14. Determine a expressão que fornece a área A de um retângulo cujo perímetro é 80 cm em função da medida x de um dos lados.

15. Considere a função f definida por
$$f(x) = \begin{cases} x^2 - 3x + 2, & \text{se } x \geqslant 3 \\ -x^2 + 5x + 1, & \text{se } x < 3 \end{cases}$$
e obtenha $f(4)$, $f(2)$ e $f(3)$.

Enigmas, Jogos & Brincadeiras

CAÇA-ZEROS DA FUNÇÃO

No quadro de letras abaixo, estão escritos por extenso os zeros positivos das funções quadráticas indicadas a seguir de **I** a **V**. Localize-os, para encontrar a resposta à pergunta: Qual é o micronutriente, presente nos seres humanos em alta concentração nos ossos, no fígado, nos rins e nos espermatozoides, cuja deficiência causa retardo no crescimento e no desenvolvimento sexual, além de lesões na pele?

I. $y = \dfrac{x^2}{2} - 2x - 48$ **II.** $y = x^2 - x - 56$ **III.** $y = x^2 + x - 6$ **IV.** $y = -x^2 + 20x$ **V.** $y = 5x^2 - 24x - 5$

M	O	R	E	Z	E	R	T	U	M
U	M	Q	E	Z	D	O	R	M	A
Q	U	U	Z	E	R	O	E	R	T
U	U	A	T	R	O	I	T	O	N
I	S	T	R	O	C	N	I	C	E
N	I	R	E	T	N	I	V	T	V
Z	E	O	S	S	I	O	D	I	O
E	S	E	D	O	Z	E	V	O	N

2. O Gráfico de uma Função Quadrática

O gráfico de uma função quadrática é uma curva denominada **parábola**. O processo para obter o gráfico, a partir da lei da função, é o mesmo que já vimos anteriormente, ou seja, escolhemos alguns valores para x e calculamos os valores correspondentes de y. Só que, neste caso, precisamos de mais de dois valores.

Exercícios Resolvidos

ER. 5 Esboce o gráfico das seguintes funções de $\mathbb{R}$ em $\mathbb{R}$:

a) $f(x) = x^2 - 4x + 3$ b) $f(x) = -x^2 + 2x - 1$ c) $f(x) = x^2 - 4x + 5$ d) $f(x) = x^2$

Resolução: Para cada função, vamos determinar alguns pontos que pertencem ao gráfico e depois traçar a curva.

a) $f(x) = x^2 - 4x + 3$

Tabela com alguns valores

x	$y = f(x) = x^2 - 4x + 3$	Pares
−1	$y = (-1)^2 - 4 \cdot (-1) + 3 = 8$	(−1, 8)
0	$y = (0)^2 - 4 \cdot (0) + 3 = 3$	(0, 3)
1	$y = (1)^2 - 4 \cdot (1) + 3 = 0$	(1, 0)
2	$y = (2)^2 - 4 \cdot (2) + 3 = -1$	(2, −1)
3	$y = (3)^2 - 4 \cdot (3) + 3 = 0$	(3, 0)
4	$y = (4)^2 - 4 \cdot (4) + 3 = 3$	(4, 3)

Gráfico da função

Observe que a parábola é simétrica em relação ao eixo vertical que passa pelo ponto (2, −1), chamado de **vértice** da parábola. Note também que, para essa função, a concavidade da parábola é voltada para cima.

b) $f(x) = -x^2 + 2x - 1$

Tabela com alguns valores

x	$y = f(x) = -x^2 + 2x - 1$	Pares
−1	$y = -(-1)^2 + 2 \cdot (-1) - 1 = -4$	(−1, −4)
0	$y = -(0)^2 + 2 \cdot (0) - 1 = -1$	(0, −1)
1	$y = -(1)^2 + 2 \cdot (1) - 1 = 0$	(1, 0)
2	$y = -(2)^2 + 2 \cdot (2) - 1 = -1$	(2, −1)
3	$y = -(3)^2 + 2 \cdot (3) - 1 = -4$	(3, −4)

Gráfico da função

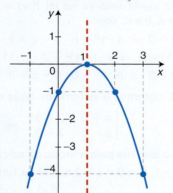

Nesse caso, a parábola tem concavidade voltada para baixo e o eixo de simetria é a reta vertical que passa pelo ponto (1, 0), que é o vértice da parábola.

c) $f(x) = x^2 - 4x + 5$

Tabela com alguns valores

x	$y = f(x) = x^2 - 4x + 5$	Pares
0	$y = (0)^2 - 4 \cdot (0) + 5 = 5$	(0, 5)
1	$y = (1)^2 - 4 \cdot (1) + 5 = 2$	(1, 2)
2	$y = (2)^2 - 4 \cdot (2) + 5 = 1$	(2, 1)
3	$y = (3)^2 - 4 \cdot (3) + 5 = 2$	(3, 2)
4	$y = (4)^2 - 4 \cdot (4) + 5 = 5$	(4, 5)

Gráfico da função

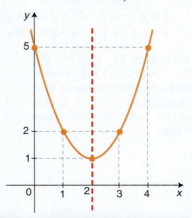

Agora, a parábola tem concavidade voltada para cima e vértice no ponto (2, 1), por onde passa o eixo vertical de simetria.

Função quadrática **165**

d) $f(x) = x^2$

Tabela com alguns valores

x	$y = f(x) = x^2$	Pares
−2	$y = (-2)^2 = 4$	(−2, 4)
−1	$y = (-1)^2 = 1$	(−1, 1)
0	$y = (0)^2 = 0$	(0, 0)
1	$y = (1)^2 = 1$	(1, 1)
2	$y = (2)^2 = 4$	(2, 4)

Gráfico da função

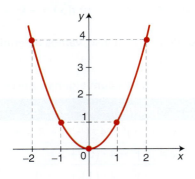

Nesse caso, a parábola tem vértice na origem (0, 0) do sistema cartesiano e o eixo de simetria é o eixo y. A concavidade da parábola é voltada para cima.

ER. 6 Determine as constantes a, b e c na lei da função $f(x) = ax^2 + bx + c$, cujo gráfico passa pelos pontos (1, 2), (−1, 2) e (0, 3). Em seguida, dê a lei e esboce o gráfico dessa função.

Resolução: Sabemos que dado um ponto (x, y) da curva vale a relação $f(x) = y$. Assim, podemos dizer que:

$(1, 2) \in$ gráfico de $f \Rightarrow f(1) = 2$

O mesmo ocorre para $(-1, 2)$ e $(0, 3)$, ou seja, $f(-1) = 2$ e $f(0) = 3$.

Substituindo esses valores na lei $f(x) = ax^2 + bx + c$, vamos encontrar os coeficientes a, b e c. Veja:

$f(1) = 2 \Rightarrow a \cdot 1^2 + b \cdot 1 + c = 2 \Rightarrow a + b + c = 2$
$f(-1) = 2 \Rightarrow a \cdot (-1)^2 + b \cdot (-1) + c = 2 \Rightarrow a - b + c = 2$
$f(0) = 3 \Rightarrow a \cdot 0^2 + b \cdot 0 + c = 3 \Rightarrow c = 3$

Como $c = 3$, obtemos o sistema de duas equações:

$$\begin{cases} a + b = 2 - 3 \\ a - b = 2 - 3 \end{cases} \Rightarrow \begin{cases} a + b = -1 \\ a - b = -1 \end{cases}$$

Resolvendo o sistema pelo método da adição, obtemos $a = -1$ e $b = 0$.

Assim, $a = -1$, $b = 0$ e $c = 3$ e a lei da função é $f(x) = -x^2 + 0x + 3$, ou seja:

$$f(x) = -x^2 + 3$$

Para esboçar o gráfico, já temos três pontos da parábola. Agora vamos determinar outros dois:

$x = 2 \Rightarrow y = -2^2 + 3 = -4 + 3 = -1 \Rightarrow (2, -1)$
$x = -2 \Rightarrow y = -(-2)^2 + 3 = -4 + 3 = -1 \Rightarrow (-2, -1)$

Então, os pontos (1, 2), (−1, 2), (0, 3), (2, −1) e (−2, −1) pertencem à parábola correspondente à função dada por $f(x) = -x^2 + 3$, que traçamos ao lado, considerando domínio real.

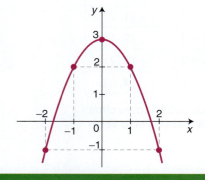

Responda

Uma função quadrática pode ser injetora? Por quê?

Recorde

Somamos as duas equações membro a membro:

$\begin{cases} a + b = -1 \\ \underline{a - b = -1} \end{cases}$
$2a = -2$
$a = -1$

De $a + b = -1$, vem:
$-1 + b = -1$
$b = 0$

Faça

Prove que para qualquer função quadrática f a soma dos coeficientes da lei dessa função, que é dada por $f(x) = ax^2 + bx + c$, é igual a $f(1)$.

166 MATEMÁTICA — UMA CIÊNCIA PARA A VIDA

Observações

1. A concavidade da parábola depende do sinal do coeficiente a da lei $f(x) = ax^2 + bx + c$ da função quadrática:
   - se $a > 0$, a parábola tem concavidade voltada para cima;
   - se $a < 0$, a parábola tem concavidade voltada para baixo.

2. O vértice da função é o ponto de maior ordenada ou o de menor ordenada da parábola, isto é, a abscissa do vértice tem a maior imagem ou a menor imagem pela função f.

3. Se uma função quadrática tem dois zeros, x_1 e x_2, a abscissa do vértice é a **média aritmética** desses dois zeros, ou seja:

$$x_V = \frac{x_1 + x_2}{2}$$

4. A forma canônica $f(x) = a(x - h)^2 + k$ da lei da função quadrática apresenta um destaque importante para o vértice V da parábola correspondente, uma vez que tal ponto sempre é $V(h, k)$, ou seja:

$$f(x) = a(x - x_V)^2 + y_V$$

Exercícios Propostos

16. Esboce as parábolas, para $x \in \mathbb{R}$, relativas às leis:
   a) $y = -x^2$
   b) $y = x^2 + 1$
   c) $y = x^2 - 1$
   d) $y = -x^2 + x$

17. Obtenha a lei das funções quadráticas de domínio real cujos gráficos passam pelos pontos:
   a) $A(0, -3)$, $B(1, -2)$ e $C(3, -6)$
   b) $A(-1, -1)$, $B(2, 8)$ e $C(-3, 3)$

18. Determine o vértice de cada parábola correspondente à função g em cada caso:
   a) $g(x) = x^2 + 5x - 6$
   b) $g(x) = 2x^2 - 16x + 36$
   c) $g(x) = -5x^2 + 2$

19. Determine as constantes a, b e c nas funções do tipo $f(x) = ax^2 + bx + c$ representadas pelos gráficos abaixo. Em seguida, encontre a lei de cada função.

a)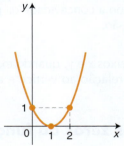

c)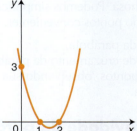

e)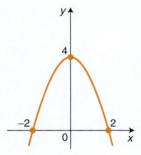

b)

d)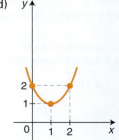

f)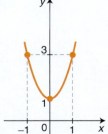

20. Obtenha $f(3)$ para que a função quadrática dada por $f(x) = x^2 + 3x + k$ tenha o ponto $(1, 2)$ em seu gráfico.

Matemática, Ciência & Vida

São muitas as aplicações da função quadrática em outras ciências e até mesmo em elementos de nossa vida, como nos faróis de carro, nas antenas parabólicas, entre tantas outras.

Uma das aplicações mais frequentes da função quadrática no Ensino Médio é vista em Física, mais especificamente quando estudamos Mecânica. Faz parte desse estudo conhecer que há uma equação que nos permite determinar a posição (s) de um móvel (corpo em estudo) sobre uma trajetória em qualquer instante, desde que saibamos o sentido de seu deslocamento, onde esse móvel estava inicialmente (s_0), sua velocidade inicial (v_0) e sua aceleração (a). Essa equação exprime uma relação em função do tempo, por isso é conhecida como *função horária*, e quando representa um movimento com aceleração constante e não nula, ela é a lei de uma função quadrática definida por:

$$s = s_0 + v_0 t + \frac{1}{2} a t^2$$

Você reconheceu nela os elementos de

$$y = ax^2 + bx + c?$$

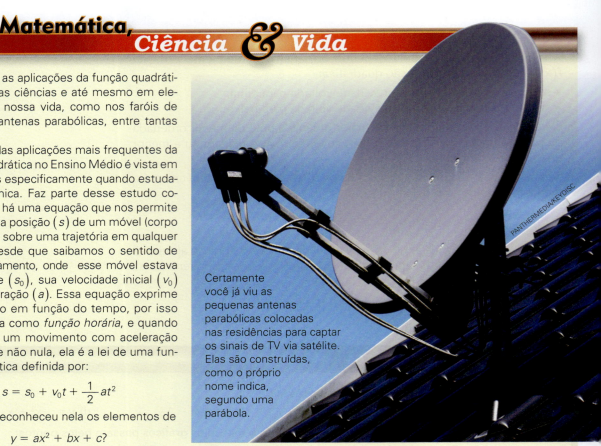

Certamente você já viu as pequenas antenas parabólicas colocadas nas residências para captar os sinais de TV via satélite. Elas são construídas, como o próprio nome indica, segundo uma parábola.

2.1 CONCAVIDADE E PONTOS NOTÁVEIS DA PARÁBOLA

Você deve ter notado que é possível obter o gráfico de uma função quadrática tabelando valores. Porém, devido ao formato da curva, essa tarefa pode tornar-se trabalhosa. Podemos simplificá-la observando a concavidade da parábola e escolhendo pontos convenientes. Esses pontos são:

- vértice da parábola;
- pontos de cruzamento da parábola com os eixos x e y, quando existirem;
- outros pontos, observando sua posição em relação ao vértice e ao eixo de simetria.

A concavidade da parábola e os zeros da função

Toda função quadrática é do tipo $f(x) = ax^2 + bx + c$, com $a \neq 0$. Assim, o sinal do coeficiente a só pode ser positivo ou negativo. Desse modo, a concavidade da parábola que corresponde ao gráfico dessa função pode ter duas formas:

Se $a > 0$, a concavidade da parábola é voltada para cima.	Se $a < 0$, a concavidade da parábola é voltada para baixo.
$a > 0$	$a < 0$

168 MATEMÁTICA — UMA CIÊNCIA PARA A VIDA

Exemplos

a) A parábola que corresponde à lei $f(x) = 2x^2 + 5x + 2$ tem concavidade voltada para cima, pois $a = 2$ e, portanto, $a > 0$.

b) A parábola que corresponde à função dada por $g(x) = -5x^2 + 2$ tem concavidade voltada para baixo, pois $a = -5$, ou seja, $a < 0$.

c) $h(x) = 2x - x^2$ é uma função quadrática cuja parábola tem concavidade voltada para baixo, pois $a = -1$, ou seja, $a < 0$.

Sabendo a concavidade da parábola e os zeros da função, podemos fazer um esboço do gráfico da função quadrática considerada.

Assim, podemos montar a seguinte tabela, que mostra os possíveis esboços do gráfico de uma função quadrática:

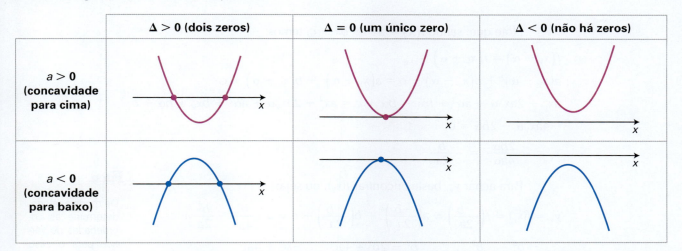

Exercício Proposto

21. Analise as condições dadas e responda:
a) Se uma parábola tem concavidade voltada para baixo, o que deve ocorrer para que a função correspondente tenha apenas um zero?
b) Se o discriminante da função é maior do que zero, o que pode ocorrer com os zeros da função e a parábola correspondente?

Como encontrar o vértice de uma parábola

O vértice da parábola é o ponto de intersecção desta com seu eixo de simetria. De acordo com a concavidade da parábola correspondente a uma função quadrática dada por $f(x) = ax^2 + bx + c$, podemos ter duas situações:

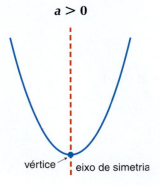
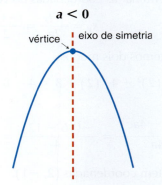

O vértice $V(x_V, y_V)$ é um ponto importante na construção da parábola e no estudo da função quadrática, por isso vamos ver como podemos obter as suas coordenadas.

Vamos analisar o caso em que $a > 0$.

Tomemos dois pontos simétricos da parábola de coordenadas $(x_V - \alpha, y_\alpha)$ e $(x_V + \alpha, y_\alpha)$, para $\alpha \neq 0$.

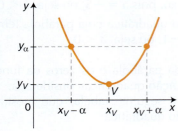

Note que, sendo $f(x) = ax^2 + bx + c$, temos:

$f(x_V - \alpha) = f(x_V + \alpha) = y_\alpha$

$a(x_V - \alpha)^2 + b(x_V - \alpha) + c = a(x_V + \alpha)^2 + b(x_V + \alpha) + c$

$ax_V^2 - 2ax_V\alpha + a\alpha^2 + bx_V - b\alpha + c = ax_V^2 + 2ax_V\alpha + a\alpha^2 + bx_V + b\alpha + c$

$-4ax_V\alpha - 2b\alpha = 0$

$x_V = -\dfrac{2b\alpha}{4a\alpha} = -\dfrac{b}{2a}$

Para achar y_V, basta encontrar $f(x_V)$, ou seja:

$y_V = f(x_V) = f\left(\dfrac{-b}{2a}\right) = a\left(\dfrac{-b}{2a}\right)^2 + b\left(\dfrac{-b}{2a}\right) + c = a \cdot \dfrac{b^2}{4a^2} - \dfrac{b^2}{2a} + c$

$y_V = \dfrac{b^2}{4a} - \dfrac{b^2}{2a} + c = \dfrac{b^2 - 2b^2 + 4ac}{4a} = \dfrac{-b^2 + 4ac}{4a}$

$y_V = \dfrac{-(b^2 - 4ac)}{4a} = \dfrac{-\Delta}{4a}$

Logo, as *coordenadas do vértice* são:

$$x_V = \dfrac{-b}{2a} \text{ e } y_V = \dfrac{-\Delta}{4a}$$

Faça

De modo análogo, determine as coordenadas do vértice para o caso em que $a < 0$.

Você deve encontrar os mesmos valores.

Observação

Embora tenhamos uma fórmula para o y_V, sempre podemos determinar seu valor substituindo o x_V na lei da função, pois $y_V = f(x_V)$. Veja o exemplo a seguir.

O vértice da parábola correspondente à função f de domínio real dada por $f(x) = x^2 - 4x + 3$ é o ponto V. Vamos determinar as coordenadas do vértice:

$$x_V = \dfrac{-b}{2a} = \dfrac{-(-4)}{2 \cdot 1} = 2$$

Para achar o y_V, temos dois modos:

① $y_V = f(x_V) = f(2) = (2)^2 - 4 \cdot (2) + 3 = 4 - 8 + 3 = 7 - 8 = -1$

ou

② $y_V = \dfrac{-\Delta}{4a} = \dfrac{-(b^2 - 4ac)}{4a} = \dfrac{-(16 - 12)}{4} = \dfrac{-4}{4} = -1$

Logo, o ponto V tem coordenadas $(2, -1)$.

EXERCÍCIOS RESOLVIDOS

ER. 7 Determine o vértice da parábola correspondente à função dada por:
$$f(x) = -x^2 + 6x - 5$$

Resolução: Primeiro, determinamos a abscissa do vértice:

$$x_V = \frac{-b}{2a} = \frac{-6}{2 \cdot (-1)} = \frac{-6}{-2} = 3$$

Em seguida, para encontrar a ordenada do vértice, basta substituir o valor encontrado para o x_V na lei da função:

$$f(x) = -x^2 + 6x - 5 \Rightarrow f(x_V) = -3^2 + 6 \cdot 3 - 5 \Rightarrow$$
$$\Rightarrow y_V = -9 + 18 - 5 = 4$$

Logo, o vértice é o ponto (3, 4).

ER. 8 Determine os valores de m para que a parábola correspondente à função
$$f(x) = (2m - 3)x^2 - 4x + 2$$
tenha a concavidade voltada para cima.

Resolução: Para que a concavidade seja voltada para cima, devemos ter $a > 0$.

Como $a = 2m - 3$, vem:

$$2m - 3 > 0 \Rightarrow 2m > 3 \Rightarrow m > \frac{3}{2}$$

Logo, a parábola tem concavidade voltada para cima para $m > \frac{3}{2}$.

ER. 9 Considere a função quadrática dada por
$$g(x) = x^2 - 4,$$
com $D(g) = \mathbb{R}$.

a) Faça um esboço do gráfico dessa função.
b) Existe um maior valor para as imagens y pela função g? E existe um menor valor para essas imagens?
c) Determine a maior ou a menor imagem y obtida por meio da função g. O que esse valor representa em relação ao gráfico de g?

Resolução:

a) Como g é uma função quadrática com domínio real, seu gráfico é uma parábola. Para fazer o esboço dessa parábola, precisamos determinar os zeros da função e a concavidade da parábola. Daí:

$$x^2 - 4 = 0 \Rightarrow x = \pm\sqrt{4} \Rightarrow x = \pm 2$$

Logo, -2 e 2 são os zeros da função.

Como $a = 1$ e, portanto, $a > 0$, a parábola tem concavidade voltada para cima. Logo, o esboço do gráfico fica conforme se vê abaixo.

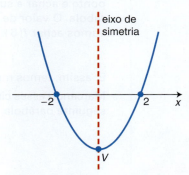

b) Observando o esboço do gráfico, notamos que a função g tem um menor valor para a imagem, mas não tem um maior valor. Esse menor valor corresponde à imagem do x_V, ou seja, é o y_V.

c) Para achar a menor imagem (que é y_V) obtida por g, podemos usar a fórmula:

$$y_V = \frac{-\Delta}{4a} = \frac{-(b^2 - 4ac)}{4a} = \frac{-[0^2 - 4 \cdot 1 \cdot (-4)]}{4 \cdot 1} = \frac{-[16]}{4} = -4$$

Logo, a menor imagem obtida por g é o -4. Esse valor é a ordenada do vértice da parábola.

Função quadrática **171**

ER. 10 Construa as parábolas correspondentes às funções dadas abaixo, de domínio real, escolhendo cinco pontos convenientes.
a) $f(x) = -x^2 + 6x - 5$
b) $g(x) = 2x^2 - 2x + 1$
c) $h(x) = x^2 - 6x + 9$

Resolução:

a) O vértice e os pontos em que o gráfico intercepta os eixos (se existirem) são os primeiros pontos que devemos determinar.
Em $f(x) = -x^2 + 6x - 5$, temos $a = -1$, $b = 6$ e $c = -5$. Assim:

$$x_V = \frac{-b}{2a} = \frac{-6}{2 \cdot (-1)} = 3 \text{ e}$$

$$y_V = -(3)^2 + 6 \cdot (3) - 5 = 4$$

Então, o vértice da parábola é $(3, 4)$.

Quando $y = 0$, a parábola intercepta o eixo x nos pontos cujas abscissas são os zeros da função.

$$-x^2 + 6x - 5 = 0$$

$$x = \frac{-6 \pm \sqrt{6^2 - 4 \cdot (-1) \cdot (-5)}}{2 \cdot (-1)}$$

$$x = \frac{-6 \pm \sqrt{16}}{2 \cdot (-1)}$$

$$x = \frac{-2}{-2} \text{ ou } x = \frac{-10}{-2}$$

$$x = 1 \text{ ou } x = 5$$

Logo, 1 e 5 são os zeros da função e a parábola intercepta o eixo x nos pontos $(1, 0)$ e $(5, 0)$.

Quando $x = 0$, a parábola intercepta o eixo y.

$$f(x) = -x^2 + 6x - 5 \Rightarrow y = f(0) = -0^2 + 6 \cdot 0 - 5 = -5$$

Assim, a parábola cruza o eixo y no ponto $(0, -5)$.

Com isso, obtemos os pontos $(3, 4)$, $(1, 0)$, $(5, 0)$ e $(0, -5)$ que pertencem à parábola. Por meio da simetria, vamos escolher a abscissa do quinto ponto e achar a sua imagem. A reta $x = 3$ é o eixo de simetria dessa parábola. O valor de x simétrico a $x = 0$ em relação a esse eixo é 6. Então, vamos achar $f(6)$:

$$f(6) = -6^2 + 6 \cdot 6 - 5 = -5$$

E, assim, temos mais um ponto da parábola, o $(6, -5)$.

Marcando esses cinco pontos em um plano cartesiano, podemos traçar a seguinte parábola, gráfico da função f:

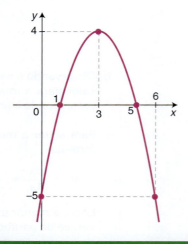

Recorde

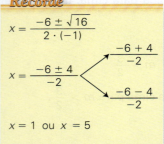

$x = 1$ ou $x = 5$

Atenção!

Observe que $f(6) = f(0)$ e que os valores 0 e 6 para x são simétricos em relação ao eixo de simetria $x = 3$. Isso vale sempre: **valores** de x **simétricos** em relação ao eixo de simetria da parábola têm a **mesma imagem**.

172 MATEMÁTICA — UMA CIÊNCIA PARA A VIDA

b) Em $g(x) = 2x^2 - 2x + 1$, temos $a = 2$, $b = -2$ e $c = 1$.

$$x_V = \frac{-b}{2a} = \frac{-(-2)}{2 \cdot 2} = \frac{1}{2} = 0{,}5$$

$$y_V = 2 \cdot (0{,}5)^2 - 2 \cdot (0{,}5) + 1 = \frac{1}{2} - \frac{2}{2} + 1 = -0{,}5 + 1 = 0{,}5$$

vértice: $(0{,}5;\ 0{,}5)$

$$2x^2 - 2x + 1 = 0$$
$$\Delta = (-2)^2 - 4 \cdot 2 \cdot 1 = 4 - 8 = -4$$

Como Δ é negativo, $\sqrt{\Delta}$ não é um número real, e assim a equação não tem raízes reais. Logo, a função não tem zeros, o que significa que a parábola não tem pontos em comum com o eixo x.

Vamos montar uma tabela e escolher mais alguns valores de x usando a simetria. Em seguida, traçamos o gráfico.

x	$y = g(x) = 2x^2 - 2x + 1$	Pontos
-1	$y = 2 \cdot (-1)^2 - 2 \cdot (-1) + 1 = 5$	$(-1, 5)$
0	$y = 2 \cdot (0)^2 - 2 \cdot (0) + 1 = 1$	$(0, 1)$
$0{,}5$	**vértice**	$(0{,}5;\ 0{,}5)$
1	$y = 1$ pela simetria com 0	$(1, 1)$
2	$y = 5$ pela simetria com -1	$(2, 5)$

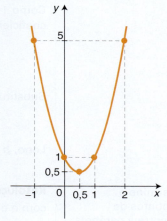

c) Em $h(x) = x^2 - 6x + 9$, temos $a = 1$, $b = -6$ e $c = 9$.

$$x_V = \frac{-b}{2a} = \frac{-(-6)}{2 \cdot 1} = 3$$

$$y_V = (3)^2 - 6 \cdot 3 + 9 = 9 - 18 + 9 = 0$$

vértice: $(3, 0)$

Note que o vértice coincide com um ponto de intersecção do gráfico com o eixo x. Assim, o 3, que é o x_V, já é um zero da função. Vamos verificar se a função tem outro zero:

$$x^2 - 6x + 9 = 0 \Rightarrow (x - 3)^2 = 0 \Rightarrow x - 3 = 0 \Rightarrow x = 3$$

Logo, a função tem um único zero, que é o 3.

Quando a função tem um **único zero**, dizemos que a **parábola** correspondente **tangencia o eixo x**, e o ponto de tangência é o vértice.

Vamos montar uma tabela e escolher mais alguns valores de x usando a simetria. Em seguida, traçamos o gráfico.

x	$y = h(x) = x^2 - 6x + 9$	Pontos
1	$y = 1^2 - 6 \cdot 1 + 9 = 4$	$(1, 4)$
2	$y = 2^2 - 6 \cdot 2 + 9 = 1$	$(2, 1)$
3	**vértice**	$(3, 0)$
4	$y = 1$ pela simetria com 2	$(4, 1)$
5	$y = 4$ pela simetria com 1	$(5, 4)$

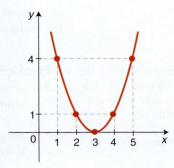

ER. 11 Determine os valores de b, c e y_V para $f(x) = x^2 + bx + c$ de modo que 1 seja um zero da função f e $(4, y_V)$, o vértice da parábola correspondente.

Resolução: Sabemos que $a = 1$ e $x_V = 4$. Daí:

$$x_V = \frac{-b}{2a} = 4 \Rightarrow -b = 8a \Rightarrow -b = 8 \cdot 1 \Rightarrow b = -8$$

Como $x_V = 4$, temos $y_V = f(4)$, ou seja:

$$y_V = f(4) = 4^2 + b \cdot 4 + c \Rightarrow$$
$$\Rightarrow y_V = 16 + 4b + c$$

Substituindo b por -8 na expressão do y_V, obtemos:

$$y_V = 16 + 4 \cdot (-8) + c \Rightarrow$$
$$\Rightarrow y_V = -16 + c$$

Como 1 é um zero da função, temos $f(1) = 0$. Além disso, $f(1)$ é a soma dos coeficientes da lei da função e $b = -8$. Assim:

$$f(1) = 1 + b + c = 0 \Rightarrow b + c = -1 \Rightarrow$$
$$\Rightarrow -8 + c = -1 \Rightarrow c = 7$$

Substituindo c por 7 em $y_V = -16 + c$, vem:

$$y_V = -16 + c \Rightarrow y_V = -16 + 7 \Rightarrow y_V = -9$$

Logo, $b = -8$, $c = 7$ e $y_V = -9$.

ER. 12 Determine o número de pontos de intersecção entre a parábola e o eixo x em cada caso.
a) $f(x) = -2x^2 - x + 1$
b) $f(x) = x^2 - 4x + 4$
c) $f(x) = 3x^2 + 2x + 1$

Resolução: Para determinar o número de pontos de intersecção da parábola com o eixo x, basta calcular o valor do discriminante Δ.

a) $a = -2$, $b = -1$ e $c = 1$

$\Delta = b^2 - 4ac = (-1)^2 - 4 \cdot (-2) \cdot 1 = 1 + 8 = 9 > 0$

Como $\Delta > 0$, a parábola cruza o eixo x em dois pontos.

b) $a = 1$, $b = -4$ e $c = 4$

$\Delta = b^2 - 4ac = (-4)^2 - 4 \cdot 1 \cdot 4 = 16 - 16 = 0$

Como $\Delta = 0$, há um único ponto de intersecção da parábola com o eixo x, ou seja, a parábola tangencia o eixo x.

c) $a = 3$, $b = 2$ e $c = 1$

$\Delta = b^2 - 4ac = 2^2 - 4 \cdot 3 \cdot 1 = 4 - 12 = -8 < 0$

Como $\Delta < 0$, não há intersecção da parábola com o eixo x, ou seja, há zero pontos de intersecção.

ER. 13 Obtenha o ponto de intersecção do eixo y com a parábola correspondente à função definida por $y = x^2 - 4x + 3$, que tem domínio real.

Resolução: Sabemos que, para achar o ponto em que a parábola cruza o eixo y, basta determinar a imagem de $x = 0$ por meio da função dada. No entanto, quando determinamos $f(0)$ em qualquer função quadrática $f(x) = ax^2 + bx + c$, obtemos $f(0) = c$. Ou seja, a ordenada do ponto de intersecção da parábola com o eixo y é o coeficiente do termo independente da variável da função.

Assim, em $f(x) = ax^2 + bx + c$, a parábola cruza o eixo y no ponto $(0, c)$. Dessa forma, em $y = x^2 - 4x + 3$, a parábola cruza o eixo y no ponto $(0, 3)$.

ER. 14 Construa o gráfico das funções dadas a seguir, determine o conjunto imagem de cada uma delas e o menor valor que cada função assume.

a) $f(x) = -x^2 - 1$, com $D(f) = \,]-1, 1]$

b) $g(x) = \begin{cases} x^2, \text{ se } x < 0 \\ -1, \text{ se } x = 0 \\ -x^2 + 1, \text{ se } x > 1 \end{cases}$

Resolução: Repare que as funções dadas não têm domínio real. Vejamos como proceder em cada caso.

a) Observe que a função f é quadrática. Se uma função quadrática tem como domínio um subconjunto de $\mathbb{R}$, distinto dele, seu gráfico é *parte da parábola* que teríamos se $D = \mathbb{R}$. Por isso, procedemos de modo análogo ao que já fizemos anteriormente: tabelamos alguns valores (convenientes) em $\mathbb{R}$ (incluindo os extremos do intervalo do domínio) e traçamos a parte da parábola correspondente ao domínio dado.

Para nortear a escolha dos valores, vamos determinar a concavidade da parábola, os zeros da função e a abscissa do vértice para $y = -x^2 - 1$.

• Como $a = -1 < 0$, a parábola tem concavidade voltada para baixo.

• Como para $-x^2 - 1 = 0$ temos $-1 = x^2$, isso acarreta que essa equação não tem raízes reais e, sendo assim, a função não tem zeros, ou seja, a parábola não tem intersecção com o eixo x.

• $x_V = \dfrac{-b}{2a} = \dfrac{0}{2 \cdot (-1)} = 0$

Tabela auxiliar

x	$y = -x^2 - 1$	Pontos
0	$y = -1$	$(0, -1)$ vértice
-1	$y = -(-1)^2 - 1 = -1 - 1 = -2$	$(-1, -2) \notin$ gráfico de f
1	$y = -2$	$(1, -2)$ pela simetria com -1
$\dfrac{1}{2}$	$y = -\left(\dfrac{1}{2}\right)^2 - 1 = -\dfrac{1}{4} - 1 = -\dfrac{5}{4}$	$\left(\dfrac{1}{2}, -\dfrac{5}{4}\right)$
$-\dfrac{1}{2}$	$y = -\dfrac{5}{4}$	$\left(-\dfrac{1}{2}, -\dfrac{5}{4}\right)$ pela simetria com $\dfrac{1}{2}$

Gráfico de f

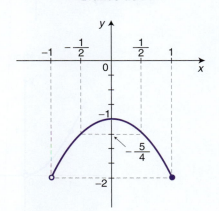

Recorde
Os pontos que não estão no gráfico, mas determinam extremos da parte da parábola que nos dá o gráfico de f, devem ser marcados com bolinha vazia.

Atenção!
Nem sempre a função tem um menor valor (ou um maior valor).

Já vimos que, para determinar o conjunto imagem da função, podemos projetar os pontos do gráfico no eixo das ordenadas. Dessa forma, verificamos que:

$$\text{Im}(f) = \{y \in \mathbb{R} \mid -2 \leq y \leq -1\} = [-2, -1]$$

O menor valor que a função f assume é a menor imagem (ou menor ordenada), que pode ser encontrada observando o gráfico ou o conjunto imagem dessa função, isto é, o menor valor da função f é -2.

Função quadrática **175**

b) Observe que a lei de g é dada por mais de uma sentença. Você já trabalhou com funções desse tipo nos capítulos anteriores. Nesse caso, traçamos a parte do gráfico correspondente a cada sentença como se tivéssemos domínio real, tracejando a parte que não corresponde ao gráfico de g (imagens de valores que não estão no domínio de g). Em seguida, reunimos todas as partes válidas (não tracejadas) em um único gráfico para obter, enfim, o gráfico de g.

Assim, vamos analisar o que acontece com cada sentença para obter os *gráficos auxiliares*.

- Note que para $y = -1$ o gráfico é formado por apenas um ponto, pois está definido apenas para $x = 0$, ou seja, o ponto $(0, -1)$ pertence ao gráfico de g (e por isso é marcado com bolinha cheia).
- Em $y = x^2$, temos que a parábola correspondente tem concavidade voltada para cima, o vértice é o ponto $(0, 0)$, que é a única intersecção com os eixos x e y, e os pontos dessa parábola têm como ordenada o quadrado de sua abscissa.
- Em $y = -x^2 + 1$, podemos verificar que seu gráfico pode ser obtido a partir da parábola dada por $y = x^2$. Note que essa parábola é simétrica à parábola referente à $y = -x^2$ em relação ao eixo x, que por sua vez nos possibilita traçar a parábola desejada referente à $y = -x^2 + 1$. Observe que esta última $\left(y = -x^2 + 1\right)$ é obtida *deslizando* a parábola de $y = -x^2$ (sem mudar sua abertura) *1 unidade para cima* sobre o eixo y. Note que, ao fazer isso, estamos *somando 1 unidade a cada ordenada* obtida por $y = -x^2$, que nos dá a nova ordenada por $y = -x^2 + 1$, correspondente a uma mesma abscissa.

Desse modo, obtemos:

Gráficos auxiliares

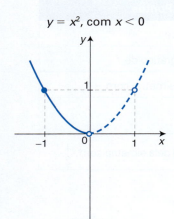
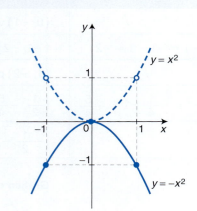
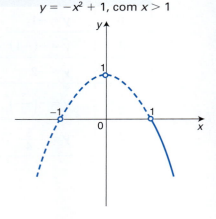

Gráfico de g

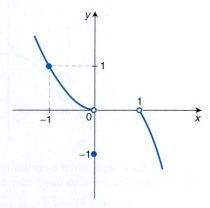

Analisando o gráfico, verificamos que:
- $\text{Im}(g) = \{y \in \mathbb{R} \mid y \neq 0\} = \mathbb{R}^*$
- não há maior valor (nem menor) para essa função.

Exercícios Propostos

22. Obtenha, caso existam, os zeros da função, o vértice, o ponto em que a parábola intercepta o eixo y e a concavidade da parábola em cada uma das funções dadas por:

a) $f(x) = x^2 - 6x + 8$
b) $f(x) = -x^2 - 2x + 3$
c) $f(x) = x^2 - 4x + 2$
d) $f(x) = x^2 - 6x$
e) $f(x) = -x^2 - 4$
f) $f(x) = x^2 + 4x + 4$
g) $f(x) = 4x^2 + 4x + 1$
h) $f(x) = x^2 + 3$

23. Esboce o gráfico de cada uma das funções do exercício anterior, sendo $D = \mathbb{R}$.

24. Determine k para que a função f dada por
$$f(x) = (k - 2)x^2 + 7x + 3$$
tenha a parábola com concavidade voltada para cima.

25. Obtenha m em $f(x) = (2m - 3)x^2 + 3x + 2$ para que a concavidade da parábola correspondente seja voltada para baixo.

26. Encontre k para que o gráfico da função f definida por $f(x) = 2x^2 + 3x + (k + 1)$ intercepte o eixo y em um ponto de ordenada positiva.

27. Determine k em $f(x) = -x^2 + 5x + (k + 3)$ para que o gráfico de f intercepte o eixo y em um ponto de ordenada negativa.

28. Considere uma função f definida por:
$$f(x) = (m - 1)x^2 + 3x + m^2 - 1$$

a) Determine os valores reais de m para que f seja uma função quadrática.
b) Determine m de modo que f seja uma função polinominal do 2.º grau cujo gráfico passe pela origem do sistema cartesiano.

29. Nos gráficos abaixo, determine o sinal (positivo ou negativo ou se o valor é nulo) dos coeficientes a, c e do discriminante Δ em cada caso.

a)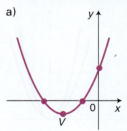

b)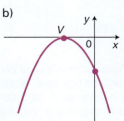

c)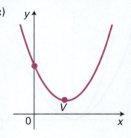

d)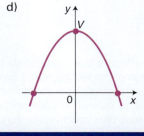

30. Considere os gráficos do exercício anterior e determine o sinal do coeficiente b em cada caso.
Sugestão: Lembre que $x_V = \dfrac{-b}{2a}$.

31. Obtenha os valores de k para que a parábola correspondente à função f seja tangente ao eixo x, sabendo que $f(x) = x^2 + (k + 2)x + 1$.

32. Identifique qual dos gráficos abaixo melhor representa a função dada por:
$$f(x) = ax^2 + bx + c, \text{ com } a > 0 \text{ e } c > 0$$

a)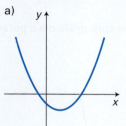

d)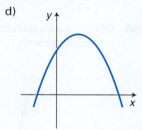

b)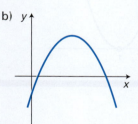

e)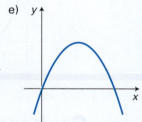

c)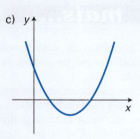

33. Construa o gráfico das funções dadas abaixo:

a) $f: \mathbb{R} \to \mathbb{R}$ tal que $f(x) = \begin{cases} x^2 - x, \text{ se } x \geq 0 \\ x^2 + x, \text{ se } x < 0 \end{cases}$

b) $g: \mathbb{R} \to \mathbb{R}$ tal que $g(x) = \begin{cases} -x^2 + 4x - 3, \text{ se } x \geq 2 \\ 1, \text{ se } x < 2 \end{cases}$

c) $h: \mathbb{R} \to \mathbb{R}$ tal que $h(x) = \begin{cases} x + 2, \text{ se } x > 3 \\ 2, \text{ se } 0 \leq x < 3 \\ x^2, \text{ se } x < 0 \end{cases}$

34. Dadas f e g tais que
$$f(x) = x^2 - 2x + 4 \text{ e } g(x) = x + 2,$$
de domínios reais, resolva a equação $f(x) = g(x)$.

35. Dadas $f(x) = x^2 - 4x + 3$ e $g(x) = -3$, quantas raízes reais a equação $f(x) = g(x)$ possui?

Função quadrática **177**

36. Construa o gráfico da função *f* definida abaixo, em cada caso.
   a) $f: \mathbb{R} \to \mathbb{R}$ tal que $f(x) = x^2 + 4x + 3$
   b) $f: [-4, 1[\to \mathbb{R}$ tal que $f(x) = x^2 + 4x + 3$
   c) $f: \{-4, -3, -2, -1, 0\} \to \mathbb{R}$
      tal que $f(x) = x^2 + 4x + 3$

37. Determine os valores reais de *m* e *n*:
   a) sabendo que $f(x) = x^2 + mx + n$ e que o vértice da parábola correspondente é $(2, 3)$;
   b) sabendo que $f(x) = (m + 1)x^2 - 3x + n$ e que o vértice da parábola correspondente é $(-1, 2)$.

38. Obtenha a lei da função cujo gráfico é a parábola mostrada abaixo.

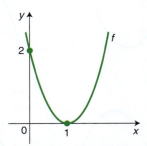

39. [NEGÓCIOS] Uma pesquisa feita por uma operadora de planos de saúde revelou que para cada aumento de 5 reais na mensalidade de seu plano básico, o número de clientes para esse plano diminui de 180. Sabe-se que atualmente a mensalidade do plano básico é 120 reais e o número de clientes é 4.500.

a) Expresse a receita *R*, em reais, em função do número *n* de clientes do plano básico.
b) Determine a quantidade de clientes do plano básico quando a receita dessa categoria for 540.225 reais.
c) Faça o gráfico da função receita obtida no item **a** para $n \in [0, +\infty[$.

Conheça mais...

Você já aprendeu a fazer o gráfico de uma função quadrática e viu como os coeficientes de sua lei são importantes nessa construção.

Escolhendo uma família de parábolas, vamos estudar algumas características mais detalhadamente.

Vamos verificar o que acontece com o gráfico de funções quadráticas da família $f(x) = ax^2$, com $a \neq 0$. Para isso, veja o gráfico da função *h*, sendo $h(x) = x^2$, dado abaixo.

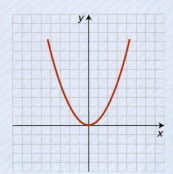

Quando multiplicamos a lei da função *h* por uma constante real *a* não nula, temos uma nova função $f = a \cdot h$ tal que $f(x) = ax^2$, $\forall x \in \mathbb{R}$.

para $0 < a < 1$ para $a > 1$

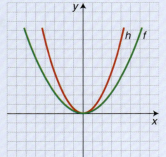 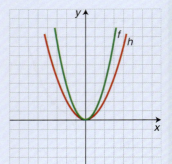

Repare que o gráfico da função *f* obtida é uma parábola *com mesmo vértice*, mas a concavidade fica mais "aberta" ou mais "fechada" de acordo com o valor de *a*. Isso também é válido quando o coeficiente *a* é negativo e as parábolas geradas têm concavidade voltada para baixo.

Somando uma constante real c, não nula, à lei de h, obtemos uma nova família de parábolas, do tipo g = h + c tal que $g(x) = x^2 + c$.

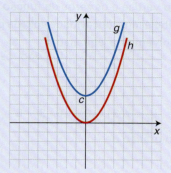

Nesse caso, o gráfico da nova função g é o gráfico da função h *deslocado verticalmente* de uma distância de c unidades. Esse deslocamento é para cima se c é positivo e é para baixo se c é negativo.

Podemos ainda interferir na variável x em $h(x) = x^2$, obtendo outra família de parábolas dadas pela função p tal que $p(x) = (x - k)^2$, com k sendo uma constante real não nula.

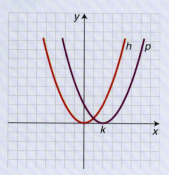

Nesse caso, o gráfico de p é dado pelo gráfico de h *deslocado horizontalmente* de k unidades. Esse deslocamento é para a direita se k é positivo e é para a esquerda se k é negativo.

Observe agora os gráficos de algumas funções das famílias de parábolas que estudamos, partindo sempre do gráfico da função h. Você consegue escrever a lei de cada uma delas?

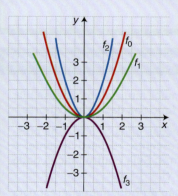

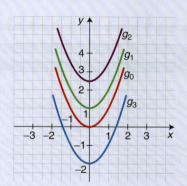

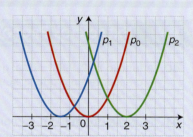

2.2 CRESCIMENTO E DECRESCIMENTO DA FUNÇÃO QUADRÁTICA

Já estudamos o conceito de crescimento (e de decrescimento) de uma função. Em particular, vimos que toda função afim ou é *sempre* crescente, ou é *sempre* decrescente, ou é constante.

Entretanto, para uma função quadrática isso não ocorre, pois podem existir intervalos de seu domínio em que ela é crescente e outros em que ela é decrescente.

Em geral, ter uma noção de como é o gráfico de uma função ajuda a determinar intervalos de crescimento (e de decrescimento) da função.

No caso de uma função quadrática, o sinal do coeficiente do termo em x^2 e a abscissa do vértice são elementos essenciais para se obter o esboço do gráfico.

Acompanhe o exercício resolvido a seguir e veja como procedemos.

Recorde

Se para quaisquer dois valores x_1 e x_2 de um subconjunto do domínio de uma função f ocorrer:

- $x_2 > x_1 \Rightarrow f(x_2) > f(x_1)$
  f é crescente nesse subconjunto;
- $x_2 > x_1 \Rightarrow f(x_2) < f(x_1)$
  f é decrescente nesse subconjunto;
- $f(x_2) = f(x_1)$
  f é constante nesse subconjunto.

Responda

Uma função quadrática pode ser constante?

Função quadrática **179**

Exercício Resolvido

ER. 15 Determine os intervalos do domínio em que f é crescente e em que f é decrescente para a função de $\mathbb{R}$ em $\mathbb{R}$ cuja lei é $f(x) = x^2 - 6x + 5$.

Resolução: Devemos procurar o intervalo mais amplo em que isso ocorre.
Como dissemos, o gráfico, que é uma parábola, vai nos auxiliar. Para obter essa parábola, vamos determinar seu vértice e os zeros da função.

- Como $a = 1$ e, portanto, $a > 0$, a parábola tem concavidade voltada para cima.
- Os zeros são obtidos quando resolvemos a equação $x^2 - 6x + 5 = 0$. Fatorando o 1.º membro, temos: $(x - 1)(x - 5) = 0$. Logo, os zeros de f são 1 e 5.
- Coordenadas do vértice

$$x_V = \frac{-b}{2a} = \frac{-(-6)}{2} = 3 \quad \text{e} \quad y_V = f(3) = 3^2 - 6 \cdot 3 + 5 = -4$$

Assim, podemos fazer um esboço do gráfico de f:

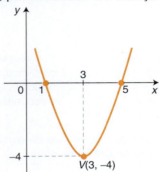

Da análise do gráfico, podemos verificar que:
- para $x \geq 3$, a função é crescente,
- para $x \leq 3$, a função é decrescente.

Logo, a função f é crescente no intervalo $[3, +\infty[$ e é decrescente no intervalo $]-\infty, 3]$.

Responda
Existem três pontos alinhados em alguma parábola?

Exercícios Propostos

40. A função $f: [2, +\infty[\to \mathbb{R}$ tal que $f(x) = 2x^2 + x + 1$ é crescente em todo o seu domínio. Justifique esse fato.

41. [CONTABILIDADE] Um comerciante percebeu que a quantia apurada pelas vendas ao final de cada hora, durante um dia de funcionamento da loja, é dada pela ordenada de pontos de uma parábola que tem a concavidade voltada para baixo. Nesse dia, ele constatou que às 14 horas e às 20 horas a quantia apurada foi de 400 reais. Qual foi o horário com maior faturamento, nesse dia, sabendo que a loja funciona das 10 às 22 horas?

42. Considere duas funções afins, g e h, uma crescente e outra decrescente, respectivamente, e ambas definidas em $\mathbb{R}$. Seja f outra função dada por $f(x) = g(x) \cdot h(x)$.
a) Que tipo de função é f? Justifique a resposta dada.
b) A função h é sempre crescente ou sempre decrescente? Justifique.

Matemática, Ciência & Vida

Ao bater um pênalti por cobertura, a bola executa um movimento parabólico.

A função quadrática é uma ferramenta importante para o estudo dos lançamentos oblíquos. Um exemplo clássico desse tipo de lançamento é o realizado pelos projéteis, como uma bala de canhão.

Mas você também pode ver esse tipo especial de lançamento em alguns esportes com bola, como no saque do vôlei, no arremesso da bola de fora do garrafão em direção à cesta de basquete, no lançamento da bola por cobertura no futebol etc.

Descubra outros esportes em que a bola executa um movimento parabólico, que é descrito por meio de uma função quadrática.

3. Valor Máximo, Valor Mínimo e Conjunto Imagem de uma Função Quadrática

Uma aplicação importante do gráfico de uma função quadrática e, em especial, do vértice da parábola é o cálculo do valor máximo ou mínimo da função e a determinação do conjunto imagem dessa função. Vejamos como isso pode ser feito.

Exercícios Resolvidos

ER.16 Dadas as funções abaixo, construa o gráfico e obtenha o conjunto imagem dessas funções.

a) f de $\mathbb{R}$ em $\mathbb{R}$ tal que $f(x) = x^2 - 2x + 3$
b) g de $\mathbb{R}$ em $\mathbb{R}$ tal que $g(x) = -x^2 - 2x + 3$

Resolução:

a) Em $f(x) = x^2 - 2x + 3$, temos $a = 1$, $b = -2$ e $c = 3$.
Concavidade da parábola: voltada para cima
Zeros da função: não há, pois $\Delta = -8 < 0$ para $x^2 - 2x + 3 = 0$
Intersecção da parábola com o eixo y: $(0, 3)$
Vértice da parábola: $V(1, 2)$, pois $x_V = 1$ e $y_V = 2$

Gráfico da função

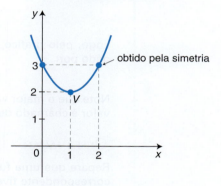

Já vimos que para determinar o conjunto imagem graficamente basta projetar ortogonalmente os pontos da curva sobre o eixo y, conforme se vê ao lado.

Observando o gráfico, podemos verificar, então, que o conjunto imagem da função f é dado por:

$$\text{Im}(f) = \{y \in \mathbb{R} \mid y \geq 2\} = [2, +\infty[$$

Note que o menor valor que a função f pode assumir é 2, que é o y_V. Esse valor é chamado de **valor mínimo** da função.

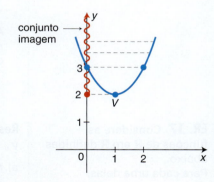

Observação

Repare que uma função quadrática só tem valor mínimo se a parábola correspondente tiver concavidade voltada para cima ($a > 0$). Veja que, nesse caso, temos:

$$y \in \text{Im}(f) \Leftrightarrow y \geq y_V$$

Desse modo, para uma função quadrática de domínio real que tenha *valor mínimo*, podemos determinar seu conjunto imagem, independentemente da construção do gráfico, da seguinte maneira:

$$\text{Im}(f) = \{y \in \mathbb{R} \mid y \geq y_V\}$$

Recorde

Para encontrar os zeros da função, fazemos $g(x) = 0$ e resolvemos a equação obtida:

$-x^2 - 2x + 3 = 0$

$\Delta = (-2)^2 - 4 \cdot (-1) \cdot 3$

$\Delta = 16$

$x = \dfrac{-(-2) \pm \sqrt{16}}{2 \cdot (-1)}$

$x = \dfrac{2 \pm 4}{-2}$

$x = -3$ ou $x = 1$

b) Em $g(x) = -x^2 - 2x + 3$, temos $a = -1$, $b = -2$ e $c = 3$.

Concavidade da parábola: voltada para baixo

Zeros da função: -3 e 1

Intersecção da parábola com o eixo y: $(0, 3)$

Vértice da parábola: $V(-1, 4)$, pois $x_V = -1$ e $y_V = 4$

Gráfico da função

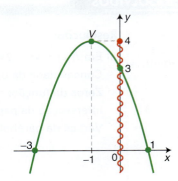

Logo, pelo gráfico, verificamos que o conjunto imagem da função g é dado por:

$$\text{Im}(g) = \{ y \in \mathbb{R} \mid y \leq 4 \} = \,]-\infty, 4]$$

Note que o maior valor que a função g pode assumir é 4, que é o y_V. Esse valor é chamado de **valor máximo** da função.

Observação

Repare que uma função quadrática só tem valor máximo se a parábola correspondente tiver concavidade voltada para baixo ($a < 0$). Veja que, nesse caso, temos:

$$y \in \text{Im}(f) \Leftrightarrow y \leq y_V$$

Assim, para uma função quadrática de domínio real que tenha *valor máximo*, podemos determinar seu conjunto imagem, independentemente da construção do gráfico, da seguinte maneira:

$$\text{Im}(f) = \{ y \in \mathbb{R} \mid y \leq y_V \}$$

ER. 17 Considere as funções de $\mathbb{R}$ em $\mathbb{R}$ definidas abaixo.

Para cada uma delas, sem construir o gráfico:

- determine o conjunto imagem;
- verifique se a função tem valor máximo ou mínimo;
- determine o valor de x para o qual a função assume esse valor máximo ou mínimo.

a) $f(x) = x^2 - 6x + 7$

b) $g(x) = -x^2 + 4x + 2$

Resolução: Conhecendo a concavidade da parábola e a ordenada do vértice y_V, podemos fazer o que se pede.

a) $f(x) = x^2 - 6x + 7$

Como $a = 1$ e, portanto, $a > 0$, a concavidade da parábola é voltada para cima. Dessa forma, a função f assume um valor mínimo, que é o y_V. Assim:

$$y_V = \dfrac{-\Delta}{4a} = \dfrac{-(36 - 28)}{4} = \dfrac{-8}{4} = -2$$

O valor de x para o qual f assume o valor mínimo -2 é o x_V. Daí:

$$x_V = \dfrac{-b}{2a} = \dfrac{-(-6)}{2} = 3$$

- conjunto imagem: $\text{Im}(f) = [-2, +\infty[$
- valor mínimo da função: -2
- x correspondente ao valor mínimo: 3

b) $g(x) = -x^2 + 4x + 2$

Como $a = -1$ e, portanto, $a < 0$, a concavidade da parábola é voltada para baixo. Nesse caso, a função g assume um valor máximo, que é o y_V. Assim:

$$y_V = \frac{-\Delta}{4a} = \frac{-(16 + 8)}{-4} = \frac{-24}{-4} = 6$$

O valor de x para o qual g assume o valor máximo 6 é o x_V. Daí:

$$x_V = \frac{-b}{2a} = \frac{-4}{-2} = 2$$

- conjunto imagem: $\text{Im}(g) = \,]-\infty, 6]$
- valor máximo da função: 6
- x correspondente ao valor máximo: 2

ER.18 Determine o valor real de m para que o valor máximo da função dada por $f(x) = -x^2 + 2x + m$ seja 6.

Resolução: Se a função tem um valor máximo, ele é o y_V, ou seja, $y_{máx.} = y_V$. Também sabemos que o valor de x correspondente a esse valor máximo é o x_V. Assim:

$$x_V = \frac{-b}{2a} = 1$$

$$y_V = y_{máx.} = 6 \Rightarrow f(1) = 6 \Rightarrow -1 + 2 + m = 6 \Rightarrow m = 5$$

ER. 19 Determine k real para que 2 seja o valor de x para o qual a função dada por $f(x) = (k + 2)x^2 - 4x + 3$ assume valor mínimo.

Resolução: Para que a função f tenha um valor mínimo, a parábola correspondente deve ter concavidade voltada para cima, isto é, devemos ter $a > 0$. Então, para que isso ocorra, fazemos $k + 2 > 0$, ou seja, $k > -2$.

Agora, vamos impor a condição $x_V = 2$, achar k e verificar se é um valor maior que -2 (condição para a função ter um valor mínimo).

$$2 = x_V = \frac{4}{2(k+2)} \Rightarrow \frac{4}{2(k+2)} = 2 \Rightarrow 4(k+2) = 4 \Rightarrow$$

$$\Rightarrow 4k + 8 = 4 \Rightarrow 4k = -4 \Rightarrow k = -1 > -2$$

Logo, o valor procurado de k é -1.

ER. 20 [ECONOMIA] Em uma empresa, o custo de produção é dado pela lei $C = n^2 - 10n + C_{fixo}$, em que C representa o custo (em reais) em função da quantidade n de peças produzidas e C_{fixo} é um custo fixo, independentemente do total de peças produzidas. Sabendo que o custo mínimo é de R$ 100,00, determine C_{fixo}.

Resolução: Nesse caso, C (valores que a função assume) representa a variável que depende de n, que é a variável independente. Assim:

$$100 = C_{mín.} = y_V = \frac{-(100 - 4 \cdot 1 \cdot C_{fixo})}{4 \cdot 1}$$

$$100 = \frac{-100 + 4 \cdot C_{fixo}}{4}$$

$$-100 + 4 \cdot C_{fixo} = 400$$

$$4 \cdot C_{fixo} = 500$$

$$C_{fixo} = 125$$

Logo, o custo fixo é R$ 125,00.

Atenção!

Nesse caso, C representa a variável y e n a variável x. No entanto, as notações x_V e y_V não devem ser alteradas, pois significam, respectivamente, a abscissa e a ordenada do vértice, ponto indicado por V.

ER. 21 [ESPORTE] Durante uma partida de basquete, Gustavo faz um lançamento para Paulo. Sabendo que a altura h (em metros) da bola em função do tempo t (em segundos) é dada por $h = -0,2t^2 + 1,8t$, responda:

a) Em que instante a bola toca o solo após o lançamento?
b) Qual a altura máxima que a bola atinge?
c) Em que instante a altura é máxima?

Resolução:

a) Quando a bola toca o solo, a altura é zero. Assim:

$0 = -0,2t^2 + 1,8t \Rightarrow 0,2t(-t+9) = 0 \Rightarrow t = 0$ ou $-t + 9 = 0 \Rightarrow t = 0$ ou $t = 9$

Logo, a bola toca o solo nos instantes 0 e 9 s.

b) altura máxima = $h_{máx.}$

$$h_{máx.} = y_V = \frac{-[(1,8)^2 - 0]}{4 \cdot (-0,2)} = \frac{1,8 \cdot 1,8}{4 \cdot 0,2} = \frac{0,9 \cdot 0,9}{2 \cdot 0,1} = \frac{8,1}{2} = 4,05$$

Logo, a altura máxima atingida é 4,05 m.

c) O instante em que a altura é máxima corresponde ao x_V. Daí:

$$x_V = \frac{-1,8}{2 \cdot (-0,2)} = \frac{18}{4} = \frac{9}{2} = 4,5$$

Logo, a altura é máxima quando $t = 4,5$ s.

ER. 22 [TRABALHO] Fábio recebeu uma encomenda para fazer uma horta retangular encostada na parede de uma casa. Para cercar o local onde a horta será feita, a dona da casa comprou 50 metros de tela. Usando toda essa metragem, ela quer que a área da horta seja a maior possível. Com que dimensões Fábio deve fazer essa horta?

Resolução: Vamos representar a situação vista de cima, por meio de um desenho:

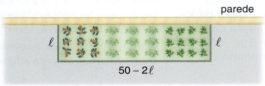

Observando o desenho, podemos encontrar uma expressão que determina a área da horta em função da largura ℓ:

$$A_{horta} = \ell \cdot (50 - 2\ell) = 50\ell - 2\ell^2$$

Note que obtemos uma função quadrática cuja parábola tem concavidade voltada para baixo ($a = -2 < 0$). Sendo assim, essa função assume um valor máximo (área máxima), que corresponde ao y_V da parábola.

$$A_{horta(máx.)} = y_V = \frac{-(50^2 - 0)}{4 \cdot (-2)} = \frac{50 \cdot 50}{4 \cdot 2} = \frac{25 \cdot 25}{2} = \frac{625}{2}$$

Agora, para encontrar o valor de ℓ que nos fornece a área máxima, fazemos assim:

$$A_{horta(máx.)} = 50\ell - 2\ell^2 \Rightarrow \frac{625}{2} = 50\ell - 2\ell^2 \Rightarrow 2\ell^2 - 50\ell + \frac{625}{2} = 0$$

Resolvendo a equação do 2.º grau obtida, encontramos:

$$\ell = \frac{25}{2} = 12,5$$

Daí, vem:

$$50 - 2\ell = 50 - 2 \cdot 12,5 = 50 - 25 = 25$$

Logo, a horta deve ter 12,5 m de largura e 25 m de comprimento.

Exercícios Propostos

43. Determine o conjunto imagem das funções de domínio real dadas abaixo:
a) $f(x) = x^2 + 4x + 1$
b) $f(x) = -x^2 - 6x + 3$
c) $f(x) = 2x^2 + 1$
d) $f(x) = 2x^2 - x$
e) $f(x) = -x^2 + 3x + 1$
f) $f(x) = x^2$
g) $f(x) = -5x^2$

44. Das funções dadas abaixo, com domínio real, identifique as que têm valor máximo e as que têm valor mínimo. Em seguida, obtenha esse valor para cada uma delas.
a) $f(x) = x^2 - 2x + 2$
b) $f(x) = -x^2 + 4x - 5$
c) $f(x) = -2x^2 + 6x$
d) $f(x) = x^2 - 6x + 4$
e) $f(x) = x^2 - 8$
f) $f(x) = -x^2 - x + 3$

45. Obtenha o valor de k para que a função dada por:
a) $f(x) = -x^2 + 4x + k$ tenha valor máximo 1;
b) $f(x) = x^2 - 6x + (k^2 - 1)$ tenha valor mínimo -1;

46. Obtenha o valor de m em $f(x) = 2x^2 + mx - 3$ sabendo que 2 é o valor de x para o qual f assume valor mínimo.

47. [ECONOMIA] O lucro, em reais, de uma empresa é dado por $L(n) = -n^2 + 30n$, com $0 < n < 30$. Nessas condições:
a) faça o gráfico da função L;
b) determine os valores de n para os quais o lucro é crescente;
c) obtenha n para que o lucro seja máximo;
d) determine o lucro máximo.

48. [COTIDIANO] A temperatura ambiente (em °C) em determinada cidade, das 7h às 20h de certo dia, foi definida em função do horário t (em h) por $T(t) = -t^2 + 28t - 160$.
a) Determine o domínio dessa função.
b) Determine em que horários a temperatura foi decrescente.
c) Obtenha o horário em que a temperatura foi máxima.
d) Determine a temperatura máxima.

49. [ECONOMIA] O custo de produção, em reais, de uma mercadoria é dado por $C = n^2 - 20n + k$, em que n é a quantidade de unidades produzidas e k é um valor fixo.
a) Quantas unidades devem ser produzidas para que se tenha custo mínimo?
b) Obtenha o valor de k para que o custo mínimo seja R$ 150,00.

50. Obtenha dois números reais m e n:
a) cuja soma é 10, de modo que o produto entre eles seja máximo;
b) cuja diferença é 6, de modo que o produto entre eles seja mínimo.

51. Sabendo que $a + b = 8$, obtenha o valor máximo do produto $a \cdot b$.

52. [FÍSICA] A altura (em quilômetros) de um foguete em função do tempo (em segundos) é dada por $h(t) = -t^2 + 20t$. Determine a altura máxima que o foguete pode atingir.

53. Dentre todos os retângulos cujo perímetro é 60 cm, determine as dimensões daquele que tem área máxima.

54. Em cada figura, obtenha os valores de x e y para que a área destacada em rosa seja mínima.

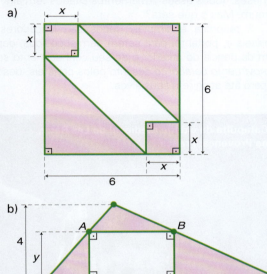

55. [BIOLOGIA] Determinada espécie introduzida em um novo *habitat* tem sua população variando de acordo com a lei $N = -2t^2 + 192t + 800$, em que N é o número de habitantes e t é o tempo decorrido em dias. Considerando que quando tivermos $N = 0$ a espécie estará extinta, responda:
a) A espécie conseguirá se adaptar a esse *habitat*? Se não, em quantos dias ela estará extinta?
b) A população atingirá uma quantidade máxima? Se isso ocorrer, obtenha o tempo necessário e a população máxima.

56. Obtenha o valor máximo da expressão $\dfrac{16}{x^2 + 10}$, para x real.

57. [ARTE] Para seu novo quadro, um pintor resolve fazer primeiro um fundo azul, pintando a superfície de uma tela retangular de dimensões $(12 - x)$ e x, em metros. Qual é o valor máximo, em reais, que o pintor irá gastar em tinta, sabendo que o custo por metro quadrado dessa tinta é de R$ 1,20 e que ele a aplica uma única vez na superfície toda?

58. Determine o valor da constante m para que a expressão $\dfrac{1}{x^2 - 2x + m}$ seja no máximo 3.

Função quadrática **185**

Tecnologia & Desenvolvimento

ARMAMENTOS E PARÁBOLAS

A História está repleta de combates e as armas neles utilizadas foram se modificando com o passar do tempo. Das primeiras atiradeiras, passando pelas catapultas (presentes nas conquistas da Idade Antiga e em combates medievais) e canhões (postados tanto em navios quanto em terra firme), até chegarmos aos aviões e bases lançadoras de mísseis, vários séculos se passaram e muitas descobertas ocorreram, como a da pólvora, pelos chineses. Todos esses armamentos citados têm algo em comum. Mas o que será?

A resposta é simples. Todos são lançadores de projéteis e, portanto, para serem bem-sucedidos, dependem da perícia do atirador e do seu conhecimento sobre o *movimento parabólico* descrito pelos projéteis, desde o disparo até atingirem seus alvos.

No passado, assim como as catapultas, os canhões eram dispostos em locais estratégicos para a defesa do território.

Catapulta da cidade medieval de Les Baux, na Provença, França.

Por esse motivo, os atiradores do passado tinham de ser muito bem treinados. O treinamento incluía estudos sobre movimento parabólico em diferentes inclinações de saída e compensações devido à distância, ação do vento, chuva e outras perturbações.

Como, nos dias de hoje, ainda se utilizam lançadores de projéteis, o conhecimento matemático, mais especificamente ligado às funções quadráticas, que modelam os movimentos parabólicos, é importante para os responsáveis pela defesa de um território.

Observe que o movimento parabólico é consequência da ação da gravidade como força principal atuando sobre o projétil. No entanto, se o projétil tiver um sistema de propulsão própria e guiagem (caso dos foguetes e de alguns

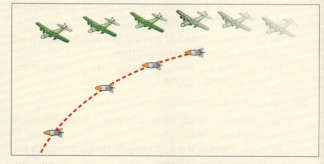

mísseis), seu movimento será determinado pela ação da gravidade em conjunto com esses sistemas, e nesse caso, de modo geral, não será um movimento parabólico.

186 MATEMÁTICA — UMA CIÊNCIA PARA A VIDA

4. Estudo do Sinal da Função Quadrática

Já vimos que estudar o sinal de uma função é determinar para que valores de x do domínio a função é *positiva*, *negativa* ou *nula*.

O estudo do sinal de uma função quadrática é feito graficamente, com o esboço do gráfico dessa função.

Exercícios Resolvidos

ER. 23 Estude o sinal das seguintes funções de domínio real:
a) $f(x) = x^2 - 4x + 3$
b) $f(x) = -x^2 - 2x + 3$
c) $f(x) = x^2 - 4$
d) $f(x) = x^2 - 6x + 9$
e) $f(x) = -x^2 + x - 1$

Atenção!

Para fatorar um trinômio do 2.º grau com $a = 1$, como $x^2 - 4x + 3$, procuramos dois números cuja soma é b (-4) e o produto é c ($+3$). Depois, com esses dois números ($p = -3$ e $q = -1$), escrevemos a forma fatorada:
$$(x + p)(x + q)$$
que no nosso exemplo é:
$$(x - 3)(x - 1)$$

Resolução: Para fazer o esboço do gráfico de uma função quadrática, precisamos determinar a concavidade da parábola e os zeros da função.

a) $f(x) = x^2 - 4x + 3$

Como $a > 0$, a concavidade da parábola é voltada para cima.
$$x^2 - 4x + 3 = 0 \Rightarrow (x - 3)(x - 1) = 0 \Rightarrow x = 3 \text{ ou } x = 1$$

Zeros da função: 1 e 3

Esboço do gráfico:

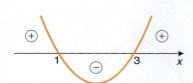

Sinais da função:
$y < 0$ para $1 < x < 3$
$y = 0$ para $x = 1$ ou $x = 3$
$y > 0$ para $x < 1$ ou $x > 3$

b) $f(x) = -x^2 - 2x + 3$

Como $a < 0$, a concavidade da parábola é voltada para baixo.
$$-x^2 - 2x + 3 = 0 \Rightarrow x^2 + 2x - 3 = 0 \Rightarrow (x + 3)(x - 1) = 0 \Rightarrow$$
$$\Rightarrow x = -3 \text{ ou } x = 1$$

Zeros da função: -3 e 1

Esboço do gráfico:

Sinais da função:
$y > 0$ para $-3 < x < 1$
$y = 0$ para $x = -3$ ou $x = 1$
$y < 0$ para $x < -3$ ou $x > 1$

c) $f(x) = x^2 - 4$

Como $a > 0$, a concavidade da parábola é voltada para cima.
$$x^2 - 4 = 0 \Rightarrow x^2 = 4 \Rightarrow x = -2 \text{ ou } x = 2$$

Zeros da função: -2 e 2

Esboço do gráfico:

Sinais da função:
$y < 0$ para $-2 < x < 2$
$y = 0$ para $x = -2$ ou $x = 2$
$y > 0$ para $x < -2$ ou $x > 2$

Função quadrática **187**

d) $f(x) = x^2 - 6x + 9$

Como $a > 0$, a concavidade da parábola é voltada para cima.
$$x^2 - 6x + 9 = 0 \Rightarrow (x - 3)^2 = 0 \Rightarrow x - 3 = 0 \Rightarrow x = 3$$

Zeros da função: 3

Esboço do gráfico:

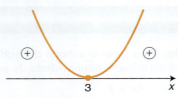

Sinais da função:
$y = 0$ para $x = 3$
$y > 0$ para $x \neq 3$
$y < 0$ para nenhum valor de x

e) $f(x) = -x^2 + x - 1$

Como $a < 0$, a concavidade da parábola é voltada para baixo.
$-x^2 + x - 1 = 0 \Rightarrow \Delta = 1 - 4 = -3 < 0 \Rightarrow$ não há raízes reais

Zeros da função: não há

Esboço do gráfico:

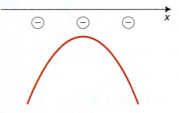

Sinais da função:
$y < 0$ para todo x real
A função é sempre negativa (para nenhum valor de x temos $y = 0$ ou $y > 0$).

ER. 24 Determine o valor de k em
$g(x) = (k - 1)x^2 - kx + \frac{1}{4}k$
para que a função g seja sempre negativa.

Resolução: Para que uma função quadrática seja sempre negativa, a parábola deve ter a concavidade voltada para baixo ($a < 0$) e não ter pontos em comum com o eixo x, isto é, a função não tem zeros ($\Delta < 0$). Assim, devemos impor as duas condições, $a < 0$ e $\Delta < 0$, e determinar k para que isso aconteça.

Em $g(x) = (k - 1)x^2 - kx + \frac{1}{4}k$, temos $a = k - 1$, $b = -k$ e $c = \frac{1}{4}k$.

① $a < 0 \Rightarrow k - 1 < 0 \Rightarrow k < 1$
② $\Delta = b^2 - 4ac < 0$
$(-k)^2 - 4 \cdot (k - 1) \cdot \left(\frac{1}{4}k\right) < 0$
$k^2 - k(k - 1) < 0$
$k^2 - k^2 + k < 0$
$k < 0$

De ① e ②, vem: $\begin{cases} k < 1 \\ e \\ k < 0 \end{cases}$

Assim:

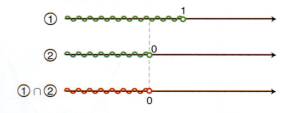

Logo, devemos ter $k < 0$ para que a função g seja sempre negativa.

> **Atenção!**
> Para resolver um sistema de inequações do 1.º grau, fazemos a intersecção das soluções (parciais) de cada inequação.

> **Faça**
> E se quiséssemos $g(x) \geq 0$ para todo x real? Determine k para que isso aconteça.

EXERCÍCIOS PROPOSTOS

59. Estude o sinal das seguintes funções de domínio real:
a) $y = x^2 - 6x + 8$
b) $y = -x^2 + 4x - 3$
c) $y = x^2 - x - 1$
d) $y = x^2 - 2x + 1$
e) $y = -x^2 + 6x - 9$
f) $y = 2x^2 + x + 1$
g) $y = -x^2 + 6x - 3$
h) $y = -x^2 - x$
i) $y = -3x^2$
j) $y = 7x^2 - 49$

60. Determine os valores reais de x para que as funções f e g tenham mesmo sinal, sabendo que $D(f) = D(g) = \mathbb{R}$ e que
$$f(x) = x^2 - x - 6 \text{ e } g(x) = -4x^2 + 4x - 1$$

61. Determine o valor de k em $h(x) = (k-1)x^2 + 1$ para que h seja uma função quadrática não negativa.

62. Determine m (real) em $f(x) = x^2 + 2x + m$ para que se tenha $f(x) > 0$ para todo x real.

63. [ENGENHARIA] Em uma licitação pública para pavimentação de uma região quadrada, a construtora vencedora apresentou o seguinte orçamento: 15 reais por metro quadrado, mais 7,50 reais por metro linear do contorno da região e mais 655 reais de custo de administração. Uma cláusula no contrato, para o caso de a obra não ser concluída no prazo determinado, estipula um desconto fixo de R$ 1.600,00 no pagamento. Determine para quais dimensões dessa região quadrada a construtora terá um faturamento negativo, caso atrase a obra.

5. Resolução de Inequações e Aplicações

Até aqui trabalhamos com inequações do 1.º grau. Ampliando nossos estudos, vamos estudar agora as inequações do 2.º grau e suas aplicações.

5.1 INEQUAÇÕES DO 2.º GRAU

Toda inequação que pode ser escrita na forma de uma desigualdade em que um de seus membros é um polinômio do 2.º grau ($ax^2 + bx + c$, com $a \neq 0$) e o outro membro é zero é denominada **inequação do 2.º grau** (em x).

EXEMPLOS

a) $x^2 - 3x + 9 \geq 0$
b) $0 > -x^2 - 2x$
c) $-x^2 + x + 1 < 0$
d) $-3x^2 + 1 \leq 0$

Para resolver inequações desse tipo, recorreremos ao estudo do sinal de uma função quadrática apropriada e ao esboço do gráfico dessa função.
Acompanhe os exercícios resolvidos a seguir e veja como fazer isso.

EXERCÍCIOS RESOLVIDOS

ER. 25 Resolva, em $\mathbb{R}$, as inequações:
a) $x^2 - 3x + 2 > 0$
b) $x^2 - 3x \leq -2$
c) $6 - 2x \geq x^2 - x$

Recorde

Para fatorar o trinômio
$x^2 - 3x + 2$,
procuramos dois números cuja soma é b (-3) e o produto é c ($+2$), encontrando -2 e -1. Depois, escrevemos a forma fatorada:
$(x - 2)(x - 1)$

Resolução:

a) Para resolver a inequação $x^2 - 3x + 2 > 0$, basta tomar a função dada por $y = x^2 - 3x + 2$ e verificar para que valores reais de x essa função é positiva. Para isso vamos fazer o esboço do gráfico da função e destacar nele os valores procurados da incógnita x.

Como $a = 1$ e, portanto, $a > 0$, a parábola tem concavidade voltada para cima. Para achar os zeros de $y = x^2 - 3x + 2$, resolvemos a equação:

$$x^2 - 3x + 2 = 0$$
$$(x - 2)(x - 1) = 0$$
$$x - 2 = 0 \quad \text{ou} \quad x - 1 = 0$$
$$x = 2 \qquad\qquad x = 1$$

Assim, os zeros da função são 1 e 2.

> **Recorde**
>
> Na representação geométrica dos intervalos na reta real, o extremo marcado com bolinha cheia (●) indica que o número pertence ao intervalo, e o extremo marcado com bolinha vazia (○) indica que o número não pertence ao intervalo.

Note que, nesse caso, os zeros não fazem parte da solução, pois neles a função se anula. Assim, no esboço do gráfico marcamos os zeros com bolinha vazia.

Esboço do gráfico destacando a inequação da inequação:

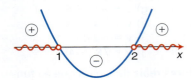

Note que a função é positiva para $x < 1$ ou $x > 2$ (com x real) e esses são os valores de x que satisfazem a inequação dada.

b) Inicialmente, vamos apresentar a inequação $x^2 - 3x \leq -2$ na forma $ax^2 + bx + c \leq 0$, ou seja, $x^2 - 3x + 2 \leq 0$. Em seguida, para resolvê-la, consideremos a função dada por $y = x^2 - 3x + 2$ e verifiquemos para que valores de x essa função é negativa ou nula ($y \leq 0$). Depois, fazemos o esboço do gráfico e destacamos nele os valores procurados de x.

Como $a = 1$ e, portanto, $a > 0$, a parábola tem concavidade voltada para cima. Pelo item **a**, já vimos que os zeros de $y = x^2 - 3x + 2$ são 1 e 2.

Esboço do gráfico destacando a solução da inequação:

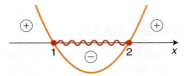

Assim, a função é negativa ou nula para $1 \leq x \leq 2$ (com x real), que é o intervalo dos valores de x que satisfazem a inequação dada.

c) Vamos reduzir a inequação dada a uma forma mais simples:

$$6 - 2x \geq x^2 - x \Rightarrow 6 - 2x - x^2 + x \geq 0 \Rightarrow -x^2 - x + 6 \geq 0$$

Para resolver $-x^2 - x + 6 \geq 0$, consideramos a função $y = -x^2 - x + 6$ e verificamos para que valores reais de x essa função é positiva ou nula. Depois, fazemos o esboço do gráfico e destacamos nele os valores procurados de x.

Como $a = -1$ e, portanto, $a < 0$, a parábola tem concavidade voltada para baixo.

Vamos resolver a equação $-x^2 - x + 6 = 0$ para achar os zeros da função considerada:

$-x^2 - x + 6 = 0 \Rightarrow x^2 + x - 6 = 0 \Rightarrow (x + 3)(x - 2) = 0 \Rightarrow x = -3$ ou $x = 2$

Assim, os zeros da função são -3 e 2.

Esboço do gráfico destacando a solução da inequação:

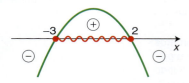

Logo, o intervalo que satisfaz a inequação dada é $-3 \leq x \leq 2$ (com x real), no qual a função é positiva ou nula.

ER. 26 Resolva, em $\mathbb{R}$, o grupo de inequações a seguir e encontre o conjunto solução de cada inequação do grupo.

a) $x^2 - 4x + 4 > 0$
$x^2 - 4x + 4 \geq 0$
$x^2 - 4x + 4 < 0$
$x^2 - 4x + 4 \leq 0$

b) $x^2 + 2x + 2 > 0$
$x^2 + 2x + 2 \geq 0$
$x^2 + 2x + 2 < 0$
$x^2 + 2x + 2 \leq 0$

Recorde

Determinação dos zeros:
$x^2 + 2x + 2 = 0$
$\Delta = 4 - 8 = -4$
Como $\Delta < 0$, a função não tem zeros.

Resolução:

a) Para resolver as inequações desse grupo, vamos considerar a função dada por $y = x^2 - 4x + 4$, que tem 2 como único zero e cuja parábola tem concavidade voltada para cima.

Agora, vamos apresentar o esboço do gráfico e o conjunto solução em cada caso.

Recorde

Determinação dos zeros:
$x^2 - 4x + 4 = 0$
$(x - 2)^2 = 0$
$x - 2 = 0$
$x = 2$

• Para $x^2 - 4x + 4 > 0$, temos:

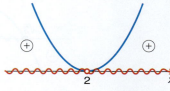

$S = \{x \in \mathbb{R} \mid x \neq 2\} = \mathbb{R} - \{2\}$

• Para $x^2 - 4x + 4 \geq 0$, temos:

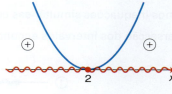

$S = \mathbb{R}$

• Para $x^2 - 4x + 4 < 0$, temos:

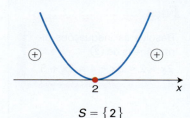

$S = \emptyset$

• Para $x^2 - 4x + 4 \leq 0$, temos:

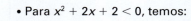

$S = \{2\}$

b) Para resolver as inequações desse grupo, vamos considerar a função dada por $y = x^2 + 2x + 2$, que não tem zeros e cuja parábola tem concavidade voltada para cima.

Então, podemos fazer o esboço do gráfico e determinar o conjunto solução em cada caso.

• Para $x^2 + 2x + 2 > 0$, temos:

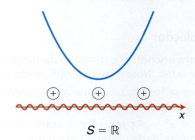
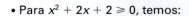

$S = \mathbb{R}$

• Para $x^2 + 2x + 2 < 0$, temos:

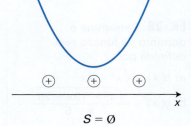

$S = \emptyset$

• Para $x^2 + 2x + 2 \geq 0$, temos:

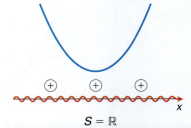

$S = \mathbb{R}$

• Para $x^2 + 2x + 2 \leq 0$, temos:

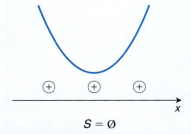

$S = \emptyset$

Função quadrática **191**

ER. 27 Resolva, em $\mathbb{R}$, o sistema de inequações:
$$\begin{cases} -x^2 + 3 \geq 0 \\ 2x + 2 < 3x + 4 < 2x + 5 \end{cases}$$

Resolução: Você já viu que, para resolver um sistema de inequações, trabalhamos com cada uma delas e depois fazemos a intersecção das soluções parciais encontradas, referentes a cada inequação.

① $-x^2 + 3 \geq 0$

Como é uma inequação do 2.º grau, vamos resolvê-la graficamente.

$y = -x^2 + 3$ tem zeros $-\sqrt{3}$ e $\sqrt{3}$ e a parábola correspondente tem concavidade voltada para baixo.

Esboço do gráfico:

Logo, a solução dessa inequação é o intervalo $-\sqrt{3} \leq x \leq \sqrt{3}$.

② $2x + 2 < 3x + 4 < 2x + 5$

Temos inequações simultâneas cuja solução é o intervalo $-2 < x < 1$.

Intersecção dos intervalos encontrados em ① e ②:

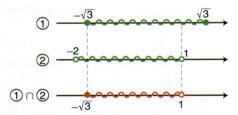

Logo, a solução do sistema dado é o intervalo $\left[-\sqrt{3}, 1\right[$.

Faça

Resolva as inequações simultâneas de ②:
$2x + 2 < 3x + 4 < 2x + 5$

ER. 28 Determine o domínio da função real definida por:

a) $h(x) = \sqrt{x^2 - 4x}$

b) $g(x) = \dfrac{\sqrt{x^2 - 10x + 25}}{x - 5}$

Resolução:

a) Para encontrar o domínio da função, precisamos determinar as restrições devidas. Nesse caso, o radicando $x^2 - 4x$ deve ser positivo ou nulo.

Dessa forma, obtemos a inequação $x^2 - 4x \geq 0$, que pode ser resolvida graficamente.

$y = x^2 - 4x$ tem 0 e 4 como zeros, e a parábola correspondente tem concavidade voltada para cima.

Esboço do gráfico:

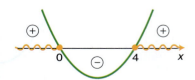

Assim, o domínio da função h é $D(h) = \{x \in \mathbb{R} \mid x \leq 0 \text{ ou } x \geq 4\}$.

b) Em $g(x) = \dfrac{\sqrt{x^2 - 10x + 25}}{x - 5}$ há duas restrições:

$$x^2 - 10x + 25 \geqslant 0 \quad \text{e} \quad x - 5 \neq 0$$

① $x^2 - 10x + 25 \geqslant 0$

$y = x^2 - 10x + 25$ tem 5 como zero, e a parábola correspondente tem concavidade voltada para cima.

Esboço do gráfico:

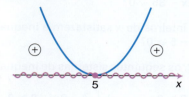

② $x - 5 \neq 0 \Rightarrow x \neq 5$

Intersecção das soluções parciais obtidas em ① e ②:

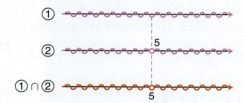

Logo, o domínio da função g é $D(g) = \mathbb{R} - \{5\}$.

ER. 29 Obtenha m em
$$f(x) = x^2 - mx + 9$$
para que:

a) a função f tenha zeros;
b) o gráfico da função f não intercepte o eixo x, isto é, não tenha pontos em comum com esse eixo.

Resolução:

a) Para que a função f tenha zeros (um ou dois), devemos ter $\Delta \geqslant 0$. Assim:

$$\Delta = (-m)^2 - 36 \geqslant 0 \Rightarrow m^2 - 36 \geqslant 0$$

Considere a função dada por $y = m^2 - 36$ cujos zeros são -6 e 6 e cuja parábola tem concavidade voltada para cima.

Esboço do gráfico:

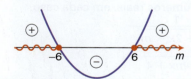

Logo, $m \leqslant -6$ ou $m \geqslant 6$.

b) O gráfico de uma função quadrática não intercepta o eixo x quando essa função não tem zeros (nunca se anula), ou seja, quando $\Delta < 0$. Assim, temos $m^2 - 36 < 0$.

Pelo que já vimos no item **a**, podemos fazer o seguinte esboço do gráfico:

Logo, $-6 < m < 6$.

Atenção!

Note que o intervalo encontrado no item **b** é o complementar daquele obtido no item **a** em relação a $\mathbb{R}$.

Função quadrática **193**

EXERCÍCIOS PROPOSTOS

64. Determine, em $\mathbb{R}$, o conjunto solução de:
a) $x^2 - 4x + 3 > 0$
b) $x^2 - 4x + 3 \leq 0$
c) $-x^2 + 3x - 2 > 0$
d) $-x^2 + 2x + 3 \leq 0$
e) $-x^2 + 6x - 9 \geq 0$
f) $-x^2 - 2x - 1 < 0$
g) $-x^2 + x - 2 \geq 0$
h) $x^2 - 3 \geq 0$
i) $-x^2 + 4x \leq 0$
j) $x^2 + 1 \geq 0$

65. Quantos valores inteiros de x satisfazem a inequação $x^2 - 2x - 35 < 0$?

66. Quais valores inteiros de x satisfazem a inequação $-x^2 + 6x - 5 \geq 0$?

67. Resolva, em $\mathbb{R}$, os seguintes sistemas de inequações:

a) $\begin{cases} x^2 - 6x + 8 \geq 0 \\ -x^2 + 4x - 3 > 0 \end{cases}$

b) $\begin{cases} x^2 - 3x + 2 \geq 0 \\ x^2 - 4 \leq 0 \end{cases}$

c) $\begin{cases} x^2 - 3x + 2 > 0 \\ -x^2 + 4x \leq 0 \end{cases}$

68. Determine o domínio das funções reais definidas abaixo:

a) $f(x) = \sqrt{x^2 - 8x + 12}$

b) $g(x) = \dfrac{1}{\sqrt{x^2 - 7x + 10}}$

c) $h(x) = \dfrac{\sqrt[4]{x^2 + 2x}}{\sqrt{-x^2 + 1}}$

d) $t(x) = \dfrac{1}{\sqrt{x^2 - 2x + 1}}$

69. Determine os valores reais de k para que:
a) a inequação $x^2 - 6x + k > 0$ tenha $S = \mathbb{R}$;
b) a inequação $x^2 + 2x - k \leq 0$ não tenha solução real.

70. Determine m para que a função f seja definida para todos os números reais, em cada caso.

a) $f(x) = \dfrac{1}{\sqrt{x^2 + 2x - m}}$

b) $f(x) = \sqrt{x^2 - mx + 4}$

71. [ECONOMIA] O lucro, em milhares de reais, de uma empresa é dado pela relação $L = n^2 - 6n + 8$, em que n indica o número de peças vendidas. Obtenha a quantidade de peças que devem ser vendidas para se ter um lucro maior que 3 milhares de reais.

72. [COTIDIANO] A temperatura T de um dia, medida em graus Celsius (°C) entre 2h e 22h, foi dada em função de t, em horas, da seguinte forma:

$$T = -\dfrac{t^2}{4} + 6t$$

Durante qual período do dia a temperatura esteve acima de 20 °C?

5.2 INEQUAÇÕES-PRODUTO E INEQUAÇÕES-QUOCIENTE

Recorde

Inequações-produto ou inequações-quociente são inequações dadas pelo produto ou pelo quociente de expressões que determinam a lei de funções.

Você já trabalhou com inequações-produto e inequações-quociente envolvendo funções afins. Agora, vamos estudar inequações desse tipo em que aparecem também funções quadráticas.

Já vimos que para resolver inequações desse tipo devemos considerar cada função envolvida separadamente, estudar o sinal e, a partir daí, obter o sinal do produto ou do quociente pedido.

Acompanhe o exercício resolvido a seguir.

EXERCÍCIO RESOLVIDO

ER. 30 Resolva as inequações em $\mathbb{R}$.

a) $(x^2 - 1)(1 - x) < 0$

b) $\dfrac{x - 7}{x - 3} - (x + 3) \leq 0$

Resolução:

a) Devemos identificar cada função na inequação-produto dada:

$$\underbrace{(x^2 - 1)}_{f(x)} \cdot \underbrace{(1 - x)}_{g(x)} < 0$$

Agora, vamos estudar o sinal de cada uma das funções:

- $f(x) = x^2 - 1$

  Concavidade da parábola: voltada para cima

  Zeros: -1 e 1

  Esboço do gráfico:

- $g(x) = 1 - x$

  Função decrescente

  Zero: 1

  Esboço do gráfico:

  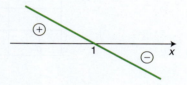

Quadro de sinais (queremos $fg < 0$)

		-1		1	
f		$+$		$-$	$+$
g		$+$		$+$	$-$
fg		$+$		$-$	$-$

Logo, $x > -1$ e $x \neq 1$.

b) Inicialmente, devemos apresentar a inequação contendo apenas produto e quociente de funções:

$$\dfrac{x - 7}{x - 3} - (x + 3) \leq 0 \Rightarrow \dfrac{(x - 7) - (x + 3)(x - 3)}{(x - 3)} \leq 0 \Rightarrow$$

$$\Rightarrow \dfrac{x - 7 - (x^2 - 9)}{x - 3} \leq 0 \Rightarrow \underbrace{\dfrac{-x^2 + x + 2}{x - 3} \leq 0}_{\text{inequação-quociente}}$$

Em seguida, vamos identificar as funções, estudar o sinal de cada uma e fazer o quadro de sinais para obter o conjunto solução dessa inequação-quociente.

$$\dfrac{\overbrace{-x^2 + x + 2}^{f(x)}}{\underbrace{(x - 3)}_{g(x)}} \leq 0$$

- $f(x) = -x^2 + x + 2$

  Concavidade da parábola: voltada para baixo

  Zeros: -1 e 2

  Esboço do gráfico de f:

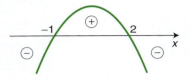

- $g(x) = x - 3$

  Função crescente

  Zero: 3

  Esboço do gráfico de g:

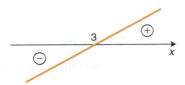

Antes de fazer o quadro de sinais, devemos lembrar que os zeros da função que está no denominador (no caso, a função g) não podem ser considerados na solução da inequação (no caso, o valor 3 deve ser excluído).

Quadro de sinais $\left(\text{queremos } \dfrac{f}{g} \leq 0\right)$

		-1		2		3	
f	$-$		$+$		$-$		$-$
g	$-$		$-$		$-$		$+$
$\dfrac{f}{g}$	$+$		$-$		$+$		$-$

Logo, $-1 \leq x \leq 2$ ou $x > 3$.

Exercícios Propostos

73. Resolva, em $\mathbb{R}$:

a) $(x^2 - 1)(x + 1) < 0$

b) $(-x + 2)(x^2 - 5x + 4) > 0$

c) $\dfrac{x^2 + 2x - 3}{-x + 4} \geq 0$

d) $\dfrac{x^2 - 4}{x} \leq 0$

e) $\dfrac{x^2 - 2}{x} \leq 1$

74. Encontre quantas soluções naturais a inequação $(x^2 - 7x + 10)(x - 1) < 0$ possui.

75. Determine o domínio das seguintes funções reais:

a) $f(x) = \sqrt{(x-1)(x^2 + 16)}$

b) $g(x) = \dfrac{x}{\sqrt{(x-5)(x^2 - 3x + 2)}}$

76. A diferença entre um número real não nulo e seu inverso é negativa. Determine os números reais positivos que satisfazem essa condição.

77. Os gráficos abaixo são de duas funções quadráticas, f e g. Determine o conjunto solução da inequação $f(x) \cdot g(x) < 0$.

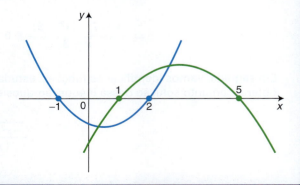

Encare Essa!

1. Prove que, de todos os retângulos de perímetro P, o de maior área é um quadrado. Determine a medida (ℓ) do lado e a área (A) desse quadrado em função de P.

2. Qualquer função quadrática pode ser invertível? Justifique sua resposta.

3. (UFJF – MG – adaptada) Considere a função $f: \mathbb{R} \to \mathbb{R}$ tal que:

$$f(x) = -2x^2 + bx - 6, \text{ onde } b \in \mathbb{R}$$

a) Para quais valores de $b \in \mathbb{R}$ a função f admite pelos menos um zero?

b) Na figura ao lado está representada uma parábola, na qual A, B e C são os pontos de intersecção dela com os eixos coordenados. Sabendo-se que a área do triângulo ABC, destacada, é de 6 unidades, determine o único valor de b para que a função f tenha como gráfico essa parábola.

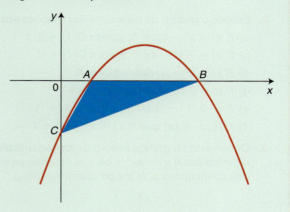

História & Matemática

Como você já viu, o nome da função quadrática tem ligação com a noção de "quadrado". Assim, o termo x^2 que aparece na lei da função quadrática é denominado *quadrado* em Álgebra, pois corresponde à área de uma região quadrada de lado x.

A reconstrução histórica da ideia de função quadrática leva a buscar as origens do conceito de equação do 2.º grau, cuja ideia remonta ao início do segundo milênio antes de Cristo, na cultura babilônia, onde há registros de resolução de problemas envolvendo o que seria hoje uma equação do 2.º grau, fazendo uso de radicais.

No decorrer da história, observam-se outros métodos para resolver problemas dessa natureza, como a álgebra geométrica, apresentada pelo matemático grego Euclides em sua obra *Os Elementos* por volta de 300 a.C. Relacionada à origem do termo "quadrático", a álgebra geométrica consiste em estabelecer uma construção geométrica que equivalha a um problema dado, reduzindo-o a um problema geométrico. No que se refere à equação quadrática, esta é reduzida a um problema cuja solução — no caso, um comprimento — represente a raiz de tal equação quadrática.

Até essa época, não havia a noção de equação ou mesmo de função, talvez porque os gregos não tivessem desenvolvido uma Álgebra que possibilitasse uma integração com a Geometria de modo a relacionar uma equação do 2.º grau com uma parábola.

A partir do Renascimento, encontram-se motivações importantes para a conjunção da Álgebra com a Geometria na tentativa de descrever a trajetória de uma bala de canhão ou o movimento de queda livre de um corpo. Tal tentativa contribuiu significativamente para a associação entre parábola e função quadrática, e, consequentemente, entre Álgebra e Geometria, por meio do que hoje chamamos de *Geometria Analítica*. No século XVII, observou-se que uma equação envolvendo duas variáveis poderia ser interpretada como uma relação entre duas incógnitas passíveis de serem relacionadas geometricamente. Nesse sentido, um par de incógnitas satisfazendo a equação pode ser associado a um ponto e, portanto, o conjunto de tais pares relaciona-se a uma curva. Particularmente, tal correspondência associa a parábola a uma função quadrática.

Reflexão e ação

Vivencie agora um pouco da relação entre Álgebra e Geometria estabelecida pelos matemáticos do século XVII. Para isso, crie uma função quadrática e encontre 10 pares de números que satisfaçam a lei dessa função. Localize em um plano de coordenadas os 10 pontos correspondentes a tais pares, interpretando a função quadrática como uma curva. Analise a curva obtida com base nos conceitos aprendidos neste capítulo, tais como zeros, concavidade, valor máximo ou mínimo etc.

O movimento descrito por um paraquedista pode ser modelado por uma função quadrática (antes da abertura do paraquedas).

Função quadrática **197**

Atividades de Revisão

1. Obtenha a lei da função quadrática de domínio real cujo gráfico passa pelos pontos $A(1, 2)$, $B(5, 2)$ e $C(0, 4)$.

2. Esboce o gráfico de cada uma das funções abaixo:
   a) $f(x) = x^2 - 6x + 5$, sendo $D(f) = \mathbb{R}$
   b) $f(x) = -x^2 + 4x - 3$, com $D(f) = \mathbb{R}$
   c) $f(x) = x^2 + x$, definida em $\mathbb{R}$
   d) $f: \mathbb{R} \to \mathbb{R}$ tal que $f(x) = x^2 - x$
   e) $f: [-2, 1] \to \mathbb{R}$ tal que $f(x) = x^2 - 1$
   f) $f: \mathbb{R}_+ \to \mathbb{R}$ tal que $f(x) = x^2 - 2x + 1$

3. Observando o gráfico abaixo da função quadrática definida por $f(x) = ax^2 + bx + c$, obtenha os sinais dos coeficientes a, b, c e do discriminante Δ.

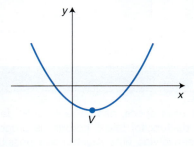

4. Se a função dada por $f(x) = -x^2 + 7x - 11$ tem seus dois zeros no intervalo $[m, n]$, sendo m e n os inteiros mais próximos desses zeros, então quais os valores de m e n?

5. [ECONOMIA] O custo C, em reais, de produção é dado por $C(n) = 10n^2 - 400n + 50.000$, sendo n o número de unidades produzidas. Obtenha n para que o custo seja mínimo.

6. [COTIDIANO] A temperatura ao longo do dia em uma cidade é dada segundo a função
$$f(t) = -\frac{1}{12}t^2 + 2t + A$$
sendo t medido em horas, com $0 \leq t \leq 24$, e $f(t)$ em graus Celsius.
   a) Esse dia é mais quente em que horário?
   b) Obtenha o valor de A para que a temperatura máxima do dia seja 32 °C.

7. [FÍSICA] A figura a seguir representa a trajetória de um projétil disparado, que é descrita por uma função polinomial do 2.º grau. Determine a altura máxima, em metros, atingida por esse projétil.

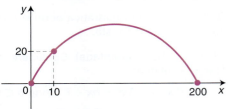

Sugestão: Escreva a lei da função na forma
$$y = a(x - x_1)(x - x_2)$$
com x_1 e x_2 sendo os zeros da função.

8. Considere um triângulo, cuja base mede 15 cm e a altura mede 10 cm, e um retângulo inscrito nesse triângulo de base medindo x cm, conforme a figura:

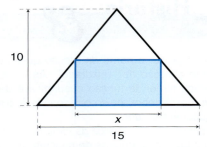

   a) Ache a área A do retângulo em função de x.
   b) Determine o domínio da função obtida.
   c) Obtenha x para que a área seja máxima.
   d) Qual é o maior valor possível para a área desse retângulo?

9. [ECONOMIA] A quantidade y de pares de sapatos que uma loja vende varia com relação ao preço x, em reais, de acordo com a função $y = 200 - x$. Obtenha o preço do par de sapatos para que a receita (quantidade de pares vendidos vezes preço unitário) seja máxima.

10. Obtenha o valor máximo da área hachurada na figura abaixo.

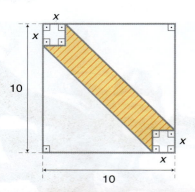

11. [ECONOMIA] O custo total em uma fábrica de móveis coloniais é dado pela função
$$C(x) = -3x^2 + 12x + 2.000$$
em que C representa o custo e x, o número de unidades produzidas. A empresa pode produzir mensalmente, no máximo, 10 unidades. Qual é o custo máximo que essa empresa pode ter?

12. [COTIDIANO] Os organizadores de uma festa notaram que 300 pessoas vão à festa com ingresso a R$ 9,00 e que para cada redução de 1 real no preço dos ingressos mais 100 pessoas vão a essa mesma festa. Nessas condições, qual deve ser o preço do ingresso para que a receita seja máxima?

13. Encontre os valores reais de k para que se tenha $x^2 - 3x + k > 0$ para todo x real.

14. Obtenha os valores reais de k para os quais a função dada por $f(x) = \dfrac{1}{\sqrt{x^2 - 10x + k}}$ está definida para todo x real.

15. Obtenha os valores reais de k para que o conjunto imagem da função definida por $f(x) = x^2 - kx + 10$ seja $\text{Im}(f) = [4, +\infty[$.

16. [COTIDIANO] Uma escada de 5 metros está encostada em duas paredes conforme a figura abaixo.

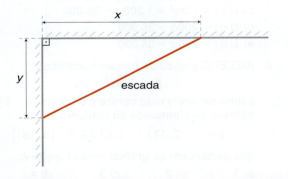

a) Obtenha, em função da medida x, o valor da medida y.
b) Qual é o domínio da função formada?

17. Para quais valores reais de m o gráfico da função quadrática definida por
$$f(x) = x^2 - mx + (m - 1)$$
possui 2 pontos de intersecção com o eixo x?

18. Para quais valores reais de k o gráfico da função
$$f(x) = 2x^2 + kx + 18$$
não intercepta o eixo das abscissas?

19. Obtenha a soma de todos os valores inteiros de k para os quais o valor mínimo da função dada por
$$f(x) = x^2 + (k^2 - k - 6)$$
é negativo.

20. Resolva, em $\mathbb{R}$, cada uma das inequações abaixo:
a) $x^2 - 5x + 4 \geq 0$
b) $(x - 3)^2 > x - 3$
c) $x^2 - 2x + 3 \leq 0$
d) $x^2 < 5$
e) $-6 \leq x^2 - 7x \leq 8$

21. Determine o domínio das funções abaixo:
a) $f(x) = \sqrt{x^2 - 8x + 7}$
b) $f(x) = \sqrt{x^2 - 9} + \sqrt{-x^2 + 5x - 4}$
c) $f(x) = \sqrt{2x^2 - 3x + 1} + \dfrac{\pi}{\sqrt{7 - x}}$

22. Resolva, em $\mathbb{R}$, cada uma das inequações.
a) $(x - 1)(1 - x^2) < 0$
b) $x^3 > x$
c) $\dfrac{x^2 - 3x + 2}{x^2 - 4x + 3} \geq 0$

23. Encontre o domínio das funções a seguir.
a) $f(x) = \sqrt{\dfrac{x^2 - 3x + 2}{x - 5}}$
b) $f(x) = \dfrac{\sqrt{x^2 - 3x + 2}}{\sqrt{x - 5}}$

24. Considere as funções dadas por:
$$f(x) = x^2 - 6x - 7$$
$$g(x) = x - 3 \text{ e}$$
$$h(x) = x^2 - 10x + 21$$
Encontre o conjunto solução da inequação:
$$\dfrac{f(x) \cdot g(x)}{h(x)} \geq 0$$

25. Considerando as funções dadas por
$$f(x) = 2x^2 + mx + 5 \text{ e } g(x) = 3$$
obtenha os valores reais de m para os quais os gráficos de f e g não se interceptam.

Questões Propostas de Vestibular

1. (Unifesp) A tabela mostra a distância s em centímetros que uma bola percorre descendo por um plano inclinado em t segundos.

t	0	1	2	3	4
s	0	32	128	288	512

   A distância s é função de t dada pela expressão $s(t) = at^2 + bt + c$, onde a, b e c são constantes. A distância s em centímetros, quando t = 2,5 segundos, é igual a:
   a) 248
   b) 228
   c) 208
   d) 200
   e) 19

2. (Unesp) O desenvolvimento da gestação de uma determinada criança, que nasceu com 40 semanas, 50,6 cm de altura e com 3.446 gramas de massa, foi modelado, a partir da 20.ª semana, aproximadamente, pelas funções matemáticas $h(t) = 1,5t - 9,4$ e $p(t) = 3,8t^2 - 72t + 246$, onde t indica o tempo em semanas, com $t \geq 20$, $h(t)$ a altura em centímetros e $p(t)$ a massa em gramas. Admitindo o modelo matemático, determine quantos gramas tinha o feto quando sua altura era 35,6 cm.

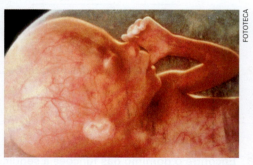

3. (Udesc) A soma das abscissas dos pontos de intersecção dos gráficos das funções
   $f(x) = \dfrac{x^2}{4} - 2x + 4$ e

   $g(x) = \begin{cases} 0, \text{ se } x \leq 0 \\ \dfrac{x}{2}, \text{ se } 0 < x \leq 2 \\ -\dfrac{x}{2} + 2, \text{ se } 2 < x \leq 4 \\ 0, \text{ se } x > 4 \end{cases}$

   é:
   a) −1   b) 4   c) 6   d) 2   e) −2

4. (Unifesp) O gráfico da função $f(x) = ax^2 + bx + c$ (com a, b, c números reais) contém os pontos
   $(-1, -1)$, $(0, -3)$ e $(1, -1)$
   O valor de b é:
   a) −2   b) −1   c) 0   d) 1   e) 2

5. (Unesp) A expressão que define a função quadrática f, cujo gráfico está esboçado a seguir, é:

   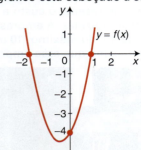

   a) $f(x) = -2x^2 - 2x + 4$
   b) $f(x) = x^2 + 2x - 4$
   c) $f(x) = x^2 + x - 2$
   d) $f(x) = 2x^2 + 2x - 4$
   e) $f(x) = 2x^2 + 2x - 2$

6. (UEL – PR) Para certo produto comercializado, a função receita e a função custo estão representadas a seguir em um mesmo sistema de eixos, onde q indica a quantidade desse produto.

   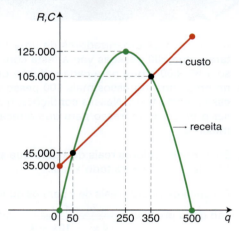

   Com base nessas informações e considerando que a função lucro pode ser obtida por
   $$L(q) = R(q) - C(q)$$
   identifique a alternativa que indica essa função lucro.
   a) $L(q) = -2q^2 + 800q - 35.000$
   b) $L(q) = -2q^2 + 1.000q + 35.000$
   c) $L(q) = -2q^2 + 1.200q - 35.000$
   d) $L(q) = 200q + 35.000$
   e) $L(q) = 200q - 35.000$

7. (UECE) O gráfico da função quadrática
   $$f(x) = ax^2 + bx$$
   é uma parábola cujo vértice é o ponto $(1, -2)$. O número de elementos do conjunto
   $$X = \{(-2, 12), (-1, 6), (3, 8), (4, 16)\}$$
   que pertencem ao gráfico dessa função é:
   a) 1   b) 2   c) 3   d) 4

8. (UEFS – BA – adaptada) O gráfico da função real $f(x) = x^2 - 2$:

a) intercepta o eixo dos y no ponto $(0, 1)$.
b) intercepta o eixo dos y no ponto $(0, -2)$.
c) intercepta o eixo dos y no ponto $(1, 0)$.
d) intercepta o eixo dos y no ponto $(2, 0)$.
e) não intercepta o eixo dos y.

9. (UFRGS – RS) A parábola na figura abaixo tem vértice no ponto $(-1, 3)$ e representa a função quadrática $f(x) = ax^2 + bx + c$.

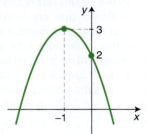

Portanto, $a + b$ é:

a) -3 c) -1 e) 1
b) -2 d) 0

10. (FGV – SP) Na parte sombreada da figura, as extremidades dos segmentos de reta paralelos ao eixo y são pontos das representações gráficas das funções definidas por $f(x) = x^2$ e $g(x) = x + 6$, conforme indicado.

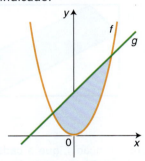

A medida do comprimento do maior desses segmentos localizado na região indicada na figura é:

a) 6   c) 6,5   e) 7
b) 6,25   d) 6,75

11. (UFSC) Um projétil é lançado verticalmente para cima com velocidade inicial de 300 m/s (suponhamos que não haja nenhuma outra força, além da gravidade, agindo sobre ele). A distância d (em metros) do ponto de partida, sua velocidade v (em m/s) no instante t (em segundos, contados a partir do lançamento) e aceleração a (em m/s²) são dadas pelas fórmulas:

$$d = 300t - \frac{1}{2} \cdot 10t^2, \quad v = 300 - 10t, \quad a = -10$$

Identifique a(s) proposição(ões) CORRETA(S).

(01) O projétil atinge o ponto culminante no instante $t = 30$ s.

(02) A velocidade do projétil no ponto culminante é nula.

(04) A aceleração do projétil em qualquer ponto da sua trajetória é $a = -10$ m/s².

(08) O projétil repassa o ponto de partida com velocidade $v = 300$ m/s.

(16) A distância do ponto culminante, medida a partir do ponto de lançamento, é de 4.500 m.

(32) O projétil repassa o ponto de lançamento no instante $t = 60$ s.

Dê como resposta a soma dos números associados às proposições corretas.

12. (FGV – SP – adaptada) Sejam f e g funções quadráticas, com $f(x) = ax^2 + bx + c$. Sabe-se que o gráfico de g é simétrico ao de f em relação ao eixo y, como mostra a figura.

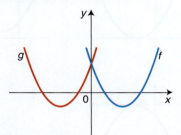

Os pontos P e Q localizam-se nos maiores zeros das funções f e g, respectivamente, e R é o ponto de intersecção dos gráficos de f e g com o eixo y. Portanto, a área do triângulo PQR, em função dos parâmetros a, b e c da função f, é:

a) $\dfrac{(a - b) \cdot c}{2}$ d) $\dfrac{-b \cdot c}{2 \cdot a}$

b) $\dfrac{(a + b) \cdot c}{2}$ e) $\dfrac{c^2}{2 \cdot a}$

c) $\dfrac{a \cdot b \cdot c}{2}$

13. (UFBA – adaptada) Com base nos conhecimentos sobre funções, é correto afirmar:

(04) Se a função quadrática $n(x) = ax^2 + bx + c$ é par, então $b = 0$.

(08) Se a figura representa um esboço do gráfico da função quadrática $r(x) = ax^2 + bx + c$, então b é um número real negativo.

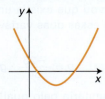

(16) Se a função quadrática $h(x) = ax^2 + 4x + c$ admite valor máximo 1 no ponto de abscissa -2, então $c - a = 4$.

Dê como resposta a soma dos números associados às proposições corretas.

14. (Unesp) Considere a função $f(x) = \dfrac{1}{4a}x^2 + x + a$, onde a é um número real não nulo. Identifique a alternativa cuja parábola poderia ser o gráfico dessa função:

a)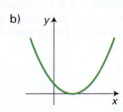

d)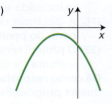

b)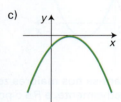

e)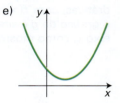

c)

15. (UEPB – adaptada) Sabendo que o gráfico da função $f(x) = ax^2 + bx + 1$ tangencia o eixo OX em um único ponto, de abscissa $x_0 = 3$, o valor de $a + b$ é igual a:

a) $-\dfrac{2}{9}$

d) $-\dfrac{1}{3}$

b) $-\dfrac{9}{27}$

e) $-\dfrac{1}{27}$

c) $-\dfrac{5}{9}$

16. (Unesp) A proprietária de uma banca de artesanatos registrou, ao longo de dois meses de trabalho, a quantidade diária de guardanapos bordados vendidos (g) e o preço unitário de venda praticado (p). Analisando os dados registrados, ela observou que existia uma relação quantitativa entre essas duas variáveis, a qual era dada pela lei:

$$p = \dfrac{-25}{64} \cdot g + \dfrac{25}{2}$$

O preço unitário pelo qual deve ser vendido o guardanapo bordado, para que a receita diária da proprietária seja máxima, é de:

a) R$ 12,50
b) R$ 9,75
c) R$ 6,25
d) R$ 4,25
e) R$ 2,00

17. (PUC – MG) O número N de atletas classificados para a disputa de certa prova final pode ser calculado por meio da equação $N = -x^2 + 5x - 1$. Observando-se que N tem de ser um número natural, pode-se afirmar que o maior número de atletas que se classificam para essa prova final é igual a:

a) 2
b) 3
c) 4
d) 5

18. (UFPE) Um fazendeiro queria construir um cercado em forma de um retângulo para criar gado. Como o dinheiro que ele tinha era suficiente para fazer apenas 200 metros de cerca, resolveu aproveitar uma parte reta da cerca do vizinho para economizar e construiu, com apenas 3 lances de cerca, um cercado retangular de área máxima. Qual a área desse cercado?

a) 5.300 m²
b) 5.200 m²
c) 5.100 m²
d) 5.000 m²
e) 4.900 m²

19. (UFRGS – RS) A partir de dois vértices opostos de um retângulo de dimensões 7 e 5, marcam-se quatro pontos que distam x de cada um desses vértices. Ligando-se esses pontos, como indicado na figura a seguir, obtém-se um paralelogramo P.

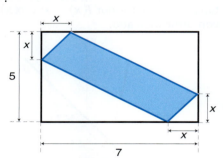

Considere a função f, que a cada x pertencente ao intervalo $]0, 5[$ associa a área $f(x)$ do paralelogramo P. O conjunto imagem da função f é o intervalo:

a) $]0, 10]$
b) $]0, 18[$
c) $]10, 18]$
d) $[0, 10]$
e) $]0, 18]$

20. (Cefet – AL – adaptada) A equação $x^2 - nx + 8 = 0$, na incógnita x, admite raízes reais para os valores reais de n, tais que:

a) $-4\sqrt{2} \leqslant n \leqslant 4\sqrt{2}$
b) $n \geqslant \pm 4\sqrt{2}$
c) $-4\sqrt{2} < n < 4\sqrt{2}$
d) $n < -4\sqrt{2}$ ou $n > 4\sqrt{2}$
e) $n \leqslant -4\sqrt{2}$ ou $n \geqslant 4\sqrt{2}$

21. (Fuvest – SP) A função $f: \mathbb{R} \to \mathbb{R}$ tem como gráfico uma parábola e satisfaz

$$f(x + 1) - f(x) = 6x - 2$$

para todo número real x. Então, o menor valor de $f(x)$ ocorre quando x é igual a:

a) $\dfrac{11}{6}$

b) $\dfrac{7}{6}$

c) $\dfrac{5}{6}$

d) 0

e) $-\dfrac{5}{6}$

22. (UFES) A empresa de turismo VEST-TUR oferece uma viagem para grupos de 30 ou mais pessoas. Em grupos de 30 pessoas, cada indivíduo paga 100 reais. Em grupos com mais de 30 pessoas, todos do grupo recebem um desconto, no preço da viagem, de 1 real por pessoa que excede as 30 iniciais. Com base nessas informações, resolva o que está sendo solicitado em cada item abaixo.

a) Determine a expressão do preço pago por pessoa, em reais, em função do número de pessoas do grupo. Se um grupo de estudantes quiser contratar a viagem da VEST-TUR pagando, no máximo, 60 reais cada um, calcule o número mínimo de estudantes que precisa haver no grupo.

b) Determine a expressão do valor total, em reais, recebido pela empresa, em função do número de pessoas do grupo. Calcule o número de pessoas do grupo que torna esse valor total máximo.

c) Suponha que, para essa viagem, a empresa tenha um custo de R$ 1.400,00, independente do tamanho do grupo, mais R$ 40,00 para cada pessoa do grupo. Calcule o número máximo de pessoas que pode haver no grupo, de modo que o custo que a empresa tenha nessa viagem não ultrapasse o valor total recebido por ela.

23. (UFSM – RS) Uma empresa que elabora material para panfletagem (santinhos) tem um lucro, em reais, que é dado pela lei $L(x) = -x^2 + 10x - 16$, onde x é a quantidade vendida em milhares de unidades. Assim, a quantidade em milhares de unidades que deverá vender para que tenha lucro máximo é:

a) 9
b) 8
c) 7
d) 6
e) 5

24. (UFG – GO) Um supermercado vende 400 pacotes de 5 kg de uma determinada marca de arroz por semana. O preço de cada pacote é R$ 6,00, e o lucro do supermercado, em cada pacote vendido, é de R$ 2,00. Se for dado um desconto de x reais no preço do pacote do arroz, o lucro por pacote terá uma redução de x reais, mas, em compensação, o supermercado aumentará sua venda em $400x$ pacotes por semana. Nessas condições, calcule:

a) o lucro desse supermercado em uma semana, caso o desconto dado seja de R$ 1,00;
b) o preço do pacote do arroz para que o lucro do supermercado seja máximo, no período considerado.

25. (Uespi) Um agricultor tem 140 metros de cerca para construir dois currais: um deles, quadrado, e o outro, retangular, com comprimento igual ao triplo da largura. Se a soma das áreas dos currais deve ser a maior possível, qual a área do curral quadrado?

a) 225 m²
b) 230 m²
c) 235 m²
d) 240 m²
e) 245 m²

26. (UFPE) Quando o preço do sanduíche em uma lanchonete popular é de R$ 2,00 a unidade, são vendidas 180 unidades por dia. Uma pesquisa entre os clientes da lanchonete revelou que a cada aumento de R$ 0,10 no preço do sanduíche, o número de unidades vendidas por dia diminui de 5. Por exemplo, se o preço do sanduíche for de R$ 2,20, o número de unidades vendidas por dia será 170. Ajustando adequadamente o preço do sanduíche, qual o maior valor que a lanchonete poderá arrecadar por dia com a venda dos sanduíches?

a) R$ 380,00
b) R$ 384,00
c) R$ 388,00
d) R$ 392,00
e) R$ 396,00

27. (Unifor – CE) Considere que, em uma pequena indústria, o custo total de produção de certo artigo é de R$ 60,00 por unidade e estima-se que, se cada artigo for vendido pelo preço unitário de x reais, serão vendidas $(100 - x)$ unidades. Nessas condições, para que o fabricante obtenha um lucro máximo, o número de artigos que deverão ser vendidos é:

a) 20
b) 25
c) 40
d) 50
e) 80

28. (UFS – SE) Um restaurante vende 90 kg de comida por dia, quando o preço do kg da comida é de R$ 16,00. Uma pesquisa com os frequentadores do restaurante revelou que, a cada aumento de R$ 1,00 no preço do kg de comida, a quantidade vendida por dia diminuirá de 3 kg; assim, se o preço do kg de comida for R$ 17,00, serão vendidos 87 kg; se o preço for R$ 18,00, serão vendidos 84 kg; e assim por diante.
Escolhendo adequadamente o preço do kg de comida, qual o valor máximo que o restaurante poderá arrecadar por dia com a venda de comida?

a) R$ 1.587,00
b) R$ 1.585,00
c) R$ 1.583,00
d) R$ 1.581,00
e) R$ 1.580,00

Função quadrática **203**

29. (Unifesp) Dado $x > 0$, considere o retângulo de base 4 cm e altura x cm. Seja y, em centímetros quadrados, a área desse retângulo menos a área de um quadrado de lado $\frac{x}{2}$ cm.

a) Obtenha os valores de x para os quais $y > 0$.
b) Obtenha o valor de x para o qual y assume o maior valor possível, e dê o valor máximo de y.

30. (PUC – RJ) Sejam $f(x) = x + \frac{5}{4}$ e $g(x) = 1 - x^2$. Determine:

a) os valores reais de x para os quais $f(x) \geq g(x)$;
b) os valores reais de x para os quais $f(x) \leq g(x)$.

31. (Unifor – CE – adaptada) Seja f uma função quadrática cujos zeros são -4 e 3. Se o gráfico de f intercepta o eixo das ordenadas no ponto $(0, -2)$, então:

a) o conjunto imagem de f é o intervalo $\left[-\frac{49}{24}, +\infty\right[$.
b) f é crescente para todo $x > -2$.
c) f é decrescente para todo $x < 0$.
d) f é positiva para todo $x > 0$.
e) o valor máximo de f é $\frac{7}{8}$.

32. (UFJF – MG) Os valores de x que satisfazem a inequação $\frac{x^2 - 2x - 3}{x - 2} \geq 0$ pertencem a:

a) $[-1, 2[\cup [3, +\infty[$
b) $]-1, 2] \cup [3, +\infty[$
c) $[1, 3]$
d) $[-3, 2[$
e) $[-3, -2] \cup]2, +\infty[$

33. (UFRGS – RS) A função $f(x) = \frac{1 - x^2}{2 - 2x + x^2}$ é positiva se, e somente se, x pertence ao intervalo:

a) $]-1, 1[$
b) $]-1, 1]$
c) $[-1, 1]$
d) $]-\infty, -1[\cup]1, +\infty[$
e) $]-\infty, -1] \cup [1, +\infty[$

34. (UFJF – MG – adaptada) Uma empresa trabalha com placas de publicidade retangulares, de lados medindo $(x + 3)$ e $(2x - 4)$ metros.

a) Determine os valores de x para que a área da placa varie de 12 m² a 28 m².
b) Determine as medidas dos lados da placa de 28 m².

35. (Unifesp) A porcentagem p de bactérias em uma certa cultura sempre decresce em função do número t de segundos em que ela fica exposta à radiação ultravioleta, segundo a relação

$$p(t) = 100 - 15t + 0{,}5t^2$$

a) Considerando que p deve ser uma função decrescente variando de 0 a 100, determine a variação correspondente do tempo t (domínio da função).
b) A cultura não é segura para ser usada se tiver mais de 28% de bactérias. Obtenha o tempo mínimo de exposição que resulta em uma cultura segura.

36. (UEG – GO – adaptada) A Organização Mundial de Saúde utiliza o índice de massa corporal (IMC), que é dado pela fórmula $\text{IMC} = \frac{m}{h^2}$, onde m é a massa em quilogramas e h é a altura em metros do indivíduo, para avaliar se a sua massa está abaixo, normal ou acima da massa corporal ideal. Isso é feito de acordo com a seguinte tabela:

Situação	IMC
abaixo do peso	IMC < 18,5
peso normal	18,5 ≤ IMC < 25
acima do peso	25 ≤ IMC < 30
muito acima do peso ("obeso")	IMC ≥ 30

Observação: Embora não seja a mesma coisa, no cotidiano usa-se "peso" no lugar de massa.

De acordo com tais informações, se uma pessoa com uma massa de 50 quilogramas é avaliada por esse índice como tendo "peso normal", a sua altura, h, em metros, deve estar no intervalo:

a) $1{,}32 \leq h \leq 1{,}64$
b) $1{,}42 \leq h \leq 1{,}74$
c) $1{,}32 \leq h \leq 1{,}74$
d) $1{,}42 \leq h \leq 1{,}64$

37. (UECE) O conjunto $\{x \in \mathbb{R} \mid x \cdot (x + 1)^2 \geq x\}$ é igual a:

a) $\mathbb{R}$
b) $\mathbb{R} - \{-1\}$
c) $[-2, +\infty[$
d) $[1, +\infty[$

38. (UFJF – MG – adaptada) Um pesticida foi ministrado a uma população de insetos para testar sua eficiência. Ao proceder ao controle da variação em função do tempo, em semanas, concluiu-se que o tamanho da população é dado por $f(t) = -10t^2 + 20t + 100$.

a) Determine o intervalo de tempo em que a população de insetos ainda cresce.
b) Na ação do pesticida, existe algum momento em que a população de insetos é igual à população inicial? Quando?
c) A partir de qual semana a população de insetos será exterminada?

39. (UFBA – adaptada) Sendo $f(x) = x^2 + bx + c$ e $g(x) = mx + n$ funções de domínio real cujos gráficos estão representados abaixo, pode-se afirmar:

(01) A imagem de f é: $\left[-\dfrac{1}{2}, +\infty\right[$

(02) $f(-2) = 15$

(04) A solução da inequação $f(x) \leq 3$ é: $[0, 4]$

(08) $g(4) = -1$

(16) $f(g(x)) = x^2 - 2x$

Dê como resposta a soma dos números associados às proposições verdadeiras.

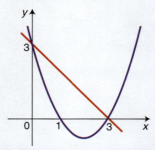

40. (Fatec – SP) Os números reais x e y são tais que:
$$y = \dfrac{2x^2 + 5x - 3}{1 - 5x}$$

Nessas condições, tem-se $y < 0$ se, e somente se, x satisfizer a condição:

a) $-3 < x < -\dfrac{1}{2}$ ou $x > -\dfrac{1}{5}$

b) $-3 < x < \dfrac{1}{2}$ ou $x > \dfrac{1}{5}$

c) $-3 < x < \dfrac{1}{5}$ ou $x > \dfrac{1}{2}$

d) $\dfrac{1}{5} < x < \dfrac{1}{2}$ ou $x > 3$

e) $x < -3$ ou $\dfrac{1}{5} < x < \dfrac{1}{2}$

PROGRAMAS DE AVALIAÇÃO SERIADA

1. (PSIU – UFPI – adaptada) Seja $f: \mathbb{R} \to \mathbb{R}$ a função quadrática $f(x) = ax^2 + bx + c$ cuja parábola correspondente tem concavidade voltada para cima e que possui dois zeros distintos x_1 e x_2.

Admitindo que $-1 < x_1 < 0 < x_2 < 1$, analise as afirmativas abaixo e classifique como V (verdadeira) ou F (falsa).

(1) $a > 0$ (3) $a + c > 0$
(2) $c < 0$ (4) $a - b + c < 0$

2. (PAS – UnB – DF) Um pequeno produtor de maçãs dispõe de um terreno para implementar um pomar e estima que, plantando inicialmente 60 pés de maçã, a produção será de 400 maçãs por pé. Além disso, para cada árvore plantada a mais no mesmo terreno, haverá um decréscimo de 4 maçãs por pé. Nesse contexto, a produção total P é uma função quadrática do número adicional $x \geq 0$ de árvores plantadas, ou seja, $P = P(x) = ax^2 + bx + c$.

Com base nessas informações, julgue os itens a seguir.

(1) O gráfico da função P é parte de uma parábola de concavidade voltada para baixo.

(2) O valor máximo da produção é inferior a 25.000 maçãs, existindo dois valores distintos de x para os quais a produção é nula.

(3) A produção será a mesma se o agricultor plantar 70 ou 90 pés de maçã.

(4) Suponha que a produção de maçãs obtida no terreno, em determinado mês, seja vendida para uma cooperativa e, a partir daí, o produto passe por um atacadista e por um feirante até o consumidor final, e que, em cada etapa, o preço da maçã sofra um acréscimo de 50% em relação à etapa anterior. Nesse caso, o consumidor final pagará por uma maçã um valor superior a 3 vezes o preço da maçã vendida à cooperativa.

3. (PISM – UFJF – MG) Considere a função $f: \mathbb{R} \to \mathbb{R}$, definida por $f(x) = x^2 - 2x + 2$. Pode-se afirmar que:

a) f possui dois zeros reais e distintos.
b) o gráfico de f intercepta o eixo das abscissas em apenas um ponto.
c) o conjunto imagem de f é o intervalo $[1, +\infty[$.
d) o conjunto imagem de f é o intervalo $]-\infty, 2]$.
e) o vértice do gráfico de f é o ponto $(1, 2)$.

4. (PASES – UFV – MG) Um tira-teima exibido por um canal de TV durante a transmissão de um jogo de futebol deixou os telespectadores impressionados com a distância com que um jogador conseguiu encobrir o goleiro adversário.

Sabendo que a trajetória da bola entre o jogador e o gol é descrita por $y = 56x - x^2$ (com x e y em metros), é CORRETO afirmar que a distância do jogador ao gol é:

a) 46 metros   c) 28 metros
b) 56 metros   d) 38 metros

Capítulo 5

Objetivos do Capítulo

▶ Conceituar módulo de um número real.
▶ Estudar as principais propriedades de módulo.
▶ Definir função modular e explorar a construção de seu gráfico a partir de outras funções conhecidas.
▶ Trabalhar com equações e inequações modulares.

FUNÇÃO MODULAR

ESSES INTRIGANTES ESPELHOS

Os espelhos sempre intrigaram a humanidade. Sabe-se que em muitas civilizações eles eram utilizados em rituais pelo assombro que causavam às pessoas quando estas se deparavam com a própria imagem.

Acredita-se que os primeiros espelhos foram feitos de bronze, sem proporcionar uma imagem muito nítida, e surgiram há aproximadamente 5.000 anos, em uma região próxima à atual Bagdá (Iraque). Porém, apenas por volta de 1400 da era cristã é que foram fabricados em Veneza (Itália) os espelhos com a mesma técnica que conhecemos hoje: uma camada de metal aplicada sobre a superfície posterior de um vidro bem liso.

A reflexão de fisionomias e de paisagens já era conhecida na Natureza por meio de seus reflexos nas superfícies de lagos e rios, que funcionam como verdadeiros espelhos, conhecidos como *espelhos d'água*.

Ao olharmos nosso reflexo (ou o de um objeto) em um espelho plano comum, a imagem apresenta-se do mesmo tamanho que o objeto, simétrica, e parece se formar "atrás do espelho" à mesma distância que o objeto está dele. Exatamente como os gráficos das funções modulares, tema deste nosso capítulo.

1. Módulo de um Número Real

Em um pomar, as árvores foram plantadas em fileiras formando linhas paralelas, sendo que em cada linha há um único tipo de fruta e as árvores estão dispostas a uma mesma distância umas das outras (4 metros). Na posição central (de cada fileira), em vez de ser plantada uma árvore frutífera, foi colocado um ponto de coleta, conforme mostra a figura abaixo.

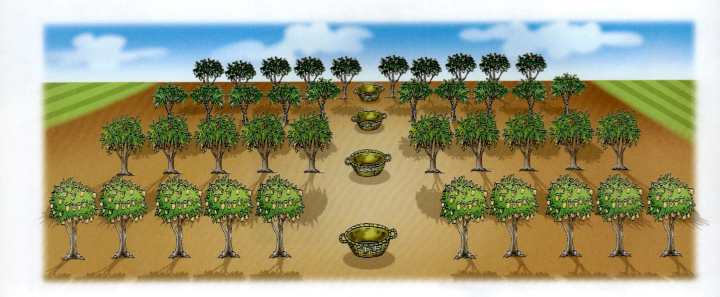

Observando a fileira de laranjeiras, vemos que é possível associar a ela um eixo real, no qual a origem (*O*) é o ponto de coleta, e destacar pontos na posição de cada laranjeira.

Note que, a partir do ponto de coleta, podemos encontrar pares de pontos, um de cada lado, em que estão localizadas laranjeiras a uma mesma distância do ponto de coleta. Veja, por exemplo, a situação a seguir, em que há quatro pessoas para recolher as frutas.

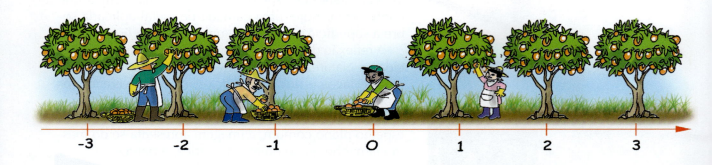

Vamos identificar a *posição* desses colhedores: Enzo está a 4 metros do ponto de coleta (em *A*), Francine está a 8 metros (em *D*), Massao a 4 metros (em *B*) e Severina está no próprio ponto de coleta (em *O*).

Embora Massao e Enzo estejam em pontos distintos da fileira de laranjeiras, a distância de cada um ao ponto de coleta é a mesma, e é indicada por um *valor positivo* (4 metros).

> **Recorde**
>
> **Pontos distintos** são pontos localizados em posições diferentes.

Repare também que a posição de um colhedor pode ser representada por um número negativo (como no caso de Francine e Massao), porém a *distância* é sempre um *número positivo* ou *nulo* (como é o caso da distância de Severina ao ponto de coleta).

Na reta real, a distância de um número ao zero é o **módulo** desse número.

Módulo ou **valor absoluto** de um número real *x* é:
- o próprio *x*, se *x* é positivo ou nulo;
- o oposto de *x*, isto é, −*x*, se *x* é negativo.

Indicamos módulo de *x* por: $|x|$

EXEMPLOS

a) $|-7| = 7$
b) $\left|\dfrac{3}{7}\right| = \dfrac{3}{7}$
c) $|0{,}21| = 0{,}21$
d) $|-\sqrt{2}| = \sqrt{2}$

OBSERVAÇÕES

1. Você já viu que podemos estabelecer uma correspondência biunívoca entre os pontos de uma reta e os números reais, na qual cada ponto da reta corresponde a um único número real e vice-versa. Por isso, dizemos *reta real*.

2. A distância entre dois pontos *A* e *B* é o *módulo da diferença entre os dois números reais* que os representam na reta real. Vamos indicar a distância entre os pontos *A* e *B* por *AB*. Por exemplo, se *A* corresponde ao número −2,5 e *B* ao número −1, a distância entre *A* e *B* é dada por:

$$AB = |-1 - (-2{,}5)| = |-1 + 2{,}5| = |1{,}5| = 1{,}5$$

Atenção!
Como estamos usando módulo, podemos calcular a distância *AB* também deste modo:
$|-2{,}5 - (-1)| = |-2{,}5 + 1| = 1{,}5$

EXERCÍCIOS RESOLVIDOS

ER. 1 Determine o valor de:
a) $|4|$
b) $|-3|$
c) $|\sqrt{2} - 1|$
d) $|2 - \pi|$
e) $||1 - \sqrt{2}| - 1|$

Recorde
O número irracional π é aproximadamente 3,14.

Atenção!
$(\sqrt{2} - 2)$ é negativo.

Resolução:

a) Como $4 > 0$, temos:
$$|4| = 4$$

b) Como $-3 < 0$, temos:
$$|-3| = -(-3) = 3$$

c) Como $\sqrt{2} > 1$, temos $\sqrt{2} - 1 > 0$ e, portanto:
$$|\sqrt{2} - 1| = \sqrt{2} - 1$$

d) Como $2 < \pi$, temos $2 - \pi < 0$ e, portanto:
$$|2 - \pi| = -(2 - \pi) = -2 + \pi = \pi - 2$$

e) Como $1 < \sqrt{2}$, temos $1 - \sqrt{2} < 0$ e, portanto:
$$|1 - \sqrt{2}| = \sqrt{2} - 1$$

Então:
$$||\underbrace{1 - \sqrt{2}}_{\sqrt{2} - 1}| - 1| = |\sqrt{2} - 1 - 1| = |\sqrt{2} - 2| = 2 - \sqrt{2}$$

Função modular

ER. 2 Simplifique as seguintes expressões:

a) $\dfrac{|x-3|}{x-3}$, para $x > 3$

b) $\dfrac{|x-3|}{x-3}$, para $x < 3$

c) $||x-2|-1|$, para $2 < x < 3$

Recorde

Se $x - 3 < 0$, então $|x-3|$ é o oposto de $(x-3)$, que é $-(x-3) = 3 - x$.

Resolução:

a) $x > 3 \Rightarrow x - 3 > 3 - 3 \Rightarrow x - 3 > 0$

Então: $|x-3| = x - 3$

Daí: $\dfrac{|x-3|}{x-3} = \dfrac{(x-3)}{(x-3)} = 1$ (para $x > 3$)

b) $x < 3 \Rightarrow x - 3 < 3 - 3 \Rightarrow x - 3 < 0$

Então: $|x-3| = 3 - x$

Daí: $\dfrac{|x-3|}{x-3} = \dfrac{(3-x)}{(x-3)} = \dfrac{-(x-3)}{(x-3)} = -1$ (para $x < 3$)

c) $2 < x < 3 \Rightarrow 2 - 2 < x - 2 < 3 - 2 \Rightarrow 0 < x - 2 < 1$

Então, como $x - 2$ é positivo, temos $|x-2| = x - 2$.

Assim: $||x-2|-1| = |x-2-1| = |x-3|$

Como $2 < x < 3$, vem:

$2 - 3 < x - 3 < 3 - 3 \Rightarrow -1 < x - 3 < 0 \Rightarrow |x-3| = 3 - x$

Daí: $||x-2|-1| = |x-3| = 3 - x$ para $2 < x < 3$

EXERCÍCIOS PROPOSTOS

1. Determine a distância entre os pontos A e B, em cada caso.

a)

b) A em $-\pi$, B em 5

c) A em $a - 1$, B em $a + 3$

d) A em 0, B em a

e) A em a, B em 0

2. Obtenha o valor de:

a) $E = |\sqrt{3} - 1| + |1 - \sqrt{3}|$

b) $E = |\pi - 3| + |\pi - 4|$

c) $E = ||\sqrt{3} - 1| - 2|$

d) $E = \dfrac{|\sqrt{5} - 2|}{2 - \sqrt{5}} + \dfrac{|2 - \sqrt{5}|}{\sqrt{5} - 2}$

3. Sabendo que $2 < x < 3$, simplifique:

a) $\dfrac{|x-2|}{x-2}$

b) $\dfrac{x-3}{|x-3|}$

1.1 ALGUMAS PROPRIEDADES ENVOLVENDO MÓDULO

Considerando x e y números reais, temos:

- $|x| \geq 0$ (o módulo de um número real nunca é negativo)
- $|x| = 0 \Leftrightarrow x = 0$
- $|x \cdot y| = |x| \cdot |y|$ (o módulo de um produto é o produto dos módulos)

Recorde

O símbolo $\Leftrightarrow$ significa "é equivalente a" ou "se, e somente se".

- $|x|^2 = |x^2| = x^2$ (o quadrado de um módulo é o módulo do quadrado)
- $\left|\dfrac{x}{y}\right| = \dfrac{|x|}{|y|}$, com $y \neq 0$ (o módulo de um quociente é o quociente dos módulos)
- $\sqrt{x^2} = |x|$
- $|x + y| \leq |x| + |y|$

Faça

Prove que:

$|x|^2 = |x^2| = x^2$

EXERCÍCIO RESOLVIDO

ER. 3 Simplifique a expressão

$$E = \dfrac{\sqrt{x^2 - 6x + 9}}{|x - 3|}$$

para x real e $x \neq 3$.

Resolução: Como $x^2 - 6x + 9$ é um trinômio quadrado perfeito, podemos fatorá-lo assim:

$$x^2 - 6x + 9 = (x - 3)^2$$

Dessa forma, a expressão E pode ser escrita do seguinte modo:

$$E = \dfrac{\sqrt{x^2 - 6x + 9}}{|x - 3|} = \dfrac{\sqrt{(x-3)^2}}{|x-3|}$$

Então, aplicando a propriedade de módulo vista anteriormente, sabemos que $\sqrt{(x-3)^2} = |x - 3|$, para todo x real. Logo, para $x \neq 3$, temos:

$$E = \dfrac{\sqrt{x^2 - 6x + 9}}{|x - 3|} = \dfrac{\sqrt{(x-3)^2}}{|x-3|} = \dfrac{|x-3|}{|x-3|} = 1$$

EXERCÍCIOS PROPOSTOS

4. Prove que $|x| = |-x|$, para todo x real.

5. Classifique as igualdades abaixo como verdadeiras ou falsas.
   a) $|5| = 5$
   b) $|-3| = -3$
   c) $|-5| = |5|$
   d) $|-3| = -(-3)$
   e) $\left|\dfrac{-3}{2}\right| = \dfrac{|-3|}{|2|}$
   f) $|x| = x$, com $x \in \mathbb{R}$
   g) $|x^2 + 2| = -x^2 - 2$, com $x \in \mathbb{R}$
   h) $|\pi - 1| = \pi - 1$
   i) $|\pi - 1| = 1 - \pi$
   j) $\sqrt{(-4)^2} = -4$
   k) $\sqrt{(-4)^2} = 4$
   l) $|a + 2| = a + 2$, com $a \in \mathbb{R}$
   m) $|a^2 + 1| = a^2 + 1$, com $a \in \mathbb{R}$

6. Sabendo que $x > 1$, simplifique as expressões:
   a) $E = |x - 1| + |1 - x|$
   b) $E = ||x - 1| + 1|$
   c) $E = \dfrac{|1 - x|}{|x - 1|}$
   d) $E = \sqrt{(1 - x)^2}$

7. Encontre o valor de E para $-1 < x < 2$, em cada caso.
   a) $E = ||x + 1| - 3|$
   b) $E = |||x + 1| - 3| - 3|$

8. O valor da expressão

$$E = \dfrac{\sqrt{(x+2)^2} - \sqrt{(x+5)^2}}{2x + 7}$$

com $-5 \leq x < -2$ e $x \neq -\dfrac{7}{2}$, é um número irracional, inteiro negativo ou nulo?

Função modular **211**

Matemática, Ciência & Vida

No início deste capítulo, vimos alguns exemplos de situações que envolviam a noção de módulo. Mas você deve estar se perguntando qual a aplicação desse conceito, para que nos interessaria ter o módulo de um número, quem faz uso disso etc.

Um exemplo frequente dessa aplicação é em Cinemática. Para caracterizar perfeitamente um movimento, como o de uma bicicleta se deslocando, por exemplo, não basta dizer que ela está a 50 km/h. É preciso também dizer em que direção e sentido ela se movimenta ou, em outras palavras, de onde e para onde ela está indo. Ou seja, precisamos de uma referência com a qual comparar o deslocamento, a velocidade e a aceleração da bicicleta. Em muitos casos, obtemos dados negativos de velocidade, como, por exemplo, −50 km/h.

Você pode imaginar uma bicicleta se movimentando com velocidade negativa, abaixo de zero?! Na verdade, o veículo está se movimentando com uma velocidade de *módulo* igual a 50 km/h e o sinal negativo indica que esse movimento está sendo realizado *em sentido contrário* ao do nosso referencial.

Saber a velocidade com que o atleta pedala a bicicleta não é o bastante para a correta caracterização do movimento. Para isso, precisamos saber seu *módulo*, sua direção e seu sentido.

2. A Função Modular

Você já estudou funções definidas por mais de uma sentença. Um exemplo importante desse tipo de função são aquelas definidas por meio de módulos: as **funções modulares**.

Veja alguns exemplos de funções modulares.

a) f de $\mathbb{R}$ em $\mathbb{R}$ tal que $f(x) = |x|$

Note que a função f é uma função definida por mais de uma sentença:

$$f(x) = |x| = \begin{cases} x, \text{ se } x \geq 0 \\ -x, \text{ se } x < 0 \end{cases}$$

b) g de $\mathbb{R}$ em $\mathbb{R}$ definida por $g(x) = 2 \cdot |x| + 1$

Observe como a função g é dada por duas sentenças.

Como $\begin{cases} \text{para } x \geq 0, \text{ temos } |x| = x \\ \text{para } x < 0, \text{ temos } |x| = -x \end{cases}$

temos: $2 \cdot |x| + 1 = \begin{cases} 2x + 1, \text{ se } x \geq 0 \\ -2x + 1, \text{ se } x < 0 \end{cases}$

Então: $g(x) = 2 \cdot |x| + 1 = \begin{cases} 2x + 1, \text{ se } x \geq 0 \\ -2x + 1, \text{ se } x < 0 \end{cases}$

EXERCÍCIO RESOLVIDO

ER. 4 Determine a lei das funções modulares dadas abaixo usando mais de uma sentença, para $D(f) = \mathbb{R}$.
a) $f(x) = |x + 1| - 2$
b) $f(x) = 2x^2 - |x - 2|$

Resolução:

a) Para $x + 1 \geq 0$, temos $x \geq -1$. Assim:

$|x + 1| = x + 1 \Rightarrow |x + 1| - 2 = x + 1 - 2 \Rightarrow |x + 1| - 2 = x - 1$

Para $x + 1 < 0$, temos $x < -1$. Assim:

$|x + 1| = -(x + 1) \Rightarrow |x + 1| - 2 = -x - 1 - 2 \Rightarrow |x + 1| - 2 = -x - 3$

Então: $f(x) = |x + 1| - 2 = \begin{cases} x - 1, \text{ se } x \geq -1 \\ -x - 3, \text{ se } x < -1 \end{cases}$

b) Para $x - 2 \geq 0$, temos $x \geq 2$. Assim:

$|x - 2| = x - 2 \Rightarrow 2x^2 - |x - 2| = 2x^2 - (x - 2) \Rightarrow$
$\Rightarrow 2x^2 - |x - 2| = 2x^2 - x + 2$

Para $x - 2 < 0$, temos $x < 2$. Assim:

$|x - 2| = 2 - x \Rightarrow 2x^2 - |x - 2| = 2x^2 - (2 - x) \Rightarrow$
$\Rightarrow 2x^2 - |x - 2| = 2x^2 + x - 2$

Então: $f(x) = 2x^2 - |x - 2| = \begin{cases} 2x^2 - x + 2, \text{ se } x \geq 2 \\ 2x^2 + x - 2, \text{ se } x < 2 \end{cases}$

EXERCÍCIOS PROPOSTOS

9. Considere a função modular g dada por $g(x) = 2 - |x^2 + 1|$. Determine o valor máximo que g assume.

10. Mostre que o valor da expressão $E = |x - 1| - |-3 + x|$ é no mínimo -2 e no máximo 2, para todo x real.

2.1 GRÁFICOS DE FUNÇÕES MODULARES

Do mesmo jeito que procedemos com outras funções definidas por mais de uma sentença, para construir o gráfico de uma função modular fazemos o gráfico correspondente a cada sentença e reunimos as partes encontradas.

Acompanhe os exercícios resolvidos e veja a construção de alguns desses gráficos.

Exercícios Resolvidos

ER. 5 Construa os gráficos das funções modulares definidas abaixo.

a) $f: \mathbb{R} \to \mathbb{R}$ tal que
$f(x) = 2 \cdot |x|$

b) $h: \mathbb{R} \to \mathbb{R}$ tal que
$h(x) = |2x| - x^2$

Resolução: Nos dois casos vamos exprimir a lei das funções usando mais de uma sentença.

a) $f(x) = 2 \cdot |x| = |2x| = \begin{cases} 2x, \text{ se } x \geq 0 \\ -2x, \text{ se } x < 0 \end{cases}$ sendo $D(f) = \mathbb{R}$

y = 2x	
x	y
−1	−2
1	2

y = −2x	
x	y
−1	2
1	−2

$f(x) = 2 \cdot |x| = |2x|$	
x	y
para $x \geq 0$	$y = 2x$
para $x < 0$	$y = -2x$

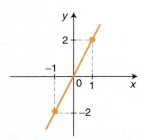
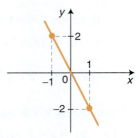
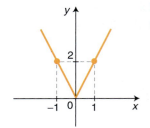

Observe que o gráfico de $f(x) = |2x|$ pode ser conseguido a partir do gráfico de $y = 2x$, tomando-se no lugar da parte em que essa função é negativa, o simétrico em relação ao eixo x, ou seja, *rebatemos* essa parte do gráfico. Veja como:

Atenção!
Usamos o termo *rebater* o gráfico quando pegamos parte dele (ou mesmo todo ele) e a invertemos em relação a um eixo (x ou y).

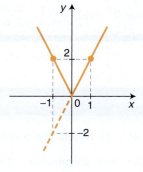

b) $h(x) = |2x| - x^2 = \begin{cases} 2x - x^2, \text{ se } x \geq 0 \\ -2x - x^2, \text{ se } x < 0 \end{cases}$ sendo $D(h) = \mathbb{R}$

Nesse caso, vamos trabalhar com funções quadráticas.

① $y = -x^2 + 2x$

$x_V = \dfrac{-b}{2a} = \dfrac{-2}{-2} = 1$

② $y = -x^2 - 2x$

$x_V = \dfrac{-b}{2a} = \dfrac{-(-2)}{-2} = -1$

Recorde
Na construção de uma parábola, podemos observar a concavidade e obter os seguintes pontos: o vértice e dois pares de pontos com abscissas simétricas em relação ao x_V.

y = −x² + 2x	
x	y
−1	−3
0	0
1	1
2	0
3	−3

y = −x² − 2x	
x	y
−3	−3
−2	0
−1	1
0	0
1	−3

$h(x) = |2x| - x^2$	
x	y
para $x \geq 0$	$y = 2x - x^2$
para $x < 0$	$y = -2x - x^2$

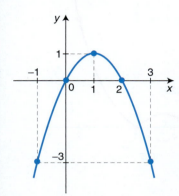
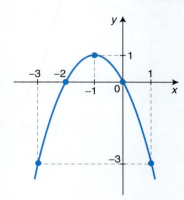
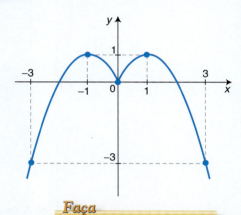

Note que, nesse caso, não podemos obter o gráfico de *h* a partir do rebatimento de qualquer dos gráficos acima. Isso ocorre porque não temos todas as expressões dependentes de *x* em módulo.

Faça

Mostre que

$y = 2 \cdot |x| = |2x|$

para todo *x* real.

ER. 6 Construa o gráfico da função *g* dada por $g: [-1, 1] \to \mathbb{R}$ tal que $g(x) = |x|$ e determine seu conjunto imagem.

Resolução: Temos: $g(x) = |x| = \begin{cases} x, \text{ se } 0 \leq x \leq 1 \\ -x, \text{ se } -1 \leq x < 0 \end{cases}$ sendo $D(g) = [-1, 1]$

Podemos obter o gráfico de *g* diretamente do gráfico de $y = x$, no intervalo $[-1, 1]$, pelo rebatimento da parte correspondente às imagens negativas.

Para determinar o conjunto imagem de *g*, basta projetarmos os pontos de seu gráfico sobre o eixo *y*, conforme já fizemos anteriormente.

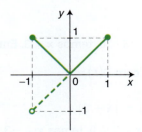
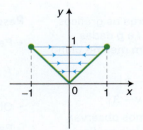

Logo, $\text{Im}(g) = [0, 1]$.

Função modular

ER. 7 Construa o gráfico da função real *f* nos seguintes casos:

a) $f(x) = |x^2 - x|$ com $D(f) = \mathbb{R}$

b) $f(x) = |x^2 - x|$ com $D(f) = \{x \in \mathbb{R} \mid -1 \leqslant x < 2 \text{ e } x \neq 0\}$

Resolução: Observe que nos dois itens temos todas as expressões em módulo, o que nos permite determinar o gráfico de *f* a partir do rebatimento de uma função quadrática.

a) Como $f(x) = |x^2 - x|$, vamos tomar como base o gráfico de $y = x^2 - x$. Para construir a parábola correspondente a $y = x^2 - x$, vamos obter os pontos convenientes.

$x^2 - x = 0 \Rightarrow x(x-1) = 0 \Rightarrow x = 0 \text{ ou } x - 1 = 0 \Rightarrow x = 0 \text{ ou } x = 1$

$x_V = \dfrac{-b}{2a} = \dfrac{-(-1)}{2} = \dfrac{1}{2}$

$y = x^2 - x$	
x	y
−1	2
0	0
$\dfrac{1}{2}$	$-\dfrac{1}{4}$
1	0
2	2

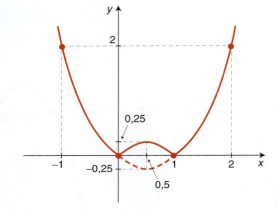

b) A única diferença em relação ao item **a** é o domínio da função. Assim, basta fazer a restrição para o domínio $\{x \in \mathbb{R} \mid -1 \leqslant x < 2 \text{ e } x \neq 0\}$ no gráfico obtido no item **a**.

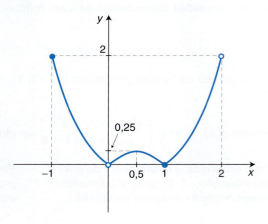

ER. 8 Construa os gráficos das funções *f* e *g* dadas abaixo em um mesmo plano cartesiano.

$f(x) = |x - 3|$

$g(x) = |-x - 3|$

O que podemos observar sobre esses dois gráficos?

Resolução:

• Para $x - 3 \geqslant 0$, temos $x \geqslant 3$ e para $x - 3 < 0$, temos $x < 3$. Então:

$f(x) = |x - 3| = \begin{cases} x - 3, \text{ se } x \geqslant 3 \\ -x + 3, \text{ se } x < 3 \end{cases}$ com $D(f) = \mathbb{R}$

• Observe que: $|-x - 3| = |-(x + 3)| = |x + 3|$

Para $x + 3 \geqslant 0$, temos $x \geqslant -3$ e para $x + 3 < 0$, temos $x < -3$. Então:

$g(x) = |x + 3| = \begin{cases} x + 3, \text{ se } x \geqslant -3 \\ -x - 3, \text{ se } x < -3 \end{cases}$ com $D(g) = \mathbb{R}$

Recorde

As retas
$y = x - 3$ e $y = x + 3$
podem ser obtidas deslizando a reta $y = x$ sobre o eixo y, respectivamente, 3 unidades para baixo e 3 unidades para cima.

Como já fizemos antes, aqui também podemos usar o rebatimento de gráficos. Para a construção do gráfico de cada função, f e g, vamos tomar como base as retas $y = x - 3$ e $y = x + 3$, respectivamente, e fazer o rebatimento das partes com imagens negativas, em relação ao eixo x. Daí, vem:

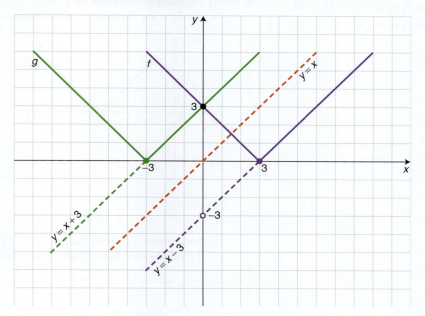

Faça

Explique como podemos obter os gráficos das funções h_1, h_2, h_3 e h_4 a partir do gráfico de $h_0 = |x|$, sendo:
- $h_1 = |x| + 3$
- $h_2 = |x| - 3$
- $h_3 = |x + 3|$
- $h_4 = |x - 3|$

Vejamos algumas características dos gráficos de g e f que podem ser observadas:
- $\text{Im}(g) = \text{Im}(f) = \{x \in \mathbb{R} \mid x \geq 0\} = [0, +\infty[$
- ambos cruzam o eixo y no ponto $(0, 3)$
- a intersecção de cada gráfico com o eixo x se dá em pontos simétricos em relação à origem, nos pontos $(-3, 0)$ e $(3, 0)$
- deslizando o gráfico de g, sobre o eixo x, 6 unidades para a direita, obtemos o gráfico de f

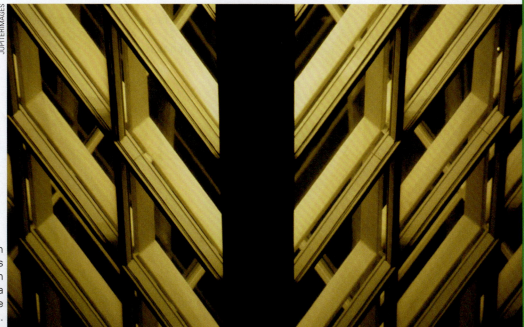

A imagem de molduras por meio de um espelho nos dá a ideia de gráficos de funções modulares.

Função modular **217**

ER. 9 Faça o gráfico e determine o conjunto imagem de cada função real de domínio real.
a) $f(x) = ||x - 2| - 1|$
b) $f(x) = |x - 1| - |x + 1|$

Resolução:

a) Veja como fazemos gráficos de funções auxiliares para construir o gráfico de *f* nesse caso.

① Para obter o gráfico de $y = |x - 2|$ tomamos como base o gráfico de $y = x - 2$ e fazemos o rebatimento das imagens negativas.

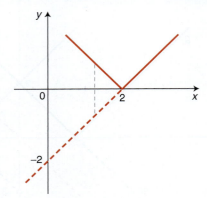

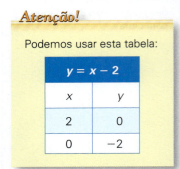

Atenção!

Podemos usar esta tabela:

y = x − 2	
x	y
2	0
0	−2

② Para obter o gráfico de $y = |x - 2| - 1$ basta deslocar verticalmente 1 unidade para baixo (transladar) o gráfico de $y = |x - 2|$, obtido em ①.

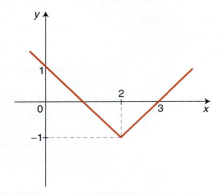

③ Agora, falta apenas fazer o rebatimento das imagens negativas do gráfico de $y = |x - 2| - 1$, obtido em ②. O gráfico obtido dessa forma é o da função *f*, definida por $f(x) = ||x - 2| - 1|$, com $D(f) = \mathbb{R}$.

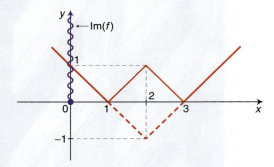

Responda

A função real dada abaixo é injetora?

$f(x) = ||x - 2| - 1|$

Observando o gráfico de *f*, vem: $Im(f) = [0, +\infty[$

b) No caso de $f(x) = |x - 1| - |x + 1|$, vamos exprimir *f* com mais de uma sentença.
 • Para $x - 1 \geq 0$, temos $x \geq 1$ e para $x - 1 < 0$, temos $x < 1$.
 • Para $x + 1 \geq 0$, temos $x \geq -1$ e para $x + 1 < 0$, temos $x < -1$.

Então, vamos estudar o que acontece com a função f nos intervalos $x < -1$, $-1 \leq x < 1$ e $x \geq 1$. Com isso, vamos obter as sentenças que definem f.

- Para $x < -1$, temos:
$$\underbrace{|x-1|}_{\text{negativo}} - \underbrace{|x+1|}_{\text{negativo}} = -x + 1 - (-x - 1) = 2$$

- Para $-1 \leq x < 1$, temos:
$$\underbrace{|x-1|}_{\text{negativo}} - \underbrace{|x+1|}_{\text{positivo ou nulo}} = -x + 1 - (x+1) = -2x$$

- Para $x \geq 1$, temos:
$$\underbrace{|x-1|}_{\text{positivo ou nulo}} - \underbrace{|x+1|}_{\text{positivo}} = x - 1 - (x+1) = -2$$

Dessa forma:
$$f(x) = |x-1| - |x+1| = \begin{cases} 2, & \text{se } x < -1 \\ -2x, & \text{se } -1 \leq x < 1 \\ -2, & \text{se } x \geq 1 \end{cases}$$

Atenção!

Podemos usar esta tabela:

$y = -2x$	
x	y
−1	2
1	−2

Gráfico de f

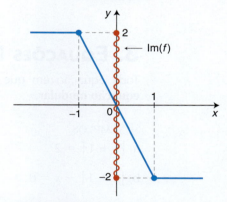

Assim, o conjunto imagem de f é: $\text{Im}(f) = [-2, 2]$

Exercícios Propostos

11. Esboce o gráfico das funções modulares dadas abaixo, com $D(f) = \mathbb{R}$.

a) $f(x) = |x+1| - 2$
b) $f(x) = |x^2 - 2x|$
c) $f(x) = |x+2| - 2x$
d) $f(x) = |1 - x|$
e) $f(x) = ||x-1| + 1|$
f) $f(x) = |x^2 - 3x + 2|$
g) $f(x) = x^2 - 3 \cdot |x| + 2$
h) $f(x) = |x-1| + |x-1|$

12. Determine o conjunto imagem das funções modulares abaixo:

a) $f(x) = |x+1| + 3$ com $D(f) = [-1, +\infty[$
b) $f(x) = ||x-1| - 3|$ com $D(f) = \mathbb{R}$
c) $f(x) = |x-3| - x$ com $D(f) = \mathbb{R}$
d) $f(x) = |x-3| - x$ com $D(f) = [3, +\infty[$
e) $f(x) = \dfrac{|x-1|}{x-1}$ com $D(f) = \mathbb{R} - \{1\}$

13. Considere a função real dada por:
$$f(x) = |x-1| + x$$

a) A função f é sempre positiva para qualquer valor de x no domínio $\mathbb{R}$ de f? Por quê?
b) Se $D(f) = \mathbb{R}$, determine o conjunto imagem de f.
c) E se $D(f) = \{x \in \mathbb{R} \mid x < 1\}$, qual é o conjunto $\text{Im}(f)$? Nesse caso, ela é uma função sobrejetora? Por quê?
d) Que tipo de função é f quando $D(f) =]-\infty, 1[$? Nesse caso, ela é uma função injetora? Por quê?

Enigmas, Jogos & Brincadeiras

Jogo Especular

Vimos que o gráfico de uma função modular frequentemente possui alguma simetria. Em certos casos, ele é *especular* (palavra de origem latina que quer dizer "em espelho"). Para descontrair um pouco, propomos agora um jogo para ser realizado em duplas. Aí vão as regras:

1. Definir as duplas de participantes e escolher uma terceira pessoa, munida de relógio, para marcar o tempo.

2. Os jogadores terão 2 minutos para listar o maior número de duplas de palavras que sejam especulares (e que existam no vocabulário, não vale inventar!). Por exemplo:

3. Depois, cada jogador tem mais 2 minutos para dispor cada dupla de palavras de sua lista de modo a lembrar o gráfico de uma função modular. Usando a dupla do exemplo anterior, veja como fica essa disposição:

4. Ganha o jogo aquele que listar o maior número de palavras e fizer pelo menos um gráfico.

3. Equações Modulares

Toda equação em que existe incógnita dentro de módulo é chamada de **equação modular**.

Exemplos

a) $|x + 1| = 2$

b) $|x + 1| - x = 0$

c) $x^2 - 3 \cdot |x| + 2 = 0$

d) $\dfrac{|x - 1|}{x - 1} = 1$

Como vimos acima, existem diversos tipos de equação modular. Para cada tipo há uma estratégia diferente de resolução, em que aplicamos a definição de módulo e de função modular e as propriedades de módulo.

Exercícios Resolvidos

ER. 10 Resolva graficamente as equações modulares, em $\mathbb{R}$.

a) $|x| = 2$
b) $|x| = -2$
c) $|x| = a$, sendo a um número real

Recorde
Geometricamente, o módulo de um número é a distância dele ao zero, na reta real.

Resolução:

a) Para determinar os valores reais de x em $|x| = 2$, devemos encontrar os números que, na reta real, distam 2 do zero.

Vemos que apenas -2 e 2 distam 2 do zero. Assim, $|-2| = |2| = 2$. Então, $|x| = 2$ só é possível quando $x = 2$ ou $x = -2$.

b) Como módulo corresponde a uma distância, seu valor nunca pode ser negativo. Com isso, concluímos que é impossível ocorrer $|x| = -2$, para qualquer x real. Logo, não existe x real tal que $|x| = -2$.

c) Para resolver $|x| = a$, com $a \in \mathbb{R}$, vamos lembrar que x corresponde aos valores que distam a do zero. Mas e se a for negativo?
Isso mostra que precisamos estudar os intervalos de valores que a pode assumir, ou seja, vamos ver qual a *condição de existência* para a equação $|x| = a$.

Condição de existência

$|x| = a$ tem solução não vazia se, e somente se, $a \geq 0$.
Na reta real, vemos que os valores de x que distam a de zero são $-a$ e a.

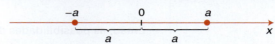

Logo:
- se $a < 0$, a equação modular $|x| = a$ não tem solução real;
- se $a \geq 0$, temos $x = -a$ ou $x = a$.

OBSERVAÇÃO

Note que, para resolver toda equação modular do tipo $|f(x)| = a$, com $a \geq 0$, devemos impor $f(x) = a$ ou $f(x) = -a$ e, em seguida, encontramos as soluções das equações obtidas.

ER. 11 Encontre algebricamente o conjunto solução das equações modulares abaixo no universo real.
a) $|2x - 1| = 3$
b) $|2x - 1| = -1$
c) $|x^2 - 1| = 3$
d) $|2x - 1| = 3x + 1$

Resolução:

a) Como $|\underbrace{2x - 1}_{f(x)}| = 3$ e $3 > 0$, temos:

$2x - 1 = -3$ ou $2x - 1 = 3$
$2x = -3 + 1$ $2x = 3 + 1$
$2x = -2$ $2x = 4$
$x = -1$ $x = 2$

Logo, $S = \{-1, 2\}$.

Recorde

$|x| = \begin{cases} x, \text{ se } x \geq 0 \\ -x, \text{ se } x < 0 \end{cases}$

$|x| \geq 0$, para todo x real

b) Como $-1 < 0$, a equação $|2x - 1| = -1$ não tem solução, isto é, $S = \emptyset$.

c) $|x^2 - 1| = 3$
$x^2 - 1 = 3$ ou $x^2 - 1 = -3$
$x^2 = 4$ $x^2 = -2$ (impossível em $\mathbb{R}$)
$x = \pm 2$

Logo, $S = \{-2, 2\}$.

d) No caso de $|2x - 1| = 3x + 1$, devemos fazer a condição de existência e, depois da resolução, confrontar os valores obtidos com as restrições encontradas.

Condição de existência

$3x + 1 \geq 0 \Rightarrow 3x \geq -1 \Rightarrow x \geq -\dfrac{1}{3}$

Agora, vamos proceder como no item **a**:

$|2x - 1| = 3x + 1$
$2x - 1 = 3x + 1$ ou $2x - 1 = -3x - 1$
$-x = 2$ $5x = 0$
$x = -2$ $x = 0$

Confrontando os valores obtidos (-2 e 0) com a condição de existência $x \geq -\dfrac{1}{3}$, vemos que, dos dois valores, somente o zero pertence ao intervalo determinado pela condição de existência.

Logo, $S = \{0\}$.

Faça

Mostre que $x = -2$ não é solução da equação:
$|2x - 1| = 3x + 1$

ER. 12 Resolva, em $\mathbb{R}$, cada equação:
a) $|x + 1| + |x + 2| = 3$
b) $x^2 - 5 \cdot |x| + 4 = 0$
c) $||x - 2| - 1| = 4$
d) $|x + 2| = |2x + 3|$

Recorde

Propriedade de módulo:
$x^2 = |x^2| = |x|^2$

Atenção!

Dois números reais têm o mesmo módulo se, e somente se, esses números são iguais ou opostos.

Resolução:

a) Nesse caso, vamos considerar a função $f(x) = |x + 1| + |x + 2|$, exprimi-la com mais de uma sentença e, em seguida, encontrar os valores de x que têm imagem 3.

$$f(x) = |x+1| + |x+2| = \begin{cases} -2x - 3, \text{ se } x < -2 \\ 1, \text{ se } -2 \leq x < -1 \\ 2x + 3, \text{ se } x \geq -1 \end{cases}$$

Atenção!
$x + 1 \geq 0 \Rightarrow x \geq -1$
e
$x + 2 \geq 0 \Rightarrow x \geq -2$

Então, as possibilidades de se ter imagem 3 são:

$-2x - 3 = 3$ ou $2x + 3 = 3$
$-2x = 6$ $2x = 0$
$x = -3$ $x = 0$

Como não pensamos na condição de existência, devemos fazer a verificação dos valores obtidos.

Verificação

- Para $x = -3$
  Como $-3 < -2$, temos: $f(-3) = -2 \cdot (-3) - 3 = 6 - 3 = 3$ (válido)

- Para $x = 0$
  Como $0 > -1$, temos: $f(0) = 2 \cdot (0) + 3 = 0 + 3 = 3$ (válido)

Assim, verificamos que os dois valores encontrados satisfazem a equação, ou seja, $x = -3$ ou $x = 0$.

b) $x^2 - 5 \cdot |x| + 4 = 0 \Rightarrow |x|^2 - 5 \cdot |x| + 4 = 0$

Note que a equação obtida é uma equação do 2.º grau na incógnita $|x|$. Para facilitar a resolução, vamos fazer $t = |x|$. Assim:

$t^2 - 5t + 4 = 0 \Rightarrow \Delta = 25 - 16 = 9$ e $t = \dfrac{-(-5) \pm \sqrt{9}}{2}$ → $t = 4$
→ $t = 1$

Voltando para $t = |x|$, podemos determinar os valores de x.

- Para $t = 4$, temos: $|x| = 4 \Rightarrow x = \pm 4$
- Para $t = 1$, temos: $|x| = 1 \Rightarrow x = \pm 1$

Portanto, -1, 1, -4 e 4 são as soluções da equação.

c) $||x - 2| - 1| = 4$

$|x - 2| - 1 = 4$ ou $|x - 2| - 1 = -4$
$|x - 2| = 5$ $|x - 2| = -3$ (impossível em $\mathbb{R}$)
$x - 2 = 5$ ou $x - 2 = -5$

Logo, $x = 7$ ou $x = -3$.

d) $|x + 2| = |2x + 3|$

$x + 2 = 2x + 3$ ou $x + 2 = -(2x + 3)$
$-1 = x$ $x + 2 = -2x - 3$
                            $3x = -5$
                            $x = -\dfrac{5}{3}$

Nesse caso, precisamos fazer a verificação dos valores obtidos.

Verificação

- Para $x = -1$

$$|x + 2| = |2x + 3|$$
$$|-1 + 2| = |2 \cdot (-1) + 3|$$
$$|1| = |1| \text{ (verdadeira)}$$

- Para $x = -\dfrac{5}{3}$

$$|x + 2| = |2x + 3|$$
$$\left|-\dfrac{5}{3} + \dfrac{6}{3}\right| = \left|2 \cdot \left(-\dfrac{5}{3}\right) + \dfrac{9}{3}\right|$$
$$\left|\dfrac{1}{3}\right| = \left|-\dfrac{1}{3}\right| \text{ (verdadeira)}$$

Logo, $x = -\dfrac{5}{3}$ ou $x = 1$.

Observação

Para obter o conjunto solução de uma equação modular, estes dois modos são equivalentes: ou determinamos as condições de existência ou fazemos a verificação dos valores obtidos.

Recorde

Para todo x real, temos:
$$|x| = |-x|$$

Exercícios Propostos

14. Determine o conjunto solução, em $\mathbb{R}$:
- a) $|x| = \sqrt{2}$
- b) $|x + \sqrt{2}| = 0$
- c) $|5x + 7| = -0,5$
- d) $\sqrt{(x-3)^2} = 7$
- e) $|3 - 2x| = 5$
- f) $|x + 2| = 2x + 1$
- g) $|x - 3| = x$
- h) $2x^2 - |x| - 1 = 0$
- i) $|x^2 + 7| = 8x$
- j) $|x - 2| + |x - 1| = 0$

15. Quantas soluções inteiras tem cada equação abaixo?
- a) $|2x + 3| = x + 5$
- b) $x^2 - 4 \cdot |x| + 3 = 0$
- c) $|x + 3| + |x + 1| = 4$
- d) $x^2 + 5 \cdot |x| + 6 = 0$
- e) $|1 - x| - |x + 4| = 3$

16. Considere as equações:
- I. $x^2 - 4 \cdot |x| = 0$
- II. $|x - 2| - |x + 1| = 2x$

Para essas equações, responda:
- a) Qual delas tem o maior número de soluções?
- b) Qual(is) delas tem(êm) uma solução negativa?
- c) Qual(is) delas tem(êm) apenas soluções inteiras?
- d) Qual(is) delas tem(êm) uma solução entre 0 e 3?

17. Resolva as equações em $\mathbb{Z}$.
- a) $||x + 2| - 1| = 1$
- b) $|x + |2 - x|| = 4$
- c) $||2x - 1| - 3| = 5$
- d) $||x^2 - 1| - 1| = 1$
- e) $||x - 1| - 1| = 2x$

18. Encontre os valores de x que satisfazem as seguintes equações:
- I. $|x + 3| = |-x + 5|$
- II. $|x - 2| = |2x - 1|$
- III. $|x^2 + 2x| = |3x - 14|$

Sabendo que duas equações que têm o *mesmo conjunto solução* (considerados em um mesmo universo) são chamadas de **equações equivalentes**, classifique cada sentença abaixo como verdadeira ou falsa.
- a) Em $\mathbb{R}$, as equações I e II não são equivalentes.
- b) Em $\mathbb{Z}$, os conjuntos soluções dessas três equações têm dois elementos.
- c) Em $\mathbb{N}$, as equações I e II são equivalentes.
- d) Em $\mathbb{Q}$, o conjunto solução da equação III é $S = \{2\}$.

Função modular **223**

Tecnologia & Desenvolvimento

Tecnologia de Radar e Medição de Distâncias

Vimos neste capítulo que um sinal positivo ou negativo associado a um valor numérico de uma grandeza geralmente indica uma orientação dessa grandeza. Algumas orientações comuns são: esquerda/direita, para cima/para baixo, positivo/negativo, crédito/débito etc.

Módulo ou *valor absoluto* de uma grandeza indica a magnitude ou a intensidade ("tamanho") dessa grandeza. Algumas grandezas são caracterizadas apenas por seu módulo (valor numérico não nulo) e a unidade de medida. Como exemplo, podemos citar a altura de uma pessoa (não há altura negativa), ou a massa de um objeto (não há massa negativa).

Outro exemplo de grandeza caracterizada apenas por seu módulo é a distância entre dois objetos (entre duas pessoas, entre dois pontos etc.). Nesse tipo de medida, o sinal positivo ou negativo não faz sentido, uma vez que uma distância corresponde a um comprimento que é sempre positivo.

Radar móvel rodoviário em ação.

Você sabia que existem instrumentos de alta tecnologia para medir distâncias?

Esses instrumentos são os radares. A finalidade mais simples de um radar é exatamente informar a distância dele a um objeto.

Um sistema de radar opera transmitindo ondas eletromagnéticas na direção de um objeto e registrando as ondas refletidas pelo objeto que retornam ao aparelho. Ao fazer isso, o radar calcula a diferença entre as posições ocupadas pelo aparelho e pelo objeto, *em módulo*, o que dá a distância entre os dois.

Como funciona?

Para medir a distância do aparelho até um objeto, o radar emite uma onda de rádio e fica atento a algum "eco". Se houver um objeto no caminho dessa onda, ele refletirá uma parte da energia eletromagnética. A onda irá ricochetear de volta para o dispositivo do radar (isso é o "eco"). Como as ondas de rádio se movem através do ar à velocidade constante de 300.000 km/s, o dispositivo do radar pode calcular a distância do objeto com base no tempo que o sinal de rádio leva para retornar.

Mais algumas aplicações dos radares

Os incessantes avanços tecnológicos deram origem a novas aplicações para o radar. A contínua miniaturização dos circuitos e de equipamentos auxiliares permitiu projetar unidades portáteis de radar cada vez menores.

Na *navegação aérea e marítima*: o equipamento tornou-se um importante elemento de segurança para praticamente todos os grandes aeroportos, que contam com sistemas de radar de alta precisão para controlar e orientar o movimento de chegada e partida de aviões, de forma a evitar colisões. Com esses sistemas, os controladores de tráfego aéreo podem guiar os pilotos para um pouso seguro, mesmo quando as condições de visibilidade são ruins.

Nas *pesquisas astronômicas*: permitem não só efetuar medidas mais exatas das distâncias em relação aos sistemas ópticos de medição, como também estudar as características das superfícies dos planetas e satélites. Os radares já foram empregados para mapear a superfície da Lua, de Marte e de Vênus em detalhe.

Na *meteorologia*: equipamentos de radar instalados no solo e em aviões ajudam na previsão do tempo. Com seu uso é possível localizar e rastrear temporais que se aproximam, captando os "ecos" de sinais de radar produzidos por gotas d'água, cristais de gelo e granizo contidos no interior das nuvens.

4. Inequações Modulares

Toda inequação que apresenta incógnita dentro de módulo é chamada de **inequação modular**.

Exemplos

a) $|x + 1| \geq 2$

b) $|x + 1| - x < 0$

c) $-3 < |x^2 - 2x + 1| < 2$

Como você vê, existem diversos tipos de inequação modular. Nos exercícios a seguir, apresentaremos a resolução de alguns deles.

Exercícios Resolvidos

ER. 13 Determine o conjunto solução em $\mathbb{R}$ das inequações modulares abaixo.

a) $|x| > 2$
b) $|x| \leq 0$
c) $|x| \leq a$, com $a \in \mathbb{R}$
d) $|x| \geq a$, com $a \in \mathbb{R}$

Resolução:

a) Para entender o que está ocorrendo, vamos fazer o gráfico da função dada por $f(x) = |x|$, com $D(f) = \mathbb{R}$, e, observando o gráfico, determinar os valores de x que têm imagem maior que 2.

Lei da função f

$$|x| = \begin{cases} x, \text{ se } x \geq 0 \\ -x, \text{ se } x < 0 \end{cases}$$

Gráfico da função f

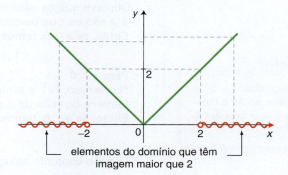

elementos do domínio que têm imagem maior que 2

Note que x tem imagem maior que 2 quando $x < -2$ ou quando $x > 2$. Observe também que $|x| \leq 2$ quando $-2 \leq x \leq 2$. Assim, o conjunto solução da inequação $|x| > 2$ é:

$$S = \{x \in \mathbb{R} \mid x < -2 \text{ ou } x > 2\}$$

b) Como sabemos que $|x|$ é sempre um número positivo ou nulo, para todo x real, podemos dizer que $|x| \leq 0$ somente quando $x = 0$, já que $|x|$ nunca é negativo. Nesse caso, o conjunto solução da inequação $|x| \leq 0$ é:

$$S = \{0\}$$

Função modular

c) No caso de $|x| \leq a$, com $a \in \mathbb{R}$, devemos ver o que ocorre de acordo com o valor de a.

- Para $a \geq 0$
Nesse caso, já sabemos que, se $|x| = a$, temos $x = \pm a$.
Vamos observar, na reta real, o que ocorre quando temos $|x| \leq a$.

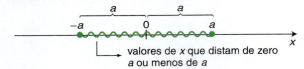

Observe que os valores de x que têm distância até zero menor ou igual a a são os que pertencem ao intervalo $-a \leq x \leq a$. Então, se $a \geq 0$, temos:

$$|x| \leq a \Rightarrow -a \leq x \leq a$$

- Para $a < 0$
Nesse caso, $|x|$ seria menor ou igual a um número negativo, o que é impossível em $\mathbb{R}$.
Assim, o conjunto solução da inequação $|x| \leq a$ é:

$$S = \{x \in \mathbb{R} \mid -a \leq x \leq a\}, \text{ para } a \geq 0, \text{ e } S = \emptyset, \text{ para } a < 0$$

d) No caso de $|x| \geq a$, com $a \in \mathbb{R}$, também devemos ver o que ocorre de acordo com o valor de a.

- Para $a \geq 0$
Vamos observar, na reta real, o que ocorre quando temos $|x| \geq a$, sabendo que, se $|x| = a$, temos $x = \pm a$.

Observe que os valores de x que têm distância até zero maior ou igual a a são os que pertencem ao intervalo $x \leq -a$ ou ao intervalo $x \geq a$. Então, se $a \geq 0$, temos:

$$|x| \geq a \Rightarrow x \leq -a \text{ ou } x \geq a$$

- Para $a < 0$
Nesse caso, $|x| \geq a$ (número negativo) é sempre verdadeira, independentemente do valor de x, pois $|x|$ é sempre maior que um número negativo. Então, se $a < 0$, temos:

$$|x| \geq a \text{ para todo } x \text{ real}$$

Logo, o conjunto solução da inequação $|x| \geq a$ é:

$$S = \{x \in \mathbb{R} \mid x \leq -a \text{ ou } x \geq a\}, \text{ para } a \geq 0, \text{ e } S = \mathbb{R}, \text{ para } a < 0$$

> **Atenção!**
>
> Se a desigualdade $x > a$ é verdadeira, então a desigualdade $x \geq a$ também é verdadeira.

ER. 14 Resolva, em $\mathbb{R}$, as inequações modulares abaixo.
a) $|x - 1| < 2$
b) $|x + 3| \geq 5$
c) $||x - 2| - 2| > 2$

Resolução:

a) $|x - 1| < 2 \Rightarrow -2 < x - 1 < 2 \Rightarrow -2 + 1 < x - 1 + 1 < 2 + 1 \Rightarrow$
$\Rightarrow -1 < x < 3$

b) $|x + 3| \geq 5 \Rightarrow x + 3 \leq -5$ ou $x + 3 \geq 5 \Rightarrow x \leq -8$ ou $x \geq 2$

c) $||x - 2| - 2| > 2$

$	x - 2	- 2 < -2$	ou	$	x - 2	- 2 > 2$
$	x - 2	< 0$ (impossível)		$	x - 2	> 4$
		$x - 2 < -4$ ou $x - 2 > 4$

Logo, $x < -2$ ou $x > 6$.

ER. 15 No universo $\mathbb{R}$, encontre o conjunto solução de:

a) $|x| \leq 3x + 9$
b) $|x - 3| + |1 - x| < 6$
c) $|x^2 - 3| \geq 1$

Recorde

Para obter a solução de inequações simultâneas, resolvemos cada parte e fazemos a intersecção dos conjuntos soluções parciais.

Atenção!

Quando uma inequação envolve soma de módulos, não podemos usar as conclusões:

- $|x| \leq a \Rightarrow -a \leq x \leq a$
- $|x| \geq a \Rightarrow x \leq -a$ ou $x \geq a$

para $a \geq 0$

Resolução:

a) *Condição de existência*

$$3x + 9 \geq 0 \Rightarrow 3x \geq -9 \Rightarrow x \geq -3 \;①$$

Assim:

$|x| \leq 3x + 9$ (inequação modular)
$-(3x + 9) \leq x \leq 3x + 9$
$-3x - 9 \leq x \leq 3x + 9$ (inequações simultâneas)

$-3x - 9 \leq x$ e $x \leq 3x + 9$
$-4x \leq 9$ $\qquad -2x \leq 9$
$4x \geq -9$ $\qquad 2x \geq -9$
$x \geq -2,25$ ② e $x \geq -4,5$ ③

Para resolver as inequações simultâneas devemos fazer ② ∩ ③. No entanto, para resolver a inequação modular dada, ainda precisamos fazer a *intersecção* do resultado obtido com a condição de existência ①.
Assim, vamos fazer ① ∩ ② ∩ ③.

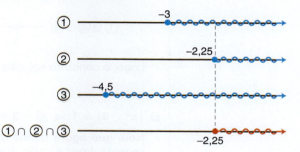

Logo, o conjunto solução da inequação dada é:
$$S = \{x \in \mathbb{R} \mid x \geq -2,25\}$$

b) Note que:
- $x - 3 \geq 0 \Leftrightarrow x \geq 3$
- $1 - x \geq 0 \Leftrightarrow 1 \geq x \Leftrightarrow x \leq 1$

Assim, no caso de $|x - 3| + |1 - x| < 6$, temos de separar a resolução nos intervalos $x \leq 1$, $1 < x < 3$ e $x \geq 3$, e, em seguida, fazer a *união* dos resultados obtidos.

Para $x \leq 1$, temos $x - 3 < 0$ e $1 - x \geq 0$. Daí:

$$|x - 3| + |1 - x| < 6$$
$$-x + 3 + 1 - x < 6$$
$$-2x < 2$$
$$2x > -2$$
$$x > -1$$

Desse modo:
$$x \leq 1 \text{ e } x > -1 \Rightarrow -1 < x \leq 1 \;①$$

Para $1 < x < 3$, temos $x - 3 < 0$ e $1 - x < 0$, o que acarreta:

$$|x - 3| + |1 - x| < 6$$
$$-x + 3 + (-1 + x) < 6$$
$$-x + 3 - 1 + x < 6$$
$$2 < 6 \text{ (verdadeira para qualquer } x \text{ real)}$$

Assim:
$$1 < x < 3 \text{ e } \forall x \in \mathbb{R} \Rightarrow 1 < x < 3 \;②$$

Função modular **227**

Para $x \geq 3$, temos $x - 3 \geq 0$ e $1 - x < 0$. Daí:

$$|x - 3| + |1 - x| < 6$$
$$x - 3 + x - 1 < 6$$
$$2x < 10$$
$$x < 5$$

Desse modo:

$$x \geq 3 \text{ e } x < 5 \Rightarrow 3 \leq x < 5 \text{ ③}$$

Para obter a solução final, devemos fazer ① ∪ ② ∪ ③.

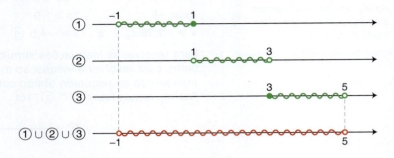

Logo, o conjunto solução da inequação dada é:

$$S = \,]-1, 5[$$

c) $|x^2 - 3| \geq 1 \Rightarrow x^2 - 3 \leq -1$ ou $x^2 - 3 \geq 1$

Note que agora temos de resolver duas inequações do 2.º grau e, em seguida, fazer a união dos resultados.

① $x^2 - 3 \leq -1$ ou ② $x^2 - 3 \geq 1$
   $x^2 - 2 \leq 0$ $x^2 - 4 \geq 0$
   $y = x^2 - 2$ $y = x^2 - 4$
   $x^2 - 2 = 0$ $x^2 - 4 = 0$
   $x = \pm\sqrt{2}$ $x = \pm 2$

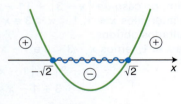 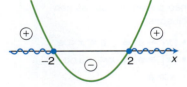

$-\sqrt{2} \leq x \leq \sqrt{2}$ $x \leq -2$ ou $x \geq 2$

Agora, temos de fazer ① ∪ ②.

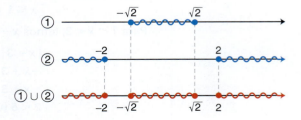

Logo, $S = \{x \in \mathbb{R} \mid x \leq -2 \text{ ou } -\sqrt{2} \leq x \leq \sqrt{2} \text{ ou } x \geq 2\}$.

ER. 16 No universo $\mathbb{Z}$, determine o conjunto solução da inequação modular:

$-3 < |x^2 - 2x + 1| < 2$

Resolução: Inequações simultâneas dão origem a um sistema de inequações, que, nesse caso, é um sistema de inequações modulares.

$$\begin{cases} -3 < |x^2 - 2x + 1| \\ |x^2 - 2x + 1| < 2 \end{cases}$$

Vamos resolver cada inequação do sistema em $\mathbb{R}$ e, em seguida, fazer a intersecção dos resultados obtidos. Depois, tomamos as soluções inteiras dessa intersecção.

① $-3 < |x^2 - 2x + 1| \Rightarrow |x^2 - 2x + 1| > -3$

Como todo módulo é maior do que qualquer número negativo, a desigualdade obtida é verdadeira para todo x real.

② $|x^2 - 2x + 1| < 2 \Rightarrow -2 < x^2 - 2x + 1 < 2$

A segunda inequação modular do sistema dá origem a inequações do 2.º grau simultâneas. Assim:

$-2 < x^2 - 2x + 1$ e $x^2 - 2x + 1 < 2$
$x^2 - 2x + 1 > -2$ $x^2 - 2x + 1 - 2 < 0$
$x^2 - 2x + 3 > 0$ **$x^2 - 2x - 1 < 0$**
$y = x^2 - 2x + 3$ $y = x^2 - 2x - 1$
$x^2 - 2x + 3 = 0$ $x^2 - 2x - 1 = 0$
$\Delta = -8 < 0$ $\Delta = 8 \Rightarrow \sqrt{\Delta} = 2\sqrt{2}$
Zeros: não há   Zeros: $1 \pm \sqrt{2}$

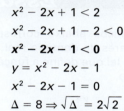

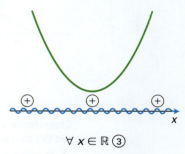

$\forall x \in \mathbb{R}$ ③

$1 - \sqrt{2} < x < 1 + \sqrt{2}$ ④

Assim, ② = ③ ∩ ④ e a solução final, em $\mathbb{R}$, é dada por ① ∩ ②. Logo, devemos fazer ① ∩ ③ ∩ ④.

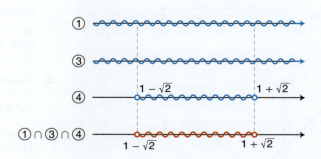

Desse modo, no universo $\mathbb{Z}$, o conjunto solução da inequação dada é:

$$S = \{0, 1, 2\}$$

Função modular **229**

EXERCÍCIOS PROPOSTOS

19. Determine o conjunto solução, em $\mathbb{R}$, das inequações modulares abaixo.

a) $|x| \leq 2$ c) $|x| < 5$ e) $|x| \leq -7$
b) $|x| > 3$ d) $|x| \geq 1$ f) $|x| > 0$

20. Determine o menor e o maior número inteiro que satisfaz cada inequação.

a) $|x^2 - 3x + 2| \geq 2$
b) $|4 - x| \geq 2x + 3$
c) $||x - 1| - 2| \leq 1$
d) $|x + 2| \leq |x - 3| + x$

21. Encontre uma solução inteira para cada inequação, quando possível.

a) $|3x - 1| \leq 2$
b) $|2 - x| \geq 3$
c) $|2x - 1| > x + 3$
d) $x^2 + 3 \cdot |x| + 2 < 0$
e) $|x^2 + 2x| \geq 3x$
f) $\sqrt{x^2 - 6x + 9} > |-x + 3|$
g) $||x - 3| - 2| \geq 2$
h) $|x - 4| + |x + 5| < 1$

Encare Essa!

1. Os gráficos abaixo correspondem a funções modulares de domínio real. Encontre, em cada caso, a lei que define a função f por meio de um módulo.

a)
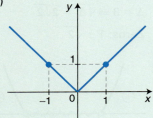

b)
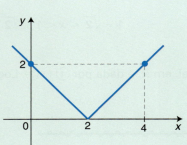

c)
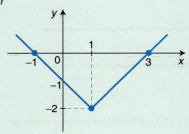

2. (Udesc) Considere os gráficos ilustrados das funções f e g:

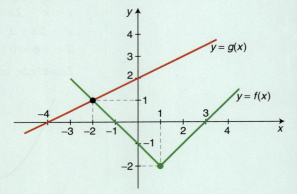

Classifique as sentenças abaixo como verdadeiras (V) ou falsas (F):

I. O valor de $g(f(-1)) - f(g(-2) + 2)$ é igual a 2.
II. O valor de $f(g(-4) + 1) + 3$ é igual a 1.
III. A lei de formação de $y = f(x)$ é $y = |x - 1| - 2$.

Identifique a alternativa que contém a sequência **correta**, de cima para baixo:

a) V, F, V   d) F, V, V
b) V, V, V   e) V, V, F
c) F, V, F

3. Sendo $f(x) = |x - 1| + x$, algum subconjunto de $\mathbb{R}$, como domínio de f, tornará a função f injetora? Justifique sua resposta.

4. Considere a equação $(x^2 - 12x + 34)^2 = 2^2$. Determine o número de raízes reais diferentes dessa equação.

5. (ITA – SP) Determine todos os valores reais de a para os quais a equação $(x - 1)^2 = |x - a|$ admite exatamente três soluções distintas.

História & Matemática

A função módulo produz o valor absoluto de um número real, ou seja, seu valor numérico desconsiderando o seu sinal. Assim, o módulo de um número troca o sinal dele caso seja negativo e o conserva caso seja positivo.

Há certa discordância sobre quem usou pela primeira vez de modo formal a terminologia *valor absoluto* para um número. Atribui-se ao matemático francês Augustin Louis Cauchy (1789-1857) esse feito, mas muitos consideram que foi Jean Robert Argand (1768-1822), matemático suíço, quem introduziu essa terminologia em princípios do século XIX, passando mais tarde a empregar a palavra *módulo* com o mesmo sentido. Isso provavelmente porque Argand utilizou o termo intensivamente e o estendeu a outros assuntos mais abstratos. Independentemente dessa polêmica, naquele início de século já era comum em Matemática a ideia de função, o que tornou natural a passagem do conceito de módulo para *função modular*.

Mas a noção de função modular é muito anterior e podemos encontrá-la já na Grécia Antiga, em diversos estudos sobre a trajetória da luz, tanto em sua refração como em sua reflexão. Posteriormente, no século XVII, esses estudos foram retomados pelo famoso matemático francês René Descartes (1596-1650) e pelo matemático holandês Willebrord Snell (1580-1626) que, trabalhando independentemente, chegaram a importantes leis sobre o que acontece à luz ao incidir sobre uma superfície (você conhecerá essas leis em seus estudos de Física). Em todos esses trabalhos o conceito de função modular esteve presente.

Quanto à notação que utilizamos para identificar tanto módulo como função modular, ou seja, as duas barras ladeando um número ou uma expressão algébrica — por exemplo, $|x|$ —, ela foi apresentada no século XIX pelo matemático alemão Karl Theodor Wilhelm Weierstrass (1815-1897).

Reflexão e ação

Nas leis de reflexão, a luz, ao incidir em uma superfície, percorre uma trajetória tal que o raio incidente e o raio refletido pertencem a um mesmo plano, sendo o ângulo de incidência igual ao ângulo de reflexão.

Um comportamento similar ao da reflexão da luz ocorre com o percurso de uma bola de bilhar ao bater em um lado da mesa de jogo. Imagine uma situação em que se deseja acertar com uma bola de bilhar outra bola que não pode ser atingida diretamente — sinuca —, pois há uma terceira bola entre a que se quer atingir e aquela que se vai lançar. Desenhe um esquema em um papel que mostre o ponto que você deve acertar na lateral da mesa para atingir a bola desejada. Em seguida, tente reproduzir a situação em uma mesa de bilhar e use tal estratégia para atingir a bola que está em sinuca. Funcionou? Fazendo uso da lei de reflexão citada anteriormente e das propriedades da função modular estudadas neste capítulo, como é a função capaz de descrever a trajetória percorrida pela bola de bilhar? Explique.

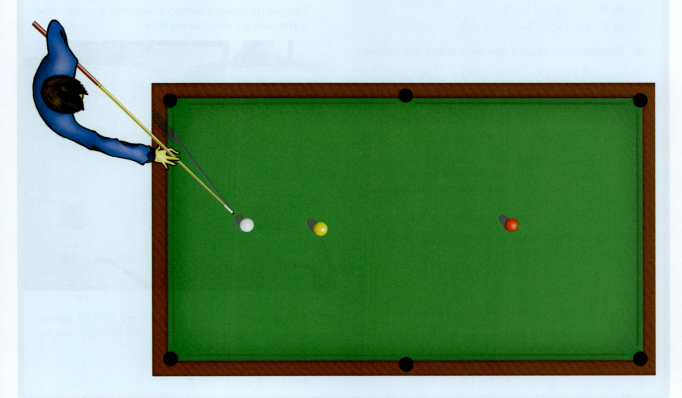

Função modular **231**

Atividades de Revisão

1. Obtenha o valor numérico de cada uma das expressões abaixo:
   a) $|2 - \sqrt{5}| + |3 - \sqrt{5}|$
   b) $|x - 2| + |x - 3|$, para $2 < x < 3$
   c) $\dfrac{|x - 2|}{x - 2}$, para $x > 2$
   d) $\dfrac{|x - 2|}{x - 2}$, para $x < 2$

2. Considerando os números reais a e b tais que $a > b$, simplifique a expressão:
$$E = \dfrac{\sqrt{(a - b)^2} + \sqrt{(b - a)^2}}{b - a}$$

3. Quantos pontos de intersecção há entre os gráficos das funções $f(x) = x^2 + 8$ e $g(x) = |x| - x$?

4. Esboce o gráfico de cada uma das funções abaixo, todas de domínio real.
   a) $y = |x - 3|$
   b) $y = |x - 2| + 1$
   c) $y = |x - 3| + |x - 2|$
   d) $y = |x^2 - 3x|$
   e) $y = x^2 - 3 \cdot |x|$

5. Obtenha o conjunto imagem das funções dadas a seguir.
   a) $f(x) = |x|$
   b) $f(x) = |x - 2| - 3$
   c) $f(x) = |x^2 - 6x + 10| - 3$

6. Obtenha $m \in \mathbb{R}$ para que os gráficos das funções
$$f(x) = |x - 2| \text{ e } g(x) = \dfrac{1}{2}x + m$$
possuam dois pontos em comum.

7. Considere a função de domínio real dada por:
$$f(x) = |x - 1| + |x - 3|$$
   a) Esboce o gráfico de f.
   b) Determine x do domínio tal que $f(x) = 3$.
   c) Encontre o conjunto solução das equações $f(x) = 2$ e $f(x) = 1$.
   d) Obtenha o conjunto imagem da função f.

8. Resolva, em $\mathbb{R}$, cada uma das equações abaixo.
   a) $|x - 3| - |x - 2| = 0$
   b) $||x| - 1| = 5$
   c) $x^2 - 3 \cdot |x| + 2 = 0$

9. Dê o número de elementos do conjunto:
$$\{x \in \mathbb{N} \mid |3x + 2| = |x + 5|\}$$

10. Encontre o número de soluções reais da equação:
$$||x| - 1| = \sqrt{(x - 4)^2}$$

11. [ECONOMIA] Durante certo ano o lucro diário, em reais, foi dado em função do dia do ano por:
$$L(x) = |x - 150| - |x - 350| + 2.000$$
em que $x = 1$ representa 1.º de janeiro, $x = 2$ seria 2 de janeiro, e assim por diante. Nessas condições, em que dia do ano o lucro foi de R$ 2.100,00?

12. Sendo $E = \sqrt{\dfrac{x^4}{4}} - 2$, obtenha os valores reais de x tais que $|E - 6| = 8$.

13. Sejam as funções
$$g(x) = x^2 - 6x + 9 \text{ e } f(x) = |x - 1|$$
   a) Obtenha as soluções da equação $f(g(x)) = 0$.
   b) Esboce o gráfico de $(f \circ g)$.

14. Considere os conjuntos
$$A = \{x \in \mathbb{R} \mid |x - 3| < 5\} \text{ e}$$
$$B = \{x \in \mathbb{R} \mid |x - 2| > 7\}$$
Obtenha $A \cap B$ e $A \cup B$.

15. Resolva, em $\mathbb{R}$, a inequação:
$$6 < |x + 2| + |x - 2|$$

16. [FÍSICA] O volume, em litros, de água contido no reservatório de um aquecedor varia em relação ao tempo, em minutos, de acordo com a seguinte função $V(t) = 100 - |40 - 2t|$, com $0 \leq t \leq 70$.
Depois de quanto tempo o volume é menor que a metade do volume máximo?

BRUNO Z. ZANINI

17. Sendo $f(x) = |x - 3| + 2$ uma função de domínio real, determine o conjunto solução das seguintes inequações:
   a) $-f(x - 1) \geq 7$
   b) $|1 - f(x - 1)| \geq 6$

QUESTÕES PROPOSTAS DE VESTIBULAR

1. (PUC – PR – adaptada) Sendo x e y números reais, quais das afirmações são sempre verdadeiras?

   I. Se $x > y$, então $-x > -y$.

   II. Se $|x| = -x$, então $x \leq 0$.

   III. Se $0 < x < y$, então $\dfrac{1}{x} > \dfrac{1}{y}$.

   IV. Se $x^2 \geq 9$, então $x \geq 3$.

   V. $x^2 - 2x + y^2 > 0$

   a) somente I e II   b) somente II e IV   c) somente II e III   d) todas   e) somente I e III

2. (Udesc) A alternativa que representa o gráfico da função $f(x) = |x+1| + 2$ é:

   a)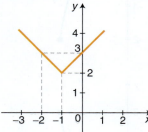
   c)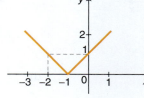
   e)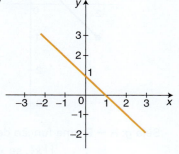
   b)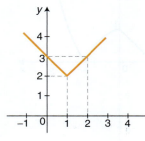
   d)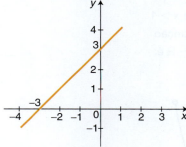

3. (UEG – GO) Dada a função $f(x) = |x-1| + 1$, com $x \in [-1, 2]$:

   a) esboce o gráfico da função f;
   b) calcule a área da região delimitada pelo gráfico da função f, pelo eixo das abscissas e pelas retas $x = -1$ e $x = 2$.

4. (Fuvest – SP) O módulo $|x|$ de um número real x é definido por:

   $|x| = x$, se $x \geq 0$ e $|x| = -x$, se $x < 0$

   Das alternativas abaixo, a que melhor representa o gráfico da função $f(x) = x \cdot |x| - 2x + 2$ é:

   a)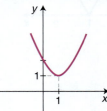
   c)
   e)
   b)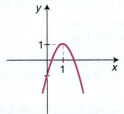
   d)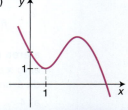

Função modular **233**

5. (UEL – PR) O gráfico da função f: $[-2, 2] \to \mathbb{R}$ está traçado na figura seguinte:

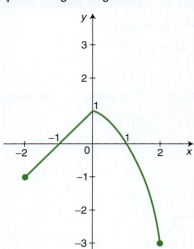

Seja g: $\mathbb{R} \to \mathbb{R}$ uma função definida por:
$$g(x) = \begin{cases} |x|, \text{ se } x \leq 1 \\ x + 1, \text{ se } x > 1 \end{cases}$$

O gráfico que representa a função
$(g \circ f): [-2, 2] \to \mathbb{R}$ é:

a)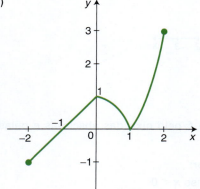

b)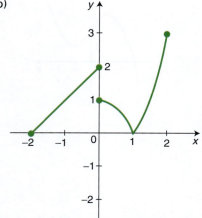

c)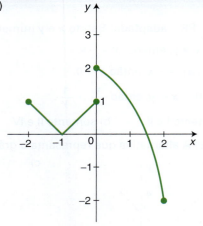

d)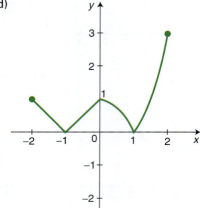

e)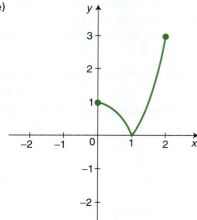

6. (UECE) Se f: $\mathbb{R} \to \mathbb{R}$ é a função definida por
$$f(x) = \begin{cases} |x|, \text{ se } -1 \leq x \leq 1 \\ 1, \text{ se } x < -1 \text{ ou } x > 1 \end{cases}$$

a área da região limitada pelo gráfico de f, pelo eixo x e pelas retas x = 2 e x = −2, em unidades de área, é igual a:

a) 4   b) 3,5   c) 3   d) 2,5

7. (UFC – CE) Dadas as funções
$$f: \mathbb{R} \to \mathbb{R} \text{ e}$$
$$g: \mathbb{R} \to \mathbb{R}$$
definidas por $f(x) = |1 - x^2|$ e $g(x) = |x|$, o número de pontos na intersecção do gráfico de f com o gráfico de g é igual a:
a) 5
b) 4
c) 3
d) 2
e) 1

8. (UFT – TO) Sejam f e g funções reais de uma variável real definidas por:
$$f(x) = |x - 1| \text{ e } g(x) = 5$$
A área da região limitada pelos gráficos dessas funções é:
a) 10 unidades de área.
b) 30 unidades de área.
c) 50 unidades de área.
d) 25 unidades de área.

9. (UFSC) Em cada item a seguir, $f(x)$ e $g(x)$ representam leis de formação de funções reais f e g, respectivamente. O domínio de f deve ser considerado como o conjunto de todos os valores de x para os quais $f(x)$ é real. Da mesma forma, no caso de g considera-se o seu domínio todos os valores de x para os quais $g(x)$ é real.
Verifique a seguir o(s) caso(s) em que f e g são iguais e identifique a(s) proposição(ões) CORRETA(S).
(01) $f(x) = \sqrt{x^2}$ e $g(x) = |x|$
(02) $f(x) = \dfrac{\sqrt{x}}{x}$ e $g(x) = \dfrac{1}{\sqrt{x}}$
(04) $f(x) = \sqrt{x^2}$ e $g(x) = x$
(08) $f(x) = (\sqrt{x})^2$ e $g(x) = x$
(16) $f(x) = \dfrac{\sqrt{x}}{\sqrt{x-1}}$ e $g(x) = \sqrt{\dfrac{x}{x-1}}$

Dê como resposta a soma dos números associados às proposições corretas.

10. (UFRJ) Considere a função $f: \mathbb{R} \to \mathbb{R}$ definida por:
$$f(2x) = |1 - x|$$
Determine os valores de x para os quais $f(x) = 2$.

11. (UFPI) A soma das raízes da equação
$$|x|^2 + 2 \cdot |x| - 15 = 0 \text{ é:}$$
a) 0
b) -2
c) -4
d) 6
e) 2

12. (UFPE) Indique o produto dos valores reais de x que satisfazem a equação $|x - 7| = 3$.

13. (UFJF – MG) Sobre os elementos do conjunto solução da equação $|x^2| - 4 \cdot |x| - 5 = 0$, podemos dizer que:
a) são um número natural e um número inteiro.
b) são números naturais.
c) o único elemento é um número natural.
d) um deles é um número racional, o outro é um número irracional.
e) não existem, isto é, o conjunto solução é vazio.

14. (UFAM) As raízes da equação $|x|^2 + |x| - 12 = 0$:
a) têm soma igual a zero.
b) são negativas.
c) têm soma igual a um.
d) têm produto igual a menos doze.
e) são positivas.

15. (ITA – SP – adaptada) Sobre a equação na incógnita real x, $\big|||x-1|-3|-2\big| = 0$, podemos afirmar que:
a) ela não admite solução real.
b) a soma de todas as suas soluções é 6.
c) ela admite apenas soluções positivas.
d) a soma de todas as soluções é 4.
e) ela admite apenas duas soluções reais.

16. (FGV – SP) Determine o conjunto solução da equação modular $|x^2 - x - 6| + |x^2 + x - 2| = 0$, para $x \in \mathbb{R}$.

17. (UEPB) Seja $\mathbb{Z}$ o conjunto dos números inteiros. Definamos os subconjuntos L e M de $\mathbb{Z}$ por $L = \{n \in \mathbb{Z} \text{ tal que } 0 \leq n - 2 \leq 3\}$ e $M = \{n \in \mathbb{Z} \text{ tal que } |n| \leq 4\}$. Então o número de elementos do conjunto $L \cap M$ é:
a) infinitos elementos
b) 2
c) 5
d) 3
e) 4

18. (Uneal) Sejam os conjuntos:
$X = \{x \mid x \in \mathbb{Z} \text{ e } |x + 1| < 3\}$ e
$Y = \{y \mid y \in \mathbb{Z} \text{ e } |2y| > 1\}$

É correto afirmar que o número de elementos do conjunto $X \cap Y$ é:
a) igual a 1.
b) igual a 4.
c) igual a 3.
d) igual a 5.
e) maior que cinco.

19. (PUC – MG) As alturas das mulheres adultas que habitam certa ilha do Pacífico satisfazem a desigualdade $\left|\dfrac{h-153}{22}\right| \leq 1$, em que a altura h é medida em centímetros. Então, a altura máxima de uma mulher dessa ilha, em metros, é igual a:
a) 1,60   c) 1,70
b) 1,65   d) 1,75

20. (UFPE) Sejam x e y números reais tais que $x > y$ e $x(x-y) = 0$. Analise a veracidade das afirmações abaixo.
a) $x = 0$ d) $|x| > |y|$
b) $y < 0$ e) $|x-y| > 0$
c) $x - y < 0$

21. (Unifor – CE) Se $x > 4$, quantos números inteiros satisfazem a sentença $\dfrac{|20-5x|}{4-x} - 8x \geq -136$?
a) 10   b) 11   c) 12   d) 13   e) 14

22. (PUC – MG – adaptada) As massas aceitáveis do pãozinho de 50 g verificam a desigualdade
$$|x - 50| \leq 2$$
em que x é medido em gramas. Então, assinale a massa mínima aceitável de uma fornada de 100 pãezinhos, em quilogramas.
a) 4,50   c) 5,20
b) 4,80   d) 5,50

23. (Mackenzie – SP) O domínio da função real
$$f(x) = \sqrt{2 - \big||x+3| - 5\big|}$$
com $x \in \mathbb{R}$, é:
a) $[-10, 4]$
b) $[-6, 4]$
c) $[-10, -6] \cup [0, +\infty[$
d) $]-\infty, -10] \cup [0, 4]$
e) $[-10, -6] \cup [0, 4]$

24. (UFMS) Seja f uma função real definida no intervalo $[-1, 4]$, em que o gráfico representado no plano cartesiano xOy é constituído de três segmentos de reta, conforme figura abaixo.

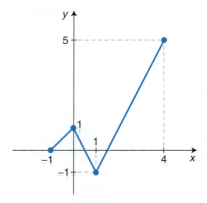

Identifique a(s) alternativa(s) correta(s).

(01) $f(3) = 4$

(02) $\text{Im}(f) = [1, 5]$, em que $\text{Im}(f)$ representa o conjunto imagem da função f.

(04) A função real $|f|$, definida no intervalo $[0, 1]$ em que $|f(x)|$ indica o módulo de $f(x)$, pode ser descrita por:
$$|f(x)| = \begin{cases} -2x + 1, & \text{se } 0 \leq x \leq \dfrac{1}{2} \\ 2x - 1, & \text{se } \dfrac{1}{2} < x \leq 1 \end{cases}$$

(08) Se a função real g, com $g: [-1, 4] \to \mathbb{R}$ definida por $g(x) = \text{máx.}\{f(x), 0\}$, em que máx. $\{f(x), 0\}$ representa o máximo entre $f(x)$ e o número 0, então $g(0) = 1$.

(16) Se $-1 \leq x \leq 1$, então $f(x) \geq 0$.

Dê como resposta a soma dos números associados às proposições corretas.

Programas de Avaliação Seriada

1. (PSS – UFPB) Um determinado jogo de *videogame* usa um sistema de coordenadas ortogonais *xOy* para localizar as posições dos jogadores. Cada jogador é considerado como um ponto e os seus movimentos são sempre paralelos ao eixo *Ox* ou ao eixo *Oy*.

Com base nessas informações e considerando $p, q \in \{x \in \mathbb{R} \mid |4x - 3| < 1\}$, é possível um jogador ir do ponto $A(p, q)$ até o ponto $B\left(pq, \dfrac{1}{pq}\right)$ movimentando-se apenas para a:

a) esquerda.
b) direita e para cima.
c) direita e para baixo.
d) esquerda e para baixo.
e) esquerda e para cima.

2. (PSIU – UFPI) No universo dos números reais, $\mathbb{R}$, o conjunto solução da inequação modular $|x - 1| + |x - 2| \geq 1$ é:

a) $\{x \in \mathbb{R} \mid x \leq 4\}$
b) $\{x \in \mathbb{R} \mid -2 \leq x \leq 8\}$
c) $\{x \in \mathbb{R} \mid x \geq 0\}$
d) $\{x \in \mathbb{R} \mid -2 \leq x \leq 2\}$
e) $\mathbb{R}$

3. (PSS – UFS – SE) Use as funções *f* e *g*, de $\mathbb{R}$ em $\mathbb{R}$, dadas por $f(x) = -x^2 + 2x - 3$ e $g(x) = -4x + 5$, para analisar as afirmativas que seguem.

(1) Os gráficos de *f* e *g* interceptam-se nos pontos $(2, -3)$ e $(4, -11)$.

(2) O conjunto imagem da função *h*, definida por $h(x) = g(x) - f(x)$ é o intervalo $[-1, +\infty[$.

(3) O conjunto solução da inequação $\dfrac{f(x)}{g(x)} \geq 0$ é o intervalo $\left[\dfrac{5}{4}, +\infty\right[$.

(4) Se a equação $f(x) = -k \cdot g(x)$ não admite raízes reais, então o número real *k* é tal que:
$$\dfrac{-1 - \sqrt{33}}{8} < k < \dfrac{-1 + \sqrt{33}}{8}$$

(5) A soma das raízes reais da equação $|f(x)| = |g(x)|$ é 4.

4. (PASES – UFV – MG) Seja *A* o conjunto solução da equação modular $|x| + 3x = 4$ e seja *B* o conjunto solução da equação biquadrada $x^4 - 4x^2 = 0$.

Considere as afirmativas abaixo e atribua V para a(s) afirmativa(s) verdadeira(s) e F para a(s) afirmativa(s) falsa(s).

- O conjunto *A* contém apenas um elemento.
- O conjunto *B* contém exatamente dois elementos.
- O conjunto *B* tem exatamente quatro subconjuntos.

A sequência CORRETA é:

a) V, F, V
b) F, V, V
c) V, F, F
d) F, F, F

Capítulo 6

Objetivos do Capítulo

▶ Ampliar o conceito de potenciação e retomar as principais propriedades dessa operação.

▶ Definir função exponencial e explorar suas principais características.

▶ Identificar, interpretar e esboçar o gráfico de funções exponenciais.

▶ Estudar diferentes aplicações dessa função como modelos para outras ciências.

▶ Resolver equações e inequações exponenciais.

Função Exponencial

A Expansão do Conhecimento na Internet

A informática transformou em muitos aspectos o trabalho e, até mesmo, o modo de vida das pessoas. Computadores agilizaram e tornaram mais produtivas as mais diferentes tarefas.

Ligados uns aos outros por meio de cabos, de modo que possam trocar informações rapidamente, os computadores constituem uma "rede". Agora, pense em todas as redes de computadores ligadas umas às outras no mundo, podendo trocar informações, e você tem a Internet (do inglês, *international* = internacional + *net* = rede).

A Internet surgiu, na década de 1960, da necessidade de comunicação entre pesquisadores de diferentes universidades. Inicialmente compartilhando informações entre poucos computadores, hoje ela é pública e seu crescimento se dá exponencialmente.

Neste capítulo, você vai conhecer as funções exponenciais e muitas de suas aplicações.

1. Potenciação

Você já estudou potências e suas propriedades. Neste momento, vamos fazer uma breve recordação, pois esse tema é uma ferramenta importante neste capítulo.

A potenciação é uma operação que tem sua essência em um produto de fatores iguais. Assim:

Considere dois números:
a real não nulo e n natural.

- para $n \geq 2$, temos:
$$a^n = \underbrace{a \cdot a \cdot a \cdot \ldots \cdot a}_{n \text{ fatores}} = b$$
em que a é a base, n é o expoente e b é a potência (o resultado)
- para $n = 1$, temos: $a^1 = a$
- para $n = 0$, temos: $a^0 = 1$ $(a \neq 0)$

PANTHERMEDIA/KEYDISC

Recorde

Potências de expoente 2 são chamadas de **quadrados** e potências de expoente 3 são chamadas de **cubos**.

Exemplos

a) $3^5 = 3 \cdot 3 \cdot 3 \cdot 3 \cdot 3 = 243$

b) $(-2)^2 = (-2) \cdot (-2) = 4$

c) $\left(-\dfrac{7}{10}\right)^3 = \left(-\dfrac{7}{10}\right) \cdot \left(-\dfrac{7}{10}\right) \cdot \left(-\dfrac{7}{10}\right) = -\dfrac{343}{1.000}$

d) $(\sqrt{5})^4 = \sqrt{5} \cdot \sqrt{5} \cdot \sqrt{5} \cdot \sqrt{5} = \sqrt{25} \cdot \sqrt{25} = 25$

e) $(0,5)^1 = 0,5$

f) $(-1,2)^0 = 1$

Para relembrar o que você já viu em estudos anteriores, acompanhe as questões a seguir.

Exercícios Resolvidos

ER. 1 Simplifique as expressões:

a) $(0,5)^3 \cdot \dfrac{64}{0,25}$

b) $3^2 \cdot \dfrac{1}{108} \cdot 2^5$

Resolução:

a) $(0,5)^3 \cdot \dfrac{64}{0,25} = 0,5 \cdot 0,5 \cdot 0,5 \cdot \dfrac{8 \cdot 8}{0,5 \cdot 0,5} = 0,5 \cdot 8 \cdot 8 = 4 \cdot 8 = 32$

b) $3^2 \cdot \dfrac{1}{108} \cdot 2^5 = (3 \cdot 3) \cdot \dfrac{1}{2^2 \cdot 3^3} \cdot (2 \cdot 2 \cdot 2 \cdot 2 \cdot 2) =$
$= 3 \cdot 3 \cdot \dfrac{1}{2 \cdot 2 \cdot 3 \cdot 3 \cdot 3} \cdot 2 \cdot 2 \cdot 2 \cdot 2 \cdot 2 = \dfrac{1}{3} \cdot 8 = \dfrac{8}{3}$

ER. 2 Exprima o produto $0,12 \cdot \dfrac{1}{3} \cdot 125$ na forma de uma potência de base 5.

Resolução: Note que:
$$0,12 = \dfrac{12}{100} = \dfrac{3}{25} = \dfrac{3}{5^2} \text{ e } 125 = 5^3$$

Assim:

$$0,12 \cdot \dfrac{1}{3} \cdot 125 = \dfrac{3}{5^2} \cdot \dfrac{1}{3} \cdot 5^3 = \dfrac{3}{5 \cdot 5} \cdot \dfrac{1}{3} \cdot 5 \cdot 5 \cdot 5 = 5 = 5^1$$

Exercícios Propostos

1. Organize os quadrados perfeitos dos números naturais em ordem crescente e encontre o centésimo número dessa sequência.

2. Registre em ordem crescente os números 2^3, 3^2, 5^0 e $(0,3)^3$, usando o sinal de menor entre eles.

3. Calcule:
   a) o quadrado de 4%;
   b) o cubo de -3;
   c) o quadrado do dobro de $\frac{1}{3}$.

1.1 AMPLIANDO A DEFINIÇÃO DE POTÊNCIA PARA EXPOENTE REAL

A extensão da definição para expoentes inteiros, fracionários e até mesmo irracionais é feita de modo que conserve as propriedades já válidas para potências de expoente natural.

Considerando um número real *a* positivo, vamos definir, então, a potência a^α, com α sendo um número real qualquer.

Recorde
Número fracionário é todo número racional não inteiro.

- Se $\alpha = n$, natural maior do que 1, vem: $a^\alpha = a^n = \underbrace{a \cdot a \cdot a \cdot \ldots \cdot a}_{n \text{ fatores}}$
- Se $\alpha = 1$, vem: $a^\alpha = a^1 = a$
- Se $\alpha = 0$, vem: $a^\alpha = a^0 = 1$ $(a \neq 0)$
- Se $\alpha = n$, inteiro negativo, vem: $a^\alpha = a^n = \frac{1}{a^{-n}}$
- Se $\alpha = \frac{m}{n}$, racional não inteiro, com $m, n \in \mathbb{Z}$ e $n > 1$, vem: $a^\alpha = a^{\frac{m}{n}} = \sqrt[n]{a^m}$
- Se α é irracional, podemos obter a^α por aproximações de expoentes racionais.

Exemplos

a) $\left(-\frac{1}{3}\right)^1 = -\frac{1}{3}$

b) $\left(\frac{2}{5}\right)^{-3} = \left(\frac{5}{2}\right)^3$

c) $8^{\frac{1}{3}} = \sqrt[3]{8} = \sqrt[3]{2^3} = 2$

d) $2^{\sqrt{3}}$ se aproxima de $2^{1,7}$ ou de $2^{1,73}$ ou de $2^{1,732}$, pois 1,7, 1,73 e 1,732 são algumas das aproximações de $\sqrt{3}$.

e) $\left(\frac{1}{3}\right)^{-2} = \left(\frac{3}{1}\right)^2 = 3^2 = 9$

Atenção!
Quando a base *a* é negativa ou nula, com expoente real qualquer, algumas potências existem e outras não. Por exemplo:
a) $0^5 = 0 \cdot 0 \cdot 0 \cdot 0 \cdot 0$
b) 0^{-5} não existe, pois 0 não tem inverso.
c) $3^{0,5} = \sqrt{3}$
d) $(-3)^{0,5}$ não é possível em $\mathbb{R}$, pois não há raiz quadrada real de número negativo.

Exercícios Resolvidos

ER. 3 Decida qual número é maior, usando propriedades já estudadas:

$(16^2 - 15^2)$,

$\left(144^{\frac{1}{2}} \cdot 2^{-2} \cdot 3^{-1}\right)$

ou $\left(9^{\frac{1}{2}} \cdot \sqrt[3]{27} + 2\right)$

Resolução:

- $16^2 - 15^2 = (16 + 15) \cdot (16 - 15) = 31 \cdot 1 = 31$

- $144^{\frac{1}{2}} \cdot 2^{-2} \cdot 3^{-1} = \sqrt{144} \cdot \left(\frac{1}{2}\right)^2 \cdot \frac{1}{3} =$
  $= 12 \cdot \frac{1}{4} \cdot \frac{1}{3} = 1$

- $9^{\frac{1}{2}} \cdot \sqrt[3]{27} + 2 = \sqrt{9} \cdot \sqrt[3]{3^3} + 2 = 3 \cdot 3 + 2 = 11$

Logo, $(16^2 - 15^2)$ é o maior número.

Recorde
Para todo *a* e *b* reais temos:
$a^2 - b^2 = $
$= (a + b)(a - b)$

Função exponencial

ER. 4 Expresse na forma fatorada a expressão:
$$2^{23} + 2^{24} + 2^{21}$$

Resolução:

$2^{23} + 2^{24} + 2^{21} = 2^{21} \cdot (2 \cdot 2 + 2 \cdot 2 \cdot 2 + 1) = 2^{21} \cdot (4 + 8 + 1) = 13 \cdot 2^{21}$

Recorde

Fatorar uma expressão é transformá-la em produto. O caso de fatoração mais simples é aquele em que se coloca o termo comum em evidência.

Exercícios Propostos

4. Simplifique as expressões:
   a) $\dfrac{2^3 - 2^2}{8}$
   c) $\pi^4 \cdot \pi^{-2}$
   b) $2^x \cdot 2^{-x} \cdot 2^x$
   d) $3^2 + 9^2 + 315 \cdot 5^{-1} + 3^{-1} \cdot 81$

5. Determine a diferença entre o maior e o menor dos números abaixo:
$$\left(2.010^2 - 2.009^2\right) \text{ e } 4^5 \cdot 2^2$$

6. Registre o valor de cada expressão como uma potência da base indicada.
   a) $\sqrt{4} \cdot 0{,}25 \cdot 32$, na base 2
   b) $3x \cdot \dfrac{1}{27} \cdot \sqrt[4]{81} \cdot 9$, na base 3
   c) $8^2 \cdot 32 \cdot \sqrt{16} \cdot 2$, na base 4

7. Determine o valor de $8m^5n - 2mn^3$, sabendo que $2m^2 + n = 1$ e $2m^3n - mn^2 = 9$.

1.2 PROPRIEDADES DA POTENCIAÇÃO

As propriedades estudadas para potências de expoente inteiro continuam válidas para potências de expoente real. Vamos enunciá-las para bases positivas, no entanto, elas também são válidas para bases negativas com expoente inteiro.

- **Multiplicação de potências de mesma base**

Considere os números reais a, x e y, com $a > 0$. Então:
$$a^x \cdot a^y = a^{x+y}$$

Exemplo

$(-5)^2 \cdot (-5)^3 \cdot (-5) = \underbrace{(-5) \cdot (-5)}_{(-5)^2} \cdot \underbrace{(-5) \cdot (-5) \cdot (-5)}_{(-5)^3} \cdot (-5) = (-5)^6$

- **Divisão de potências de mesma base**

Considere os números reais a, x e y, com $a > 0$. Então:
$$a^x : a^y = a^{x-y}$$

Exemplo

$$\left(-\dfrac{3}{4}\right)^2 : \left(-\dfrac{3}{4}\right)^5 = \left(-\dfrac{3}{4}\right)^{2-5} = \left(-\dfrac{3}{4}\right)^{-3} = \left(-\dfrac{4}{3}\right)^3$$

- **Potência de potência**

Considere os números reais a, x e y, com $a > 0$. Então:
$$(a^x)^y = a^{x \cdot y}$$

Exemplo

$$\left(5^3\right)^2 = 5^{3 \cdot 2} = 5^6$$

Observação

Note que a propriedade potência de potência não se aplica quando temos a^{x^y}, pois nesse caso a base a está elevada a uma potência.

Veja, por exemplo, que $10^{2^3} \neq (10^2)^3$. De fato:

$10^{2^3} = 10^{2 \cdot 2 \cdot 2} = 10^8 = 100.000.000$ e $(10^2)^3 = 10^{2 \cdot 3} = 10^6 = 1.000.000$

- **Distributiva da potenciação em relação à multiplicação e à divisão**

Considere os números reais a, b e x, com $a > 0$ e $b > 0$. Então:

$$(a \cdot b)^x = a^x \cdot b^x \text{ e } \left(\frac{a}{b}\right)^x = \frac{a^x}{b^x}$$

Exemplos

a) $(5a)^2 = (5 \cdot a)^2 = 5^2 \cdot a^2 = 25a^2$

b) $\left(\frac{5}{m}\right)^3 = \frac{5^3}{m^3} = \frac{125}{m^3}$

Exercícios Resolvidos

ER. 5 Calcule as potências indicadas e verifique algumas propriedades.

a) $3^5 : 3^2$
b) $(5^2)^3$
c) $(2 \cdot 3)^3$

Resolução:

a) $3^5 : 3^2 = \dfrac{3 \cdot 3 \cdot 3 \cdot 3 \cdot 3}{3 \cdot 3} = 3 \cdot 3 \cdot 3 = 3^3$

Aplicando a propriedade de divisão de potência de mesma base, obtemos o mesmo valor:

$$3^5 : 3^2 = 3^{5-2} = 3^3$$

b) $(5^2)^3 = (5 \cdot 5)^3 = (5 \cdot 5) \cdot (5 \cdot 5) \cdot (5 \cdot 5) = 5^6$

Aplicando a propriedade de potência de potência, obtemos o mesmo valor:

$$(5^2)^3 = 5^{2 \cdot 3} = 5^6$$

c) $(2 \cdot 3)^3 = (2 \cdot 3) \cdot (2 \cdot 3) \cdot (2 \cdot 3) = (2 \cdot 2 \cdot 2) \cdot (3 \cdot 3 \cdot 3) = 2^3 \cdot 3^3$

Aplicando a propriedade distributiva, obtemos o mesmo valor:

$$(2 \cdot 3)^3 = 2^3 \cdot 3^3$$

ER. 6 Mostre que $\left(\dfrac{1}{a}\right)^x = a^{-x}$ para todo x e a reais, com $a > 0$.

Resolução: Aplicando as propriedades de potências e sendo $a \neq 0$, obtemos:

$$\left(\frac{1}{a}\right)^x = \frac{1^x}{a^x} = \frac{1}{a^x} = \frac{a^0}{a^x} = a^{0-x} = a^{-x}$$

ER. 7 Aplique as propriedades e expresse na forma de uma só potência.

a) $[(-4)^3]^2$
b) $\dfrac{5^3}{2^6}$
c) $3^3 - (-3)^3 + 3^3$
d) $\dfrac{\sqrt{5}}{\sqrt[4]{3}}$
e) $2^{3^2} \cdot 2^2 \cdot 2^{-3}$

Resolução:

a) $(-4)^{3 \cdot 2} = [(-1) \cdot 4]^6 = (-1)^6 \cdot 4^6 = 4^6$

b) $\dfrac{5^3}{2^6} = \dfrac{5^3}{2^{2 \cdot 3}} = \dfrac{5^3}{(2^2)^3} = \dfrac{5^3}{4^3} = \left(\dfrac{5}{4}\right)^3$

c) $3^3 - (-3)^3 + 3^3 = 3^3 - [(-1)^3 \cdot 3^3] + 3^3 = 3^3 - (-3^3) + 3^3 = 3^3 + 3^3 + 3^3 = 3 \cdot 3^3 = 3^{1+3} = 3^4$

d) $\dfrac{\sqrt{5}}{\sqrt[4]{3}} = \dfrac{5^{\frac{1}{2}}}{3^{\frac{1}{4}}} = \dfrac{5^{2 \cdot \frac{1}{4}}}{3^{\frac{1}{4}}} = \dfrac{(5^2)^{\frac{1}{4}}}{3^{\frac{1}{4}}} = \dfrac{25^{\frac{1}{4}}}{3^{\frac{1}{4}}} = \left(\dfrac{25}{3}\right)^{\frac{1}{4}}$

e) $2^{3^2} \cdot 2^2 \cdot 2^{-11} = 2^9 \cdot 2^2 \cdot 2^{-11} = 2^{9+2-11} = 2^0$

ER. 8 Simplifique a expressão

$$\frac{729 \cdot \frac{1}{81} \cdot 3 : \frac{1}{9} \cdot 243}{\frac{1}{27} \cdot \frac{1}{3}}$$

e dê o resultado como uma potência de base 3.

Resolução:

$$\frac{729 \cdot \frac{1}{81} \cdot 3 : \frac{1}{9} \cdot 243}{\frac{1}{27} \cdot \frac{1}{3}} = \frac{3^6 \cdot \frac{1}{3^4} \cdot 3 : \frac{1}{3^2} \cdot 3^5}{\frac{1}{3^3} \cdot \frac{1}{3}} = \frac{3^6 \cdot 3^{-4} \cdot 3 : 3^{-2} \cdot 3^5}{3^{-3} \cdot 3^{-1}} =$$

$$= \frac{3^{[6 + (-4) + 1 - (-2) + 5]}}{3^{-3 + (-1)}} = \frac{3^{10}}{3^{-4}} = 3^{10 - (-4)} = 3^{14}$$

ER. 9 Simplifique as expressões, sendo $b > 0$ e $b \neq 1$.

a) $b^{-\sqrt{3}} \cdot \left(b^{\frac{\sqrt{6}}{2}} \right)^{\sqrt{2}}$

b) $\left(b^{\sqrt{2}} \right)^{\sqrt{8}} \cdot b^{-3} \cdot b^{-\frac{1}{2}}$

Resolução:

a) $b^{-\sqrt{3}} \cdot \left(b^{\frac{\sqrt{6}}{2}} \right)^{\sqrt{2}} = b^{-\sqrt{3}} \cdot b^{\frac{\sqrt{6} \cdot \sqrt{2}}{2}} =$
$= b^{-\sqrt{3}} \cdot b^{\frac{\sqrt{12}}{2}} = b^{-\sqrt{3}} \cdot b^{\sqrt{3}} = b^0 = 1$

b) $\left(b^{\sqrt{2}} \right)^{\sqrt{8}} \cdot b^{-3} \cdot b^{-\frac{1}{2}} = b^{\sqrt{16}} \cdot b^{-3} \cdot b^{-0,5} =$
$= b^{4 - 3 - 0,5} = b^{0,5} = \sqrt{b}$

Recorde

$$\frac{\sqrt{12}}{2} = \frac{\sqrt{4 \cdot 3}}{2} = \frac{\sqrt{4} \cdot \sqrt{3}}{2} = \frac{2\sqrt{3}}{2} = \sqrt{3}$$

ER. 10 Resolva cada expressão abaixo e diga se o valor encontrado é racional ou irracional.

a) $X \cdot Y \cdot Z$, sendo
$X = 2^5 \cdot (-2)^2$
$Y = 4^{\frac{1}{2}} \cdot 8^{-1}$
$Z = (-2)^{-5} \cdot \sqrt[5]{(-2^5)^1}$

b) $\sqrt{\sqrt[3]{5^5}} \cdot \sqrt{2} \cdot \sqrt[3]{2}$

Resolução:

a) Repare que:
- $(-2)^2 = 2^2$
- $4^{\frac{1}{2}} = (2^2)^{\frac{1}{2}} = 2^{2 \cdot \frac{1}{2}} = 2^1 = 2$
- $8^{-1} = (2^3)^{-1} = 2^{-3}$
- $(-2)^{-5} = \frac{1}{(-2)^5} = -\frac{1}{2^5} = (-1) \cdot 2^{-5}$
- $\sqrt[5]{(-2^5)^1} = \sqrt[5]{(-2)^5} = -2 = (-1) \cdot 2$

Atenção!

Para todo x real, temos:
$\sqrt{x^2} = |x|$
$\sqrt[5]{x^5} = x$

Assim:
$2^5 \cdot (-2)^2 \cdot 4^{\frac{1}{2}} \cdot 8^{-1} \cdot (-2)^{-5} \cdot (-2^5)^{\frac{1}{5}} =$
$= 2^5 \cdot 2^2 \cdot 2 \cdot 2^{-3} \cdot (-1) \cdot 2^{-5} \cdot (-1) \cdot 2 = (-1) \cdot (-1) \cdot 2^{5 + 2 + 1 - 3 - 5 + 1} =$
$= 2$ (número racional)

b) $\sqrt{\sqrt[3]{5^5}} \cdot \sqrt{2} \cdot \sqrt[3]{2} = \sqrt[6]{5^5} \cdot 2^{\frac{1}{2}} \cdot 2^{\frac{1}{3}} = 5^{\frac{5}{6}} \cdot 2^{\frac{3}{6}} \cdot 2^{\frac{2}{6}} =$
$= 5^{\frac{5}{6}} \cdot 2^{\frac{5}{6}} = (5 \cdot 2)^{\frac{5}{6}} = (10)^{\frac{5}{6}} = \sqrt[6]{10^5} = \sqrt[6]{100.000}$ (número irracional)

EXERCÍCIOS PROPOSTOS

8. Aplique as propriedades da potenciação.

a) $5^2 \cdot 3^2$
b) $3^2 \cdot 3^{-3} \cdot 3^5 \cdot 3$
c) $[(-7)^3]^{-2}$
d) $3^3 + 3^3 + 3^3$
e) $5^2 \cdot 5^3 : 5^6$
f) $2 \cdot (-2)^5 \cdot 2^{-4} \cdot 2^0$

9. Dê o resultado da expressão

como uma potência de base 2.

10. Represente as expressões a seguir como potência de expoente real de base a, com $a > 0$ e $a \neq 1$.

a) $\frac{a^5}{a^3} \cdot \sqrt{a}$
b) $a^2 \cdot \sqrt[3]{a^2} \cdot a^{\frac{1}{3}}$
c) $\frac{a^2 + a}{a^6 + a^5}$

11. Determine o menor dos números descritos pelas expressões:

"o quádruplo de 4^3" e "a terça parte de 3^6"

12. Quantas potências de base 2 e expoente natural estão compreendidas entre 7 e 1.000?

13. Simplifique as seguintes expressões e responda usando radical.

a) $\sqrt[5]{2^3} \cdot \sqrt[4]{2^2}$
b) $5^{\frac{3}{4}} \cdot 5^{\frac{2}{3}}$

14. Represente os números a seguir como potências de base 3 e expoente real.

a) $\sqrt{3 \cdot \sqrt{3 \cdot \sqrt{3 \cdot \sqrt{3}}}}$
b) $\sqrt[3]{\left(3^{\sqrt{3}} \right)^{\sqrt{3}}}$

Enigmas, Jogos & Brincadeiras

Que Tipo de Pessoa você É?

Observe que o número **9** pode ser escrito do seguinte modo:

$$9 = 1 \cdot 2^3 + 0 \cdot 2^2 + 0 \cdot 2^1 + 1 \cdot 2^0$$

Dizemos que **1 0 0 1** é a escrita do número 9 na *base binária* (obtida por meio da soma de produtos que envolvem potências de base 2), que é a linguagem usada no computador. Considere, agora, a seguinte afirmação:

*Existem **1 0** tipos de pessoas no mundo:
as que conhecem linguagem binária e as que não conhecem!*

Por que essa frase está correta?

2. A Função Exponencial

Acompanhe a situação a seguir.

A população de certa espécie de alga marinha tem uma característica curiosa: caso não seja consumida, essa população de algas dobra a cada mês.

Vamos analisar a evolução da quantidade de algas (população) na tabela ao lado, supondo que inicialmente (tempo zero) exista apenas uma delas.

Observe que após x meses a quantidade y de indivíduos da população de algas será dada por $y = 2^x$.

Funções que apresentam a variável no expoente são chamadas de **funções exponenciais**. Veja os exemplos, considerando o domínio $\mathbb{R}$:

Tempo (em meses)	População (quantidade de indivíduos)
0	$1 = 2^0$
1	$2 \cdot 1 = 2 = 2^1$
2	$2 \cdot 2 = 4 = 2^2$
3	$2 \cdot 4 = 8 = 2^3$
⋮	⋮

a) $y = 3^x$
b) $f(x) = (0,5)^x$
c) $\left(\dfrac{1}{3}\right)^x$

> Uma função $f: \mathbb{R} \to \mathbb{R}_+^*$ é chamada de **função exponencial** quando é definida por $f(x) = a^x$, com $a > 0$ e $a \neq 1$.

A partir de funções exponenciais podemos obter ainda outras funções em que a variável aparece no expoente.

Exemplos

a) $g(x) = 2^{x+1}$
b) $h(x) = 3 + 2^x$
c) $y = 2^{3x}$

Exercício Resolvido

ER. 11 Para $f: \mathbb{R} \to \mathbb{R}_+^*$ tal que $f(x) = b \cdot a^x$, com $a > 0$ e $a \neq 1$, obtenha:

a) os coeficientes b, a e a lei de f, sabendo que $f(0) = 1$ e $f(3) = 27$;

b) o valor de x para que a sua imagem pela função f seja 9.

Resolução:

a) $f(0) = b \cdot a^0 = 1 \Rightarrow b = 1$
$f(3) = b \cdot a^3 = 27 \Rightarrow 1 \cdot a^3 = 27 \Rightarrow a = \sqrt[3]{27} \Rightarrow a = 3$
Logo, $f(x) = 3^x$.

b) $f(x) = 9 \Rightarrow 3^x = 9 \Rightarrow 3^x = 3^2 \Rightarrow \dfrac{3^x}{3^2} = \dfrac{3^2}{3^2} \Rightarrow 3^{x-2} = 1$

Como 3^0 é a única potência de 3 que resulta em 1, devemos ter:

$$x - 2 = 0 \Rightarrow x = 2$$

Função exponencial **245**

Exercícios Propostos

15. Determine $f(3)$, $f(-5)$ e $f(0,5)$ quando f é definida por $f(x) = 2^x$.

16. Encontre o valor de x cuja imagem pela função f é 5, sendo $f(x) = 5^x$.

17. Calcule o valor de y, quando $x = -\dfrac{1}{3}$ e $y = 8^x$.

18. A função dada por $y = 3^{x+1}$ tem zeros? Por quê?

19. [COMUNICAÇÃO] O número de pessoas que ficaram sabendo de uma notícia a partir de certo dia é dado por $N(x) = b \cdot a^x$ (com $a > 0$ e $a \neq 1$), em que x é o número de dias contados a partir do início da propagação da notícia.

a) Determine $N(x)$ sabendo que inicialmente ($x = 0$) 105 pessoas sabiam da notícia e que passado 1 dia ($x = 1$) 315 pessoas já sabiam dessa notícia.

b) Depois de 4 dias do início da propagação, quantas pessoas já sabiam da notícia?

20. [CONTABILIDADE] Clarice foi admitida com um salário de 500 reais em uma empresa que a cada ano reajusta os salários dos funcionários em 2%.

a) Encontre uma função que descreva como o salário de Clarice varia em relação ao tempo de serviço, em anos.

b) Depois de 3 anos na empresa, qual é o salário de Clarice?

2.1 ALGUMAS PROPRIEDADES VÁLIDAS PARA UMA FUNÇÃO EXPONENCIAL

Para a função $f: \mathbb{R} \to \mathbb{R}_+^*$ definida por $f(x) = a^x$, com $a > 0$ e $a \neq 1$, são válidas as seguintes propriedades. Vamos demonstrar apenas duas delas.

1.ª) A função f é sempre positiva.

Demonstração

Como a base a é um número real positivo ($a > 0$), a potência a^x é sempre positiva, para qualquer x real.

2.ª) Para quaisquer x_1 e x_2 do domínio de f, temos: $f(x_1) = f(x_2) \Leftrightarrow x_1 = x_2$

3.ª) Para quaisquer x_1 e x_2 do domínio de f, temos: $f(x_1 + x_2) = f(x_1) \cdot f(x_2)$

Demonstração

$$f(x_1 + x_2) = a^{x_1 + x_2} = a^{x_1} \cdot a^{x_2} = f(x_1) \cdot f(x_2)$$

4.ª) Para quaisquer x_1 e x_2 do domínio de f, temos:

$$f(x_1 - x_2) = \dfrac{f(x_1)}{f(x_2)}$$

> *Faça*
>
> Mostre que a função f de $\mathbb{R}$ em $\mathbb{R}_+^*$ tal que $f(x) = a^x$, com $a > 0$ e $a \neq 1$, é uma função bijetora.

Exercícios Resolvidos

ER. 12 Considere as funções exponenciais indicadas com domínio real.

a) Sabendo que $f(m - 1) = 3^{m-1}$, determine o valor real de m tal que $f(m - 1) = 9$ e a lei $f(x)$.

b) Encontre o valor de $g(1.318) : g(1.317)$ e de $[g(-3)]^2$ para $g(x) = (0,5)^x$.

Resolução:

a) $f(m - 1) = 3^{m-1} = 9 \Leftrightarrow 3^{m-1} = 3^2 \Leftrightarrow m - 1 = 2 \Leftrightarrow m = 3$

Fazendo $x = m - 1$, obtemos $x + 1 = m$. Desse modo:

$$f(x) = f(m - 1) = 3^{m-1} = 3^{(x+1)-1} = 3^{x+1-1} = 3^x$$

Logo, $f(x) = 3^x$

b) • $g(1.318) : g(1.317) = g(1.318 - 1.317) = g(1) = (0,5)^1 = 0,5$

• $[g(-3)]^2 = g(-3) \cdot g(-3) = g(-3 - 3) = g(-6) = (0,5)^{-6} = \left(\dfrac{1}{0,5}\right)^6 = 2^6 = 64$

ER. 13 Considere f definida por $f(x) = a^x$, com $a > 0$ e $a \neq 1$, e mostre que para todo x de $D(f)$ tem-se:
a) $[f(x)]^2 = f(2x)$
b) $[f(x)]^3 = f(3x)$
c) $[f(x)]^n = f(nx)$, com n natural

Resolução:
a) $[f(x)]^2 = f(x) \cdot f(x) = f(x + x) = f(2x)$
b) $[f(x)]^3 = f(x) \cdot f(x) \cdot f(x) = f(2x) \cdot f(x) = f(2x + x) = f(3x)$

c) Por recorrência, sendo n natural, podemos mostrar que:

$$\underbrace{f(x) \cdot f(x) \cdot ... \cdot f(x)}_{n \text{ fatores}} = f(\underbrace{x + x + ... + x}_{n \text{ parcelas}})$$

Assim:
$$[f(x)]^n = \underbrace{f(x) \cdot f(x) \cdot ... \cdot f(x)}_{n \text{ fatores}} = f(\underbrace{x + x + ... + x}_{n \text{ parcelas}}) = f(nx)$$

Faça

Sendo $f(x) = a^x$, calcule:
$[f(x)]^0$ e $f(0 \cdot x)$

Exercícios Propostos

21. Dados $f(x) = 2^x$ e $g(x) = 3^x$, usando as propriedades estudadas determine:
a) $[f(x)]^4$
b) $[g(x)]^4$
c) $h(x) = [f(x)]^4 \cdot [g(x)]^4$
d) $h(0,5)$
e) $h(0,25)$

22. Determine a lei da função exponencial h de domínio real tal que:
$$h(k + 3) = 2^{2k + 6}$$

23. Determine os valores reais de x para que se tenha $h(x) = g(x)$ tal que:
$$h(x) = 4 \cdot 2^x \text{ e } g(x) = 8^x$$

Matemática, Ciência & Vida

Se beber, não dirija. Esse aviso você já deve ter ouvido e lido inúmeras vezes. Mas você já parou para analisar o porquê dessa informação?

É que a bebida, além de alterar a percepção de quem bebe, também altera o seu tempo de reação, diminuindo-o consideravelmente à medida que aumenta a quantidade de álcool no organismo. Para um jovem entre 18 e 25 anos, por exemplo, o tempo de reação médio é de 0,5 s quando sóbrio. Isso pode parecer pouco, mas se a pessoa estiver dirigindo um veículo a 80 km/h e precisar frear, esse tempo de reação significa que o veículo terá se deslocado mais de 10 m antes que o piloto acione os freios (lembre-se de seus conhecimentos de Física: $\Delta s = v \cdot \Delta t$). A ingestão de álcool aumenta esse tempo de reação de **forma exponencial**.

Uma pesquisa monitorada, realizada com voluntários na faixa de 18 a 25 anos, nos dá uma amostra de como esse tempo de reação é alterado com a bebida, sem levar em conta as mudanças de humor. Os jovens foram levados a uma pista em que deveriam dirigir seu veículo a 50 km/h por um trajeto marcado com cones plásticos, sem derrubar nenhum deles. A cada dose de cerveja ou de vodca com energético (vodca-*ice*), deveriam voltar à pista e refazer o trajeto.

Alguns dos voluntários relatavam, sob efeito do álcool, que "os cones pulavam". O efeito do álcool no organismo dos jovens foi tão dramático que os pesquisadores consideraram mais prudente abortar a última fase do teste.

Bebida e direção de veículos automotores não combinam, quase sempre resultando em acidentes, que podem até mesmo causar a morte.

2.2 GRÁFICO DE UMA FUNÇÃO EXPONENCIAL

Como fizemos em outras funções, para se construir o gráfico de uma função exponencial dada por $f(x) = a^x$, com $a > 0$ e $a \neq 1$, vamos tabelar alguns pontos desse gráfico que nos possibilitem traçar a curva.

Exemplo

Consideremos as funções abaixo definidas de $\mathbb{R}$ em $\mathbb{R}_+^*$:

a) $f(x) = 2^x$

b) $g(x) = \left(\dfrac{1}{2}\right)^x$

Alguns pontos do gráfico de f

x	$f(x) = 2^x$	Pontos
-2	$f(-2) = 2^{-2} = \dfrac{1}{4}$	$\left(-2, \dfrac{1}{4}\right)$
-1	$f(-1) = 2^{-1} = \dfrac{1}{2}$	$\left(-1, \dfrac{1}{2}\right)$
0	$f(0) = 2^0 = 1$	$(0, 1)$
1	$f(1) = 2^1 = 2$	$(1, 2)$
2	$f(2) = 2^2 = 4$	$(2, 4)$
3	$f(3) = 2^3 = 8$	$(3, 8)$

Alguns pontos do gráfico de g

x	$g(x) = (0,5)^x$	Pontos
-3	$g(-3) = (0,5)^{-3} = 8$	$(-3, 8)$
-2	$g(-2) = (0,5)^{-2} = 4$	$(-2, 4)$
-1	$g(-1) = (0,5)^{-1} = 2$	$(-1, 2)$
0	$g(0) = (0,5)^0 = 1$	$(0, 1)$
1	$g(1) = (0,5)^1 = \dfrac{1}{2}$	$\left(1, \dfrac{1}{2}\right)$
2	$g(2) = (0,5)^2 = \dfrac{1}{4}$	$\left(2, \dfrac{1}{4}\right)$

Gráfico de f

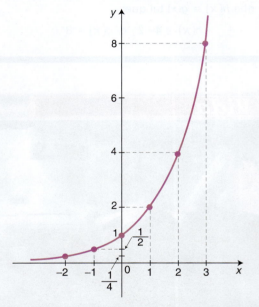

Gráfico de g

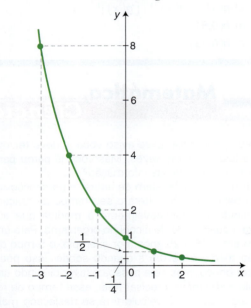

Observando os gráficos de f e de g dos exemplos acima, notamos que:

- f, dada por $f(x) = 2^x$, é uma função crescente, enquanto g, dada por $g(x) = \left(\dfrac{1}{2}\right)^x$, é uma função decrescente.
- Os dois gráficos cruzam o eixo y no ponto $(0, 1)$, pois $f(0) = g(0) = 1$.
- Os valores de f e g são sempre positivos, pois $f(x) > 0$ e $g(x) > 0$, para todo x do domínio de cada função. Dessa forma, f e g não têm zeros, ou seja, os gráficos de f e de g não cruzam o eixo x.
- f e g são funções bijetoras.

Algumas dessas conclusões observadas para as funções f e g são válidas para toda função exponencial do tipo $h(x) = a^x$ de $\mathbb{R}$ em $\mathbb{R}_+^*$:

- $h(0) = 1$
- $h(x) > 0, \forall x \in \mathbb{R}$
- h não tem zeros
- h é bijetora

248 MATEMÁTICA — UMA CIÊNCIA PARA A VIDA

No entanto, outras características dependem da base a, como:

- h é crescente, se $a > 1$

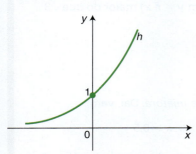

- h é decrescente, se $0 < a < 1$

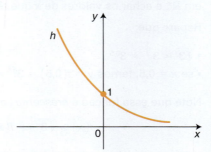

EXERCÍCIOS RESOLVIDOS

ER. 14 Sendo $f: A \to \mathbb{R}$, construa o gráfico de f para $f(x) = 3^x$, com $A = \{-2, -1, 0, 1\}$, e para $f(x) = \left(\frac{1}{3}\right)^x$, com $A = [-1, 2]$. Em seguida, determine $\text{Im}(f)$ e diga se f é crescente ou decrescente, em cada caso.

Resolução: No caso de $f(x) = 3^x$ com $A = \{-2, -1, 0, 1\}$, a tabela *define* a função f, pois contém todos os valores do domínio de f, que é o próprio conjunto A. Note também que o gráfico de f é formado apenas pelos pontos, que não podem ser ligados por uma linha.

Pontos do gráfico de f

x	$y = f(x) = 3^x$	Pontos
-2	$y = f(-2) = 3^{-2} = \frac{1}{9}$	$\left(-2, \frac{1}{9}\right)$
-1	$y = f(-1) = 3^{-1} = \frac{1}{3}$	$\left(-1, \frac{1}{3}\right)$
0	$y = f(0) = 3^0 = 1$	$(0, 1)$
1	$y = f(1) = 3^1 = 3$	$(1, 3)$

Gráfico de f

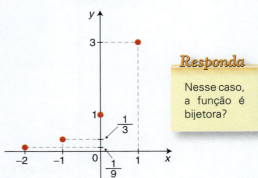

Responda
Nesse caso, a função é bijetora?

Note que, nesse caso, $\text{Im}(f) = \left\{\frac{1}{9}, \frac{1}{3}, 1, 3\right\}$ e f é crescente, pois $a = 3$ e $3 > 1$.

No caso de $f(x) = \left(\frac{1}{3}\right)^x$ com $A = [-1, 2]$, o domínio é um intervalo real fechado e, assim, a curva do gráfico é uma linha (contínua) com extremos nos pontos $(-1, f(-1))$ e $(2, f(2))$.

Alguns pontos do gráfico de f

x	$y = f(x) = \left(\frac{1}{3}\right)^x$	Pontos
-1	$y = f(-1) = \left(\frac{1}{3}\right)^{-1} = 3$	$(-1, 3)$
0	$y = f(0) = \left(\frac{1}{3}\right)^0 = 1$	$(0, 1)$
1	$y = f(1) = \left(\frac{1}{3}\right)^1 = \frac{1}{3}$	$\left(1, \frac{1}{3}\right)$
2	$y = f(2) = \left(\frac{1}{3}\right)^2 = \frac{1}{9}$	$\left(2, \frac{1}{9}\right)$

Gráfico de f

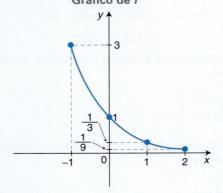

Nesse caso, temos $\text{Im}(f) = \left[\frac{1}{9}, 3\right]$ e $0 < a < 1$. Logo, f é decrescente.

Função exponencial

ER. 15 Encontre os valores de x em $\mathbb{R}$ para os quais se tem 3^x maior do que $\sqrt{3}$.

Resolução: Vamos considerar a função exponencial dada por $y = 3^x$ de $\mathbb{R}$ em $\mathbb{R}_+^*$ e achar os valores de x que têm imagem $y = f(x)$ maior do que $\sqrt{3}$.

Repare que:

- $\sqrt{3} = 3^{\frac{1}{2}} = 3^{0,5}$
- se $x = 0,5$, temos $y = f(0,5) = 3^{0,5} = \sqrt{3}$

Note que essa função é *crescente* ($a = 3 > 1$) e *injetora*. Daí, vem:

$$f(x) > \sqrt{3} \Rightarrow f(x) > f(0,5) \Rightarrow x > 0,5$$

Veja que também podemos encontrar esses valores observando o gráfico de f:

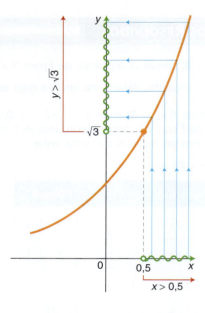

Logo, para $x > 0,5$, tem-se $3^x > \sqrt{3}$.

Exercícios Propostos

24. Em cada caso, esboce o gráfico de
$$g: \mathbb{R} \to \mathbb{R}_+^*$$
e determine se a função é crescente ou decrescente.

a) $g(x) = 5^x$
b) $g(x) = (0,2)^x$

25. Verifique se a função é crescente ou decrescente e justifique.

a) $f(x) = (0,25)^x$
b) $g(x) = 25^x$
c) $h(x) = (2,5)^x$

26. Construa, em um mesmo plano cartesiano, os gráficos de f, g e h, todas funções de domínio real, dadas por $f(x) = 2^x$, $g(x) = 2^x + 1$ e $h(x) = 2^{x+1}$.

O que você pode observar sobre esses três gráficos?

27. Esboce o gráfico de cada função dada abaixo, sendo $D(f) = \mathbb{R}$.

a) $f(x) = \pi^x$
b) $f(x) = \left(\dfrac{4}{5}\right)^x$
c) $f(x) = \left(\sqrt{5}\right)^x$
d) $f(x) = 8^{-x}$

28. Dos gráficos dados abaixo, identifique aqueles que podem ser obtidos a partir de uma função exponencial.

a)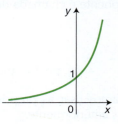

c)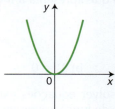

e)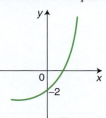

b)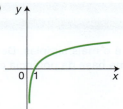

d)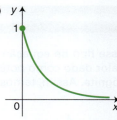

f)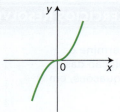

29. Os gráficos abaixo representam funções exponenciais. Determine a lei correspondente a cada função.

a)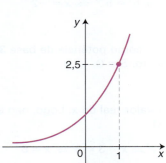

b)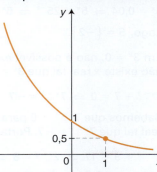

c)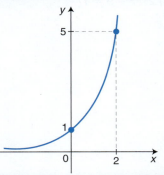

Conheça mais...

Leonhard Euler (1707-1783) foi um grande cientista, com trabalhos relevantes nas áreas de Física, Engenharia, Astronomia e, é claro, na Matemática.

Uma de suas contribuições mais conhecidas é a notação atual para a constante **e**, que nos dá a noção do que acontece quando produzimos infinitas variações extremamente pequenas.

Para entender melhor, observe a sequência de cálculos no quadro ao lado.

Note que, embora o expoente aumente, o número somado ao 1 diminui. Com isso, o resultado tende a um certo valor irracional igual a:

2,718281828459045...

Esse número, conhecido hoje como **constante de Euler**, é essencial para funções exponenciais que modelam diversos fenômenos, como o do crescimento de determinada população ou de uma aplicação financeira.

$(1+1)^1 = 2,0000$

$\left(1+\dfrac{1}{2}\right)^2 = 2,2500$

$\left(1+\dfrac{1}{3}\right)^3 = 2,3704$

$\left(1+\dfrac{1}{4}\right)^4 = 2,4414$

$\left(1+\dfrac{1}{5}\right)^5 = 2,4883$

$\left(1+\dfrac{1}{10}\right)^{10} = 2,5937$

$\left(1+\dfrac{1}{100}\right)^{100} = 2,7048$

$\left(1+\dfrac{1}{1.000}\right)^{1.000} = 2,7169$

$\left(1+\dfrac{1}{10.000}\right)^{10.000} = 2,7181$

⋮

Leonhard Euler.

3. Equações Exponenciais

Toda equação que apresenta a incógnita no expoente é chamada de **equação exponencial**.

Exemplos

a) $5^x = 0{,}04$ b) $3^x = 0$ c) $2^{x-1} = 0$ d) $3^{x+1} - 3^x = 6$

Para resolver equações exponenciais, vamos usar as propriedades de potenciação e de função exponencial estudadas anteriormente.

Exercícios Resolvidos

ER. 16 Determine o conjunto solução das seguintes equações, em $\mathbb{R}$:
a) $5^x = 0{,}04$
b) $3^x = 0$
c) $7^{x-1} + 7 = 0$
d) $2^{x-3} + 9 = 17$

Resolução: Esse tipo de equação exponencial é o mais simples. Devemos expressar o valor dado como potência de mesma base da potência em que aparece a incógnita. Assim, temos:

a) $5^x = 0{,}04$

Note que $0{,}04 = \dfrac{4}{100} = \dfrac{1}{25} = 25^{-1}$. Daí:

$5^x = 0{,}04 \Rightarrow 5^x = 25^{-1} \Rightarrow 5^x = (5^2)^{-1} \Rightarrow 5^x = 5^{-2} \Rightarrow x = -2$

Logo, $S = \{-2\}$.

b) Em $3^x = 0$, não é possível exprimir zero como potência de base 3. Logo, não existe x real tal que $3^x = 0$ e, portanto, $S = \emptyset$.

c) $7^{x-1} + 7 = 0 \Rightarrow 7^{x-1} = -7$

Sabemos que $7^{x-1} > 0$ para qualquer valor real de x. Logo, não existe x real tal que $7^{x-1} = -7$. Portanto, $S = \emptyset$.

d) $2^{x-3} + 9 = 17 \Rightarrow 2^{x-3} = 8 \Rightarrow 2^{x-3} = 2^3 \Rightarrow x - 3 = 3 \Rightarrow x = 6$

Logo, $S = \{6\}$.

ER. 17 Encontre os valores reais de x que satisfazem as equações abaixo.
a) $3^{x+3} - 2 \cdot 3^{x+2} = 81$
b) $2^x = 12 - 2^{2x}$

Resolução: Agora, temos equações exponenciais que não são diretas. Precisamos prepará-las para torná-las mais simples.

a) $3^{x+3} - 2 \cdot 3^{x+2} = 81$
$3^x \cdot 3^3 - 2 \cdot 3^x \cdot 3^2 = 81$
$3^x \cdot (3^3 - 2 \cdot 3^2) = 81$
$3^x \cdot (27 - 18) = 81$
$3^x \cdot 9 = 81$
$\dfrac{3^x \cdot 9}{9} = \dfrac{81}{9}$
$3^x = 9$
$3^x = 3^2$
$x = 2$

b) $2^{2x} = 12 + 2^x$
$(2^x)^2 - 2^x - 12 = 0$
Fazendo $2^x = t$, vem:
$t^2 - t - 12 = 0$
$(t - 4)(t + 3) = 0$
$t = 4$ ou $t = -3$
Voltando para a incógnita x, temos:
$2^x = 4$ ou $2^x = -3$ (impossível)
$2^x = 2^2$
$x = 2$

ER. 18 Encontre as raízes da equação $5^{x^2 - 3x + 2} = 1$, em $\mathbb{R}$.

Resolução:
$5^{x^2 - 3x + 2} = 1$
$5^{x^2 - 3x + 2} = 5^0$
$x^2 - 3x + 2 = 0$
$(x - 2)(x - 1) = 0$
$x - 2 = 0$ ou $x - 1 = 0$
$x = 2$ $x = 1$
Logo, as raízes da equação dada são 2 e 1.

> **Recorde**
>
> *Raiz* de uma equação é todo número do universo considerado que satisfaz a equação, isto é, torna a sentença verdadeira.

Exercícios Propostos

30. Das equações exponenciais dadas abaixo, determine, em $\mathbb{R}$, qual delas tem:
 I. zero como solução
 II. o conjunto solução vazio
 III. mais de uma raiz

a) $2^x = 16$
b) $3^x = 1$
c) $5^x = \dfrac{1}{25}$
d) $3^{x^2 + 6x + 2} = 9$
e) $10^x = 0$
f) $4^x - 3 \cdot 2^x + 2 = 0$

31. Responda quantos e quais números inteiros satisfazem as equações:

a) $4^x = 32$
b) $10 \cdot 10^{(x - 1,2)(x + 3)} = 10$

32. Determine o conjunto solução no universo $\mathbb{R}$.

a) $2^x + 2^{x+2} = 10$
b) $3^{x+1} + 3^{x-1} = 30$
c) $7^x + 7^{x-1} = 8$
d) $2^x \cdot 9 = 4 \cdot 3^x$
e) $7^{2x-1} = 49$
f) $4^x + 3 \cdot 2^x + 2 = 0$

33. O conjunto solução da equação $\left(\sqrt[3]{\dfrac{3}{5}}\right)^{5x+2} = \dfrac{9}{25}$ contém que tipos de números reais? Se possível, expresse-os na forma de fração e na forma decimal.

34. Obtenha $x - y$ sabendo que:
$$\begin{cases} 2^x \cdot 2^y = 4^{x+y-2} \\ 2^x \cdot (\sqrt{8})^y = \dfrac{1}{4} \end{cases}$$

4. Inequações Exponenciais

Toda inequação que apresenta a incógnita no expoente é chamada de **inequação exponencial**.

Exemplos

a) $5^x > 0{,}04$
b) $3^x < 0$
c) $2^{x-1} \geq 0$
d) $3^{x+1} - 3^x \leq 6$

Para resolver inequações exponenciais, além das propriedades de potenciação e de função exponencial, vamos usar o fato de a função ser injetora e também crescente ou decrescente.

Exercícios Resolvidos

ER. 19 Determine, em $\mathbb{R}$, o conjunto solução de cada uma das inequações.

a) $(\sqrt{3})^x < (\sqrt{3})^3$
b) $(0{,}27)^{x^2 - 2x} \geq 1$
c) $(0{,}5)^{2x+1} > 2^{2x}$

Resolução: Esse tipo de inequação é o mais simples.

a) Como a base $\sqrt{3}$ é maior do que 1, a função dada por $f(x) = (\sqrt{3})^x$ é *crescente*. Como a função f também é injetora, vem:

$$\underbrace{(\sqrt{3})^x}_{f(x)} < \underbrace{(\sqrt{3})^3}_{f(3)} \Rightarrow f(x) < f(3) \Rightarrow x < 3$$

Logo, $S = \,]-\infty, 3[$.

Atenção!

Toda função exponencial de domínio real é:
- injetora;
- crescente, se tiver base maior que 1;
- decrescente, se tiver base entre zero e 1.

b) Como a base 0,27 está entre 0 e 1, a função dada por $g(x) = (0,27)^x$ é *decrescente*. Como g também é injetora, temos:

$$(0,27)^{x^2-2x} \geq 1 \Rightarrow \underbrace{(0,27)^{x^2-2x}}_{g(x^2-2x)} \geq \underbrace{(0,27)^0}_{g(0)} \Rightarrow g(x^2-2x) \geq g(0) \Rightarrow x^2 - 2x \leq 0$$

Note que obtemos uma inequação do 2.º grau, que resolvemos com o esboço do gráfico (parábola) e o estudo do sinal.

Recorde

Cálculo dos zeros:
$x^2 - 2x = 0$
$x(x - 2) = 0$
$x = 0$ ou $x = 2$
zeros da função: 0 e 2

Logo: $S = \{x \in \mathbb{R} \mid x \leq 0 \text{ ou } x \geq 2\}$.

c) $(0,5)^{2x+1} > 2^{2x} \Rightarrow (2^{-1})^{2x+1} > 2^{2x} \Rightarrow 2^{-2x-1} > 2^{2x} \Rightarrow -2x - 1 > 2x \Rightarrow$

$\Rightarrow -1 > 4x \Rightarrow \dfrac{-1}{4} > \dfrac{4x}{4} \Rightarrow -\dfrac{1}{4} > x \Rightarrow x < -\dfrac{1}{4}$

Logo, $S = \left]-\infty, -\dfrac{1}{4}\right[$.

ER. 20 Encontre o conjunto solução, em $\mathbb{R}$, da seguinte inequação:

$2^x + 2^{x+2} > 5 \cdot 2^{2-3x}$

Resolução: Essa inequação não é direta. Precisamos prepará-la e reduzi-la a uma forma mais simples.

$$2^x + 2^{x+2} > 5 \cdot 2^{2-3x}$$
$$2^x + 2^x \cdot 2^2 > 5 \cdot 2^2 \cdot (2^x)^{-3}$$
$$2^x \cdot (1 + 2^2) > 20 \cdot (2^x)^{-3}$$
$$20 \cdot (2^x)^{-3} - 5 \cdot 2^x < 0$$

Fazendo $2^x = t$, vem:

$$20t^{-3} - 5t < 0 \Rightarrow \dfrac{20}{t^3} - 5t < 0 \Rightarrow \dfrac{20 - 5t^4}{t^3} < 0$$

Obtemos uma inequação-quociente, que vamos resolver estudando o sinal de cada função associada e fazendo o quadro de sinais.

Para facilitar, fatoramos as expressões para trabalhar apenas com funções afins e quadráticas (quando possível).

$$\dfrac{20 - 5t^4}{t^3} = \dfrac{5(4 - t^4)}{t^3} = \dfrac{5(2 - t^2)(2 + t^2)}{t^3}$$

Assim, temos a seguinte inequação:

$$\dfrac{\overbrace{5}^{f(t)} \cdot \overbrace{(2 - t^2)}^{g(t)} \cdot \overbrace{(2 + t^2)}^{h(t)}}{\underbrace{t^3}_{k(t)}} < 0$$

- Sinal de f:
  função constante, no caso, sempre positiva

- Sinal de g:

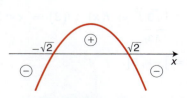

- Sinal de h:

- Sinal de k:

  Como $k(t) = t^3$, facilmente verificamos que, para $t < 0$, temos $k(t) < 0$; para $t > 0$, temos $k(t) > 0$; e para $t = 0$, temos $k(t) = 0$ (valor que deve ser excluído, pois k está no denominador).

  Quadro de sinais $\left(\text{queremos } \dfrac{fgh}{k} < 0 \text{ na incógnita } t \right)$

	$-\sqrt{2}$		0		$\sqrt{2}$	
f	+		+		+	+
g	−		+		+	−
h	+		+		+	+
k	−		−		+	+
$\dfrac{fgh}{k}$	+		−		+	−

  Assim: $-\sqrt{2} < t < 0$ ou $t > \sqrt{2}$

  Como fizemos $2^x = t$, precisamos voltar para a incógnita x. Daí:

- para $-\sqrt{2} < t < 0$, temos:

  $-\sqrt{2} < 2^x < 0$ (impossível, pois 2^x é sempre positivo)

- para $t > \sqrt{2}$, temos:

  $2^x > \sqrt{2} \Rightarrow 2^x > 2^{\frac{1}{2}} \Rightarrow x > \dfrac{1}{2}$ (pois a base 2 é maior do que 1)

  Portanto, o conjunto solução procurado é $S = \left] \dfrac{1}{2}, +\infty \right[$.

Enigmas, Jogos & Brincadeiras

SUDOKU EXPONENCIAL

Esta é uma versão do conhecido jogo do sudoku, porém, alguns números devem ser calculados de acordo com os dados informados.

As regras deste jogo são iguais às do sudoku tradicional, só que aqui usamos uma variação no formato retangular (não quadrado).

Em cada retângulo formado por 2 linhas e 3 colunas, devem ser colocados os algarismos de 1 a 6, com um algarismo em cada quadrícula, sem que haja repetição nas linhas e nas colunas do retângulo maior.

O maior número natural que satisfaz $2^x < 17$.					O número natural primo menor que a raiz de $5^x = 125$.
		O antecessor da raiz de $7^x = 49$.	A solução de $3^x = 729$.		
	A solução de $(\sqrt{2})^x = 8$.			A solução de $2^{x-5} = 1$.	
	A solução de $(0{,}5)^{-x} = 16$.			O oposto da raiz de $3^{-x} = 64$.	
		A solução de $(\sqrt{5})^x = 25$.	A solução de $\pi^x = \pi$.		
A solução de $2^{-x} = \dfrac{1}{64}$.					O inverso da raiz de $3^{\frac{1}{x}} = 81$.

Que tal convidar um colega, achar os números dados pelas informações e completar o sudoku exponencial?

Exercícios Propostos

35. Resolva, em $\mathbb{R}$, as inequações a seguir:
a) $3^{x+2} \geq 27$
b) $4^{x-1} < 2$
c) $\sqrt[3]{5^x} < \dfrac{1}{125}$
d) $(0,47)^{x^2-2} > (0,47)^x$
e) $(0,5)^{2x+1} \leq 8$
f) $\left(\dfrac{1}{2}\right)^x > \left(\dfrac{1}{2}\right)^{2x+1}$

36. Encontre o conjunto solução de cada inequação e determine o maior número inteiro que pertence a ele.
a) $2^{2x} - 5 \cdot 2^x + 4 \leq 0$
b) $100^x - 110 \cdot 10^x + 10^3 < 0$

37. Resolva a inequação para x real positivo e $x \neq 1$:
$$x^{x+3} \leq x^{3,5}$$

Tecnologia & Desenvolvimento

Função Exponencial em Processos Biotecnológicos

Você sabia que muitos fenômenos da Natureza podem ser expressos por **funções exponenciais**? A ocorrência de crescimento exponencial pode ser observada em populações de seres vivos, como, por exemplo, bactérias, leveduras, algumas plantas e animais, incluindo o ser humano.

O advento da *biotecnologia*, área do conhecimento que se utiliza de moléculas ou organismos biológicos para a melhoria de um produto ou serviço, possibilitou que novas tecnologias, ditas *sustentáveis*, fossem empregadas para o progresso da sociedade. Entre essas tecnologias, podemos citar os biocombustíveis e a biorremediação.

Biocombustível

A produção de biocombustíveis é um exemplo de processo tecnológico em que são utilizados microrganismos. No Brasil, o tipo mais difundido de biocombustível é o álcool proveniente da cana-de-açúcar.

O processo por meio do qual o álcool é produzido é a *fermentação alcoólica*, no qual leveduras (fungos compostos de uma única célula) transformam açúcares em álcool etílico (ou etanol), que pode ser utilizado como combustível. Tais microrganismos são muito adequados à produção de álcool em larga escala, pois sua reprodução, além de rápida, ocorre de maneira exponencial, o que torna o processo economicamente atrativo.

Crescimento exponencial

Quando se analisa uma população de bactérias, cultivada em laboratório em meio apropriado, verifica-se que o número de indivíduos dessa população, em qualquer momento, pode ser obtido pela lei exponencial:

$$P(t) = P_0 \cdot e^{kt}$$

em que:

$P(t)$ é o número de bactérias da população no instante t;
k é a taxa de crescimento (uma constante positiva);
P_0 é o número de bactérias no instante inicial;
e é o número de Euler.

Biorremediação

Hoje em dia, microrganismos vivos, como as bactérias, por exemplo, vêm sendo utilizados para transformar diversos tipos de substâncias tóxicas em outras de composição não tóxica, processo conhecido como *biorremediação*.

A capacidade que alguns tipos de bactérias apresentam para transformar determinadas substâncias tóxicas em outras atóxicas e o aumento rápido da população bacteriana por crescimento exponencial, atingindo quantidades suficientemente grandes, de acordo com a disponibilidade de alimento, favorecem sua utilização em biorremediação de solos e água (mares, rios, lagos etc.) contaminados por metais pesados, petróleo, agrotóxicos, resíduos domésticos e industriais.

Um exemplo de sucesso na biorremediação e degradação de poluentes ocorreu no Alasca em março de 1989, quando o petroleiro Exxon Valdez colidiu com rochas submersas na costa local e deu início a um dos piores desastres com derramamento de óleo de toda a história de tragédias ambientais.

Petroleiro Exxon Valdez se choca contra rochas no Alasca e derrama mais de 40 milhões de litros de óleo no mar, em março de 1989.

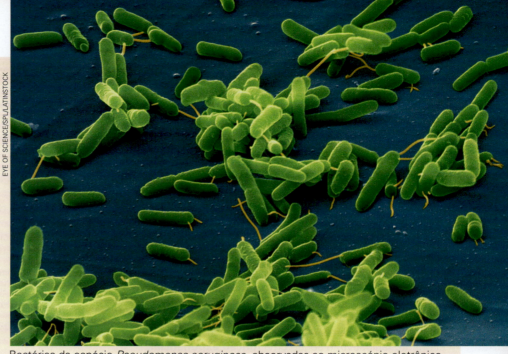

A biorremediação foi realizada com bactérias do gênero *Pseudomonas*, de ocorrência natural no local do vazamento. Essas bactérias possuem a capacidade de degradar lentamente o petróleo. O processo de degradação pôde ser acelerado com o uso de fertilizantes vegetais ricos em nitrogênio e fósforo, derramados no local, o que desencadeou o aumento no número de bactérias.

Com essa técnica, o petróleo que não pôde ser recolhido e retirado do local foi degradado em substâncias não tóxicas, menos agressivas para o ecossistema local.

Bactérias da espécie *Pseudomonas aeruginosa*, observadas ao microscópio eletrônico.

5. Aplicações da Função Exponencial

Agora que você já trabalhou com conteúdos relacionados a funções exponenciais, vamos apresentar mais alguns problemas para você aplicar os conceitos estudados em diferentes situações.

Nos variados contextos modelados por funções exponenciais, uma base em especial aparece: o *número de Euler*, constante irracional indicada pela letra **e** cujo valor aproximado é **2,718**.

Exercício Resolvido

ER. 21 [BIOLOGIA] Tomas Malthus, em 1798, criou um modelo para estudar o crescimento populacional que é descrito pela função:

$$N(t) = N_0 \cdot e^{rt}$$

em que N_0 é a população no início do estudo, **e** é o número de Euler, r é uma constante positiva e t é o tempo, em anos.

Suponha que em um estudo se tenha $r = 1$ e $N_0 = 100$.

Usando $e^{0,69} = 2$, faça o que se pede.

a) Esboce o gráfico de N.
b) Determine o tempo necessário para dobrar a população.

Resolução:

a) Do enunciado, obtemos: $N(t) = 100e^t$
Tabelando valores convenientes, podemos traçar o gráfico de N:

t	0	0,69
N	$100e^0 = 100$	$100e^{0,69} = 200$

Gráfico de N

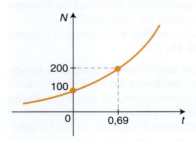

b) $t = ? \rightarrow N(t) = 2N_0 = 200$
$N(t) = 100e^t \Rightarrow 200 = 100e^t \Rightarrow e^t = 2 \Rightarrow t = 0,69$ ano

Matemática, Ciência & Vida

Toda matéria é constituída por átomos que apresentam em seus núcleos um determinado número de prótons. Esse número de prótons caracteriza um determinado elemento químico. Os seres vivos, por exemplo, são formados principalmente por carbono (C), hidrogênio (H), oxigênio (O), nitrogênio (N), fósforo (P) e enxofre (S). Esses e muitos outros elementos químicos são inofensivos, enquanto alguns, conhecidos como *radioativos*, apesar dos benefícios de sua aplicação, podem deixar resíduos tóxicos.

O núcleo de um átomo que esteja com muita energia tende a "liberar" essa energia a fim de se estabilizar. Essa liberação de energia por meio de partículas (prótons ou nêutrons) ou ondas eletromagnéticas é conhecida como *radiação*. Cada vez que o núcleo de um átomo emite prótons, ele se transforma em outro elemento químico. Essa transformação (também chamada de *decaimento*) leva um determinado tempo, que é característico para cada elemento radioativo, e segue uma **função exponencial**.

Uma informação importante para os cientistas é saber a atividade da amostra radioativa. A unidade utilizada para medir o tempo de decaimento da amostra é chamada de **meia-vida**, que é o tempo necessário para que essa amostra radioativa perca metade de sua radiação inicial. Essa informação é particularmente útil nos casos das usinas de energia nuclear em que os elementos radioativos utilizados nos reatores, depois de descartados, continuam a apresentar *radioatividade*, o que pode causar sérios danos ao meio ambiente e aos seres vivos (como alteração do material genético das células, câncer ou, até mesmo, a morte).

Marie Curie (1867-1934), pesquisadora com importantes contribuições na Física e na Química, descobriu a radioatividade. Pela obtenção do rádio puro recebeu o Prêmio Nobel de Química, em 1911.

O decaimento (decrescimento) radioativo pode ser representado por uma função do tipo:

$$P(t) = P_0 \cdot e^{-kt}$$

em que:

- P_0 é a quantidade inicial de massa da amostra radioativa (para $t = 0$);
- $P(t)$ é a quantidade de massa dessa amostra que existe no tempo t;
- k é a taxa de decrescimento (uma constante positiva);
- e é a constante de Euler.

Veja, a seguir, a curva de decaimento do iodo-131, elemento radioativo utilizado em Medicina Nuclear para exames de tireoide, cuja meia-vida é 8 dias.

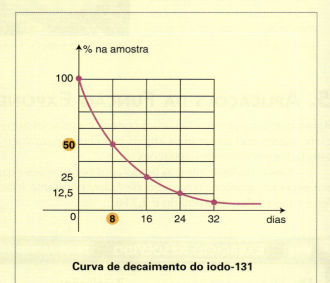

Curva de decaimento do iodo-131

Exercícios Propostos

38. [FÍSICA] A temperatura, em °C, de um alimento que é colocado em uma geladeira segue a função $T(n) = 5 + 40 \cdot 2^{-0{,}50n}$, com n em minutos.

a) Qual é a temperatura do alimento no instante em que é colocado na geladeira?

b) Após quantos minutos a temperatura desse alimento será 10 °C?

39. [ECOLOGIA] Em um lago foram colocados 81 peixes de uma espécie inexistente no local e, por causa da falta de predadores, notou-se que a população desses peixes passou a crescer exponencialmente com o tempo, em anos, de acordo com a função:

$$P(t) = 81 \cdot 10^t$$

Após quantos anos essa população será maior do que 81.000 peixes?

40. [BIOLOGIA] O número de bactérias em função do tempo é dado pelo gráfico abaixo.

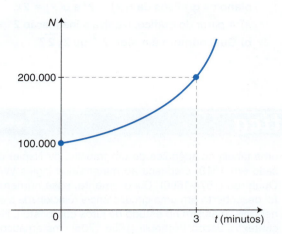

Sabendo que a função correspondente a esse gráfico é da forma $f(x) = k \cdot a^x$, sendo k e a constantes, determine a lei dessa função.

41. [NEGÓCIOS] Duas empresas, A e B, estão crescendo rapidamente em um país. Enquanto a empresa A dobra o número de clientes a cada 2 anos, a empresa B dobra a cada 3. Atualmente a empresa A tem 200 clientes e a B, 400. Após quantos anos a empresa A terá mais clientes que a empresa B?

42. [SAÚDE] O iodo-131, utilizado em Medicina Nuclear para exames de tireoide, possui meia-vida de oito dias.

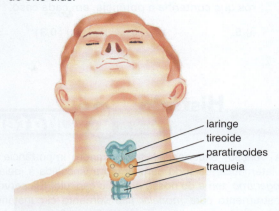

a) O que isso significa?
b) Quantos dias devem se passar para que a quantidade de iodo-131 restante no organismo seja $\frac{1}{16}$ da que foi administrada inicialmente? E quantas meias-vidas devem se passar para que isso aconteça?
c) Faça um esboço da curva de decaimento em função do tempo, em dias, supondo que a quantidade inicial de iodo-131 presente no organismo do paciente seja de 1×10^{-6} g.
d) Esboce a curva desse decaimento mostrando o porcentual de iodo-131 em função do tempo dado em meias-vidas.

Conheça mais...

As emissões radioativas, por seu conteúdo energético, podem ser utilizadas para fins pacíficos em diferentes áreas: na Medicina, tanto diagnóstica quanto no tratamento de tumores (principalmente na destruição de células cancerígenas), na conservação de alimentos que não suportariam uma esterilização a altas temperaturas, na datação de fósseis, na eliminação de pragas da agricultura, na geração de energia nuclear, entre outras aplicações.

O tempo de decaimento (medido pela meia-vida), típico para cada elemento radioativo, ocorre segundo uma *função exponencial*.

Calcular esse tempo de forma precisa é importantíssimo para que se obtenham resultados esperados, como na datação de um fóssil com carbono-14, elemento radioativo cuja meia-vida é de aproximadamente 5.700 anos!

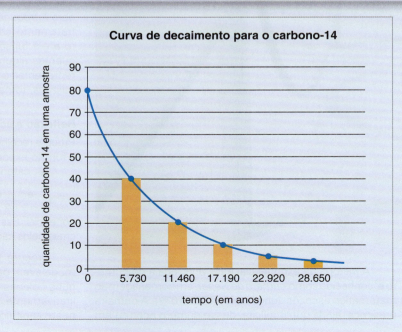

Função exponencial

Encare Essa!

1. Determine um intervalo real com extremos inteiros que contenha a potência, em cada caso.

   a) $5^{-\frac{1}{2}}$ b) $2^{\sqrt{7}}$ c) $(0,3)^{\sqrt{2}}$

2. (Fuvest – SP – adaptada) Esboce num mesmo plano os gráficos de $f(x) = 2^x$ e $g(x) = 2x$.
   a) A partir do gráfico, resolva a inequação $2^x \leq 2x$.
   b) Qual número é maior: $2^{\sqrt{2}}$ ou $2\sqrt{2}$?

História & Matemática

A *função exponencial* tem grande importância na Matemática, estando naturalmente vinculada à ideia de *logaritmo*, tema do nosso próximo capítulo. Ela serve de instrumento para *modelar* não somente circunstâncias matemáticas próprias, mas também diferentes fenômenos da Natureza. Por exemplo, a função exponencial pode descrever a curva expressa por uma corda presa em dois pontos sujeita somente à força de seu próprio peso. Denominada *catenária* por Christiaan Huygens (1629-1695), tal curva já havia sido observada por Galileu Galilei (1564-1642).

A história da exponencial está vinculada à do número **e**, conhecido como *número de Neper*, em homenagem ao matemático escocês John Napier (1550-1617). A primeira presença, ainda que implícita, desse número ocorreu em uma tabela no apêndice de um trabalho de Napier publicado em 1618, creditada ao matemático inglês William Oughtred (1574-1660). Curiosamente, esse número não foi descoberto em uma circunstância relacionada a exponenciais, mas sim no estudo de juros compostos. Nesse contexto, Jacob Bernoulli (1654-1705), matemático suíço, encontrou, em 1683, em função de uma variável n, a expressão $\left(1 + \frac{1}{n}\right)^n$, que se aproximava cada vez mais do valor dessa constante à medida que a variável ficava maior. Isso leva naturalmente a uma definição do número **e** como sendo o valor para o qual essa expressão se aproxima à medida que n cresce.

A primeira utilização explícita do número de Neper ocorreu em uma correspondência de Gottfried Wilhelm von Leibniz (1646-1716) a Huygens no final do século XVII, quando essa constante passou a ter uma representação, na época dada pela letra "b". A notação para o número **e**, como a conhecemos hoje, foi usada pela primeira vez pelo matemático suíço Leonhard Euler (1707-1783), na primeira metade do século XVIII, motivo pelo qual essa constante muitas vezes é chamada de *número de Euler*. Nos anos seguintes, Euler realizou diversas descobertas relacionadas a essa constante, publicando, em 1748, a obra *Introdução à análise dos infinitos*, que apresenta um tratamento completo das ideias relacionadas ao número **e** e à função exponencial. Ainda que em anos subsequentes alguns teóricos fizessem uso da letra "b" para representar o número de Neper, a letra "e" foi a mais utilizada, tornando-se a terminologia padrão atual.

Reflexão e ação

Procure recolher exemplos de situações do dia a dia em que a função exponencial está de alguma maneira presente.

A catenária pode ser descrita pela equação $y = a \cdot \dfrac{e^{\frac{x}{a}} + e^{-\frac{x}{a}}}{2}$, portanto, por meio de uma função exponencial. Essa função serve para modelar as curvas descritas pelos cabos de alta-tensão e por pontes suspensas.

Procure fotos de situações como essas e outras modeláveis pela função exponencial. Reúna-se com alguns colegas e analisem tais situações, ainda que qualitativamente, fazendo uso dos conceitos aprendidos neste capítulo.

ATIVIDADES DE REVISÃO

1. Determine o valor da expressão: $\left[\dfrac{3^9}{(3 \cdot 3^2)^3}\right]^{-3} \cdot 3^1$

2. **[BIOLOGIA]** A população de coelhos em determinada região aumenta de acordo com a lei $P(t) = k \cdot 10^{\alpha t}$, com k e α constantes. Sabe-se que a cada 2 anos essa população dobra. Nessas condições, encontre a população após 6 anos em função de k.

3. Sabendo que $xyz^{\frac{1}{2}} = 3$, obtenha o valor de:

   $\sqrt{\dfrac{x^4 y^4 z^2 - 1}{5}}$

4. Calcule o valor da expressão: $\sqrt[6]{\dfrac{3^{20} + 3^{18}}{10}}$

5. Considere a função dada por $f(x) = k \cdot a^x$, com k e a constantes positivas tais que $f(0) = 900$ e $f(2) = 100$. Obtenha os valores de k e a.

6. Sabendo que a função f é definida por $f(x) = 2^x$, classifique como verdadeira ou falsa cada uma das afirmações abaixo.

   a) $f(x) \cdot f(y) = f(x + y)$
   b) $\dfrac{f(x)}{f(y)} = f(x - y)$
   c) $f(2x) = 2 \cdot f(x)$
   d) $f(2x) = [f(x)]^2$
   e) $f(x) \cdot f(y) = f(xy)$
   f) $f(x) + f(y) = f(xy)$

7. **[BIOLOGIA]** O número R de ratos cresce de acordo com a função $R(t) = 10.000 \cdot (1,3)^t$, enquanto a população H de seres humanos segue a função $H(t) = 10.000 \cdot (1,1)^t$, em que $t = 0$ representa o ano de 2008, $t = 1$, o ano de 2009, e assim sucessivamente. Determine a razão entre o número de ratos e o de humanos em 2018.

8. Se $f(x) = 3^{2x-1}$ e os números a e b satisfazem a relação $f(a) = \dfrac{1}{9} \cdot f(b)$, então:

   a) $a = b + 1$ c) $a = 2b$ e) $a = b$
   b) $a = b - 1$ d) $-a = b$

9. **[ESTATÍSTICA]** A população de uma localidade pode ser descrita pela função:

   $$P(t) = \dfrac{1.000.000}{1 + 500 \cdot 10^{-0,1t}}$$

   em que t é o tempo decorrido, em anos.
   Com o auxílio de uma calculadora, responda:

   a) Qual é a população atual?
   b) Qual será a população daqui a 10 anos?
   c) E daqui a 20 anos?
   d) E daqui a 30 anos?
   e) Faça uma estimativa para a população daqui a 100 anos e daqui a 200 anos.

10. Esboce o gráfico de cada uma das funções reais definidas abaixo.

    a) $f(x) = 2^x$ d) $f(x) = 2^{-x}$
    b) $f(x) = 2^x + 1$ e) $f(x) = 3 \cdot 2^x$
    c) $f(x) = 2^x - 1$ f) $f(x) = -3 \cdot 2^x$

11. Determine os valores das constantes a e c na função $f(x) = a + b \cdot 2^{cx}$ cujo gráfico é:

    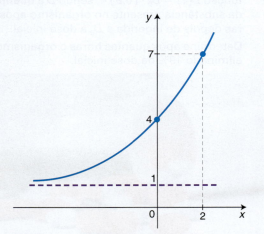

12. Analisando o gráfico das funções
    $f(x) = a^x$, $g(x) = b^x$, $h(x) = c^x$ e $m(x) = d^x$
    com a, b, c e d constantes positivas, coloque em ordem crescente essas quatro constantes.

    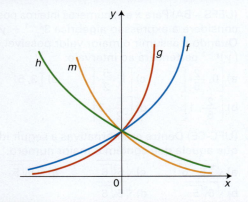

Função exponencial **261**

13. Determine o conjunto solução, em $\mathbb{R}$, das equações exponenciais:

a) $3^x = 9$
b) $3^{2x+3} = 9$
c) $3^{2x+1} = 0$
d) $5^{x^2-7x-8} = 1$
e) $4^{x+2} = 2^{3x+1}$
f) $2^{x^3} = 2^x$
g) $25^x = 0{,}2$
h) $2^{x^3-4x^2+3x} = 2^{-x^2+x}$

14. [FÍSICA] A temperatura T de um objeto em relação à do ambiente é dada pela relação:

$$T - T_{amb.} = (T_0 - T_{amb.}) \cdot 0{,}64^{bt}$$

em que T_0 é a temperatura inicial do objeto e $T_{amb.}$ é a temperatura do ambiente, em graus Celsius, t é o tempo, em horas, e b é uma constante.

Inicialmente, um objeto está a 90 °C e, após 10 minutos, cai para 80 °C. Sabendo que a temperatura do ambiente é de 40 °C, determine o valor da constante b e a temperatura do objeto após 20 minutos.

15. [BIOLOGIA] Certa substância de um medicamento é eliminada pelo organismo de acordo com a função $D(t) = D_0 \cdot (0{,}9)^{\frac{t}{2}}$, sendo D a quantidade da substância presente no organismo após t horas depois de ingerida e D_0 a dose inicial.

Determine após quantas horas o organismo terá eliminado 19% da dose inicial.

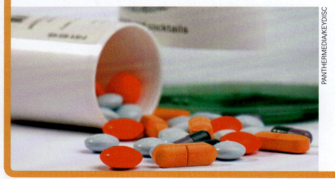

16. Resolva, em $\mathbb{R}$, as equações:

a) $3^x + 3^{x+1} + 3^{x+2} = 13$
b) $9^x + 9^{x-1} = 10^x$
c) $25^x - 6 \cdot 5^x + 5 = 0$
d) $4^x - 5 \cdot 2^x + 4 = 0$

17. Quantos elementos tem o conjunto solução de cada equação? Justifique.

a) $3^{2x} - 3^x \cdot 4 + 3 = 0$
b) $(\sqrt[3]{2})^{x^2} = -2$
c) $49^x + 5 \cdot 7^x - 6 = 0$

18. Resolva o sistema: $\begin{cases} 2^x \cdot 2^{2y} = 4 \\ 3^{x+2} = 81 \end{cases}$

19. Considere a equação $2^x + k \cdot 2^{2-x} - 2k - 1 = 0$, com k real. Resolva essa equação para $k = 0$ e para $k = -\dfrac{1}{2}$.

20. Determine o conjunto solução, em $\mathbb{R}$, das inequações exponenciais:

a) $2^{x+1} \geqslant 2^3$
b) $\left(\dfrac{1}{3}\right)^x \geqslant 3^{x+2}$
c) $7^x \geqslant 0$
d) $5^x < 0$
e) $4^x > 2 \cdot \sqrt[5]{8^x}$
f) $(0{,}2)^x > (0{,}2)^{3x+1}$

21. Considerando a função definida por $f(x) = a^x$, com $a > 1$, obtenha os valores reais de x para os quais $f(x^2 - 1) > f(3)$.

22. Encontre o conjunto solução das inequações dadas abaixo, em $\mathbb{R}$.

a) $2^{x^2-4x} \geqslant \dfrac{1}{8}$
b) $(0{,}2)^{x^2} > (0{,}2)^x$
c) $(0{,}2)^{x^3} > (0{,}2)^x$

23. Determine quantas e quais são as soluções inteiras de cada inequação abaixo. Justifique sua resposta.

a) $4^x - 10 \cdot 2^x + 16 \leqslant 0$
b) $\dfrac{5^x - 1}{5 - 5^x} \geqslant 0$

24. Esboce os gráficos das funções reais $f(x) = 3^{x-1}$ e $g(x) = 4x - 3$ em um mesmo plano cartesiano. Em seguida, determine graficamente os valores de x que satisfazem a inequação $3^{x-1} \leqslant 4x - 3$.

QUESTÕES PROPOSTAS DE VESTIBULAR

1. (UEFS – BA) Para x e y, números inteiros positivos, considere a expressão algébrica $3^{x-1} + y = 10$. Quando y assumir o maior valor possível, então $(y)^{x-2}$ pertencerá ao intervalo:

a) $\left[0, \dfrac{2}{5}\right[$
b) $\left[\dfrac{2}{5}, 1\right[$
c) $\left[1, \dfrac{5}{2}\right[$
d) $\left[\dfrac{5}{2}, 3\right[$
e) $[3, 5[$

2. (UFC-CE) Dentre as alternativas a seguir identifique aquela que contém o maior número.

a) $\sqrt{\sqrt[3]{5 \cdot 6}}$
b) $\sqrt{6\sqrt[3]{5}}$
c) $\sqrt{5\sqrt[3]{6}}$
d) $\sqrt[3]{5\sqrt{6}}$
e) $\sqrt[3]{6\sqrt{5}}$

3. (UFRGS – RS) Observe o quadro abaixo, usado em informática.

1 byte = 8 bits	
1 quilobyte = 1.024 bytes	
1 megabyte = 1.024 quilobytes	
1 gigabyte = 1.024 megabytes	
1 terabyte = 1.024 gigabytes	

A medida, em gigabytes, de um arquivo de 2.000 bytes é:

a) 2^{-3}
b) $5^3 \cdot 2^{-30}$
c) $10^3 \cdot 2^{-30}$
d) $5^3 \cdot 2^{-26}$
e) $10^3 \cdot 2^{-26}$

4. (UFRN) Dados os números $M = 9,84 \times 10^{15}$ e $N = 1,23 \times 10^{16}$, pode-se afirmar que:
   a) $M < N$
   b) $M + N = 1,07 \times 10^{16}$
   c) $M > N$
   d) $M \cdot N = 1,21 \times 10^{31}$

5. (UFSM – RS) O conjunto solução da equação $(0,25)^{2x} = \sqrt{32}$ é:
   a) $\left\{-\dfrac{5}{8}\right\}$
   b) $\left\{\dfrac{5}{8}\right\}$
   c) $\left\{\dfrac{1}{2}\right\}$
   d) $\left\{-\dfrac{5}{4}\right\}$
   e) $\left\{\dfrac{5}{4}\right\}$

6. (PUC – RS) Uma substância que se desintegra ao longo do tempo tem sua quantidade existente, após t anos, dada por $M(t) = M_0 \cdot (1,4)^{\frac{-t}{1.000}}$, onde M_0 representa a quantidade inicial. A porcentagem da quantidade existente após 1.000 anos em relação à quantidade inicial M_0 é, aproximadamente:
   a) 14%
   b) 28%
   c) 40%
   d) 56%
   e) 71%

7. (Uespi) Um botânico, após registrar o crescimento diário de uma planta, verificou que este se dava de acordo com a função
   $$f(t) = 0,7 + 0,04 \cdot 3^{0,14t}$$
   com t representando o número de dias contados a partir do primeiro registro e $f(t)$ a altura (em cm) da planta no dia t.
   Nessas condições, é correto afirmar que o tempo necessário para que essa planta atinja a altura de 88,18 centímetros é:
   a) 30 dias
   b) 40 dias
   c) 46 dias
   d) 50 dias
   e) 55 dias

8. (UEPB) Sendo g e h funções reais definidas por $g(x) = \dfrac{1}{2} \cdot (6^x - 6^{-x})$ e $h(x) = \dfrac{1}{2} \cdot (6^x + 6^{-x})$ o valor da expressão $[h(x)]^2 - [g(x)]^2$ é igual a:
   a) 6 b) 3 c) 0 d) 1 e) 4

9. (UERJ) Em 1772, o astrônomo Johann Elert Bode, considerando os planetas então conhecidos, tabelou as medidas das distâncias desses planetas até o Sol.

n	Planeta	Distância até o Sol (unidades astronômicas)
1	Mercúrio	0,4
2	Vênus	0,7
3	Terra	1,0
4	Marte	1,5
5	*	—
6	Júpiter	5,2
7	Saturno	9,2

*asteroides

A partir dos dados da tabela, Bode estabeleceu a expressão abaixo, com a qual se poderia calcular, em unidades astronômicas, o valor aproximado dessas distâncias:

$$\dfrac{3 \cdot 2^{n-2} + 4}{10}$$

Atualmente, Netuno é o planeta para o qual $n = 9$, e a medida de sua distância até o Sol é igual a 30 unidades astronômicas. A diferença entre esse valor e aquele calculado pela expressão de Bode é igual a d. O valor percentual de $|d|$, em relação a 30 unidades astronômicas, é aproximadamente igual a:
   a) 29%
   b) 32%
   c) 35%
   d) 38%

10. (UEG – GO) A bula de certo medicamento informa que, a cada seis horas após sua ingestão, metade dele é absorvida pelo organismo. Se uma pessoa tomar 200 mg desse medicamento, quanto ainda restará a ser absorvido pelo organismo imediatamente após 18 horas de sua ingestão? E após t horas?

11. (UFSM – RS) Num raio de x km, marcado a partir de uma escola de periferia, o Sr. Jones constatou que o número de famílias que recebem menos de 4 salários mínimos é dado por $N(x) = k \cdot 2^{2x}$, onde k é uma constante e $x > 0$. Se há 6.144 famílias nessa situação num raio de 5 km da escola, o número que você encontraria delas, num raio de 2 km da escola, seria:
   a) 2.048
   b) 1.229
   c) 192
   d) 96
   e) 48

12. (PUC-Camp – SP – adaptada) Para responder à questão a seguir, considere o texto abaixo.

Segundo alguns ecólogos, numa floresta em degradação, a perda da diversidade de espécies é muito mais rápida do que a da própria floresta e uma função exponencial pode ser utilizada para estimar o esgotamento das espécies.

Adaptado de: WILSON, E. O. (Org.) *Biodiversidade*. Trad. Marcos Santos e Ricardo Silveira. Rio de Janeiro: Nova Fronteira, 2005, p. 78.

Sejam f e g funções de $\mathbb{R}_+$ em $\mathbb{R}$ que representam, respectivamente, a diversidade de espécies e a floresta remanescente. Se t é o tempo de degradação da floresta, então f e g podem ser dadas por:
   a) $f(t) = (1,25)^t$ e $g(t) = 2^{-t}$
   b) $f(t) = 2^{-t}$ e $g(t) = (1,25)^{-t}$
   c) $f(t) = (1,25)^{-t}$ e $g(t) = 2^t$
   d) $f(t) = 2^t$ e $g(t) = (1,25)^t$
   e) $f(t) = 2^{-t}$ e $g(t) = (1,25)^t$

Função exponencial **263**

13. (PUC – RS) O domínio da função definida por
$f(x) = \sqrt{2^x - 1}$ é:

a) $]-\infty, 0[\cup]0, +\infty[$
b) $[0, +\infty[$
c) $]-\infty, 0]$
d) $]1, +\infty[$
e) $]-\infty, -1[$

14. (Fatec – SP) Na figura abaixo, os pontos *A* e *B* são as intersecções dos gráficos das funções *f* e *g*.

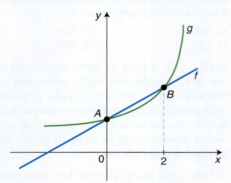

Se $g(x) = (\sqrt{2})^x$, então $f(10)$ é igual a:

a) 3   c) 6   e) 9
b) 4   d) 7

15. (Fuvest – SP – adaptada) Das alternativas abaixo, a que melhor corresponde ao gráfico da função *f* dada por $f(x) = 1 - 2^{-|x|}$ é:

a) 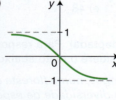   d)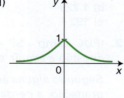

b) 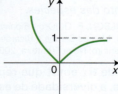   e)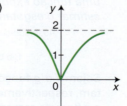

c)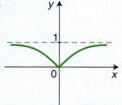

16. (UFLA – MG) A tabela abaixo fornece os dados simulados do crescimento de uma árvore. A variável *x* é o tempo em anos e *y*, a altura em dm.

x	y
0	15,00
2	20,70
4	24,96
6	27,51
8	28,83
10	29,46
12	29,76
14	29,89
16	29,95
18	29,98
20	29,99

O esboço do gráfico que melhor representa os dados da tabela é:

a) 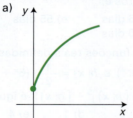   d)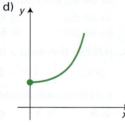

b) 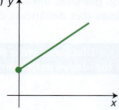   e)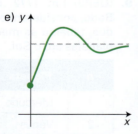

c)

17. (UFLA – MG) A figura é um esboço do gráfico da função $y = 2^x$.

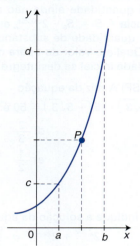

A ordenada do ponto P de abscissa $\dfrac{a+b}{2}$ é:

a) $\sqrt{cd}$
b) $\sqrt{c+d}$
c) cd
d) $(cd)^2$

18. (Mackenzie – SP) O gráfico mostra, em função do tempo, a evolução do número de bactérias em certa cultura.

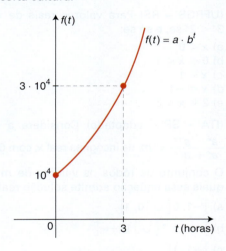

Dentre as alternativas abaixo, decorridos 30 minutos do início das observações, o valor mais próximo desse número é:

a) 18.000
b) 20.000
c) 32.000
d) 14.000
e) 40.000

Sugestão: Use $\sqrt[6]{3} = 1{,}2$.

19. (UECE) Sobre o conjunto M dos pontos de intersecção dos gráficos das funções definidas por $f(x) = |2^x - 1|$ e $g(x) = x + 1$ é possível afirmar, corretamente, que M:

a) é o único conjunto vazio.
b) é um conjunto unitário.
c) possui dois elementos.
d) possui três elementos.

20. (PUC – RJ) Determine uma das soluções da equação $10^{x^2 - 4} = \dfrac{1}{1.000}$.

21. (Cefet – MA) Sobre os gráficos das funções $f(x) = 2^x$ e $g(x) = 8^{x+2}$ podemos afirmar que:

a) interceptam-se no ponto $\left(-3, \dfrac{1}{8}\right)$.
b) interceptam-se no ponto $(0, 1)$.
c) não têm pontos comuns.
d) têm dois pontos comuns.
e) coincidem.

22. (UFPE) O preço de um automóvel, $P(t)$, desvaloriza-se em função do tempo t, dado em anos, de acordo com uma função de tipo exponencial $P(t) = b \cdot a^t$, com a e b sendo constantes reais. Se, hoje (quando $t = 0$), o preço do automóvel é de 20.000 reais, e valerá 16.000 reais daqui a 3 anos (quando $t = 3$), em quantos anos o preço do automóvel será de 8.192 reais?

Dado: $\dfrac{8.192}{20.000} = (0{,}8)^4$

23. (UFBA) Considerando-se as funções f, g e h, com domínio $\mathbb{R}$, definidas pelas equações

$$f(x) = x - 2,\ g(x) = x^2 - x - 2\ \text{e}\ h(x) = 3^x$$

pode-se afirmar:

(01) $\dfrac{f(x)}{g(x)} = \dfrac{1}{x+1}$, para todo $x \in \mathbb{R}$

(02) Se $x_1, x_2 \in \mathbb{R}$ são tais que $g(x_1) = g(x_2)$, então $x_1 = x_2$ ou $x_1 + x_2 = 1$.

(04) A imagem da função composta $g \circ f$ é o intervalo $\left[-\dfrac{9}{4}, +\infty\right[$.

(08) O gráfico da função composta $g \circ f$ pode ser obtido a partir do gráfico de g, transladando-o duas unidades para a direita.

(16) A função composta $h \circ g: \mathbb{R} \to \mathbb{R}_+^*$ é crescente.

(32) A função composta $h \circ f: \mathbb{R} \to \mathbb{R}_+^*$ é bijetora e a figura abaixo representa um esboço do gráfico de sua inversa.

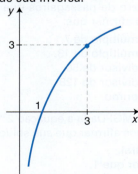

Dê como resposta a soma dos números associados às proposições corretas.

24. (UFES – adaptada) O Laboratório Nacional de Luz Síncrotron (LNLS), instalado no polo tecnológico de Campinas-SP, é o único desse gênero existente no Hemisfério Sul. O LNLS coloca o Brasil num seleto grupo de países capazes de produzir luz síncrotron. Luz síncrotron é a intensa radiação eletromagnética produzida por elétrons de alta energia num acelerador de partículas.

Laboratório Nacional de Luz Síncrotron (LNLS).

Admita que a corrente elétrica produzida pelo feixe de elétrons no acelerador de partículas do LNLS seja dada por $i(t) = 240a^{-t}$, sendo t em horas, $i(t)$ em miliampères e a uma constante positiva.
Se $i(15) = 80$, então $i(7,5)$ é:

a) $70\sqrt{3}$ d) $85\sqrt{3}$
b) $75\sqrt{3}$ e) $90\sqrt{3}$
c) $80\sqrt{3}$

25. (UEL – PR) Um barco parte de um porto A com 2^x passageiros e passa pelos portos B e C, deixando em cada um metade dos passageiros presentes no momento de chegada, e recebendo, em cada um, $2^{\frac{x}{2}}$ novos passageiros. Se o barco parte do porto C com 28 passageiros e se N representa o número de passageiros que partiram de A, é correto afirmar que:

a) N é múltiplo de 7.
b) N é múltiplo de 13.
c) N é divisor de 50.
d) N é divisor de 128.
e) N é primo.

26. (UFJF – MG) Dada a equação $2^{3x-2} \cdot 8^{x+1} = 4^{x-1}$, podemos afirmar que sua solução é um número:

a) natural.
b) maior que 1.
c) de módulo maior do que 1.
d) par.
e) de módulo menor do que 1.

27. (UEG – GO) Certa substância radioativa desintegra-se de modo que, decorrido o tempo t, em anos, a quantidade ainda não desintegrada da substância é $S = S_0 \cdot 2^{-0,25t}$, em que S_0 representa a quantidade de substância que havia no início. Qual é o valor de t para que a metade da quantidade inicial se desintegre?

28. (FGV – SP) A raiz da equação
$(5^x - 5\sqrt{3}) \cdot (5^x + 5\sqrt{3}) = 50$ é:

a) $-\dfrac{2}{3}$ d) $\dfrac{2}{3}$
b) $-\dfrac{3}{2}$ e) $\dfrac{1}{2}$
c) $\dfrac{3}{2}$

29. (UFPE) Indique a solução da equação
$$2^{x-5} + 2^{2x-13} = \dfrac{5}{2}$$

30. (UFAM) Considere a equação
$$3^x + m \cdot 3^{2-x} - m - 5 = 0$$
onde m é um número real. Então a raiz da equação para $m = 1$ é igual a:

a) 1 d) 0
b) 3 e) 4
c) 2

31. (UFRGS – RS) Para valores reais de x, temos $3^x < 2^x$ se, e só se:

a) $x < 0$
b) $0 < x < 1$
c) $x < 1$
d) $x < -1$
e) $2 < x < 3$

32. (ITA – SP – adaptada) Considere a equação $\dfrac{a^x - a^{-x}}{a^x + a^{-x}} = m$, na incógnita real x, com $0 < a \neq 1$.
O conjunto de todos os valores de m para os quais essa equação admite solução real é:

a) $]-1, 0[\cup]0, 1[$
b) $]-\infty, -1[\cup]1, +\infty[$
c) $]-1, 1[$
d) $]0, +\infty[$
e) $]-\infty, +\infty[$

33. (UEPB) O conjunto solução da inequação
$$(0,04)^{\frac{x^2 - 2x}{2}} > 0,008$$
é igual a:

a) $S = \{x \in \mathbb{R} \mid x < 3\}$
b) $S = \{x \in \mathbb{R} \mid x < -1 \text{ ou } x > 3\}$
c) $S = \{x \in \mathbb{R} \mid 1 < x < 3\}$
d) $S = \{x \in \mathbb{R} \mid x > 1 \text{ ou } x < 3\}$
e) $S = \{x \in \mathbb{R} \mid -1 < x < 3\}$

PROGRAMAS DE AVALIAÇÃO SERIADA

1. (PISM – UFJF – MG) A função $f: \mathbb{R} \to \mathbb{R}$, dada por $f(t) = c \cdot 3^{kt}$, em que $c, k \in \mathbb{R}$, satisfaz $f(0) = 243$ e $f(4) = 3$. Sobre os valores de c e k, podemos afirmar que:

   a) $c = 1$ e $k > 0$
   b) $c < 0$ e $k < 0$
   c) $c > 100$ e $k < 0$
   d) $0 < c < 1$ e $k < 0$
   e) $c > 100$ e $0 < k < 1$

2. (PASES – UFV – MG) O valor de x tal que
$$\left(5^{8^x}\right)^{4^{-x}} = 5^{16^{10}}$$
é:

   a) 39
   b) 35
   c) 45
   d) 40

3. (PISM – UFJF – MG) Ao se resolver a equação $3^{5x} = \dfrac{\sqrt{3}}{3} \cdot 9^x$ encontra(m)-se:

   a) dois valores possíveis de x, ambos positivos.
   b) dois valores possíveis de x, um igual a 0 e outro positivo e menor do que 1.
   c) apenas um valor possível para x, o qual é positivo e maior do que 1.
   d) apenas um valor possível para x, o qual é negativo e maior do que -1.
   e) apenas um valor possível para x, o qual é negativo e menor do que -1.

4. (PAS – UnB – DF) Considere que a oferta de madeira de eucalipto para corte, em m³, de um reflorestamento, cresça segundo a função $Q(t) = 0,1 \cdot V_0 \cdot e^{0,1t}$, em que t é o tempo em anos, $e = 2,718\ldots$ é a base do sistema neperiano de logaritmos e V_0 é a quantidade de m³ de madeira existente em 1996 — admitindo que $t = 0$ corresponda àquele ano.

   Considere ainda que, em 1996, o preço do m³ dessa madeira era de R$ 20,00 e que, a partir daquele ano, a madeira começou a se desvalorizar anualmente à razão de R$ 0,80 por m³, projetando-se uma estabilidade do preço futuramente. Representando por $P(t)$ o valor total, em reais, que seria arrecadado com a venda de toda a madeira da plantação no ano t, de uma só vez, obteve-se que:

$$P(t) = \begin{cases} (20 - 0,8t)V_0 \cdot e^{0,1t}, & \text{se } 0 \leq t \leq 20 \\ 4 \cdot V_0 \cdot e^{0,1t}, & \text{se } 20 \leq t \leq 30 \\ 4 \cdot V_0 \cdot e^3, & \text{se } t > 30 \end{cases}$$

   em que $t = 0$ corresponde ao ano de 1996.

   A figura a seguir representa o gráfico dessa função.

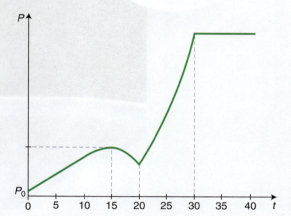

   Com base nessas informações, julgue os itens que se seguem.

   (1) A venda de toda a produção em 1996 originaria uma arrecadação inferior a $15V_0$.
   (2) O quociente $\dfrac{P(10)}{P(20)} < 1$.
   (3) Ao longo do período 1996-2026, o preço do m³ da madeira estará sempre se desvalorizando, até atingir o valor de R$ 4,00.
   (4) Para o produtor, será mais lucrativo dispor de toda sua produção em 2030 que em 2020.

Função exponencial **267**

Capítulo 7

Objetivos do Capítulo

▶ Conceituar logaritmo de um número.

▶ Explorar as principais propriedades operatórias dos logaritmos.

▶ Definir o que é função logarítmica e explorar suas principais características.

▶ Identificar, interpretar e esboçar o gráfico de funções logarítmicas.

▶ Estudar as diferentes aplicações dessa função como modelos para outras ciências.

▶ Resolver equações e inequações logarítmicas.

Função Logarítmica

A Matemática da sua Banda Preferida

Você poderia imaginar que a sua música predileta, que as melodias da sua banda favorita estão impregnadas de Matemática? Você sabia que a escala musical é pura Matemática? Na Grécia Antiga, 500 anos antes de Cristo, o filósofo Pitágoras estudou os sons que obtinha ao fazer vibrar a única corda, esticada, de um instrumento. Ele percebeu que o som variava conforme a extensão da corda que era posta a vibrar. Assim, a vibração da corda inteira produzia um som. Ao fazer vibrar apenas metade dessa corda, outro som era obtido.

Dividindo sucessivamente a corda em 3 partes, 4 partes etc., Pitágoras conseguiu sistematizar uma primeira escala musical. Alguns dizem que essa escala tinha apenas 5 notas e outros afirmam que possuía 7 notas musicais agradáveis ao ouvido (dó, ré, mi, fá, sol, lá, si). Ele também determinou as relações matemáticas que havia entre elas: o número de vezes que a corda vibra (frequência de vibração) caracteriza cada nota musical.

Na escala de Pitágoras, o intervalo de frequência entre uma nota e outra era sempre constante. Na época do grande compositor alemão Johann Sebastian Bach (1685-1750), surgiu a escala musical em que o intervalo entre uma nota e outra não era dividido entre as 7 notas de forma aritmética, mas sim entre 12 notas (dó, dó sustenido, ré, ré sustenido, mi, fá, fá sustenido, sol, sol sustenido, lá, lá sustenido, si), e essa divisão foi feita com o auxílio dos logaritmos, tema deste nosso capítulo.

1. Logaritmo

Quando estudamos a função exponencial, a base é o elemento principal. Observe, porém, a equação exponencial $10^x = 30$. Note que, nesse caso, apenas com o que já estudamos, não podemos expressar 30 como potência de base 10. Nessa situação, o expoente é o elemento mais importante e é chamado de **logaritmo**.

Contudo, é importante lembrar que devemos manter as condições de existência já determinadas na potenciação e na função exponencial, ou seja:

em $a^x = b$, temos $a > 0$ e $a \neq 1$, e $b > 0$

> Denominamos x de **logaritmo de b na base a** quando $a^x = b$, para a, b, x reais, com $b > 0$, $a > 0$ e $a \neq 1$, que indicamos $x = \log_a b$.

Assim, temos:

$$x = \log_a b \Leftrightarrow a^x = b$$

em que b é o *logaritmando*, a é a *base* e x é o *logaritmo*.

Exercícios Resolvidos

ER. 1 Organize em ordem crescente os números:
$\log_3 243$, $\log_2 64$, π, $\log_{10} 100$ e $\dfrac{27}{5}$.

Resolução: Usando a definição de logaritmos, temos:

- $\log_3 243 = y \Leftrightarrow 3^y = 243$
  $3^y = 243 \Leftrightarrow 3^y = 3^5 \Leftrightarrow y = 5$
  Portanto, $\log_3 243 = 5$.

- $\log_2 64 = z \Leftrightarrow 2^z = 64$
  $2^z = 64 \Leftrightarrow 2^z = 2^6 \Leftrightarrow z = 6$
  Logo, $\log_2 64 = 6$.

- $\log_{10} 100 = 2$, pois $10^2 = 100$

Atenção!
$$\log_a b = x \Leftrightarrow a^x = b$$

Além disso, como $\pi \simeq 3{,}14$ e $\dfrac{27}{5} = 5{,}4$, e considerando os valores obtidos para os logaritmos, segue que:

$$\log_{10} 100 < \pi < \log_3 243 < \dfrac{27}{5} < \log_2 64$$

ER. 2 Resolva, em $\mathbb{R}$, a equação $2^x = 3$.

Resolução: Note que temos uma equação exponencial. Por isso, podemos pensar em exprimir os dois membros como potência de mesma base. No entanto, 3 não pode ser expresso como potência de base 2. Nesse caso, vamos recorrer à definição de logaritmo:

$$\log_a b = x \Leftrightarrow a^x = b, \text{ou ainda,}$$
$$a^x = b \Leftrightarrow x = \log_a b$$

Dessa forma, temos:

$$2^x = 3 \Leftrightarrow x = \log_2 3$$

ER. 3 Escreva na forma exponencial ou na forma de logaritmo, conforme for o caso. Em seguida, determine, em $\mathbb{R}$, as restrições para cada variável.

a) $a^7 = 2$
b) $\log_7 k = 10$
c) $a^{-x+1} = 0$
d) $\log_a(-x+1) = 0$

Resolução:

a) $a^7 = 2 \Leftrightarrow \log_a 2 = 7$

Assim, devemos ter $a > 0$ e $a \neq 1$.

b) $\log_7 k = 10 \Leftrightarrow 7^{10} = k$

Devemos ter $k > 0$.

c) $a^{-x+1} = 0$

É impossível escrever na forma de logaritmo, pois zero (0) estaria no logaritmando, o que contraria a definição. No entanto, a sentença dada é possível para $a = 0$ e $-x + 1 \neq 0$, isto é, para $a = 0$ e $x \neq 1$.

d) $\log_a(-x+1) = 0 \Leftrightarrow a^0 = -x + 1$

Pela definição, é necessário que: $\begin{cases} a > 0 \text{ e } a \neq 1 \\ -x + 1 > 0 \Rightarrow 1 > x \end{cases}$

Logo, devemos ter $x < 1$, $a > 0$ e $a \neq 1$.

Faça

Justifique as restrições indicadas neste exercício.

Exercícios Propostos

1. **[FÍSICA]** A temperatura T, em graus Celsius, de um objeto que está sendo aquecido é dada por $T = 20 \cdot (1{,}2)^x$, em que x é o tempo, em minutos, a partir do início do aquecimento. Represente x na forma de logaritmo.

2. Resolva, em $\mathbb{R}$, a equação $5 = 4^x$.

3. Sabendo que $3 = (1{,}02)^x$, calcule x.

1.1 CONSEQUÊNCIAS DA DEFINIÇÃO DE LOGARITMO

Veremos agora as propriedades mais simples de logaritmo, concluídas diretamente da definição. Para isso, vamos considerar a real, com $a > 0$ e $a \neq 1$.

- $\log_a 1 = 0$, pois $a^0 = 1$ $(a > 0)$
- $\log_a a = 1$, pois $a^1 = a$
- $\log_a a^x = x$, pois $a^x = a^x$, para qualquer x real
- $a^{\log_a N} = N$, para N real positivo, pois:

$\log_a N = x \Leftrightarrow a^x = N$ ①

Substituindo x em ①, vem: $a^{\log_a N} = N$

- $\log_a x = \log_a y \Leftrightarrow x = y$, com x, y reais, $x > 0$ e $y > 0$, pois:

$\log_a x = M \Leftrightarrow a^M = x$ e $\log_a y = N \Leftrightarrow a^N = y$

$x = y \Leftrightarrow a^M = a^N \Leftrightarrow M = N \Leftrightarrow \log_a x = \log_a y$

Função logarítmica **271**

Exercícios Resolvidos

ER. 4 Quais dos logaritmos abaixo podem ser expressos por dízimas periódicas?
a) $\log_{25} 125$
b) $\log_9 \sqrt[3]{81}$
c) $\log_{0,81} 0,9$
d) $\log_{(0,1)^{-1}} 0,001$

Resolução:

a) $\log_{25} 125 = x \Leftrightarrow 25^x = 125$
$25^x = 125 \Rightarrow (5^2)^x = 5^3 \Rightarrow 5^{2x} = 5^3 \Rightarrow 2x = 3 \Rightarrow$
$\Rightarrow x = \dfrac{3}{2} = 1,5$ (decimal exato)

b) $\log_9 \sqrt[3]{81} = x \Leftrightarrow 9^x = \sqrt[3]{81}$
$9^x = \sqrt[3]{81} \Rightarrow (3^2)^x = \sqrt[3]{3^4} \Rightarrow 3^{2x} = 3^{\frac{4}{3}} \Rightarrow$
$\Rightarrow 2x = \dfrac{4}{3} \Rightarrow \dfrac{1}{2} \cdot 2x = \dfrac{1}{2} \cdot \dfrac{4}{3} \Rightarrow$
$\Rightarrow x = \dfrac{2}{3} = 0,666...$ (dízima periódica)

c) $\log_{0,81} 0,9 = x \Leftrightarrow (0,81)^x = 0,9$
$(0,81)^x = 0,9 \Rightarrow [(0,9)^2]^x = (0,9)^1 \Rightarrow$
$\Rightarrow (0,9)^{2x} = (0,9)^1 \Rightarrow 2x = 1 \Rightarrow$
$\Rightarrow x = \dfrac{1}{2} = 0,5$ (decimal exato)

d) $\log_{(0,1)^{-1}} 0,001 = x \Leftrightarrow [(0,1)^{-1}]^x = 0,001$
$[(0,1)^{-1}]^x = 0,001 \Rightarrow (0,1)^{-1x} = (0,1)^3 \Rightarrow$
$\Rightarrow -x = 3 \Rightarrow x = -3$ (número inteiro)

Logo, apenas $\log_9 \sqrt[3]{81}$ pode ser expresso por uma dízima periódica.

> **Atenção!**
> Como $(0,1)^{-1} = 10$, o valor de $\log_{(0,1)^{-1}} 0,001$ também pode ser encontrado deste modo:
> $\log_{10} 0,001 =$
> $= \log_{10} 10^{-3} = -3$

ER. 5 Calcule o valor de E, tal que:
$E = 5^{\log_5 13} + 7^{1 + \log_7 2} - 8^{\log_2 3}$

> **Faça**
> Identifique as propriedades utilizadas nesta questão.

Resolução: Vamos determinar o valor de cada parcela, aplicando propriedades de potência e de logaritmo:

- $5^{\log_5 13} = 13$
- $7^{1 + \log_7 2} = 7^1 \cdot 7^{\log_7 2} = 7 \cdot 2 = 14$
- $8^{\log_2 3} = (2^3)^{\log_2 3} = 2^{3 \cdot \log_2 3} = (2^{\log_2 3})^3 = 3^3 = 27$

Assim:

$$E = 13 + 14 - 27 = 0$$

ER. 6 Faça o que se pede.
a) Para que valores de x a identidade $2^{\log_2 x} = x$ é válida?
b) Encontre os valores reais de x que satisfazem a sentença $2^{\log_2 x} = x^2$.

Resolução:

a) Por propriedade de logaritmo, temos que $2^{\log_2 x} = x$, desde que o logaritmo envolvido esteja definido. Isso acontece para x real tal que $x > 0$.

b) $2^{\log_2 x} = x^2 \Rightarrow x = x^2 \Rightarrow x^2 - x = 0 \Rightarrow$
$\Rightarrow x(x - 1) = 0 \Rightarrow x = 0$ ou $x = 1$

Como $\log_2 x$ está definido apenas para $x > 0$, somente $x = 1$ satisfaz a sentença dada.

> **Saiba +**
> **Identidade** é uma igualdade que permanece sempre verdadeira, independentemente dos valores atribuídos às variáveis que nela apareçam, respeitadas as restrições existentes.

Exercícios Propostos

4. Calcule os logaritmos:
- a) $\log_5 25$
- b) $\log_2 32$
- c) $\log_3 \dfrac{1}{243}$
- d) $\log_\pi 1$
- e) $\log_2 \sqrt[3]{16}$
- f) $\log_{10} 0{,}001$
- g) $\log_{81} 243$
- h) $\log_{2\sqrt{2}} 128$
- i) $\log_{121} 11$
- j) $\log_{0,2} 125$
- k) $\log_{\frac{1}{4}} \sqrt[7]{64}$

5. Sendo $\log_a b = 2$, determine $\log_a \sqrt[7]{b}$.

6. Sabendo que $\log_a b = 3$, calcule:
- a) $\log_a b^3 + \log_a b^2$
- b) $\log_a b^5$
- c) $\log_a \dfrac{1}{b}$
- d) $\log_a \sqrt{b}$

7. Determine o valor de x, sendo $x > 0$.
- a) $\log_5 x = -1$
- b) $\log_2 x = 5$
- c) $\log_3 x = 0{,}5$

8. Obtenha o valor de:
- a) $3^{\log_3 5}$
- b) $3^{1 + \log_3 5}$
- c) $3^{2 \cdot \log_3 5}$
- d) $9^{\log_3 5}$

9. Sabendo que $5^m = 7$, determine em função de m:
- a) $\log_5 7$
- b) $\log_5 49$
- c) $\log_{25} 7$
- d) $\log_5 \dfrac{1}{7}$

10. Calcule o valor de: $\log_2 (\log_2 256) + \log_3 \dfrac{1}{81}$

Bases especiais de logaritmos

Os logaritmos de base 10 são chamados de **logaritmos decimais** e podem ser indicados sem aparecer o valor da base. Veja:

a) $\log_{10} 5 = \log 5$ b) $\log_{10} 10^2 = \log 10^2$ c) $\log_{10} 0{,}01 = \log 0{,}01$

Um outro grupo de logaritmos que aparece muito nas aplicações são os chamados **logaritmos naturais**, cuja base é a constante irracional $e = 2{,}718281828459\ldots$

Um logaritmo natural $\log_e b$ (com $b > 0$) é mais comumente indicado por $\ell n\, b$. Veja:

a) $\log_e 2 = \ell n\, 2$ b) $\log_e 10 = \ell n\, 10$ c) $\log_e e = \ell n\, e$

Recorde
Você já conheceu a constante **e** no capítulo anterior. Ela é chamada de *número de Neper* em homenagem ao matemático escocês John Napier, inventor dos logaritmos.

Exercício Resolvido

ER. 7 Use uma calculadora científica e calcule:
- a) $\log 10$
- b) $\log 0{,}0001$
- c) $\log 2$

Atenção!
Nas calculadoras, em geral, a vírgula é indicada por um ponto, seguindo a notação inglesa.

Resolução: Nas calculadoras científicas, encontramos a tecla [log], usada para calcular logaritmos na base 10.

a) Pela definição de logaritmo, você já sabe que $\log 10 = 1$. Para obter esse valor em uma calculadora científica, devemos apertar as teclas, nesta ordem:

b) Para obter o valor de $\log 0{,}0001$ numa calculadora científica, fazemos o mesmo: digitamos o número $0{,}0001$ e, em seguida, a tecla [log]. No visor da calculadora vai aparecer -4.

c) Neste caso, vamos obter um valor aproximado para $\log 2$, já que ele é um número irracional. Apertando as teclas [2] [log], nessa ordem, vamos obter, no visor da calculadora, o valor aproximado $0{,}30103$.

Exercícios Propostos

11. Calcule o valor dos logaritmos:
- a) $\log 10^3$
- b) $\ell n\, e$
- c) $\ell n\, e^{-1}$
- d) $e^{\ell n\, 2}$
- e) $\log 10^{10^{\log 20}}$

12. Pesquise: em uma calculadora científica existe uma tecla que sirva para o cálculo direto de logaritmos naturais?

Função logarítmica **273**

Enigmas, Jogos & Brincadeiras

O Logaritmo Resolve mais um Mistério

Na rua Base, número positivo, ocorreu na noite passada o assassinato do Sr. Ritmo, que chocou os habitantes e está intrigando as autoridades locais da cidade Real.

Para tentar resolver esse mistério, foi chamado, o mais rápido possível, o famoso detetive Sr. Log. Ele interrogou os suspeitos. De acordo com as respostas e usando seus conhecimentos sobre logaritmos, o Sr. Log descobriu o culpado.

Descubra você também quem é o assassino.

Os suspeitos são: Srta. Ana, Sr. Bento e Sr. Carlos. Após serem interrogados, deram as seguintes respostas, todas verdadeiras:

Srta. Ana → "O Sr. Bento esteve no local do crime."
Sr. Bento → "De fato, eu estive no local do crime, porém apenas entre 14h e 16h."
Sr. Carlos → "A Srta. Ana não é a culpada."

Além disso, sabe-se também que a temperatura de um corpo durante as 24 primeiras horas após a morte segue a função $F(t) = 37 \cdot e^{-0,05t}$, sendo t o tempo decorrido após a morte. Às 22h, a temperatura do corpo do Sr. Ritmo era de 30 °C. Quem é o culpado?
(Use $\ell n\, 0{,}81081 = -0{,}2097$.)

1.2 PROPRIEDADES OPERATÓRIAS DOS LOGARITMOS

Vejamos agora propriedades que envolvem operações com logaritmos e que são decorrentes das propriedades de potências. Vamos demonstrar apenas algumas dessas propriedades de logaritmos.

- **Logaritmo de um produto**

Considere os números reais a, b e c, com $b > 0$, $c > 0$, $a > 0$ e $a \neq 1$. Então:
$$\log_a (b \cdot c) = \log_a b + \log_a c$$

Demonstração

$\log_a (b \cdot c) = z \Leftrightarrow a^z = b \cdot c$ ①
$\log_a b = x \Leftrightarrow a^x = b$ ②
$\log_a c = y \Leftrightarrow a^y = c$ ③

Substituindo ② e ③ em ①, vem:
$a^z = a^x \cdot a^y \Rightarrow a^z = a^{x+y} \Rightarrow z = x + y \Rightarrow \log_a (b \cdot c) = \log_a b + \log_a c$

- **Logaritmo de um quociente**

Considere os números reais a, b e c, com $b > 0$, $c > 0$, $a > 0$ e $a \neq 1$. Então:
$$\log_a \frac{b}{c} = \log_a b - \log_a c$$

- **Logaritmo de uma potência**

Considere os números reais a, b e m, com $b > 0$, $a > 0$ e $a \neq 1$. Então:
$$\log_a b^m = m \cdot \log_a b$$

Demonstração

$\log_a b^m = x \Leftrightarrow a^x = b^m$ ① e $\log_a b = y \Leftrightarrow a^y = b$ ②

Substituindo ② em ①, vem:
$a^x = (a^y)^m \Rightarrow a^x = a^{m \cdot y} \Rightarrow x = m \cdot y \Rightarrow \log_a b^m = m \cdot \log_a b$

> **Faça**
>
> Demonstre a propriedade do logaritmo de um quociente.

274 MATEMÁTICA — UMA CIÊNCIA PARA A VIDA

Exercícios Resolvidos

ER. 8 Sabendo que $\log x = p$, $\log y = q$ e $\log z = r$, expresse $\log\left(\dfrac{xy^2}{\sqrt{z}}\right)$ em função de p, q e r.

Resolução:

$$\log\left(\dfrac{xy^2}{\sqrt{z}}\right) = \log\left(x \cdot y^2 \cdot z^{-\frac{1}{2}}\right) = \log x + \log y^2 + \log z^{-\frac{1}{2}} =$$
$$= \log x + 2 \cdot \log y - \dfrac{1}{2} \cdot \log z = p + 2q - \dfrac{1}{2}r$$

ER. 9 Encontre o valor aproximado de $\log_2 20$ sabendo que $\log_2 5 \simeq 2,3$.

Resolução: Como $20 = 4 \cdot 5$, podemos fazer:

$\log_2 20 = \log_2(4 \cdot 5) = \log_2 2^2 + \log_2 5 = 2 \cdot \log_2 2 + \log_2 5$
$\log_2 20 \simeq 2 \cdot 1 + 2,3$
$\log_2 20 \simeq 4,3$

ER. 10 Usando $\log 2 = 0,30$ e $\log 3 = 0,48$, determine entre que números inteiros se encontra o valor de: $2 \cdot \log 30 - 3 \cdot \log 144$

Resolução: Como devemos usar os valores de log 2 e de log 3 fornecidos, precisamos obter a expressão em função apenas desses dois logaritmos. Para isso, vamos usar as propriedades operatórias:

- $\log 30 = \log(3 \cdot 10) = \log 3 + \log 10 = 0,48 + 1 = 1,48$
- $\log 144 = \log(2^4 \cdot 3^2) = \log 2^4 + \log 3^2 = 4 \cdot \log 2 + 2 \cdot \log 3 =$
  $= 4 \cdot 0,3 + 2 \cdot 0,48 = 1,2 + 0,96 = 2,16$

Assim, temos:

$2 \cdot \log 30 - 3 \cdot \log 144 = 2 \cdot 1,48 - 3 \cdot 2,16 = 2,96 - 6,48 = -3,52$

Portanto, o valor da expressão está entre os números inteiros -4 e -3.

ER. 11 [QUÍMICA] Para classificar uma substância como ácida, básica ou neutra, os químicos utilizam um índice conhecido como pH, que é dado por:

$$pH = -\log[H^+]$$

em que $[H^+]$ é a concentração de íons hidrogênio em mols por litro. Estime o pH de cada uma das substâncias:

a) suco de limão: $[H^+] = 6,3 \cdot 10^{-3}$
b) café: $[H^+] = 1,0 \cdot 10^{-5}$
(Dado $\log 6,3 = 0,8$.)

Saiba +
O símbolo pH significa "potencial hidrogeniônico". A escala do pH pode variar de 0 a 14: abaixo de 7 a substância é ácida, acima de 7 ela é básica e para pH = 7 ela é neutra.

Resolução:

a) $pH = -\log[H^+] = -\log(6,3 \cdot 10^{-3}) = -(\log 6,3 + \log 10^{-3}) =$
$= -(\log 6,3 - 3 \cdot \log 10) = -(0,8 - 3) = 2,2$

b) $pH = -\log[H^+] = -\log(1,0 \cdot 10^{-5}) = -(\log 1,0 + \log 10^{-5}) =$
$= -(\log 1 - 5 \cdot \log 10) = -(-5) = 5$

Recorde
$\log 10 = \log_{10} 10 = 1$
$\log 1 = 0$

Observação

Denominamos **cologaritmo de b na base a** o *oposto do logaritmo* desse número b na base a, ou seja:

$$\operatorname{colog}_a b = -\log_a b$$

Repare que o oposto de um logaritmo pode ser dado assim:

$-\log_a b = \log_a \dfrac{1}{b}$, pois $-\log_a b = \log_a b^{-1} = \log_a \dfrac{1}{b}$

Exercícios Propostos

13. Obtenha o valor dos logaritmos, considerando log 2 = 0,30 e log 3 = 0,48.

a) log 8   c) log 32   e) log 45   g) $\log \dfrac{16}{9}$ i) $\log \dfrac{2\sqrt{2}}{81}$

b) log 9   d) log 12   f) log 36   h) $\log \sqrt[5]{16}$

14. Encontre o valor de $\log_{81} N$ tal que $3^m = N$.

15. Se log a = r, log b = s e log c = t, determine o valor de $E = \log \dfrac{a^3 \cdot b^2}{\sqrt[3]{c}}$ em função de r, s e t.

16. Simplifique cada expressão o máximo possível, considerando satisfeitas as condições de existência.

a) $A = \log x^2 - \log \dfrac{1}{x} + \log \sqrt{x} - \log \sqrt{x^7}$ b) $B = 2 \cdot \log_2(x - 1) + \log_2(x + 1) - \log_2(x^2 - 1)$

17. Determine o valor de $E = \log_5 (p^2 - q^2)$, sabendo que $\log_5 (p + q) = p$ e $p - q = 25$.

18. Encontre o valor de $E = \log_2 \dfrac{(a + b)^2}{ab}$, sabendo que $a^2 + b^2 = 6ab$. Esse valor é inteiro negativo, natural ou irracional?

19. Determine o valor de:

a) $\operatorname{colog}_5 125$ b) $\operatorname{colog}_7 49$ c) $\operatorname{colog} 10^{-7}$ d) $\log_3 \dfrac{1}{3}$

20. Sendo colog 6 = −0,78 e log 1,5 = 0,18, determine log 2 e log 3.

21. Obtenha o valor de log a + colog b, sabendo que colog a + log b = 3.

Matemática, Ciência & Vida

A Organização das Nações Unidas (ONU), além de buscar a segurança no mundo, tem como objetivo propor soluções para os problemas que afligem a humanidade. Entre seus programas, um deles, o Programa das Nações Unidas para o Desenvolvimento (PNUD), busca prioritariamente o combate à pobreza, a implementação de governos democráticos e soluções para os problemas ligados à energia e ao meio ambiente.

Mas como aferir o grau de desenvolvimento de uma sociedade? Para isso, o PNUD utiliza o Índice de Desenvolvimento Humano (IDH), criado pelo professor indiano Amartya Sen, ganhador do Prêmio Nobel de Economia em 1998. Esse indicador mede o nível de desenvolvimento humano de um país com base na renda *per capita*, na longevidade e na educação. Os valores de IDH variam entre 0 e 1 e o desenvolvimento humano dos países é classificado, segundo os resultados, como: baixo (IDH de 0 até 0,499), médio (de 0,500 a 0,799) e alto (maior que ou igual a 0,800).

Para o cálculo da renda (IDH-renda), as análises se utilizam de uma intrincada fórmula matemática em que os logaritmos estão presentes:

$$\text{IDH-renda} = \dfrac{\ell n \text{ (valor absoluto do indicador)} - \ell n \text{ (limite inferior)}}{\ell n \text{ (limite superior)} - \ell n \text{ (limite inferior)}}$$

em que os limites superior e inferior referem-se a valores anuais de PIB *per capita*, adequadamente convertidos e adaptados pelo PNUD.

O IDH, calculado também para os municípios, é importante ferramenta à disposição dos administradores públicos.

Mudança de base de um logaritmo

Em todas as propriedades que estudamos, os logaritmos tinham sempre a mesma base. No entanto, muitas vezes, precisamos operar com logaritmos de bases diferentes. A próxima propriedade nos dá uma forma de expressar um logaritmo dado em outra base.

Considere os números reais a, b, c, com $b > 0$, $a > 0$ e $a \neq 1$, $c > 0$ e $c \neq 1$. Então:

$$\log_a b = \frac{\log_c b}{\log_c a}$$

Demonstração

$\log_a b = r \Leftrightarrow a^r = b$, $\log_c b = s \Leftrightarrow c^s = b$ e $\log_c a = t \Leftrightarrow c^t = a$

Como $a^r = b$ e $c^s = b$, vem $a^r = c^s$. Substituindo a por c^t em $a^r = c^s$, obtemos:

$(c^t)^r = c^s \Rightarrow c^{t \cdot r} = c^s \Rightarrow t \cdot r = s \Rightarrow$

$\Rightarrow (\log_c a) \cdot (\log_a b) = \log_c b \Rightarrow \log_a b = \dfrac{\log_c b}{\log_c a}$

Atenção!
Como $a \neq 1$, temos $\log_c a \neq 0$.

Exemplo

Fazendo $\log_3 2$ na base 10, vem:

$$\log_3 2 = \frac{\log 2}{\log 3}$$

Observação

Como consequência imediata da mudança de base, temos as seguintes identidades:

- $\log_a b = \dfrac{1}{\log_b a}$, pois $\log_a b = \dfrac{\log_b b}{\log_b a} = \dfrac{1}{\log_b a}$

- $\log_{a^n} b = \dfrac{1}{n} \cdot \log_a b$, pois $\log_{a^n} b = \dfrac{\log_a b}{\log_a a^n} = \dfrac{\log_a b}{n} = \dfrac{1}{n} \cdot \log_a b$

Exercício Resolvido

ER. 12 Sabendo que $\log 2 = 0{,}301$ e $\log 3 = 0{,}477$, calcule:

a) $\log_3 2$
b) $\log_{100} 3$
c) $\log_6 10$

Resolução:

a) $\log_3 2 = \dfrac{\log 2}{\log 3} = \dfrac{0{,}301}{0{,}477} \simeq 0{,}631$

b) $\log_{100} 3 = \log_{10^2} 3 = \dfrac{1}{2} \cdot \log 3 = \dfrac{0{,}477}{2} = 0{,}2385$

c) $\log_6 10 = \dfrac{1}{\log 6} = \dfrac{1}{\log (3 \cdot 2)} = \dfrac{1}{\log 3 + \log 2} =$

$= \dfrac{1}{0{,}778} \simeq 1{,}285$

EXERCÍCIOS PROPOSTOS

22. Use mudança de base para achar o valor de cada expressão:

a) $\dfrac{\log_2 125}{\log_2 5}$

b) $\dfrac{\log_7 243}{\log_7 9}$

23. Passe os logaritmos para a base 2:

a) log 16
b) log 20
c) log 14
d) ℓn 32

24. Obtenha o valor numérico das seguintes expressões:

a) $(\log_3 4) \cdot (\log_2 9)$
b) $\log_8 16 + \log_9 27 + \log 0{,}01$

25. Dado log 2 = 0,30 e log 3 = 0,48, obtenha o valor de:

a) $\log_2 3$ c) $\log_{\sqrt{3}} 2$ e) $\log_6 3$
b) $\log_{16} 3$ d) $\log_4 9 - \log_2 3$

26. Sendo $\log_3 8 = \alpha$, determine, em função de α, os seguintes logaritmos:

a) $\log_6 2$ b) $\log_8 9$ c) $\log_2 36$

27. Sabendo que $\log_a b = 3$, determine o valor de $\log_b a$.

28. Qual é o valor de $\log_{\sqrt{b}} \dfrac{1}{a}$, sabendo que $\log_a b = 2$?

29. Determine o valor de $\log_6 36 + \text{colog}_3 9$.

30. Determine o valor de $\log_8 140$ em função de x, y e z, sendo $\log_3 2 = x$, $\log_2 5 = y$ e $\log_3 7 = z$.

1.3 CONDIÇÕES DE EXISTÊNCIA DE UM LOGARITMO

Como já vimos, existem algumas condições para que um logaritmo esteja definido. Para que o logaritmo de um número real b em uma base real a exista, é necessário que:

- a base a seja positiva e diferente de 1;
- o logaritmando b seja positivo.

Dessa forma, sempre que trabalhamos com logaritmos, precisamos observar se essas condições estão satisfeitas.

EXERCÍCIO RESOLVIDO

ER. 13 Determine os valores reais de x que satisfazem as condições de existência de cada logaritmo.

a) $\log_5(x + 2)$
b) $\log_{(x-5)} 7$
c) $\log_x(x^2 - 3x + 2)$

Recorde

Para resolver um sistema de inequações, resolvemos cada inequação e fazemos a intersecção dos resultados obtidos.

Resolução:

a) Em $\log_5(x + 2)$, devemos impor que o logaritmando $(x + 2)$ seja positivo, isto é:
$$x + 2 > 0 \Rightarrow x > -2$$
Assim, $\log_5(x + 2)$ existe para $x > -2$.

b) Em $\log_{(x-5)} 7$, a base $(x - 5)$ deve ser positiva e diferente de 1. Assim, devemos resolver o seguinte sistema de inequações:
$$\begin{cases} x - 5 > 0 \\ x - 5 \neq 1 \end{cases}$$

① $x - 5 > 0$
   $x > 5$

② $x - 5 \neq 1$
   $x \neq 6$

Intersecção dos resultados ① e ②:

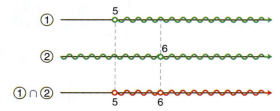

Logo, o logaritmo dado existe para x real com $x > 5$ e $x \neq 6$.

> **Recorde**
>
> $x^2 - 3x + 2 = 0$
> $(x - 2)(x - 1) = 0$
> $x - 2 = 0$ ou $x - 1 = 0$
> $x = 2$ $x = 1$
>
> Zeros da função f: 1 e 2

c) Em $\log_x (x^2 - 3x + 2)$, devemos impor $x > 0$ e $x \neq 1$ (para a base) e $x^2 - 3x + 2 > 0$ (para o logaritmando). Com isso, precisamos resolver o seguinte sistema:

$$\begin{cases} x > 0 \text{ e } x \neq 1 \\ x^2 - 3x + 2 > 0 \end{cases}$$

① $x > 0$ e $x \neq 1$ ② $x^2 - 3x + 2 > 0$ (inequação do 2.º grau)

Esboço do gráfico de $f(x) = x^2 - 3x + 2$:

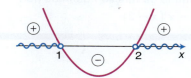

$x < 1$ ou $x > 2$

Intersecção dos resultados ① e ②:

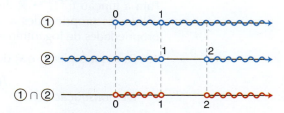

Logo, o logaritmo dado existe para todo x real tal que $0 < x < 1$ ou $x > 2$.

Exercícios Propostos

31. Determine a condição de existência em cada caso:

a) $\log_2 (x^2 - 4x + 3)$ b) $\log_7 (x + 1)(x - 1)(x - 3)$ c) $\log_{11} \dfrac{x - 5}{x - 2}$

32. Determine os valores reais de x que satisfazem as condições de existência de cada logaritmo:

a) $\log_{(4 - x)} 5$ b) $\log_{(4 - x)} (x - 7)$ c) $\log_{(3 - x)} (x - 1)$

2. A Função Logarítmica

Funções que apresentam a variável no logaritmando são chamadas de **funções logarítmicas**.

Exemplos

a) $y = \log_2 x$ b) $f(x) = \log_{\frac{1}{3}} x$ c) $y = \log_{0,5} x$

Note que o domínio de uma função logarítmica não pode ser real devido à condição de existência do logaritmando.

> Uma função $f: \mathbb{R}_+^* \to \mathbb{R}$ é denominada **função logarítmica** quando é definida por $f(x) = \log_a x$, com $a > 0$ e $a \neq 1$.

Para outros tipos de função que envolvam logaritmo, devemos determinar o domínio levando em conta as condições de existência do logaritmo.

Exercícios Propostos

33. Determine $f(2)$, $f(32)$, $f(1)$ e $f(0,5)$ quando f é definida por $f(x) = \log_2 x$.

34. Encontre o valor de x cuja imagem pela função f é 5, sendo $f(x) = \log_2 x$.

35. Calcule o valor de y quando $x = \dfrac{1}{3}$, sabendo que $y = \log_3 x^2$.

36. A função definida por $y = \log_3(x + 1)$ tem zeros? Por quê?

37. Determine o domínio da função f definida por:
   a) $f(x) = \log(5 - x)(x - 2)$
   b) $f(x) = \log_{(-x^2 + 4x - 3)}(x^2 - 2x)$

2.1 ALGUMAS PROPRIEDADES VÁLIDAS PARA UMA FUNÇÃO LOGARÍTMICA

Para a função $f: \mathbb{R}_+^* \to \mathbb{R}$ definida por $f(x) = \log_a x$, com $a > 0$ e $a \neq 1$, são válidas as propriedades a seguir. Vamos demonstrar três delas utilizando as propriedades de logaritmo estudadas.

1.ª) Para quaisquer x_1 e x_2 do domínio de f, temos:
$$f(x_1) = f(x_2) \Leftrightarrow x_1 = x_2$$

Demonstração
$$f(x_1) = f(x_2) \Leftrightarrow \log_a x_1 = \log_a x_2 \Leftrightarrow x_1 = x_2$$

2.ª) A função f é bijetora.

Demonstração

Para que uma função seja *bijetora*, ela deve ser *injetora* e *sobrejetora*.
Mostremos primeiro que f é injetora.
Sejam $y_1 = f(x_1)$ e $y_2 = f(x_2)$, com $y_1 \neq y_2$. Então, temos:
$$y_1 \neq y_2 \Leftrightarrow f(x_1) \neq f(x_2) \Leftrightarrow \log_a x_1 \neq \log_a x_2 \Leftrightarrow x_1 \neq x_2$$
(pela prop. anterior)

Daí, $x_1 \neq x_2 \Rightarrow f(x_1) \neq f(x_2)$, para quaisquer x_1 e x_2 do domínio de f. Assim, temos que f é injetora.

Agora, provemos que f é sobrejetora, ou seja, devemos mostrar que, para qualquer y de $\mathbb{R}$, existe x em $\mathbb{R}_+^*$ tal que $y = f(x)$.

Seja $y \in \mathbb{R}$. Então, para $a > 0$ e $a \neq 1$, existe $a^y = b$ tal que b é real positivo. Se $a^y = b$, então $\log_a b = y$.

Assim, existe $b \in \mathbb{R}_+^*$ tal que $f(b) = \log_a b = y$, para qualquer y real. Portanto, f é sobrejetora.

3.ª) Para quaisquer x_1 e x_2 do domínio de f, temos:
$$f(x_1 \cdot x_2) = f(x_1) + f(x_2)$$

Demonstração
$$f(x_1 \cdot x_2) = \log_a(x_1 \cdot x_2) = \log_a x_1 + \log_a x_2 = f(x_1) + f(x_2)$$

4.ª) Para quaisquer x_1 e x_2 do domínio de f, temos:
$$f\left(\dfrac{x_1}{x_2}\right) = f(x_1) - f(x_2)$$

Recorde

Como $a > 0$, a potência $a^y = b$ também é positiva para qualquer expoente real y.

Faça

Demonstre a 4.ª propriedade.

Exercícios Resolvidos

ER. 14 Dada f, função logarítmica de domínio $\mathbb{R}_+^*$, tal que $f(m-1) = \log(m-1)$, determine o valor real de m sabendo que $f(m-1) = 3$.

Resolução:

$f(m-1) = \log(m-1) = 3 \Leftrightarrow 10^3 = m - 1 \Leftrightarrow m = 1.001$

ER. 15 Considere a função logarítmica definida por $g(x) = \log_{0,5} x$. Determine:

a) $g(32 \cdot 1.024)$
b) $[g(0,0625)]^2$

Resolução:

a) $g(32 \cdot 1.024) = g(32) + g(1.024) = \log_{0,5} 32 + \log_{0,5} 1.024 =$
$= \log_{0,5} 2^5 + \log_{0,5} 2^{10} = \log_{0,5}[(0,5)^{-1}]^5 + \log_{0,5}[(0,5)^{-1}]^{10} =$
$= \log_{0,5}(0,5)^{-5} + \log_{0,5}(0,5)^{-10} = -5 - 10 = -15$

b) $[g(0,0625)]^2 = [\log_{0,5} 0,0625]^2 = [\log_{0,5}(0,5)^4]^2 = [4]^2 = 16$

ER. 16 Mostre que para $f(x) = \log_a x$, com $a > 0$ e $a \neq 1$, temos para todo x de $\mathbb{R}_+^*$:

a) $f(x^2) = 2 \cdot f(x)$
b) $f(x^3) = 3 \cdot f(x)$
c) $f(x^n) = n \cdot f(x)$, com n natural

Resolução:

a) $f(x^2) = f(x \cdot x) = f(x) + f(x) = 2 \cdot f(x)$

b) $f(x^3) = f(x \cdot x \cdot x) = f(x^2 \cdot x) = f(x^2) + f(x) = 2 \cdot f(x) + f(x) = 3 \cdot f(x)$

c) Por recorrência, sendo n natural, podemos mostrar que:

$$f(\underbrace{x \cdot x \cdot \ldots \cdot x}_{n \text{ fatores}}) = \underbrace{f(x) + f(x) + \ldots + f(x)}_{n \text{ parcelas}}$$

Assim:

$$f(x^n) = f(\underbrace{x \cdot x \cdot \ldots \cdot x}_{n \text{ fatores}}) = \underbrace{f(x) + f(x) + \ldots + f(x)}_{n \text{ parcelas}} = n \cdot f(x)$$

> *Faça*
> Sendo $f(x) = \log_a x$, calcule:
> $f(x^0)$ e $0 \cdot f(x)$

Exercícios Propostos

38. Considere a função $f(x) = \log_3(x-2)$, com x real e $x > 2$. Determine o valor de x para o qual $f(x+2) = 2$.

39. Mostre que g é uma função afim crescente sabendo que $g(x) = \log_2(f(x))$ e $f(x) = 0,5 \cdot 2^x$.

40. Dados $f(x) = \log x$ e $g(x) = \log x^2$, determine:
a) $f(x^4)$
b) $g(x^4)$
c) $h(x) = f(x^4) + g(x^4)$
d) $h(0,1)$
e) $h(0,0001)$

2.2 GRÁFICO DE UMA FUNÇÃO LOGARÍTMICA

Para construir o gráfico de uma função logarítmica dada por $f(x) = \log_a x$, com $a > 0$ e $a \neq 1$, e $D(f) = \mathbb{R}_+^*$, fazemos uma tabela com alguns pontos desse gráfico, que nos possibilita traçar a curva.

Exemplos

a) $f(x) = \log_2 x$

Alguns pontos do gráfico de f

x	$f(x) = \log_2 x$	Pontos
$0{,}25 = 2^{-2}$	$f(2^{-2}) = -2 \cdot f(2) = -2 \cdot \log_2 2 = -2 \cdot 1 = -2$	$(0{,}25; -2)$
$0{,}5 = 2^{-1}$	$f(2^{-1}) = -1 \cdot f(2) = -1 \cdot \log_2 2 = -1 \cdot 1 = -1$	$(0{,}5; -1)$
1	$f(1) = f(1^1) = 1 \cdot f(1) = 1 \cdot \log_2 1 = 1 \cdot 0 = 0$	$(1, 0)$
2	$f(2) = f(2^1) = 1 \cdot f(2) = 1 \cdot \log_2 2 = 1 \cdot 1 = 1$	$(2, 1)$
4	$f(4) = f(2^2) = 2 \cdot f(2) = 2 \cdot \log_2 2 = 2 \cdot 1 = 2$	$(4, 2)$
8	$f(8) = f(2^3) = 3 \cdot f(2) = 3 \cdot \log_2 2 = 3 \cdot 1 = 3$	$(8, 3)$

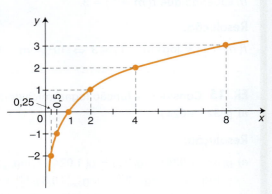

Gráfico de f

b) $g(x) = \log_{0,5} x$

Alguns pontos do gráfico de g

x	$g(x) = \log_{0,5} x$	Pontos
$8 = (0{,}5)^{-3}$	$f((0{,}5)^{-3}) = -3$	$(8, -3)$
$4 = (0{,}5)^{-2}$	$f((0{,}5)^{-2}) = -2$	$(4, -2)$
$2 = (0{,}5)^{-1}$	$f((0{,}5)^{-1}) = -1$	$(2, -1)$
$1 = (0{,}5)^0$	$f((0{,}5)^0) = 0$	$(1, 0)$
$0{,}5$	$f(0{,}5) = f((0{,}5)^1) = 1$	$(0{,}5; 1)$
$0{,}25 = (0{,}5)^2$	$f((0{,}5)^2) = 2$	$(0{,}25; 2)$

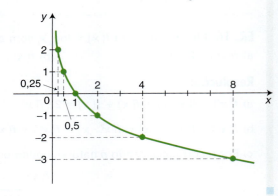

Gráfico de g

Observando os gráficos de *f* e *g* dos exemplos anteriores, notamos que:

- *f*, dada por $f(x) = \log_2 x$, é uma função crescente, enquanto *g*, dada por $g(x) = \log_{0,5} x$, é uma função decrescente.
- Os dois gráficos cruzam o eixo *x* no ponto $(1, 0)$, pois $f(1) = g(1) = 0$. Dessa forma, 1 é o único zero de *f* e também de *g*.
- Os gráficos de *f* e de *g* não cruzam o eixo *y*, ou seja, as funções não estão definidas para $x = 0$.
- As funções *f* e *g* são bijetoras.

Algumas dessas conclusões observadas para as funções *f* e *g* são válidas para toda função logarítmica do tipo $h(x) = \log_a x$ de $\mathbb{R}_+^*$ em $\mathbb{R}$, com $a > 0$ e $a \neq 1$:

- $h(1) = 0$, ou seja, 1 é zero de *h*
- o gráfico de *h* cruza o eixo das abscissas no ponto $(1, 0)$
- *h* é bijetora

No entanto, outras características dependem da base *a* do logaritmo, como:

- *h* é crescente, se $a > 1$
- *h* é decrescente, se $0 < a < 1$

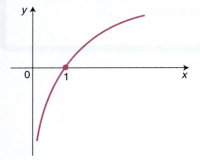
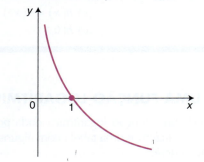

Exercícios Resolvidos

ER. 17 Sendo $f: A \to \mathbb{R}$, com $A = \left\{\dfrac{1}{3}, 1, 3, 9\right\}$, construa o gráfico de f nos casos abaixo, determine $\text{Im}(f)$ e diga se f é crescente ou decrescente.

a) $f(x) = \log_3 x$
b) $f(x) = \log_{\frac{1}{3}} x$

Responda

Nesse caso, a função é bijetora?

Atenção!

Para facilitar, se possível, devemos escrever o logaritmando como uma potência da base do logaritmo. Assim, como temos $f(x) = \log_{3^{-1}} x$, fazemos:

$\dfrac{1}{3} = 3^{-1}$

$3 = 3^1 = (3^{-1})^{-1}$

$9 = 3^2 = (3^{-1})^{-2}$

Resolução: Nesse caso, vamos fazer uma tabela que *define* a função f, pois ela deve conter todos os valores do domínio dessa função, já que esse domínio é um conjunto finito.

a) $f(x) = \log_3 x$

Pontos do gráfico de f

x	$y = f(x) = \log_3 x$	Pontos
$\dfrac{1}{3}$	$y = f\left(\dfrac{1}{3}\right) = \log_3 \dfrac{1}{3} = \log_3 3^{-1} = -1$	$\left(\dfrac{1}{3}, -1\right)$
1	$y = f(1) = \log_3 1 = 0$	$(1, 0)$
3	$y = f(3) = \log_3 3 = 1$	$(3, 1)$
9	$y = f(9) = \log_3 3^2 = 2$	$(9, 2)$

Gráfico de f

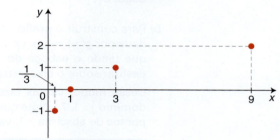

$\text{Im}(f) = \{-1, 0, 1, 2\}$

Note que, como $a = 3$ e, portanto, $a > 1$, temos f crescente.

b) $f(x) = \log_{\frac{1}{3}} x = \log_{3^{-1}} x$

Pontos do gráfico de f

x	$y = f(x) = \log_{3^{-1}} x$	Pontos
$\dfrac{1}{3}$	$y = f\left(\dfrac{1}{3}\right) = \log_{3^{-1}} 3^{-1} = 1$	$\left(\dfrac{1}{3}, 1\right)$
1	$y = f(1) = \log_{3^{-1}} 1 = 0$	$(1, 0)$
3	$y = f(3) = \log_{3^{-1}} (3^{-1})^{-1} = -1$	$(3, -1)$
9	$y = f(9) = \log_{3^{-1}} (3^{-1})^{-2} = -2$	$(9, -2)$

Gráfico de f

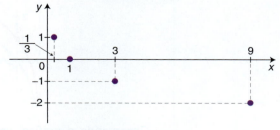

$\text{Im}(f) = \{-2, -1, 0, 1\}$

Nesse caso, $0 < a < 1$. Logo, f é decrescente.

ER. 18 Sendo $f(x) = 1 + \log_2 (x + 1)$, faça o que se pede:

a) Determine o domínio de f no universo $U = \,]-7, 7]$.
b) Construa o gráfico de f, com o domínio definido no item **a**, obtenha seu conjunto imagem e determine os valores de x para os quais $f(x) = 12$.

Resolução:

a) Para determinar o domínio de f em U, devemos verificar quais números do intervalo $]-7, 7]$ satisfazem as condições de existência da lei da função f, isto é, precisamos procurar os números que satisfazem a condição de existência do logaritmo $\log_2 (x + 1)$. Assim, temos:

$$x + 1 > 0 \Rightarrow x > -1 \quad \text{①}$$

Ou seja:

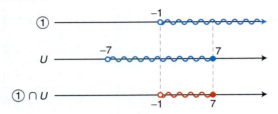

Logo, $D(f) = \,]-1, 7]$.

b) Para construir o gráfico de f, vamos usar como base o gráfico da função dada por $g(x) = \log_2 (x + 1)$ tomada no mesmo domínio $]-1, 7]$. Repare que tendo o esboço do gráfico de g, para obter o gráfico de f, basta deslizar sobre o eixo y (transladar) o gráfico de g, 1 unidade para cima.

Desse modo, vamos fazer uma tabela auxiliar com alguns valores do domínio $]-1, 7]$. Note que a curva de ambos os gráficos nunca vai atingir pontos de abscissa -1, valor que não pertence ao domínio.

x	$y_1 = g(x) = \log_2 (x + 1)$	Pontos (gráfico g)	$y_2 = f(x) = 1 + \log_2 (x + 1)$
0	$y_1 = \log_2 1 = \mathbf{0}$	$(0, 0)$	$y_2 = \mathbf{0 + 1} = 1$
1	$y_1 = \log_2 2 = \mathbf{1}$	$(1, 1)$	$y_2 = \mathbf{1 + 1} = 2$
3	$y_1 = \log_2 4 = \mathbf{2}$	$(3, 2)$	$y_2 = \mathbf{2 + 1} = 3$
7	$y_1 = \log_2 8 = \mathbf{3}$	$(7, 3)$	$y_2 = \mathbf{3 + 1} = 4$

Veja abaixo como obtemos o gráfico da função f:

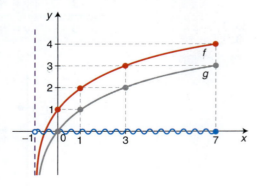

Observando o gráfico, verificamos que $\text{Im}(f) = \,]-\infty, 4]$. Assim, como 12 não pertence ao conjunto imagem de f, podemos concluir que não existem valores do domínio de f para os quais $f(x) = 12$.

ER. 19 Quais são os valores reais de x para que $\log_5 x$ seja maior do que 0,5?

Resolução: Vamos considerar a função dada por $y = \log_5 x$ de $\mathbb{R}_+^*$ em $\mathbb{R}$ e achar os valores de x que têm imagem maior que 0,5.

Observe que, se $x = \sqrt{5} = 5^{\frac{1}{2}}$, temos:
$$y = \log_5 \sqrt{5} = \log_5 5^{\frac{1}{2}} = 0{,}5$$

Como essa função é crescente ($a = 5$, logo, $a > 1$) e injetora, temos:
$$f(x) > 0{,}5 \Rightarrow f(x) > f(\sqrt{5}) \Rightarrow x > \sqrt{5}$$

Podemos determinar esses valores observando o gráfico dessa função.

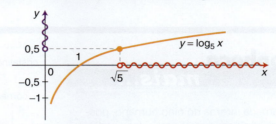

Portanto, para valores reais de x maiores que $\sqrt{5}$, temos $\log_5 x > 0{,}5$.

EXERCÍCIOS PROPOSTOS

41. Esboce o gráfico de $f: \mathbb{R}_+^* \to \mathbb{R}$ e determine se a função é crescente ou decrescente.
 a) $f(x) = \log_3 x$
 b) $f(x) = \log_{0,1} x$

42. Verifique se a função é crescente ou decrescente sem fazer o gráfico.
 a) $f(x) = \log_{0,25} x$
 b) $g(x) = \log_{25} x$
 c) $h(x) = \log_{2,5} x$

43. Determine o domínio e esboce o gráfico de cada função dada abaixo.
 a) $f(x) = 2 \cdot \log_2 x$
 c) $h(x) = \log_{\sqrt{2}} x$
 e) $n(x) = \log_{0,5}(x - 1)$
 b) $g(x) = \log_2 x^2$
 d) $m(x) = 2 \cdot \log_2 \dfrac{1}{x}$
 f) $p(x) = 1 + \log_{0,5} x$

44. Construa, em um mesmo plano cartesiano, os gráficos das funções f, g e h, definidas por $f(x) = \log_2 x$, $g(x) = 1 + \log_2 x$ e $h(x) = \log_2(x + 1)$. Comparando esses três gráficos, o que pode ser observado?

45. Dos gráficos dados abaixo, identifique aqueles que podem ser obtidos a partir de uma função logarítmica.

a)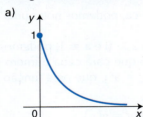

c)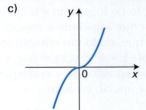

e)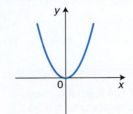

b)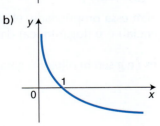

d)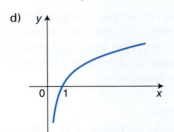

f)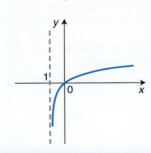

46. Os gráficos abaixo representam funções logarítmicas. Determine a lei correspondente a cada função.

a)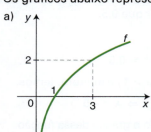

b)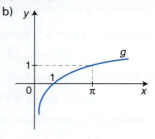

c)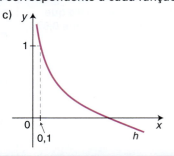

Conheça mais...

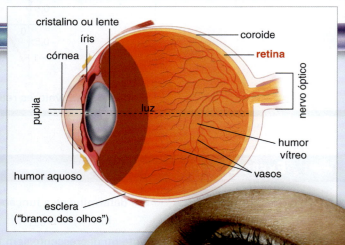

A retina, uma camada interna do olho humano, possui células fotossensíveis: os *cones*, relacionados com a visão de cores, e os *bastonetes*, que nos auxiliam a enxergar em situações de baixa luminosidade. Cones e bastonetes, quando devidamente estimulados, transmitem, por meio de células sensitivas, informações que são levadas ao nervo óptico e deste ao cérebro, onde as mensagens são decodificadas e as imagens são reconhecidas.

É interessante saber que, se a intensidade de luz varia rapidamente, não conseguimos acompanhar essa variação, e a luz nos parece de intensidade uniforme. É que nosso sistema óptico responde *logaritmicamente* ao brilho (e não de forma linear), ou seja, só percebemos a variação da luminosidade quando esta aumenta ou diminui, por exemplo, 5 ou 10 vezes. Esse é um dos motivos por que, utilizando somente a luminosidade dos faróis, é tão difícil estimar corretamente, à noite, a distância de um veículo que se aproxima.

2.3 A FUNÇÃO LOGARÍTMICA COMO INVERSA DA FUNÇÃO EXPONENCIAL

Pela definição de logaritmo e função logarítmica, podemos notar uma ligação importante entre logaritmo e exponencial.

Veja que, dado um número real a, com $a > 0$ e $a \neq 1$, podemos definir as funções $f(x) = a^x$ e $g(x) = \log_a x$, de modo que para cada número real x a função f leva ao valor de y correspondente ($y = a^x$), que pela função g volta ao número x inicial, ou seja:

$$f(x) = a^x = y \Leftrightarrow x = \log_a y = g(y)$$

Já vimos que, quando duas funções têm essa propriedade, elas são inversas entre si. Então, as funções f (exponencial) e g (logarítmica) dadas por $f(x) = a^x$ e $g(x) = \log_a x$ são inversas.

Note também que o fato de as funções f e g serem bijetoras garante que elas são invertíveis.

Recorde

Uma função f de A em B é invertível quando existe uma função g de B em A tal que, para todo x de A e y de B, se $f(x) = y$, então $g(y) = x$.
Ou ainda: f é invertível se, e somente se, f é bijetora.

Exemplos

a) A inversa da função $f(x) = 2^x$, com $D(f) = \mathbb{R}$, é a função $f^{-1}(x) = \log_2 x$.

b) A inversa da função $g(x) = \log x$, com $D(g) = \mathbb{R}_+^*$, é a função $g^{-1}(x) = 10^x$.

Observação

Sendo as funções f e g, definidas por $f(x) = a^x$ e $g(x) = \log_a x$, inversas, temos $(f \circ g) = (g \circ f) = I$ (função identidade), isto é:

$$(f \circ g)(x) = f(g((x)) = f(\log_a x) = a^{\log_a x} = x$$
$$(g \circ f)(x) = g(f(x)) = g(a^x) = \log_a a^x = x \cdot \underbrace{\log_a a}_{1} = x$$

Além disso, pelo fato de elas serem inversas entre si, seus gráficos são *simétricos* em relação à reta suporte das bissetrizes dos quadrantes ímpares. Essa simetria garante que se uma função invertível é crescente, sua inversa também o é. O mesmo ocorre se a função for decrescente. Isso pode ser verificado pelo fato de as funções inversas logarítmica e exponencial terem a mesma base. ∎

Exercício Resolvido

ER. 20 Construa em um mesmo plano cartesiano os gráficos das funções f e g definidas por $f(x) = 2^x$ e $g(x) = \log_2 x$, nos domínios $D(f) = \mathbb{R}$ e $D(g) = \mathbb{R}_+^*$.

Resolução:

- $f(x) = 2^x$

    Alguns pontos do gráfico de f

x	$f(x) = 2^x$	Pontos
-3	$f(-3) = 2^{-3} = 0{,}125$	$(-3; 0{,}125)$
-2	$f(-2) = 2^{-2} = 0{,}25$	$(-2; 0{,}25)$
-1	$f(-1) = 2^{-1} = 0{,}5$	$(-1; 0{,}5)$
0	$f(0) = 2^0 = 1$	$(0, 1)$
1	$f(1) = 2^1 = 2$	$(1, 2)$
2	$f(2) = 2^2 = 4$	$(2, 4)$
3	$f(3) = 2^3 = 8$	$(3, 8)$

- $g(x) = \log_2 x$

    Alguns pontos do gráfico de g

x	$g(x) = \log_2 x$	Pontos
$0{,}125$	$g(0{,}125) = \log_2 2^{-3} = -3$	$(0{,}125; -3)$
$0{,}25$	$g(0{,}25) = \log_2 2^{-2} = -2$	$(0{,}25; -2)$
$0{,}5$	$g(0{,}5) = \log_2 2^{-1} = -1$	$(0{,}5; -1)$
1	$g(1) = \log_2 1 = 0$	$(1, 0)$
2	$g(2) = \log_2 2^1 = 1$	$(2, 1)$
4	$g(4) = \log_2 2^2 = 2$	$(4, 2)$
8	$g(8) = \log_2 2^3 = 3$	$(8, 3)$

Agora, vamos traçar os dois gráficos em um mesmo plano cartesiano:

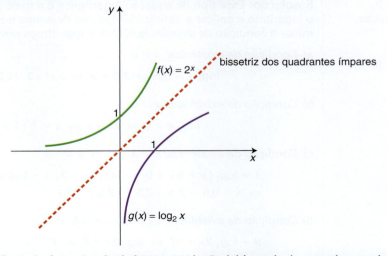

Observe que os gráficos de f e g são simétricos em relação à bissetriz dos quadrantes ímpares.

Exercícios Propostos

47. Dada a função h, determine h^{-1} em cada caso:
   a) $h: \mathbb{R} \to \mathbb{R}_+^*$ tal que $h(x) = 3^{x+1}$
   b) $h: \mathbb{R}_+^* \to \mathbb{R}$ tal que $h(x) = \log 2x$

48. Verifique quais pares de funções são de uma função e sua inversa. Nesse caso, esboce os gráficos desses pares em um mesmo plano cartesiano.
   a) $g(x) = \log_{0,5} x$ e $h(x) = \log_2 x$
   b) $p(x) = 2^x$ e $q(x) = \log_{0,5} x$
   c) $m(x) = \log_2 x$ e $n(x) = 2^x$
   d) $u(x) = (0,1)^x$ e $v(x) = \log_{0,2} x$
   e) $r(x) = \dfrac{3^x - 1}{2}$ e $s(x) = \log_3(2x + 1)$

49. O gráfico abaixo foi obtido a partir de um deslocamento do gráfico de uma função f dada por $f(x) = a^x$, sendo a uma constante real positiva e diferente de 1.

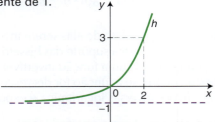

   a) Determine a lei da função h.
   b) Se $g(x) = \log_2 (x + 1)$, determine a lei de $p = (g \circ h)$.
   c) Encontre h^{-1}, se possível.

3. Equações Logarítmicas

Toda equação que apresenta a incógnita em um logaritmo é chamada de **equação logarítmica**.

Exemplos
a) $\log x = 0,2$
b) $3 \cdot \log_2 x = 0$
c) $2 \cdot \log_3 (x - 1) = 3$
d) $\log (x + 2)(2x + 1) = 12$

Para resolver equações logarítmicas, vamos usar as propriedades de logaritmos e de função logarítmica estudadas anteriormente.

Exercícios Resolvidos

ER. 21 Resolva, em $\mathbb{R}$, as equações logarítmicas:
a) $\log_2 x = 0,5$
b) $\log_2 x = 0$
c) $1 + \log_2 (x + 3) = 0$
d) $9 + \log_2 2x = 17$

Resolução: Esse tipo de equação logarítmica é o mais simples. Basta isolar o logaritmo e aplicar a definição. Mas não devemos nos esquecer de determinar a condição de existência (CE) dos logaritmos envolvidos.

a) *Condição de existência:* $x > 0$
$$\log_2 x = 0,5 \Leftrightarrow 2^{0,5} = x \Leftrightarrow x = \sqrt{2} \ (\sqrt{2} > 0)$$

b) *Condição de existência:* $x > 0$
$$\log_2 x = 0 \Leftrightarrow 2^0 = x \Leftrightarrow x = 1 \ (1 > 0)$$

c) *Condição de existência:* $x + 3 > 0 \Rightarrow x > -3$
$$1 + \log_2 (x + 3) = 0 \Leftrightarrow \log_2 (x + 3) = -1 \Leftrightarrow 2^{-1} = x + 3 \Leftrightarrow$$
$$\Leftrightarrow x = 0,5 - 3 = -2,5 \ (-2,5 > -3)$$

d) *Condição de existência:* $2x > 0 \Rightarrow x > 0$
$$9 + \log_2 2x = 17 \Leftrightarrow \log_2 2x = 8 \Leftrightarrow 2^8 = 2x \Leftrightarrow x = 2^8 \cdot 2^{-1} \Leftrightarrow$$
$$\Leftrightarrow x = 2^7 = 128 \ (128 > 0)$$

ER. 22 Resolva, em $\mathbb{R}$, cada uma das equações a seguir.
a) $(\log_2 x)^2 - 5 \cdot \log_2 x + 4 = 0$
b) $\log_3 x^4 = (\log_3 x)^2$
c) $\log_3 x = \log_x 3$
d) $\log_6 x + \log_6 (x - 1) = 1$

Resolução: Agora temos equações logarítmicas que não são diretas. Precisamos prepará-las para torná-las mais simples.

a) $(\log_2 x)^2 - 5 \cdot \log_2 x + 4 = 0$

Condição de existência: $x > 0$

Fazendo $\log_2 x = t$, temos:
$$t^2 - 5t + 4 = 0 \Rightarrow (t-1)(t-4) = 0 \Rightarrow t = 1 \text{ ou } t = 4$$

Voltando para a incógnita x, temos $\log_2 x = 1$ ou $\log_2 x = 4$.

- $\log_2 x = 1 \Leftrightarrow 2^1 = x \Leftrightarrow x = 2$
- $\log_2 x = 4 \Leftrightarrow 2^4 = x \Leftrightarrow x = 16$

Como os dois valores são positivos, ambos são válidos e, portanto, $x = 2$ ou $x = 16$.

b) $\log_3 x^4 = (\log_3 x)^2$

Condição de existência: $x^4 > 0$ e $x > 0$

Como todo número real elevado a expoente par é positivo ou nulo, devemos ter $x > 0$.

Aplicando a propriedade de logaritmo de uma potência, temos:
$$\log_3 x^4 = (\log_3 x)^2 \Rightarrow 4 \cdot \log_3 x = (\log_3 x)^2$$

Fazendo $\log_3 x = t$, vem:
$$4t = t^2 \Rightarrow t^2 - 4t = 0 \Rightarrow t(t-4) = 0 \Rightarrow t = 0 \text{ ou } t = 4$$

- Para $t = 0$:
  $\log_3 x = 0 \Leftrightarrow x = 3^0 = x \Leftrightarrow x = 1$
- Para $t = 4$:
  $\log_3 x = 4 \Leftrightarrow 3^4 = x \Leftrightarrow x = 81$

Como 1 e 81 satisfazem a condição de existência, temos $x = 1$ ou $x = 81$.

c) $\log_3 x = \log_x 3$

Condição de existência: $x > 0$ e $x \neq 1$

Colocando os logaritmos na base 3, temos:
$$\log_3 x = \log_x 3 \Rightarrow \log_3 x = \frac{\log_3 3}{\log_3 x} \Rightarrow \log_3 x = \frac{1}{\log_3 x} \Rightarrow$$
$$\Rightarrow (\log_3 x)^2 = 1 \Rightarrow \log_3 x = \pm\sqrt{1} \Rightarrow \log_3 x = 1 \text{ ou } \log_3 x = -1$$

- $\log_3 x = 1 \Leftrightarrow 3^1 = x \Leftrightarrow x = 3$
- $\log_3 x = -1 \Leftrightarrow 3^{-1} = x \Leftrightarrow x = \dfrac{1}{3}$

Como 3 e $\dfrac{1}{3}$ satisfazem a condição de existência, temos $x = \dfrac{1}{3}$ ou $x = 3$.

d) $\log_6 x + \log_6 (x - 1) = 1$

Condição de existência:

① $x > 0$ e ② $x - 1 > 0 \Rightarrow x > 1$

De ① $\cap$ ②, temos $x > 1$.

Aplicando a propriedade logaritmo de um produto, vem:
$$\log_6 x + \log_6 (x - 1) = 1$$
$$\log_6 x(x-1) = \log_6 6$$
$$x(x-1) = 6$$
$$x^2 - x - 6 = 0$$
$$x = 3 \text{ ou } x = -2 \text{ (não serve, pois } x > 1\text{)}$$

Logo, $x = 3$.

Recorde

Resolução da equação do 2.º grau:
$x^2 - x - 6 = 0$
$(x - 3)(x + 2) = 0$
$x - 3 = 0$ ou $x + 2 = 0$
$x = 3 \qquad\qquad x = -2$

ER 23. Determine, em $\mathbb{R}$, o conjunto solução da equação $7^{3x} - 0{,}2 \cdot 5^{4x} = 0$.

Resolução: Vamos procurar deixar as potências na mesma base:

$$7^{3x} - 0{,}2 \cdot 5^{4x} = 0 \Rightarrow 7^{3x} = \frac{2}{10} \cdot 5^{4x} \Rightarrow 7^{3x} = 5^{-1} \cdot 5^{4x} \Rightarrow 7^{3x} = 5^{4x-1}$$

Note que temos uma equação exponencial que envolve bases diferentes. Nesse caso, recorremos aos logaritmos:

$7^{3x} = 5^{4x-1}$

$\log 7^{3x} = \log 5^{4x-1}$

$\log (7^3)^x = (4x - 1) \cdot \log 5$

$x \cdot \log 7^3 = 4x \cdot \log 5 - \log 5$

$x \cdot \log 343 - x \cdot \log 5^4 = -\log 5$

$x \cdot (\log 343 - \log 625) = -\log 5$

$x \cdot \log \dfrac{343}{625} = -\log 5$

$x = \dfrac{-\log 5}{\log \dfrac{343}{625}}$

Logo, $S = \left\{ -\dfrac{\log 5}{\log \dfrac{343}{625}} \right\}$.

> *Atenção!*
> Como $7 > 0$ e $5 > 0$, qualquer potência de 7 ou de 5 também é maior que zero. Assim, os logaritmandos são positivos.

> *Atenção!*
> Com uma calculadora científica podemos achar o valor aproximado de x, ou seja, $x \simeq 2{,}68$.

EXERCÍCIOS PROPOSTOS

50. Das equações exponenciais abaixo, diga qual delas tem:
   I. zero como solução   II. o conjunto solução unitário   III. mais de uma raiz

   a) $\log_3 (x + 5) = 2$
   b) $\log_2 (x^2 + 4x + 7) = 2$
   c) $\log_3 (x - 1) + \log_3 (x - 3) = 1$
   d) $\log (x^2 - x) = \log (-2x + 6)$
   e) $\log x + \log (x - 1) = \log (-2x + 6)$
   f) $2 + \log_2 (x - 3) = \log_2 x$

51. Determine o conjunto solução das equações logarítmicas no universo $\mathbb{Z}$.
   a) $\log_3 x - 5 \cdot \log_9 x + 2 = 0$
   b) $\log_3 (2^x - 5) = 3$
   c) $(\log x)^2 = \log x^2$

52. Resolva as equações em $\mathbb{R}$.
   a) $\log_3 (x - 1) - \log_9 (2 - x) = 1$
   b) $x + \log (5^x - 4) = \log 2^x + x \cdot \log 5$
   c) $\log_x 3 = \log_3 x$

53. O conjunto solução da equação $\log_4 (x - 3) - \log_2 (x - 3) = 1$ contém que tipos de números reais? Se possível, expresse-os na forma de fração e na forma decimal.

54. Qual é a maior solução inteira de cada equação? Justifique.
   a) $(\log x)^2 - 4 \cdot \log x + 3 = 0$
   b) $(\log_2 x)^2 - 5 \cdot \log_2 x + 4 = 0$

55. A equação $\log_3 (18 + 9^x) = x + 2$ tem quantas soluções inteiras?

56. Resolva os sistemas:
   a) $\begin{cases} \log_3 x + \log_3 y = 5 \\ \log_3 x - \log_3 y = 1 \end{cases}$
   b) $\begin{cases} \log_3 x + 3 \cdot \log_3 y = \log_3 6 \\ x - y^3 = 1 \end{cases}$

57. Sabendo que $x + y = 30$ e $\log x + \log y = 2$, calcule o valor de $x^2 + y^2$.

58. Determine as raízes de cada equação:
   a) $\log_3 (\log_3 x) = 1$
   b) $\log [\log_2 (\log_5 x)] = 0$
   c) $\dfrac{3 + \log_2 x}{3 - \log_2 x} = \dfrac{1}{5}$
   d) $3^{x+1} - 2^x = 0$

Matemática, Ciência & Vida

Mesmo a olho nu, é possível perceber a diferença no brilho das estrelas: algumas têm brilho mais forte, outras menos. Com base na intensidade desse brilho (isto é, em sua magnitude), foi criado um sistema de classificação das estrelas. Inicialmente, esse sistema possuía seis níveis, seguindo uma ordem numérica invertida. As estrelas de 1.ª magnitude eram as mais brilhantes e as de 6.ª magnitude, menos brilhantes.

Com o advento dos telescópios, foi possível observar com mais detalhes as estrelas e ampliou-se o número de magnitudes, incluindo agora as estrelas cujo brilho é tão tênue que mal podem ser vistas com aparelhos. Também se tornou necessário definir de modo mais preciso o que seria "magnitude". Assim, convencionou-se *magnitude aparente* como sendo o brilho da estrela como o vemos da Terra e *magnitude absoluta*, o brilho dessa mesma estrela caso ela esteja a uma distância padrão de nosso planeta. Estabeleceu-se que essa distância padrão é igual a 10 parsecs, ou seja, cerca de 3×10^{14} km (1 parsec $\simeq 3 \times 10^{13}$ km).

O mais interessante é que, a partir dos *logaritmos* e das magnitudes absoluta (M) e aparente (m), os cientistas foram capazes de estabelecer uma relação matemática que permite calcular a que distância (d) da Terra está a estrela:

$$M = m - 5 \cdot \log \frac{d}{10}$$

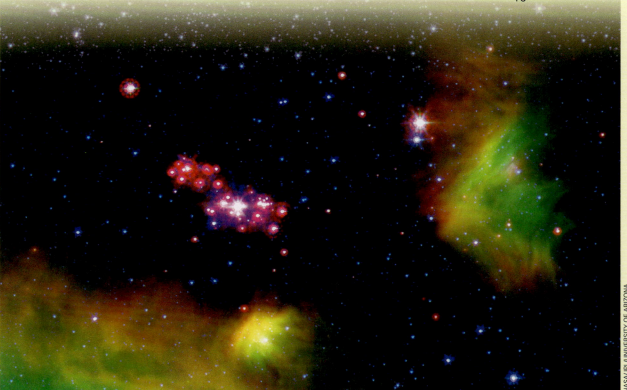

Imagem infravermelha, tomada pelo telescópio espacial Spitzer, mostra estrelas novas brilhando na região de formação de estrelas da Constelação Serpens, localizada a aproximadamente 8.484 anos-luz da Terra.

4. Inequações Logarítmicas

Toda inequação que apresenta a incógnita em um logaritmo é chamada de **inequação logarítmica**.

Exemplos

a) $\log_x 5 > 0{,}25$

b) $\log x < 0$

c) $\log_x (x - 1) \geq 0$

d) $\log x + \log (x + 1) \leq 12$

Para resolver inequações logarítmicas, além das propriedades de logaritmos e de função logarítmica, vamos usar o fato de a função ser injetora e também crescente ou decrescente.

Função logarítmica **291**

Exercícios Resolvidos

ER. 24 Resolva as inequações em $\mathbb{R}$.

a) $\log_3 x \geq 1$
b) $2 \cdot \log_{0,5} x < -2$
c) $\log_3(2x-1) - \log_3(x-1) > 1$

Atenção!

Toda função logarítmica é:
- injetora;
- crescente, se tiver base maior que 1;
- decrescente, se tiver base entre zero e 1.

Recorde

$g(2) = \log_{0,5} 2 =$
$= \log_{0,5}(0,5)^{-1} = -1$

Resolução: Esse tipo de inequação é o mais simples. Lembre-se de que aqui também devemos achar a condição de existência dos logaritmos envolvidos.

a) *Condição de existência:* $x > 0$ ①

Como a base é 3 e $3 > 1$, a função definida por $f(x) = \log_3 x$ é *crescente*. Como a função f também é injetora, vem:

$$\log_3 x \geq 1 \Rightarrow \underbrace{\log_3 x}_{f(x)} \geq \underbrace{\log_3 3}_{f(3)} \Rightarrow f(x) \geq f(3) \Rightarrow x \geq 3 \;②$$

Fazendo a intersecção dos resultados ① e ②, temos:

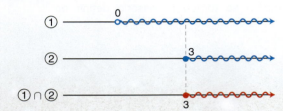

Logo, $x \geq 3$.

b) *Condição de existência:* $x > 0$

$$2 \cdot \log_{0,5} x < -2 \Rightarrow \log_{0,5} x < -1$$

Como a base 0,5 está entre 0 e 1, a função definida por $g(x) = \log_{0,5} x$ é *decrescente*. Como g também é injetora, temos:

$$\underbrace{\log_{0,5} x}_{g(x)} < \underbrace{-1}_{g(2)} \Rightarrow g(x) < g(2) \Rightarrow x > 2$$

Note que a solução obtida $(x > 2)$ está contida na condição de existência $(x > 0)$, o que nos mostra que $x > 2$ é a solução da inequação dada.

Logo, $x > 2$.

c) *Condição de existência:*

$2x - 1 > 0$ e $x - 1 > 0 \Rightarrow x > \dfrac{1}{2}$ e $x > 1 \Rightarrow x > 1$ ①

Aplicando as propriedades de logaritmo, vem:

$\log_3(2x-1) - \log_3(x-1) > 1 \Rightarrow$
$\Rightarrow \log_3(2x-1) > \log_3(x-1) + \log_3 3 \Rightarrow \log_3(2x-1) > \log_3 3(x-1)$

Como a base 3 é maior que 1, a função definida por $f(x) = \log_3 x$ é *crescente*. A função f também é injetora. Assim, temos:

$\log_3(2x-1) > \log_3 3(x-1) \Rightarrow 2x - 1 > 3(x-1) \Rightarrow$
$\Rightarrow 2x - 1 > 3x - 3 \Rightarrow -1 + 3 > 3x - 2x \Rightarrow 2 > x \Rightarrow x < 2$ ②

Fazendo ① ∩ ②, obtemos:

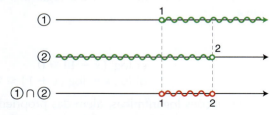

Logo, $1 < x < 2$.

ER. 25 Encontre o conjunto solução das seguintes inequações:

a) $\log_{0,2}(3x) \leq \log_{0,2}(x^2 - 4)$
b) $0 \leq \log(x + 2) < 1$

Resolução: Essas inequações não são diretas. Precisamos prepará-las e reduzi-las a formas mais simples.

a) *Condição de existência:*
$$3x > 0 \text{ e } x^2 - 4 > 0$$

Da primeira condição, obtemos:
$$3x > 0 \Rightarrow x > 0 \quad ①$$

A segunda condição é a inequação do 2.º grau $x^2 - 4 > 0$, cuja solução é:
$$x < -2 \text{ ou } x > 2 \quad ②$$

Comparando ① e ②, temos CE: $x > 2$ ③

Passemos, agora, à resolução da inequação dada.

Como a base 0,2 está entre 0 e 1, a função definida por $y = \log_{0,2} x$ é *decrescente*. Pelo fato de ela também ser injetora, temos:
$$\log_{0,2}(3x) \leq \log_{0,2}(x^2 - 4) \Rightarrow 3x \geq x^2 - 4 \Rightarrow$$
$$\Rightarrow 0 \geq x^2 - 3x - 4 \Rightarrow x^2 - 3x - 4 \leq 0$$

Esboço do gráfico de $y = x^2 - 3x - 4$:

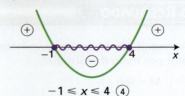

$-1 \leq x \leq 4$ ④

Fazendo a intersecção de ③ (CE) com ④, obtemos:

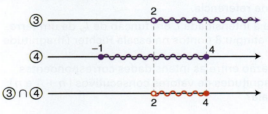

Portanto, $S = \{x \in \mathbb{R} \mid 2 < x \leq 4\}$.

b) *Condição de existência:*
$$x + 2 > 0 \Rightarrow x > -2$$

Como a base é $10 > 1$, a função definida por $y = \log x$ é *crescente*. Vamos usar também o fato de essa função ser injetora.

Em $0 \leq \log(x + 2) < 1$, temos duas desigualdades simultâneas que geram o sistema:
$$\begin{cases} 0 \leq \log(x + 2) \\ \log(x + 2) < 1 \end{cases}$$

Para obter a solução do sistema, resolvemos cada inequação e fazemos a intersecção dos resultados obtidos.

① $0 \leq \log(x + 2) \Rightarrow \log 1 \leq \log(x + 2) \Rightarrow 1 \leq x + 2 \Rightarrow x \geq -1$
② $\log(x + 2) < 1 \Rightarrow \log(x + 2) < \log 10 \Rightarrow x + 2 < 10 \Rightarrow x < 8$

Fazendo a intersecção de ① e ② com a condição de existência, obtemos $S = [-1, 8[$.

> **Atenção!**
> Lembre-se sempre da condição de existência.

> **Faça**
> Resolva a inequação $x^2 - 4 > 0$.

Função logarítmica **293**

Exercícios Propostos

59. Determine o conjunto solução, em $\mathbb{R}$, das inequações:
a) $\log_3 x < 2$
b) $\log_2 (x - 2) \leq 5$
c) $\log_5 (x + 4) > 1$
d) $\log_3 (x - 6) \geq 1$
e) $\log_{0,5} (x + 1) > -3$

60. Encontre o conjunto solução de cada inequação e determine o menor e o maior número inteiro que pertence a ele.
a) $\log (x^2 - x) \leq \log 6$
b) $\log 4x > \log (x^2 + 3)$
c) $\log_{0,48} (x^2 - 4x) < \log_{0,48} (x + 6)$
d) $\log_8 3 > \log_8 (4 - x^2)$
e) $2 < \log_3 (x - 3) \leq 4$

61. Determine o domínio das funções definidas por:
a) $f(x) = \sqrt{-1 + \log_{0,5} (x - 1)}$
b) $g(x) = \sqrt{2 - \log_5 (x - 2)}$

5. Aplicações da Função Logarítmica

Acompanhe mais algumas aplicações que envolvem os logaritmos.

Exercício Resolvido

ER. 26 [GEOLOGIA] A magnitude M de um terremoto é medida pela escala Richter por meio da fórmula:

$$M = \log \frac{I}{I_0}$$

sendo I a intensidade máxima medida pelo sismógrafo (aparelho específico para medir abalos sísmicos) e I_0 uma intensidade de referência.

a) Determine a intensidade I, em função de I_0, de um terremoto que atingiu 8 pontos na escala Richter (magnitude $M = 8$).
b) Qual é a razão entre as intensidades correspondentes a duas magnitudes de valores consecutivos ($n + 1$ e n) nessa escala?

Resolução:

a) Usando a fórmula dada, temos:

$$8 = \log \frac{I}{I_0} \Rightarrow 10^8 = \frac{I}{I_0} \Rightarrow I = 100.000.000 \cdot I_0$$

b) Sendo $I_{(n+1)}$ a intensidade correspondente à magnitude de valor $n + 1$ e I_n a intensidade correspondente à magnitude de valor n, e substituindo esses valores na fórmula dada, temos:

$$n + 1 = \log \frac{I_{(n+1)}}{I_0} \quad \text{e} \quad n = \log \frac{I_n}{I_0}$$

Para determinar a razão entre as intensidades $I_{(n+1)}$ e I_n, vamos substituir n por $\log \frac{I_n}{I_0}$ na primeira equação.

Aplicando propriedades de logaritmo, vem:

$$\log \frac{I_n}{I_0} + 1 = \Rightarrow \log \frac{I_{(n+1)}}{I_0} \Rightarrow \log I_n - \log I_0 + 1 = \log I_{(n+1)} - \log I_0 \Rightarrow$$

$$\Rightarrow 1 = \log I_{(n+1)} - \log I_n \Rightarrow \log \frac{I_{(n+1)}}{I_n} = 1 \Rightarrow \frac{I_{(n+1)}}{I_n} = 10$$

Sismógrafo.

Tecnologia & Desenvolvimento

ESCALA LOGARÍTMICA E FENÔMENOS DA NATUREZA

Há 400 anos, no início do século XVII, não havia calculadoras ou computadores para realizar rapidamente cálculos matemáticos. Naquela época, uma operação que hoje leva segundos poderia demorar até anos para ser concluída. Exemplos desse tipo de operação eram os cálculos trigonométricos realizados por astrônomos no estudo dos planetas ou aqueles relativos à navegação marítima. Em meio a esse contexto, quando já era grande a necessidade de facilitar os trabalhosos cálculos, surgiram os *logaritmos*.

Esse novo operador, o logaritmo, encontrou também aplicações em setores como o de operações financeiras, engenharia de construções e, ainda, nas incipientes ciências que utilizavam a Matemática como ferramenta de investigação da Natureza. Dentre outras áreas, o logaritmo pode ser aplicado em:

- Economia: no cálculo de montantes compostos, por exemplo;
- Computação: para cálculo do desempenho de sistemas, programação etc.;
- Química: a medida de acidez de uma substância (conhecida por pH) é dada por um logaritmo;
- Música: usado para dividir as escalas musicais, como fez Bach;
- Biologia: entra no cálculo de populações de espécies, comparações gráficas de efeitos naturais, como poluição, chuva ácida etc.;
- Engenharia: para cálculo de estruturas, esforços, vãos, dimensões, formas etc.;
- Física: usado em muitas de suas áreas, como eletricidade, mecânica etc.;
- Astronomia: o brilho de uma estrela é medido por meio de logaritmos.

Logaritmos e nível de intensidade sonora

Em eletrônica (também telecomunicações e acústica), o bel — e sua subdivisão mais conhecida, o **decibel (dB)** — é uma unidade de medida usada para expressar o nível de intensidade sonora, que é calculado por meio de logaritmo. Com o uso de aparelhos apropriados (chamados *decibelímetros*) é possível medir em decibels a intensidade sonora de determinado local ou fonte sonora, como, por exemplo, uma casa de espetáculos ou um aparelho de som.

Há institutos do governo responsáveis por aferir se a intensidade sonora presente tanto em escritórios e residências como em casas de espetáculos encontra-se dentro de limites toleráveis para o ser humano. Para calcular o nível de intensidade sonora (N_{dB}) emitido por uma fonte, é utilizada a fórmula:

$$N_{dB} = 10 \cdot \log \frac{P}{P_0}$$

em que P é a potência sonora (ou seja, a energia acústica total emitida pela fonte por unidade de tempo), em watts, e P_0 é a potência de referência (igual a 10^{-12} watts).

Ajustando-se o valor da potência de referência (P_0) no decibelímetro para o valor máximo permitido por lei, é possível, a partir de sua leitura, saber se o nível de intensidade da fonte sonora está dentro dos limites permitidos. Assim, por exemplo, se a leitura do aparelho indicar $N_{dB} = 10$ dB, isso significa que a potência sonora medida (P) é 10 vezes maior que P_0, e estará configurada como infração à lei.

A escala logarítmica

Algumas aplicações comuns de logaritmos são aquelas em que um valor medido deve ser comparado com um valor de referência. Se a grandeza a ser medida varia muito (10 vezes maior ou menor, 100 vezes etc., como a massa das estrelas, por exemplo), então a melhor representação desses valores será feita com o uso de uma **escala logarítmica**. Nessa escala, o 1 significa valor igual ao de referência, o 10 significa valor 10 vezes maior que o de referência, e assim por diante. Um exemplo desse tipo de escala é a que mede a intensidade dos terremotos (ou *sismos*).

Os terremotos são consequências do choque entre *placas tectônicas*, enormes blocos rochosos que flutuam sobre a astenosfera (camada logo abaixo da crosta terrestre) e formam a superfície terrestre. Sobre essas placas se assentam todos os continentes e oceanos do globo. O Brasil, por exemplo, está assentado na placa tectônica sul-americana.

Quando da ocorrência de movimentação de placas, explosões ou terremotos, são propagadas ondas — conhecidas como *ondas sísmicas* — no interior de nosso planeta, cuja intensidade pode ser medida por meio de aparelhos conhecidos por *sismógrafos*. Mas como fazer para que a leitura desses aparelhos pudesse traduzir para cientistas de diferentes países o mesmo significado?

Para que houvesse uma exata identificação do grau de intensidade de determinado terremoto, era necessário estabelecer uma escala de referência a partir da qual ficassem evidentes as características do evento. Para isso, foi criada, em 1935, a *escala Richter*, em que os números indicam os efeitos de um terremoto.

Desenvolvida por Charles Francis Richter (1900-1985) e Beno Gutenberg (1889-1960), na década de 1930, enquanto estudavam terremotos na Califórnia (Estados Unidos) com o auxílio de um sismógrafo, a escala Richter é uma escala logarítmica. Com os dados obtidos em seus estudos, os dois sismólogos inventaram uma fórmula para calcular a magnitude de ondas sísmicas:

$$M = \log \frac{I}{I_0}$$

em que M é a magnitude de um terremoto, I é a intensidade máxima medida no sismógrafo e I_0 é uma intensidade de referência.

Na escala Richter, cada ponto equivale, em intensidade, a 10 vezes o ponto anterior. Para que isso possa ocorrer, a magnitude do abalo é expressa em escala logarítmica de base 10. Dessa forma, se houver um abalo de magnitude 5,0, ele será dez vezes maior que o de magnitude 4,0, cem vezes maior que o de magnitude 3,0, mil vezes maior que o de magnitude 2,0 e dez mil vezes maior que o de magnitude 1,0.

A tabela a seguir apresenta o efeito do terremoto e sua magnitude correspondente na escala Richter.

Magnitude Richter	Efeito do terremoto
menor que 3,5	Geralmente não sentido, mas registrado.
de 3,5 a 5,4	Às vezes sentido, raramente causa danos.
de 5,5 a 6,0	No máximo, causa pequenos danos a prédios bem-construídos, podendo danificar seriamente casas malconstruídas em regiões próximas ao seu centro (também chamado *epicentro*).
de 6,1 a 6,9	Pode ser destrutivo em áreas até 100 km em torno de seu epicentro.
de 7,0 a 7,9	Grande terremoto; pode causar sérios danos em uma grande área.
8,0 ou maior	Enorme terremoto; pode causar grandes danos em muitas áreas, mesmo a centenas de quilômetros.

Tabela adaptada de: <http://www.cdb.br/prof/arquivos/76295_20080603084510.pdf>. Acesso em: 8 jul. 2010.

O terremoto de janeiro de 1995 em Kobe, Japão.

EXERCÍCIOS PROPOSTOS

62. [GEOGRAFIA] A população de certo país em 2010 era de 15.000.000 de habitantes. Sabe-se também que o número de habitantes desse país pode ser descrito por $N(t) = 15.000.000 \cdot (1,02)^{(t-2010)}$, em que t é o ano considerado (após 2010). Em que ano essa população atingirá 60.000.000 de habitantes? Use $\log_{1,02} 2 = 35$.

63. [SAÚDE] A quantidade de certo tipo de medicamento que uma pessoa possui no organismo após 4 horas é um quinto da dose ingerida. Sabendo que essa quantidade, em mL, é descrita pela função $q(t) = D_0 \cdot e^{k \cdot t}$, sendo t a quantidade de horas após a ingestão do medicamento, D_0 a dose ingerida (para $t = 0$) e k uma constante. Determine quanto tempo deve se passar, após a pessoa ter ingerido esse medicamento, para que ela tenha no organismo metade da dose ingerida.

Dados: $\log 2 = 0,3$ e $\log 5 = 0,7$

64. [FÍSICA] Segundo Newton, a temperatura de um objeto em um meio com temperatura constante (ambiente) é dada por:

$$T(t) = T_{ambiente} + c \cdot 10^{kt}$$

com t em minutos, k e c constantes reais. Sabendo que a temperatura inicial (para $t = 0$) do objeto é 80 °C, a do ambiente é 20 °C e que após 10 minutos a temperatura do objeto é 60 °C, obtenha o valor da constante k. Use $\log 2 = 0,3$ e $\log 3 = 0,48$.

Isaac Newton (1642-1727), físico e matemático inglês, teve importantes contribuições para a Matemática, Física e Astronomia.

65. **[QUÍMICA]** Uma substância tem o decaimento radioativo de sua massa descrito por $M(t) = M_0 \cdot e^{-kt}$, sendo M, em kg, a massa de uma amostra radioativa dessa substância presente no tempo t, em s, M_0 a massa inicial dessa amostra (para $t = 0$) e k uma constante real positiva.

Dados $\ell n\, 2 = 0{,}693$ e $\ell n\, 0{,}9 = -0{,}105$:

a) calcule o valor da constante k sabendo que depois de 20 horas a massa da amostra radioativa é 90% da massa inicial.

b) determine a meia-vida — tempo de decaimento para que a massa da amostra radioativa se reduza à metade — dessa substância.

66. **[ARQUEOLOGIA]** Em uma escavação arqueológica foi descoberta uma colher produzida com madeira de carvalho. Ao se medir a quantidade de carbono-14 nessa colher e compará-la com a quantidade desse elemento em um carvalho atual, os cientistas obtiveram uma taxa de variação de 20%. Com esses elementos, estime a idade desse instrumento, sabendo que o tempo decorrido, nesse caso, segue a fórmula:

$$t = \frac{\ell n\, y}{-0{,}693} \cdot 5.730$$

em que y é a taxa de variação dada em notação decimal. (Use $\ell n\, 0{,}2 = -1{,}61$.)

Conheça mais...

Nosso planeta é constantemente bombardeado por raios cósmicos. Ao atingirem a atmosfera, esses raios podem colidir com átomos, resultando na emissão de alguns nêutrons. Se esses nêutrons energizados colidirem com um átomo de nitrogênio, ele se transforma em um átomo de carbono-14 e libera um átomo de hidrogênio. Esse carbono-14 atmosférico é continuamente incorporado pelos vegetais (por meio da fotossíntese) e pelos animais (por meio da ingestão).

Após a morte do ser, o carbono-14 continua a decair com uma *meia-vida* (tempo necessário para que a massa de uma amostra radioativa se reduza à metade) de 5.730 anos.

Os cientistas conseguem datar um fóssil comparando o carbono-14 presente na amostra com a quantidade de carbono-12 não radioativo, pois essa relação, no momento da morte, é a mesma que em outro ser vivo.

Já vimos que o decaimento radioativo segue uma função exponencial do tipo

$$P(t) = P_0 \cdot e^{-kt} \text{ (com } k \text{ e } t \text{ positivos)}$$

Fósseis são restos de seres que viveram em outras épocas (ou marcas deles, como pegadas e impressões) e ficaram preservados em um substrato — rochas, âmbar ou até mesmo no gelo.

em que P_0 é a massa inicial (no tempo $t = 0$) da amostra radioativa e a constante k (característica de cada elemento) é a taxa de decrescimento radioativo.

No caso do carbono-14, sabemos que para $t = 5.730$ (meia-vida), temos $P(t) = 0{,}5 \cdot P_0$. Assim, substituindo esses valores na lei da função que nos dá o decaimento radioativo e usando $\ell n\,(0{,}5) = -0{,}693$, podemos encontrar a taxa de decaimento do carbono-14. Veja:

$$0{,}5 \cdot P_0 = P_0 \cdot e^{-kt} \Rightarrow \ell n\,(0{,}5) = \ell n\, e^{-k \cdot 5.730} \Rightarrow -k \cdot 5.730 \cdot \underbrace{\ell n\, e}_{1} = \ell n\,(0{,}5) \Rightarrow$$

$$\Rightarrow -k = \frac{\ell n\,(0{,}5)}{5.730} \Rightarrow -k = \frac{-0{,}693}{5.730} \Rightarrow k = 0{,}000121$$

Com isso, podemos expressar o decaimento radioativo do carbono-14 pela seguinte função:

$$P(t) = P_0 \cdot e^{-0{,}000121 \cdot t}$$

Desse modo, o tempo decorrido (t) ou idade da amostra radioativa datada pelo carbono-14 pode, então, ser dado por uma **função logarítmica** (inversa da exponencial) definida por:

$$t = \frac{\ell n\, y}{-0{,}693} \cdot 5.730$$

De fato, veja o que acontece:

$$P(t) = P_0 \cdot e^{-kt} \Rightarrow \frac{P(t)}{P_0} = e^{\frac{-0{,}693}{5.730} \cdot t} \Rightarrow y = e^{\frac{-0{,}693}{5.730} \cdot t} \Rightarrow \ell n\, y = \ell n\, e^{\frac{-0{,}693}{5.730} \cdot t} \Rightarrow$$

$$\Rightarrow \ell n\, y = \frac{-0{,}693}{5.730} \cdot t \cdot \underbrace{\ell n\, e}_{1} \Rightarrow t = \frac{\ell n\, y}{-0{,}693} \cdot 5.730$$

Encare Essa!

1. Considere:

   $f(x) = \log_2 x$, $g(x) = \log_3 x$ e
   $h(x) = f(x^4) + g(x^4)$

   Determine:
   a) $f(x^4)$
   b) $g(x^4)$
   c) $h(x)$
   d) $h(0,5)$
   e) $h(0,25)$

2. Sejam as funções

   $f: \mathbb{R} \to \mathbb{R}_+^*$ e $g: \mathbb{R}_+^* \to \mathbb{R}$

   dadas por $f(x) = a^x$ e $g(x) = \log_a x$, com a real positivo e diferente de 1.

   a) Quantas intersecções pode haver entre os gráficos de f e de g? Especifique em que condições elas acontecem e mostre graficamente cada situação.
   b) A equação $f(x) = g(x)$ admite quantas soluções?

3. A área delimitada pelo gráfico da função

   $f(x) = \dfrac{1}{x}$,

   pelo eixo das abscissas e pelas retas $x = 1$ e $x = k$, conforme a figura a seguir, é dada pela função:

   $A(k) = \ln k$

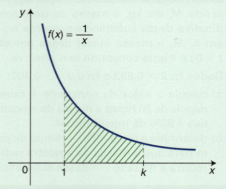

a) Determine a área hachurada na figura para $k = e^2$.
b) Calcule a área hachurada na figura abaixo:

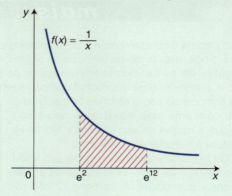

História & Matemática

Logaritmo é um conceito aritmético muito útil em diferentes áreas, sendo sua compreensão essencial para o entendimento de diversas ideias científicas. Uma propriedade importante do logaritmo relacionada historicamente à sua invenção é o fato de ele poder transformar operações de multiplicação e de divisão em adição e subtração, respectivamente. Tal propriedade foi fundamental no contexto histórico em que o logaritmo foi inventado, no início do século XVII, quando não havia calculadoras e se fazia necessária a resolução de problemas complexos especialmente em Astronomia, tornando possível, a partir de tabelas que calculavam valores de logaritmos básicos, a realização de cálculos difíceis de serem efetuados, envolvendo multiplicações e divisões.

Nessa época, a Europa já vinha passando por um período de grandes transformações comerciais, o que demandava o desenvolvimento de técnicas de cálculo, que contribuíram para a emergência do conceito de logaritmo. O método do logaritmo foi publicado pela primeira vez pelo matemático escocês John Napier (1550-1617) em 1614, no livro intitulado *Descrição das maravilhosas regras dos logaritmos*, no qual ele relacionava uma progressão geométrica a uma aritmética. Nessa relação, o produto e a divisão de dois termos da progressão geométrica correspondiam, respectivamente, à soma e à subtração dos dois termos correspondentes da progressão aritmética. É importante ressaltar que Joost Bürgi (1552-1632) inventou os logaritmos independentemente, mas só publicou seus resultados quatro anos depois de Napier.

Logo em seguida, os logaritmos foram reconhecidos por outros matemáticos, tais como Kepler, Cavalieri e Edmund Wingate, tornando possível a introdução de tabelas logarítmicas em diversos países da Europa e, consequentemente, a divulgação significativa da obra de Napier.

John Napier.

Antes do surgimento de calculadoras e computadores, os logaritmos eram utilizados constantemente em navegação e outros ramos da matemática prática.

Com o tempo, o logaritmo passou a ser visto como uma função, o que possibilitou considerá-lo a inversa da função exponencial.

Provavelmente foi o matemático suíço Jacob Bernoulli (1654-1705) o primeiro a verificar que a função logarítmica é a inversa da exponencial.

Reflexão e ação

Como mencionado, a intenção de Napier com a invenção dos logaritmos era transformar produtos e divisões em somas e subtrações, possibilitando a realização de cálculos originalmente difíceis. Vamos, agora, vivenciar um pouco do que os matemáticos do século XVII experimentaram com a invenção do logaritmo.

Verifique os valores de log 2, log 3, log 5 e log 7 e, usando as propriedades de logaritmos estudadas neste capítulo, encontre o quociente (aproximado) de 100.000 dividido por 27.783.

Proceda da seguinte maneira: calcule o logaritmo dessa operação e, no final, *encontre o número cujo logaritmo dá o resultado obtido*. Para isso, estime os valores de logaritmos cujos resultados se aproximem do resultado obtido (logaritmo do quociente). A partir desses resultados, tente inserir o número procurado (o quociente). Essa última passagem simula a volta do uso da tabela de logaritmo, como era feito antes do surgimento de calculadoras. Confira os resultados fazendo todas as operações com uma calculadora científica.

Atividades de Revisão

1. Determine o valor de cada logaritmo abaixo usando apenas a definição. Em seguida, aplique as propriedades que são consequências imediatas da definição e refaça o cálculo de cada logaritmo.

   a) $\log_7 49$
   b) $\log_5 125$
   c) $\log_2 1.024$
   d) $\log_3 \left(\dfrac{1}{9}\right)$
   e) $\log_{10} 0,1$
   f) $\log_4 8\sqrt{2}$

2. Sendo $\log_a b = 2$, dê o valor de $\log_a \sqrt[3]{ab^2}$.

3. Calcule:
   a) $\log 100$
   b) $\ell n\, e^3$
   c) $\ell n \left(\dfrac{1}{e}\right)$
   d) $\ell n\, e + \log 0,1$

4. Determine mentalmente o valor dos logaritmos decimais abaixo:
   a) $\log 10$
   b) $\log 100$
   c) $\log 1.000$
   d) $\log 1.000.000$

5. Quantos algarismos o número $2^{1.000}$ possui? (Use $\log 2 = 0,3010$.)

6. Usando $\log 2 = 0,30$ e $\log 3 = 0,48$, calcule:
   a) $\log 6$
   b) $\log 8$
   c) $\log \left(\dfrac{9}{4}\right)$
   d) $\log 12$
   e) $\log 15$
   f) $\log 5$
   g) $\log 45$

7. Sendo $n > 2$, calcule o valor de $\log_n \left(\log_n \sqrt[n]{n}\right)$.

8. Obtenha o valor da expressão:
$$E = \left(\log_4 16 + 2^{\log_2 7}\right) \cdot 3^{1 - \log_3 27}$$

9. Calcule o valor de:
$$\log\left[\ell n\, \pi^{\log_\pi e^{(\sqrt{11}+1)(\sqrt{11}-1)}}\right]$$

10. Sabendo que $\log_7 3 = \alpha$ e $\log_7 5 = \beta$, calcule $\log_{15} 21$ em função de α e β.

11. Sabendo que $a + b = 49$ e $\log_7 (a - b) = m$, com a e b positivos, calcule o valor de $\log_{\sqrt{7}} (a^2 - b^2)$ em função de m.

12. Mostre que:
$$\log_{a^p} b = \dfrac{1}{p} \cdot \log_a b \text{ e } \log_a b = \dfrac{1}{\log_b a}$$
para $a > 0$, $a \neq 1$, $b > 0$, $b \neq 1$ e $p \in \mathbb{R}$.

13. Sabendo que $a + b = 20$ e $\log a + \log b = 2$, calcule o valor de $a^2 + b^2$.

14. Considerando satisfeitas as condições de existência dos logaritmos, calcule:
$$(\log_b a) \cdot (\log_c b) \cdot (\log_d c) \cdot (\log_e d) \cdot (\log_f e) \cdot (\log_a f)$$

15. Sabendo que $\log_{15} 25 = a$, calcule $\log_{15} 3$ em função de a.

16. Calcule o valor de $(x - y)$, com x e y positivos, tais que:
$$\begin{cases} \log_2 xy = 10 \\ \log_2 \dfrac{x}{y^2} = 1 \end{cases}$$

17. Para quais valores reais de x as expressões estão definidas?
   a) $\log_{(x-1)}(10 - x)$
   b) $\dfrac{\log(x - 3)}{\log(5 - x)}$

18. Determine as condições de existência de:
   a) $\log x + \log(x - 1) + \log(x + 1)$
   b) $\log x(x - 1) + \log(x + 1)$
   c) $\log x(x - 1)(x + 1)$

19. Resolva, em $\mathbb{R}$, as equações:
   a) $2^x = 3$
   b) $4^x - 4 \cdot 2^x + 3 = 0$
   c) $\log_3\left[\log_5\left(\log_2 x\right)\right] = 0$

Função logarítmica **299**

20. Ao apertar a tecla [log] de uma calculadora científica, a máquina calcula o logaritmo decimal do número que está no visor. Sabendo que o número que aparece no visor é 10.000.000.000, quantas vezes é necessário apertar a tecla [log] até a calculadora dar mensagem de erro?

21. [QUÍMICA] O pH de uma substância é dado por pH = $-\log[H^+]$, sendo $[H^+]$ a concentração de íons de hidrogênio, em mols por litro, existentes nessa substância. Calcule o pH de certa substância que tem $[H^+] = 5{,}4 \cdot 10^{-6}$ mols/litro.
(Use log 2 = 0,30 e log 3 = 0,48.)

22. [ACÚSTICA] O volume de um som (nível de intensidade sonora) é medido em decibels (dB) e é determinado por meio da seguinte relação matemática:

$$N = 10 \cdot \log\left(\frac{I}{I_0}\right)$$

em que N é o nível de intensidade sonora do som, I é a intensidade sonora desse som, em watts/m² (W/m²), e $I_0 = 10^{-12}$ W/m² é o valor de referência de intensidade de som.

Sabe-se que sons com $N \geq 90$ dB podem trazer riscos à nossa saúde.

Um avião gera uma intensidade sonora acima de 10 W/m². O som desse avião pode causar dano à audição de um ser humano? Justifique.

23. [ECONOMIA] A taxa de inflação anual de um país é 28%. Isso significa que o preço P_n de um produto após n anos é dado pela relação $P_n = P_0 \cdot (1{,}28)^n$, sendo P_0 o preço inicial desse produto. Nessas condições, uma mercadoria cujo preço aumentou no mesmo ritmo da inflação quadruplica seu valor após quantos anos?

24. [FÍSICA] Um aparelho de ar-condicionado a cada minuto tem a capacidade de multiplicar por 0,81 a temperatura anterior. Nessas condições:
a) Dê a lei da função que descreve a temperatura de uma sala, inicialmente a 25 °C, em relação ao tempo decorrido, em minutos.
b) Qual é o tempo decorrido para que a temperatura da sala seja de 12,5 °C?
(Use log 2 = 0,30 e log 3 = 0,48.)

25. [GEOGRAFIA] A expectativa de vida, em anos, de certa espécie de roedor segue a relação:

$$f(x) = 6 - \log(10x + 2)$$

em que x representa a massa, em kg, de um roedor dessa espécie com 6 meses (0,5 ano). Qual é a expectativa de vida de um roedor que aos 6 meses tem 1 kg?
(Use log 2 = 0,30 e log 3 = 0,48.)

26. Esboce o gráfico das funções abaixo.
a) $f(x) = \log_2(x-1)$ c) $f(x) = -\log_2 x$
b) $f(x) = 2 + \log_2 x$ d) $f(x) = \log_2(-x)$

27. Considerando o gráfico abaixo, obtenha os valores das constantes a, b e c na função:
$$f(x) = a + \log_c(x-b)$$

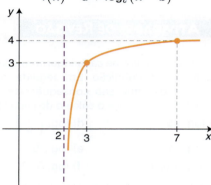

28. Calcule o comprimento do segmento $\overline{AB}$ na figura abaixo.

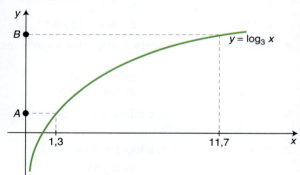

29. Esboce o gráfico e determine o conjunto imagem da função dada por: $f(x) = |\log_2(x+3)|$

30. Considerando o gráfico da função $f(x) = \log_2 x$ dado abaixo, calcule a área da região hachurada.

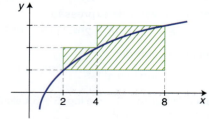

300 MATEMÁTICA — UMA CIÊNCIA PARA A VIDA

31. No gráfico de $y = \log_b x$ dado abaixo, a área da região hachurada é 12. Obtenha o valor de b.

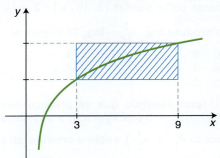

32. Esboce o gráfico da função dada por:
$$f(x) = 3^{\log_3 x} - x^2.$$

33. Resolva, em $\mathbb{R}$, as equações logarítmicas:
a) $\log_5 (x - 1) = 2$
b) $\log_3 x + \log_3 (x - 1) = \log_3 6$
c) $\log_3 (x^2 - x) = \log_3 6$

34. Sendo $\log_2 (\log_3 x) = 0$, qual é o valor de x que satisfaz essa equação? Que tipo de número é ele?

35. Resolva cada uma das equações abaixo e dê as soluções na forma decimal.
a) $\log_2 x = \log_x 2$
b) $\log_{13} (4^x - 5 \cdot 2^x + 5) = \log_{13} 1$

c) $(\log_3 x)^2 - 3 \cdot \log_3 x + 2 = 0$
d) $\log_5 [(x - 2) \cdot 5] = \log_5 11$

36. Determine o inverso do valor de x que satisfaz a equação:
$$\log_x 5 = \log_{2x} 5 = \log_x 125$$

37. Determine, em $\mathbb{R}$, o conjunto solução das inequações a seguir.
a) $\log_3 (4 - x) < \log_3 7$
b) $\log_{\frac{1}{2}} (x - 3) > \log_{\frac{1}{2}} \frac{x - 1}{2}$
c) $\log_9 x + \log_3 x < 1$
d) $\log_2 (x^2 - 3x) \leq 2$

38. Determine o menor e o maior inteiro que satisfazem as inequações. Justifique suas respostas.
a) $2^{\log_2 x} \leq 5$
b) $(\log x)^2 - 3 \cdot \log x + 2 \geq 0$
c) $x^{\frac{1}{\log_2 x}} \cdot \log_2 x < 1$
d) $\log_{(x-1)} 7 > \log_{(x-1)} 5$

39. Para que valores reais de x a inequação
$$(x^2 - 9x + 8) \cdot \log_2 (x - 3) \geq 0$$
é verdadeira?

Questões Propostas de Vestibular

1. (PUC – RS) Se $N = \log_2 15$, então:
a) $0 \leq N < 2$
b) $2 \leq N < 3$
c) $3 \leq N < 4$
d) $4 \leq N < 5$
e) $N \geq 5$

2. (UFRJ) Dados a e y números reais positivos, $y \neq 1$, define-se logaritmo de a na base y como o número real x tal que $y^x = a$, ou seja, $x = \log_y a$.

Para $n \neq 1$, um número real positivo, a tabela a seguir fornece valores aproximados para n^x e n^{-x}.

x	n^x	n^{-x}
2,0	6,250	0,160
2,1	6,850	0,146
2,2	7,507	0,133
2,3	8,227	0,122
2,4	9,017	0,111
2,5	9,882	0,101
2,6	10,830	0,092
2,7	11,870	0,084
2,8	13,009	0,077
2,9	14,257	0,070
3,0	15,625	0,064

Com base nessa tabela, determine uma boa aproximação para:
a) o valor de n;
b) o valor de $\log_n \frac{1}{10}$.

3. (Cefet – AL) Sabendo que $6^n = 2$, identifique a alternativa que representa o valor de $\log_2 24$ em função de n:
a) $\frac{1 + 2n}{n}$
b) $\frac{2n - 1}{n}$
c) $3n - \frac{1}{n}$
d) $\frac{n + 2}{n}$
e) $n - 2$

4. (UEL – PR) Considere A, B e C números reais positivos com $A \neq 1$, $B \neq 1$ e $C \neq 1$. Se $\log_A B = 2$ e $\log_C A = \frac{3}{5}$, conclui-se que o valor de $\log_B C$ é:
a) $\frac{1}{2}$
b) $\frac{5}{3}$
c) $\frac{1}{6}$
d) $\frac{5}{6}$
e) $\frac{6}{5}$

5. (UFLA – MG) O valor da expressão numérica a seguir é um número inteiro. Determine esse número.
$$(10 + 4\sqrt{2}) \cdot \log_2 \left[\frac{2^2 \cdot (\sqrt{3} + 1)(\sqrt{3} - 1)}{2^{\sqrt{2}} \cdot \sqrt{2}} \right]$$

6. (UFPR) Um método para se estimar a ordem de grandeza de um número positivo N é usar uma pequena variação do conceito de notação científica. O método consiste em determinar o valor x que satisfaz a equação $10^x = N$ e usar propriedades dos logaritmos para saber o número de casas decimais desse número. Dados log 2 = 0,30 e log 3 = 0,47, use esse método para decidir qual dos números abaixo mais se aproxima de $N = 2^{120} \cdot 3^{30}$.
   a) 10^{45} c) 10^{55} e) 10^{65}
   b) 10^{50} d) 10^{60}

7. (UFSM – RS) Se $\log_8 x - \log_8 y = \dfrac{1}{3}$, então a relação entre x e y é:
   a) $x = 3y$ d) $y = 8x$
   b) $2x - y = 0$ e) $x = 2y$
   c) $\dfrac{x}{y} = \dfrac{1}{3}$

8. (Unesp) A função
   $$f(x) = 500 \cdot \left(\dfrac{5}{4}\right)^{\frac{x}{10}}$$
   com x em anos, fornece aproximadamente o consumo anual de água no mundo, em km³, em algumas atividades econômicas, do ano 1900 ($x = 0$) ao ano 2000 ($x = 100$). Determine, utilizando essa função, em que ano o consumo de água quadruplicou em relação ao registrado em 1900.
   Use as aproximações log 2 = 0,3 e log 5 = 0,7.

9. (Unesp – adaptada) Numa plantação de certa espécie de árvore, as medidas aproximadas da altura e do diâmetro do tronco, desde o instante em que as árvores são plantadas até completarem 10 anos, são dadas respectivamente pelas funções:
   altura: $H(t) = 1 + (0,8) \cdot \log_2(t + 1)$
   diâmetro do tronco: $D(t) = (0,1) \cdot 2^{\frac{t}{7}}$
   com $H(t)$ e $D(t)$ em metros e t em anos.
   a) Determine as medidas aproximadas da altura, em metros, e do diâmetro do tronco, em centímetros, das árvores no momento em que são plantadas.
   b) A altura de uma árvore é 3,4 m. Determine a medida aproximada do diâmetro do tronco dessa árvore, em centímetros.

10. (UFG – GO) Dados dois números reais positivos a e n, com $n \neq 1$, o número y tal que $n^y = a$ é denominado logaritmo de a na base n, e é representado por $\log_n a$. Faça o que se pede.
    a) Faça um esboço do gráfico da função:
       $f(x) = \log_{\frac{1}{2}} 2x$, com $x > 0$
    b) Mostre que: $\log_2 \dfrac{1}{2} = \log_{\frac{1}{2}} 2$

11. (PUC – RS) Sabe-se que a representação gráfica da função f dada por $f(x) = a^x$, com $a > 0$ e $a \neq 1$, passa pelos pontos $(2, 16)$ e $\left(-2, \dfrac{1}{16}\right)$. Assim, o produto $\log_a \dfrac{1}{16} \cdot \log_a 16$ é igual a:
    a) –8   d) 1
    b) –4   e) 4
    c) –1

12. (Udesc) Sabendo que os gráficos das funções $f(x) = ax - b$ e $g(x) = \log_b x$ se interceptam no ponto $P\left(\sqrt{3}, \dfrac{1}{2}\right)$, então o produto ab é igual a:
    a) $\dfrac{7\sqrt{3}}{2}$ d) $-\dfrac{\sqrt{3}}{2}$
    b) $\dfrac{\sqrt{3}}{2}$ e) $\dfrac{3}{2}$
    c) $-\dfrac{5\sqrt{3}}{2}$

13. (Unifesp) A figura refere-se a um sistema cartesiano ortogonal em que os pontos de coordenadas (a, c) e (b, c), com $a = \dfrac{1}{\log_5 10}$, pertencem aos gráficos de $y = 10^x$ e $y = 2^x$, respectivamente.

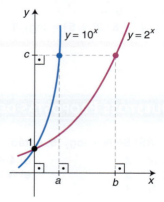

A abscissa b vale:
a) 1   d) $\dfrac{1}{\log_5 2}$
b) $\dfrac{1}{\log_3 2}$ e) 3
c) 2

14. (UFJF – MG – adaptada) Seja $f: \mathbb{R} \to \mathbb{R}_+^*$ uma função do tipo $f(x) = k \cdot a^x$ cujo gráfico passa pelos pontos $(2, 2)$ e $(3, 4)$.
    a) Determine a inversa da função f, fornecendo sua lei de formação, seu domínio e contradomínio.
    b) No plano cartesiano a seguir, encontra-se representado o gráfico da função $f: \,]0, +\infty[\to \mathbb{R}$, definida por $f(x) = \log_2 x$. Reproduza esse plano cartesiano em seu caderno e construa nele

o gráfico da função $g:]0, +\infty[\to \mathbb{R}$, definida por $g(x) = \log_2(2x)$.

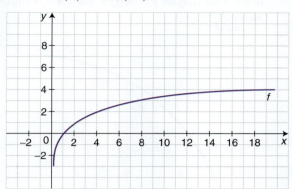

15. (Unifor – CE) O número real x que satisfaz a equação $\log_2(48 - 2^{x+1}) = x$ é:
a) um cubo perfeito.
b) divisível por 5.
c) maior que 3.
d) negativo.
e) primo.

16. (UERJ) Um grupo de 20 ovelhas é libertado para reprodução numa área de preservação ambiental. Submetidas a um tratamento especial, o número N de ovelhas existentes após t anos pode ser estimado pela seguinte fórmula:

$$N = \frac{220}{1 + 10 \cdot (0{,}81)^t}$$

Admita que a população de ovelhas seja capaz de se manter estável, sem esse tratamento especial, depois de atingido o número de 88 ovelhas.
a) Calcule o número de ovelhas existentes após seis meses.
b) Considerando $\ell n\, 2 = 0{,}7$, $\ell n\, 3 = 1{,}1$ e $\ell n\, 5 = 1{,}6$, calcule a partir de quantos anos não haverá mais a necessidade de tratamento especial do rebanho.

17. (UFU – MG) Uma peça metálica foi aquecida até atingir a temperatura de 50 °C. A partir daí, a peça resfriará de forma que, após t minutos, sua temperatura (em graus Celsius) será igual a $30 + 20 \cdot e^{-0{,}2t}$.
Usando a aproximação $\ell n\, 2 = 0{,}7$, determine em quantos minutos a peça atingirá a temperatura de 35 °C.

18. (Unesp) Considere as funções
$$f(x) = \log_3(9x^2) \quad \text{e} \quad g(x) = \log_3 \frac{1}{x}$$
definidas para todo $x > 0$.
a) Resolva as duas equações: $f(x) = 1$ e $g(x) = -3$.
b) Mostre que: $1 + f(x) + g(x) = 3 + \log_3 x$

19. (UECE) Se $x = p$ é a solução, em $\mathbb{R}$, da equação $2 - \log_x 2 - \log_2 x = 0$, então:
a) $\dfrac{1}{2} < p < \dfrac{3}{2}$
b) $\dfrac{3}{2} < p < \dfrac{5}{2}$
c) $\dfrac{5}{2} < p < \dfrac{7}{2}$
d) $\dfrac{7}{2} < p < \dfrac{9}{2}$

20. (UFRGS – RS) Definindo funções convenientes e traçando seus gráficos num mesmo sistema de coordenadas, verifica-se que o número de soluções da equação $\log(x + 1) = x^2 - 3x$ é:
a) 0
b) 1
c) 2
d) 3
e) 4

21. (FGV – SP) Admita que oferta (S) e demanda (D) de uma mercadoria sejam dadas em função de x real pelas funções $S(x) = 4^x + 2^{x+1}$ e $D(x) = -2^x + 40$. Nessas condições, a oferta será igual à demanda para x igual a:
a) $\dfrac{1}{\log 2}$
b) $\dfrac{2 \cdot \log 3}{\log 2}$
c) $\dfrac{\log 2 + \log 3}{\log 2}$
d) $\dfrac{1 - \log 2}{\log 2}$
e) $\dfrac{\log 3}{\log 2}$

22. (Fuvest – SP) Os números reais x e y são soluções do sistema:
$$\begin{cases} 2 \cdot \log_2 x - \log_2(y - 1) = 1 \\ \log_2(x + 4) - \dfrac{1}{2} \cdot \log_2 y = 2 \end{cases}$$
Então, $7 \cdot (\sqrt{y} - x)$ vale:
a) -7
b) -1
c) 0
d) 1
e) 7

23. (UFPE) Se x e y são números reais positivos satisfazendo
$\log_8 x + \log_4 y^2 = 6$ e $\log_4 x^2 + \log_8 y = 10$,
qual o valor de $\sqrt{xy}$?

24. (PUC – PR) As raízes da equação $x^{1 - \log x} = 0{,}01$ estão contidas no intervalo:
a) $[0, 200]$
b) $[2, 20]$
c) $[10, 10.000]$
d) $[0, 10]$
e) $[-10, 50]$

25. (PUC – SP) Se $\log 2 = 0{,}30$ e $\log 3 = 0{,}48$, o número real que satisfaz a equação $3^{2x} = 2^{3x+1}$ está compreendido entre:
a) -5 e 0
b) 0 e 8
c) 8 e 15
d) 15 e 20
e) 20 e 25

26. (Unesp) O nível sonoro N, medido em decibels (dB), e a intensidade I de um som, medida em watts por metro quadrado (W/m²), estão relacionados pela expressão:

$$N = 120 + 10 \cdot \log_{10} I$$

Suponha que foram medidos em certo local os níveis sonoros N e N_2 de dois ruídos com intensidades I e I_2, respectivamente.

Sendo $N - N_2 = 20$ dB, a razão $\dfrac{I}{I_2}$ é:

a) 10^{-2} d) 10^2
b) 10^{-1} e) 10^3
c) 10

27. (UFMG) Um químico deseja produzir uma solução com pH = 2 a partir de duas soluções: uma com pH = 1 e uma com pH = 3. Para tanto, ele mistura x litros da solução de pH = 1 com y litros da solução de pH = 3.

Sabe-se que pH = $-\log_{10}[H^+]$, em que $[H^+]$ é a concentração de íons H⁺, dada em mols por litro.

Considerando-se essas informações, é correto afirmar que $\dfrac{x}{y}$ é:

a) $\dfrac{1}{100}$ c) 10
b) $\dfrac{1}{10}$ d) 100

28. (UFRJ) Seja

$$f: \,]0, +\infty[\to \mathbb{R}$$

dada por $f(x) = \log_3 x$.

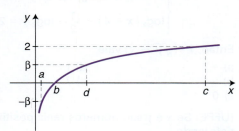

Sabendo que os pontos $(a, -\beta)$, $(b, 0)$, $(c, 2)$ e (d, β) estão no gráfico de f, calcule $b + c + ad$.

29. (UFAC) Considere a equação (na variável x):

$$1 + \log_2(x^2 - 6x + 9) = \log_2(x - 2)$$

onde $U = \{x \in \mathbb{R} \mid x > 2 \text{ e } x \neq 3\}$ é o seu conjunto universo.

As soluções dessa equação são números reais tais que:

a) o produto entre eles é um número ímpar.
b) o produto entre eles é negativo.
c) o produto entre eles é igual a 10.
d) o produto entre eles é menor que 7.
e) o produto entre eles é maior que 15.

30. (Fuvest – SP) Os pontos D e E pertencem ao gráfico da função $y = \log_a x$, com $a > 1$ (figura abaixo).

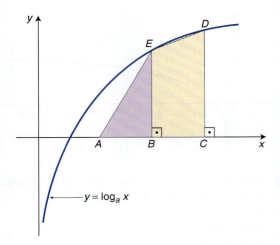

Suponha que

$$B = (x, 0), \, C = (x + 1, 0) \text{ e } A = (x - 1, 0)$$

Então, o valor de x, para o qual a área do trapézio $BCDE$ é o triplo da área do triângulo ABE, é:

a) $\dfrac{1}{2} + \dfrac{\sqrt{5}}{2}$ d) $1 + \sqrt{5}$

b) $1 + \dfrac{\sqrt{5}}{2}$ e) $\dfrac{1}{2} + 2\sqrt{5}$

c) $\dfrac{1}{2} + \sqrt{5}$

31. (UECE) Na figura a seguir estão representados seis retângulos com lados paralelos aos eixos coordenados e vértices opostos sobre o gráfico da função $f(x) = \log_2 x$, com $x > 0$.

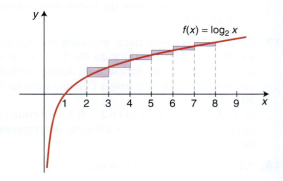

A soma das áreas dos seis retângulos é igual a:

a) 2 unidades de área
b) 3 unidades de área
c) 4 unidades de área
d) 5 unidades de área

32. (UFAM) A figura abaixo representa o gráfico da função $f: \,]0, +\infty[\to \mathbb{R}$ sendo $f(x) = \ell n\, x$.

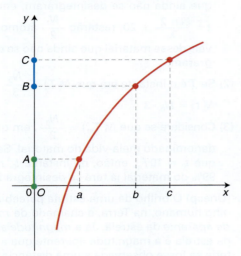

Se $\overline{OA} \cong \overline{BC}$, então podemos afirmar que:

a) $a = \dfrac{c}{b}$

b) $c = \dfrac{a}{b}$

c) $\ell n\, a = \ell n\,(b + c)$

d) $b = a^c$

e) $c = \dfrac{\ell n\, a}{\ell n\, b}$

33. (UFMG) Neste plano cartesiano, estão representados o gráfico da função $y = \log_2 x$ e o retângulo $ABCD$, cujos lados são paralelos aos eixos coordenados.

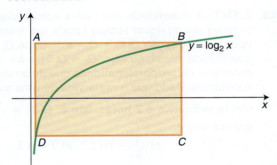

Sabe-se que:
- os pontos B e D pertencem ao gráfico da função $y = \log_2 x$;
- as abscissas dos pontos A e B são, respectivamente, $\dfrac{1}{4}$ e 8.

Então, é CORRETO afirmar que a área do retângulo $ABCD$ é:

a) 38,75
b) 38
c) 38,25
d) 38,5

34. (Cefet – AL) Sobre a função
$$f(x) = \left(\log_3 \sqrt{3}\right)^{x^2 - 2x + 2}$$
é verdade afirmar que:

a) f admite valor mínimo igual a menos dezesseis.
b) f admite valor máximo igual a menos dezesseis.
c) f admite valor mínimo para x igual a um.
d) f admite valor máximo para x igual a um.
e) f não admite máximo ou mínimo, pois é base constante.

35. (UFRGS – RS) Na figura a seguir, a área do retângulo sombreado é $\dfrac{1}{2}$, e as curvas são gráficos das funções $f(x) = n^x$ e $g(x) = \log_n x$, sendo n um número real positivo.

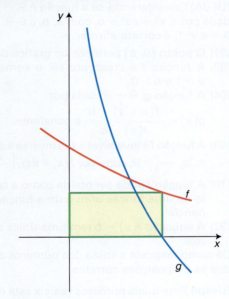

Então, o valor de $f(2) - g(2)$ é:

a) -1
b) $\dfrac{1}{4}$
c) $\dfrac{3}{4}$
d) 1
e) $\dfrac{5}{4}$

36. (Unifor – CE) No universo $]1, +\infty[$, o conjunto solução da inequação $\log_x(-x^2 + 4x + 12) > 2$ é:

a) $]1, \sqrt{7}\,[$
b) $]1, 1 + \sqrt{7}\,[$
c) $]1 + \sqrt{7}, 2[$
d) $]1 + \sqrt{7}, 6[$
e) $]2, 6[$

37. (Fuvest – SP) Tendo em vista as aproximações $\log_{10} 2 = 0{,}30$ e $\log_{10} 3 = 0{,}48$, então o maior número inteiro n, satisfazendo $10^n \leq 12^{418}$, é igual a:

a) 424
b) 437
c) 443
d) 451
e) 460

Função logarítmica **305**

38. (UFG – GO) A lei de resfriamento de Newton estabelece para dois corpos, A e B, com temperatura inicial de 80 °C e 160 °C, respectivamente, imersos num meio com temperatura constante de 30 °C, que suas temperaturas, após um tempo t, serão dadas pelas funções:

$T_A = 30 + 50 \cdot 10^{-kt}$ e $T_B = 30 + 130 \cdot 10^{-2kt}$

onde k é uma constante. Qual será o tempo decorrido até que os corpos tenham temperaturas iguais?

a) $\frac{1}{k} \cdot \log 5$
b) $\frac{2}{k} \cdot \log \frac{18}{5}$
c) $\frac{1}{k} \cdot \log \frac{13}{5}$
d) $\frac{2}{k} \cdot \log \frac{5}{2}$
e) $\frac{1}{k} \cdot \log \frac{2}{5}$

39. (UFBA) Considerando-se a função $f: \mathbb{R} \to \,]b, +\infty[$ dada por $f(x) = ca^x + b$, com $a, b, c \in \mathbb{R}$, $c > 0$ e $0 < a \neq 1$, é correto afirmar:

(01) O ponto $(0, b)$ pertence ao gráfico de f.
(02) A função f é crescente se, e somente se, $a > 1$ e $b > 0$.
(04) A função $g: \mathbb{R} \to \mathbb{R}$ dada por
$g(x) = \frac{f(x+1) - b}{f(x) - b}$ é constante.
(08) A função f é inversível e sua inversa é a função $h: \,]b, +\infty[\to \mathbb{R}$, dada por $h(x) = \log_a\left(\frac{x-b}{c}\right)$.
(16) A função f pode ser obtida como a composta de uma função afim e uma função exponencial.
(32) A equação $f(x) = b$ tem uma única solução real.

Dê como resposta a soma dos números associados às proposições corretas.

40. (Uespi) Para quais números reais x está definida a função $f(x) = \log_3 (\log_2 (\log_3 x))$?

a) $x > 2$
b) $0 < x < 9$
c) $2 < x < 18$
d) $1 < x < 9$
e) $x > 3$

41. (UnB – DF) Há, na Natureza, certos materiais que apresentam desintegração radioativa. Por meio desse processo de transição, os núcleos dos átomos instáveis emitem, espontaneamente, determinada partícula para adquirir uma configuração mais estável. Uma maneira de representar matematicamente o processo de decaimento dos núcleos dos átomos de um material radioativo é por meio da expressão $N(t) = N_0 \cdot e^{-\lambda t}$, em que N_0 é o número de átomos instáveis inicialmente presentes, no instante $t = 0$, $N(t)$ é o número de átomos instáveis que ainda não se desintegraram até o instante t, medido em anos, e λ é uma constante, que depende do material.

Com base nessas informações, julgue os próximos itens.

(1) Se, para $t = 20$ anos, N_1 é o número de átomos instáveis do material referido acima que ainda não se desintegraram, então, em $t = \frac{\ell n\, 2}{\lambda} + 20$, restarão $\frac{N_1}{2}$ átomos instáveis desse material que ainda não se desintegraram.

(2) Se T é o instante em que $N(T) = \frac{N_0}{3}$, então $N(t) = N_0 \cdot 3^{-\frac{t}{T}}$.

(3) Considere-se que $N(T_m) = \frac{N_0}{2}$, em que T_m é denominado meia-vida do material. Se t_0 é tal que $t_0 = 10 T_m$, então, no instante t_0, mais de 99% do material já terá se desintegrado.

42. (Unesp) O brilho de uma estrela percebido pelo olho humano, na Terra, é chamado de *magnitude aparente* da estrela. Já a *magnitude absoluta* da estrela é a magnitude aparente que a estrela teria se fosse observada a uma distância padrão de 10 parsecs (1 parsec é aproximadamente 3×10^{13} km). As magnitudes aparente e absoluta de uma estrela são muito úteis para se determinar sua distância ao planeta Terra.

Sendo m a magnitude aparente e M a magnitude absoluta de uma estrela, a relação entre m e M é dada aproximadamente pela fórmula:

$M = m + 5 \cdot \log_3 (3 \cdot d^{-0,48})$

onde d é a distância da estrela em parsecs. A estrela Rigel tem aproximadamente magnitude aparente 0,2 e magnitude absoluta −6,8.

Determine a distância, em quilômetros, de Rigel ao planeta Terra.

43. (UFMT) A quantidade Q de uma substância radioativa em qualquer tempo t pode ser determinada pela equação $Q(t) = Q_0 \cdot e^{-kt}$, onde Q_0 é a quantidade inicial, ou seja, $Q_0 = Q(0)$, e k é uma constante de proporcionalidade que depende da substância. Dado que a meia-vida de uma substância radioativa é 2 horas, isto é, $Q(2) = \frac{Q_0}{2}$, o valor de k é:

a) $-\frac{\ell n\, 2}{2}$
b) $\frac{\ell n\, 2}{2}$
c) $\frac{1}{2} - \ell n\, 2$
d) $-\frac{1}{2} + \ell n\, 2$
e) $2 \cdot \ell n\, 2$

44. (Unifesp) Uma droga na corrente sanguínea é eliminada lentamente pela ação dos rins. Admita que, partindo de uma quantidade inicial de Q_0 miligramas, após t horas a quantidade da droga no sangue fique reduzida a $Q(t) = Q_0 \cdot (0,64)^t$ miligramas. Determine:

a) a porcentagem da droga que é eliminada pelos rins em 1 hora;
b) o tempo necessário para que a quantidade inicial da droga fique reduzida à metade. Utilize $\log_{10} 2 = 0,30$.

45. (Uespi – adaptada) Suponha que, ao colocarmos 25 kg de açúcar na água, a quantidade de açúcar que permanece inalterada, após t horas, seja dada pela função $A(t) = 25 \cdot e^{ct}$, com c sendo uma constante real e $A(t)$ medido em kg. Se, após três horas, a quantidade de açúcar restante era de 10 kg, quanto tempo será necessário para que restem 5 kg de açúcar?

(Use as aproximações $\ln 0{,}4 = -0{,}92$ e $\ln 0{,}2 = -1{,}61$.)

a) 5 h 5 min
b) 5 h 10 min
c) 5 h 15 min
d) 5 h 20 min
e) 5 h 25 min

PROGRAMAS DE AVALIAÇÃO SERIADA

1. (PSS – UFPB) O percurso de um carro, em um determinado rali, está representado na figura a seguir, onde os pontos de partida $A\left(\dfrac{1}{2},\ y_1\right)$ e chegada $C(16,\ y_2)$ pertencem ao gráfico da função $f(x) = \log_2 x$. O carro fez o percurso descrito pela poligonal ABC, sendo os segmentos de reta $\overline{AB}$ e $\overline{BC}$ paralelos aos eixos Ox e Oy, respectivamente.

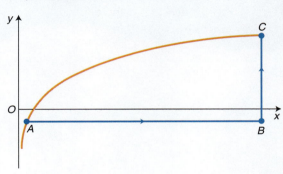

Considerando-se que as distâncias são medidas em km, é correto afirmar que esse carro percorreu:

a) 17 km
b) 20 km
c) 18,5 km
d) 20,5 km
e) 21 km

2. (PSIU – UFPI) Sejam $a, b \in \mathbb{R}$, com $a \neq 0$ e $b \neq 0$, satisfazendo a equação:

$$2^{3a+b} = 3^a$$

Considerando $\log 2 = 0{,}30$ e $\log 3 = 0{,}498$, é correto afirmar que:

a) $\dfrac{b}{a} = -\dfrac{7}{5}$

b) se $3a - b = 1$, então $a = \dfrac{8}{5}$

c) $a = -b$

d) $\dfrac{b}{a} = 2$

e) $a = b = \log 3$

3. (PISM – UFJF – MG) Um fazendeiro pretende plantar uma espécie de árvore, cujas mudas medem 1,5 metro. Sabe-se que a altura média dessa espécie, desde o plantio, pode ser calculada por meio de:

$$f(t) = \dfrac{3}{2} + \log_3(t+1)$$

em que a altura $f(t)$ é dada em metros e o tempo t em anos.

Quanto tempo, em anos, é necessário para que as árvores dessa espécie atinjam a média de 3,5 m de altura?

a) 2
b) 4
c) 5
d) 8
e) 9

4. (PASES – UFV – MG) Sendo $f(x) = \log_3\left(\dfrac{1}{ax-b}\right)$ uma função com valores reais e supondo que $f(0) = -1$ e $f(1) = -2$, é CORRETO afirmar que $f(4)$ é:

a) -3
b) -4
c) -5
d) -6

Capítulo 8

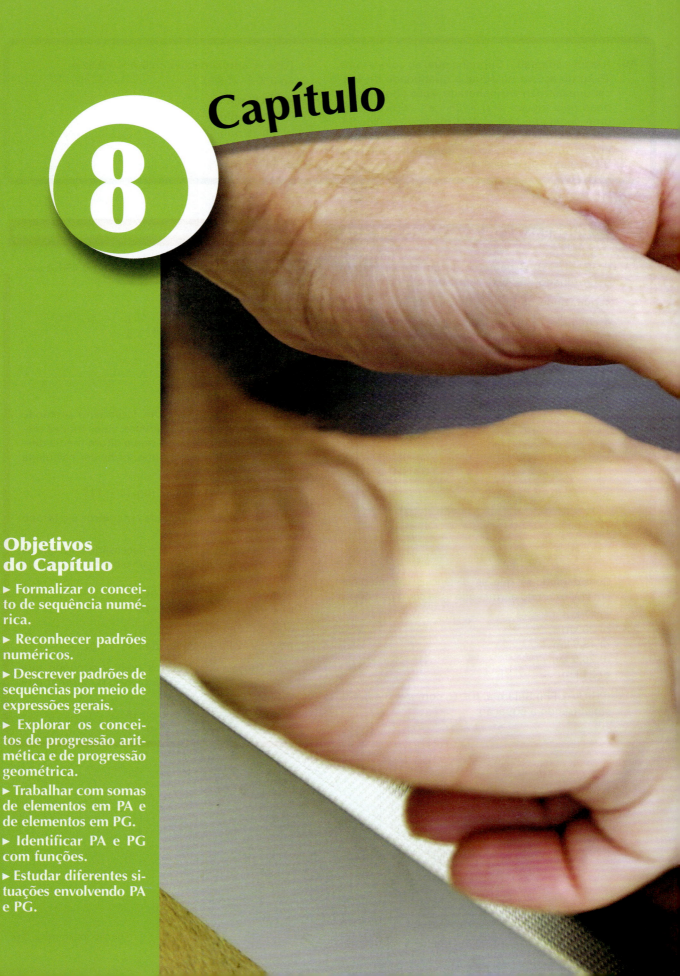

Objetivos do Capítulo

▶ Formalizar o conceito de sequência numérica.

▶ Reconhecer padrões numéricos.

▶ Descrever padrões de sequências por meio de expressões gerais.

▶ Explorar os conceitos de progressão aritmética e de progressão geométrica.

▶ Trabalhar com somas de elementos em PA e de elementos em PG.

▶ Identificar PA e PG com funções.

▶ Estudar diferentes situações envolvendo PA e PG.

Sequências

O Necessário Sigilo para os Dados Bancários

A necessidade de buscar regularidades e identificar padrões é uma das mais antigas entre as observadas no ser humano. A divisão do tempo em dias, meses, anos, estações, luas é uma forma de criar padrões e encontrar regularidade na vida.

Essa busca por regularidades também está presente de diversas maneiras na Matemática. Uma delas é reconhecer padrões em determinadas sequências, sejam eles numéricos, geométricos etc., objeto de estudo deste capítulo.

Uma sequência numérica importante é a formada pelos números naturais primos dispostos em ordem crescente, muito utilizada em determinados processos de codificação.

Pense em uma instituição financeira qualquer que você conheça ou mesmo em uma empresa que venda seus produtos pela Internet. É preciso segurança para manter em sigilo os dados bancários dos clientes, evitando que sejam acessados por estranhos. Para isso, esses dados são codificados.

O processo de codificar dados ou informações é denominado *criptografia* (do grego, *kryptós* = oculto e *graphía* = escrever). Entre as inúmeras formas de criptografar, uma delas, conhecida como RSA (iniciais dos nomes de seus idealizadores, **R**ivest, **S**hamir e **A**dleman), se utiliza de números primos.

1. Sequências: Conceito e Representação

Em muitas atividades do nosso cotidiano precisamos estabelecer uma ordem das ações que vamos desenvolver:

- uma dona de casa organiza seus afazeres domésticos em certa ordem;
- as matérias são ordenadas nos dias da semana pelo horário escolar;
- as atividades do treinamento de um atleta seguem uma ordem de aproveitamento;
- o serviço de um operário é programado seguindo uma ordem de montagem;
- em um dicionário, as palavras são organizadas em ordem alfabética;
- enfim, dispor elementos ou eventos em determinada ordem é uma forma muito comum de organizá-los.

SCHLEGELMILCH/CORBIS/LATINSTOCK

Em uma corrida automobilística, a cada instante os carros podem ser ordenados de acordo com suas posições na pista.

A partir do momento em que se estabelece uma ordem para um grupo de elementos (eventos, ações), podemos identificar a posição de cada elemento no grupo considerado:

$$a_1, a_2, a_3, a_4, a_5, ..., a_n$$

Com isso, montamos uma **sequência** em que a_1 é o primeiro termo, a_2 é o segundo, a_3 é o terceiro, e assim por diante.

Em geral, os elementos que fazem parte da sequência são indicados entre parênteses $(a_1, a_2, a_3, a_4, a_5, ..., a_n)$, que determinam a ordem de cada elemento na sequência.

Os elementos de uma sequência são chamados de **termos** da sequência.

Genericamente, $(a_1, a_2, a_3, ..., a_n, ...)$ é uma sequência em que a_n indica o seu *termo geral*. Por isso, uma sequência também pode ser definida pelo seu termo geral da seguinte maneira: $(a_n)_{n \in \mathbb{N}^*}$

Exemplos

a) (2, 3, 5, 7, ...) é a sequência dos números naturais primos em ordem crescente.

b) (8, 6, 4, 2, 0) é a sequência dos números pares de zero a 8 em ordem decrescente.

Observações

1. Dizemos que duas sequências $(a_n)_{n \in \mathbb{N}^*}$ e $(b_n)_{n \in \mathbb{N}^*}$ são iguais se, e somente se, seus termos correspondentes são iguais, ou seja:
$$(a_n)_{n \in \mathbb{N}^*} = (b_n)_{n \in \mathbb{N}^*} \Leftrightarrow a_k = b_k, \text{ para todo } k \in \mathbb{N}^*$$

2. Uma sequência $(a_1, a_2, a_3, ..., a_n)$ define uma função f do conjunto $\{1, 2, 3, 4, 5, ..., n\}$ no conjunto $\{a_1, a_2, a_3, ..., a_n\}$ dos elementos da sequência de forma que $f(n) = a_n$.

> **Recorde**
>
> Uma função associa todo elemento de um conjunto B (domínio) a um único elemento de um conjunto C (contradomínio). Em notação simbólica:
> $f: B \to C$ com $f(x) = y$, para $x \in B$ e $y \in C$

Enigmas, Jogos & Brincadeiras

Padrões Ocultos

Existem algumas sequências muito intrigantes, cuja obtenção dos termos foge à lógica comum. Descubra o segredo que está por trás das sequências abaixo e determine qual deve ser o próximo termo.

I.

II.

III. 2, 10, 12, ..., 200, ...

IV. 1, 11, 21, 1211, ...

Exercícios Resolvidos

ER. 1 Considerando a sequência
(1, 1, 2, 3, 5, 8, 13, 21), determine:

a) o primeiro termo;
b) o sexto termo;
c) o valor real de x tal que:
$(1, 1, 2, 3, 5, 8, 13, 21) =$
$= (1, 1, x^2 - 2, 3, 5, 8, 13, x + 23)$

Resolução:

a) O primeiro termo é 1.

b) O sexto termo é 8.

c) Para que as duas sequências sejam iguais, os termos correspondentes têm de ser iguais. Então:

$2 = x^2 - 2$ e $21 = x + 23$
$x^2 = 4$ $x = 21 - 23$
$x = \pm 2$ $x = -2$

Ou seja, $x = \pm 2$ e $x = -2$, o que acarreta $x = -2$.

> **Faça**
>
> Descubra a regra de formação da sequência dada neste exercício.

ER. 2 Obtenha os três primeiros termos e o nono termo de cada uma das sequências, com $n \in \mathbb{N}^*$, nas quais o termos geral é:

a) $a_n = 2n + 1$
b) $a_n = n^2 - n$
c) $a_n = \pi$
d) $a_n = 3 \cdot (-1)^n$

Resolução: Para achar os três primeiros termos de uma sequência, precisamos substituir 1, 2 e 3, um de cada vez, no lugar de n na expressão do termo geral. Da mesma forma, trocamos n por 9 para encontrar o nono termo, ou seja, o a_9.

a) $n = 1 \Rightarrow a_1 = 2 \cdot 1 + 1 = 3$ (primeiro termo)
$n = 2 \Rightarrow a_2 = 2 \cdot 2 + 1 = 5$ (segundo termo)
$n = 3 \Rightarrow a_3 = 2 \cdot 3 + 1 = 7$ (terceiro termo)
$n = 9 \Rightarrow a_9 = 2 \cdot 9 + 1 = 19$ (nono termo)

Logo, os três primeiros termos dessa sequência são 3, 5 e 7 e o nono termo é o 19.

Responda
E se o termo geral for $a_n = n^2$, a sequência será formada por qual tipo de número?
Por isso, como ela pode ser chamada?

OBSERVAÇÃO

Repare que, embora todos os termos que conseguimos sejam números primos, não podemos dizer que nessa sequência só há números primos, pois não sabemos o que ocorre com os demais termos. Por exemplo, o quarto termo não é um número primo ($a_4 = 2 \cdot 4 + 1 = 9$).

b) $n = 1 \Rightarrow a_1 = 1^2 - 1 = 1 - 1 = 0$
$n = 2 \Rightarrow a_2 = 2^2 - 2 = 4 - 2 = 2$
$n = 3 \Rightarrow a_3 = 3^2 - 3 = 9 - 3 = 6$
$n = 9 \Rightarrow a_9 = 9^2 - 9 = 81 - 9 = 72$

Logo, os três primeiros termos dessa sequência são 0, 2 e 6 e o nono termo é o 72.

c) O termo geral dessa sequência é $a_n = \pi$. Isso quer dizer que todos os termos são constantes e iguais a π. Dessa forma, os três primeiros termos da sequência são π, π, π e o nono termo também é o π.

d) Como $(-1)^n$ é 1 para expoentes naturais pares e -1 para expoentes naturais ímpares, temos:

$$a_1 = a_3 = a_9 = 3 \cdot (-1) = -3 \quad \text{e} \quad a_2 = 3 \cdot 1 = 3$$

Logo, os três primeiros termos são -3, 3 e -3 e o nono termo é o -3.

ER. 3 Determine a sequência dada por:
$(a_n) = \begin{cases} n, \text{ se } n \text{ for par} \\ -n, \text{ se } n \text{ for ímpar} \end{cases}$

Resolução: Para $n = 2, 4, 6, 8, ...$, temos $a_n = n$, e para $n = 1, 3, 5, 7, ...$, temos $a_n = -n$.

Então, $a_1 = -1$, $a_2 = 2$, $a_3 = -3$, $a_4 = 4$, $a_5 = -5$, $a_6 = 6$, $a_7 = -7$ e assim por diante.

Logo, obtemos a seguinte sequência: $(-1, 2, -3, 4, -5, 6, -7, 8, -9, 10, ...)$

ER. 4 [SAÚDE] Em certo país o número de casos de gripe inicialmente é 20.

O número de casos dobra a cada semana. Nessas condições, determine quantos casos dessa gripe já ocorreram:

a) após duas semanas;
b) após quatro semanas.

Resolução: Podemos associar os dados do enunciado a elementos de uma sequência:
$$a_1 = 20 \quad \text{e} \quad a_n = 2 \cdot a_{n-1} \text{ para } n > 1$$

a) Depois de 1 semana, o número de casos é dado pelo termo a_2, depois de 2 semanas, pelo termo a_3. Assim:

$a_1 = 20$
$a_2 = 2 \cdot a_1 = 2 \cdot 20 = 40$
$a_3 = 2 \cdot a_2 = 2 \cdot 40 = 80$

Logo, após duas semanas já ocorreram 80 casos.

Atenção!
Essa maneira de determinar um termo por meio de termos anteriores é chamada de *processo recursivo*.

312 MATEMÁTICA — UMA CIÊNCIA PARA A VIDA

ER. 5 Responda e depois compare as situações de cada item abaixo. O que você observa?

a) Considere a sequência dada por:
  • $a_1 = 1$
  • $a_2 = 1$
  • $a_{n+1} = a_n + a_{n-1}$, para $n \in \mathbb{N}$ e $n > 1$

  Quais são os oito primeiros termos dessa sequência?

b) Considere que um casal de coelhos adultos gera a cada mês um outro casal, que se tornará produtivo a partir do 2.º mês, e que não existam problemas no cruzamento de coelhos consanguíneos.

  Após 8 meses, qual será o número de indivíduos de uma população de coelhos, que se iniciou com um casal recém-nascido, supondo que não houve mortes no período?

  Monte uma sequência com a quantidade de casais de coelhos após cada mês.

b) Depois de 4 semanas é o mesmo que na quinta semana, que corresponde ao quinto termo, que depende do quarto termo, que por sua vez depende do terceiro, que já calculamos no item **a**. Assim:

$$a_4 = 2 \cdot a_3 = 2 \cdot 80 = 160$$
$$a_5 = 2 \cdot a_4 = 2 \cdot 160 = 320$$

Portanto, após quatro semanas já ocorreram 320 casos.

Resolução:

a) Os dois primeiros termos já foram dados ($a_1 = a_2 = 1$). Vamos determinar os próximos seis, seguindo a regra de montagem fornecida no enunciado.

$n = 2 \Rightarrow a_3 = a_2 + a_1 = 1 + 1 = 2$
$n = 3 \Rightarrow a_4 = a_3 + a_2 = 2 + 1 = 3$
$n = 4 \Rightarrow a_5 = a_4 + a_3 = 3 + 2 = 5$
$n = 5 \Rightarrow a_6 = a_5 + a_4 = 5 + 3 = 8$
$n = 6 \Rightarrow a_7 = a_6 + a_5 = 8 + 5 = 13$
$n = 7 \Rightarrow a_8 = a_7 + a_6 = 13 + 8 = 21$

Assim, a sequência é:

$$(1, 1, 2, 3, 5, 8, 13, 21, ...)$$

Responda
Você já conhece a sequência numérica obtida neste item? O que sabe sobre ela?

b) Após o 1.º mês, temos 1 casal de coelhos ainda não adultos.

Após o 2.º mês, temos 1 casal de coelhos adultos.

Após o 3.º mês, temos 1 casal adulto (que iniciou) mais 1 casal recém-nascido; logo, 2 casais.

Após o 4.º mês, o casal adulto produz mais 1 casal (recém-nascido) e ainda temos o outro casal, que agora se torna adulto; logo, 3 casais.

Observe na tabela abaixo o restante da contagem:

Período	Número de casais que já são adultos	Número de casais que se tornam adultos	Número de casais recém-nascidos	Total de casais
após o 5.º mês	2	1	2	5
após o 6.º mês	3	2	3	8
após o 7.º mês	5	3	5	13
após o 8.º mês	8	5	8	21

Portanto, a população estará com 42 coelhos após 8 meses.

A partir da tabela, podemos montar a seguinte sequência:

$$(1, 1, 2, 3, 5, 8, 13, 21, ...)$$

Comparando com a sequência obtida no item **a**, verificamos que elas são iguais.

Conheça mais...

Existem diversas sequências que ficaram famosas em razão do número de vezes que elas surgem em diferentes contextos. Talvez a mais famosa de todas elas seja a **sequência de Fibonacci**, usada pela primeira vez por Leonardo de Pisa no século XI como um modelo para o crescimento de uma população de coelhos.

Ao longo dos séculos foi descoberta uma variedade de situações em que essa sequência — cujos primeiros termos são 1, 1, 2, 3, 5, 8, 13, 21, 34, ... — é encontrada na Natureza e, talvez por causa de suas propriedades matemáticas, ela é amplamente utilizada nas Artes, o que a torna quase mística.

Quando observamos um girassol, por exemplo, podemos notar que suas sementes são dispostas na forma de uma espiral, que segue certas proporções (Figura 1) que envolvem os termos da sequência de Fibonacci.

Essa sequência também pode ser encontrada em certas espécies de conchas, como a do molusco Haliote (*Haliotis asinina*), que curiosamente possui a mesma espiral do girassol (Figura 2).

Além dessas, existem muitas outras aplicações dos números de Fibonacci, em particular nas Artes. No cinema, por exemplo, ela aparece no filme *O Código Da Vinci*, como uma espécie de senha para proteger segredos de uma suposta irmandade.

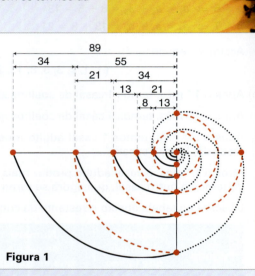

Figura 1

Girassol.

Haliote.

Figura 2

Figuras adaptadas de DOCZI, György. *O poder dos limites:* harmonias e proporções na Natureza, Arte e Arquitetura. São Paulo: Mercuryo, 1990.

314

Exercícios Propostos

1. Quais são os quatro primeiros termos de cada uma das sequências definidas abaixo?
   a) $a_n = 2n + 3$, com $n \in \mathbb{N}^*$
   b) $a_n = 2^{n-1}$, com $n \in \mathbb{N}^*$
   c) $a_n = 3n^2 + 2n$, com $n \in \mathbb{N}^*$
   d) $a_n = \dfrac{n+1}{n}$, com $n \in \mathbb{N}^*$

2. Sendo n natural não nulo, considere uma sequência de 5 termos dada por:
$$a_n = \begin{cases} 1, \text{ para } n = 1 \\ n \cdot a_{n-1}, \text{ para } n > 1 \end{cases}$$
   a) Determine essa sequência.
   b) Verifique que: $a_5 = 1 \cdot 2 \cdot 3 \cdot 4 \cdot 5$

3. Considere a sequência dada por $b_n = 3^n$, para $n \in \mathbb{N}^*$, e a sequência da questão anterior. Obtenha o menor valor de n tal que $a_n > b_n$.

4. Observe, a seguir, uma sequência de figuras geométricas.

   a) Desenhe as duas próximas figuras dessa sequência.
   b) Identifique cada termo (figura) dessa sequência com o número de pontinhos que formam cada figura e monte uma sequência com esses números.
   c) Encontre o padrão de formação dos termos da sequência numérica que você obteve. Descreva com palavras esse padrão.

5. Obtenha o quarto termo da sequência definida por:
$$\left(\dfrac{n^2 + 2}{3}\right)_{n \in \mathbb{N}^*}$$

6. Considere a sequência cujo termo geral é
$$a_n = (-1)^n \cdot \dfrac{n}{n+1}$$
com $n \in \mathbb{N}^*$.
   a) Determine os cinco primeiros termos dessa sequência.
   b) Qual é a soma desses cinco termos?

7. O termo geral de uma sequência é $a_n = 3 \cdot a_{n-1}$, sendo $n \in \mathbb{N}^*$ e $a_1 = 2$.
   Obtenha o terceiro termo dessa sequência.

8. Uma sequência é tal que
$$a_1 = 1, \ a_2 = 1 \ \text{ e } \ a_n = a_{n-1} + a_{n-2}$$
   para $n > 2$.
   Obtenha o oitavo termo dessa sequência.

9. Em uma sequência, temos $a_1 = 1$ e $a_n = n \cdot a_{n-1}$ para $n \geq 2$. Nessas condições, determine o valor de a_5.

10. Observe os números naturais (a partir do 1) dispostos em forma triangular:

    1   4   7   10
    2 3   5 6   8 9   11 12   ...

    O número 1.980 está na posição correspondente à do número 1, 2 ou 3?

11. [TRABALHO] Um carpinteiro precisa construir uma escada que deve ter 3,5 m de altura. O primeiro e o último degraus devem ter 15 cm de altura e todos os demais, 20 cm. Quantos degraus terá essa escada?

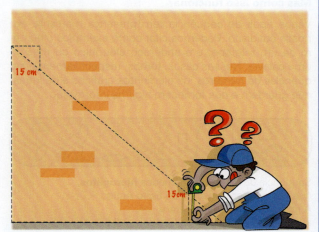

12. Calcule a soma dos oito primeiros termos da sequência $(a_n)_{n \in \mathbb{N}^*}$ tal que:
$$a_n = (3 + 2n) \cdot (-1)^n$$

13. [NEGÓCIOS] Um estacionamento cobra R$ 3,00 pela primeira hora e R$ 1,00 pelas demais. Pedro estacionou seu carro por 230 minutos. Quanto ele pagou?

14. [COTIDIANO] Em uma geladeira, há 50 garrafas de um refrigerante do tipo A e 80 do tipo B. São retiradas, a cada vez, 3 garrafas do tipo A e 2 garrafas do tipo B. Supondo que não houve reposição, após quantas retiradas a quantidade de garrafas do tipo B dentro da geladeira será o dobro do número de garrafas do tipo A?

15. Considerando a soma $S_n = a_1 + \ldots + a_n$ em que $a_n = 2n + 1$, para $n \in \mathbb{N}^*$, calcule:
    a) S_1
    b) S_2
    c) S_{10}

Tecnologia & Desenvolvimento

Sequências, DNA Humano e Investigação Científica Criminal

Fazem muito sucesso hoje em dia os seriados de TV em que a investigação científica substitui as armas na solução de crimes.

No seriado norte-americano CSI (*Crime Scene Investigation* ou Investigação da Cena do Crime), uma equipe de peritos usa e abusa da ciência e da tecnologia para desvendar crimes. Nos episódios, coisas simples como um fio de cabelo, restos de alimentos ou até mesmo o cheiro de um perfume na cena do crime são evidências que compõem a investigação e podem ser utilizadas na identificação de criminosos.

Longe da ficção, na vida real, e graças aos avanços tecnológicos alcançados nesse setor, a análise de DNA (ácido desoxirribonucleico) constitui hoje uma poderosa arma na investigação criminal.

Mas como isso funciona?

Vários tipos de sequência têm presença marcante em nosso cotidiano. Podemos citar como exemplos o número de um telefone, um endereço eletrônico ou mesmo uma palavra. Nesses casos, temos, respectivamente, sequências de números, de elementos gráficos e de letras, que guardam e nos fornecem alguma informação.

Sequência de símbolos chamados **hieróglifos**, que compunham a escrita do Egito Antigo. A figura apresentada se refere ao nome da rainha egípcia Cleópatra VII (51-30 a.C.)

Nas investigações científicas com DNA, também se analisam sequências, só que, nesses casos, são fragmentos de sequências de "nucleotídeos". Esses fragmentos são diferentes em cada indivíduo, o que permite identificar com precisão o ser vivo que as produziu.

A sequência do DNA

Como todos os seres vivos, o ser humano é formado por células. No núcleo das células fica contido o DNA, uma molécula composta de duas sequências complementares de nucleotídeos. Cada nucleotídeo é formado por um fosfato, um açúcar e uma base nitrogenada, que no caso do DNA são adenina (A), timina (T), citosina (C) e guanina (G). Essas duas sequências se ligam uma à outra formando uma estrutura em dupla-hélice, como ilustra a figura ao lado.

Todas as características hereditárias de uma pessoa estão contidas nas sequências de DNA, e essas informações são exclusivas para cada ser humano (exceto gêmeos idênticos, que podem ter sequências iguais). Dessa maneira, se tivermos qualquer pequena amostra de material com células nucleadas, poderemos extrair seu DNA e identificar a quem pertence.

A determinação da identidade de uma pessoa com base em um exame de DNA pode ser feita não só para demonstrar a culpabilidade de criminosos ou inocentar suspeitos, mas também para identificar corpos (em desastres aéreos, campos de batalha etc.), definir a paternidade com confiabilidade praticamente absoluta, elucidar trocas de bebês em berçários, entre outras tantas aplicações.

O exame de DNA é comparativo, ou seja, o DNA extraído de material coletado na cena de um crime, por exemplo, é comparado ao DNA de suspeitos.

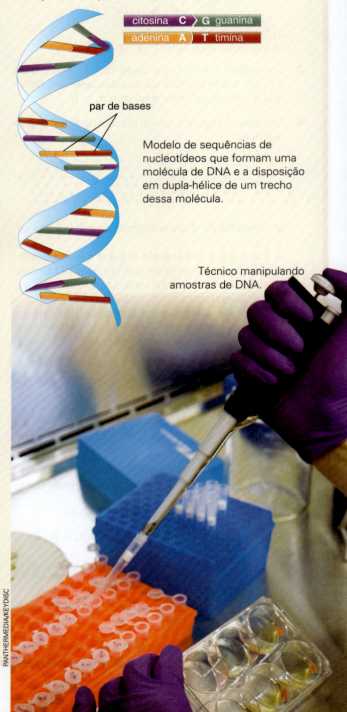

citosina C — G guanina
adenina A — T timina

par de bases

Modelo de sequências de nucleotídeos que formam uma molécula de DNA e a disposição em dupla-hélice de um trecho dessa molécula.

Técnico manipulando amostras de DNA.

2. Progressão Aritmética (PA)

Você já trabalhou com algumas sequências numéricas. Estudaremos agora um tipo especial dessas sequências: as **progressões aritméticas**.

Acompanhe a situação a seguir.

Um alpinista registrou a altitude em que estava ao final de cada dia de uma de suas escaladas:

1.º dia: 80 m
2.º dia: 130 m
3.º dia: 180 m
4.º dia: 230 m
5.º dia: 280 m

Observando suas anotações, ele percebeu que em cada dia subiu exa-tamente 50 m:

130 = 80 + 50
180 = 130 + 50
230 = 180 + 50
280 = 230 + 50

A sequência formada nessas condições (80, 130, 180, 230, 280) é um exemplo de uma *progressão aritmética*.

> Toda sequência numérica ($a_1, a_2, a_3, a_4, a_5, \ldots$)
> em que cada termo,
> a partir do segundo,
> é o anterior mais um valor constante r
> é uma **progressão aritmética**,
> que indicamos por **PA**.

A constante r é a *razão* da progressão aritmética e pode ser determinada pela diferença entre um termo qualquer e seu precedente:

$a_2 - a_1 = a_3 - a_2 = a_4 - a_3 = a_5 - a_4 = \ldots = $ constante $= r$ (razão da PA)

Exemplos

a) $(1, 1, 1, 1, 1, \ldots)$ é uma PA constante e infinita de razão zero.

b) $(1, 2, 3, 4, 5, 6, 7, 8, 9, 10, 11, \ldots)$ é uma PA crescente e infinita de razão 1, pois:
$$2 - 1 = 3 - 2 = 4 - 3 = 5 - 4 = \ldots = 1$$

c) $(12, 5, -2, -9)$ é uma PA decrescente e finita de razão -7, pois:
$$5 - 12 = -2 - 5 = -7$$

Observação

Em uma PA finita, a_1 e a_n são denominados **extremos** da PA e os demais termos são chamados de **meios aritméticos**.

Sequências **317**

EXERCÍCIOS RESOLVIDOS

ER. 6 Determine o 11.º termo de uma PA cujo primeiro termo é 3 e a razão é 2.

Resolução: Sabemos que $a_1 = 3$ e $r = 2$. Então, veja o que ocorre com os termos dessa PA:

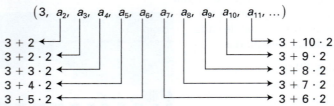

Note que o 11.º termo é dado por:

$$a_{11} = a_1 + 10 \cdot r = 3 + 10 \cdot 2 = 3 + 20 = 23$$

ER. 7 Qual é a razão de uma PA que tem $a_1 = 2$ e $a_7 = 15$?

Resolução: Sabemos que $a_7 = a_1 + 6 \cdot r = 15$ e $a_1 = 2$. Assim, podemos escrever:

$$15 = 2 + 6 \cdot r \Rightarrow 13 = 6 \cdot r \Rightarrow r = \frac{13}{6}$$

ER. 8 Dadas as progressões aritméticas (PA) abaixo, identifique:
a) aquelas que são finitas;
b) as que são crescentes e as que são decrescentes.
Justifique suas respostas.
  I. $(1, 3, ..., 29)$
  II. $(1, 3, 5, ...)$
  III. $(2\sqrt{2}, \sqrt{2}, 0, -\sqrt{2}, -2\sqrt{2}, ...)$
  IV. $(15, 10, ..., -45)$
  V. $(-2, -2, ..., -2, -2)$

Resolução:

a) São finitas as progressões aritméticas I, IV e V, pois têm um último termo (respectivamente: 29, −45 e −2).

b) São crescentes: I e II, pois têm razão positiva (ambas têm razão 2).
São decrescentes: III e IV, pois têm razão negativa (a PA III tem razão $-\sqrt{2}$ e a PA IV tem razão −5).
Note que a PA V não é crescente nem decrescente, pois sua razão é zero e, nesse caso, temos uma PA constante.

ER. 9 A sequência $(7 - x, 3x, x + 5)$ é uma PA. Dessa forma, qual deve ser o valor de x? Monte a sequência para o valor de x obtido.

Resolução: Para que essa sequência seja uma PA, devemos impor que:

$$3x - (7 - x) = (x + 5) - 3x$$
$$3x - 7 + x = x + 5 - 3x$$
$$3x + 3x = 5 + 7$$
$$6x = 12$$
$$x = 2$$

Assim, temos a seguinte PA: $(5, 6, 7)$

ER. 10 Determine o sexto termo de uma PA em que $a_1 + a_{11} = 24$.

Resolução: Sabemos que o sexto termo de uma PA é dado por $a_6 = a_1 + 5r$, sendo a_1 o primeiro termo e r a razão dessa PA.
Além disso, pela condição dada, vem:

$$a_1 + \underbrace{a_{11}}_{a_1 + 10r} = 24$$
$$a_1 + a_1 + 10r = 24$$
$$2a_1 + 10r = 24$$
$$2\underbrace{(a_1 + 5r)}_{a_6} = 24$$
$$a_6 = 12$$

Responda
Qual seria o valor do sexto termo se a condição dada fosse $a_3 + a_9 = 24$?

Exercícios Propostos

16. Verifique se as sequências numéricas abaixo podem ser uma PA. Justifique suas respostas.
   a) $(2, 3, 5, 7)$
   b) $(1, 4, 7, 10)$
   c) $(8, 6, 4, 2, 0, ...)$
   d) $(1, 1, 2, 3, 5, 8)$

17. Classifique cada PA como finita ou infinita e crescente, decrescente ou constante.
   a) $(1, 2, 3, 4, ...)$
   b) $(8, 4, 0, -4)$
   c) $(3, 3, 3, 3, 3, 3, ...)$
   d) $(7, 13, 19)$
   e) $(2, -2, -6, ...)$
   f) $\left(\frac{1}{2}, 1, \frac{3}{2}, 2\right)$

18. Determine o quinto termo de uma PA cujo primeiro termo é 7 e a razão é -3.

19. Em uma PA, $a_1 = -1$, $r = 2$ e $a_n = 13$. Determine o valor de n.

20. Obtenha a razão de uma PA tal que $a_3 = 3$ e $a_7 = -5$.

21. Encontre o primeiro termo e a razão de uma progressão aritmética, sabendo que $a_4 + a_7 = 31$ e $a_5 + a_9 = 40$.

22. A sequência $(2, 3 + x, 7 - x)$ é uma PA. Determine o valor de x.

23. Qual é o segundo termo de uma PA em que $a_1 + a_3 = 16$?

24. Determine x real para que $(x^2 + 4, 7x + 1, 3x^2 + 10)$ seja uma PA.

25. Considere a sequência $\left(\frac{1}{3}, \frac{4}{5}, ...\right)$ em que, nessa ordem, os numeradores das frações formam uma PA e os denominadores formam outra PA. Determine o oitavo termo da sequência dada.

26. A sequência $(2, 5, 8, 11, ..., 29)$ tem quantos termos?
   Sugestão: Procure encontrar uma expressão para o termo geral a_n.

2.1 REPRESENTAÇÕES ESPECIAIS DE UMA PA

Existem algumas situações nas quais é mais vantajoso representar os elementos da PA sem usar seu primeiro termo. Veja alguns casos.

- *PA com três termos*
  Considere uma PA que tenha apenas três termos (a_1, a_2, a_3) com razão r. Fazendo $a_2 = x$, obtemos:
  $$a_1 = a_2 - r = x - r \quad \text{e} \quad a_3 = a_2 + r = x + r$$
  Logo, essa PA pode ser representada assim: $(x - r, x, x + r)$

- *PA com cinco termos*
  Analogamente à PA com três termos e sendo r a razão, podemos representá-la por: $(x - 2r, x - r, x, x + r, x + 2r)$

- *PA com quatro termos*
  Nesse caso, como o número de termos é par, não existe um termo central na sequência, porém podemos escrever a PA da seguinte maneira:
  $$(a_1, a_2, a_3, a_4) = (x - 3p, x - p, x + p, x + 3p)$$
  Note que a razão dessa PA é $2p$ e, além disso, x *não* é elemento da PA.

Essas maneiras de representar elementos de uma PA são úteis quando uma das informações é a soma de elementos da PA.

Exercício Resolvido

ER. 11 As medidas dos lados de um triângulo retângulo estão em PA.

Sabendo que *numericamente* o perímetro desse triângulo é igual à sua área, determine:

a) a medida da hipotenusa (lado maior);

b) a PA formada pelas medidas dos lados desse triângulo.

Recorde

- Triângulo retângulo é aquele que tem um ângulo interno reto (de 90°).
- Perímetro de um polígono é a soma das medidas de seus lados.

Resolução: Como o triângulo tem 3 lados, podemos montar a PA das medidas desses lados assim:

$$(x - r, x, x + r)$$

em que r é a razão da PA.

Vamos, então, calcular a expressão do perímetro desse triângulo:

$$P = (x - r) + x + (x + r) = 3x$$

Dependendo do valor de r ser positivo ou negativo, tanto $x - r$ quanto $x + r$ podem representar a maior das medidas.

Responda

Nesse caso, a razão r da PA pode ser zero? Por quê?
Se a razão fosse zero, que tipo de triângulo teríamos?

Vamos considerar que o maior lado (hipotenusa) é o de medida $x + r$ e aplicar o teorema de Pitágoras.

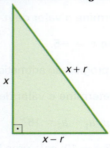

Recorde

Teorema de Pitágoras: em um triângulo retângulo, o quadrado da medida da hipotenusa é igual à soma dos quadrados das medidas dos catetos.

$$(x + r)^2 = (x - r)^2 + x^2$$
$$x^2 + 2rx + r^2 = x^2 - 2rx + r^2 + x^2$$
$$x^2 - 4rx = 0$$
$$x(x - 4r) = 0$$
$$x = 0 \text{ ou } x = 4r$$

Como x é medida de lado, $x > 0$. Sendo assim, $x = 4r$.

Dizer que o perímetro e a área são numericamente iguais significa que essas grandezas são expressas pelo mesmo número (embora sejam grandezas de espécies diferentes, dadas por unidades de medida de tipos distintos). Como a área desse triângulo retângulo pode ser dada por $A = \dfrac{x(x - r)}{2}$, temos:

$$3x = \dfrac{x(x - r)}{2} \Rightarrow 6x = x^2 - xr \Rightarrow x^2 - rx - 6x = 0 \Rightarrow x^2 - (r + 6)x = 0$$

Substituindo x por $4r$ na última equação obtida, temos:

$$(4r)^2 - (r + 6)(4r) = 0 \Rightarrow 16r^2 - 4r^2 - 24r = 0 \Rightarrow 3r^2 - 6r = 0 \Rightarrow$$
$$\Rightarrow 3r(r - 2) = 0 \Rightarrow 3r = 0 \text{ ou } r - 2 = 0 \Rightarrow r = 0 \text{ ou } r = 2$$

No que, se $r = 0$, temos a medida da hipotenusa igual à medida de cateto, o que não é possível. Assim, $r = 2$, o que acarreta $x = 8$.

Com isso, já podemos responder às questões:

a) Como a medida da hipotenusa é indicada por $x + r$, essa medida é 10.

b) A PA $(x - r, x, x + r)$ é $(6, 8, 10)$.

Observação

Tomando $(x - r)$ para a medida da hipotenusa, obtemos $r = -2$ e a PA é $(10, 8, 6)$. Note que as medidas dos lados não se alteram, apesar de formarem outra sequência (as progressões aritméticas são diferentes, mas as medidas dos lados não).

Exercícios Propostos

27. Sabendo que a, b e c formam uma PA, nessa ordem, obtenha
$$E = 3a + 5b + 3c$$
em função de b.

28. As medidas dos ângulos internos de um triângulo formam uma PA de razão 20°. Determine as medidas desses ângulos.

29. Obtenha três números em PA tais que a soma seja 15 e o produto 105.

30. Obtenha a medida do maior lado de um quadrilátero convexo, sabendo que as medidas de seus lados formam uma PA, seu perímetro é 64 cm e o menor lado é a hipotenusa de um triângulo retângulo de catetos medindo 5 cm e 12 cm.

2.2 PROPRIEDADES DOS TERMOS DE UMA PA

Propriedade do termo médio

Quando temos uma PA finita com um número ímpar de termos, vale uma importante propriedade para o termo central ou *termo médio*.

Vamos analisar uma PA de três termos e razão r. Já vimos que, nesse caso, podemos indicar os três termos assim: $x - r$, x, $x + r$

Note que a média aritmética do primeiro e último termos é o termo do meio:

$$\frac{(x - r) + (x + r)}{2} = \frac{x - r + x + r}{2} = \frac{2x}{2} = x \text{ (termo médio)}$$

> Quando temos uma quantidade ímpar de números em PA, o termo central, chamado de **termo médio**, é a média aritmética dos extremos (primeiro e último termos):
>
> $$a_{\frac{1+n}{2}} = \frac{a_1 + a_n}{2}$$

Propriedade dos termos equidistantes dos extremos

Considere uma PA finita com n termos. Dizemos que dois termos, a_p e a_q, dessa PA são equidistantes dos extremos (a_1 e a_n) se o número de termos que antecedem a_p, $(p - 1)$ termos, é igual ao número de termos que sucedem a_q, $(n - q)$ termos. Assim, temos:

$$p - 1 = n - q \Rightarrow p + q = n + 1$$

Ou seja, dois termos são equidistantes dos extremos se a soma de suas posições é igual a $(1 + n)$, que é a soma das posições dos extremos.

Na PA $(a_1, a_2, a_3, ..., a_{n-3}, a_{n-2}, a_{n-1}, a_n)$, por exemplo, são equidistantes dos extremos o par de termos:

- a_2 e a_{n-1} (apenas 1 termo antecede o a_2 e apenas 1 termo sucede o a_{n-1})
- a_3 e a_{n-2} (a soma das posições desses termos é $3 + n - 2 = n + 1$)

> Numa PA finita de n termos $(a_1, a_2, a_3, a_4, a_5, ..., a_n)$, a soma de quaisquer dois termos equidistantes dos extremos é igual à soma dos extremos $(a_1 + a_n)$. Assim:
>
> $$a_1 + a_n = a_2 + a_{n-1} = a_3 + a_{n-2} = a_4 + a_{n-3} = ...$$

EXEMPLOS

a) $(1, -3, -7, -11, -15, -19)$
$1 - 19 = -18 = -3 - 15 = -7 - 11$

b) $(2, 4, 6, 8, 10)$
$2 + 10 = 12 = 4 + 8 = 6 + 6$

EXERCÍCIOS RESOLVIDOS

ER. 12 Em uma PA, o oitavo termo é 10. Calcule a soma entre o sexto e o décimo termos dessa PA.

Resolução: Pela propriedade do termo médio, basta notar que:
$$a_8 = \frac{a_6 + a_{10}}{2} \Rightarrow 10 = \frac{a_6 + a_{10}}{2} \Rightarrow a_6 + a_{10} = 20$$
Logo, a soma procurada é 20.

ER. 13 Uma PA tem o 10.º termo igual a 5 e o 13.º termo valendo 1. Qual é o valor do 16.º termo?

Resolução: Note que:
$$a_{13} = \frac{a_{10} + a_{16}}{2} \Rightarrow 1 = \frac{5 + a_{16}}{2} \Rightarrow 5 + a_{16} = 2 \Rightarrow a_{16} = -3$$
Portanto, o 16.º termo é -3.

ER. 14 Em uma PA com 19 termos, é válido que $a_2 + a_{18} = 10$.
Calcule:
a) $a_5 + a_{15}$
b) a_{10}

Resolução:

a) Pela propriedade dos termos equidistantes dos extremos, temos:
$$a_1 + a_{19} = a_2 + a_{18} = a_3 + a_{17} = ... = a_5 + a_{15}$$
Como $a_2 + a_{18} = 10$, vem $a_5 + a_{15} = 10$.

b) Do mesmo modo, temos:
$$\underbrace{a_2 + a_{18}}_{10} = a_{10} + a_{10} \Rightarrow 2a_{10} = 10 \Rightarrow a_{10} = 5$$

ER. 15 [LAZER] Um colecionador de filmes compra todo mês a mesma quantidade de DVDs. No mês de dezembro de 2010 ele tinha 238 DVDs na sua coleção. Ele começou essa compra mensal em fevereiro do ano anterior, comprando 106 DVDs. Determine o número de DVDs da coleção (acervo) no final do mês de janeiro de 2010.

Resolução: Podemos modelar essa situação usando uma PA.

O número de DVDs da coleção ao final de cada compra no mês forma cada termo da sequência.

Assim:
- $a_1 = 106$ (acervo no 1.º mês após a compra)
- $a_{23} = 238$ (acervo no 23.º mês, dezembro de 2010)
- razão = quantidade constante de DVDs comprados a cada mês
- $a_{12} = ?$ (acervo no 12.º mês, janeiro de 2010)

Montando a PA até o 23.º mês, temos $(a_1, a_2, ..., a_{12}, ..., a_{23})$. Daí, vem:
$$a_1 + a_{23} = a_{12} + a_{12} \Rightarrow 106 + 238 = 2a_{12} \Rightarrow a_{12} = \frac{344}{2} = 172$$
Portanto, no mês de janeiro de 2010 a coleção tinha 172 DVDs.

> **Saiba +**
>
> **Modelar** é tomar como modelo e representar uma situação ou fenômeno com esse modelo.

EXERCÍCIOS PROPOSTOS

31. Em uma PA, a soma entre o 5.º e o 11.º termos é 28. Calcule o 8.º termo.

32. O terceiro termo de uma PA que tem 5 termos é 10. Determine a soma dos 5 termos dessa PA.

33. Mostre que em uma PA com 7 termos, em que $a_2 = k^2 - 2k + 3$ e $a_6 = 7 - k(k - 2)$, o quarto termo não depende de k (com $k \in \mathbb{R}$).

2.3 TERMO GERAL DE UMA PA

Um paciente deve tomar um remédio em gotas da seguinte maneira: na primeira hora toma 12 gotas. A cada hora que se segue, toma 2 gotas a mais do que na hora anterior, até completar 20 gotas, quando deve parar.

Vamos verificar o que ocorre com o número de gotas que o paciente deve tomar a cada hora:

- na 1.ª hora: 12 gotas ($a_1 = 12 + \mathbf{0} \cdot 2$)
- na 2.ª hora: 14 gotas = 12 gotas + 2 gotas ($a_2 = 12 + \mathbf{1} \cdot 2$)
- na 3.ª hora: 16 gotas = 14 gotas + 2 gotas ($a_3 = 12 + \mathbf{2} \cdot 2$)
- na 4.ª hora: 18 gotas = 16 gotas + 2 gotas ($a_4 = 12 + \mathbf{3} \cdot 2$)
- na 5.ª hora: 20 gotas = 18 gotas + 2 gotas ($a_5 = 12 + \mathbf{4} \cdot 2$)

Note que obtemos uma PA de razão 2 e primeiro termo 12. Observe também que sempre podemos expressar um termo da sequência em função do primeiro termo e da razão.

O que acontece com o número de gotas na enésima hora, ou seja, quanto vale o termo a_n? Devemos ter: $\mathbf{a_n} = 12 + (\mathbf{n-1}) \cdot 2$

Considerando uma PA de razão r, o termo geral a_n dessa PA é dado por:

$$a_n = a_1 + (n-1) \cdot r \quad \text{(fórmula do termo geral da PA)}$$

EXERCÍCIOS RESOLVIDOS

ER. 16 [ARQUITETURA] Um prédio comercial com sete andares está em construção e, devido à legislação da cidade, terá 26,5 m de altura.

Sabendo que todo andar tem a mesma altura e que o primeiro andar está a 4 m do chão, determine a altura de cada andar.

Resolução: Note que as distâncias de cada andar ao chão formam uma PA em que o primeiro termo é a distância do primeiro andar ao chão e a razão é a altura entre os andares, que é constante. Assim, transformamos o problema em outro mais simples:

Achar a razão de uma PA em que $a_1 = 4$ e $a_7 = 26,5$.

Dessa forma, fazemos:

$$a_7 = a_1 + 6 \cdot r \Rightarrow 26,5 = 4 + 6r \Rightarrow 22,5 = 6r \Rightarrow r = \frac{22,5}{6} = 3,75$$

Portanto, a altura de cada andar é 3,75 m.

ER. 17 Quantos múltiplos de 6 existem entre 20 e 700?

Recorde

Múltiplo de um número é o resultado de uma multiplicação em que um dos fatores é esse número.

Atenção!

Como n é o número de termos, ele deve ser um número natural, diferente de zero.

Resolução: A sequência dos múltiplos de 6 é uma PA de razão 6. Precisamos achar o primeiro e o último múltiplo de 6 contidos no intervalo considerado (maior que 20 e menor que 700).

Todos os múltiplos de 6 são divisíveis por 6, isto é, divididos por 6 dão resto zero.

Verifiquemos se os extremos do intervalo dado são números divisíveis por 6 (em):

- dividindo 20 por 6, obtemos quociente 3 e resto 2;
- dividindo 700 por 6, obtemos quociente 116 e resto 4.

Então, nem 20 nem 700 são múltiplos de 6.

O primeiro múltiplo de 6 maior e mais próximo do 20 é o 24, que deve ser o primeiro termo da PA. Já vimos que 700 não é múltiplo de 6, mas 700 − 4 é, ou seja, 696 (6 · 116) é o múltiplo de 6 mais próximo de 700 dentro do intervalo considerado. Assim, o último termo da PA é 696.

Então, precisamos achar o número de termos da PA (24, 30, …, 696).

Agora, já podemos usar a fórmula do termo geral:

$$a_n = a_1 + (n-1) \cdot r \Rightarrow 696 = 24 + (n-1) \cdot 6 \Rightarrow$$
$$\Rightarrow 672 = 6n - 6 \Rightarrow 678 = 6n \Rightarrow n = 678 : 6 \Rightarrow n = 113$$

Logo, essa PA tem 113 termos e, portanto, há 113 múltiplos de 6 entre 20 e 700.

Sequências **323**

ER. 18 Resolva às questões:

a) Obtenha o quadragésimo quinto número natural ímpar.
b) Há alguma expressão que forneça o número natural ímpar que ocupa determinada posição?

Atenção!

Termos consecutivos são dois termos em que a ordem de um deles tem uma unidade a mais ou a menos que a ordem do outro.

Resolução: A sequência dos números naturais ímpares (1, 3, 5, 7, ...) é uma PA. Para achar a razão de uma PA, basta escolher um par de termos consecutivos e fazer a diferença entre o termo de maior ordem e seu precedente:

$$r = 5 - 3 = 2$$

a) O quadragésimo quinto número natural ímpar é o 45.º termo dessa sequência, ou seja, é o a_{45}. Assim:

$$a_{45} = a_1 + 44r \Rightarrow a_{45} = 1 + 44 \cdot 2 = 1 + 88 \Rightarrow a_{45} = 89$$

b) Como os números naturais ímpares dispostos em ordem crescente formam uma PA de 1.º termo 1 e razão 2, podemos determinar qualquer número dessa sequência, dada sua posição, usando a expressão do termo geral a_n, que corresponde à enésima posição. Daí:

$$a_n = a_1 + (n-1) \cdot r \Rightarrow a_n = 1 + (n-1) \cdot 2 \Rightarrow a_n = 1 + 2n - 2 \Rightarrow$$
$$\Rightarrow a_n = 2n - 1$$

Portanto, o enésimo natural ímpar é o número $2n - 1$, para $n \in \mathbb{N}^*$.

ER. 19 Em uma PA, o quinto termo é 8 e o décimo termo é 23.

Determine a razão e o primeiro termo dessa PA.

Recorde

O *método da adição* para resolver um sistema de duas equações com duas incógnitas consiste em somar as duas equações, membro a membro, de modo que uma das incógnitas seja eliminada.

Resolução: A partir do termo geral $a_n = a_1 + (n-1) \cdot r$, temos:

$$a_5 = a_1 + 4r \Rightarrow a_1 + 4r = 8$$
$$a_{10} = a_1 + 9r \Rightarrow a_1 + 9r = 23$$

Com isso, obtemos um sistema de equações que podemos resolver pelo método da adição:

$$\begin{cases} a_1 + 4r = 8 \times (-1) \\ a_1 + 9r = 23 \end{cases} \Rightarrow \begin{cases} -a_1 - 4r = -8 \\ \underline{a_1 + 9r = 23} \\ 5r = 15 \Rightarrow r = 3 \end{cases}$$

Agora, voltamos a uma das equações, substituímos r por 3 e encontramos o valor do primeiro termo:

$$a_1 + 4r = 8 \Rightarrow a_1 + 4 \cdot 3 = 8 \Rightarrow a_1 = 8 - 12 \Rightarrow a_1 = -4$$

Portanto, essa PA tem razão 3 e $a_1 = -4$.

ER. 20 Quantos termos tem uma PA finita cujo último termo é o triplo do primeiro e cuja razão é a metade do primeiro termo?

Atenção!

Lembre-se de que o número de termos de uma PA tem de ser um número inteiro positivo. Caso isso não ocorra, as condições dadas são impossíveis.

Resolução: Vamos impor as condições do problema:

$$a_n = 3a_1, \ r = 0{,}5a_1 \text{ e } n \text{ é o número de termos da PA}$$

Pela fórmula do termo geral da PA, vem:

$$a_n = a_1 + (n-1) \cdot r$$
$$3a_1 = a_1 + (n-1) \cdot 0{,}5a_1$$
$$2a_1 = (n-1) \cdot 0{,}5a_1$$

Para $a_1 \neq 0$, temos:

$$\frac{2a_1}{0{,}5a_1} = n - 1$$
$$4 = n - 1$$
$$n = 5$$

Ou seja, a PA tem 5 termos.

Para $a_1 = 0$, encontramos $a_n = 0$ e $r = 0$. Sendo assim, essa PA é (0, 0, ..., 0), porém não é possível determinar sua quantidade de termos.

Exercícios Propostos

34. Determine o primeiro termo e a razão de uma PA cujo quinto elemento é 7 e o oitavo termo é 16.

35. Quantos termos tem uma PA finita com razão 8, primeiro termo 5 e último termo 53?

36. Entre 10 e 100:
   a) quantos múltiplos de 3 estão compreendidos?
   b) quantos múltiplos de 2 estão compreendidos?
   c) quantos múltiplos de 6 estão compreendidos?
   d) quantos múltiplos de 2 ou de 3 estão compreendidos?

37. Obtenha o primeiro termo negativo da PA:
$$(101, 98, 95, ...)$$

38. Quantos múltiplos de 7 estão compreendidos entre 100 e 500?

39. [CONSUMO] Ao comprar um televisor, Décio percebe que os valores das prestações formam uma PA de 8 termos em que $a_1 = 50$ e $a_2 = 70$. Determine o valor da 7.ª prestação.

40. [FINANÇAS] Uma pessoa decide fazer retiradas mensais, que crescem em PA, de uma conta-corrente que não rende juros. A retirada inicial é de R$ 100,00 e a cada mês esse valor aumenta em R$ 50,00. Determine o valor da 8.ª retirada, supondo que ela possa ser feita.

41. Determine a razão e o primeiro termo de uma PA cujo enésimo termo é $6n + 3$.

42. Qual é a posição do primeiro elemento positivo da PA $(-102, -97, ...)$?

43. Determine o oitavo termo de uma PA de modo que se tenha $a_1 + a_4 = 15$ e $a_7 - a_5 = 6$.

44. [CULTURA] Uma feira artística ocorre a cada 6 anos em um país. Sabe-se que ela ocorreu em 2004. Quantas vezes esse evento ocorrerá nesse país no século XXI?

45. Quantos números compreendidos entre 100 e 1.000 não são múltiplos de 6?

2.4 INTERPOLAÇÃO DE TERMOS EM UMA PA

Acompanhe a situação a seguir.

Em uma sorveteria, em janeiro de certo ano, foram vendidos 2.000 picolés. Os proprietários desejam que a venda em janeiro do próximo ano seja de 4.400 picolés. Para isso, eles programam um crescimento contínuo e fixo a cada mês, até que se atinja o objetivo desejado.

Veja como eles fizeram para descobrir a quantidade fixa de picolés que deve ser aumentada todo mês e quantos picolés devem ser vendidos por mês para atingir a meta.

1.º) Como vamos somar um valor constante à venda de picolés, estamos montando uma PA.

2.º) Com base nisso, sabemos que:
- o primeiro termo dessa PA é $a_1 = 2.000$ (quantidade de picolés vendida em janeiro desse ano);
- o último termo é 4.400 e se refere ao total de picolés vendidos em janeiro do próximo ano, o que determina que a PA deve ter 13 termos, ou seja, $a_{13} = 4.400$;
- a quantidade fixa que deve aumentar todo mês é a razão da PA;
- o número de picolés que deve ser vendido a cada mês corresponde aos termos da PA.

3.º) Vamos, então, determinar a razão dessa PA:

$$a_{13} = a_1 + 12r \Rightarrow 4.400 = 2.000 + 12r \Rightarrow 12r = 2.400 \Rightarrow r = 200$$

4.º) Agora, precisamos encontrar os elementos que ficam entre 2.000 e 4.400, considerando a razão obtida para essa PA.

As vendas devem aumentar na razão de 200 picolés por mês. Logo, obtemos a seguinte PA:

(2.000, 2.200, 2.400, 2.600, 2.800, 3.000, 3.200, 3.400, 3.600, 3.800, 4.000, 4.200, 4.400)

Essa sequência fornece o valor das vendas de picolés nos 11 meses seguintes — de fevereiro (2.º termo) até dezembro (12.º termo) desse ano — para que em janeiro do ano subsequente a quantidade vendida seja de 4.400 picolés.

Essa situação mostra a necessidade de inserirmos elementos entre dois valores dados de maneira que formem uma PA. Esse procedimento é chamado de **interpolação aritmética**.

De modo geral, sendo a e b dois números reais, dizemos que *interpolar aritmeticamente* n *números entre* a *e* b é obter uma PA com (n + 2) termos cujos extremos são a e b.

Exercícios Resolvidos

ER. 21 Insira três meios aritméticos entre os valores 4 e 120.

Resolução: *Inserir* (ou *interpolar*) *meios aritméticos* entre dois valores significa colocar esses valores entre os dois valores dados de modo que formem uma PA, que nesse caso terá 5 termos.

$$(4, \_\_\_, \_\_\_, \_\_\_, 120)$$
$$\;\;a_1 \qquad\qquad\qquad\;\; a_5$$

Usando a propriedade do termo médio, vem:

$$(4, \_\_\_, a_3, \_\_\_, 120) \qquad a_3 = \frac{4 + 120}{2} = 62$$

$$(4, a_2, 62, a_4, 120) \qquad a_2 = 33 \text{ e } a_4 = 91$$

Desse modo, temos a PA (4, 33, 62, 91, 120), e os três meios aritméticos inseridos foram 33, 62 e 91, nessa ordem.

ER. 22 Interpole quatro meios aritméticos entre 12 e 4, nessa ordem.

Resolução: Note que devemos obter uma PA com 6 termos, $a_1 = 12$ e $a_6 = 4$. Assim:

$$(12, \_\_\_, \_\_\_, \_\_\_, \_\_\_, 4)$$
$$\;\;a_1 \qquad\qquad\qquad\qquad\; a_6$$

Como $a_6 = a_1 + 5r$, vem:

$$4 = 12 + 5r \Rightarrow 5r = -8 \Rightarrow r = -1{,}6$$

Assim, temos a seguinte PA:

(12; 10,4; 8,8; 7,2; 5,6; 4)

Exercícios Propostos

46. Interpole 5 meios aritméticos entre 5 e 15 e monte a PA obtida.

47. [ARQUITETURA] Em um prédio, uma escada será construída a partir do chão (altura igual a zero) até o 1.º andar (altura igual a 2,80 m), com 16 degraus. Qual deve ser a altura de cada degrau dessa escada?

48. Quantos meios aritméticos possui uma PA com extremos 12 e 57 e razão 5?

49. Interpole oito meios aritméticos entre 10 e 55 e monte a PA obtida.

50. Insira cinco meios aritméticos entre 10 e 22. Quais são os números obtidos?

2.5 SOMA DOS n PRIMEIROS TERMOS DE UMA PA

Observe a sequência de figuras abaixo.

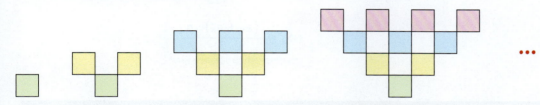

Repare que os quadradinhos coloridos que formam cada figura estão dispostos em linhas horizontais. De baixo para cima, na primeira linha, como temos apenas um quadradinho (verde), podemos associar o número 1; na segunda linha, como são dois quadradinhos (amarelos), podemos associar o número 2; na terceira linha, como temos três quadradinhos (azuis), podemos associar o número 3, e assim sucessivamente. Dessa forma, cada figura determina uma PA.

Para obtermos a quantidade de quadradinhos de cada figura, basta somar os termos da PA correspondente. Veja:

$S_1 = a_1 = $ **1** (primeira figura)

$S_2 = a_1 + a_2 = 1 + 2 = $ **3** (segunda figura)

$S_3 = a_1 + a_2 + a_3 = 1 + 2 + 3 = $ **6** (terceira figura)

$S_4 = a_1 + a_2 + a_3 + a_4 = 1 + 2 + 3 + 4 = $ **10** (quarta figura)

$\vdots$

$S_n = a_1 + a_2 + a_3 + a_4 + \ldots + a_n = $ **1 + 2 + 3 + 4 + $\ldots$ + n** (enésimo termo)

Como a sequência dos números naturais não nulos é uma PA de razão 1 e primeiro termo 1, a soma S_n, que é a soma dos n primeiros números naturais não nulos, indica a soma dos n primeiros termos de uma PA.

> **Faça**
> - Pesquise sobre a sequência formada pelas somas obtidas: 1, 3, 6, 10, ... Descubra que tipo de números são esses.
> - Explique o que significa a soma: $S_n = 1 + 2 + 3 + 4 + \ldots + n$

Fórmula da soma dos n primeiros termos de uma PA qualquer

Como você viu, há situações em que precisamos conhecer a soma de termos de uma PA. Veja, a seguir, como encontramos uma expressão para essa soma.

Considere uma PA, de razão r, dada por $(a_1, a_2, a_3, a_4, a_5, \ldots, a_n, \ldots)$.

Vamos destacar os n primeiros termos dessa PA e escrevê-los do seguinte modo:

a_1	a_2	a_3	a_4	...	a_{n-3}	a_{n-2}	a_{n-1}	a_n
a_1	$a_1 + r$	$a_1 + 2r$	$a_1 + 3r$	...	$a_n - 3r$	$a_n - 2r$	$a_n - r$	a_n

Agora, vamos escrever a soma dos n primeiros termos da PA de duas maneiras e efetuar a soma delas:

$$S_n = a_1 + a_1 + r + a_1 + 2r + a_1 + 3r + \ldots + a_n - 3r + a_n - 2r + a_n - r + a_n$$
$$S_n = a_n + a_n - r + a_n - 2r + a_n - 3r + \ldots + a_1 + 3r + a_1 + 2r + a_1 + r + a_1$$
$$2 \cdot S_n = (a_1 + a_n) + (a_1 + a_n) + (a_1 + a_n) + \ldots + (a_1 + a_n) + (a_1 + a_n) + (a_1 + a_n)$$

n parcelas

Assim, obtemos:

$$2 \cdot S_n = n \cdot (a_1 + a_n) \Rightarrow S_n = \frac{n \cdot (a_1 + a_n)}{2}$$

Ou seja, a fórmula da soma dos n primeiros termos de uma PA é:

$$S_n = \frac{(a_1 + a_n) \cdot n}{2}$$

EXERCÍCIOS RESOLVIDOS

ER. 23 Dada a PA $(2, 6, 10, \ldots)$, encontre a soma de seus 12 primeiros termos.

Resolução: Para achar a soma dos 12 primeiros termos, devemos encontrar o valor de S_{12} (quando $n = 12$), que é dado por:

$$S_{12} = \frac{(a_1 + a_{12}) \cdot 12}{2}$$

Então, precisamos descobrir os valores que faltam.
- Observando a PA, vem: $a_1 = 2$
- Cálculo da razão: $r = 6 - 2 = 4$
- Cálculo do 12.º termo: $a_{12} = a_1 + 11r = 2 + 11 \cdot 4 = 2 + 44 = 46$

Assim, podemos calcular o valor de S_{12}:

$$S_{12} = \frac{(a_1 + a_{12}) \cdot 12}{2} = \frac{(2 + 46) \cdot 12}{2} = 48 \cdot 6 = 288$$

Portanto, a soma dos 12 primeiros termos da PA $(2, 6, 10, \ldots)$ é 288.

ER. 24 Considere a sequência de figuras abaixo em que cada quadradinho tem lado 1.

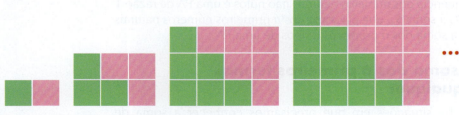

a) Determine a sexta figura dessa sequência.
b) Determine a quantidade de quadradinhos da enésima figura dessa sequência.
c) Determine a área da enésima figura.

Resolução:

a) Note que o padrão de formação das figuras, a partir da segunda, é acrescentar na figura anterior o menor número de quadradinhos de cada cor de modo que se obtenha outro retângulo com a mesma quantidade de quadradinhos de cada cor.

Desmontando a segunda figura, veja como ela foi formada a partir da primeira:

Assim, temos:

- a **1.ª** figura é formada por **2** quadradinhos, **1** de cada cor
- a **2.ª** figura é obtida adicionando-se **2** quadradinhos de cada cor na 1.ª, ou seja, é formada por **6** quadradinhos $(2 + 2 + 2)$, **3** de cada cor
- a **3.ª** figura é obtida adicionando-se **3** quadradinhos de cada cor na 2.ª, ou seja, é formada por **12** quadradinhos $(6 + 3 + 3)$, **6** de cada cor
- a **4.ª** figura é obtida adicionando-se **4** quadradinhos de cada cor na 3.ª, ou seja, é formada por **20** quadradinhos $(12 + 4 + 4)$, **10** de cada cor
- a **5.ª** figura é obtida adicionando-se **5** quadradinhos de cada cor na 4.ª, ou seja, é formada por **30** quadradinhos $(20 + 5 + 5)$, **15** de cada cor

Logo, a **6.ª** figura tem **42** quadradinhos $(30 + 6 + 6)$, **21** de cada cor:

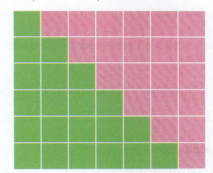

b) Pelo item **a**, podemos verificar que o número de quadradinhos de cada retângulo determina a seguinte sequência numérica:

$$2, 6, 12, 20, 30, 42, \ldots$$

Repare que cada retângulo da sequência pode ser decomposto em duas figuras idênticas (em posições diferentes). Cada uma delas, a partir do segundo retângulo, pode ser vista como uma composição de triângulos retângulos isósceles. Por isso, essas figuras nos lembram triângulos.

$2 = 1 + 1 = 2 \times 1$ $6 = 3 + 3 = 2 \times 3$ $12 = 6 + 6 = 2 \times 6$

> **Recorde**
>
> Triângulo isósceles é aquele que tem dois lados de mesma medida. Um caso *particular* é o triângulo equilátero, que tem os três lados com medidas iguais. Portanto, um triângulo retângulo isósceles é aquele que tem os catetos de mesma medida.

Desse modo, obtemos *duas sequências* de "triângulos" (uma para cada cor de quadradinho) cujos termos correspondentes contêm a mesma quantidade de quadradinhos, que determinam a sequência numérica:

1, 3, 6, 10, 15, 21, …

Sequências

Por isso, a sequência inicial de retângulos tem seus termos (número de quadradinhos) dados por:

$$a_1 = 2 = 2 \cdot 1, \ a_2 = 6 = 2 \cdot 3, \ a_3 = 12 = 2 \cdot 6, \ a_4 = 20 = 2 \cdot 10, \ ...$$

Assim, basta achar a expressão que fornece o número de quadradinhos da enésima figura de uma das novas sequências e dobrar essa quantidade.

Considere, por exemplo, a sequência de figuras verdes. Repare que aqui também cada figura determina uma PA e, como já vimos anteriormente, podemos associar os números 1, 2, 3 etc. às quantidades de quadradinhos de cada linha que forma cada figura. Assim, a soma S_n dos quadradinhos de cada linha da enésima figura é a soma dos n termos da PA finita correspondente. Note que o dobro dessa quantidade $(2 \cdot S_n)$ nos dá a quantidade de quadradinhos do enésimo retângulo e determina o termo geral (a_n) da sequência de retângulos. Assim:

$$a_n = 2 \cdot S_n \text{ em que } S_n = 1 + 2 + 3 + 4 + ... + n = \frac{(1+n) \cdot n}{2}$$

$$a_n = 2 \cdot \frac{(1+n) \cdot n}{2}, \text{ ou seja, } a_n = n(1+n) = n^2 + n$$

Logo, o enésimo retângulo tem $(n^2 + n)$ quadradinhos.

c) Como o lado de cada quadradinho é 1 (u.c.), sua área também é 1 (u.a.) e, portanto, o enésimo retângulo tem área igual a:

$$A_n = (n^2 + n) \cdot 1 \Rightarrow A_n = n^2 + n$$

OBSERVAÇÕES

1. As dimensões de cada retângulo são dadas por $(1 + n)$ e n, o que também nos fornece área $A_n = n^2 + n$ para cada retângulo.

2. A área (F_n) de cada figura das novas sequências (verdes ou rosas) é a metade da área de cada retângulo correspondente. Assim:

$$F_n = \frac{(1+n) \cdot n}{2} = S_n \text{ (soma dos } n \text{ termos da PA finita correspondente)}$$

ER. 25 Determine:
a) o primeiro termo, a razão e o sexto termo de uma PA cuja soma dos n primeiros termos é dada por $S_n = n^2 + 5n$, para todo n natural não nulo;
b) o décimo termo de uma PA em que $S_n = n(2n - 1)$, $\forall \ n \in \mathbb{N}^*$.

Resolução:

a) Sabemos que $S_n = a_1 + ... + a_n$ e foi dado que $S_n = n^2 + 5n$. Então, temos $S_n = a_1 + ... + a_n = n^2 + 5n$. Daí, vem:

- $S_1 = a_1 = 1^2 + 5 \cdot 1 = 6 \Rightarrow a_1 = 6$ (primeiro termo)
- $S_2 = a_1 + a_2 = 2^2 + 5 \cdot 2 = 14 \Rightarrow a_1 + a_2 = 14 \Rightarrow 6 + a_2 = 14 \Rightarrow a_2 = 8$

Com isso, podemos achar a razão r dessa PA:

$$r = a_2 - a_1 = 8 - 6 = 2 \text{ (razão)}$$

E para achar o termo a_6, basta lembrar que:

$$a_6 = a_1 + 5r = 6 + 5 \cdot 2 = 16 \text{ (sexto termo)}$$

Portanto, o primeiro termo é 6, a razão é 2 e o sexto termo é 16.

b) Pede-se apenas o termo a_{10}, por isso não precisamos achar outros elementos da PA (como foi feito no item **a**). Veja como procedemos.

Já que estamos querendo o termo a_{10}, vamos lembrar que:

$$S_{10} = a_1 + a_2 + ... + a_9 + a_{10} \quad \text{e} \quad S_9 = a_1 + a_2 + ... + a_9$$

Assim, temos:

$$S_{10} - S_9 = a_{10}$$
$$10 \cdot (2 \cdot 10 - 1) - 9 \cdot \left[(2 \cdot 9 - 1)\right] = a_{10}$$
$$a_{10} = 190 - 153 = 37$$

> **Faça**
> Encontre a PA referente a este item.

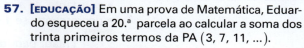

EXERCÍCIOS PROPOSTOS

51. Obtenha a soma dos dez primeiros termos da PA (2, 5, 8, ...).

52. Uma PA tem primeiro termo 5 e razão -2. Obtenha a soma dos seis primeiros termos dessa PA.

53. Em uma PA de 10 termos, vale $a_3 + a_8 = 13$. Obtenha a soma dos termos dessa PA.

54. A soma dos quinze primeiros termos de uma PA é 450. Determine o oitavo termo dessa PA.

55. A soma dos dez primeiros termos de uma PA é 100 e dos vinte primeiros termos é 400. Determine a soma dos trinta primeiros termos dessa PA.

56. [NEGÓCIOS] Na compra de um imóvel, Ana Cláudia deu R$ 10.000,00 de entrada e financiou o saldo em 60 meses. Os valores das parcelas formam uma PA. A primeira parcela é de R$ 400,00, a segunda, de R$ 410,00 e assim por diante. Determine o valor total que Ana Cláudia vai pagar por esse imóvel.

57. [EDUCAÇÃO] Em uma prova de Matemática, Eduardo esqueceu a 20.ª parcela ao calcular a soma dos trinta primeiros termos da PA (3, 7, 11, ...).
a) Que valor ele obteve?
b) Qual o valor correto?
c) Que nota Eduardo tirou nessa prova?

58. A soma dos n primeiros termos de uma PA é $S_n = n^2 - 2n$, com n natural não nulo. Encontre o primeiro termo e a razão dessa PA.

59. A soma dos n termos de uma PA finita é $S_n = n^2 + 3n$, com $n \in \mathbb{N}^*$. Encontre o décimo termo dessa PA.

60. Obtenha o quinto termo de uma PA cuja soma dos n primeiros termos é dada por $S_n = n^2 + 2n$.

61. Determine a soma dos 30 primeiros números inteiros positivos.

62. Determine a soma dos 15 primeiros múltiplos de 3 não negativos.

63. Obtenha, em função de n, a soma dos n primeiros números naturais ímpares.

64. Obtenha a soma dos n primeiros números naturais pares.

2.6 INTERPRETAÇÃO GEOMÉTRICA DE UMA PA

Considere a função $f: \mathbb{N}^* \to \mathbb{R}$ tal que $f(n) = a_n$, em que a_n é o termo geral de uma progressão aritmética, ou seja:

$$f(n) = a_1 + (n-1) \cdot r \Rightarrow f(n) = a_1 + n \cdot r - r \Rightarrow$$
$$\Rightarrow f(n) = r \cdot n + (a_1 - r)$$

Observe que a função foi expressa na forma $f(x) = ax + b$, sendo $a = r$ e $b = a_1 - r$. Por isso, podemos dizer que uma PA é uma função afim de domínio $\mathbb{N}^*$.

Sabemos que o gráfico de uma função afim de domínio real é uma reta. Logo, o gráfico de uma função afim dada por uma PA (que tem domínio natural, excluído o zero) é formado por pontos alinhados.

> **Recorde**
> Toda função cuja lei é do tipo $y = ax + b$, com a e b reais, é uma função afim.

Sequências **331**

Também sabemos que uma função afim dada por $y = ax + b$ é:

- crescente, se $a > 0$;
- constante, se $a = 0$;
- decrescente, se $a < 0$.

Então, para uma função afim dada por uma PA, a razão ($a = r$) é que determina como essa PA é.

- PA crescente, se $r > 0$;
- PA constante, se $r = 0$;
- PA decrescente, se $r < 0$.

Responda

Uma PA pode ser alternante, ou seja, ter termos vizinhos sempre de sinais contrários?

Vejamos alguns exemplos.

a) A PA $(-1, 0, 1, 2)$ determina a função $f: \{1, 2, 3, 4\} \to \{-1, 0, 1, 2\}$ tal que $f(n) = n - 2$, cujo gráfico são os pontos $(1, -1)$, $(2, 0)$, $(3, 1)$ e $(4, 2)$.

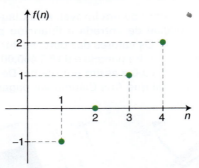

b) A PA constante $(1,5; 1,5; 1,5)$ determina a função constante $f(n) = 1,5$ com $D(f) = \{1, 2, 3\}$ e pode ser representada pelo seguinte gráfico:

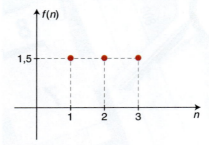

c) Considere a PA $(2, 0, -2, ...)$. Como ela é infinita, determina uma função de domínio $\mathbb{N}^*$, e seu gráfico é formado por infinitos pontos sobre a semirreta dada por $f(n) = -2n + 4$.

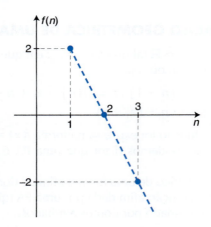

Faça

Mostre que a reta que passa pelos pontos (1, 2) e (2, 0) tem equação $y = -2x + 4$.

EXERCÍCIO RESOLVIDO

ER. 26 [COTIDIANO] O total a ser pago por uma corrida de táxi é composto de um valor fixo de R$ 3,20 mais R$ 0,40 por quilômetro percorrido.

O valor variável somente é cobrado para quantidades inteiras de quilômetros.

a) Qual é o valor a ser cobrado por uma corrida de 10,4 km?
b) Qual é a PA que melhor representa essa situação?

Resolva novamente a questão do item **a** utilizando essa PA.

Resolução:

a) Podemos resolver esse problema por meio de uma função afim dada por $f(x) = 3,20 + 0,40x$, em que x representa o maior número inteiro que não supera a distância percorrida. No caso em questão, a distância percorrida foi 10,4 km, o que significa que o valor de x correspondente deve ser 10. Assim:

$$f(10) = 3,20 + 0,40 \cdot 10 = 7,20$$

Logo, o valor a ser cobrado é R$ 7,20.

b) Podemos representar essa situação pela PA (3,20; 3,60; ...), em que a_1 indica a quantia a ser paga para 0 km rodado, a_2 indica a quantia a ser paga para 1 km rodado, e assim por diante. A razão dessa PA (3,60 − 3,20 = 0,40) é justamente o valor a ser somado por quilômetro rodado. Note que a quantia a ser paga por 10,4 km rodados é igual ao valor que devemos pagar quando se percorrem 10 km, valor este que é dado pelo termo a_{11}. Dessa forma, temos:

$$a_{11} = 3,20 + 10r = 3,20 + 10 \cdot 0,40 = 3,20 + 4,00 = 7,20$$

EXERCÍCIOS PROPOSTOS

65. Encontre o primeiro termo e a razão de uma PA representada pela função f de $\mathbb{N}^*$ em $\mathbb{N}$ tal que $f(x) = 3x + 2$.

66. Determine o oitavo termo da PA representada pela função $f: \mathbb{N}^* \to \mathbb{N}$ tal que $f(x) = 2x + 3$.

67. Represente graficamente a PA: $(4,5; 3; 1,5; 0; -1,5)$.

3. Progressão Geométrica (PG)

Uma outra sequência numérica importante é a **progressão geométrica**.

Acompanhe a situação a seguir.

Um vírus foi criado para apagar informações da memória de um computador a cada tecla pressionada, da seguinte forma: na primeira vez que se pressiona uma tecla qualquer, ele apaga 1 byte e, a partir daí, a cada tecla pressionada dobra-se a quantidade de informação apagada com a tecla anterior.

Atenção!

A unidade de medida de memória de um computador é o byte (B). Em geral, o uso do prefixo quilo (k) multiplica a unidade de medida por 1.000, mas para as unidades de memória isso não ocorre. Por causa da linguagem do computador, usam-se potências de base 2. Por exemplo, o quilobyte é dado por:

1 kB = 1.024 bytes

(ou seja, nesse caso multiplicamos por 2^{10}).

Sequências **333**

Vamos ver na tabela abaixo o que ocorre, tecla a tecla, quando digitamos a palavra MELADO em um computador que acaba de ser infectado por esse vírus.

Tecla pressionada	Quantidade de informação apagada
M (primeira tecla)	1 byte
E	2 bytes (1 · 2)
L	4 bytes (2 · 2)
A	8 bytes (4 · 2)
D	16 bytes (8 · 2)
O	32 bytes (16 · 2)

Vamos formar uma sequência com as quantidades de informação apagadas na digitação da palavra MELADO:

$$(1, 2, 4, 8, 16, 32)$$

Note que, nessa sequência, cada elemento, a partir do segundo, é o dobro de seu precedente.

Nessas condições, a sequência obtida é um exemplo de uma *progressão geométrica*.

> Toda sequência numérica $(a_1, a_2, a_3, a_4, a_5, \ldots)$ em que cada termo, a partir do segundo, é o anterior multiplicado por um valor constante q é uma **progressão geométrica**, que indicamos por **PG**.

A constante q é a *razão* da progressão geométrica. Para uma PG de termos não nulos, a razão q pode ser determinada pela divisão entre um termo qualquer e seu precedente:

$$\frac{a_2}{a_1} = \frac{a_3}{a_2} = \frac{a_4}{a_3} = \frac{a_5}{a_4} = \frac{a_6}{a_5} = \ldots = \text{constante} = q \text{ (razão da PG)}$$

EXEMPLOS

a) $(1, 1, 1, 1, 1, \ldots)$ é uma PG constante e infinita de razão 1.

b) $(2, 4, 8, 16, 32, \ldots)$ é uma PG crescente e infinita de razão 2, pois:

$$\frac{4}{2} = \frac{8}{4} = \frac{16}{8} = \frac{32}{16} = \ldots = 2$$

c) $(40; 20; 10; 5; 2,5)$ é uma PG decrescente e finita de razão 0,5, pois:

$$\frac{20}{40} = \frac{10}{20} = \frac{5}{10} = \frac{2,5}{5} = 0,5$$

d) $(-2, +6, -18, +54, -162, +486, \ldots)$ é uma PG infinita e alternante de razão -3, pois:

$$6 = -2 \cdot (-3), \ -18 = 6 \cdot (-3), \ 54 = -18 \cdot (-3), \text{ e assim por diante}$$

OBSERVAÇÕES

1. Em uma PG finita, a_1 e a_n são denominados **extremos** e os demais termos são chamados de **meios geométricos**.

2. Considere uma PG $(a_1, a_2, a_3, a_4, a_5, \ldots, a_k, \ldots, a_n, \ldots)$.

   Se $a_k \neq 0$ para todo natural k, segue que $a_{k+1} \neq 0$. Portanto, nesse caso, a razão q não pode ser zero.

   Como consequência, temos $q = \frac{a_{k+1}}{a_k}$, ou seja, $a_{k+1} = q \cdot a_k$, formando uma sequência recursiva, onde qualquer termo, a partir do segundo, é o anterior multiplicado pela constante q.

Exercícios Resolvidos

ER. 27 Determine o sexto termo da PG
$(-5; 1; -0,2; 0,04, \ldots)$

Resolução: Como a sequência é uma PG, sabemos que:

$$\frac{1}{-5} = \frac{-0,2}{1} = \frac{0,04}{-0,2} = \frac{a_5}{0,04} = \frac{a_6}{a_5}$$

Assim, temos:

- $\dfrac{1}{-5} = \dfrac{a_5}{0,04} \Rightarrow a_5 = \dfrac{0,04}{-5} = -0,008$

- $\dfrac{a_5}{0,04} = \dfrac{a_6}{a_5} \Rightarrow \dfrac{-0,008}{0,04} = \dfrac{a_6}{-0,008} \Rightarrow a_6 = 0,0016$ (sexto termo)

ER. 28 Qual é a razão da PG $(117.649, 16.807, 2.401, 343)$?

Resolução: A razão q de uma PG é dada pelo quociente de um termo pelo seu antecedente. Desse modo, temos:

$$q = \frac{343}{2.401} = \frac{7^3}{7^4} = \frac{1}{7} \text{ (razão da PG)}$$

ER. 29 Determine o valor real de x para que a sequência
$(x, 2x + 3, 8x + 3)$
seja uma PG e monte a sequência obtida.

Resolução: Para que essa sequência seja uma PG, devemos impor que:

$\dfrac{2x + 3}{x} = \dfrac{8x + 3}{2x + 3}$ com $x \neq 0$ e $x \neq -1,5$ (CE)

$(2x + 3)^2 = (8x + 3) \cdot x$
$4x^2 + 12x + 9 = 8x^2 + 3x$
$4x^2 - 9x - 9 = 0$
$x = 3$ ou $x = -0,75$

Como nenhum dos valores de x encontrados fere a condição de existência (CE), concluímos que ambos geram sequências válidas.

Assim:

- para $x = 3$, temos: $(3, 9, 27)$ com razão $q = 3$
- para $x = -0,75$, temos: $(-0,75; 1,5; -3)$ com razão $q = -2$

Recorde

$4x^2 - 9x - 9 = 0$
$\Delta = (-9)^2 - 4 \cdot 4 \cdot (-9)$
$\Delta = 81 + 144 = 225$
$x = \dfrac{-b \pm \sqrt{\Delta}}{2a}$
$x = \dfrac{-(-9) \pm 15}{2 \cdot 4}$
$x = 3$ ou $x = -0,75$

ER. 30 Obtenha o quinto termo da PG $(1, 3, 9, \ldots)$. Identifique que sequência é essa.

Resolução: Como $a_1 = 1$ e $a_2 = 3$, a razão dessa PG pode ser dada por:

$$q = \frac{a_2}{a_1} = 3$$

Pela definição de PG, sabemos que um termo é dado pelo anterior multiplicado pela razão. Desse modo, temos:

- $a_3 = 9$
- $a_4 = 9 \cdot 3 = 27$
- $a_5 = 27 \cdot 3 = 81$ (quinto termo)

Observe que essa PG é a sequência das potências de base 3 com expoente natural:

1, 3, 9, 27, 81, ... é o mesmo que: $3^0, 3^1, 3^2, 3^3, 3^4, \ldots$

Exercícios Propostos

68. Verifique se as sequências numéricas abaixo podem ser uma PG. Justifique sua resposta.

a) $\left(2, 1, \dfrac{1}{2}, ...\right)$

b) $(2, 0, -2, ...)$

c) $(7, 7, 7, ...)$

d) $(40; 20; 10; 5; 2,5; 1,25)$

e) $(2, 0, 0, ...)$

f) $(5, -10, 20, ...)$

69. Obtenha o sétimo termo da PG $(3, 6, 12, ...)$.

70. Determine o quinto termo de uma PG cujo primeiro termo é 2 e a razão é 3.

71. Qual é a razão de uma PG tal que $a_1 = 2$ e $a_3 = 18$? Encontre essa PG.

72. Em uma PG, $a_1 = 1$, $q = 2$ e $a_n = 128$. Determine o valor de n.

73. Uma PG tem apenas valores positivos, com $a_3 = 5$ e $a_7 = 20$. Determine a_{10}.

74. Determine os valores reais de x para que a sequência $(2, x, 30)$ seja uma PG.

75. Determine a razão da PG $\left(\sqrt{2} + 1, \dfrac{1}{\sqrt{2} + 1}, ...\right)$.

76. Monte uma PG alternante de primeiro termo 2. Classifique-a em crescente ou decrescente.

77. Em uma folha de papel quadriculado, desenhe um quadrado de lado 10 cm.

Obtenha outro quadrado cujos vértices sejam os pontos médios dos lados do quadrado inicial. Marque os pontos médios dos lados desse segundo quadrado e desenhe um terceiro quadrado com vértices nesses pontos.

Em seguida, desenhe os quadrados obtidos em sequência, a partir do primeiro.

a) Quanto mede o lado do quarto quadrado, próximo elemento da sequência que você montou?

b) Qual a área do segundo quadrado dessa sequência?

78. Considerando a sequência de quadrados obtida na questão anterior, encontre duas progressões geométricas associadas a essa sequência. Descreva as sequências encontradas do ponto de vista geométrico.

79. Quantos termos tem a sequência

$\left(\dfrac{1}{9}, \dfrac{1}{3}, 1, 3, 9, 27, ..., 729\right)$?

Sugestão: Procure encontrar uma expressão para o termo geral a_n.

3.1 REPRESENTAÇÕES ESPECIAIS DE UMA PG

Vamos mostrar, de modo análogo ao que fizemos com a PA, algumas formas de representar os elementos de uma PG finita.

- *PG com três termos*

Considere uma PG com três termos (a_1, a_2, a_3) e razão não nula q. Como $\dfrac{a_2}{a_1} = \dfrac{a_3}{a_2} = q$ e $q \neq 0$, temos $a_1 = \dfrac{a_2}{q}$ e $a_3 = a_2 \cdot q$. Fazendo $a_2 = x$, vem:

$$a_1 = \dfrac{x}{q} \quad \text{e} \quad a_3 = xq$$

Logo, essa PG pode ser representada do seguinte modo: $\left(\dfrac{x}{q}, x, xq\right)$

- *PG com cinco termos*

Analogamente à PG com três termos, e sendo $q \neq 0$ a razão, podemos representá-la por: $\left(\dfrac{x}{q^2}, \dfrac{x}{q}, x, xq, xq^2\right)$

Essas representações são úteis quando uma das informações é o produto de elementos da PG.

EXERCÍCIO RESOLVIDO

ER. 31 Determine três números reais em PG cuja soma é 14 e o produto é 64.

Resolução: Como a PG tem três termos, ela pode ser escrita deste modo:

$$\left(\frac{x}{q}, x, xq\right)$$

Assim, temos: $\begin{cases} \frac{x}{q} + x + xq = 14 \\ \frac{x}{q} \cdot x \cdot xq = 64 \end{cases}$

Da 2.ª equação, vem: $x^3 = 64 \Rightarrow x = 4$

Substituindo x por 4 na 1.ª equação, obtemos:

$$\frac{4}{q} + 4 + 4q = 14 \Rightarrow \frac{4}{q} + 4q = 10 \Rightarrow 4q^2 - 10q + 4 = 0$$

Resolvendo a equação, temos $q = 2$ ou $q = 0,5$.

Desse modo, há duas possibilidades para formar a PG: $(2, 4, 8)$ e $(8, 4, 2)$, mas com os mesmos três números.

Logo, os números reais procurados são 2, 4 e 8.

Recorde

$4q^2 - 10q + 4 = 0$ (:2)
$2q^2 - 5q + 2 = 0$ (:2)
$q^2 - 2,5q + 1 = 0$
$(q - 2)(q - 0,5) = 0$
$q - 2 = 0$ ou $q - 0,5 = 0$
$q = 2$ $q = 0,5$

EXERCÍCIOS PROPOSTOS

80. Determine três números que estão em PG, sabendo que a soma deles é 21 e o produto entre eles é 216.

81. Uma PG finita cuja multiplicação de seus 5 termos é 32 tem último termo igual a 0,5. Determine essa PG.

82. Divida o número 70 em três parcelas de modo que elas formem uma PG crescente, com a parcela menor igual a 10.

3.2 PROPRIEDADES DOS TERMOS DE UMA PG

Como na PA, também consideramos para uma PG finita o *termo médio* e os *termos equidistantes dos extremos*. Vejamos como ficam as propriedades no caso da PG.

Propriedade do termo médio

Quando temos uma quantidade ímpar de números formando uma PG de razão $q \neq 0$, o quadrado do termo médio é igual ao produto dos extremos (primeiro e último termos):

$$\left(a_{\frac{1+n}{2}}\right)^2 = a_1 \cdot a_n$$

Vamos analisar uma PG de três termos e razão q. Já vimos que, nesse caso, podemos indicar os três termos como: $\frac{x}{q}, x, xq$

Note que, nesse caso, o termo médio é o x. Calculemos o produto dos extremos.

$$\frac{x}{q} \cdot xq = x \cdot x = x^2 \text{ (quadrado do termo médio)}$$

Sequências **337**

Propriedade dos termos equidistantes dos extremos

Já vimos que dois termos são equidistantes dos extremos se a soma de suas posições é igual a $(1 + n)$, que é a soma das posições dos extremos.

> Numa PG finita de n termos $(a_1, a_2, a_3, a_4, a_5, ..., a_n)$, o produto de quaisquer dois termos equidistantes dos extremos é igual ao produto dos extremos $(a_1 \cdot a_n)$. Assim:
> $$a_1 \cdot a_n = a_2 \cdot a_{n-1} = a_3 \cdot a_{n-2} = a_4 \cdot a_{n-3} = ...$$

Exemplos

a) $(1, 3, 9, 27, 81, 243)$
   $1 \cdot 243 = 243 = 3 \cdot 81 = 9 \cdot 27$

b) $(-32, 16, -8, 4, -2)$
   $-32 \cdot (-2) = 64 = 16 \cdot 4 = (-8) \cdot (-8)$

Observação

A sequência (a, b, c), com $a \neq 0$, é uma PG se, e somente se, o quadrado do termo médio é igual ao produto dos extremos, isto é, $b^2 = ac$.

Exercícios Resolvidos

ER. 32 Obtenha o quinto termo de uma PG que tem 9 termos, todos positivos, sabendo que o primeiro e o último são 5 e 20.

Resolução: Pela propriedade dos termos equidistantes dos extremos, para $n = 9$, temos:
$$(a_5 \cdot a_5) = (a_1 \cdot a_9) \Rightarrow (a_5)^2 = 5 \cdot 20 \Rightarrow a_5 = \pm\sqrt{100} \Rightarrow$$
$$\Rightarrow a_5 = 10 \text{ ou } a_5 = -10 \text{ (não serve, pois } a_5 > 0)$$

Logo, o quinto termo dessa PG é 10.

ER. 33 Determine uma PG com 6 termos, sabendo que $a_2 = 2$ e $a_3 \cdot a_4 = 32$.

Resolução: Como o produto entre termos equidistantes dos extremos é constante, temos:
$$a_2 \cdot a_5 = a_3 \cdot a_4 \Rightarrow 2 \cdot a_5 = 32 \Rightarrow a_5 = 16$$

Também sabemos que $a_3 = a_2 \cdot q$, $a_4 = a_3 \cdot q$ e $a_5 = a_4 \cdot q$. Daí, vem:

$a_4 = a_3 \cdot q$ $\quad\quad$ $a_5 = a_4 \cdot q$
$a_4 = a_2 \cdot q \cdot q$ $\quad\quad$ $a_5 = a_2 \cdot q^2 \cdot q$
$a_4 = a_2 \cdot q^2$ $\quad\quad$ $a_5 = a_2 \cdot q^3$

Substituindo os valores dos termos conhecidos, temos:
$$16 = 2 \cdot q^3 \Rightarrow q^3 = 8 \Rightarrow q = \sqrt[3]{8} \Rightarrow q = 2 \text{ (razão da PG)}$$

Logo, a PG é $(1, 2, 4, 8, 16, 32)$.

Exercícios Propostos

83. Obtenha o quarto termo de uma PG que tem 7 termos positivos e cujo produto $a_2 \cdot a_6$ é 27.

84. Encontre uma PG com 5 termos positivos cujo termo central é 9 e o primeiro termo é 1.

85. Determine uma PG com 6 termos, sabendo que o segundo termo é $\sqrt{3}$ e o produto entre o primeiro e o último termo é -81.

3.3 TERMO GERAL DE UMA PG

Pela definição, podemos descrever os elementos de uma PG da seguinte maneira:

$$(a_1, a_2, a_3, ..., a_n, ...) = (a_1, a_1 \cdot q, a_1 \cdot q^2, ..., a_1 \cdot q^{n-1}, ...)$$

Assim, verificamos que o termo geral de uma PG é dado por:

$$\boxed{a_n = a_1 \cdot q^{n-1}} \quad \text{(fórmula do termo geral da PG)}$$

OBSERVAÇÃO

Caso seja conveniente, podemos indicar o primeiro termo como a_0. Nesse caso, o enésimo termo da PG é indicado por a_{n-1}. Nessas condições, temos:

$$a_{n-1} = a_0 \cdot q^{n-1} \quad \text{e} \quad a_n = a_0 \cdot q^n$$

EXERCÍCIOS RESOLVIDOS

ER. 34 Considere a PG $(\sqrt{2}, \sqrt{8}, ...)$.

a) Encontre o termo geral dessa PG.
b) Determine o quinto termo dessa PG.
c) Identificando os termos dessa PG com a medida das diagonais de quadrados, qual é a área do quadrado correspondente ao quinto termo?
d) Determine a sequência formada pelas medidas dos lados dos quadrados cujas medidas das diagonais estão na PG dada. Verifique se essa sequência é uma PG.

Resolução:

a) Observando a sequência, temos $a_1 = \sqrt{2}$ e $a_2 = \sqrt{8}$. Sabendo que a sequência é uma PG, podemos achar a razão q fazendo:

$$q = \frac{a_2}{a_1} = \frac{\sqrt{8}}{\sqrt{2}} = \frac{2\sqrt{2}}{\sqrt{2}} = 2 \Rightarrow q = 2$$

Logo, o termo geral é dado por:

$$a_n = a_1 \cdot q^{n-1} \Rightarrow a_n = \sqrt{2} \cdot 2^{n-1}$$

b) Para achar o quinto termo, precisamos calcular o valor de a_5. Para isso, vamos usar a fórmula do termo geral e fazer $n = 5$:

$$a_5 = \sqrt{2} \cdot 2^{5-1} \Rightarrow a_5 = \sqrt{2} \cdot 2^4 \Rightarrow a_5 = 16\sqrt{2}$$

c) A medida da diagonal do quadrado que corresponde ao quinto termo é $16\sqrt{2}$ (valor encontrado para o a_5). A medida (d) da diagonal de um quadrado de lado ℓ é dada por $d = \ell \cdot \sqrt{2}$. Assim:

$$d = \ell \cdot \sqrt{2} = 16\sqrt{2} \Rightarrow \ell = 16$$

Desse modo, podemos calcular a área (A) do quadrado:

$$A = \ell^2 = 16^2 = 256$$

d) Os termos da PG $(\sqrt{2}, \sqrt{8}, ...)$ representam as medidas das diagonais de quadrados. Então, vamos determinar a medida dos lados desses quadrados usando a relação $d = \ell \cdot \sqrt{2}$. Para facilitar os cálculos, vamos escrever a PG assim:

$$(\sqrt{2}, 2\sqrt{2}, 4\sqrt{2}, 8\sqrt{2}, 16\sqrt{2}, ...)$$

- Para $d = a_1 = \sqrt{2} = \ell \cdot \sqrt{2}$, temos: $\ell = 1 = 2^0$
- Para $d = a_2 = 2\sqrt{2} = \ell \cdot \sqrt{2}$, temos: $\ell = 2 = 2^1$
- Para $d = a_3 = 4\sqrt{2} = \ell \cdot \sqrt{2}$, temos: $\ell = 4 = 2^2$
- Para $d = a_4 = 8\sqrt{2} = \ell \cdot \sqrt{2}$, temos: $\ell = 8 = 2^3$
- Para $d = a_5 = 16\sqrt{2} = \ell \cdot \sqrt{2}$, temos: $\ell = 16 = 2^4$
⋮
- Para $d = a_n = 2^{n-1} \cdot \sqrt{2} = \ell \cdot \sqrt{2}$, temos: $\ell = 2^{n-1}$

Assim, a sequência formada pelas medidas dos lados desses quadrados é:

$$(1, 2, 4, 8, 16, ..., 2^{n-1}, ...)$$

Essa sequência também é uma PG de razão 2.

ER. 35 [BIOLOGIA] A quantidade de indivíduos de uma população de bactérias ao final de cada 2 horas segue o padrão dado pela tabela abaixo.

Após x horas	População
0	3.000
2	9.000
4	27.000

Após quantas horas o número inicial de bactérias fica multiplicado por mais de 1.000?

Resolução: Observando a tabela, podemos notar que a cada 2 horas o número de indivíduos dessa população triplica, ou seja, a população cresce, a cada 2 horas, segundo uma PG de $a_1 = 3.000$ e $q = 3$. Assim, o termo geral é:

$$a_n = 3.000 \cdot 3^{n-1}$$

No entanto, o enésimo termo dessa PG não corresponde ao número de indivíduos que se tem após n horas, pois estamos contando de 2 em 2 horas.

Isso significa que, depois de determinar o valor de n, devemos achar o tempo que se passou referente a essa posição. Dessa forma, vem:

$$3.000 \cdot 3^{n-1} > 3.000 \cdot 1.000 \Rightarrow 3^{n-1} > 1.000$$

Como $3^6 = 729$ e $3^7 = 2.187$, temos $n - 1 = 7$, isto é, $n = 8$.

Agora, vamos verificar qual a correspondência com as horas passadas:

$n = 1 \rightarrow$ após 0 hora
$n = 2 \rightarrow$ após 2 horas
$n = 3 \rightarrow$ após 4 horas
$n = 4 \rightarrow$ após 6 horas
$\vdots$
$n = 8 \rightarrow$ após 14 horas

Portanto, após 14 horas o número inicial de bactérias fica multiplicado por mais de 1.000.

Faça

Descubra a sequência determinada pela primeira coluna da tabela (referente às horas passadas). Que tipo de sequência é essa?

ER. 36 Obtenha uma PG com 4 termos positivos cuja soma dos dois primeiros é 15 e a dos dois últimos termos é 60.

Resolução: Pelas condições dadas, temos:

$$(a_1, a_1q, a_1q^2, a_1q^3), \text{ com } a_1 > 0 \text{ e } q > 0, \ a_1 + a_1q = 15 \text{ e } a_1q^2 + a_1q^3 = 60$$

Desse modo, obtemos o seguinte sistema: $\begin{cases} a_1 \cdot (1 + q) = 15 \\ a_1q^2 \cdot (1 + q) = 60 \end{cases}$

Substituindo $a_1 \cdot (1 + q)$ por 15 na 2.ª equação, vem:

$$15 \cdot q^2 = 60 \Rightarrow q^2 = 4 \text{ (com } q > 0) \Rightarrow q = 2 \text{ (razão da PG)}$$

Substituindo q por 2 na 1.ª equação, temos:

$$a_1 \cdot (1 + 2) = 15 \Rightarrow a_1 + 2a_1 = 15 \Rightarrow a_1 = 5 \text{ (primeiro termo)}$$

Logo, a PG é (5, 10, 20, 40).

ER. 37 Em uma PG de 4 termos, a soma dos extremos é 3 e a soma dos termos do meio é 2. Obtenha essa PG.

Resolução: A PG tem 4 termos. Então, vamos indicá-la do seguinte modo:

$$(a_1, a_2, a_3, a_4) = (a_1, a_1q, a_1q^2, a_1q^3)$$

Também sabemos que:

- $a_1 + a_4 = a_1 + a_1q^3 = 3$
- $a_2 + a_3 = a_1q + a_1q^2 = 2$

Desse modo, obtemos o seguinte sistema:

$\begin{cases} a_1 + a_1 \cdot q^3 = 3 \\ a_1 \cdot q + a_1 \cdot q^2 = 2 \end{cases} \Rightarrow \begin{cases} a_1 \cdot (1 + q^3) = 3 \\ a_1 \cdot q \cdot (1 + q) = 2 \end{cases} \Rightarrow \begin{cases} a_1 \cdot (1 + q) \cdot (q^2 - q + 1) = 3 \\ a_1 \cdot q \cdot (1 + q) = 2 \end{cases}$

Dividindo membro a membro a 1.ª equação pela 2.ª, temos:

$$\frac{a_1 \cdot (1+q) \cdot (q^2 - q + 1)}{a_1 \cdot (1+q) \cdot q} = \frac{3}{2} \Rightarrow \frac{q^2 - q + 1}{q} = 1{,}5 \Rightarrow q^2 - q + 1 = 1{,}5q \Rightarrow q^2 - 2{,}5q + 1 = 0 \Rightarrow$$

$$\Rightarrow (q - 0{,}5)(q - 2) = 0 \Rightarrow q = 0{,}5 \text{ ou } q = 2$$

Substituindo o valor de q na equação $a_1 + a_1 q^3 = 3$, obtemos a_1.

- Para $q = 0{,}5 = \dfrac{1}{2}$, temos:

$$a_1 + a_1 \cdot \left(\frac{1}{2}\right)^2 = 3 \Rightarrow \frac{8}{8} a_1 + \frac{1}{8} a_1 = 3 \Rightarrow \frac{9}{8} a_1 = 3 \Rightarrow a_1 = \frac{3 \cdot 8}{9} \Rightarrow a_1 = \frac{8}{3}$$

Desse modo, a PG é decrescente dada por:

$$\left(\frac{8}{3}, \frac{4}{3}, \frac{2}{3}, \frac{1}{3}\right)$$

- Para $q = 2$, temos:

$$a_1 + a_1 \cdot 2^3 = 3 \Rightarrow a_1 + 8a_1 = 3 \Rightarrow 9a_1 = 3 \Rightarrow a_1 = \frac{3}{9} \Rightarrow a_1 = \frac{1}{3}$$

Assim, a PG é crescente dada por:

$$\left(\frac{1}{3}, \frac{2}{3}, \frac{4}{3}, \frac{8}{3}\right)$$

Exercícios Propostos

86. Determine o sétimo termo de uma PG cujo primeiro termo é 3 e a razão é 2.

87. Em uma PG crescente, o quinto termo é 7 e o sétimo é 14. Determine o sexto termo.

88. [BIOLOGIA] Mitose é um processo de divisão celular em que uma célula se divide originando duas células-filhas. Suponha que uma célula sofra mitose e que cada célula-filha também se divida pelo mesmo processo. Quantas células resultarão na 5.ª mitose?

89. [QUÍMICA] A meia-vida é o tempo necessário para que a massa de uma substância radioativa se reduza à metade. Uma substância radioativa tem massa inicial M_0 e sua meia-vida é de 50 anos. Após quantos anos a massa dessa substância será $\dfrac{M_0}{32}$?

90. Dada a PG $(243, 81\sqrt{3}, 81, ..., 1)$, determine:
a) a razão;
b) a posição (ou ordem) do último termo;
c) o número de termos.

91. Quantos termos a PG $\left(36, 18, 9, ..., \dfrac{9}{16}\right)$ tem?

92. Em uma PG temos $a_2 + a_3 = 12$ e $a_3 + a_4 = 36$. Determine o primeiro termo e a razão dessa PG.

93. Obtenha o enésimo termo da PG $(1, 2, 4, ...)$.

94. Observe a sequência de quadrados na qual os vértices de cada quadrado, a partir do segundo, são os pontos médios dos lados de seu precedente na sequência.

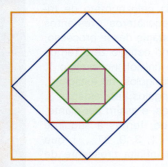

Obtenha a medida do lado, o perímetro e a área do quarto quadrado, sabendo que o lado do primeiro, o maior deles, mede 8 cm.

95. Obtenha todas as progressões geométricas de 4 termos em que a soma dos dois primeiros termos é 9 e a soma dos dois últimos é 36.

96. Obtenha a razão de uma PG crescente de 4 termos cuja soma dos extremos é 112 e a soma dos termos do meio é 48.

97. Obtenha x real para que o nono termo da PG $\left(\dfrac{x+2}{(x-1)^9}, \dfrac{x+2}{(x-1)^8}, ...\right)$ seja negativo.

Conheça mais...

O QUE UMA COUVE-FLOR TEM A VER COM O SEU CURSO DE MATEMÁTICA?

Esse vegetal é apenas um exemplo de um assunto bastante abstrato, atual e importante pelas suas aplicações. Repare que você pode subdividir uma couve-flor em pedaços cada vez menores, quase idênticos a ela própria, só que em tamanho menor. O mesmo pode ser feito com o brócolis, com nossa árvore respiratória, com a casca de uma árvore, com algumas formações geológicas, nuvens, flocos de neve, dentre tantos outros exemplos.

Esse padrão, repetido inúmeras vezes em escala cada vez menor, gera figuras (ou formas) que se autorrepetem dentro de si mesmas. Esse tipo de figura (ou forma) recebeu o nome de **fractal** (do latim *fractus*, que significa quebrado, pedaço). No caso da couve-flor, em que as porções menores não são exatamente semelhantes ao todo (em termos matemáticos), falamos em fractal **aleatório**. Mas há outros casos em que os pedaços cada vez menores são reduções perfeitas da figura original — nesse caso, dizemos que o fractal é **geométrico**.

Um interessante exemplo de fractal geométrico é o **triângulo de Sierpinski**, proposto no início do século XX pelo matemático polonês Waclaw Sierpinski (1882-1969).

Para começar o processo de obtenção do triângulo de Sierpinski, partimos de um triângulo equilátero. Em seguida, tomamos os pontos médios dos lados desse triângulo, unimos esses pontos formando um triângulo equilátero central que será retirado, restando-nos outros três triângulos idênticos ao que foi retirado. Repetimos indefinidamente esse procedimento para cada um dos triângulos equiláteros obtidos. Observe as figuras a seguir.

Vamos considerar a sequência formada pelo número de triângulos equiláteros restantes em cada estágio desse processo. Note que no estágio zero temos 1 triângulo (início); no estágio 1, temos 3 triângulos; no estágio 2, são 9 triângulos; no estágio 3, 27 triângulos, e assim por diante. Desse modo, temos a seguinte sequência: (1, 3, 9, 27, ...), que é uma PG infinita crescente de razão 3.

O triângulo de Sierpinski possui outras características muito interessantes, como ter área igual a zero, fato que pode ser demonstrado utilizando-se uma progressão geométrica específica, infinita, de razão $\frac{3}{4}$.

Os fractais também estão presentes, por exemplo, em medicina diagnóstica, telecomunicações, fibras ópticas e até mesmo em belas imagens geradas por computador, como a da foto ao lado.

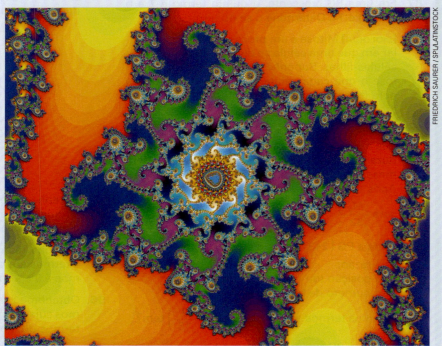

Gerada na tela de um computador, esta imagem foi criada, utilizando-se os conceitos de fractais, por um *processo iterativo* (em que operações matemáticas são repetidas inúmeras vezes).

3.4 INTERPOLAÇÃO DE TERMOS EM UMA PG

Já vimos como inserir meios em uma PA. Também podemos inserir elementos entre dois valores de modo que formem uma PG. A esse procedimento denominamos **interpolação geométrica**.

Acompanhe a situação a seguir, em que isso acontece.

As vendas de balas em uma loja devem ser multiplicadas por 16 em quatro meses. Atualmente são vendidas 2.000 balas por mês e se deseja fazer aumentos constantes a cada mês, segundo uma progressão geométrica crescente ($q > 1$), de modo que se atinja a meta considerada.

Vamos determinar a quantidade vendida em cada um dos próximos quatro meses e verificar se atingimos a meta.

Note que a PG envolvida tem 5 termos, na qual as vendas de hoje indicam o primeiro termo:

$$(2.000, \_\_\_, \_\_\_, \_\_\_, \underbrace{32.000}_{16 \cdot 2.000})$$

Assim, temos:

$$32.000 = 2.000 \cdot q^4 \Rightarrow q^4 = 16 \Rightarrow q = 2$$

Logo, as vendas, mês a mês, devem seguir a sequência abaixo para que daqui a 4 meses a venda seja 16 vezes a de hoje.

$$(2.000, 4.000, 8.000, 16.000, 32.000)$$

De modo geral, sendo a e b dois números reais, dizemos que *interpolar geometricamente* n números entre a e b é obter uma PG com $(n + 2)$ termos cujos extremos são a e b.

EXERCÍCIOS RESOLVIDOS

ER. 38 Insira três meios geométricos positivos entre os valores 512 e 2.

Resolução: *Inserir* (ou *interpolar*) *meios geométricos* entre dois valores significa colocar esses valores entre os dois valores dados de modo que formem uma PG. No caso considerado, a PG terá 5 termos.

$$(\underbrace{512}_{a_1}, \_\_\_, \_\_\_, \_\_\_, \underbrace{2}_{a_5})$$

Assim, temos:

$$a_5 = a_1 \cdot q^4 \Rightarrow 2 = 512 \cdot q^4 \Rightarrow q^4 = \frac{1}{256} \Rightarrow q = \frac{1}{4}$$

Logo, montamos a PG (512, 128, 32, 8, 2) inserindo os três meios geométricos 128, 32 e 8, nessa ordem.

ER. 39 Determine quatro números inteiros entre 1 e 10 que sejam meios geométricos.

Resolução: Devemos ter a PG:

$$(\underbrace{1}_{a_1}, \_\_\_, \_\_\_, \_\_\_, \_\_\_, \underbrace{10}_{a_6})$$

Com isso, podemos encontrar a razão dessa PG:

$$a_6 = a_1 \cdot q^5 \Rightarrow 10 = 1 \cdot q^5 \Rightarrow q = \sqrt[5]{10}$$

Logo, a PG formada é $(1, \sqrt[5]{10}, \sqrt[5]{10^2}, \sqrt[5]{10^3}, \sqrt[5]{10^4}, 10)$ e, portanto, os quatro meios geométricos são $\sqrt[5]{10}$, $\sqrt[5]{100}$, $\sqrt[5]{1.000}$ e $\sqrt[5]{10.000}$. No entanto, esses números são irracionais, ou seja, não são inteiros. Isso significa que não há como inserir quatro números inteiros entre 1 e 10 de modo que se obtenha uma PG.

Sequências **343**

Exercícios Propostos

98. Interpole 5 meios geométricos positivos entre 4 e 0,0625 e determine a PG obtida.

99. Monte uma PG finita com seis termos de modo que o primeiro termo seja 3 e o último seja 6.

100. [BIOLOGIA] O número de células de determinado tecido, ao final de 12 horas, deve ser multiplicado por 4.096. Sabendo que no instante inicial havia 3 células e que o ritmo de crescimento é constante e aumenta em PG, quantas células existirão, hora a hora, até o final da décima segunda hora?

101. Interpole 3 meios geométricos entre 1 e 81 de modo que se obtenha uma PG alternante.

102. Os números $\sqrt{2}$, 2 e $2\sqrt{2}$ são os três termos centrais de uma PG com 9 termos. Determine o último termo dessa PG.

3.5 SOMA DOS TERMOS DE UMA PG

Elisa está montando sua árvore genealógica. Veja o que ela já fez:

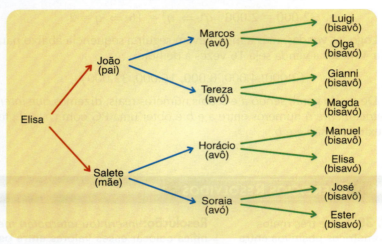

Note que podemos formar uma PG, de razão 2, com o número de antepassados de cada geração:

$$(2, 4, 8, \ldots) = (2, 2^2, 2^3, \ldots)$$

Veja na tabela abaixo o que ocorre com o total de ancestrais:

Geração	Número de antepassados
até a 1.ª (pais)	$2 = 2^1$
até a 2.ª (pais e avós)	$2 + 4 = 2 + 2^2 = 6$
até a 3.ª (pais, avós e bisavós)	$2 + 4 + 8 = 2 + 2^2 + 2^3 = 14$
até a 4.ª geração	$2 + 4 + 8 + 16 = 2 + 2^2 + 2^3 + 2^4 = 30$
⋮	⋮
até a enésima geração	$2 + 2^2 + 2^3 + 2^4 + \ldots + 2^n$

Dessa forma, para achar o número de antepassados até a enésima geração, precisamos somar os termos dessa PG até a geração que se procura. Ou seja:

$$2^1 + 2^2 + 2^3 + 2^4 + \ldots + 2^n = \sum_{k=1}^{n} 2^k, \text{ com } n \in \mathbb{N}^*$$

Esse somatório determina a soma dos n primeiros termos da PG citada anteriormente, de razão $q = 2$ e primeiro termo 2.

Saiba +

O símbolo $\sum$ significa "somatório" e indica uma soma.

344 MATEMÁTICA — UMA CIÊNCIA PARA A VIDA

OBSERVAÇÃO

A expressão $\sum_{k=1}^{n} 2^k$ indica a soma dos termos 2^k com k (número natural) variando de 1 a n.

Fórmula da soma dos n primeiros termos de uma PG

No exemplo dos antepassados, você viu que às vezes necessitamos determinar somas de termos de uma PG. Como no caso da PA, também temos uma fórmula que facilita esse cálculo, válida para $q \neq 1$.

Considere uma PG $(a_1, a_2, a_3, a_4, a_5, ..., a_n, ...)$ de razão $q \neq 1$. Indiquemos por S_n a soma dos n primeiros termos dessa PG. Então, temos:

Responda
O que acontece com a soma dos n primeiros termos de uma PG de razão $q = 1$?

$S_n = a_1 + a_2 + a_3 + ... + a_{n-1} + a_n$

$S_n = a_1 + a_1q + a_1q^2 + ... + a_1q^{n-2} + a_1q^{n-1}$

$q \cdot S_n = a_1q + a_1q^2 + a_1q^3 + ... + a_1q^{n-1} + a_1q^n$

$S_n - q \cdot S_n = a_1 + a_1q + a_1q^2 + ... + a_1q^{n-1} - a_1q - a_1q^2 - ... - a_1q^{n-1} - a_1q^n$

$S_n \cdot (1 - q) = a_1 - a_1q^n$

$S_n = \dfrac{a_1 \cdot (1 - q^n)}{1 - q}$, para $q \neq 1$

Ou seja, a fórmula da soma dos n primeiros termos de uma PG é:

$$S_n = a_1 \cdot \dfrac{1 - q^n}{1 - q}, \text{ para } q \neq 1$$

OBSERVAÇÃO

A fórmula de S_n, para $q \neq 1$, também pode ser expressa assim:

$S_n = \dfrac{a_1 \cdot (1 - q^n)}{1 - q} = a_1 \cdot \dfrac{1 - q^n}{1 - q} = a_1 \cdot \dfrac{-(q^n - 1)}{-(q - 1)} \Rightarrow S_n = a_1 \cdot \dfrac{q^n - 1}{q - 1}$

EXERCÍCIOS RESOLVIDOS

ER. 40 Determine:
a) a soma dos seis primeiros termos da PG $(2, 6, ...)$;
b) a soma dos últimos cinco termos de uma PG com 10 termos, dada por $(5, 10, ...)$.

Resolução:

a) Da PG, temos $a_1 = 2$ e $a_2 = 6$. Assim, a razão é $q = 3$ $\left(\dfrac{a_2}{a_1} = \dfrac{6}{2}\right)$. Como $q \neq 1$, temos:

$$S_6 = 2 \cdot \dfrac{1 - 3^6}{1 - 3} = 2 \cdot \dfrac{1 - 729}{-2} = 728$$

b) Inicialmente, note que a soma que se quer não equivale a S_5 (que sempre se refere à soma dos cinco primeiros termos). Assim, para obter a soma pedida, devemos calcular a soma dos dez termos (S_{10}) da PG e subtrair dela a soma dos cinco primeiros termos (S_5); a diferença é a soma dos cinco últimos termos dessa PG.

Na PG dada, temos $a_1 = 5$ e $a_2 = 10$, o que acarreta $q = 2$, ou seja, $q \neq 1$. Daí, vem:

$a_6 + a_7 + a_8 + a_9 + a_{10} = S_{10} - S_5 = 5 \cdot \dfrac{1 - 2^{10}}{1 - 2} - 5 \cdot \dfrac{1 - 2^5}{1 - 2} =$

$= 5 \cdot \left(\dfrac{1 - 1.024}{-1} - \dfrac{1 - 32}{-1}\right) = 5 \cdot (1.023 - 31) = 5 \cdot 992 = 4.960$

Logo, a soma dos cinco últimos termos dessa PG é 4.960.

Sequências **345**

ER. 41 [COTIDIANO] Quantos ancestrais tem uma pessoa até a sua sétima geração?

Resolução: Já vimos que, até a enésima geração, o número de ancestrais é a soma dos n primeiros termos de uma PG de primeiro termo 2 e razão $q = 2$. Assim, como $q \neq 1$, temos:

$$S_n = \sum_{k=1}^{n} 2^k = 2^1 + 2^2 + 2^3 + 2^4 + \ldots + 2^n = 2 \cdot \frac{1-(2)^n}{1-2}, \text{ com } n \in \mathbb{N}^*$$

Como queremos o número de ancestrais até a sétima geração, devemos calcular S_7 (quando $n = 7$).

$$S_7 = 2 \cdot \frac{1-(2)^7}{1-2} = 2 \cdot \frac{1-128}{-1} = 2 \cdot \frac{-127}{-1} = 254$$

Portanto, uma pessoa tem 254 ancestrais até sua sétima geração.

EXERCÍCIOS PROPOSTOS

103. Obtenha a soma dos dez primeiros termos de uma PG cujo primeiro termo é 3 e a razão é 2.

104. Determine a soma dos seis primeiros termos de uma PG com $a_1 = 2$ e $q = 3$.

105. Qual é o valor de $E = 1 + 2 + 4 + \ldots + 2.048$?

106. Qual é a soma dos dez primeiros termos da PG $(3, 3\sqrt{2}, 6, \ldots)$?

107. A soma dos três primeiros termos de uma PG é 7 e a soma dos seis primeiros termos é 63. Encontre essa PG.

108. Obtenha a soma dos três últimos termos da PG $(\sqrt{2}, 2, \ldots)$ que tem 8 termos.

109. [COMUNICAÇÃO] Uma pessoa recebe uma informação hoje e fica encarregada de transmiti-la para outras duas pessoas no dia seguinte. Cada uma dessas duas pessoas deve transmitir a mesma informação, no dia seguinte ao seu recebimento, para outras duas novas pessoas. Estas, por sua vez, retransmitem-na para outras duas, e assim sucessivamente. Dessa forma, após uma semana de a primeira dupla ter recebido a informação, quantas pessoas têm conhecimento do fato?

110. Obtenha o primeiro termo e a razão de uma PG cuja soma dos n primeiros termos é dada por $S_n = 4 - 2^{2-n}$.

Soma dos termos de uma PG infinita

Quando temos uma PG infinita $(a_1, a_2, a_3, a_4, a_5, \ldots, a_n, \ldots)$ de razão q tal que $0 < |q| < 1$, podemos determinar o valor da soma de todos os termos dessa PG, mesmo ela sendo infinita:

$$S = a_1 + a_2 + a_3 + a_4 + a_5 + \ldots + a_n + \ldots$$

Vejamos como determinar essa soma no caso da PG

$$\left(1, \frac{1}{2}, \frac{1}{4}, \frac{1}{8}, \frac{1}{16}, \ldots, \frac{1}{2^{n-1}}, \ldots\right)$$

com $n \in \mathbb{N}^*$, que tem razão $q = \frac{1}{2} = 0{,}5$ (com $0 < |0{,}5| < 1$).

Inicialmente, vamos escrever essa sequência com seus termos na forma decimal:

$$(1;\ 0{,}5;\ 0{,}25;\ 0{,}125;\ \ldots;\ 0{,}0078125;\ \ldots;\ 0{,}0009765625;\ \ldots)$$

Atenção!

Quando achamos S_n, calculamos uma soma com um número finito de parcelas (n parcelas).

Não é o caso da soma S, pois ela tem infinitas parcelas.

Note que, embora a sequência seja infinita, podemos ver que, quanto maior o valor de n, mais próximo do zero o valor do termo a_n fica, e a soma S_n se aproxima de S. Por isso, dizemos que S_n tende a S quando n tende a infinito (∞). Esse fato é indicado assim:

$$\lim_{n \to \infty} S_n = S$$

(lê-se: "o limite de S_n quando n tende a infinito é S")

Como para progressões geométricas em que se tem $0 < |q| < 1$ esse limite é finito (assume um valor real), podemos determinar a soma S. Note que, para $0 < |q| < 1$, também concluímos que, quando n tende a infinito, q^n se aproxima de zero. Então:

$$\lim_{n \to \infty} S_n = S$$

$$\lim_{n \to \infty} a_1 \cdot \frac{1-q^n}{1-q} = a_1 \cdot \frac{1-0}{1-q} = a_1 \cdot \frac{1}{1-q} = S$$

Ou seja, a soma S dos termos de uma progressão geométrica infinita de razão q é dada por:

$$S = \frac{a_1}{1-q}, \text{ para } 0 < |q| < 1$$

EXERCÍCIOS RESOLVIDOS

ER. 42 Determine a soma dos termos da PG $(8, 4, 2, \ldots)$.

Resolução: Como $a_1 = 8$ e $a_2 = 4$, a razão da PG é $q = \dfrac{1}{2}$ (note que: $0 < |q| < 1$). Assim, a soma dos termos dessa PG é:

$$S = \frac{a_1}{1-q} = \frac{8}{1-\dfrac{1}{2}} = \frac{8}{\dfrac{1}{2}} = 16 \Rightarrow S = 16$$

ER. 43 Em um quadrado Q_1, de lado 1 cm, determinamos os pontos médios de seus lados e, com eles, formamos um novo quadrado Q_2. Procedemos da mesma forma com Q_2, obtendo outro quadrado, o Q_3, e assim sucessivamente.

Com isso, montamos uma sequência infinita de quadrados Q_n.

a) Faça um desenho que represente essa situação.
b) Obtenha a soma dos perímetros de todos os quadrados dessa sequência.
c) Determine a soma das áreas de todos os quadrados dessa sequência.

Resolução:

a)

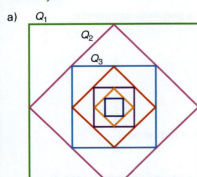

b)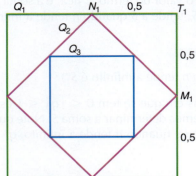

No triângulo retângulo $M_1N_1T_1$, a hipotenusa mede $M_1N_1 = \dfrac{\sqrt{2}}{2}$. Note que essa medida é a do lado do quadrado Q_2. Como o lado do quadrado Q_1 mede 1 cm, temos:

perímetro de Q_1: 4 cm

perímetro de Q_2: $\left(4 \cdot \dfrac{\sqrt{2}}{2}\right)$ cm $= 2\sqrt{2}$ cm

Os perímetros dos quadrados dessa sequência diminuem segundo uma PG infinita de razão $q = \dfrac{\sqrt{2}}{2}$ dada por $(4, 2\sqrt{2}, ...)$.

Note que a razão segue a condição $0 < |q| < 1$. Assim, podemos calcular a soma S_P dos perímetros desses quadrados da seguinte forma:

$$S_P = \dfrac{a_1}{1-q} = \dfrac{4}{1 - \dfrac{\sqrt{2}}{2}} = \dfrac{4}{\dfrac{2-\sqrt{2}}{2}} = \dfrac{8}{2-\sqrt{2}} = 4 \cdot (2 + \sqrt{2})$$

Logo, a soma dos perímetros é $(8 + 4\sqrt{2})$ cm.

c) A área de Q_1 é 1 cm² e a de Q_2 é $\dfrac{1}{2}$ cm².

As áreas dos quadrados dessa sequência diminuem segundo uma PG infinita de razão $q = \dfrac{1}{2}$, que segue a condição $0 < |q| < 1$, e primeiro termo 1.

Dessa forma, a soma S_A das áreas é dada por:

$$S_A = 1 + \dfrac{1}{2} + ... = \dfrac{1}{1 - \dfrac{1}{2}} = 2$$

Logo, a soma das áreas desses quadrados é 2 cm².

Responda
Quais as medidas dos lados dos quadrados Q_2 e Q_3 da figura ao lado?

Faça
Racionalize o denominador de $\dfrac{8}{2-\sqrt{2}}$.

ER. 44 Calcule o valor de:
$P = \sqrt{3 \cdot \sqrt{3 \cdot \sqrt{3 \cdot \sqrt{...}}}}$

Recorde
$\sqrt{3} = 3^{\frac{1}{2}}$
$\sqrt{3 \cdot \sqrt{3}} = \sqrt{\sqrt{3 \cdot 3^2}} =$
$= \sqrt[4]{3^3} = 3^{\frac{3}{4}}$

Resolução: A expressão de P nos fornece a seguinte sequência:

$P_1 = \sqrt{3}$

$P_2 = \sqrt{3 \cdot \sqrt{3}}$

$P_3 = \sqrt{3 \cdot \sqrt{3 \cdot \sqrt{3}}}$

$\vdots$

$P_n = \sqrt{3 \cdot \sqrt{3 \cdot \sqrt{3 \cdot \sqrt{... \cdot \sqrt{3}}}}}$, com n números 3

$\vdots$

$P = \sqrt{3 \cdot \sqrt{3 \cdot \sqrt{3 \cdot \sqrt{...}}}}$ (expressão com infinitos números 3)

Faça

a) Mostre que
$P_3 = \sqrt{3 \cdot \sqrt{3 \cdot \sqrt{3}}}$ é igual a $3^{\frac{7}{8}}$.

b) Determine P_n.

Agora, vamos expressar os termos dessa sequência de outra forma:

$$P_1 = 3^{\frac{1}{2}}$$
$$P_2 = 3^{\frac{3}{4}} = 3^{\frac{1}{2} + \frac{1}{4}}$$
$$P_3 = 3^{\frac{7}{8}} = 3^{\frac{1}{2} + \frac{1}{4} + \frac{1}{8}}$$
$$\vdots$$
$$P_n = 3^{\frac{1}{2} + \frac{1}{4} + \frac{1}{8} + \ldots + \frac{1}{2^n}}$$
$$\vdots$$
$$P = 3^{\frac{1}{2} + \frac{1}{4} + \frac{1}{8} + \ldots + \frac{1}{2^n} + \ldots}$$

Note que o expoente da expressão de P é a soma S dos termos de uma PG infinita com primeiro termo $\frac{1}{2}$ e razão $q = \frac{1}{2}$, ou seja, $0 < |q| < 1$. Sabemos que essa soma é dada por:

$$S = \frac{a_1}{1 - q} = \frac{0{,}5}{1 - 0{,}5} = \frac{0{,}5}{0{,}5} = 1$$

Dessa forma, vem:

$$S = \frac{1}{2} + \frac{1}{4} + \frac{1}{8} + \ldots + \frac{1}{2^n} + \ldots = 1$$

Logo, a expressão de P vale 3, pois:

$$P = \sqrt{3 \cdot \sqrt{3 \cdot \sqrt{3 \cdot \sqrt{\ldots}}}} = 3^{\frac{1}{2} + \frac{1}{4} + \frac{1}{8} + \ldots + \frac{1}{2^n} + \ldots} = 3^1 = 3$$

Exercícios Propostos

111. Calcule: $1 + \frac{1}{2} + \frac{1}{4} + \ldots + \frac{1}{2^{n-1}} + \ldots$

112. Obtenha o valor da soma S, tal que:
$$S = \sum_{n=1}^{+\infty} \frac{1}{3^n}$$

113. Resolva, em $\mathbb{R}$, a equação:
$$x - \frac{x}{2} + \frac{x}{4} - \frac{x}{8} + \ldots + \frac{(-1)^{n-1} \cdot x}{2^{n-1}} + \ldots = 6$$

114. Determine x tal que:
$$1 + x^{-1} + x^{-2} + x^{-3} + x^{-4} + \ldots = 5$$

115. Dê a soma de todos os termos da PG:
$$\left(\sqrt{2}, \frac{\sqrt{2}}{2}, \ldots \right)$$

116. Calcule o valor de: $E = \sqrt[3]{8 \cdot \sqrt[3]{8 \cdot \sqrt[3]{8 \cdot \sqrt[3]{8 \cdot \sqrt[3]{\ldots}}}}}$

117. Em um triângulo equilátero T_1, de lado 4 cm, determinamos os pontos médios de seus lados e, com eles, formamos um novo triângulo equilátero T_2. Procedendo do mesmo modo, formamos os triângulos $T_3, T_4, T_5, \ldots, T_n$ etc., obtendo uma sequência infinita de triângulos equiláteros.

a) Faça um desenho que represente essa situação.

b) Obtenha a soma dos perímetros de todos esses triângulos equiláteros.

c) Determine a soma das áreas de todos os triângulos dessa sequência.

118. Determine a área da parte colorida de amarelo, definida por uma sequência infinita de círculos, conforme sugere a figura abaixo.

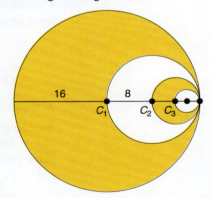

119. [FÍSICA] Uma bola é lançada verticalmente para cima a partir do solo e atinge a altura máxima de 10 metros. Ao cair, bate no chão e sobe outra vez até a metade da altura anterior, quando cai novamente, bate no solo e torna a subir, alcançando também a metade da altura anterior, e assim por diante, sem qualquer deslocamento horizontal.

Calcule quantos metros ao todo a bola percorre até ficar em repouso (parada no chão).

Matemática, Ciência & Vida

Em Biologia, você estudou que alguns organismos vivos se reproduzem por um mecanismo conhecido como **divisão binária**. É o caso da reprodução *assexuada* em bactérias, por exemplo, em que uma célula bacteriana simplesmente se divide em duas (lembre-se de que nesses organismos há outros tipos de divisão mais complexos, em que ocorre transferência de DNA).

Geralmente, essa divisão binária bacteriana completa seu ciclo em 20 minutos. Assim, se você come um alimento contaminado com 10 bactérias, depois de 20 minutos seu organismo terá 20 bactérias. Após 40 minutos, serão 40 bactérias e depois de uma hora, 80. Perceba que a multiplicação bacteriana ocorre segundo uma progressão geométrica. Apenas por curiosidade, calcule quantas bactérias estariam em seu organismo após 10 horas, supondo que nenhuma delas fosse destruída.

Esse mecanismo de reprodução também é encontrado em amebas, um protozoário (organismo de apenas uma célula) que apresenta indivíduos de vida livre (aquáticos) e outros parasitas, como os que provocam a doença conhecida como disenteria bacteriana.

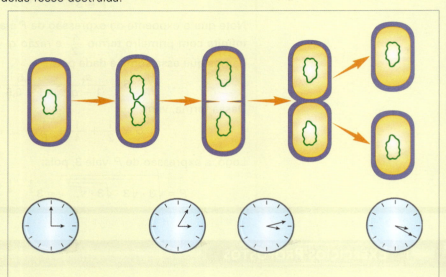

Esquema de divisão binária bacteriana. A divisão da célula completa-se após 20 minutos. O filamento em verde, que se vê no centro de cada célula, é a cromatina (material genético).

Adaptado de: UZUNIAN, A.; BIRNER, E. *Biologia.* volume único. 3. ed. São Paulo: HARBRA, 2008. p. 374.

3.6 INTERPRETAÇÃO GEOMÉTRICA DE UMA PG

Considere a função $f: \mathbb{N}^* \to \mathbb{R}$ tal que $f(n) = a_n$, em que a_n é o termo geral de uma progressão geométrica, ou seja:

$$f(n) = a_1 \cdot q^{n-1} \Rightarrow f(n) = a_1 \cdot \frac{q^n}{q} \Rightarrow f(n) = \frac{a_1}{q} \cdot q^n$$

Observe que essa função foi expressa na forma $f(n) = k \cdot a^n$, sendo $k = \frac{a_1}{q}$ e $a = q$. Por isso, dizemos que uma PG de termos positivos é uma função exponencial de domínio $\mathbb{N}^*$.

Sabemos que o gráfico de uma função exponencial de domínio real dada por $f(x) = a^x$ é uma curva da seguinte forma:

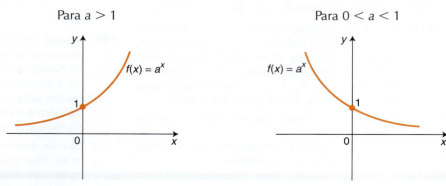

350 MATEMÁTICA — UMA CIÊNCIA PARA A VIDA

Logo, o gráfico de uma função exponencial dada por uma PG (que tem domínio natural, excluído o zero) é formado por pontos que estão sobre uma dessas curvas.

Note que, para $a > 1$, a função exponencial é crescente em todo o seu domínio e representa uma PG também crescente, pois $a = q > 1$. No caso de $0 < a < 1$, a função exponencial é decrescente em todo o seu domínio e representa uma PG também decrescente, cuja razão $q = a$ está entre 0 e 1.

Exercícios Resolvidos

ER. 45 Represente graficamente as seguintes progressões geométricas:
a) $(1, 2, 4, 8)$
b) $(6, 3, ...)$

Recorde

$f(n) = k \cdot a^n$

$f(n) = \dfrac{a_1}{q} \cdot q^n$

$f(n) = \dfrac{1}{2} \cdot 2^n = \dfrac{2^n}{2}$

$f(n) = 2^{n-1}$

Resolução:

a) $a_1 = 1$ e $q = 2$ (pois $2 : 1 = 2$)

Assim, essa PG determina a função $f: \{1, 2, 3, 4\} \to \{1, 2, 4, 8\}$ tal que $f(n) = 2^{n-1}$, com $n \in D(f)$, cujo gráfico são os pontos $(1, 1)$, $(2, 2)$, $(3, 4)$ e $(4, 8)$.

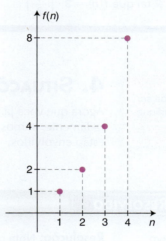

b) $a_1 = 6$ e $q = \dfrac{3}{6} = \dfrac{1}{2} = 0{,}5$

Como a PG é infinita, ela determina uma função de domínio $\mathbb{N}^*$, e seu gráfico é formado por infinitos pontos sobre a curva dada por $f(n) = 12 \cdot (0{,}5)^n$.

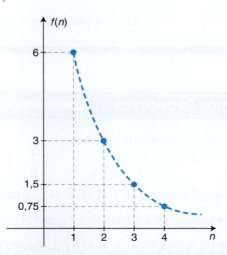

ER. 46 Determine o primeiro termo e a razão de uma PG definida pela função $f: \mathbb{N}^* \to \mathbb{R}$ tal que $f(n) = 4 \cdot 3^n$.

Resolução: Sabemos que $f(1) = a_1$ e $k = 4 = \dfrac{a_1}{q}$. Daí, vem:

$$f(1) = a_1 \Rightarrow 4 \cdot 3^1 = a_1 \Rightarrow a_1 = 12 \text{ (primeiro termo)}$$

$$4 = \dfrac{a_1}{q} \Rightarrow 4 = \dfrac{12}{q} \Rightarrow 4q = 12 \Rightarrow q = 3 \text{ (razão da PG)}$$

Exercícios Propostos

120. Represente graficamente as progressões geométricas:
a) $(0,5; 1; 2)$
b) $(6; 2; 0,666...; 0,222...)$

121. Determine o primeiro termo e a razão da PG definida por $f: \mathbb{N}^* \to \mathbb{R}$ tal que $f(n) = 3 \cdot \left(\dfrac{1}{2}\right)^n$.

122. O valor de uma aplicação financeira após n meses é dado por $f(n) = 1.000 \cdot (1,02)^n$.
a) Esboce o gráfico de f para $n \in \mathbb{N}^*$.
b) Comprove que os valores ao final de cada mês formam uma PG.
c) Qual é a razão dessa PG?

Responda
Uma mesma sequência pode ser uma PA e uma PG? Justifique sua resposta.

4. Situações que Envolvem PA e PG

Agora que você já trabalhou com as progressões aritméticas e geométricas separadamente, vamos apresentar problemas em que esses dois tipos de sequência estão envolvidos.

Exercício Resolvido

ER. 47 Obtenha o oitavo termo da sequência $\left(\dfrac{3}{2}, \dfrac{5}{4}, \dfrac{7}{8}, ...\right)$.

Resolução: Note que os numeradores das frações formam a PA $(3, 5, 7, ...)$ e os denominadores, a PG $(2, 4, 8, ...)$.

Assim, basta achar o oitavo termo da PA e da PG e montar a fração correspondente.

O oitavo termo da PA é: $a_8 = 3 + 7r = 3 + 7 \cdot (5 - 3) = 17$

O oitavo termo da PG é: $b_8 = 2 \cdot q^7 = 2 \cdot (4 : 2)^7 = 2 \cdot 2^7 = 2^8 = 256$

Logo, o oitavo termo da sequência dada é $\dfrac{17}{256}$.

Exercícios Propostos

123. Determine o décimo termo da sequência:
$$\left(\dfrac{1}{5}, \dfrac{2}{7}, \dfrac{4}{9}, ...\right)$$

124. Considere a sequência $(2, 3, 4, 6, 6, 12, 8, 24, ...)$. Obtenha o 16.º e o 17.º termos dessa sequência.

125. Determine os valores de a e b tais que $(a, b, 12)$ seja uma PG e $(b, a, 0)$ seja uma PA.

126. Sabendo que (a, x, b) é PA e (a, y, b) é PG, mostre que $x \geqslant y$, para a e b positivos.

127. Lembrando que $\log_a b = z \Leftrightarrow a^z = b$, com $b > 0$, $a > 0$ e $a \neq 1$, faça o que se pede.
   a) Os números 3, $\log_2 x$ e $\log_2 y$ formam, nessa ordem, uma PA de razão 2. Determine x e y.
   b) Os números 8, x e y formam, nessa ordem, uma PG de razão 4. Mostre que $(3, \log_2 x, \log_2 y)$ é uma PA de razão 2.

128. Mostre que se (a_1, a_2, a_3) é uma PG de termos positivos e razão q, então a sequência $(\log a_1, \log a_2, \log a_3)$ é uma PA de razão $r = \log q$.

129. Calcule o produto dos 8 primeiros termos da PG $(1, \sqrt{2}, ...)$.

130. Mostre que o produto dos n primeiros termos de uma PG infinita $(a_1, a_2, ..., a_n, ...)$ de razão q é da forma: $P_n = (a_1)^n \cdot q^{\frac{n(n-1)}{2}}$

131. Considere uma PA (a, b, c, d) de razão 2 e uma PG (b, d, e, f) de razão 2. Determine essas duas sequências.

132. Mostre que se (a_1, a_2, a_3) é ao mesmo tempo uma PA e uma PG, ambas com termos positivos, então $a_1 = a_2 = a_3$.

133. A soma dos três termos de uma PA (a_1, a_2, a_3) é 15. A sequência dada por $(a_1 + 3, a_2 + 7, a_3 + 17)$ é uma PG crescente. Encontre essa PG.

134. Obtenha uma PG de razão 2 com três termos, de modo que o primeiro termo, a razão e o terceiro termo dessa PG formem uma PA.

135. Considere a PA $(9, 11, 13, ...)$ e a PG $(3, -6, 12, ...)$. Determine n tal que a soma dos n primeiros termos dessa PA seja igual à soma dos 9 primeiros termos dessa PG.

136. As medidas dos ângulos internos de um triângulo retângulo formam uma PA crescente. Que número devemos acrescentar ao primeiro termo, subtrair do segundo e adicionar ao terceiro para obtermos uma PG?

137. Determine o décimo termo de uma sequência obtida pela soma dos respectivos termos da PA $(2, 4, ...)$ com os da PG $(2, 4, ...)$.

138. Calcule o décimo termo da sequência abaixo:
$$\left(\frac{\sqrt{2}}{2}, \frac{2}{4}, \frac{2\sqrt{2}}{6}, ...\right)$$

139. Os termos 3^x, 9^x e 27 formam uma PG cuja razão q é igual à razão r de uma PA que tem primeiro termo igual a 5. Obtenha o sexto termo dessa PA.

140. [GEOGRAFIA] A população de uma cidade, que atualmente tem 100.000 habitantes, cresce em PG na razão 1,2 ao ano.

A produção de comida, que hoje é suficiente para alimentar 150.000 pessoas, cresce em PA, podendo suprir de alimentos 20.000 pessoas a mais a cada ano. Se nada for feito, após quantos anos a quantidade de comida não será mais suficiente?

Matemática, Ciência & Vida

Muito já se falou a respeito do crescimento populacional e do prognóstico em termos de alimentos e recursos para sustentar a população mundial. Uma das teorias que ficaram famosas, principalmente por seu catastrofismo à época de sua idealização, foi a teoria de Malthus, mais conhecida como teoria malthusiana.

Thomas Robert Malthus (1766-1834), reverendo anglicano, demógrafo e economista inglês, publicou em dois trabalhos (1798 e 1803) suas observações e conclusões a respeito do crescimento populacional e de como isso afetaria a estrutura social. Para ele, a população cresceria em progressão geométrica (2, 4, 8, 16, ...), enquanto os recursos para alimentar essa população cresceriam em progressão aritmética (1, 2, 3, 4, ...), o que levaria, no longo prazo, à fome e à miséria.

Verificou-se depois que Malthus estava enganado em suas previsões. Os equívocos de sua teoria, na verdade mais uma hipótese, estavam na própria coleta de dados (ele pesquisou os dados apenas de uma pequena região) e em não ter considerado que poderiam ocorrer avanços tecnológicos no campo, o que de fato aconteceu, como a mecanização e a melhoria dos recursos hídricos, por exemplo.

Thomas Robert Malthus.

Encare Essa!

1. **[FÍSICA]** Uma pessoa desloca-se sobre uma trajetória retilínea conforme a sequência $(A_0A_1, A_1A_2, A_2A_3, ...)$:

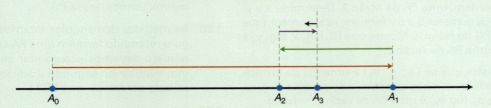

Sabendo que $A_0A_1 = 10$, $\dfrac{A_{n+1}A_n}{A_nA_{n-1}} = \dfrac{1}{3}$ e, na trajetória, $A_0 = 0$ e $A_1 = 10$, determine o número que corresponde a A_6.

2. Observe novamente a sequência de montagem do triângulo de Sierpinski:

estágio zero — estágio 1 — estágio 2 — estágio 3

Monte a sequência das áreas das figuras obtidas em cada estágio, sendo E_0 a área do triângulo equilátero inicial. Para isso, siga os passos indicados.

- A área da figura no estágio zero é E_0.
- Determine a expressão da área E_1 da figura no estágio 1.
- A área E_2 da figura no estágio 2 é dada por:

$$E_2 = E_0 - \frac{1}{4}E_0 - \frac{3}{16}E_0 = E_0 - \left(\frac{1}{4}E_0 + \frac{3}{16}E_0\right) = \frac{9}{16}E_0 = \left(\frac{3}{4}\right)^2 \cdot E_0$$

- Determine a área E_3 da figura no estágio 3.

Continuando esse processo, podemos encontrar a área da figura no enésimo estágio.

- A área E_n da figura no estágio n é dada por:

$$E_n = E_0 - \underbrace{\left[\frac{1}{4}E_0 + \frac{3}{16}E_0 + \frac{9}{64}E_0 + ... + \frac{1}{4} \cdot \left(\frac{3}{4}\right)^{n-1} \cdot E_0\right]}_{n \text{ parcelas}} = \left(\frac{3}{4}\right)^n \cdot E_0$$

Agora, você já pode escrever a sequência formada pelas áreas das figuras que aparecem em cada estágio.

a) Que tipo de sequência você obteve? Dê todas as características dela.
b) Observe como é obtida cada uma dessas áreas, a partir do estágio 1, e explique o procedimento.
c) Considerando que o processo é feito indefinidamente, determine a expressão da área E da figura obtida quando n tende a infinito e mostre que essa área vale zero ($E = 0$).

História & Matemática

Ao longo da história, diversos matemáticos contribuíram para a compreensão de sequências e suas propriedades. Há registros de tais contribuições desde a Antiguidade grega, por exemplo, com Zenão de Eleia (490-425 a.C.). Um dos mais importantes filósofos gregos, Zenão levantou questões envolvendo somas de um número infinito de termos positivos em progressão geométrica, cujo resultado era finito, o que aparentava ser uma contradição. Em alguns de seus estudos, o filósofo apresentou essas aparentes contradições, que ficaram conhecidas como **paradoxos de Zenão**.

Outros matemáticos gregos, como, por exemplo, Euclides (325-265 a.C.), no livro VIII de *Os Elementos*, utilizaram números em proporção contínua, ou seja, em progressão geométrica. Arquimedes (287-212 a.C.) também se dedicou a problemas envolvendo sequências numéricas para o cálculo de áreas e volumes de várias figuras geométricas. Fazendo uso do chamado "método de exaustão", que tem por base um procedimento sequencial, Arquimedes, assim como outros matemáticos da Antiguidade, obteve diversos resultados importantes referentes às áreas e aos volumes mencionados, apresentando exemplos com o objetivo de esclarecer o porquê de somas infinitas poderem ter resultados finitos.

Já na Idade Média, um contribuinte importante na compreensão de sequências numéricas foi o matemático italiano Leonardo de Pisa, conhecido como Fibonacci (1175-1250). Ele inventou a sequência de números inteiros (que leva o seu nome) em que cada termo é calculado pela soma dos dois termos precedentes, o que resulta em: 1, 1, 2, 3, 5, 8, ... Introduzida como modelo para o crescimento da população de coelhos e possuindo propriedades impressionantes, tal sequência continua tendo aplicação em muitas áreas científicas. Na Baixa Idade Média (ou Idade Média Tardia, séculos XIV e XV), o matemático francês Nicole Oresme (1330-1382) pesquisou o que chamamos hoje de velocidade e aceleração, fazendo uso de sequências.

Embora os matemáticos da Antiguidade e da Idade Média tenham descoberto diferentes propriedades importantes para análise de sequências, eles não possuíam uma notação adequada para lidar com elas. Essas contribuições só adquiriram maior rigor posteriormente, com os trabalhos de grandes matemáticos como Isaac Newton (1642-1727) e Gottfried Wilhelm von Leibniz (1646-1716), que desenvolveram representações de sequências para funções.

Reflexão e ação

Considere agora um dos chamados "paradoxos de Zenão": **o paradoxo de Aquiles**. Nesse caso, Aquiles, o herói grego, aposta uma corrida com uma tartaruga, sendo que a velocidade da tartaruga é 10 vezes menor que a de Aquiles. A tartaruga recebe a vantagem de iniciar a corrida 50 metros na frente, em um ponto A. Quando Aquiles chegar ao ponto A onde estava a tartaruga, esta já terá andado um pouco até um ponto B. Quando ele atingir o ponto B, a tartaruga já terá andado até um ponto C. Quando Aquiles chegar ao ponto C, a tartaruga já terá andado um pouco mais até um ponto D, e assim por diante. Por esse raciocínio, Aquiles pode alcançar a tartaruga? Explique. Sistematize o problema e, utilizando as propriedades de sequências aprendidas neste capítulo, explique por que Aquiles ultrapassa a tartaruga. Esclareça por que tal situação leva a um paradoxo no contexto grego e explique, em seguida, fazendo uso das propriedades de sequências estudadas, que não se trata de um paradoxo.

Sequências **355**

Atividades de Revisão

1. Determine os três primeiros termos das sequências dadas por:
   a) $a_n = 4n + 2$, com $n \in \mathbb{N}^*$
   b) $a_n = n^2 - 3n$, com $n \in \mathbb{N}^*$
   c) $a_n = (-1)^n \cdot \log_2(n + 1)$

2. Obtenha o décimo termo da seguinte sequência:
   $$(1, 3, 6, 10, \ldots)$$

3. Qual é o valor de n que faz com que a sequência $(1 - 4n, -5n, 2 + 3n)$ seja uma PA?

4. De uma PA com 10 termos e razão 4 retiram-se os termos de ordem par. Qual é a razão da nova PA obtida?

5. Calcule o valor de x para que a sequência
   $$((x + 3)^2, (x + 1)^2, x^2)$$
   seja uma PA.

6. Considere todos os números inteiros positivos menores que 2.010. Quantos são múltiplos de 7?

7. Se em uma PA $a_{10} - a_9 = 3$ e $a_5 + a_6 = 5$, então qual é o valor de a_{15}?

8. Obtenha o número de termos comuns (não importando a posição) das sequências abaixo que têm 60 termos.
   $$(2, 4, 6, 8, \ldots) \text{ e } (-3, 0, 3, 6, \ldots)$$

9. [NEGÓCIOS] O valor da prestação de um carro começa em R$ 500,00 e aumenta R$ 500,00 todo mês. Qual é o total pago após 12 prestações?

10. Quantos números naturais menores que 1.000 não são múltiplos de 9?

11. Determine o décimo termo de uma PA com 19 termos cuja soma dos 10 primeiros termos é 135 e a soma dos 10 últimos é 145.

12. Determine a medida do maior lado de um triângulo retângulo cujas medidas dos lados formam uma PA crescente, o perímetro é 12 e a área é 6.

13. Obtenha a soma dos 20 primeiros termos de uma PA sabendo que o terceiro termo vale 5 e o 18.º vale 35.

14. Determine o primeiro termo, a razão e o quinto termo de uma PA cuja soma dos n primeiros termos é dada por $n^2 - 4n$.

15. Calcule o valor de $\log(2^1 \cdot 2^2 \cdot 2^3 \cdot \ldots \cdot 2^{20})$.
    Use $\log 2 = 0,3$.

16. Qual é o menor número de termos que uma PA de razão 2 e $a_1 = -7$ deve ter para que a soma de seus termos seja positiva?

17. Determine a área de um triângulo retângulo de perímetro 24 cujas medidas dos lados estão em PA e o menor cateto mede 6.

18. Em uma PA de 3 termos, a soma deles é 12 e a soma de seus quadrados é 83. Determine essa PA, sabendo que ela é crescente.

19. Determine o produto entre o primeiro e o quarto termos da PG $(a, 6, c, d, 162)$.

20. Determine o terceiro termo de uma PG cuja soma dos n primeiros termos é dada por $S_n = 4^n - 1$.

21. O produto dos elementos de uma PG crescente de 3 termos é 27 e a soma desses termos é 13. Obtenha essa PG.

22. Obtenha a razão de uma PG tal que:
    $$a_2 + a_4 + a_7 = 111 \text{ e } a_3 + a_5 + a_8 = 222$$

23. Uma sequência de circunferências é tal que seus comprimentos formam uma PG de razão 2π. Nessas condições, calcule a razão da PG formada pelas áreas dos círculos correspondentes a essas circunferências, na mesma ordem.

24. Para quais valores reais de x o enésimo termo da PG $\left(\dfrac{x^2 - 3x + 2}{(x - 1)^n}, \dfrac{x^2 - 3x + 2}{(x - 1)^{n-1}}, \ldots\right)$ é não negativo?

25. Interpole quatro meios geométricos entre 2 e 64.

26. Calcule a soma dos 8 primeiros termos da seguinte PG: $(4, 6, \ldots)$

27. Calcule a soma dos 10 primeiros termos da PG $(1, -2, 4, \ldots)$.

28. Calcule a soma dos 10 primeiros termos de uma PG cujo primeiro termo é 1 e a razão é q^2.

29. Calcule a soma dos 20 primeiros termos da sequência $\left(1, \dfrac{1}{3}, \dfrac{1}{9}, \ldots\right)$.

30. Mostre que a soma dos n primeiros termos da PG $(1, 2, \ldots)$ é menor que 2^n.

31. No máximo, quantos termos a PG $(1, 2, \ldots, a_n)$ pode ter, sabendo que a soma de todos os seus termos é menor que 700?

32. Obtenha n na PG $(6, 36, \ldots, 6^n, \ldots)$ para que a soma dos n primeiros elementos dessa PG seja 55.986.

33. Resolva a equação, em $\mathbb{R}$:
    $$x + x^2 + x^3 + \ldots + x^n + \ldots = 5$$

356 MATEMÁTICA — UMA CIÊNCIA PARA A VIDA

34. Calcule a soma: $5^0 + 5^{-1} + 5^{-2} + ...$

35. Calcule a soma das áreas dos infinitos quadrados gerados pela construção abaixo.

36. Calcule a soma das áreas dos triângulos da sequência dada abaixo, todos de altura 10.

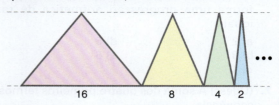

37. O produto dos 10 primeiros termos da PG $(a_1, a_2, ..., a_{10}, ...)$ é 128. Calcule a soma dos 10 primeiros elementos da PA
$$(\log_2 a_1, \log_2 a_2, ..., \log_2 a_{10}, ...)$$

QUESTÕES PROPOSTAS DE VESTIBULAR

1. (UECE) A sequência de triângulos equiláteros, ilustrada na figura abaixo, apresenta certo número de pontos assinalados em cada triângulo.

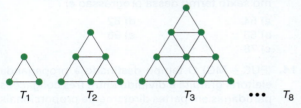

Seguindo a lógica utilizada na construção da sequência, o número de pontos que estarão assinalados no oitavo triângulo é:

a) 65
b) 54
c) 45
d) 56

2. (Fuvest – SP – adaptada) Uma sequência de números reais $a_1, a_2, a_3, ...$ satisfaz a lei de formação:

$$\begin{cases} a_{n+1} = 6a_n, \text{ se } n \text{ é ímpar} \\ a_{n+1} = \frac{1}{3}a_n, \text{ se } n \text{ é par} \end{cases}$$

Sabendo que $a_1 = \sqrt{2}$, encontre os oito primeiros termos da sequência.

3. (UFAM) Na sequência $\frac{1}{2}, \frac{5}{8}, \frac{3}{4}, \frac{7}{8}, x, y, z, ...$ os valores de x, y e z são respectivamente:

a) $\frac{5}{8}$, 1, $\frac{7}{8}$

b) $\frac{1}{2}$, $\frac{5}{8}$, $\frac{3}{4}$

c) $\frac{1}{2}$, 1, $\frac{3}{4}$

d) 1, $\frac{9}{8}$, $\frac{5}{4}$

e) $\frac{7}{8}$, 1, $\frac{5}{4}$

4. (Unifor – CE) Suponha que, em 15/1/2006, Bonifácio tinha R$ 27,00 guardados em seu cofre, enquanto Valfredo tinha R$ 45,00 guardados no seu e, a partir de então, no décimo quinto dia de cada mês subsequente, as quantias contidas em cada cofre aumentaram segundo os termos de progressões aritméticas de razões R$ 8,00 e R$ 5,00, respectivamente.

Considerando que nenhum deles fez qualquer retirada, a quantia do cofre de Bonifácio superou a do Valfredo no mês de:

a) junho
b) julho
c) agosto
d) setembro
e) outubro

5. (UFRGS – RS) Considere o enunciado abaixo, que descreve etapas de uma construção. Na primeira etapa, toma-se um quadrado de lado 1. Na segunda, justapõe-se um novo quadrado de lado 1 adjacente a cada lado do quadrado inicial. Em cada nova etapa, justapõem-se novos quadrados de lado 1 ao longo de todo o bordo da figura obtida na etapa anterior, como está representado abaixo.

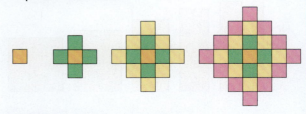

1.ª etapa   2.ª etapa   3.ª etapa   4.ª etapa

Seguindo esse padrão de construção, pode-se afirmar que o número de quadrados de lado 1 na vigésima etapa é:

a) 758
b) 759
c) 760
d) 761
e) 762

Sequências **357**

6. (UFC – CE) O conjunto formado pelos números naturais cuja divisão por 5 deixa resto 2 forma uma progressão aritmética de razão igual a:
   a) 2
   b) 3
   c) 4
   d) 5
   e) 6

7. (Udesc) A soma dos quatro primeiros termos da sequência
   $\begin{cases} a_1 = 2 \\ a_n = a_{n-1} + 2n, \text{ se } n \geq 2 \end{cases}$ é:
   a) 45
   b) 36
   c) 61
   d) 22
   e) 40

8. (UEPB) O termo nulo na sequência de números reais $\frac{2}{3}, \frac{15}{24}, \frac{14}{24}, \ldots$ é:
   a) a_{19}
   b) a_{16}
   c) a_{15}
   d) a_{18}
   e) a_{17}

9. (PUC – RS) As quantias, em reais, de cinco pessoas estão em progressão aritmética. Se a segunda e a quinta possuem, respectivamente, R$ 250,00 e R$ 400,00, a primeira possui:
   a) R$ 200,00
   b) R$ 180,00
   c) R$ 150,00
   d) R$ 120,00
   e) R$ 100,00

10. (UFG – GO) A figura a seguir representa uma sequência de cinco retângulos e um quadrado, todos de mesmo perímetro, sendo que a base e a altura do primeiro retângulo da esquerda medem 1 cm e 9 cm, respectivamente. Da esquerda para a direita, as medidas das bases desses quadriláteros crescem, e as das alturas diminuem, formando progressões aritméticas de razões a e b, respectivamente. Calcule as razões dessas progressões aritméticas.

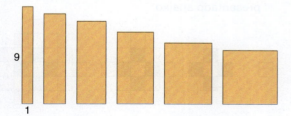

11. (UECE) Seja $(a_1, a_2, a_3, a_4, a_5, a_6, a_7, a_8)$ uma progressão aritmética.
    Se $a_2 + a_5 = 8$ e $a_8 = 7$, então $a_3 + a_7$ é igual a:
    a) 8
    b) $\frac{28}{3}$
    c) 10
    d) $\frac{32}{3}$

12. (Unesp) Num laboratório, foi feito um estudo sobre a evolução de uma população de vírus. Ao final de um minuto do início das observações, existia 1 elemento na população; ao final de dois minutos, existiam 5; e assim por diante. A seguinte sequência de figuras apresenta as populações do vírus (representado por um círculo) ao final de cada um dos quatro primeiros minutos.

Supondo que se manteve constante o ritmo de desenvolvimento da população, o número de vírus no final de 1 hora era de:
   a) 241
   b) 238
   c) 237
   d) 233
   e) 232

13. (Fatec – SP) Se a média aritmética dos 31 termos de uma progressão aritmética é 78, então o décimo sexto termo dessa progressão é:
    a) 54
    b) 66
    c) 78
    d) 82
    e) 96

14. (PUC – MG) O tempo destinado à propaganda eleitoral gratuita é dividido entre três coligações partidárias em partes diretamente proporcionais aos termos da progressão aritmética: $t, t + 6, t^2$. Nessas condições, de cada hora de propaganda eleitoral gratuita, a coligação partidária à qual couber a maior parte do tempo t, medido em minutos, ficará com:
    a) 26 min
    b) 28 min
    c) 30 min
    d) 32 min

15. (PUC – RJ) Numa progressão aritmética de razão r e o primeiro termo 3, a soma dos primeiros n termos é $3n^2$; logo, a razão é:
    a) 2
    b) 3
    c) 6
    d) 7
    e) 9

16. (Cefet – AL) Na expressão $P = \left(\frac{1}{\sqrt{2}}\right)^{1 + \frac{3}{2} + 2 + \ldots + 7}$, a base $\frac{1}{\sqrt{2}}$ tem como expoente a soma dos termos de uma sequência. O valor de $\sqrt{P}$ é:
    a) $\left(\frac{1}{6}\right)^{-6}$
    b) 2^{-16}
    c) 2^{-13}
    d) $\left(\frac{1}{2}\right)^{8}$
    e) $\left(\frac{1}{2}\right)^{-20}$

17. (UFRN) A fim de comemorar o dia da criança, uma escola promoveu uma brincadeira, visando premiar algumas delas. Para isso, reuniu 100 crianças, formando uma grande roda. Todas fo-

ram numeradas sucessivamente, de 1 até 100, no sentido horário. A professora de Matemática chamava cada uma pelo número correspondente — na sequência 1, 16, 31, 46, e assim por diante — e lhe dava um chocolate. A brincadeira encerrou-se quando uma das crianças, já premiada, foi chamada novamente para receber seu segundo chocolate. O número de chocolates distribuídos durante a brincadeira foi:
a) 25
b) 16
c) 21
d) 19

18. (FGV – SP) A soma de todos os inteiros entre 50 e 350 que possuem o algarismo das unidades igual a 1 é:
a) 4.566
b) 4.877
c) 5.208
d) 5.539
e) 5.880

19. (Fuvest – SP) Sejam a_1, a_2, a_3, a_4, a_5 números estritamente positivos tais que $\log_2 a_1$, $\log_2 a_2$, $\log_2 a_3$, $\log_2 a_4$, $\log_2 a_5$ formam, nessa ordem, uma progressão aritmética de razão $\frac{1}{2}$. Se $a_1 = 4$, então o valor da soma $a_1 + a_2 + a_3 + a_4 + a_5$ é igual a:
a) $24 + \sqrt{2}$
b) $24 + 2\sqrt{2}$
c) $24 + 12\sqrt{2}$
d) $28 + 12\sqrt{2}$
e) $28 + 18\sqrt{2}$

20. (Unesp) Um fazendeiro plantou 3.960 árvores em sua propriedade no período de 24 meses. A plantação foi feita mês a mês, em progressão aritmética. No primeiro mês foram plantadas x árvores, no mês seguinte $(x + r)$ árvores, com $r > 0$, e assim sucessivamente, sempre plantando no mês seguinte r árvores a mais do que no mês anterior. Sabendo-se que ao término do décimo quinto mês do início do plantio ainda restavam 2.160 árvores para serem plantadas, o número de árvores plantadas no primeiro mês foi:
a) 50
b) 75
c) 100
d) 150
e) 165

21. (UFSM – RS) O diretório acadêmico de uma universidade organizou palestras de esclarecimento sobre o plano de governo dos candidatos a governador. O anfiteatro, onde foram realizados os encontros, possuía 12 filas de poltronas distribuídas da seguinte forma: na primeira fila 21 poltronas, na segunda 25, na terceira 29, e assim sucessivamente.

Sabendo que, num determinado dia, todas as poltronas foram ocupadas e que 42 pessoas ficaram em pé, o total de participantes, excluído o palestrante, foi de:
a) 474
b) 516
c) 557
d) 558
e) 559

22. (Unesp) Considere a figura, onde estão sobrepostos os quadrados $OX_1Z_1Y_1$, $OX_2Z_2Y_2$, $OX_3Z_3Y_3$, $OX_4Z_4Y_4$, ..., $OX_nZ_nY_n$, ..., com $n \geq 1$, formados por pequenos segmentos medindo 1 cm cada um. Sejam A_n e P_n a área e o perímetro, respectivamente, do n-ésimo quadrado.

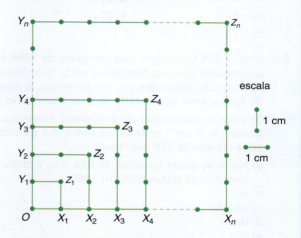

a) Mostre que a sequência $(P_1, P_2, ..., P_n, ...)$ é uma progressão aritmética, determinando seu termo geral, em função de n, e sua razão.
b) Considere a sequência $(B_1, B_2, ..., B_n, ...)$, definida por $B_n = \dfrac{A_n}{P_n}$. Calcule B_1, B_2 e B_3. Calcule, também, a soma dos 40 primeiros termos dessa sequência, isto é, $B_1 + B_2 + ... + B_{40}$.

23. (FGV – SP) Carlos tem oito anos de idade. É um aluno brilhante, porém comportou-se mal na aula, e a professora mandou-o calcular a soma dos mil primeiros números ímpares. Carlos resolveu o problema em dois minutos, deixando a professora impressionada. A resposta correta encontrada por Carlos foi:
a) 512.000
b) 780.324
c) 1.000.000
d) 1.210.020
e) 2.048.000

24. (UEL – PR) Para testar o efeito da ingestão de uma fruta rica em determinada vitamina, foram dados pedaços dessa fruta a macacos. As doses da fruta são arranjadas em uma sequência geométrica, sendo 2 g e 5 g as duas primeiras doses. Qual a alternativa correta para continuar essa sequência?
a) 7,5 g; 10,0 g; 12,5 g; ...
b) 125 g; 312 g; 619 g; ...
c) 8 g; 11 g; 14 g; ...
d) 6,5 g; 8,0 g; 9,5 g; ...
e) 12,500 g; 31,250 g; 78,125 g; ...

25. (Fuvest – SP) Sabe-se sobre a progressão geométrica $a_1, a_2, a_3, \ldots$ que $a_1 > 0$ e $a_6 = -9\sqrt{3}$.
Além disso, a progressão geométrica $a_1, a_5, a_9, \ldots$ tem razão igual a 9. Nessas condições, o produto $a_2 \cdot a_7$ vale:
a) $-27\sqrt{3}$
b) $-3\sqrt{3}$
c) $-\sqrt{3}$
d) $3\sqrt{3}$
e) $27\sqrt{3}$

26. (PUC – SP) Considere que em julho de 1986 foi constatado que era despejada certa quantidade de litros de poluentes em um rio e que, a partir de então, essa quantidade dobrou a cada ano.
Se hoje a quantidade de poluentes despejados nesse rio é de 1 milhão de litros, há quantos anos ela era de 250 mil litros?
a) Nada se pode concluir, já que não é dada a quantidade despejada em 1986.
b) seis
c) quatro
d) dois
e) um

27. (UFBA) Considerando que os números reais a, b e c formam, nessa ordem, uma progressão geométrica e satisfazem a igualdade
$$\log_2 a + \frac{1}{\log_b 2} + 2 \cdot \log_4 c = 9$$
determine o valor de b.

28. (UEL – PR) Marlene confecciona leques artesanais com o formato de um setor circular, como representado na figura a seguir.

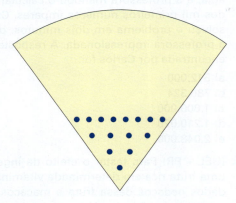

Para enfeitar os leques, usa pequenas contas brilhantes que dispõe da seguinte maneira: no vértice do leque, primeira fileira, coloca apenas uma conta; na segunda fileira horizontal posterior coloca duas contas; na terceira fileira horizontal coloca quatro, na quarta fileira horizontal dispõe oito contas, e assim sucessivamente. Considere que Marlene possui 515 contas brilhantes para enfeitar um leque.

Com base nessas informações, é correto afirmar que o número máximo de fileiras completas nesse leque é:
a) 7
b) 8
c) 9
d) 10
e) 11

29. (Unesp – adaptada) No início de janeiro de 2008, Fábio montou uma página na Internet sobre questões de vestibulares. No ano de 2008, houve 756 visitas à página. Supondo que o número de visitas à página, durante o ano, dobrou a cada bimestre, o número de visitas à página de Fábio no primeiro bimestre de 2008 foi:
a) 36
b) 24
c) 18
d) 16
e) 12

30. (Fuvest – SP) No plano cartesiano, os comprimentos de segmentos consecutivos da poligonal, que começa na origem O e termina em B (ver figura), formam uma progressão geométrica de razão p, com $0 < p < 1$.

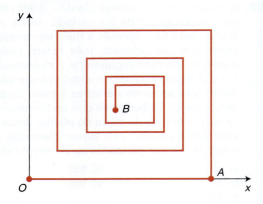

Dois segmentos consecutivos são sempre perpendiculares. Então, se $OA = 1$, a abscissa x do ponto $B = (x, y)$ vale:

a) $\dfrac{1 - p^{12}}{1 - p^4}$

b) $\dfrac{1 - p^{12}}{1 + p^2}$

c) $\dfrac{1 - p^{16}}{1 - p^2}$

d) $\dfrac{1 - p^{16}}{1 + p^2}$

e) $\dfrac{1 - p^{20}}{1 - p^4}$

31. (UFPE – adaptada) Um paciente toma diariamente 0,06 mg de certa droga. Suponha que o organismo do paciente elimina, diariamente, 15% da quantidade desta droga presente no organismo.

Assim, logo após ser administrada a droga, permanece no organismo do paciente, além desta dose, o remanescente das doses dos dias anteriores. No quadro abaixo, temos a quantidade da droga presente no organismo do paciente, em mg, nos dias depois do início do tratamento, após ser administrada a dose diária.

1.º dia	0,06
2.º dia	$0,06 + 0,85 \cdot 0,06$
3.º dia	$0,06 + 0,85 \cdot 0,06 + (0,85)^2 \cdot 0,06$
etc.	

Assim, no n-ésimo dia permanece no organismo do paciente um total de
$[0,06 + 0,85 \cdot 0,06 + \ldots + (0,85)^{n-1} \cdot 0,06]$ mg
da droga. Determine a quantidade Q da droga, em mg, presente no organismo do paciente, após um ano de tratamento.
(Use a aproximação $0,85^{365} = 0$.)

32. (FGV – SP) Um círculo é inscrito em um quadrado de lado m. Em seguida, um novo quadrado é inscrito nesse círculo, e um novo círculo é inscrito nesse quadrado, e assim sucessivamente.

A soma das áreas dos infinitos círculos descritos nesse processo é igual a:

a) $\dfrac{\pi \cdot m^2}{2}$

b) $\dfrac{3\pi \cdot m^2}{8}$

c) $\dfrac{\pi \cdot m^2}{3}$

d) $\dfrac{\pi \cdot m^2}{4}$

e) $\dfrac{\pi \cdot m^2}{8}$

33. (UFAM) Considere a sequência infinita de triângulos equiláteros $T_1, T_2, \ldots, T_n, \ldots$ onde os vértices de cada triângulo T_n são os pontos médios do triângulo T_{n-1} a partir de T_2. Sabendo que o lado de T_1 mede 2 cm, a soma dos perímetros dos infinitos triângulos vale:

a) 10 cm
b) 12 cm
c) 4 cm
d) 14 cm
e) 11 cm

34. (UEPB) Se a soma dos termos da PG $\left(1, \dfrac{1}{x}, \dfrac{1}{x^2}, \ldots\right)$ é igual a 4, com $x > 1$, o valor de x é igual a:

a) $\dfrac{7}{6}$

b) $\dfrac{3}{2}$

c) $\dfrac{5}{4}$

d) $\dfrac{6}{5}$

e) $\dfrac{4}{3}$

35. (UERJ) A figura a seguir mostra um molusco *Triton tritonis* sobre uma estrela-do-mar.

Um corte transversal nesse molusco permite visualizar, geometricamente, uma sequência de semicírculos. O esquema abaixo indica quatro desses semicírculos.

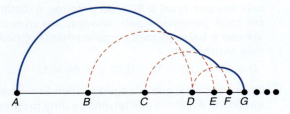

Admita que as medidas dos raios (AB, BC, CD, DE, EF, FG, ...) formem uma progressão tal que

$$\dfrac{AB}{BC} = \dfrac{BC}{CD} = \dfrac{CD}{DE} = \dfrac{DE}{EF} = \ldots$$

Assim, considerando $AB = 2$, a soma
$$AB + BC + CD + DE + \ldots$$
será equivalente a:

a) $2 + \sqrt{3}$
b) $2 + \sqrt{5}$
c) $3 + \sqrt{3}$
d) $3 + \sqrt{5}$

Sequências **361**

36. (FGV – SP) A figura indica infinitos triângulos isósceles, cujas bases medem, em centímetros, 8, 4, 2, 1, ...

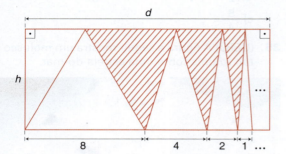

Sabendo que a soma da área dos infinitos triângulos hachurados na figura é igual a 51, pode-se afirmar que a área do retângulo de lados h e d é igual a:

a) 68
b) 102
c) 136
d) 153
e) 192

37. (PUC – MG) O valor de x na igualdade

$$x + \frac{x}{3} + \frac{x}{9} + \ldots = 12$$

na qual o primeiro membro é a soma dos termos de uma progressão geométrica infinita é igual a:

a) 8
b) 9
c) 10
d) 11

38. (PUC – MG) Depois de percorrer um comprimento de arco de 12 m, uma criança deixa de empurrar o balanço em que está brincando. Se o atrito diminui a velocidade do balanço de modo que o comprimento de arco percorrido seja sempre igual a 80% do anterior, a distância total percorrida pela criança, em metros, até que o balanço pare completamente, é dada pela expressão:

$$D = 12 + 0{,}80 \times 12 + 0{,}80 \times (0{,}80 \times 12) + \ldots$$

Observando-se que o segundo membro dessa igualdade é a soma dos termos de uma progressão geométrica, pode-se estimar que o valor de D, em metros, é igual a:

a) 24
b) 36
c) 48
d) 60

39. (FGV – SP) O conjunto solução da equação

$$x^2 - x - \frac{x}{3} - \frac{x}{9} - \frac{x}{27} - \ldots = -\frac{1}{2}$$

é:

a) $\left\{\frac{1}{2}, 1\right\}$
b) $\left\{-\frac{1}{2}, 1\right\}$
c) $\{1, 4\}$
d) $\{1, -4\}$
e) $\{1, 2\}$

40. (UFG – GO) A figura abaixo representa uma sequência de quadrados ($Q_1, Q_2, Q_3, \ldots$) sendo que o lado de Q_1 mede 10 cm, os vértices de Q_2 são os pontos médios dos lados de Q_1, os vértices de Q_3 são os pontos médios dos lados de Q_2, e assim sucessivamente. Calcule a soma das áreas dos quadrados:

$$A(Q_1) + A(Q_2) + \ldots + A(Q_{2.006})$$

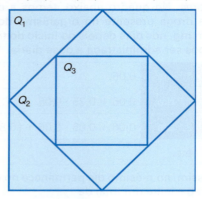

41. (PUC – SP) Seja

$$S = \frac{1}{7} - \frac{2}{7^2} + \frac{1}{7^3} - \frac{2}{7^4} + \frac{1}{7^5} - \frac{2}{7^6} + \ldots$$

Considerando as aproximações log 2 = 0,30 e log 3 = 0,48, o valor de log S é um número pertencente ao intervalo:

a) $]-\infty, -2]$
b) $]-2, -1]$
c) $]-1, 0]$
d) $]0, 1]$
e) $]1, +\infty[$

42. (UFPR) João pegou a calculadora de seu pai e começou a brincar, repetindo uma mesma sequência de operações várias vezes para ver o que acontecia. Uma dessas experiências consistia em escolher um número x_1 qualquer, somar 5 e dividir o resultado por 2, obtendo um novo número x_2. A seguir ele somava 5 a x_2 e dividia o resultado por 2, obtendo um novo número x_3. Repetindo esse processo, ele obteve uma sequência de números:

$$x_1, x_2, x_3, x_4, x_5, \ldots, x_n$$

Após repetir o processo muitas vezes, não importando com qual valor tivesse iniciado a sequência de operações, João reparou que o valor x_n se aproximava sempre do mesmo número. Que número era esse?

a) $\frac{5}{2}$
b) 1
c) $\frac{15}{2}$
d) 5
e) 0

43. (PUC – RS – adaptada) O conjunto imagem da função $f: \mathbb{N}^* \to \mathbb{R}$ é dado pela progressão geométrica $(1, 4, 16, 64, ...)$. Os pontos do gráfico de f podem pertencer à curva:

a)

b)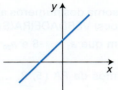

c)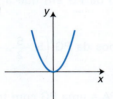

d)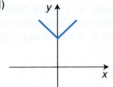

e)

44. (UFRGS – RS) Uma função exponencial $y = f(t)$ é tal que $f(0) = 20$ e $f(t + 3) = \dfrac{f(t)}{2}$. Considere as proposições abaixo.

I. $f(t) = 5 \cdot 2^{\frac{6-t}{3}}$

II. f é decrescente.

III. A sequência $f(1)$, $f\left(\dfrac{3}{2}\right)$, $f(2)$, $f\left(\dfrac{5}{2}\right)$ é uma progressão geométrica.

Quais são verdadeiras?

a) apenas III
b) apenas I e II
c) apenas I e III
d) apenas II e III
e) I, II e III

45. (PUC – RS) Uma progressão geométrica tem n termos, $(a_1, a_2, ..., a_n)$. Os pontos $(1, a_1), (2, a_2), ..., (n, a_n)$ podem localizar-se sobre o gráfico de:

a)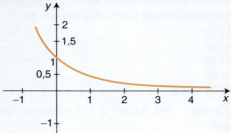

b)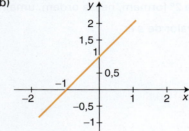

c)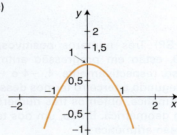

d)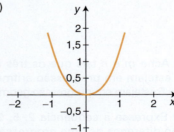

e)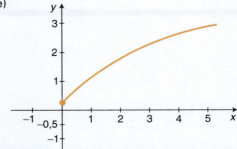

46. (UFRGS – RS) Numa progressão aritmética de razão $\frac{1}{2}$, o primeiro, o sétimo e o décimo nono termos formam, nessa ordem, uma progressão geométrica cuja soma dos termos é:

a) 17
b) 18
c) 19
d) 20
e) 21

47. (Fuvest – SP) Sejam a e b números reais tais que:

(i) a, b e $a + b$ formam, nessa ordem, uma PA;
(ii) 2^a, 16 e 2^b formam, nessa ordem, uma PG.

Então, o valor de a é:

a) $\frac{2}{3}$
b) $\frac{4}{3}$
c) $\frac{5}{3}$
d) $\frac{7}{3}$
e) $\frac{8}{3}$

48. (Fuvest – SP) Três números positivos, cuja soma é 30, estão em progressão aritmética. Somando-se, respectivamente, 4, −4 e −9 aos primeiro, segundo e terceiro termos dessa progressão aritmética, obtemos três números em progressão geométrica. Então, um dos termos da progressão aritmética é:

a) 9
b) 11
c) 12
d) 13
e) 15

49. (PUC – RJ) Ache m e n tais que os três números 3, m, n estejam em progressão aritmética e 3, $m + 1$, $n + 5$ estejam em progressão geométrica.

50. (PUC – RJ) Expresse a sequência 2, 5, 20, 71, 230, ... como diferença de uma progressão aritmética e uma progressão geométrica, ambas de razão 3.

51. (UFJF – MG) Uma progressão aritmética e uma geométrica têm o número 2 como primeiro termo. Seus quintos termos também coincidem e a razão da PG é 2. Sendo assim, a razão da PA é:

a) 8
b) 6
c) $\frac{32}{5}$
d) 4
e) $\frac{15}{2}$

52. (UFSC) Determine a soma dos números associados à(s) proposição(ões) VERDADEIRA(S).

(01) A razão da PA em que $a_1 = -8$ e $a_{20} = 30$ é $r = 2$.
(02) A soma dos termos da PA $(5, 8, ..., 41)$ é 299.
(04) O primeiro termo da PG em que $a_3 = 3$ e $a_7 = \frac{3}{16}$ é 12.
(08) A soma dos termos da PG $\left(5, \frac{5}{2}, \frac{5}{4}, ...\right)$ é 10.

53. (UFAM) Dados uma PA e uma PG com três termos reais. A soma da PA adicionada à soma da PG é igual a 26. Sabe-se que suas razões são iguais ao primeiro termo da PG, e que o primeiro termo da PA é igual a 2. A razão será igual a:

a) −2
b) 1
c) −1
d) 2
e) 3

54. (Fuvest – SP) Os números a_1, a_2, a_3 formam uma progressão aritmética de razão r, de tal modo que $a_1 + 3$, $a_2 - 3$, $a_3 - 3$ estejam em progressão geométrica. Dado ainda que $a_1 > 0$ e $a_2 = 2$, conclui-se que r é igual a:

a) $3 + \sqrt{3}$
b) $3 + \frac{\sqrt{3}}{2}$
c) $3 + \frac{\sqrt{3}}{4}$
d) $3 - \frac{\sqrt{3}}{2}$
e) $3 - \sqrt{3}$

Programas de Avaliação Seriada

1. (PASUSP – SP – adaptada) Na Grécia Antiga, Pitágoras estudou várias propriedades dos chamados *números figurados*, como, por exemplo, os números triangulares. Os primeiros cinco números triangulares são:

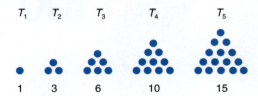

O número triangular T_n é a soma dos n números naturais de 1 a n. A soma dos termos da sequência dos números inteiros de 1 a n pode ser obtida considerando-se que a soma do primeiro termo com o último é igual à do segundo termo com o penúltimo e assim por diante. Desse modo, o resultado pode ser obtido somando-se o primeiro termo ao último e multiplicando-se o valor encontrado pela metade do número de termos da sequência.

O nono número triangular T_9 é:

a) 66
b) 55
c) 45
d) 36
e) 28

2. (PAS – UnB – DF – adaptada) Malba Tahan, em *O homem que calculava*, narra as proezas matemáticas do calculista Beremiz Samir na arte de resolver problemas. Ele era capaz de façanhas como, por exemplo, contar o número de folhas de uma árvore, de abelhas de um enxame, de flores de um jardim e de grãos de uma colheita em um piscar de olhos. Tal habilidade era admirada e reconhecida por todos, de forma que ele era frequentemente requisitado para solucionar questões de Aritmética. Nesse contexto, um camponês pediu ao ilustre matemático ajuda para determinar o número de árvores que deveriam ser plantadas em n dias para ocupar um terreno de maneira a obter configurações geométricas em forma de triângulos ou quadrados, em cada dia $n > 2$. Para auxiliar o agricultor, Beremiz considerou as sequências $(1, 3, 6, 10, ..., t_n, ...)$ e $(1, 4, 9, 16, ..., q_n, ...)$, em que t_n e q_n representavam os números de árvores que deveriam ser plantadas do 1.º ao n-ésimo dia para se obterem arranjos triangulares e quadrados, respectivamente, como ilustrado a seguir.

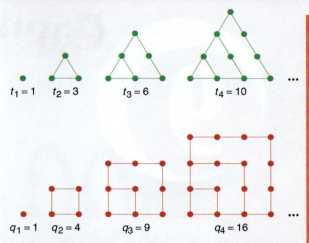

A partir dessas informações, julgue os itens a seguir.

(1) O número de árvores que deveriam ser plantadas do 1.º ao n-ésimo dia, para se obter a mencionada configuração triangular, pode ser obtido pela soma dos n primeiros termos da progressão aritmética $(1, 2, 3, ...)$.

(2) O número de árvores que deveriam ser plantadas do 1.º ao n-ésimo dia, de forma a se obter a referida configuração quadrada, pode ser obtido somando-se os n primeiros números ímpares naturais.

(3) O número de árvores plantadas do 1.º dia ao dia $2n + 1$, para que fossem obtidos arranjos quadrados, é dado por $8t_n + 1$.

(4) O número inteiro $q_{12} - t_{12}$ é 66.

3. (PISM – UFJF – MG) A sequência $(a_1, a_2, ..., a_n)$ é uma progressão aritmética (PA) de razão 2 e com $a_1 = 1$. Considere uma função $f: \mathbb{R} \to \mathbb{R}$ dada por $f(x) = ax + b$.

A sequência $(f(a_1), f(a_2), ..., f(a_n))$ forma uma nova PA de razão 6 e primeiro termo igual a 4.

O valor de $f(-3)$ é:

a) -10 d) 8
b) -8 e) 10
c) 1

4. (PASES – UFV – MG) Se $(a_1, a_2, ..., a_{20})$ é uma progressão geométrica finita tal que $a_1 = -2$ e $a_2 = 1$, é CORRETO afirmar que o valor de $(a_{20})^{\frac{1}{9}}$ é:

a) 4   c) $-\dfrac{1}{4}$
b) $\dfrac{1}{4}$ d) -4

Capítulo 9

Objetivos do Capítulo

▶ Retomar os conceitos de razão, de proporção e de porcentagem.

▶ Trabalhar com os modelos de capitalização de juro simples e de juro composto.

▶ Explorar diferentes contextos de aplicação desses modelos.

▶ Interpretar geometricamente juro simples e juro composto, enfatizando suas respectivas relações com função afim e função exponencial, propiciando uma comparação entre os dois modelos.

MATEMÁTICA FINANCEIRA

INFLAÇÃO...

Estabilidade financeira é fundamental para que haja investimento e para que os países possam se desenvolver. Jornais e revistas trazem diariamente índices referentes a estabilidade, como o preço do ouro, a flutuação no preço das ações de empresas, além de outros indicadores econômicos, como os índices de inflação.

De forma bastante simplificada, podemos dizer que inflação é a perda do poder de compra da moeda ao longo de determinado período de tempo ou, em outras palavras, é o aumento do preço dos produtos e serviços: é preciso mais dinheiro para se comprar o mesmo produto que se comprava em um passado não muito distante.

Entre os muitos fatores que podem levar à inflação estão o descontrole na emissão de moeda por parte do governo, o aumento no preço da importação de produtos primários (energia, petróleo e outras matérias-primas) e o consumo exagerado por parte da população, muito além da capacidade de produção do país.

Sem a estabilidade da moeda, as taxas de juro sobem, o crédito diminui, o desemprego tende a aumentar e a lucratividade das empresas cai, afetando diretamente a vida de todos nós.

Lucro, prejuízo, aumentos, juros e tantos outros conceitos importantes para nossa vida financeira são o tema deste nosso capítulo.

1. Razões e Proporções

Veja esta situação.

Em uma loja há a seguinte promoção: "pague 2 e leve 3". Nesse caso, a *razão* entre o que se paga e o que se leva é de $\frac{2}{3}$. Isso significa que, para cada 2 produtos pagos, levam-se 3.

Se forem comprados 16 produtos nessa promoção, levam-se 24. Observe que o quociente entre os números 2 e 16 é igual ao quociente entre 3 e 24, ou seja: $\frac{2}{3} = \frac{16}{24}$

> *Recorde*
> Razão é o quociente entre dois números ou duas grandezas.

> Chama-se **proporção** a igualdade entre duas razões.

Exemplos

a) 4 está para 20 assim como 8 está para 40, pois:

$$\frac{4}{20} = \frac{1}{5} \text{ e } \frac{8}{40} = \frac{1}{5} \Rightarrow \frac{4}{20} = \frac{8}{40}$$

b) 49, 7, 63 e 9, nessa ordem, formam uma proporção:

$$\frac{49}{7} = \frac{63}{9} \text{ pois as duas razões valem 7}$$

1.1 PROPRIEDADE FUNDAMENTAL DE UMA PROPORÇÃO

Na proporção $\frac{2}{3} = \frac{16}{24}$, os números 3 e 16 são os *meios* e os números 2 e 24 são os *extremos*. Nela, pode-se perceber que $2 \cdot 24 = 3 \cdot 16 = 48$.

Essa propriedade vale para qualquer proporção.

> *Recorde*
> Uma proporção $\frac{a}{b} = \frac{c}{d}$ é lida assim:
> *a* está para *b* assim como *c* está para *d*.

> Em uma proporção, o produto dos meios é igual ao produto dos extremos.

Exercícios Resolvidos

ER. 1 [COTIDIANO] André vai comprar ração para seu cachorro.

A ração da marca escolhida por ele é vendida em três tipos de pacotes, conforme mostra a tabela abaixo.

Tamanho	Quantidade (em kg)	Preço (em reais)
pequeno	2	10,00
médio	10	45,00
grande	15	72,00

André quer comprar o pacote cujo preço por kg é menor. Qual pacote ele deve comprar?

368 MATEMÁTICA — UMA CIÊNCIA PARA A VIDA

Resolução: Vamos analisar o preço por kg em cada pacote:

pequeno: $\dfrac{\text{preço de 1 pacote pequeno}}{\text{quantidade de quilogramas}} = \dfrac{10}{2}$ reais/kg = 5 reais/kg

médio: $\dfrac{\text{preço de 1 pacote médio}}{\text{quantidade de quilogramas}} = \dfrac{45}{10}$ reais/kg = 4,5 reais/kg

grande: $\dfrac{\text{preço de 1 pacote grande}}{\text{quantidade de quilogramas}} = \dfrac{72}{15}$ reais/kg = 4,8 reais/kg

Logo, André deve comprar o pacote médio, cujo preço do quilograma é de R$ 4,50.

ER. 2 [COMÉRCIO] Veja as informações nos rótulos de duas embalagens de sucos de marcas diferentes:

a) Qual é o rendimento de cada produto?
b) Qual é a embalagem que fornece o menor custo para o litro de suco?

Resolução:

a) O *rendimento* do produto é dado pela *razão* entre a *quantidade de suco produzida* e a *massa do conteúdo* de cada embalagem.

Suco Suquito: $\dfrac{\text{quantidade de suco produzida}}{\text{massa do conteúdo da embalagem}} = \dfrac{4}{30}$ L/g ≈ 0,13 L/g

Super Suco: $\dfrac{\text{quantidade de suco produzida}}{\text{massa do conteúdo da embalagem}} = \dfrac{4}{30}$ L/g = 0,12 L/g

Logo, o rendimento do Suco Suquito é de 0,13 litro por grama e do Super Suco, de 0,12 litro por grama.

b) O *custo do litro* de suco é dado pela *razão* entre o *preço da embalagem* e a *quantidade de suco produzida*.

Suco Suquito: $\dfrac{\text{preço da embalagem}}{\text{quantidade de suco produzida}} = \dfrac{2}{4}$ reais/L = 0,50 reais/L

Super Suco: $\dfrac{\text{preço da embalagem}}{\text{quantidade de suco produzida}} = \dfrac{2,7}{6}$ reais/L = 0,45 reais/L

Portanto, a embalagem que fornece o menor custo por litro de suco é a do Super Suco.

ER. 3 [ECONOMIA] Determinada fábrica de sabão em pó vende seus produtos em pacotes de 900 g, 2 kg, 5 kg e 10 kg. Sabe-se que, para obter lucro, a empresa deve vender cada quilograma de sabão em pó por R$ 5,00. Nessas condições, qual deve ser o preço de cada tipo de pacote?

Resolução: Considere a tabela seguinte:

Quantidade de sabão em pó (em kg)	0,9	1	2	5	10
Preço (em reais)	x	5	y	z	t

Assim, devemos fazer:

$$\frac{0,9}{x} = \frac{1}{5}; \quad \frac{1}{5} = \frac{2}{y}; \quad \frac{1}{5} = \frac{5}{z} \quad \text{e} \quad \frac{1}{5} = \frac{10}{t}$$

Logo, em reais, temos:

$$x = 4,5, \quad y = 10, \quad z = 25 \quad \text{e} \quad t = 50$$

Recorde

Sendo a, b e c números reais não nulos, dizemos que o número x é a *quarta proporcional* entre a, b e c, nessa ordem, se:

$$\frac{a}{b} = \frac{c}{x}$$

EXERCÍCIOS PROPOSTOS

1. [CONSUMO] O preço de uma embalagem de iogurte de 160 mL é R$ 0,80. Qual é o preço do litro desse iogurte?

2. [SALÁRIO] Uma pessoa ganha R$ 12,00 por hora de trabalho. Quanto ela ganhará se trabalhar 6 horas por dia, durante 5 dias?

3. [CONSUMO] Em um supermercado, o arroz é vendido em pacotes de 1 kg, 2 kg e 5 kg. O pacote de 1 kg custa R$ 1,30, o de 2 kg, R$ 2,50 e o de 5 kg, R$ 6,60.
Levando em conta apenas o preço, qual das embalagens é mais vantajosa para o consumidor?

4. [SAÚDE] O soro caseiro é fabricado da seguinte forma: 1 copo-d'água (250 mL), 1 colher de sopa (30 g) de açúcar e 1 pitada (2 g) de sal. Quais são as quantidades necessárias de sal e de açúcar para produzir 10 litros de soro caseiro?

5. [SAÚDE] A razão de fumantes em uma empresa é de 2 em cada 5 pessoas. Se 30 pessoas deixarem de fumar, a razão passará a ser de 0,3. Quantos funcionários essa empresa possui?

6. [DIVERSÃO] Um jogo de computador é pago em duas parcelas que estão na razão de 7 para 5. Sabendo que o total pago foi R$ 240,00, qual o valor da parcela maior?

1.2 NÚMEROS PROPORCIONAIS

Já vimos que podemos relacionar números ou grandezas numa proporção. Por exemplo, 2 representa do 1 a mesma parte que 10 representa do 5, ou, ainda, o mesmo que 6 representa do 3, isto é, 2, 10 e 6 são o dobro de 1, 5 e 3, respectivamente.

Quando isso ocorre, dizemos que os números 2, 10 e 6 são *diretamente proporcionais* a 1, 5 e 3, nessa ordem, pois temos:

$$\frac{2}{1} = \frac{10}{5} = \frac{6}{3} = 2$$

O valor constante de todas as razões, no caso o 2, é o *coeficiente de proporcionalidade*.

No caso de o valor constante ser obtido por produtos dos números, dizemos que os números são *inversamente proporcionais*. Por exemplo, 2, 10 e 6 são inversamente proporcionais a 15, 3 e 5, nessa ordem, pois temos $2 \cdot 15 = 10 \cdot 3 = 6 \cdot 5 = 30$. Nesse caso, também existem razões iguais, só que essas razões são formadas com os inversos dos números da segunda sequência, ou seja:

$$\frac{2}{\frac{1}{15}} = \frac{10}{\frac{1}{3}} = \frac{5}{\frac{1}{6}} = 30 \text{ (coeficiente de proporcionalidade)}$$

Recorde

Grandeza é uma característica de um objeto (ou fenômeno) que pode ser medida ou contada.

Exercícios Resolvidos

ER. 4 [TRABALHO] Um médico realizou uma cirurgia por 8 horas, recebendo R$ 2.000,00 por ela. Qual deve ser a sua remuneração por uma cirurgia que dura 3 horas a menos, sabendo que o valor cobrado por cirurgia é diretamente proporcional à quantidade de horas de sua duração?

Resolução: O médico recebe por hora de cirurgia $\frac{2.000}{8}$, ou seja, R$ 250,00.

Assim, para uma cirurgia que dure 3 horas a menos, ele recebe por 5 horas, ou seja:

$$5 \cdot 250 = 1.250$$

Logo, por uma cirurgia que dure 3 horas a menos o médico deve receber R$ 1.250,00.

ER. 5 [PRODUÇÃO] Pedro precisa efetuar 350 telefonemas. Para agilizar, Tadeu foi ajudá-lo. A divisão do número de telefonemas entre eles foi feita de maneira diretamente proporcional às horas de trabalho diário de cada um.

Sabendo que Pedro trabalha 8 horas por dia e Tadeu 6, determine:

a) quem fez menos telefonemas;
b) quantos telefonemas a menos ele fez.

Resolução: Vamos indicar por x o número de telefonemas que coube a Tadeu e por y o que coube a Pedro.

a) Se x e y são diretamente proporcionais a 6 e 8, Tadeu fez menos telefonemas, pois trabalha menos horas por dia que Pedro ($6 < 8$).

b) $\dfrac{x}{6} = \dfrac{y}{8} = \dfrac{\overset{350}{\overbrace{x+y}}}{6+8} = \dfrac{350}{14} = 25$

Assim, vem:

$\dfrac{x}{6} = 25 \Rightarrow x = 150$

$\dfrac{y}{8} = 25 \Rightarrow y = 200$

Logo, Tadeu fez 50 telefonemas a menos.

Recorde

Propriedade das proporções:

- $\dfrac{a}{b} = \dfrac{c}{d} = \dfrac{a+c}{b+d}$
- $\dfrac{a}{b} = \dfrac{c}{d} = \dfrac{e}{f} = \dfrac{a+c+e}{b+d+f}$

ER. 6 [CONTABILIDADE] Joel vendeu um imóvel e resolveu repartir o lucro obtido com seus três filhos, de modo que eles recebam valores inversamente proporcionais às suas idades 18, 27 e 54.

Sabendo que o lucro da venda foi de R$ 18.000,00, qual a diferença entre as quantias recebidas pelo filho mais novo e pelo mais velho?

Resolução: Considere x a parte do filho mais novo, y a do filho do meio e z a do filho mais velho. Como $x + y + z = 18.000$ e x, y e z são inversamente proporcionais a 18, 27 e 54, vem:

$$\dfrac{x}{\frac{1}{18}} = \dfrac{y}{\frac{1}{27}} = \dfrac{z}{\frac{1}{54}} = \dfrac{x+y+z}{\frac{1}{18}+\frac{1}{27}+\frac{1}{54}} = \dfrac{18.000}{\frac{1}{9}} =$$

$$= 18.000 \cdot 9 = 162.000$$

Desse modo, obtemos:

- $\dfrac{x}{\frac{1}{18}} = 162.000 \Rightarrow x = 9.000$
- $\dfrac{y}{\frac{1}{27}} = 162.000 \Rightarrow y = 6.000$
- $\dfrac{z}{\frac{1}{54}} = 162.000 \Rightarrow z = 3.000$

Atenção!

Note que, depois de calcular duas das incógnitas, a terceira pode ser achada pela equação $x + y + z = 18.000$. Veja:

$9.000 + 6.000 + z = 18.000$
$15.000 + z = 18.000$
$z = 18.000 - 15.000$
$z = 3.000$

Assim, o filho mais novo recebeu R$ 9.000,00 e o mais velho, R$ 3.000,00 e, portanto, a diferença entre essas quantias é de R$ 6.000,00.

Matemática Financeira

Exercícios Propostos

7. [TRABALHO] O gerente de uma loja vai dividir um prêmio de R$ 2.500,00 entre seus três vendedores mais antigos de maneira diretamente proporcional ao tempo que eles trabalham na empresa, que são 14, 16 e 20 anos, respectivamente. Quanto cada um receberá?

8. [QUÍMICA] Na tabela abaixo estão os volumes e as pressões de uma massa fixa de gás ideal à temperatura constante. Sabendo que nessa situação o volume e a pressão são inversamente proporcionais, determine x e y.

Volume (em litros)	3	6	y
Pressão (em atmosferas)	2	x	8

9. [EDUCAÇÃO] O diretor de uma escola pediu a ajuda de três professores para preencher um relatório com 210 questões. Ele dividiu o trabalho de modo inversamente proporcional ao número de aulas que cada professor tinha nesse dia: 2, 3 e 6 aulas.

a) Sem calcular quantas questões cada um fez, responda: o professor que tem menos aulas fez mais ou menos da metade das questões? Justifique sua resposta.

b) Quantas questões cada um fez?

10. [PRODUÇÃO] Em uma fábrica foram feitas 490 peças divididas em três lotes. O número de peças dos dois primeiros lotes são diretamente proporcionais a 2 e 3 e o número de peças do terceiro lote é a soma dos dois primeiros. Se a fábrica vendeu o segundo lote inteiro cobrando R$ 13,50 por peça, quanto ela apurou nessa venda?

11. [FINANÇAS] Cristina e Inês fizeram vários depósitos em uma mesma conta para comprar um novo equipamento para a sua confecção.

A tabela abaixo mostra os depósitos, em reais, já efetuados:

	Cristina	Inês
1.º depósito	1.500,00	1.500,00
2.º depósito	800,00	2.000,00
3.º depósito	3.200,00	2.500,00

Sabendo que o equipamento custa R$ 14.000,00 e que os totais depositados por Cristina e Inês devem ser diretamente proporcionais a 3 e 4, respectivamente, calcule as quantias que Cristina e Inês ainda têm de depositar para que possam efetuar essa compra.

12. [TRABALHO] Um bônus de R$ 5.600,00 será distribuído em partes inversamente proporcionais a 5 e 3 para Guilherme e Suzana, funcionários com menor número de faltas no último triênio. Quanto receberá cada um?

13. Divida o número 250 em quatro partes inversamente proporcionais a n, $2n$, $3n$ e $4n$, com $n \in \mathbb{N}^*$.

2. Porcentagem

Quem ainda não se deparou com alguma situação em que teve de lidar com porcentagens? No cotidiano, elas aparecem em quase todas as relações comerciais que praticamos.

Na mídia, no supermercado, na poupança, no nosso salário, em vários momentos de nossa vida e no mundo todo, a forma porcentual é uma das mais utilizadas.

Agora, vamos recordar alguns conceitos e ampliar nossos conhecimentos sobre esse tema.

2.1 TAXA PORCENTUAL E PORCENTAGEM DE UM VALOR

A *taxa porcentual* ou *taxa de porcentagem* é uma *razão centesimal* (fração com denominador 100). É uma das maneiras de se representar partes de 100. Por isso, o símbolo de porcentagem (%) é lido "por cento". Desse modo, cinquenta por cento, por exemplo, pode ser representado assim:

$$50\% = \frac{50}{100} = 0{,}50 = 0{,}5$$

Observação

Nos cálculos que envolvem taxas porcentuais, devemos usar essas taxas na forma fracionária ou na forma decimal.

Uma situação bastante corriqueira aparece quando lidamos com taxas porcentuais. É aquela em que precisamos saber quanto obtemos ao aplicar essa taxa a uma quantia ou a um valor. Por isso, em praticamente todos os tipos de calculadora existe a tecla , que nos possibilita fazer esse cálculo.

Por exemplo, veja algumas maneiras de se calcular 15% de 480 reais:

- 15% de 480 = $\frac{15}{100} \cdot 480 = 72$
- 15% de 480 = $0{,}15 \cdot 480 = 72$
- 10% de 480 = 480 : 10 = 48
  5% de 480 = 48 : 2 = 24
  15% de 480 = 40 + 20 + 8 + 4 = 60 + 12 = 72

Com isso, podemos dizer que 15% de 480 reais é 72 reais.

Recorde

Na calculadora, esse cálculo pode ser feito pressionando as seguintes teclas, nesta ordem:

O número que aparece no visor (72) é o resultado procurado.

Exercícios Resolvidos

ER. 7 Simplifique e expresse na forma de porcentagem:

a) $\frac{5}{5}$

b) $\frac{8}{5}$

c) $\frac{3}{4}$

d) $\sqrt{64\%}$

e) $(50\%)^2$

f) $(50\%) \cdot (25\%)$

Resolução:

a) $\frac{5}{5} = 1 = \frac{100}{100} = 100\%$

b) $\frac{8}{5} = \frac{8 \cdot 100}{5 \cdot 100} = \frac{8 \cdot 20}{100} = \frac{160}{100} = 160\%$

c) $\frac{3}{4} = 0{,}75 = \frac{75}{100} = 75\%$

d) $\sqrt{64\%} = \sqrt{\frac{64}{100}} = \frac{8}{10} = \frac{80}{100} = 80\%$

e) $(50\%)^2 = \left(\frac{50}{100}\right)^2 = \left(\frac{1}{2}\right)^2 = \frac{1}{4} = 0{,}25 = 25\%$

f) $(50\%) \cdot (25\%) = 0{,}5 \cdot 0{,}25 = 0{,}125 = \frac{125}{1.000} = \frac{12{,}5}{100} = 12{,}5\%$

Faça

Coloque na forma porcentual:
a) 1   c) 10
b) 2   d) 50

ER. 8 Quantos por cento 3 é de 40 e 25 é de 20?

Resolução: Quando desejamos obter uma comparação porcentual entre dois valores, precisamos exprimir a razão entre eles (do primeiro para o segundo) como uma fração centesimal ou obter a forma decimal equivalente e multiplicá-la por 100. Desse modo, encontramos a taxa porcentual correspondente.

- $\frac{3}{40} = 0{,}075 = 7{,}5\%$
- $\frac{25}{20} = \frac{25 \cdot 5}{20 \cdot 5} = \frac{125}{100} = 125\%$

Recorde

Temos:
- $0{,}075 \cdot \mathbf{100} = 007{,}5 = 7{,}5$
- $7{,}5 : \mathbf{100} = \frac{7{,}5}{100} = 7{,}5\%$

Quando multiplicamos e, em seguida, dividimos por um mesmo número, o valor inicial não se altera. Por isso, podemos dizer que:

$$0{,}075 = 7{,}5\%$$

Matemática Financeira **373**

Exercícios Propostos

14. Represente como porcentagem:
a) $\dfrac{2}{5}$
b) 0,34
c) $\sqrt{9\%}$
d) $\dfrac{1}{2}$
e) 5
f) $\sqrt{81\%}$
g) $(50\%)^2$
h) 1,28
i) $(1,2)^2$
j) $(30\%) \cdot (60\%)$
k) $(60\%) \cdot (40\%)$

15. Dos 20 funcionários de um escritório, hoje faltaram 5. Qual é a taxa porcentual de ausentes?

16. [CONSUMO] Um rádio de R$ 150,00 foi vendido por R$ 144,00. Qual foi a taxa porcentual de desconto?

17. [MARKETING] Um hipermercado anuncia uma megapromoção: leve 5 pacotes de arroz e pague 2,5. A rede concorrente resolveu aplicar o mesmo desconto oferecido para os pacotes de arroz, mesmo que o cliente leve apenas 1 pacote. Qual é a taxa porcentual de desconto que a rede concorrente deve anunciar para cada pacote desse produto?

18. [ADMINISTRAÇÃO] Em um hospital há 300 pacientes, sendo que 180 deles são homens. Qual é o porcentual de pacientes mulheres nesse hospital?

19. [EDUCAÇÃO] Em uma prova com 20 questões de Português e 30 de Matemática, um garoto acertou $\dfrac{3}{4}$ das questões de Português e $\dfrac{2}{3}$ das de Matemática. Qual é a taxa porcentual de acerto do garoto nessa prova?

20. Determine:
a) 20% de 50
b) 50% de 30
c) 30% de 200
d) 10% · 0,5
e) $(10\%) \cdot (5\%)$ de 2.000

21. [CIDADANIA] Uma cidade tem 50.000 eleitores. Em uma das eleições nessa cidade, 5% dos eleitores faltaram. Quantas pessoas votaram?

22. [QUÍMICA] A taxa de porcentagem de álcool misturado à gasolina é de 25%. Quantos litros de álcool há em 50 litros de combustível?

23. [EDUCAÇÃO] A tabela a seguir mostra o desempenho de um aluno em uma prova de conhecimentos gerais. Qual foi o desempenho porcentual total desse aluno nessa prova?

Disciplina	Número de questões	Desempenho
Português	20	60%
Matemática	20	70%
História	10	90%
Geografia	10	70%

Cálculo de porcentagem

Acompanhe a situação a seguir.

Uma loja de móveis oferece seus produtos com o serviço de entrega. Se, além disso, o cliente quiser incluir a montagem, será adicionada uma taxa de 5% sobre o preço da mercadoria. Entretanto, se o cliente retirar o produto na loja (para ele mesmo montar), será dado um abatimento de 10% sobre o valor anunciado.

Marina comprou uma mesa, nessa loja, de R$ 300,00 e decidiu retirá-la. Já Tanaka comprou uma mesa igual à de Marina, porém optou pelos serviços de entrega com a montagem. Vamos verificar quanto cada um deles pagou no total.

No caso de Marina, o valor de R$ 300,00 sofre um abatimento de 10%, ou seja:

$$300 - 10\% \text{ de } 300 = 300 - \frac{10}{100} \cdot 300 = 300 \cdot (1 - 0,1) = 300 \cdot 0,9 = 270$$

Então, nesse caso, o total pago por Marina foi R$ 270,00.

Como Tanaka optou pelo serviço de entrega com montagem, ao valor da mesa será adicionado o valor referente à taxa de 5% sobre o preço da mercadoria. Assim, temos:

$$300 + 5\% \text{ de } 300 = 300 + \frac{5}{100} \cdot 300 = 300 \cdot (1 + 0,05) = 300 \cdot 1,05 = 315$$

Logo, Tanaka pagou R$ 315,00.

Observando o que ocorreu, podemos notar que:

- se vamos deduzir certo porcentual de um valor, podemos multiplicar esse valor pela diferença entre 100% e a porcentagem dada (por exemplo: 100% − 10% ou 1 − 0,1), fazendo os cálculos na forma decimal (ou fracionária) para obter o novo valor;
- se vamos aumentar um valor de certo porcentual, podemos multiplicar esse valor pela soma desse porcentual com 100% (por exemplo: 100% + 5% ou 1 + 0,05), fazendo os cálculos também na forma decimal (ou fracionária) para obter o novo valor.

Agora veja esta outra situação.

Em fevereiro de 2010, o valor da mensalidade de um plano de saúde era de R$ 501,00. Em março do mesmo ano, esse plano sofreu um aumento de 7%. Para achar o valor da nova mensalidade existem várias maneiras. Vejamos duas delas:

1.ª) 7% de 501 = 0,07 · 501 = 35,07 (valor do aumento)

501 + 35,07 = 536,07 (valor da nova mensalidade)

2.ª) 100% (equivale ao valor inicial) + 7% (taxa de reajuste) = 107%

107% de 501 = 1,07 · 501 = 536,07 (valor da nova mensalidade)

Acompanhe mais uma situação.

Hoje em dia é comum promoções como "pague à vista e tenha 5% de desconto". Isso significa que, a cada R$ 100,00 gastos, pagam-se R$ 5,00 a menos, ou seja, pagam-se R$ 95,00.

Nesse caso, 5% é a taxa porcentual do desconto.

Vamos calcular o preço com desconto de um produto que custa R$ 180,00 de dois modos.

1.º) 5% de 180 = 0,05 · 180 = 9 (valor do desconto)

180,00 − 9,00 = 171,00 (preço depois de aplicado o desconto)

2.º) 100% (equivale ao preço inicial) − 5% (taxa do desconto) = 95%

$$95\% \text{ de } 180 = \frac{95}{100} \cdot 180 = \frac{95}{5} \cdot 9 = 19 \cdot 9 = 171 \text{ (preço com desconto)}$$

Em muitas situações nas quais precisamos obter porcentagens, podemos fazer os cálculos mentalmente. Veja alguns exemplos.

a) 10% de 90 = 90 : 10 = 9
b) 50% de 40 = 40 : 2 = 20
c) 1% de 60 = 60 : 100 = 0,6
d) 30% de 700 = 3 · (10% de 700) = 3 · 70 = 210
e) 5% de 42 = (10% de 42) : 2 = 4,2 : 2 = 2,1
f) 8% de 4.000 = 8 · (1% de 4.000) = 8 · 40 = 320

Faça

Existem outras maneiras de se resolver essa situação.
Encontre uma delas e resolva novamente por esse processo.

Responda

Em que situações devemos usar a primeira maneira?

Exercícios Resolvidos

ER. 9 [MARKETING] Para o Natal, o gerente de uma grande loja montou pacotes de DVDs com a promoção "leve 3 e pague 2" cobrando R$ 18,00 por pacote.

Em outra loja, que também montou pacotes de DVDs com 3 unidades em cada, o preço é de R$ 30,00, mas oferece um desconto de 20%. Considerando apenas o preço do produto, determine:

a) qual das duas promoções é mais vantajosa;
b) o preço de 1 DVD na 1.ª loja.

Resolução:

a) Para decidir essa questão, basta encontrar o valor do pacote na 2.ª loja, pois a quantidade de DVDs por pacote é a mesma nas duas lojas. Para isso, podemos fazer assim:

$$100\% - \underbrace{20\%}_{\text{desconto}} = 80\%$$

> *Faça*
> Calcule, de outra maneira, o preço do pacote na 2.ª loja.

$$80\% \text{ de } 30 = \frac{80}{100} \cdot 30 = 8 \cdot 3 = 24 \text{ (preço com desconto)}$$

Logo, como na 2.ª loja o preço do pacote é de R$ 24,00 e, portanto, maior que R$ 18,00, a promoção da 1.ª loja é a mais vantajosa.

b) Na 1.ª loja, se a promoção é "leve 3 e pague 2", devemos entender que os R$ 18,00 é o preço de duas unidades e, sendo assim, 1 DVD custa R$ 9,00.

ER. 10 [FINANÇAS] Um banco emprestou para Artur uma quantia por certo tempo. Ele devolveu R$ 124,63, que equivalem à quantia emprestada acrescida de 3%.

Quanto foi emprestado a Artur?

Resolução: Nesse caso, desejamos saber o valor ao qual aplicamos a taxa de 3%. Podemos resolver de duas maneiras.

1.ª) Indiquemos por x a quantia emprestada. Então:

$$x + 3\% \text{ de } x = 124{,}63$$
$$x + 0{,}03x = 124{,}63$$
$$1{,}03x = 124{,}63$$
$$x = 124{,}63 : 1{,}03 = 121 \text{ (quantia emprestada)}$$

2.ª) Se Artur devolveu a quantia acrescida de 3%, o valor devolvido equivale a 103%. Então, fazemos:

$$103\% \text{ ——— } 124{,}63$$
$$100\% \text{ ——— } x$$

Assim, podemos montar a seguinte proporção:

$$\frac{103}{100} = \frac{124{,}63}{x} \Rightarrow 103x = 124{,}63 \cdot 100 \Rightarrow x = \frac{12.463}{103} \Rightarrow x = 121$$

Portanto, o valor emprestado foi R$ 121,00.

Exercícios Propostos

24. [COTIDIANO] Um produto que custava R$ 60,00 teve um aumento de 4%. Qual é seu novo preço?

25. [MARKETING] Uma loja anuncia um desconto de 10% sobre o preço da etiqueta. Se em uma calça o preço marcado na etiqueta é 50 reais, qual é o valor a ser pago?

26. [TRABALHO] O salário de Marcos é 20% maior que o de André. Se Marcos ganha R$ 3.000,00, qual é o salário de André?

27. [NEGÓCIOS] Em um supermercado, dos produtos à venda, 34% são alimentícios e 1.650 não o são. Quantos produtos estão à venda nesse supermercado?

Enigmas, Jogos & Brincadeiras

Quantos Quartos Tem neste Hotel?!

Durante a temporada de férias escolares, o Hotel Matemática fez uma grande promoção para manter todos os quartos ocupados.

Sabe-se que esse hotel tem menos de 200 quartos.

Certo dia, o gerente verificou que 98,4% dos quartos estavam ocupados.

Apenas com essas informações, pode-se saber *exatamente* quantos quartos o hotel tem.

Descubra e explique por que isso é possível. Em seguida, diga quantos quartos há nesse hotel e quantos estavam desocupados no momento em que o gerente fez essa constatação.

2.2 COMPARAÇÃO PORCENTUAL ENTRE DOIS VALORES

Observe a notícia veiculada em 6 de maio de 2008 no jornal *O Estado de S. Paulo*:

> **Petróleo renova recorde e barril pode ir a US$ 130**
>
> Contrato para entrega em junho fecha próximo de US$ 120; para analistas, escalada está longe do fim.

De acordo com essas previsões, podemos saber o *fator de correção* de um preço para outro, *índice* que relaciona os dois valores por meio de uma razão:

$$\text{fator de correção} = \frac{\text{valor final}}{\text{valor inicial}}$$

Assim, no nosso exemplo, temos:

$$\frac{\text{valor final (novo valor)}}{\text{valor inicial}} = \frac{130}{120} \simeq 1{,}0833 \text{ (fator de correção)}$$

Isso significa que US$ 130 é 1,0833 vez maior do que US$ 120, ou seja, 130 é 108,33% de 120. Por esses cálculos, o barril de petróleo sofre um aumento de aproximadamente 8,33% (108,33 − 100).

OBSERVAÇÃO

Note que, da relação

$$\text{fator de correção} = \frac{\text{valor final}}{\text{valor inicial}}$$

podemos obter o o valor final multiplicando o valor inicial pelo fator de correção.

Observe novamente a situação do preço do barril de petróleo. Note que a previsão é de *aumento* para esse preço. Isso pode ser verificado pelo fato de a razão $\frac{\text{valor final}}{\text{valor inicial}}$ ser maior do que 1, ou seja, quando o valor final é maior do que o valor inicial, temos *fator de correção > 1*, que indica que *há aumento*.

Quando essa razão é menor do que 1 (o valor final é menor do que o valor inicial), temos *fator de correção < 1*, que indica que *há desconto* (ou *diminuição* do valor, ou, ainda, *depreciação*).

Quando essa razão é igual a 1, *não há alteração* de valor, ou seja, temos *fator de correção = 1*.

EXERCÍCIO RESOLVIDO

ER. 11 [CONTABILIDADE]

Em uma cidade, as empresas de ônibus reivindicam um reajuste no valor da passagem, devido aos aumentos de seus custos. Diante da seguinte tabela que apresenta as despesas médias mensais das empresas, por veículo, o prefeito propôs um acréscimo de 5% no valor atual da passagem:

Itens	Valores iniciais (R$)	Aumento
pneus	800,00	5,0%
combustível	245,00	3,0%
mecânica e funilaria	380,00	0%
salários	3.500,00	4,3%
impostos	1.200,00	8,3%
outros custos	1.100,00	5,8%
Total	**7.225,00**	

a) Calcule o total atual das despesas médias mensais por ônibus e a taxa porcentual de aumento referente a esse total.

b) Sabe-se que o preço da passagem era 3 reais e que da arrecadação média total, após abater os custos, sobravam 20% para as empresas. Esse porcentual será mantido com o aumento proposto pelo prefeito?

Resolução:

a) Veja como podemos obter o novo valor dos pneus, por exemplo, considerando o valor inicial de 800 reais e a taxa de aumento de 5%:

- 800 reais equivale aos 100%
- novo valor (com aumento) equivale aos 100% + 5%

Assim, fazendo 105% de 800, obtemos o valor atual correspondente.

Para cada item, veja o cálculo do seu novo valor na tabela abaixo.

Atenção!
100% = 1
105% = 1,05

Itens	Valores iniciais (R$)	Aumento	Valores atuais (R$)
pneus	800,00	5,0%	800 · 1,05 = 840,00
combustível	245,00	3,0%	245 · 1,03 = 252,35
mecânica e funilaria	380,00	0%	380 · 1 = 380,00
salários	3.500,00	4,3%	3.500 · 1,043 = 3.650,50
impostos	1.200,00	8,3%	1.200,00 · 1,083 = 1.299,60
outros custos	1.100,00	5,8%	1.100 · 1,058 = 1.163,80
Totais	**7.225,00**		**7.586,25**

Como o valor total atual é igual ao produto do valor total inicial pelo fator de correção, temos:

$$7.586,25 = 7.225,00 \times \text{fator de correção}$$

$$\text{fator de correção} = \frac{7.586,25}{7.225,00} = 1,05 = 1 + \underbrace{0,05}_{\text{índice de acréscimo}} = 1 + 5\%$$

Logo, o valor total atual das despesas médias mensais é de R$ 7.586,25, que equivale a uma taxa de aumento de 5%.

Repare que essa taxa é a mesma que o prefeito deu de aumento no preço das passagens.

b) Como sobravam 20% sobre uma arrecadação total, vale:

$$\text{arrecadação} - \text{despesas médias} = 20\% \text{ da arrecadação}$$

Considerando que a arrecadação média total era de x reais antes do aumento, vem:

$$x - 7.225 = 0,2x \Rightarrow 0,8x = 7.225 \Rightarrow x = 9.031,25$$

Com o aumento de 5% no valor da passagem, temos:

$$\underbrace{9.031,25 \cdot 1,05}_{\text{nova arrecadação média}} - \underbrace{7.586,25}_{\text{despesas médias atuais}} = 9.482,81 - 7.586,25 = \underbrace{1.896,56}_{\text{valor da nova sobra}}$$

O valor da nova sobra equivale a um porcentual da nova arrecadação média, que pode ser calculado assim:

$$\frac{\text{valor da sobra}}{\text{valor da arrecadação}} = \frac{1.896,56}{9.482,81} = 0,2 = 20\%$$

Logo, com o aumento de 5% proposto pelo prefeito, as empresas manterão 20% de saldo sobre a arrecadação depois de abatidas as despesas.

Note que, embora tenha sido fornecido o valor da passagem, ele não foi necessário.

Matemática Financeira **379**

Exercícios Propostos

28. [COTIDIANO] O preço da passagem de ônibus de uma cidade passou de R$ 1,50 para R$ 1,80. Qual foi o aumento porcentual no valor da passagem?

29. [CONSUMO] Um automóvel de R$ 30.000,00 foi vendido com um desconto de 8%. Por quanto foi vendido esse automóvel?

30. [CONSUMO] Se uma pessoa afirma que uma mercadoria dobrou de preço, qual foi o aumento porcentual dessa mercadoria?

31. [CONSUMO] Um aparelho de televisão de R$ 480,00 foi vendido à vista com desconto e passou a custar R$ 432,00. Qual foi a taxa de desconto?

32. [CONSUMO] Um ventilador que custava R$ 150,00 foi vendido com 4% de desconto. Qual foi o valor de venda?

33. [MARKETING] Qual é, aproximadamente, o desconto oferecido em uma promoção do tipo "leve 3 e pague 2"? E se a promoção fosse "leve 4 e pague 3"?

34. [NEGÓCIOS] Uma loja de departamentos vende uma certa marca de secador de cabelo por R$ 70,00. Devido ao aumento no custo da matéria-prima, esse preço sofreu um acréscimo de 15%. Qual é o novo preço desse secador?

35. [CONSUMO] Um televisor que custava R$ 1.200,00 era o campeão de vendas. O gerente da loja resolveu reajustar o preço em 15%. Passados 20 dias as vendas caíram muito. Sendo assim, o gerente ofereceu um desconto de 15% sobre o preço atual para os clientes que comprassem esse televisor à vista pagando em dinheiro ou no cartão.
a) Qual é o valor que o cliente vai pagar nessa situação? O preço será o mesmo de antes do aumento? Por quê?
b) Encontre o fator de correção em relação ao preço inicial desse aparelho.

36. [GEOGRAFIA] A população de uma cidade aumenta 5% ao ano. Se em 2010 essa cidade tinha 200.000 habitantes, qual será sua população em 2011?

37. [MARKETING] Determinada loja oferece um desconto de 20% sobre o preço de etiqueta de um pulôver, que custa R$ 50,00. Qual é o valor a ser pago?

Aumentos e descontos sucessivos

Em uma loja, determinado produto está sendo vendido com a seguinte promoção: para pagamento à vista, o cliente tem 10% de desconto e mais 10% se levar o produto que está exposto no mostruário. Esses descontos sucessivos (de 10% seguidos) correspondem a quantos por cento do desconto total?

Vejamos como podemos obter a resposta.

Preço inicial: P_0

Preço após o 1.º desconto:

$P_0 - 0,1P_0 = 0,9P_0$

Preço após o 2.º desconto:

$0,9P_0 - 0,1 \cdot 0,9P_0 = 0,81P_0$

Atenção!
O primeiro desconto de 10% é calculado sobre o preço P_0, e o segundo é calculado sobre o novo preço, que é $0,9P_0$.

Note que:

$$0,81P_0 = P_0 \cdot (0,9)^2 = P_0 \cdot (1 - 0,1)^2$$

Valor total descontado:

$$P_0 - 0,81P_0 = 0,19P_0$$

Logo, a taxa porcentual correspondente a esses dois descontos consecutivos de 10% é de 19%.

E se a situação fosse de dois aumentos seguidos de 10%, qual seria a taxa porcentual correspondente a esses dois aumentos?

Valor inicial: V_0

Valor após o 1.º aumento: $V_0 + 0{,}1V_0 = 1{,}1V_0$

Valor após o 2.º aumento: $1{,}1V_0 + 0{,}1 \cdot 1{,}1V_0 = 1{,}21V_0$

Note também que aqui temos: $1{,}21V_0 = V_0 \cdot (1{,}1)^2 = V_0 \cdot (1 + 0{,}1)^2$

Valor total aumentado: $1{,}21V_0 - V_0 = 0{,}21V_0$

Logo, a taxa porcentual correspondente a esses dois aumentos consecutivos de 10% seria de 21%.

De modo geral, quando temos n descontos sucessivos de $x_1\%$, $x_2\%$, $x_3\%$, $x_4\%$, ... e $x_n\%$ aplicados inicialmente a um valor V_0, podemos obter o valor final V_n depois dos n descontos da seguinte forma:

$$V_n = V_0 \cdot \left(1 - \frac{x_1}{100}\right) \cdot \left(1 - \frac{x_2}{100}\right) \cdot \left(1 - \frac{x_3}{100}\right) \cdot \ldots \cdot \left(1 - \frac{x_n}{100}\right)$$

De modo análogo, quando temos n aumentos sucessivos de $x_1\%$, $x_2\%$, $x_3\%$, $x_4\%$, ... e $x_n\%$ aplicados inicialmente a um valor V_0, podemos obter o valor final V_n depois dos n aumentos da seguinte forma:

$$V_n = V_0 \cdot \left(1 + \frac{x_1}{100}\right) \cdot \left(1 + \frac{x_2}{100}\right) \cdot \left(1 + \frac{x_3}{100}\right) \cdot \ldots \cdot \left(1 + \frac{x_n}{100}\right)$$

Se as taxas porcentuais dos n descontos sucessivos ou dos n aumentos sucessivos forem todas iguais, $x_1\% = x_2\% = x_3\% = \ldots = x_n\% = x\%$, para obter os valores finais V_n aplicados inicialmente a um valor V_0, fazemos:

$$V_n = V_0 \cdot \left(1 - \frac{x}{100}\right)^n, \text{ para } n \text{ descontos sucessivos} \quad \text{ou}$$

$$V_n = V_0 \cdot \left(1 + \frac{x}{100}\right)^n, \text{ para } n \text{ aumentos sucessivos}$$

Responda

Comparando as duas situações (de descontos e aumentos sucessivos), o que você observa? Justifique sua resposta.

Exercício Resolvido

ER. 12 [BIOLOGIA] Sabendo que em determinada cultura de bactérias a população aumenta uniformemente 69% ao mês, de quanto é o aumento dessa população em 15 dias?

Resolução: Seja $x\%$ o aumento em 15 dias. Devemos achar o valor de x de modo que dois aumentos sucessivos de $x\%$ correspondam a um aumento mensal de 69%. Indicando a população inicial por P_0 e a população final, após os dois aumentos, por P_2, temos:

$$P_2 = P_0 \cdot \left(1 + \frac{x}{100}\right)^2 \Rightarrow 1{,}69 P_0 = P_0 \cdot \left(1 + \frac{x}{100}\right)^2 \Rightarrow$$

$$\Rightarrow 1{,}69 = \left(1 + \frac{x}{100}\right)^2 \Rightarrow 1 + \frac{x}{100} = \pm \sqrt{1{,}69} \Rightarrow$$

$$\Rightarrow 1 + \frac{x}{100} = 1{,}3 \text{ ou } 1 + \frac{x}{100} = -1{,}3 \text{ (não serve)}$$

Assim, obtemos:

$$1 + \frac{x}{100} = 1{,}3 \Rightarrow \frac{x}{100} = 0{,}3 \Rightarrow x = 30$$

Logo, o aumento dessa população é de 30% em 15 dias.

Faça

Mostre que dois aumentos sucessivos de 30% correspondem a um aumento de 69%.

Matemática Financeira

Exercícios Propostos

38. [COTIDIANO] Uma mercadoria que custava R$ 100,00 teve um aumento de 10% e, em seguida, outro de 5%. Qual é o preço após os dois aumentos?

39. Dois aumentos sucessivos de 10% e 20% equivalem a um único aumento de x%. Determine x.

40. Dois descontos sucessivos de 20% e 30% são equivalentes a um único desconto de quantos por cento?

41. [COTIDIANO] Uma mercadoria teve dois aumentos de 2% e passou a custar R$ 288,00. Qual era seu preço antes desses aumentos?

42. [NEGÓCIOS] Após dois descontos de 10%, o preço de uma mercadoria passou a ser R$ 40,50. Qual era o preço antes dos descontos?

43. [NEGÓCIOS] Um comerciante aumentou seus preços em 20%, porém, devido à repercussão negativa desse aumento, resolveu fazer uma promoção oferecendo 20% de desconto.
a) Após o aumento e o desconto, houve variação em relação ao preço anterior a essas operações? Se houve, de quantos por cento foi essa variação?
b) Se tivesse sido aplicado primeiro o desconto e depois o aumento, isso mudaria o preço final obtido? Por quê?

44. [NEGÓCIOS] Um vendedor aumentou seus preços em 10%, porém, notando a diminuição do movimento, anunciou um desconto de 10%. Dessa forma, vendeu um produto por R$ 2.079,00. Qual era o preço desse produto antes do aumento?

45. [CONTABILIDADE] O preço de um automóvel deprecia (diminui) 20% ao ano. Se hoje ele foi comprado por R$ 20.000,00, qual será seu valor daqui a dois anos?

46. [FINANÇAS] Um investimento dobra seu valor a cada 5 anos. Qual é o tempo necessário para que esse investimento renda 1.500%?

47. [ECOLOGIA] A população de determinada espécie aumenta 44% ao ano devido à ausência de seu predador natural. De quanto é o aumento dessa população a cada 6 meses?

Achatina fulica foi introduzida no Brasil para ser comercializada em lugar do *escargot*. Como não tem predadores aqui, em pouco tempo se tornou uma praga.

Matemática, Ciência & Vida

Após vários anos de elevado crescimento econômico, a década de 1980 foi marcada pela conjunção de dois fatores: forte queda da taxa de crescimento da economia brasileira e grande aumento da taxa de inflação, fato que se estendeu durante a primeira metade dos anos 1990 e que levou à adoção de sete planos de estabilização econômica em menos de dez anos.

Hoje, há consenso na sociedade sobre as vantagens da estabilidade dos preços, condição necessária para que possa haver crescimento autossustentado. Além disso, no médio e longo prazos, maior inflação não gera maior crescimento; pelo contrário, cria um ambiente desfavorável aos investimentos, promove concentração de renda e penaliza as camadas mais pobres da sociedade.

Adaptado de: <http://www4.bcb.gov.br>.
Acesso em: 27 mar. 2010.

3. Lucro e Prejuízo

Toda vez que efetuamos uma compra ou venda de alguma coisa ou até mesmo de um serviço estamos realizando uma *transação financeira*, aquela que sempre envolve dinheiro ou algo que o represente. Os recursos financeiros que obtemos são o meio para podermos suprir nossas necessidades básicas como alimentação, moradia e vestuário.

Para lidar melhor com esse universo, precisamos compreender alguns conceitos básicos do mercado financeiro. É o que veremos a seguir.

> **Receita** é o valor recebido em qualquer transação financeira.

Como exemplo considere a situação de uma loja que vende sapatos em um grande *shopping center*.

A cada venda de um par de sapatos há uma receita, cujo valor é igual ao preço da mercadoria vendida. Ao final de uma semana, a soma de todas as quantias apuradas pelas vendas gera uma receita total da semana e, do mesmo modo, no final do mês obtemos uma receita total mensal, cujo valor é a quantia total recebida referente às vendas efetuadas nesse mês. Nesse caso, temos:

receita total = quantidade vendida de pares de sapatos × preço unitário

Dessa forma, a receita total R depende da quantidade q de unidades vendidas e do preço p, ou seja: $R = q \cdot p$

Ou, ainda, se fixarmos o preço, a receita total será uma função da quantidade q de unidades vendidas:

$R(q) = pq$, sendo p fixo, p e q números reais

Atenção!
A receita sempre deve resultar em alguma unidade monetária (reais, dólares, euros etc.).

> **Custo** é o valor pago em qualquer transação financeira.

Assim como foi feito para a receita, podemos obter o custo total, dado pela soma de todos os custos envolvidos. O custo total pode ser dividido em duas partes, o *custo fixo* e o *custo variável*.

- O valor do custo fixo é dado pela soma de todos os pagamentos relativos a valores pré-estabelecidos que não dependem da receita nem da transação em si.
- O valor do custo variável é dado pela soma de todos os pagamentos referentes a valores variáveis, isto é, que podem depender do valor da receita ou do tipo de transação.

Dessa forma, o custo total pode ser expresso do seguinte modo:

> custo total = custo fixo + custo variável

Como exemplo vamos considerar novamente a loja de calçados. Nesse caso, o valor do custo fixo é a soma dos valores pagos pelo aluguel da loja, salário dos funcionários etc., pois esses valores são fixos e não dependem se houve ou não venda.

Já o valor do custo variável é a soma dos valores pagos na compra de mercadorias para o estoque da loja, gastos com manutenção etc. Repare que esses valores podem mudar mês a mês.

> **Lucro** é o saldo positivo obtido pela diferença entre a receita total e o custo total.

O lucro é o conceito mais importante para o comércio pois é ele que garante a sobrevivência de qualquer atividade comercial.

Para que tenhamos saldo positivo, é preciso que a receita total seja maior do que o custo total, situação esta em que existe o lucro.

Quando o custo total é maior que a receita total, a diferença entre a receita total e o custo total é negativa. Nesse caso, dizemos que esse saldo negativo é o **prejuízo** (alguns até chamam de "lucro negativo").

Quando a *receita* é igual ao *custo*, temos o que chamamos de *equilíbrio*, e daí não há lucro nem prejuízo.

Exercícios Resolvidos

ER. 13 [COMÉRCIO] Uma loja vende somente sapatos masculinos, cujos pares têm sempre o preço de venda igual a R$ 180,00, independentemente do modelo. Os sapatos são comprados pela loja diretamente da fábrica por R$ 80,00 cada par, sendo que os pagamentos são posteriores às vendas.

Todo mês essa loja paga R$ 6.000,00 de aluguel e condomínio, R$ 8.500,00 de salários e outras despesas fixas.

Em agosto foram vendidos 460 pares de sapatos, devido ao grande movimento do Dia dos Pais, mas em setembro as vendas caíram para apenas 110 pares. Qual foi o faturamento da loja em cada um desses dois meses?

Ela teve lucro ou prejuízo?

Resolução: Vamos calcular a receita total e o custo total mensal. Note que tanto a receita total como o custo total variam mês a mês e dependem da quantidade s de pares de sapatos vendidos. Como já vimos, a receita total R (faturamento) referente à nossa situação pode ser dada por:

$$R(s) = 180s$$

O custo total C mensal é composto de duas partes, o custo fixo mais o custo variável.

O custo fixo será a soma dos valores preestabelecidos e constantes, pagos todo mês. No caso da loja, o custo fixo totaliza 14.500 reais, pois temos:

$$\text{custo fixo} = 6.000 + 8.500 \text{ (aluguel + salários)}$$

Já o custo variável depende da quantidade de unidades do produto fabricado ou comprado. No caso da loja de sapatos, será formado pelo custo unitário de cada par de sapatos multiplicado pela quantidade s de pares de sapatos vendidos no mês. Logo, temos:

$$C(s) = 14.500 + 80s$$

A partir das funções R e C temos a função lucro dada por $L = R - C$.
No caso da loja, obtemos:

$$L(s) = 180s - (14.500 + 80s) \Rightarrow L(s) = 100s - 14.500$$

Como vimos, quando o valor da função L for positivo significa que houve *lucro* e quando for negativo indica que houve *prejuízo*. Sabemos que no mês de agosto $s = 460$ e em setembro $s = 110$. Daí, segue que:

- faturamento de agosto: $R(460) = 180 \cdot 460 = 82.800$
- faturamento de setembro: $R(110) = 180 \cdot 110 = 19.800$
- $L(s)$ em agosto: $L(460) = 100 \cdot 460 - 14.500 = 31.500$
- $L(s)$ em setembro: $L(110) = 100 \cdot 110 - 14.500 = -3.500$

Logo, no mês de agosto, a loja teve um faturamento de R$ 82.800,00 e obteve um lucro de R$ 31.500,00. Já no mês de setembro, o faturamento foi de apenas R$ 19.800,00, o que gerou um prejuízo de R$ 3.500,00 (lucro negativo).

Observação

Podemos construir os gráficos das funções R, C e L na situação da loja para visualizar melhor o que ocorre com o lucro em função da quantidade (s) de pares de sapatos vendidos por mês. Para isso, vamos tabelar alguns valores para R, C e L (verificando que todas essas são funções afins).

s	R(s) = 180s	C(s) = 80s + 14.500	L(s) = 100s − 14.500
0	R(s) = 180 · 0 = 0	C(s) = 80 · 0 + 14.500 = 14.500	L(s) = 100 · 0 − 14.500 = −14.500
145	R(s) = 180 · 145 = 26.100	C(s) = 80 · 145 + 14.500 = 26.100	L(s) = 100 · 145 − 14.500 = 0
200	R(s) = 180 · 200 = 36.000	C(s) = 80 · 200 + 14.500 = 30.500	L(s) = 100 · 200 − 14.500 = 5.500

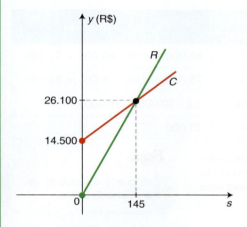
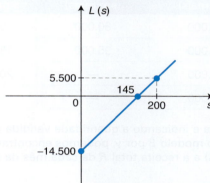

Responda

- Qual é o ponto de equilíbrio?
- O que acontece com o valor da função L quando ela atinge o ponto de equilíbrio? Justifique.

Pelos gráficos de R e C podemos verificar que para *pequenas quantidades vendidas* de pares de sapatos o valor do *custo* é *muito maior* que a *receita*, causando prejuízo para a empresa ($L(s) < 0$). Aumentando o número (s) de pares vendidos, a diferença entre *receita* e *custo* diminui até atingir o *ponto de equilíbrio*, que no caso da loja ocorre com 145 pares vendidos (não há lucro nem prejuízo). A partir desse ponto, com o crescimento da venda, a empresa passa a ter lucro e o valor da função R será *maior* que o da função C e, assim, os valores da função L serão *sempre positivos*.

ER. 14 [NEGÓCIOS] Uma fábrica de camisas vende seus produtos a R$ 25,00 a unidade. Os custos de produção de um lote de 10 camisas estão assim distribuídos:

- matéria-prima (tecido, botões etc.): R$ 90,00
- mão de obra: R$ 60,00

Além disso, a fábrica paga mensalmente R$ 2.000,00 de aluguel e R$ 3.200,00 pelo financiamento das máquinas e salário dos funcionários. Qual deve ser o número de camisas vendidas para que se obtenha lucro, supondo que toda produção mensal é vendida?

Resolução:

- custo fixo:
  R$ 5.200,00 (2.000 + 3.200)
- custo de cada camisa:
  custo unitário = $\frac{60 + 90}{10}$ = 15
- custo variável:
  $15x$ (sendo x as unidades vendidas)

Recorde

O custo variável depende da quantidade x de camisas produzidas.

Devemos encontrar o menor valor de x para que a fábrica obtenha lucro, ou seja, quando a receita total é maior que o custo total.

Lembrando que cada camisa é vendida por 25 reais, vem:

$$\underbrace{25x}_{\text{receita total}} > \underbrace{\overbrace{5.200}^{\text{custo fixo}} + \overbrace{15x}^{\text{custo variável}}}_{\text{custo total}} \Rightarrow 10x > 5.200 \Rightarrow x > 520$$

Portanto, a fábrica precisa vender mais de 520 camisas para ter lucro.

Matemática Financeira **385**

ER. 15 [CONTABILIDADE] Uma revendedora trabalha exclusivamente com dois modelos de caminhão: *A* (com dois eixos) e *B* (com três eixos). O preço de fábrica do modelo *A* é R$ 60.000,00, que é vendido ao consumidor por R$ 80.000,00. O modelo *B* é adquirido por R$ 75.000,00 e vendido por R$ 95.000,00. Nos dois modelos incide um imposto de 15% sobre o preço de venda. Essa revendedora tem uma folha de pagamento com valor médio mensal de R$ 30.000,00, na qual incide um imposto de 20%, e demais despesas do mês com valor médio de R$ 20.000,00. Quantos caminhões de cada modelo devem ser vendidos em certo mês para que essa revendedora não tenha prejuízo, sabendo que nesse mês o número de caminhões vendidos do modelo *A* é 5 unidades a mais que o do modelo *B*.

Saiba +
Eixo de um veículo é uma barra na qual fixam-se as rodas em seus extremos.

Resolução: Sabendo que os impostos incidem sobre o valor recebido pela venda de um produto ou de um serviço ou, ainda, sobre o total da folha de pagamento, vamos organizar os dados em uma tabela:

Modelo	Valor da despesa (em reais)	Preço de venda (em reais)	Imposto a pagar	Custo + imposto
A (2 eixos)	60.000	80.000	15%	$60.000 + 0,15 \cdot 80.000 = 72.000$
B (3 eixos)	75.000	95.000	15%	$75.000 + 0,15 \cdot 95.000 = 89.250$
folha de pagamento	30.000	—	20%	$1,2 \cdot 30.000 = 36.000$
demais despesas	20.000	—	—	20.000

Com base nos dados da tabela e indicando a quantidade vendida de caminhões do modelo *A* por *x* e do modelo *B* por *y*, podemos encontrar o custo total *C* (incluindo os impostos) e a receita total *R* de cada mês da seguinte maneira:

Faça
Explique os cálculos da última coluna da tabela.

- $C = (36.000 + 20.000) + (72.000x + 89.250y)$
  $C = 56.000 + 72.000x + 89.250y$
- $R = 80.000x + 95.000y$

Para que a revendedora não tenha prejuízo, devemos ter $R \geq C$. Além dessa condição, sabemos que no referido mês vale a relação $x = y + 5$. Daí, vem:

$$R \geq C$$
$$80.000 \cdot \underbrace{(y + 5)}_{x} + 95.000y \geq 56.000 + 72.000 \cdot \underbrace{(y + 5)}_{x} + 89.250y$$
$$175.000y + 400.000 \geq 56.000 + 161.250y + 360.000$$
$$13.750y \geq 16.000$$
$$y \geq 1,16$$

Como *y* é uma quantidade inteira, devemos ter $y \geq 2$. Assim:
$$x = y + 5 \Rightarrow x \geq 2 + 5 \Rightarrow x \geq 7$$

Logo, para que não haja prejuízo, nesse mês, devem ser vendidos 7 caminhões do modelo *A* e 2 do modelo *B* no mínimo.

Exercícios Propostos

48. [ECONOMIA] Uma fábrica de sucos gasta R$ 0,50 para produzir 1 litro de suco, R$ 10.000,00 em propaganda e R$ 50.000,00 com a folha de pagamento dos funcionários. Essa empresa vende cada litro por R$ 1,50.
Quantos litros precisam ser vendidos para cobrir os custos?

49. [CONSUMO] Uma geladeira foi vendida pelo preço de R$ 1.200,00 com lucro de R$ 360,00. Qual foi o percentual de lucro sobre o preço de venda?

50. [CONTABILIDADE] Um posto de gasolina tem seus preços de vendas e de despesas dados pela tabela a seguir.

Tipo de custo	Valor da despesa (em reais)	Preço de venda (em reais)	Imposto a pagar
litro de gasolina	2,05	2,55	5%
litro de álcool	1,50	1,85	4%
salários	2.700,00	—	8%
aluguel	5.800,00	—	—
outras despesas	2.800,00	—	—

Com base nessa tabela, determine:

a) quantos litros de álcool o posto vendeu no mês em que ficou na situação de equilíbrio, sabendo que a quantidade de litros de gasolina vendida nesse mês foi o dobro da de álcool.

b) o lucro do posto no mês em que ele vende 30.000 litros de gasolina e 18.000 litros de álcool?

51. [PUBLICIDADE] Uma grande empresa de seguros irá patrocinar um *reality show* na televisão e para isso vai dispor de R$ 1.200.000,00 em prêmios para os participantes, mais R$ 50.000,00 por mês para pagar os custos de produção do programa. Além disso, para manter essa seguradora ainda há um custo fixo médio mensal de R$ 850.000,00. Esse patrocínio vai durar 6 meses e nesse período a empresa deseja obter um lucro mínimo de R$ 60.000.000,00. De quanto deve ser o valor médio mensal de seguros vendidos por essa seguradora, nesse período, sabendo que 60% dos valores recebidos pelas apólices de seguro são revertidos para os segurados ou pagos em impostos para o governo?

Enigmas, Jogos & Brincadeiras

Afinal, onde Estão os 2 Reais?

A ideia do enigma que vamos propor agora é conhecida há muito tempo e trata de uma confusão ocorrida com três amigos quando foram pagar uma conta em um restaurante.

Ao final de um almoço, três amigos que sempre frequentavam o Restaurante Matemática pediram a conta, que foi de 60 reais. O Sr. Mate, dono do restaurante, decidiu dar um desconto de 10 reais aos assíduos clientes.

Ao receberem os 10 reais de troco, os amigos decidiram ficar com 2 reais cada um, deixando os 4 reais restantes como gorjeta para a garçonete, a Sra. Tica.

Cada um deles deu 20 reais para pagar a conta de 60 reais e recebeu 2 reais de troco. Ora:

3 × 18 reais = 54 reais

54 reais + 4 reais de gorjeta = 58 reais

Mas antes eram 60 reais!!! Onde estão os outros 2 reais?

4. Juros

Entender adequadamente termos como aumento, desconto, juro simples, juro composto e saber usá-los é fundamental na nossa sociedade. Essa terminologia é própria do universo da Matemática Financeira, ferramenta básica para a vida do cidadão. Muitos desses termos aparecem em nosso cotidiano.

Considere a situação a seguir.

Joana guardou R$ 8.000,00 em uma caderneta de poupança e, ao final de 5 anos, ela tinha R$ 13.800,00.

A quantia que Joana guardou no começo é chamada de **capital**, e indica o valor inicial envolvido em uma transação financeira (aplicação, empréstimo etc.).

O valor final, depois de determinado *período de tempo* que o *capital* permaneceu nessa transação financeira, é chamado de **montante**.

A quantia gerada nessa transação financeira (montante – capital) é o que chamamos de **juro**.

> **Juro** é a quantia que se recebe ou se paga referente a uma aplicação ou a um empréstimo efetuado por um certo período de tempo.

Para se obter esse juro, é estabelecida uma *taxa porcentual* aplicada a períodos de tempo determinados na transação financeira. Essa taxa é chamada de **taxa de juro**.

No caso de Joana, o capital foi C = R$ 8.000,00, aplicado a uma taxa i mensal (situação da poupança). O montante, relativo a um tempo t = 5 anos, é M = R$ 13.800,00, o que produz o juro J dado por:

$$J = M - C = R\$\ 5.800,00$$

Para a aplicação da taxa e obtenção do juro precisamos estipular o *regime de capitalização* que será utilizado. Vamos estudar dois tipos: *juro simples* e *juro composto*.

Observações

1. Quando aplicamos a taxa de juro em um determinado regime de capitalização, o período de tempo da transação efetuada deve estar na mesma unidade de tempo em que a taxa deve ser aplicada. Por exemplo, se temos uma taxa mensal, o período de tempo deve estar em meses; se temos uma taxa anual, o período de tempo deve estar em anos. Caso isso não aconteça, devemos transformar a unidade do período de tempo considerado.
2. Nos cálculos, a taxa de juro deve ser utilizada sempre na forma decimal.
3. Nas transações comerciais, utilizam-se o *mês comercial* de 30 dias e o *ano comercial* de 360 dias.

> *Faça*
>
> Expresse na unidade solicitada:
> a) 3 anos em meses
> b) 12 semanas em dias
> c) 42 meses em anos

4.1 JURO SIMPLES

No regime de juro simples, a taxa de juro é aplicada sempre sobre o capital (valor inicial da transação).

> **Juro simples** é um valor constante gerado em períodos iguais de tempo em uma transação financeira, calculado sempre sobre a quantia inicial dessa transação.

Veja a situação a seguir.

Uma pessoa fez um empréstimo de R$ 1.000,00 para pagar após 4 meses a uma taxa de juro simples de 2% ao mês.

Vamos verificar quanto essa pessoa vai pagar de juro e, ao final do período combinado, que quantia ela pagará no total.

Como o regime de capitalização é de juro simples e a taxa de juro é mensal, a cada mês o juro (constante) deve ser calculado sempre sobre a quantia do empréstimo (capital).

C = R$ 1.000,00
i = 2% ao mês (2% = 0,02)
t = 4 meses
juro do 1.º mês: 2% de 1.000 = 0,02 · 1.000 = 20

Atenção!
Não se esqueça de verificar as unidades de tempo da taxa e do período considerado.

Como em juro simples o valor do juro é constante, em cada mês do período considerado o juro será de R$ 20,00. Assim, no período de 4 meses, teremos um juro correspondente a J = R$ 80,00 (4 · 20).

Dessa forma, o montante (quantia a ser paga no final do período) será de R$ 1.080,00 ($C + J$), valor pago no final do 4.º mês.

Observe como podemos obter diretamente o juro J correspondente ao período da transação:

$$J = \underbrace{1.000}_{\text{capital}} \cdot \underbrace{0,02}_{\substack{\text{taxa} \\ \text{de juro}}} \cdot \underbrace{4}_{\substack{\text{período} \\ \text{de tempo}}} = 80$$

Veja também como obter diretamente o montante:

$$M = \underbrace{1.000}_{\text{capital}} + \underbrace{0,02 \cdot 1.000}_{\text{juro do 1.º mês}} + \underbrace{0,02 \cdot 1.000}_{\text{juro do 2.º mês}} + \underbrace{0,02 \cdot 1.000}_{\text{juro do 3.º mês}} + \underbrace{0,02 \cdot 1.000}_{\text{juro do 4.º mês}}$$

$$M = \underbrace{1.000}_{\text{capital}} + \underbrace{4}_{\substack{\text{período} \\ \text{de tempo}}} \cdot \underbrace{0,02}_{\substack{\text{taxa} \\ \text{de juro}}} \cdot \underbrace{1.000}_{\text{capital}}$$

$M = 1.000 + 4 \cdot 0,02 \cdot 1.000$
$M = 1.000 + 80$
$M = 1.080$

Podemos generalizar esses cálculos para um capital C aplicado a juro simples, com uma taxa i e um período de tempo t, os dois na mesma unidade:

$$J = C \cdot i \cdot t \quad \text{(fórmula para cálculo do juro simples)}$$

Cálculo do montante para o caso de juro simples:

$$M = C + J = C + t \cdot i \cdot C = C \cdot (1 + t \cdot i) \Rightarrow \boxed{M = C \cdot (1 + i \cdot t)}$$

Exercícios Resolvidos

ER. 16 [FINANÇAS] Determine o montante obtido em uma aplicação de R$ 5.000,00 a juro simples por um período de 3 anos a uma taxa de 1% ao mês.

Resolução: Vamos identificar os dados fornecidos no enunciado.

C = R$ 5.000,00 (capital)
i = 1% ao mês (taxa de juro)
t = 3 anos (período de tempo)
regime de capitalização: juro simples
M = ? (montante do período)

Primeiramente, precisamos ter o período de tempo na mesma unidade que a taxa de juro, ou seja, t = 3 anos = 36 meses. Então, temos:

$$M = C \cdot (1 + i \cdot t) = 5.000 \cdot (1 + 0,01 \cdot 36) = 5.000 \cdot 1,36 = 6.800$$

Portanto, o montante do período foi de R$ 6.800,00.

Matemática Financeira

ER. 17 [FINANÇAS] Cláudia fez um empréstimo de R$ 1.000,00 por um período de 5 meses, a uma taxa de 3% ao mês pelo regime de juro simples.

a) Calcule o montante da dívida em cada mês.
b) Determine a sequência formada por esses montantes, tomando como primeiro termo o capital emprestado.
O que você observa?
c) Ao final dos 5 meses, quanto Cláudia pagou?

Resolução: Vamos identificar os dados fornecidos no enunciado.

regime de capitalização: juro simples

C = R$ 1.000,00, i = 3% ao mês, t = 5 meses

a) Agora, vamos achar o montante da dívida em cada mês.

$M_1 = C + J_1 = 1.000 + 1.000 \cdot 0,03 \cdot 1 = 1.000 + 30 = 1.030$

$M_2 = M_1 + J_2 = 1.030 + 1.000 \cdot 0,03 \cdot 1 = 1.030 + 30 = 1.060$

$M_3 = M_2 + J_3 = 1.060 + 1.000 \cdot 0,03 \cdot 1 = 1.060 + 30 = 1.090$

$M_4 = M_3 + J_4 = 1.090 + 1.000 \cdot 0,03 \cdot 1 = 1.090 + 30 = 1.120$

$M_5 = M_4 + J_5 = 1.120 + 1.000 \cdot 0,03 \cdot 1 = 1.120 + 30 = 1.150$

b) *Sequência dos montantes intermediários (incluindo o capital como 1.º termo)*:

1.000, 1.030, 1.060, 1.090, 1.120, 1.150

Podemos notar que a sequência assim obtida é uma PA de razão $r = 30$ (pois cada termo, a partir do segundo, é o anterior mais 30), que é o valor do juro de 1 mês a 3% ao mês (juro simples).

c) O montante final (após o 5.º mês) determina o valor que Cláudia deve pagar. Podemos calculá-lo assim:

$M = C + J = 1.000 + 1.000 \cdot 0,03 \cdot 5 = 1.000 + 150 = 1.150$

Note que o montante final é o M_5, calculado no item **a** e que é o último termo da PA do item **b**.

Observação

De modo geral, quando temos um capital aplicado a juro simples por um período de tempo n, a uma taxa i, gerando um juro J, podemos montar uma PA de $(n + 1)$ termos e razão $r = J$, cujo primeiro termo é o capital aplicado e os demais termos são os montantes intermediários.

Exercícios Propostos

52. [FINANÇAS] João fez um empréstimo para pagar após 12 meses em uma única parcela de R$ 620,00. Qual foi o valor do empréstimo, sabendo que a taxa de juro simples foi de 2% ao mês?

53. Qual é a taxa mensal de juro simples que quadruplica um capital em 12 meses?

54. [FINANÇAS] Um capital foi dividido em duas partes. A primeira parte foi aplicada a uma taxa mensal de 2% e a segunda, a uma taxa mensal de 3%. Após 5 meses, o juro simples conseguido com as duas aplicações foi igual. Quanto foi aplicado em cada um dos investimentos se o total disponível para aplicação era R$ 1.200,00?

55. [INVESTIMENTO] Marcelo aplicou um capital, a juro simples, de R$ 720,00 durante 1 ano e 9 meses. Qual foi o total de juros obtido com essa aplicação, sabendo que a taxa anual era de 36%?

56. [NEGÓCIOS] Carlos toma um empréstimo de R$ 1.000,00 para ser pago daqui a 1 ano, a uma taxa de juro simples de 5% ao mês. Contudo, deseja pagar a dívida 2 meses antes do vencimento. O banco concede um desconto de 3% ao mês sobre o valor no vencimento. Caso Carlos decida quitar a dívida, quanto ele pagará?

Interpretação geométrica de juro simples

Já vimos que, em uma transação financeira no regime de juro simples, o montante M depende da quantidade t de períodos em que um capital C é aplicado à taxa i, pois $M = C \cdot (1 + i \cdot t)$.

Podemos apresentar esse montante do seguinte modo: **$M(t) = C + Cit$**, que define uma *função polinomial do 1.º grau*. Considerando que $C > 0$, $i > 0$ e $t \geq 0$, a função definida por esse montante é crescente, de domínio $\mathbb{R}_+$, cujo gráfico é uma semirreta de origem no ponto $(0, C)$ do plano cartesiano. Da mesma forma, o juro simples J depende de t.

Como exemplo, acompanhe a situação a seguir.

Um capital de R$ 1.000,00 aplicado a uma taxa de 10% ao mês a juro simples evolui de acordo com a tabela ao lado.

Note que a variação do juro e do montante é constante. Com base nessa observação, podemos concluir que, representando o juro ou o montante em função do número de períodos de tempo t, obtemos uma função afim de domínio $\mathbb{R}_+$.

> **Faça**
> Caracterize a função definida pelo juro simples J, considerando t a variável independente.

t (em meses)	J (em reais)	M (em reais)
0	0	1.000
1	100	1.100
2	200	1.200
3	300	1.300
4	400	1.400
⋮	⋮	⋮

Gráfico da função juro

$J(t) = 100t$

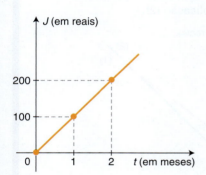

Gráfico da função montante

$M(t) = 1.000 + 100t$

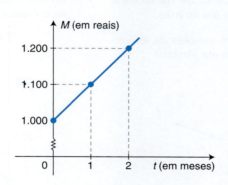

Note que ambas as funções são polinomiais do 1.º grau, só que a função J é linear (reta suporte do gráfico passa pela origem).

> **Recorde**
> **Reta suporte** é aquela que contém a semirreta ou o segmento de reta considerados; no caso, a reta que contém o gráfico da função.

Observação

A inclinação de cada reta suporte desses gráficos é a mesma, pois o gráfico da função M pode ser obtido de uma translação do gráfico da função J. No exemplo, basta subir o gráfico de J de 1.000 unidades na direção do eixo y.

De modo geral, temos:

$J = Cit$

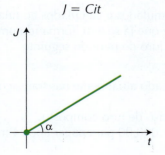

$M = C + Cit$

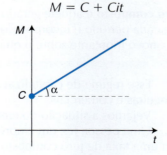

Note que o ângulo de inclinação α é o mesmo para os dois gráficos.

Matemática Financeira

Exercício Resolvido

ER. 18 Represente graficamente o valor de um capital de R$ 50,00 aplicado a uma taxa mensal de 5% a juro simples.

Resolução: Vamos fazer uma tabela relativa à situação que nos possibilite esboçar o gráfico.

t (em meses)	$J = C \cdot i \cdot t$ (em reais)	M (em reais)
0	0	50
1	2,5	52,5
2	5	55

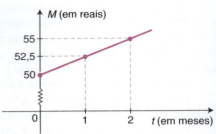

Exercícios Propostos

57. [INVESTIMENTO] Represente graficamente o valor do montante de uma aplicação de R$ 80,00 a uma taxa de juro simples de 8% ao mês.

58. Qual é a taxa mensal de juro simples da aplicação representada pela semirreta abaixo?

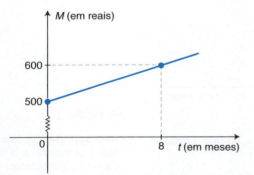

59. A figura abaixo mostra dois gráficos que representam duas aplicações a juro simples. Determine o capital da aplicação (2).

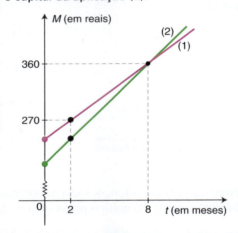

4.2 JURO COMPOSTO

No regime de juro composto, a taxa de juro é aplicada sempre sobre o montante ($M = C + J$) obtido a cada período de tempo.

> **Juro composto** é aquele gerado por juros acumulados e calculados ao final de cada período e incorporados ao montante que já se tem, formando um novo montante sobre o qual se calcula o juro do período seguinte.

Esse regime de capitalização é o mais usado atualmente nas transações financeiras e comerciais.

Vejamos a situação do empréstimo no caso de juro composto.

Uma pessoa fez um empréstimo de R$ 1.000,00 para pagar após 4 meses a uma taxa de juro composto de 2% ao mês.

Vamos calcular, nesse caso, o quanto essa pessoa pagará de juro e qual montante deverá ser pago ao final do período do empréstimo.

Como o regime de capitalização é de juro composto e a taxa é mensal, o juro que se obtém a cada mês não é constante. Ele deve ser acrescido ao montante que já se tem:

$$C = R\$ \ 1.000,00$$
$$i = 2\% \text{ ao mês } (2\% = 0,02)$$
$$t = 4 \text{ meses}$$

juro do 1.º mês (taxa aplicada ao capital):

$$2\% \text{ de } 1.000 = 0,02 \cdot 1.000 = 20$$

1.º montante (ao final do 1.º mês): $1.000 + 20 = 1.020$

juro do 2.º mês (taxa aplicada ao 1.º montante):

$$2\% \text{ de } 1.020 = 0,02 \cdot 1.020 = 20,40$$

2.º montante (ao final do 2.º mês): $1.020 + 20,40 = 1.040,40$

juro do 3.º mês (taxa aplicada ao 2.º montante):

$$2\% \text{ de } 1.040,40 = 0,02 \cdot 1.040,40 \simeq 20,81$$

3.º montante (ao final do 3.º mês): $1.040,40 + 20,81 = 1.061,21$

juro do 4.º mês (taxa aplicada ao 3.º montante):

$$2\% \text{ de } 1.061,21 = 0,02 \cdot 1.061,21 \simeq 21,22$$

4.º montante (ao final do 4.º mês): $1.061,21 + 21,22 = 1.082,43$

Observe que o juro composto do período total será obtido somando-se os juros em cada período de aplicação da taxa:

$$J = 20 + 20,40 + 20,81 + 21,22 = 82,43 \Rightarrow J = R\$ \ 82,43$$

Note que o montante final é $M = R\$ \ 1.082,43 \ (C + J)$, quantia a ser paga no final do 4.º mês.

Nesse caso, dizemos que calculamos juros sobre juros, pois a cada período o juro apurado é incorporado ao montante e, assim, temos uma nova quantia à qual se aplica a taxa para gerar o juro do período seguinte.

Considerando ainda os valores obtidos nessa situação, observe o que ocorre com as sequências dos juros e dos montantes em cada período.

Sequência dos juros intermediários: 20; 20,40; 20,81; 21,22

Podemos notar que essa sequência é uma PG de razão $q = 1,02$, pois cada termo, a partir do segundo, é o anterior multiplicado por 1,02:

• $20,40 = 20 \cdot 1,02$ • $20,81 = 20,40 \cdot 1,02$ • $21,22 = 20,81 \cdot 1,02$

Ou, ainda:

$$\frac{20,40}{20} = \frac{20,81}{20,40} = \frac{21,22}{20,81} = 1,02$$

Então, como $q = 1,02 \neq 1$, podemos dizer que o juro composto J obtido no período total é a soma dos 4 termos dessa PG finita (com 4 termos):

$$J = 20 \cdot \frac{(1,02)^4 - 1}{1,02 - 1} = 20 \cdot \frac{1,0824321 - 1}{1,02 - 1} = 20 \cdot \frac{0,0824321}{0,02} \simeq 82,43$$

OBSERVAÇÃO

Veja como a razão q da PG pode ser expressa: $q = 1,02 = 1 + \underbrace{0,02}_{\text{taxa de juro}}$

Responda

Compare esta situação com a apresentada para juro simples. O que você observa? Em qual delas a pessoa paga mais juro? Por quê?

Recorde

Soma dos n primeiros termos de uma PG, para $q \neq 1$:

$$S_n = a_1 \cdot \frac{q^n - 1}{q - 1}$$

Matemática Financeira **393**

Sequência dos montantes intermediários (incluindo o capital como 1.º termo):

1.000; 1.020; 1.040,40; 1.061,21; 1.082,43

Note que essa sequência também é uma PG de razão $q = 1,02$, pois temos:

- $1.020 = 1.000 \cdot 1,02$
- $1.040,40 = 1.020 \cdot 1,02$
- $1.061,21 = 1.040,40 \cdot 1,02$
- $1.082,43 = 1.061,21 \cdot 1,02$

Faça
Verifique que dividindo um termo pelo seu precedente, a partir do segundo, obtemos valores iguais a 1,02, razão da sequência apresentada. Você pode usar uma calculadora.

Então, o montante correspondente a todo o período do empréstimo é o último termo $a_n = a_1 \cdot q^{n-1}$ dessa PG finita (com 5 termos):

$$M = 1.000 \cdot (1,02)^{5-1} = 1.000 \cdot (1,02)^4 = 1.000 \cdot 1,0824321 \simeq 1.082,43$$

Note que o expoente $n - 1$ (nesse caso, 4) corresponde ao período de tempo do empréstimo na unidade considerada (4 meses).

EXERCÍCIO RESOLVIDO

ER. 19 [INVESTIMENTO] Considerando uma aplicação de R$ 500,00 a uma taxa de juro composto de 20% ao mês, determine o juro em relação ao primeiro, segundo e terceiro mês.

Resolução: O juro relativo ao 1.º mês é dado por: $J_1 = 0,2 \cdot 500 = 100$

Assim, o montante ao final do primeiro mês é: $M_1 = 500 + 100 = 600$

O juro relativo ao 2.º mês é dado por: $J_2 = 0,2 \cdot 600 = 120$

Desse modo, ao final do 2.º mês, o montante é: $M_2 = 600 + 120 = 720$

O juro relativo ao 3.º mês é dado por: $J_3 = 0,2 \cdot 720 = 144$

Logo, no 1.º mês o juro é de R$ 100,00, no 2.º mês, de R$ 120,00 e, no 3.º mês, de R$ 144,00.

EXERCÍCIOS PROPOSTOS

60. [FINANÇAS] Considere um empréstimo de R$ 1.000,00 a uma taxa de juro composto de 30% ao mês.
   a) Calcule o juro cobrado no 2.º mês.
   b) Determine o total de juro cobrado nos três primeiros meses desse empréstimo.

61. [INVESTIMENTO] Marcos aplicou R$ 2.000,00 a uma taxa de juro anual de 10%. Depois de 2 anos ele precisou sacar R$ 1.280,00 e deixou o restante aplicado por 4 anos. Sabendo que o regime é de juro composto, qual é o saldo após esse período?

62. [INVESTIMENTO] O juro do 2.º mês de uma aplicação de R$ 1.000,00 no regime de juro composto foi de R$ 240,00. Determine a taxa de juro ao mês.

Cálculo do montante no regime de juro composto

Vamos generalizar a situação do regime de juro composto para obter as fórmulas para o montante e o juro composto.

Consideremos um capital C, aplicado a uma taxa i pelo período de tempo t no regime de juro composto.

Sabemos que o montante M dessa aplicação é o último termo de uma PG finita dos n montantes obtidos, sendo o capital C o primeiro, cuja razão é $q = 1 + i$.

Lembrando que $n - 1 = t$, podemos expressar esse montante assim:

$$M = C \cdot (1 + i)^t \quad \text{(fórmula do montante para juro composto)}$$

Observação

O juro composto J, obtido com a aplicação de um capital C, a uma taxa i, que gerou em um período de tempo t um montante M, é dado por:

$$J = M - C$$

Exercícios Resolvidos

ER. 20 Investindo R$ 1.000,00 em um fundo ele renderá 10% ao mês a juro composto. Qual é o saldo desse investimento após 3 meses?

Resolução: Após 3 meses, o saldo é o montante obtido nesse período:

$$M = 1.000 \cdot (1 + 0{,}1)^3 \Rightarrow M = 1.000 \cdot (1{,}1)^3 \Rightarrow$$
$$\Rightarrow M = 1.000 \cdot 1{,}331 \Rightarrow M = 1.331$$

Logo, o saldo no período é R$ 1.331,00.

ER. 21 [INVESTIMENTO] Uma aplicação financeira rendeu, em 24 meses, R$ 440,00 de juro.
Sabendo que a taxa de juro anual foi de 20%, determine o montante dessa aplicação no regime de juro composto.

Resolução: Do enunciado, temos:

J = R$ 440,00
t = 24 meses (2 anos)
i = 20% ao ano (0,20 = 0,2)
M = ?

Recorde
O período de tempo t deve estar na mesma unidade da taxa i, que deve ser usada nos cálculos na forma decimal ou fracionária.

Daí, vem:

$$M = C \cdot (1 + 0{,}2)^2 \Rightarrow M = C \cdot (1{,}2)^2 \Rightarrow M = C \cdot 1{,}44$$

Mas o capital C (valor inicial aplicado) é dado por $C = M - J$, ou seja, $C = M - 440$.

Substituindo C por $M - 440$ na expressão já obtida para o montante, temos:

$$M = C \cdot 1{,}44 \Rightarrow M = (M - 440) \cdot 1{,}44 \Rightarrow M = 1{,}44M - 440 \cdot 1{,}44 \Rightarrow$$
$$\Rightarrow 633{,}6 = 0{,}44M \Rightarrow M = 1.440$$

Logo, o montante é R$ 1.440,00.

Exercícios Propostos

63. [FINANÇAS] Qual é o montante gerado por um empréstimo de R$ 500,00 feito a uma taxa de juro composto de 10% ao mês em um período de 4 meses?

64. Que capital aplicado a juro composto a uma taxa de 1,5% ao mês produz um montante de R$ 824,18 em 1 bimestre?

65. [FINANÇAS] Qual é o juro de uma dívida de R$ 700,00 feita por um período de 6 semestres a uma taxa de juro composto de 10% ao ano?

66. Sabendo que o juro composto de uma aplicação a 2% ao ano, por 2 anos, foi de R$ 1.272,00, calcule o capital e o montante dessa aplicação.

67. [FINANÇAS] Clara tinha R$ 2.000,00 e resolveu investir em dois tipos de fundo, caracterizados abaixo, colocando R$ 1.000,00 em cada um.
fundo 1: juro de 20% ao ano, com retenção de imposto de renda de 15% sobre o juro.
fundo 2: juro de 15% ao ano, isento de imposto de renda.
Qual dos dois fundos gerou maior lucro após 2 anos?

Tecnologia & Desenvolvimento

MATEMÁTICA, FINANÇAS E TECNOLOGIA

A realização de operações comerciais (compra e venda) e financeiras, de maior ou menor complexidade, é atividade comum em nosso mundo e, principalmente nas grandes cidades, faz parte do dia a dia de milhões de pessoas.

Imagine o caso de um pai que, pensando nos estudos do filho, abre para ele, logo ao nascer, uma caderneta de poupança, ou o caso de um jovem que sonha adquirir uma moto ou um carro. Se fizer as contas direitinho, poderá realizar seu sonho mais cedo e com mais segurança. Para tanto, poderá contar com o auxílio da Matemática Financeira, que é a área da Matemática que ensina meios de conduzir adequadamente os assuntos ligados às finanças.

Diariamente somos bombardeados com terminologias específicas desse universo, tendo que, em certas situações, tomar alguma decisão a respeito. Por isso, conhecer um pouco mais essa área é essencial para qualquer cidadão.

DELFIM MARTINS/PULSAR IMAGENS

Operações financeiras

São operações feitas com o dinheiro a fim de fazê-lo render com o tempo. Como exemplos de operações financeiras temos caderneta de poupança, fundos de investimentos, compra e venda de ações, empréstimos, financiamentos, aquisição de imóveis etc.

Instituições financeiras

São organizações que têm por finalidade administrar capitais financeiros próprios e/ou de terceiros de maneira otimizada, visando à geração de lucro para si e seus clientes. As instituições financeiras mais conhecidas são os bancos.

Mercado financeiro

O mercado financeiro é o local onde as pessoas negociam o dinheiro. Ele faz a ligação entre as pessoas ou empresas que têm o capital e as pessoas ou empresas que precisam dele. Para que isso ocorra, é preciso um intermediário, que, usualmente, são os bancos. O mercado financeiro disponibiliza o capital para quem não o possui e cobra uma taxa porcentual sobre o valor negociado, gerando uma quantia que é chamada de *juro*.

No mercado financeiro também se negociam outros serviços, como seguros de vida, planos de previdência, cobrança de títulos etc. Todas essas transações são fiscalizadas e controladas por entidades governamentais ou não, como o Banco Central, a Bolsa de Valores de São Paulo (Bovespa), a Comissão de Valores Mobiliários (CVM), entre outras, sendo que todas elas estão subordinadas ao Conselho Monetário Nacional (CMN).

Mercado de ações

Ações são papéis negociados em bolsas de valores, são pequenas partes ou "frações" de uma companhia. Por isso, quem compra ações de uma empresa é dono de uma parte dessa empresa, ou melhor, é um de seus sócios. O movimento de compra e venda de ações é chamado de *mercado de ações*.

Bolsa de Valores de São Paulo – Bovespa.

Tecnologia no mercado financeiro

Imagine o volume de operações financeiras complexas realizadas diariamente no mercado mundial. Só o mercado de ações, por exemplo, é responsável por uma quantidade inimaginável de transações que ocorrem simultaneamente nas bolsas de valores de todo o mundo.

Como realizar tal volume de operações com rapidez e segurança? A resposta é *tecnologia*!

Além das calculadoras especialmente projetadas para a realização de cálculos financeiros e das planilhas eletrônicas que auxiliam na visualização e consolidação dos dados de forma bastante rápida, de fato, muita tecnologia computacional, incluindo as Tecnologias de Informação e Comunicação (TIC), tem sido desenvolvida e aprimorada para dar suporte ao mercado financeiro. A Internet, hoje, constitui a maior e mais importante ferramenta de apoio às transações financeiras em todo o mundo. Com seu uso, operações complexas podem ser realizadas em tempo real, a distância, atendendo a quesitos de rapidez e segurança, sem os quais essas operações seriam inconcebíveis.

Só mesmo com esses avanços tecnológicos, principalmente os ligados à tecnologia computacional e à Internet, é que uma economia globalizada como a atual pode existir e operar.

Algumas das calculadoras financeiras utilizadas hoje no Brasil. Projetadas para a realização de cálculos financeiros, uma vez compreendidas as operações envolvidas, um simples toque em algumas teclas já oferece o resultado procurado.

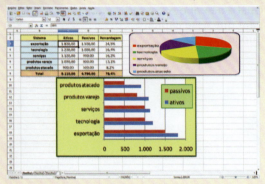

Os *softwares* para cálculos financeiros permitem dispor os dados não só em planilhas eletrônicas, mas também em gráficos.

Interpretação geométrica de juro composto

Vamos considerar novamente um capital de R$ 1.000,00, só que, desta vez, aplicado a uma taxa de juro composto de 10% ao mês.

Já vimos que o montante dessa aplicação é obtido do seguinte modo:

$$M = C \cdot (1 + i)^t \Rightarrow M = 1.000 \cdot (1 + 0{,}1)^t \Rightarrow M = 1.000 \cdot (1{,}1)^t$$

Acompanhe a evolução do valor M do montante na seguinte tabela:

t (em meses)	M (em reais)	J (em reais)
0	1.000 (capital inicial)	0
1	$1{,}1 \cdot 1.000 = 1.100$	100
2	$(1{,}1)^2 \cdot 1.000 = 1.210$	210
3	$(1{,}1)^3 \cdot 1.000 = 1.331$	331
4	$(1{,}1)^4 \cdot 1.000 = 1.464{,}10$	464,10

Olhando para a coluna dos valores de J nessa tabela, é possível notar que o juro cresce cada vez mais "rapidamente". Isso ocorre porque a forma com que o montante varia em função de t é exponencial, isto é, $M(t) = 1.000 \cdot (1{,}1)^t$ define uma função exponencial, de domínio $\mathbb{R}_+$.

Em geral, mantidos o capital e a taxa de juro constantes, o montante de uma aplicação a juro composto em função do tempo é descrito por uma função exponencial, como mostra o gráfico ao lado.

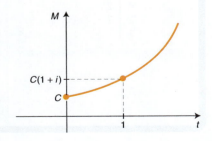

Matemática Financeira **397**

Exercício Resolvido

ER. 22 Considere uma aplicação com capital de R$ 200,00 que rende juro composto de 28% ao ano.

a) Esboce o gráfico que representa o montante em função do tempo de aplicação.

b) Qual é o tempo necessário para que esse capital duplique?

Resolução:

a) Como $C = 200$ e $i = 28\%$ ao ano $(0,28)$, podemos definir o montante do seguinte modo:

$$M(t) = 200 \cdot (1,28)^t$$

Tabelando alguns pontos do gráfico dessa função, temos:

t (em anos)	M(t) = 200 · (1,28)^t	Pontos
0	$M(0) = 200 \cdot (1,28)^0 = 200$	$(0, 200)$
1	$M(1) = 200 \cdot (1,28)^1 = 256$	$(1, 256)$
2	$M(2) = 200 \cdot (1,28)^2 = 327,68$	$(2; 237,68)$
3	$M(3) = 200 \cdot (1,28)^3 = 419,43$	$(3; 419,43)$
⋮	⋮	⋮

Gráfico da função montante

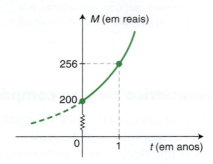

b) A condição é que o capital duplique; isso significa que o montante deve ser $M = 400$. Daí, temos:

$$M(t) = 200 \cdot (1,28)^t \Rightarrow 400 = 200 \cdot (1,28)^t \Rightarrow 1,28^t = 2$$

Note que obtemos uma equação exponencial cuja resolução precisa do uso de logaritmo.

$$1,28^t = 2 \Leftrightarrow t = \log_{1,28} 2 \text{ (definição de logaritmo)}$$

Aplicando as propriedades de logaritmos, vem:

$$t = \frac{\log 2}{\log 1,28} = \frac{\log 2}{\log \frac{128}{100}} = \frac{\log 2}{\log \frac{2^7}{10^2}} = \frac{\log 2}{\log 2^7 - \log 10^2}$$

$$t = \frac{\log 2}{7 \cdot \log 2 - 2 \cdot \underbrace{\log 10}_{1}} = \frac{\log 2}{7 \cdot \log 2 - 2}$$

Usando $\log 2 = 0,3$, obtemos um valor de t aproximado:

$$t = \frac{0,3}{7 \cdot 0,3 - 2} = \frac{0,3}{0,1} = 3$$

Portanto, em 3 anos, aproximadamente, o capital será duplicado.

Recorde

128	2
64	2
32	2
16	2
8	2
4	2
2	2
1	

EXERCÍCIOS PROPOSTOS

68. Esboce no plano cartesiano o gráfico que representa o montante de uma aplicação de R$ 1.200,00 a uma taxa de juro composto de 5% ao ano em função do tempo t de duração.

69. Após quanto tempo uma aplicação que rende 20% de juro ao ano renderá 500% de juro, no regime de juro composto?

(Use log 2 = 0,30 e log 3 = 0,48.)

70. [COMÉRCIO] Após quantos descontos sucessivos de 19% uma mercadoria passará a custar $\frac{1}{9}$ do seu valor original?

(Use log 3 = 0,477.)

4.3 COMPARAÇÃO DOS DOIS REGIMES DE CAPITALIZAÇÃO

Agora que você já trabalhou com os dois modelos de capitalização (juro simples e juro composto), pode responder à pergunta: Qual a diferença entre os dois regimes estudados?

Acompanhe a situação a seguir para ajudar na obtenção da resposta.

Ângela deve pagar uma dívida após 6 meses com uma taxa de juro de 10% ao mês. Vamos supor que o valor do empréstimo seja C e vejamos quanto ela paga de juro no caso de cada regime de capitalização e qual é o montante da dívida na época do pagamento.

- No *regime de juro simples*, temos:

$$J = C \cdot i \cdot t = C \cdot 0{,}1 \cdot 6 = 0{,}6C$$
$$M = C + J = C + 0{,}6C = 1{,}6C$$

> **Recorde**
> - $0{,}6C = 0{,}60 \cdot C = 60\%$ de C
> - $1{,}6C = 160\%$ de C

Logo, a juro simples, Ângela paga de juro 60% do valor emprestado e, na época do pagamento, o montante da dívida é de 160% desse valor, ou seja:

$$\underbrace{\underbrace{100\%}_{\text{valor emprestado}} + \underbrace{60\%}_{\text{juro}}}_{\text{montante}}$$

- No *regime de juro composto*, temos:

$$M = C \cdot (1 + i)^t = C \cdot (1 + 0{,}1)^6 = C \cdot (1{,}1)^6 = C \cdot 1{,}771561 \approx 1{,}77C$$

Portanto, a juro composto, o valor a ser pago é um montante de 177% do valor emprestado, o que nos dá um juro de 77%, isto é:

$$\underbrace{\underbrace{100\%}_{\text{valor emprestado}} + \underbrace{77\%}_{\text{juro}}}_{\text{montante}}$$

Repare que no regime de juro composto o montante é 17% a mais do que no caso de juro simples. Isso ocorre porque, em cada período, a taxa de juro composto é aplicada no montante do período anterior, enquanto a taxa de juro simples sempre é aplicada no valor inicial da transação (capital).

EXERCÍCIO RESOLVIDO

ER. 23 Considere duas aplicações (I e II) para um capital de R$ 1.000,00.
 I. taxa de 20% ao ano no regime de juro composto
 II. taxa de 26,84% ao ano no regime de juro simples

a) Esboce em um mesmo plano cartesiano os gráficos que representam os montantes das duas aplicações.
b) Após quanto tempo esses montantes serão iguais?

Resolução:

a) Na tabela ao lado, acompanhe a variação desses montantes em função do tempo.

Veja abaixo o esboço do gráfico dessas funções.

	Aplicação I	Aplicação II
t (em anos)	M_I (em reais)	M_{II} (em reais)
0	1.000	1.000
1	1.200	1.268,40
2	1.440	1.536,80
3	1.728	1.805,20
4	2.073,60	2.073,60
⋮	⋮	⋮

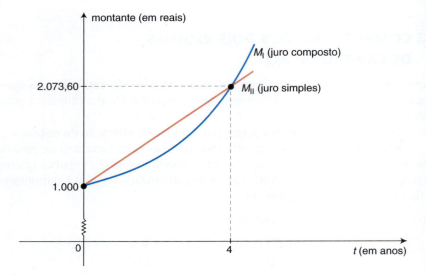

b) Da tabela do item **a**, concluímos que após 4 anos teremos os montantes M_I e M_{II} iguais.

Observação
Não existe solução algébrica para esse problema, apenas numérica ou gráfica. Pode-se descrever a equação referente à situação, mas não se consegue resolvê-la algebricamente.

EXERCÍCIOS PROPOSTOS

71. Considere duas aplicações com as seguintes características:
 I. três meses a juro simples com taxa de 15% ao mês e, em seguida, dois meses a 10% ao mês no regime de juro composto;
 II. dois meses a juro composto com taxa de 15% ao mês e, em seguida, três meses a 10% ao mês no regime de juro simples.
Qual aplicação rende mais?

72. Esboce o gráfico que representa o montante em função do tempo de uma aplicação de R$ 100,00, sendo os três primeiros anos à taxa de 30% ao ano no regime de juro composto e os três anos seguintes à taxa de juro simples de 10% ao semestre.

73. [FINANÇAS] Uma pessoa contraiu um empréstimo de R$ 8.000,00 para ser pago em uma única parcela daqui a 3 anos a uma taxa de 20% ao ano no regime de juro composto. Ao final do primeiro ano, ela propôs pagar a dívida com um desconto de 10%. Qual é o valor a ser pago caso a proposta seja aceita?

400 MATEMÁTICA — UMA CIÊNCIA PARA A VIDA

Matemática, Ciência & Vida

Frequentemente os jornais trazem notícias sobre o "risco-Brasil". Mas o que é isso?

O risco-Brasil é um indicador da estabilidade econômica de nosso país. Esse índice procura expressar, de forma objetiva, o risco a que investidores estrangeiros estão sujeitos quando investem no Brasil. No mercado financeiro, o indicador mais utilizado para essa finalidade é o rendimento médio de uma carteira hipotética, constituída por papéis emitidos pelo Brasil no exterior, ante o rendimento dos títulos do tesouro norte-americano de prazo comparável. Quanto maior o risco, menor, *a priori*, a capacidade de o país atrair capital estrangeiro e, consequentemente, maior é o prêmio com que devem ser remunerados os investidores para compensá-los por assumir esse risco.

O risco-Brasil, portanto, é a taxa de retorno atual da carteira hipotética do Brasil, descontando-se o rendimento dos títulos do tesouro norte-americano.

Adaptado de: <http://www4.bcb.gov.br>.
Acesso em: 29 mar. 2010.

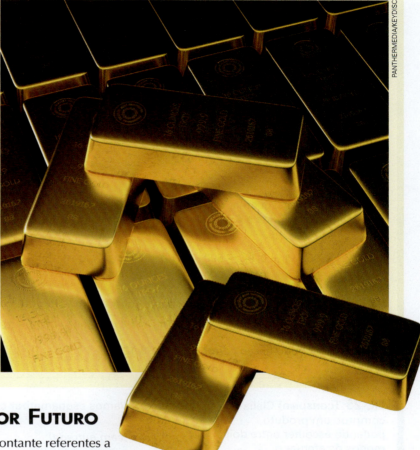

5. Valor Presente e Valor Futuro

Você já estudou os conceitos de capital e montante referentes a uma transação financeira no regime de juro composto. Esses conceitos são usados de maneira muito similar em algumas situações de Matemática Financeira mas com outra nomenclatura: *valor presente* e *valor futuro*.

Isso ocorre porque, eventualmente, o valor presente pode não representar o capital inicial da transação, bem como o valor futuro pode não ser o montante, e com essa distinção evitamos mal-entendidos.

- **Valor presente** é a quantia considerada no início de uma transação, antes da aplicação da taxa de juro.
- **Valor futuro** é a quantia transformada depois de *n* períodos de tempo, por meio da aplicação da taxa de juro.

Os conceitos trabalhados no regime de juro composto permanecem os mesmos. Assim, indicando:

- o valor presente por *VP*;
- o valor futuro por *VF*;
- a taxa de juro em cada período por *i*;
- e o número de períodos de tempo por *n*;
  temos:

$$VF = VP \cdot (1 + i)^n$$

Recorde
Nos cálculos, a taxa de juro deve ser usada sempre na forma decimal ou fracionária.

Exercícios Resolvidos

ER. 24 [INVESTIMENTO] Júlia aplicou R$ 500,00 a juro composto em 1.º de janeiro de determinado ano a uma taxa de juro de 10% ao mês. Qual foi o juro obtido entre 1.º de março e 2 de maio desse mesmo ano?

Resolução: Vamos fazer um esquema da situação considerada.

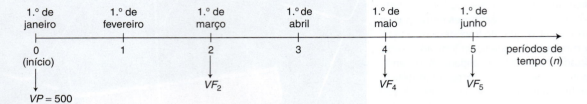

De acordo com o esquema, podemos verificar que 1.º de março corresponde a 2 períodos de tempo ($n = 2$) e 2 de maio corresponde a 4 períodos ($n = 4$). Assim, devemos determinar os valores futuros correspondentes a esses períodos.

$VF_2 = 500 \cdot (1 + 0{,}1)^2 = 500 \cdot (1{,}1)^2 = 605$
$VF_4 = 500 \cdot (1 + 0{,}1)^4 = 500 \cdot (1{,}1)^4 = 732{,}05$

Atenção!
Para agilizar os cálculos, podemos usar uma calculadora.

Para encontrar o juro desse período, basta subtrair um valor futuro do outro. Assim, temos:

$$VF_4 - VF_2 = 732{,}05 - 605 = 127{,}05$$

Logo, o juro obtido nesse período foi de R$ 127,05.

ER. 25 [CONSUMO] Clélia comprou um produto podendo escolher entre dois modos de efetuar o pagamento a prazo, com juro de 2% ao mês:
- em 3 vezes iguais de 200 reais, sem entrada;

ou
- em 3 vezes iguais de 200 reais, sendo uma delas no ato da compra.

Qual é o valor à vista desse produto correspondente a cada situação?

Atenção!
Nessas situações, o regime de capitalização é o de juro composto.

Resolução: Vamos esquematizar cada uma das situações.

1.ª situação (sem entrada)

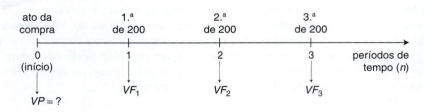

2.ª situação (com entrada)

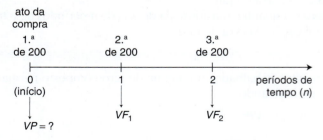

Note que, nos dois casos, o valor de cada prestação é o valor futuro do período correspondente. O preço à vista do produto (valor presente inicial) é dado pela soma dos valores presentes referentes às parcelas.

Para encontrar esses valores presentes, descontamos a taxa de juro do financiamento no valor futuro correspondente.

> **Faça**
>
> Utilize uma calculadora e faça os cálculos para obter os valores presentes indicados.

Cálculo do valor à vista na 1.ª situação (sem entrada)

Temos $VF_1 = VF_2 = VF_3 = 200$. Assim:

$$VF_1 = VP_1 \cdot (1 + 0{,}02)^1 \Rightarrow VP_1 = \frac{VF_1}{(1{,}02)^1}$$

$$VF_2 = VP_2 \cdot (1 + 0{,}02)^2 \Rightarrow VP_2 = \frac{VF_2}{(1{,}02)^2}$$

$$VF_3 = VP_3 \cdot (1 + 0{,}02)^3 \Rightarrow VP_3 = \frac{VF_3}{(1{,}02)^3}$$

Nesse caso, temos:

$$VP = \frac{200}{(1{,}02)^1} + \frac{200}{(1{,}02)^2} + \frac{200}{(1{,}02)^3} = 196{,}08 + 192{,}23 + 188{,}46$$

$VP = 576{,}77$ (que é o preço à vista)

Logo, na 1.ª situação, o preço à vista é R$ 576,77.

Cálculo do valor à vista na 2.ª situação (com entrada)

Neste caso, um dos pagamentos de 200 reais é a entrada (valor pago no ato da compra). Sobre esse valor não incide juro, pois ele já é um valor à vista. A entrada deve ser somada com os valores presentes relativos às parcelas correspondentes aos demais pagamentos.

Como temos entrada = 200 e $VF_1 = VF_2 = 200$, vem:

$$VP = 200 + \frac{200}{(1{,}02)^1} + \frac{200}{(1{,}02)^2} = 200 + 196{,}08 + 192{,}23$$

$VP = 588{,}31$ (que é o preço à vista)

Logo, na 2.ª situação, o preço à vista é R$ 588,31.

Observação

Se os valores das parcelas não diminuem quando há uma entrada, então, para o cliente, é mais vantajoso escolher a situação sem entrada.

Exercícios Propostos

74. Obtenha o valor do juro de uma aplicação de R$ 100,00 a uma taxa mensal de 20%, no regime de juro composto, entre o 2.º e o 5.º mês dessa aplicação.

75. [FINANÇAS] Gil tomou emprestado R$ 2.000,00 de uma financeira a uma taxa de juro composto de 10% ao mês. A dívida deveria ser paga após 1 semestre; porém, devido a problemas de saúde na família, ele atrasou o pagamento em 2 meses.

Gil não pagou multa pelo atraso, apenas o juro do período. Quanto ele pagou a mais em relação ao que deveria ter sido pago?

76. [FINANÇAS] Ana tomou R$ 5.000,00 emprestados para pagar após 6 meses a uma taxa de juro composto de 10% ao mês. Entretanto, ela ganhou um prêmio e decidiu quitar o empréstimo 2 meses antes do prazo previsto. Qual foi o valor do desconto dado em relação ao que ela pagaria na data de vencimento?

77. [CONSUMO] Uma loja oferece aos clientes três formas de pagamento a prazo para um televisor:

1.ª) uma parcela de R$ 400,00 no ato da compra e outra de R$ 500,00 após um mês;

2.ª) uma parcela de R$ 410,00 um mês após a compra e outra de R$ 550,00 após dois meses da compra;

3.ª) um único pagamento de R$ 980,00 após três meses da compra.

Sabendo que em todos os valores pagos após a data da compra são cobrados juros compostos de 5% ao mês, em qual dessas formas de pagamento o valor à vista é menor e em qual ele é maior?

6. TAXAS PROPORCIONAIS E TAXAS EQUIVALENTES

Pense na questão a seguir. Qual aplicação é mais rentável: a que paga juro de 20% ao mês ou a que paga juro de 42% em um bimestre?

Nada podemos afirmar, pois a resposta *depende do regime* que está sendo adotado: juro simples ou juro composto.

Para responder a essa pergunta, vamos calcular a que juro corresponde em um bimestre uma taxa de 20% ao mês nos dois regimes.

Suponha um capital C nos dois casos.

1.º) *No regime de juro simples*

Vamos calcular o juro correspondente a um bimestre com a taxa de 20% ao mês para poder comparar à outra situação.

$$J = C \cdot 0{,}2 \cdot 2 = 0{,}4C \Rightarrow J = 40\% \text{ de } C$$

Note que, nesse caso, a taxa de juro é duplicada, isto é, em um bimestre a taxa de juro simples é de 40%, que é menos rentável do que 42%.

2.º) *No regime de juro composto*

Procedemos de maneira análoga.

$$J = M - C = C \cdot (1{,}2)^2 - C = 1{,}44C - C = 0{,}44C \Rightarrow J = 44\% \text{ de } C$$

Note que, em um bimestre, a taxa de juro composto é de 44%, ou seja, mais rentável do que 42%. Nesse regime, a taxa de juro não se duplicou no bimestre. De modo geral, tomando-se um mesmo capital, dizemos que:

- No regime de juro simples, duas taxas são chamadas de **proporcionais** se, e somente se, ao final de um mesmo prazo elas geram o mesmo juro e, consequentemente, montantes iguais.
- No regime de juro composto, duas taxas são chamadas de **equivalentes** se, e somente se, ao final de um mesmo prazo elas geram o mesmo juro e, consequentemente, montantes iguais.

Atenção!
Note que as ideias são similares, mudando apenas o regime de capitalização de juro.

Assim, considerando a situação do exemplo anterior, dizemos que:
- 40% ao bimestre é *proporcional* a 20% ao mês, no regime de juro simples;
- 44% ao bimestre é *equivalente* a 20% ao mês, no regime de juro composto.

Veja como podemos fazer o cálculo dessas taxas quando temos uma taxa i_1 a um período t_1 e uma taxa i_2 a um período t_2, sendo aplicados a um mesmo prazo.

1.º) *Cálculo de taxas proporcionais*

Duas taxas que são proporcionais satisfazem a relação:

$$i_2 \cdot t_2 = i_1 \cdot t_1$$

2.º) *Cálculo de taxas equivalentes*

Duas taxas que são equivalentes satisfazem a relação:

$$(1 + i_2)^{t_2} = (1 + i_1)^{t_1}$$

EXERCÍCIOS RESOLVIDOS

ER. 26 Determine a taxa proporcional a 12% ao semestre nos seguintes prazos:

a) em um ano;
b) em um bimestre;
c) em uma quinzena.

Atenção!
O prazo de aplicação é escolhido de maneira conveniente, desde que seja o mesmo para as duas taxas.

Recorde
Consideramos o mês comercial como sendo de 30 dias.

Resolução: Para que as taxas sejam proporcionais, devemos aplicá-las em um mesmo prazo de modo que se apure o mesmo juro.

a) Como desejamos encontrar a taxa anual (i_2), o período de tempo considerado para a taxa semestral $(i_1 = 12\%)$ deve ser de 2 semestres (t_1), ou seja:

$i_1 = 0,12$ para $t_1 = 2$ semestres
$i_2 = ?$ (taxa ao ano) para $t_2 = 1$ ano

Assim, fazemos:

$$i_2 \cdot t_2 = i_1 \cdot t_1 \Rightarrow i_2 \cdot 1 = 0,12 \cdot 2 \Rightarrow i_2 = 0,24$$

Logo, a taxa proporcional procurada é 24% ao ano.

b) Agora, desejamos encontrar a taxa bimestral (i_2) proporcional à taxa de 12% ao semestre $(i_1 = 0,12)$. Precisamos escolher um prazo único para aplicar as duas taxas. Nesse caso, para facilitar, vamos tomar um prazo em meses de forma que os valores de t_1 e t_2 sejam inteiros. Por exemplo, podemos escolher um prazo de 6 meses, pois:

6 meses = 1 semestre = 3 bimestres

Assim, temos:

$i_1 = 0,12$ para $t_1 = 1$ semestre
$i_2 = ?$ (taxa bimestral) para $t_2 = 3$ bimestres

Assim, fazemos:

$$i_2 \cdot t_2 = i_1 \cdot t_1 \Rightarrow i_2 \cdot 3 = 0,12 \cdot 1 \Rightarrow i_2 = 0,04$$

Logo, a taxa proporcional procurada é 4% ao bimestre.

c) Aqui também vamos tomar um prazo de 6 meses, pois:

6 meses = 1 semestre = 12 quinzenas

Assim, fazemos:

$$i_2 \cdot t_2 = i_1 \cdot t_1 \Rightarrow i_2 \cdot 12 = 0,12 \cdot 1 \Rightarrow i_2 = 0,01$$

Logo, a taxa proporcional procurada é 1% à quinzena.

ER. 27 Uma aplicação foi feita durante 6 meses e 18 dias a uma taxa de juro simples de 36% ao ano.

a) Obtenha a taxa mensal proporcional para essa aplicação.
b) Se o valor investido foi de R$ 300,00, qual foi o juro obtido nos 3 meses iniciais?
c) Usando a taxa mensal, qual foi o montante ao final dessa aplicação?

Resolução:

a) Para achar a taxa mensal proporcional, vamos usar o prazo de 12 meses. Daí, vem:

$i_1 = 0,36$ (taxa anual) para $t_1 = 1$ ano
$i_2 = ?$ (taxa mensal) para $t_2 = 12$ meses

Assim, fazemos:

$$i_2 \cdot 12 = 0,36 \cdot 1 \Rightarrow i_2 = \frac{0,36}{12} \Rightarrow i_2 = 0,03$$

Logo, a taxa proporcional procurada é 3% ao mês.

b) Temos C = R$ 300,00, $J = ?$, $t = 3$ meses, $i = 0,03$ (taxa mensal)

$$J = C \cdot i \cdot t \Rightarrow J = 300 \cdot 0,03 \cdot 3 = 900 \cdot 0,03 = 27$$

Portanto, ao final dos três primeiros meses dessa aplicação, temos um juro de R$ 27,00.

c) Vamos expressar o prazo de duração da aplicação em meses:

$$6 \text{ meses e } 18 \text{ dias} = 6 \text{ meses} + \frac{18}{30} \text{ meses} = 6,6 \text{ meses}$$

Daí, temos C = R$ 300,00, $M = ?$, $t = 6,6$ meses, $i = 0,03$ (taxa mensal). Assim, vem:

$$M = J + C = C \cdot i \cdot t + C$$
$$M = 300 \cdot 0,03 \cdot 6,6 + 300 = 59,4 + 300 = 359,4$$

Logo, o montante dessa aplicação foi de R$ 359,40.

Matemática Financeira **405**

ER. 28 [FINANÇAS] Em uma promoção, o gerente de um banco apresentava uma taxa de 1% ao mês para financiamentos concedidos a pequenas empresas no regime de juro composto.

Marcelo, um novo empresário, cuja fábrica de sorvetes se encaixa nessa condição, perguntou ao gerente qual seria a taxa de juro anual equivalente a essa taxa mensal.

Qual foi a resposta do gerente?

Resolução: Para que as taxas sejam equivalentes, devemos aplicá-las em um mesmo prazo de modo que se apure o mesmo juro. Como desejamos encontrar a taxa anual (i_2), o período de tempo considerado para a taxa mensal $(i_1 = 1\%)$ deve ser de 12 meses (t_1), ou seja:

$i_1 = 0,01$ para $t_1 = 12$ meses
$i_2 = ?$ (taxa ao ano) para $t_2 = 1$ ano

Assim, fazemos:

$$(1 + i_2)^{t_2} = (1 + i_1)^{t_1}$$
$$(1 + i_2)^1 = (1 + 0,01)^{12}$$
$$1 + i_2 = (1,01)^{12}$$

Faça
Determine com uma calculadora a potência $(1,01)^{12}$.

Como $(1,01)^{12} \simeq 1,1268$, temos:

$$i_2 \simeq 1,1268 - 1 \Rightarrow i_2 \simeq 0,1268$$

Logo, a resposta do gerente deve ter sido que a taxa anual equivalente é de aproximadamente 12,68%.

EXERCÍCIOS PROPOSTOS

78. Obtenha:
a) uma taxa anual proporcional a uma taxa bimestral de 5%;
b) uma taxa trimestral proporcional a uma taxa anual de 30%;
c) uma taxa quadrimestral proporcional a uma taxa semestral de 15%.

79. Determine:
a) a taxa semestral equivalente a 20% ao bimestre;
b) a taxa anual equivalente a 10% ao trimestre;
c) a taxa mensal equivalente a 44% ao bimestre.

80. O que é mais rentável em um ano: uma taxa de 22%, a juro simples, ao semestre ou uma taxa de 20%, a juro composto, ao semestre?

Encare Essa!

1. (UFG – GO) Para se produzir 40 toneladas de concreto gasta-se o total de R$ 2.040,00 com areia, brita e cimento. Sabe-se que 15% da massa final do concreto é constituída de água e que o custo, por tonelada, de areia é R$ 60,00, de brita, é R$ 30,00 e de cimento, é R$ 150,00. Qual é a razão entre as quantidades, em toneladas, de cimento e brita utilizadas na produção desse concreto?

a) $\dfrac{1}{2}$ b) $\dfrac{1}{3}$ c) $\dfrac{1}{5}$ d) $\dfrac{2}{3}$ e) $\dfrac{2}{5}$

2. (Ibmec – SP) Uma loja fez uma grande liquidação de fim de semana, dando um determinado percentual de desconto em todos os seus produtos no sábado e o dobro desse percentual no domingo. No domingo, os cartazes que foram colocados na loja continham a seguinte frase:

> Mais vantagem para você, hoje tudo está pela metade do preço de ontem.

Em relação ao preço dos produtos antes da liquidação, o preço praticado no domingo era igual a:

a) um décimo   b) um oitavo   c) um quinto   d) um quarto   e) um terço

História & Matemática

Um motivador importante para o desenvolvimento da Matemática Financeira foi o surgimento do conceito de juro, provavelmente a partir da percepção da existência de uma relação entre tempo e dinheiro e, mais especificamente, a partir da desvalorização da moeda ao longo do tempo. Intimamente associados à variação temporal do dinheiro, outros fatores, tais como porcentagem, impostos, processos de acumulação de capital, desvalorização da moeda, bancos etc., também contribuíram fortemente para o desenvolvimento da Matemática Financeira.

Há registros do uso de juros e de impostos desde a civilização babilônica, por volta do ano 2000 a.C., quando impostos eram pagos pelo uso de sementes. Estas eram emprestadas, acarretando juros, também pagos sob a forma de sementes ou de outros bens, práticas essas provenientes de antigos costumes envolvendo produtos agrícolas. Assim, o empréstimo de sementes para a semeadura de uma determinada área era pago na colheita seguinte acrescido de juro. Dessa época, há registros de tábuas da civilização suméria lidando com a distribuição de produtos agrícolas e com cálculos aritméticos a serviço dessas transações. Essas tábuas revelam ainda que os antigos sumérios estavam familiarizados com diferentes tipos de contratos, faturas, recibos, notas promissórias, créditos, juros simples e juros compostos, escrituras de venda etc.

No decorrer da história, as práticas relativas a juros foram se modificando para cumprir as necessidades de cada cultura. À medida que o juro foi ganhando mais sofisticação, criaram-se novas maneiras de se operar com a relação entre tal conceito e o tempo, o que levou à necessidade de instituir os bancos, criados no século XII. Isso contribuiu fortemente para o desenvolvimento da Matemática Comercial e Financeira e para que ela atingisse a importância que tem nos dias de hoje.

Reflexão e ação

Pesquise em jornais e revistas notícias, tabelas e gráficos envolvendo conceitos de Matemática Financeira presentes em diferentes situações econômicas, tais como porcentagem, lucro, juro etc., e procure interpretar essas situações à luz dos conceitos desenvolvidos neste capítulo. Faça outra pesquisa (em algum banco ou na Internet) e verifique qual foi a taxa de juro da caderneta de poupança e de diferentes tipos de investimento em cada um dos últimos doze meses. Calcule quanto você teria hoje se há um ano tivesse aplicado 1.000 reais em cada um desses investimentos. Convide um colega e troquem ideias sobre os resultados obtidos. O que vocês poderiam fazer com essas quantias?

Banco do Brasil.
Situado na cidade do Rio de Janeiro, foi transformado em Centro Cultural Banco do Brasil.

ATIVIDADES DE REVISÃO

1. **[TRABALHO]** Um técnico prepara 3 relatórios por dia, outro prepara 4. Quantos relatórios eles farão juntos em 4 dias?

2. **[PRODUÇÃO]** Um mestre e 2 aprendizes fazem 5 pares de sapatos em um dia. Quantos pares de sapatos por dia 2 mestres e 4 aprendizes são capazes de fazer em 5 dias?

3. **[SAÚDE]** A razão entre o número de pessoas que têm alergia a lactose e o número de habitantes de uma cidade é de 3 para cada 1.000. Se 2.000 pessoas dessa cidade desenvolverem essa alergia, a razão passará a ser de 0,004. Quantos habitantes há nessa cidade?

4. **[ENGENHARIA]** A altura indicada em um tanque e o volume de líquido contido nele são diretamente proporcionais. Se a altura indicada é de 5 cm, o volume é de 2 litros. Qual será o volume no tanque se a altura subir 2 cm?

5. Calcule:
   a) $\sqrt{25\%}$
   b) 10% de 30% de 20.000
   c) 30% de 10% de 20.000
   d) $(130\%)^2$

6. **[GEOGRAFIA]** Um país possui uma renda *per capita* de R$ 5.000,00 e uma população de 10.000.000 de habitantes. A renda *per capita* de outro país é 20% maior e a sua população é a metade da do primeiro país. Qual é a razão entre os produtos internos brutos desses dois países (do primeiro para o segundo), sabendo que a renda *per capita* de um país é dada pela razão entre o PIB e o seu número de habitantes?

7. Se um número x é 30% de y e z é 40% de y, então qual é a razão entre x e z?

8. Em um retângulo, a base aumenta 30% e a altura diminui 30%. Qual é a redução da nova área em relação à área antiga?

9. Em uma urna existem 110 bolas brancas e 90 azuis. Quantas bolas brancas devemos colocar na urna para que elas representem 62,5% do total de bolas na urna?

10. **[ÉTICA]** Um comerciante aumentou os preços de seus produtos em 20% e, em seguida, anunciou um desconto de 20%. Qual foi o porcentual de desconto em relação ao preço inicial?

11. **[NEGÓCIOS]** Um comerciante aumentou todos os seus preços em 25%. Qual porcentual de desconto um cliente deve pedir para que, ao aplicá-lo ao preço do produto, ele volte ao valor inicial?

12. Que número natural diferente de zero deve ser somado a cada termo da fração $\dfrac{3}{5}$ para que se obtenha uma nova fração que represente um valor 25% maior do que a primeira?

13. **[ECONOMIA]** Em uma loja, o custo fixo é de R$ 3.000,00 e o custo variável é de 30% das vendas. Qual deve ser a quantia total vendida para que o lucro represente 20% das vendas?

14. **[MARKETING]** Qual é o porcentual de desconto oferecido em uma promoção do tipo "leve 5 e pague 4"?

15. **[ECONOMIA]** Um produto sofre 2 reajustes de 20% e 30% sucessivamente. Qual foi o porcentual de aumento acumulado?

16. **[FÍSICA]** Para evitar um congestionamento, uma pessoa procurou um caminho 20% mais longo. Porém, esse caminho permitiu um aumento de 30% na velocidade média. Qual foi a economia percentual no tempo de viagem?

17. **[TURISMO]** Um pacote de viagem custa R$ 1.900,00 incluídas as passagens aéreas e as taxas de embarque de R$ 100,00. A empresa concede um desconto de 10% para pagamento à vista, exceto sobre as taxas de embarque. Caso uma pessoa decida pelo preço à vista, qual será o total pago?

18. Um prejuízo de 50% sobre o preço de venda representa quanto sobre o preço de custo de certo produto?

19. **[CONSUMO]** O preço de uma calça é 20% maior que o de uma camisa. O preço da calça sofre um aumento de 30% e o da camisa, um desconto de 20%. Uma pessoa compra uma calça e uma camisa após essas variações de preço. Que porcentual ela pagou a mais (ou a menos) do que pagaria antes das variações?

20. [NEGÓCIOS] Uma casa foi posta à venda por R$ 80.000,00 a serem pagos em uma única parcela após 6 meses ou por R$ 56.000,00 à vista. Qual foi a taxa de desconto no regime de juro simples mensal sobre o valor a prazo?

21. Quanto rende de juro no período de um ano, um capital de R$ 700,00 aplicado a uma taxa de 20% ao quadrimestre, no regime de juro composto?

22. Em uma aplicação de R$ 1.000,00, o juro composto para o período de 2 anos foi de R$ 690,00. Qual foi a taxa anual de juro dessa aplicação?

23. [BIOLOGIA] A população de uma cidade aumenta à taxa de 20% ao ano. Após quanto tempo a população será duplicada? (Use log 2 = 0,30 e log 3 = 0,48.)

24. [CONTABILIDADE] O faturamento de uma loja A é o quádruplo do de uma loja B. O faturamento da loja A diminui 15% ao ano e o da loja B aumenta 8,8% ao ano. Após quantos anos os faturamentos serão iguais? (Use log 2 = 0,3.)

25. [INVESTIMENTO] Uma pessoa deposita R$ 200,00 por mês em uma aplicação a juro composto que rende 2% ao mês. Qual será o saldo dessa aplicação imediatamente após o 4.º depósito?

26. Qual é o capital que, aplicado a 10% ao ano, rende um juro composto de R$ 662,00 após 3 anos?

27. [NEGÓCIOS] Uma loja oferece a seus clientes duas formas de pagamento:
- à vista, com 10% de desconto;
- ou em duas parcelas mensais e iguais, sem entrada, com taxa de juro de 5% ao mês.

Na compra de uma máquina de lavar roupa cujo preço de etiqueta é R$ 2.000,00, determine:

a) o valor de cada parcela na compra a prazo;
b) a diferença entre o valor total pago na compra a prazo e a quantia paga na compra à vista.

28. Qual é o juro de uma aplicação de R$ 500,00 a uma taxa de 24% ao ano, por um período de 8 meses e 12 dias, no regime de juro simples?

29. Determine as taxas trienais proporcional e equivalente a uma taxa anual de 30%.

Questões Propostas de Vestibular

1. (Unifor – CE) Em uma loja de artesanato, os preços de uma cesta de palha, uma garrafa colorida e uma toalha de renda são tais que a razão entre os dois primeiros preços, na ordem dada, é igual a $\frac{2}{5}$ e entre os dois últimos, na ordem dada, é igual a $\frac{3}{8}$. Se a soma dos três preços é igual a R$ 183,00, então o preço da:

a) toalha é R$ 125,00.   d) garrafa é R$ 42,00.
b) toalha é R$ 118,00.   e) cesta é R$ 16,00.
c) garrafa é R$ 45,00.

2. (Unesp) Em determinada residência, o consumo mensal de água com descarga de banheiro corresponde a 33% do consumo total e com higiene pessoal, 25% do total. No mês de novembro, foram consumidos 25.000 litros de água no total e, da quantidade usada pela residência nesse mês para descarga de banheiro e higiene pessoal, uma adolescente residente na casa consumiu 40%. Determine a quantidade de água, em litros, consumida pela adolescente no mês de novembro com esses dois itens: descarga de banheiro e higiene pessoal.

3. (UFG – GO – adaptada) Considere a gasolina comum, usada no abastecimento dos veículos automotores, contendo 25% de álcool e 75% de gasolina pura. Para encher um tanque completamente vazio, com capacidade para 45 litros, quantos litros de álcool e de gasolina comum devem ser colocados de modo que se obtenha uma mistura homogênea composta de 50% de gasolina pura e de 50% de álcool?

4. (Cefet – MA) Um tanque de combustível, com capacidade para 900 litros, está cheio até os 60% dessa capacidade. Se forem consumidos $\frac{5}{9}$ desse combustível, ainda restarão x% da capacidade do tanque. O valor aproximado de x é:

a) 48   b) 29   c) 30   d) 21   e) 26

5. (PUC – MG) Jorge trabalha em uma empresa cujo piso salarial é de R$ 360,00 e recebe, mensalmente, o triplo desse valor. A metade do que ganha fica comprometida com as despesas de luz, gás, transporte e lazer. Além disso, o aluguel e o IPTU consomem juntos 20% do seu salário e $\frac{1}{4}$ do que recebe é gasto com alimentação e a compra de produtos de primeira necessidade. Com base nessas informações, é correto afirmar que, mensalmente, Jorge tem condições de poupar:

a) R$ 24,00   c) R$ 42,00
b) R$ 36,00   d) R$ 54,00

6. (Uespi) Suponha que o custo para remover $x\%$ dos poluentes da atmosfera de uma metrópole seja dado por $\dfrac{100x}{105-x}$, em milhões de reais. Se forem removidos 90% dos poluentes, quanto custará, em bilhões de reais, para se remover os 10% restantes?

a) 1,2   b) 1,3   c) 1,4   d) 1,5   e) 1,6

7. (UFC – CE) O tanque de combustível de um automóvel flex estava cheio com uma mistura de 80% de gasolina e o restante de álcool.

Após utilizar a metade do tanque, seu proprietário completou-o com álcool, apenas. Os percentuais da mistura de álcool e de gasolina, nessa ordem, ficaram sendo:

a) 30% e 70%   d) 60% e 40%
b) 45% e 55%   e) 75% e 25%
c) 50% e 50%

8. (UEG – GO) Margarida pagou suas contas do mês com um terço do salário que recebeu e, com 25% do que lhe sobrou, fez algumas compras. Assim, ela tem disponível para as outras despesas do mês:

a) 40% do salário que recebeu.
b) dois terços do salário que recebeu.
c) a metade do salário que recebeu.
d) 55% do salário que recebeu.

9. (UECE) João, no primeiro trecho de sua caminhada, percorreu 12% de uma estrada. Ao concluir o segundo trecho, correspondente a 1.200 metros, o percentual percorrido passou a ser 16% da estrada. A extensão da estrada é:

a) 30 km   b) 32 km   c) 34 km   d) 36 km

10. (PUC – MG) No acerto anual do imposto de renda, um aposentado deve pagar 15% sobre uma parte de seus vencimentos, sendo a outra parte isenta de tributação. Feitos os cálculos, o aposentado observou que seus rendimentos anuais somaram R$ 23.600,00 e que deveria pagar R$ 1.920,00 de imposto. Nessas condições, o valor da parte isenta de tributação é igual a:

a) R$ 8.600,00   c) R$ 10.800,00
b) R$ 9.600,00   d) R$ 12.800,00

11. (UFRGS – RS) Consideremos a renda *per capita* de um país como a razão entre o Produto Interno Bruto (PIB) e sua população. Em 2004, a razão entre o PIB da China e o do Brasil, nessa ordem, era 2,8; e a razão entre suas populações, também nessa ordem, era 7.

Com base nessas informações, pode-se afirmar corretamente que, em 2004, a renda *per capita* do Brasil superou a da China em:

a) menos de 50%.   d) exatamente 150%.
b) exatamente 50%.   e) mais de 150%.
c) exatamente 100%.

12. (UFT – TO) Mário possui um automóvel bicombustível (álcool/gasolina), cujo tanque tem capacidade para 45 litros. Ele precisa abastecer o automóvel de forma que o tanque fique cheio. O tanque já contém 15 litros, dos quais 25% é de gasolina. O fabricante recomenda que, para que o automóvel tenha um melhor desempenho, é necessário que o tanque cheio possua 32% de gasolina.

Sabendo-se que os preços por litro de gasolina e de álcool são R$ 2,70 e R$ 1,70 respectivamente, quanto Mário irá gastar para encher o tanque atendendo à recomendação do fabricante?

a) R$ 50,35   c) R$ 61,65
b) R$ 47,27   d) R$ 70,15

13. (Fuvest – SP) Um automóvel, modelo flex, consome 34 litros de gasolina para percorrer 374 km. Quando se opta pelo uso do álcool, o automóvel consome 37 litros deste combustível para percorrer 259 km. Suponha que um litro de gasolina custe R$ 2,20. Qual deve ser o preço do litro do álcool para que o custo do quilômetro rodado por esse automóvel, usando somente gasolina ou somente álcool como combustível, seja o mesmo?

a) R$ 1,00   d) R$ 1,30
b) R$ 1,10   e) R$ 1,40
c) R$ 1,20

14. (PUC – RJ) Dois lados opostos de um quadrado têm um aumento de 40% e os outros dois lados têm um decréscimo de 40%. Determine se a área aumenta ou diminui. Determine também qual a porcentagem do aumento ou decréscimo da área.

15. (UFPE) O preço da energia elétrica, consumida pelo chuveiro, em um banho de oito minutos, é de R$ 0,22. Se um banho de mesma duração, com água aquecida a gás, é 164% mais caro, qual o seu custo? Indique o valor mais próximo.

a) R$ 0,56   d) R$ 5,90
b) R$ 0,57   e) R$ 6,85
c) R$ 0,58

16. (UFG – GO) Uma empresa gastava 15% de sua receita com o pagamento de conta telefônica e de energia elétrica. Para reduzir despesas, determinou-se um corte de 50% na conta telefônica. Essa iniciativa produziu uma economia de R$ 1.000,00, o que corresponde a 5% de sua receita. Tendo em vista essas condições, calcule o gasto dessa empresa com energia elétrica.

17. (UFSC) Identifique a(s) proposição(ões) CORRETA(S).

(01) Se uma pessoa *A* pode fazer uma peça em 9 dias de trabalho e outra pessoa *B* trabalha com velocidade 50% maior do que *A*, então *B* faz a mesma peça em 6 dias de trabalho.

(02) Uma empresa dispunha de 144 brindes para distribuir igualmente entre sua equipe de vendedores, mas, como no dia da distribuição faltaram 12 vendedores, a empresa distribuiu os 144 brindes igualmente entre os presentes, cabendo a cada vendedor um brinde a mais. Logo, estavam presentes 36 vendedores no dia da distribuição.

(04) Se reduzindo o preço x em 20% se obtém y, então y deve sofrer um acréscimo de 20% para se obter novamente x.

(08) A soma de dois números naturais é 29. Então o valor mínimo da soma de seus quadrados é 533.

Dê como resposta a soma dos números associados às proposições corretas.

18. (Udesc) Uma pessoa comprou um televisor por R$ 600,00, sem entrada, e pagou em duas prestações. A primeira prestação foi um pagamento de R$ 300,00 mais os juros sobre a dívida total, que era da ordem de R$ 600,00. A segunda prestação foi composta pelos R$ 300,00 restantes mais os juros sobre esses R$ 300,00. Sabendo que a taxa de juros foi a mesma em ambas as prestações, e o total pago resultou em R$ 618,00, a taxa mensal de juros aplicada foi de:

a) 2,5% ao mês   d) 2% ao mês
b) 3% ao mês   e) 18% ao mês
c) 1,5% ao mês

19. (UECE) A prestação da casa própria de João consome 30% do seu salário. Se o salário é corrigido com um aumento de 25% e a prestação da casa com um aumento de 20%, a nova percentagem que a prestação passou a consumir do salário do João é:

a) 22,5%   b) 24,5%   c) 26,8%   d) 28,8%

20. (UFMG) Após se fazer uma promoção em um clube de dança, o número de frequentadores do sexo masculino aumentou de 60 para 84 e, apesar disso, o percentual da participação masculina passou de 30% para 24%. Considerando-se essas informações, é correto afirmar que o número de mulheres que frequentam esse clube, após a promoção, teve um aumento de:

a) 76%   b) 81%   c) 85%   d) 90%

21. (Uespi) Em 2002, existiam no Brasil 5 cursos universitários de Gastronomia. Em 2008, o número de tais cursos saltou para 77. Qual o crescimento percentual do número de cursos universitários de Gastronomia no Brasil, entre 2002 e 2008?

a) 14,4%   c) 154%   e) 1.540%
b) 144%   d) 1.440%

22. (UFRGS – RS) A tabela a seguir apresenta valores da dívida externa brasileira e a razão entre essa dívida e o PIB (Produto Interno Bruto).

	Em 2002	Em 2005
Dívida externa	160 bilhões de dólares	130 bilhões de dólares
Dívida externa/PIB	31,9%	20%

Dados publicados em *Veja*, 3 ago. 2005.

De acordo com esses dados, é possível concluir que o PIB:

a) decresceu mais de 12%.
b) decresceu menos de 12%.
c) não se alterou.
d) cresceu menos de 30%.
e) cresceu mais de 30%.

23. (UEL – PR) Um automóvel zero km é comprado por R$ 32.000,00. Ao final de cada ano, seu valor diminui 10% em função da depreciação do bem.

O valor aproximado do automóvel, após seis anos, é de:

a) R$ 15.006,00   d) R$ 12.800,00
b) R$ 19.006,00   e) R$ 17.006,00
c) R$ 16.006,00

24. (UFRGS – RS) No Brasil, o número de cursos superiores via Internet tem crescido nos últimos anos, conforme mostra o gráfico abaixo.

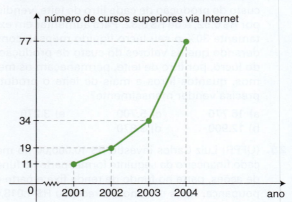

Anuário Brasileiro de Estatística de Educação Aberta e a Distância 2005 e Educação e Conjuntura.

Desde 2001, quando foram autorizados pelo governo, até 2004, o percentual de aumento desses cursos foi de:

a) 6%   c) 70%   e) 700%
b) 7%   d) 600%

25. (UERJ) Uma fábrica de doces vende caixas com 50 unidades de bombons recheados com dois sabores, morango e caramelo. O custo de produção dos bombons de morango é de 10 centavos por unidade, enquanto o dos bombons de caramelo é de 20 centavos por unidade. Os demais custos de produção são desprezíveis. Sabe-se que cada caixa é vendida por R$ 7,20 e que

Matemática Financeira **411**

o valor de venda fornece um lucro de 20% sobre o custo de produção de cada bombom.

Calcule o número de bombons de cada sabor contidos em uma caixa.

26. (UFES – adaptada) Um restaurante de comida a kg, que normalmente cobra R$ 25,00 pelo quilograma de comida, está fazendo uma promoção: *Quem consome x gramas de comida ganha um desconto de $\frac{x}{10}$ por cento.*

Esse desconto vale para quem consumir até 600 gramas de comida. Consumo superior a 600 gramas dá direito a um desconto fixo de 60%.

a) Determine o valor a ser pago por quem consome 400 gramas de comida e por quem consome 750 gramas.
b) André, que ganhou o desconto máximo de 60%, consumiu 56 gramas a mais que Taís. No entanto, ambos pagaram a mesma quantia. Determine a quantidade de gramas que cada um deles consumiu.
c) Trace o gráfico que representa o valor a pagar (em reais) em função da quantidade de comida (em gramas). Marque no gráfico os pontos que representam a situação do item anterior.

27. (Unesp) O lucro líquido mensal de um produtor rural com a venda de leite é de R$ 2.580,00. O custo de produção de cada litro de leite, vendido por R$ 0,52, é de R$ 0,32. Para aumentar em exatamente 30% o seu lucro líquido mensal, considerando que os valores do custo de produção e do lucro, por litro de leite, permaneçam os mesmos, quantos litros a mais de leite o produtor precisa vender mensalmente?

a) 16.770   c) 5.700   e) 3.270
b) 12.900   d) 3.870

28. (UFPR) Luiz Carlos investiu R$ 10.000,00 no mercado financeiro da seguinte forma: parte no fundo de ações, parte no fundo de renda fixa e parte na poupança. Após um ano ele recebeu R$ 1.018,00 em juro simples dos três investimentos. Nesse período de um ano, o fundo de ações rendeu 15%, o fundo de renda fixa rendeu 10% e a poupança rendeu 8%.

Sabendo que Luiz Carlos investiu no fundo de ações apenas metade do que ele investiu na poupança, o juro que ele obteve em cada um dos investimentos foi:

a) R$ 270,00 no fundo de ações, R$ 460,00 no fundo de renda fixa e R$ 288,00 na poupança.
b) R$ 300,00 no fundo de ações, R$ 460,00 no fundo de renda fixa e R$ 258,00 na poupança.
c) R$ 260,00 no fundo de ações, R$ 470,00 no fundo de renda fixa e R$ 288,00 na poupança.
d) R$ 260,00 no fundo de ações, R$ 480,00 no fundo de renda fixa e R$ 278,00 na poupança.
e) R$ 270,00 no fundo de ações, R$ 430,00 no fundo de renda fixa e R$ 318,00 na poupança.

29. (Unifesp) André aplicou parte de seus R$ 10.000,00 a 1,6% ao mês, e o restante a 2% ao mês. No final de um mês, recebeu um total de R$ 194,00 de juro das duas aplicações. O valor absoluto da diferença entre os valores aplicados a 1,6% e a 2% é:

a) R$ 4.000,00   d) R$ 7.000,00
b) R$ 5.000,00   e) R$ 8.000,00
c) R$ 6.000,00

30. (Fuvest – SP) João, Maria e Antônia tinham, juntos, R$ 100.000,00.

Cada um deles investiu sua parte por um ano, com juro de 10% ao ano.

Depois de creditado seu juro no final desse ano, Antônia passou a ter R$ 11.000,00 mais o dobro do novo capital de João. No ano seguinte, os três reinvestiram seus capitais, ainda com juro de 10% ao ano. Depois de creditado o juro de cada um no final desse segundo ano, o novo capital de Antônia era igual à soma dos novos capitais de Maria e João. Qual era o capital inicial de João?

a) R$ 20.000,00   d) R$ 26.000,00
b) R$ 22.000,00   e) R$ 28.000,00
c) R$ 24.000,00

31. (UFPE) Se uma pessoa toma emprestado a quantia de R$ 3.000,00 a juros compostos de 3% ao mês, pelo prazo de 8 meses, qual o montante a ser devolvido? Use a aproximação $(1,03)^8 = 1,27$.

a) R$ 3.802,00   d) R$ 3.808,00
b) R$ 3.804,00   e) R$ 3.810,00
c) R$ 3.806,00

32. (Fuvest – SP) No próximo dia 8/12, Maria, que vive em Portugal, terá um saldo de 2.300 euros em sua conta-corrente, e uma prestação a pagar no valor de 3.500 euros, com vencimento nesse dia. O salário dela é suficiente para saldar tal prestação, mas será depositado nessa conta-corrente apenas no dia 10/12.

Maria está considerando duas opções para pagar a prestação:

I. pagar no dia 8. Nesse caso, o banco cobrará juro de 2% ao dia sobre o saldo negativo diário em sua conta corrente, por dois dias;
II. pagar no dia 10. Nesse caso, ela deverá pagar uma multa de 2% sobre o valor total da prestação.

Suponha que não haja outras movimentações em sua conta corrente. Se Maria escolher a opção II, ela terá, em relação à opção I:

a) desvantagem de 22,50 euros.
b) vantagem de 22,50 euros.
c) desvantagem de 21,52 euros.
d) vantagem de 21,52 euros.
e) vantagem de 20,48 euros.

33. (UFBA) Uma pessoa contraiu um empréstimo no valor de R$ 1.000,00 para ser quitado, no prazo de dois meses, com pagamento de R$ 1.300,00.

Com base nessa informação, é correto afirmar:

(01) A taxa bimestral de juro é de 30%.
(02) A taxa mensal de juro simples é de 13%.
(04) A taxa mensal de juro composto é de 15%.
(08) Em caso de atraso do pagamento, considerando-se a taxa mensal de juro simples de 16,2% incidindo sobre o valor da dívida na data do vencimento, o valor da dívida, no 10.º dia de atraso, será igual a R$ 1.370,20.
(16) Em caso de a dívida ser quitada 15 dias antes do vencimento, aplicando-se a taxa de desconto simples de 7% ao mês, o valor pago será de R$ 1.209,00.

Dê como resposta a soma dos números associados às proposições corretas.

Programas de Avaliação Seriada

1. (PAS – UnB – DF – adaptada) Atualmente, os investimentos de uma cidade incluem vários itens na área de saúde pública. Considere uma cidade que invista, anualmente, com atendimento hospitalar, cinco vezes o total que é investido em sistemas de tratamento de esgoto e lixo e programas de vacinação de sua população. Os investimentos em medicina preventiva são oito vezes o que são investidos em programas de vacinação.

Os investimentos em medicina preventiva e em programas de vacinação são iguais aos investimentos em sistema de tratamento de esgoto e lixo.

A partir dessas informações, julgue os itens seguintes, sabendo que os investimentos anuais dessa cidade, para os quatro itens mencionados, são de 408 milhões de reais.

(1) Essa cidade investe, anualmente, em atendimento hospitalar, mais de 320 milhões de reais.
(2) Os investimentos anuais em sistemas de tratamento de esgoto e lixo são inferiores a 50 milhões de reais.
(3) Dos investimentos anuais dessa cidade, os programas de vacinação são contemplados com menos de 10 milhões de reais.
(4) Os investimentos anuais em medicina preventiva são superiores a 50 milhões de reais.

2. (SAS – UEG – GO) O salário mínimo brasileiro é reajustado anualmente na mesma proporção em que aumenta o produto interno bruto brasileiro (PIB). Considerando que o PIB cresça a uma taxa anual de 4,5%, o salário mínimo daqui a cinco anos, em relação ao salário mínimo atual, terá um aumento de, aproximadamente:

a) 24,6%   b) 22,5%   c) 19,2%   d) 16,5%

3. (PSS – UFS – SE) Para analisar a veracidade das afirmações abaixo, considere que para estimar o crescimento populacional dos municípios de certo Estado é usada a expressão

$$P(t) = P(0) \cdot (1 + i)^t$$

em que $P(0)$ é a população considerada em certo ano, $P(t)$ a população observada t anos depois e i a taxa anual de crescimento da população.

(1) Se em 2004 um município desse Estado tinha 50.000 habitantes e, a partir desse ano, a população aumentou anualmente à taxa de 2%, então em 2007 tal município deverá ter 50.604 habitantes.
(2) Sabe-se que anualmente, a população de um município X cresce à taxa de 2%, enquanto que a de um município Y cresce à taxa de 5%. Se hoje X e Y têm, respectivamente, 19.600 e 28.900 habitantes, daqui a dois anos a razão entre seus respectivos números de habitantes será $\frac{2}{5}$.
(3) Atualmente, os municípios X e Y têm 129.600 e 122.500 habitantes, respectivamente. Supondo que a população de X cresça a uma taxa anual de 5% e a de Y cresça a uma taxa anual de 8%, então daqui a dois anos X e Y terão o mesmo número de habitantes.
(4) A taxa anual de crescimento da população de um município pode ser calculada pela expressão:

$$i = \frac{\log P(t) - \log P(0)}{t} - 1$$

(5) Se atualmente um município tem 44.100 habitantes e nos últimos cinco anos sua população cresceu à taxa anual de 5%, então há dois anos o seu número de habitantes era menor que 42.000.

4. (PASES – UFV – MG) Um fazendeiro, após a colheita, armazenou uma quantidade x de sacos de café. Uma semana depois ele vendeu 20% do estoque. Após dois meses ele vendeu mais 10% do que restava no estoque.

Quatro meses depois ele vendeu mais 30% do que restava e ficou ainda com 756 sacos de café armazenados. É CORRETO afirmar que a quantidade x de sacos de café é:

a) 1.600
b) 1.500
c) 1.400
d) 1.300

Matemática Financeira **413**

Capítulo 10

Objetivos do Capítulo

▶ Retomar alguns conceitos sobre ângulos.

▶ Explorar a semelhança de triângulos e o teorema de Tales em diferentes contextos.

▶ Estabelecer as relações métricas em um triângulo retângulo, com destaque para o teorema de Pitágoras e suas aplicações.

Tópicos de Geometria Plana

Das Pinturas Rupestres aos *Softwares* Computacionais

O desenvolvimento da civilização, o conhecimento adquirido com o passar dos séculos, desde o tempo das cavernas e da forma de expressão com pinturas rupestres até os dias de hoje, foi uma longa caminhada, toda ela alicerçada passo a passo pelos conhecimentos adquiridos anteriormente. Uma das ferramentas para esse alicerce foi o desenvolvimento da Geometria.

As figuras geométricas estão praticamente em tudo à nossa volta: no formato deste livro, nas pautas de seu caderno, na lata de seu refrigerante preferido, na tela de sua TV, nas construções de sua cidade, entre tantos outros exemplos. Até mesmo no cinema, ou nas artes, de forma geral, você aplica os conceitos de Geometria.

Você sabe, por exemplo, como são feitas as ampliações manuais de um desenho? Além da habilidade e competência do artista, também há técnicas para que se possa reproduzir em escala maior ou menor uma determinada imagem, preservando todos os seus detalhes. Essas técnicas têm como base manter as proporções entre figuras semelhantes, um dos itens que vamos estudar neste capítulo de Geometria plana.

Hoje, com o advento da computação, *softwares* especiais transformaram o que era um delicado trabalho artesanal em uma rápida etapa de produção.

1. ÂNGULOS

Um conceito fundamental em Geometria é o de *ângulo*, que podemos associar a giros e mudança de direção.

Ângulo é a figura geométrica formada por duas semirretas de mesma origem.

O ângulo destacado ao lado é denominado $B\hat{A}C$ ou $C\hat{A}B$, sendo as semirretas $\overrightarrow{AB}$ e $\overrightarrow{AC}$ seus lados e o ponto A (comum às duas semirretas) o vértice desse ângulo.

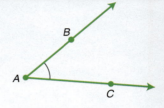

Recorde

- A medida de um ângulo é a medida de sua abertura.
- No caso do ângulo $B\hat{A}C$, indicamos sua medida por $m(B\hat{A}C)$.

Observação

Os ângulos considerados serão indicados com um pequeno arco, como fizemos com o ângulo $B\hat{A}C$ acima.

1.1 CLASSIFICAÇÃO DE ÂNGULOS

De acordo com suas medidas, podemos classificar os ângulos em:

- **ângulo raso (ângulo de meia volta)**
  formado por semirretas opostas, medindo 180°;

- **ângulo reto (ângulo de um quarto de volta)**
  aquele que determina a perpendicularidade entre retas, segmentos, semirretas e cuja medida é 90°;

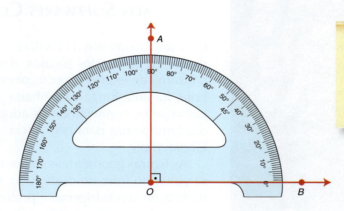

Responda

Que tipo de ângulos podemos obter quando temos semirretas coincidentes? Ilustre sua resposta com figuras.

- **ângulo agudo**
  aquele que tem medida maior que 0° e menor que 90°;

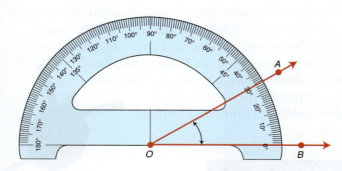

- **ângulo obtuso**
  aquele que tem medida maior que 90° e menor que 180°.

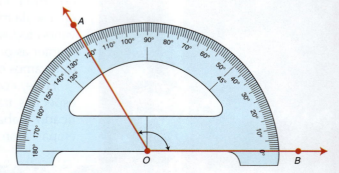

416 MATEMÁTICA — UMA CIÊNCIA PARA A VIDA

EXERCÍCIO RESOLVIDO

ER. 1 Determine as medidas de dois ângulos, sabendo que a medida de um deles é o dobro da medida do outro, e que juntos eles têm a mesma medida de um ângulo reto. É possível que algum desses ângulos seja obtuso? Explique o motivo.

Resolução: Sendo α a medida do menor ângulo, temos:

$$\alpha + 2\alpha = 90° \Rightarrow 3\alpha = 90° \Rightarrow \alpha = 30°$$

Logo, $2\alpha = 60°$ e, assim, as medidas dos ângulos são 30° e 60°.

Como a soma das medidas desses ângulos é igual a de um ângulo reto, elas são menores que 90°. Portanto, esses ângulos não podem ser obtusos.

EXERCÍCIOS PROPOSTOS

1. Reproduza a figura abaixo no caderno, indique e nomeie os ângulos que podem ser definidos nela. Quantos são esses ângulos?

2. Obtenha as medidas x, y e z de três ângulos, sabendo que $z = 2x$, $y = 20° + x$ e $(x + y + z)$ é a medida de um ângulo raso. Quais desses ângulos são agudos?

1.2 ÂNGULOS DE PARALELAS CORTADAS POR UMA TRANSVERSAL

Considere duas retas paralelas (r e s) cortadas por uma transversal (t). Essas retas determinam no plano oito ângulos:

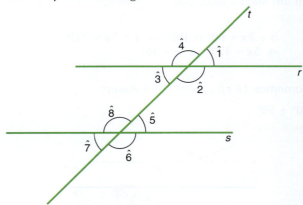

> **Recorde**
> - Duas retas são paralelas quando não têm pontos comuns.
> - Ângulos congruentes são ângulos de mesma medida.

Esses ângulos, em pares, recebem nomes especiais de acordo com suas posições:

- **Ângulos correspondentes** são os pares de ângulos com lados de mesma direção e mesmo sentido. Os pares de ângulos correspondentes *são congruentes* entre si. Na figura, são ângulos correspondentes: $\hat{1}$ e $\hat{5}$, $\hat{2}$ e $\hat{6}$, $\hat{3}$ e $\hat{7}$, $\hat{4}$ e $\hat{8}$.

Tópicos de Geometria Plana **417**

Atenção!

As conclusões para que os pares de ângulos citados sejam congruentes ou suplementares só são válidas no caso de as retas cortadas pela transversal serem paralelas.

- **Ângulos alternos** são os pares de ângulos com lados de mesma direção e sentidos opostos. Os pares de ângulos alternos *são congruentes* entre si. Na figura, são ângulos alternos *internos*: $\hat{2}$ e $\hat{8}$, $\hat{3}$ e $\hat{5}$; e ângulos alternos *externos*: $\hat{1}$ e $\hat{7}$, $\hat{4}$ e $\hat{6}$.

- **Ângulos colaterais** são os pares de ângulos com lados de mesma direção, dois de mesmo sentido e dois de sentidos opostos. Os pares de ângulos colaterais *são suplementares*. Na figura, são ângulos colaterais *internos*: $\hat{2}$ e $\hat{5}$, $\hat{3}$ e $\hat{8}$; e ângulos colaterais *externos*: $\hat{1}$ e $\hat{6}$, $\hat{4}$ e $\hat{7}$.

Podemos destacar também os pares de ângulos com lados de mesma direção, sentidos opostos e mesmo vértice — que são os **ângulos opostos pelo vértice**. Os pares de ângulos opostos pelo vértice *são congruentes* entre si. Considerando ainda a mesma figura, são ângulos opostos pelo vértice: $\hat{1}$ e $\hat{3}$, $\hat{2}$ e $\hat{4}$, $\hat{5}$ e $\hat{7}$, $\hat{6}$ e $\hat{8}$.

EXERCÍCIOS RESOLVIDOS

ER. 2 Na figura abaixo, temos $r \parallel s$ (lê-se: "r é paralela a s" ou "r e s são paralelas").

Calcule o valor de x.

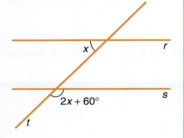

Saiba +

O símbolo $\parallel$ indica a relação de *paralelismo*, por exemplo, entre duas retas.

Resolução: Observe a figura:

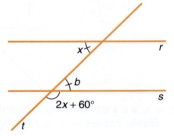

Como as retas r e s são paralelas, os ângulos $\hat{x}$ e $\hat{b}$ são alternos internos congruentes, ou seja, $\hat{x} \cong \hat{b}$ e, portanto, $x = b$.

Também notamos que os ângulos cujas medidas são b e $(2x + 60°)$ juntos formam um ângulo raso. Daí, temos:

$$b + 2x + 60° = 180° \Rightarrow x + 2x = 120° \Rightarrow$$
$$\Rightarrow 3x = 120° \Rightarrow x = 40°$$

Saiba +

O símbolo $\cong$ significa "é congruente a".

ER. 3 Obtenha a medida do ângulo $A\hat{C}B$ na figura, sendo $r \parallel s$.

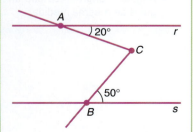

Resolução: Tomemos $t \parallel r \parallel s$, com $C \in t$. Assim:

$m(A\hat{C}B) = 20° + 50°$

$m(A\hat{C}B) = 70°$

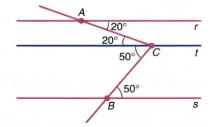

Exercícios Propostos

3. Nas figuras abaixo, determine x e y, sabendo que r // s.

a)
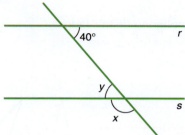

b)
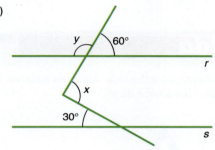

c)
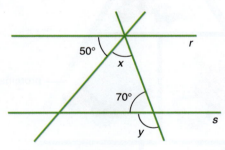

d)
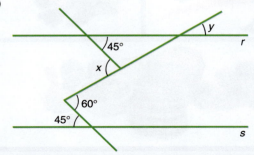

4. As retas u e v são paralelas. Determine as medidas dos ângulos desconhecidos destacados nas figuras:

a)
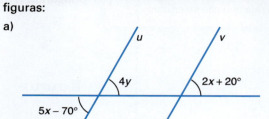

b)
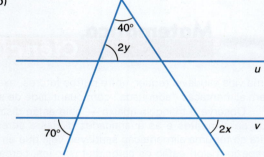

5. Na figura abaixo, $\overline{AB}$ // $\overline{DE}$ e $\overline{CD}$ // $\overline{AE}$. Dê a medida do ângulo $\hat{C}$.

6. Calcule a soma $\alpha + \beta + \gamma$ na figura abaixo, com r // s.

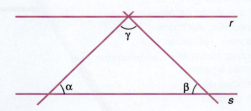

Tópicos de Geometria Plana

2. Triângulos

Em seus estudos de Geometria plana no Ensino Fundamental, um tipo de figura que apareceu bastante foi o polígono. Aqui vamos tratar de um dos principais polígonos: o *triângulo*.

> *Recorde*
> **Polígono** é uma linha fechada formada apenas por segmentos de reta que não se cruzam.

> **Triângulo** é um polígono de três lados.

Exemplos

Matemática, Ciência & Vida

Uma vida saudável requer, entre outros fatores, exercícios físicos e alimentação adequada. Algumas pessoas confundem alimentação "adequada" com quantidade de substâncias ingeridas. Não é nada disso.

Observe o triângulo abaixo — nele estão distribuídos os tipos de alimentos e as quantidades diárias a serem ingeridas para se ter uma alimentação saudável. Veja que em sua base (trapézio maior) estão os carboidratos: pães, cereais — de preferência integrais —, arroz, massas, raízes e tubérculos. Deles vem a maior parte de nossa energia e, assim, devem ser consumidos em maior quantidade.

A seguir, nos trapézios retângulos, temos as frutas (de 3 a 5 porções por dia) e as verduras e hortaliças (4 a 5 porções ao dia), alimentos ricos em fibras e vitaminas.

As proteínas (carnes, leites e derivados, ovos, peixes), a serem consumidas de 1 a 3 porções diárias, vêm a seguir, nos trapézios retângulos menores — são alimentos importantíssimos para a manutenção de nosso organismo, pois são empregadas na produção de nossas próprias proteínas (hormônios, colágeno, anticorpos, hemoglobina, enzimas etc.).

Por fim, observe que no ápice de nosso "triângulo da alimentação saudável" temos um triângulo menor, em que estão os óleos e gorduras, além dos açúcares refinados e doces, todos alimentos a serem ingeridos de 1 a 2 porções diárias.

TETRA IMAGES/CORBIS

420 MATEMÁTICA — UMA CIÊNCIA PARA A VIDA

2.1 ELEMENTOS DE UM TRIÂNGULO

Vamos destacar os principais elementos de um triângulo.
Observe o triângulo ABC abaixo.

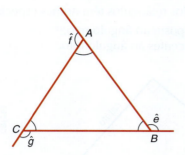

Nele podemos destacar:
- os lados $\overline{AB}$, $\overline{AC}$ e $\overline{BC}$;
- os vértices A, B e C;
- os ângulos internos $\hat{A}$ (ou $B\hat{A}C$), $\hat{B}$ (ou $A\hat{B}C$) e $\hat{C}$ (ou $B\hat{C}A$);
- os ângulos externos $\hat{e}$, $\hat{f}$ e $\hat{g}$, que são formados por um lado e pelo prolongamento de outro adjacente a ele.

2.2 CLASSIFICAÇÃO DE TRIÂNGULOS

Podemos classificar um triângulo de acordo com as medidas de seus lados e de acordo com as medidas de seus ângulos internos.

Quanto às medidas dos lados

Quanto às medidas de seus lados, um triângulo pode ser classificado como *escaleno*, *isósceles* e *equilátero*.

- **Triângulo isósceles** é aquele que tem dois lados congruentes (de mesma medida). Um caso particular de triângulo isósceles é o **triângulo equilátero**, aquele que tem os três lados congruentes.

Triângulos isósceles não equiláteros   Triângulos isósceles equiláteros

- **Triângulo escaleno** é aquele em que os três lados têm medidas diferentes.

Triângulos escalenos

Tópicos de Geometria Plana **421**

Quanto às medidas dos ângulos internos

Podemos também classificar um triângulo de acordo com as medidas de seus ângulos internos em triângulo *retângulo*, *obtusângulo*, *acutângulo* e *equiângulo*.

- **Triângulo retângulo** é aquele que tem um ângulo interno reto.

  Os lados dos triângulos retângulos têm nomes especiais:

  hipotenusa — lado oposto ao ângulo reto;
  catetos — lados adjacentes ao ângulo reto.

> **Faça**
>
> Pesquise o que são lado oposto e lado adjacente a um ângulo de um polígono.

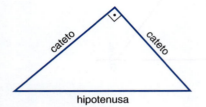 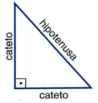

Triângulos retângulos

- **Triângulo obtusângulo** é aquele que tem um ângulo interno obtuso.

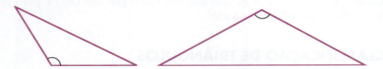

Triângulos obtusângulos

- **Triângulo acutângulo** é aquele que tem os três ângulos internos agudos.
  Um caso particular de triângulo acutângulo é o **triângulo equiângulo**, aquele que tem os três ângulos internos congruentes (de mesma medida).

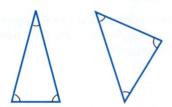

Triângulos acutângulos não equiângulos

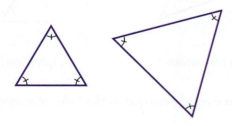

Triângulos acutângulos e equiângulos

OBSERVAÇÕES

1. Em todo triângulo, a soma das medidas dos ângulos internos é 180°.

2. Todo triângulo equilátero é equiângulo e vice-versa.

Exercícios Resolvidos

ER. 4 Qual é a medida dos ângulos internos de um triângulo equiângulo?

Responda

Quanto mede cada ângulo interno de um triângulo equilátero?

Resolução: Consideremos x, y e z as medidas dos ângulos internos de um triângulo qualquer. Já sabemos que:

$$x + y + z = 180°$$

No caso de o triângulo ser equiângulo, temos $x = y = z$, pois nesse tipo de triângulo todos os ângulos internos têm mesma medida.

Então, para um triângulo equiângulo vale:

$$x + y + z = 180° \Rightarrow x + x + x = 180° \Rightarrow 3x = 180° \Rightarrow x = 60°$$

Assim, a medida de cada ângulo interno de um triângulo equiângulo é igual a 60°.

ER. 5 Obtenha o valor de x na figura abaixo.

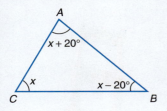

Resolução: A soma das medidas dos ângulos internos de um triângulo é 180°. Assim, temos:

$$x + x - 20° + x + 20° = 180° \Rightarrow 3x = 180° \Rightarrow x = 60°$$

ER. 6 Mostre que a medida de um ângulo externo de um triângulo é igual à soma das medidas dos dois ângulos internos não adjacentes a ele.

Resolução: Pela figura ao lado, temos:

$a + b + c = 180°$
$c + e = 180°$

Comparando essas duas equações, vem:

$a + b + c = c + e \Rightarrow e = a + b$ (propriedade que queríamos mostrar)

ER. 7 Obtenha a medida do ângulo $B\hat{D}A$, sabendo que $A\hat{C}B \cong A\hat{B}C$ e $A\hat{B}D \cong B\hat{A}D$.

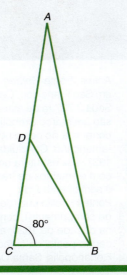

Resolução: Como $A\hat{C}B \cong A\hat{B}C$, temos $m(A\hat{B}C) = 80°$.

No triângulo ABC, vem:

$$m(\hat{A}) + 80° + 80° = 180° \Rightarrow m(\hat{A}) = 20°$$

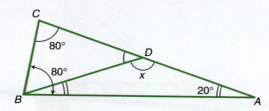

Além disso, como $A\hat{B}D \cong B\hat{A}D$, obtemos $m(A\hat{B}D) = 20°$.

Assim, no triângulo ABD, temos:

$$20° + 20° + x = 180° \Rightarrow x = 140°$$

Tópicos de Geometria Plana **423**

Matemática, Ciência & Vida

O triângulo é uma das formas geométricas mais estáveis. Por esse motivo, ele é muito utilizado em Engenharia.

Na construção do telhado de uma casa, por exemplo, a estrutura que receberá as telhas é feita a partir de um triângulo retângulo ao qual vão se somando novos triângulos. A estrutura final, também conhecida por treliça, é bastante estável.

Esse mesmo princípio é utilizado na construção de pontes.

Acima, Ponte *Golden Gate*, em São Francisco, Califórnia. Seus 2.737 m de extensão são um marco simbólico da conquista do oeste norte-americano. Concluída em 1937, sua estrutura em aço com elementos de treliça é semelhante à da Ponte Hercílio Luz (de 821 m de comprimento), construída na década de 1920, até hoje cartão-postal da cidade de Florianópolis, Santa Catarina.

EXERCÍCIOS PROPOSTOS

7. Calcule o valor de x em cada um dos casos.

a)
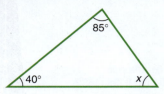

b)
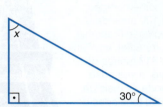

c)
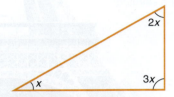

8. Na figura abaixo, temos:

$A\hat{B}C \cong A\hat{C}B$ e $m(D\hat{B}C) = m(D\hat{C}B) = \frac{1}{2} \cdot m(A\hat{B}C)$

Sabendo que $m(\hat{A}) = 60°$, calcule $m(B\hat{D}C)$.

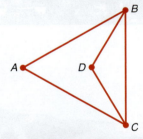

9. Calcule a soma das medidas dos ângulos internos do pentágono ao lado.

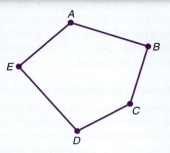

10. Um pentágono é *regular* quando tem todos os lados de mesma medida e todos os ângulos internos congruentes. Calcule a medida de um ângulo interno e de um ângulo externo de um pentágono regular.

Pentagrama, símbolo místico. Esse formato também foi usado como emblema da escola pitagórica, fundada por Pitágoras.

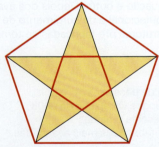

O pentagrama lembra uma estrela e pode ser inscrito em um pentágono regular, tendo em seu centro outro pentágono regular (menor).

Tecnologia & Desenvolvimento

GEOMETRIA TRIANGULAR E ESTRUTURAS DE ALTA TECNOLOGIA

Desde as civilizações antigas, a humanidade tem se defrontado com a necessidade de criar estruturas fortes o bastante para suportar grandes cargas e resistir a esforços de todo o tipo. Para solucionar esse problema, há inúmeros exemplos de uso da geometria triangular na construção de obras grandiosas e monumentos.

As pirâmides do Egito atestam esse fato.

Pirâmides do Egito, construídas por volta de 2500 a.C.

JUPITERIMAGES

Por que utilizar estruturas triangulares?

As estruturas triangulares apresentam qualidades estruturais notáveis em termos de estabilidade e resistência, itens requeridos para as grandes construções. Essas qualidades se devem ao alto grau de equilíbrio alcançado pela melhor distribuição de cargas e esforços que ocorre nessas estruturas.

Estruturas metálicas pré-fabricadas

Apesar de seu uso em grandes monumentos do passado, só a partir do século XIX algumas estruturas de Engenharia passaram a dispensar o concreto em favor do metal, normalmente ferro, por causa da maior resistência e durabilidade desse material. A Torre Eiffel é um bom exemplo disso.

Foi Alexander Graham Bell (1847-1922), mais conhecido como o inventor do telefone, quem, em 1907 (com 60 anos e morando no Canadá), idealizou o que, provavelmente, teria sido a primeira estrutura tridimensional pré-fabricada. Essa estrutura utilizava elementos modulares com geometria triangular.

Nessa nova proposta, os elementos individuais da construção (as "peças") podiam ser produzidos em um local qualquer e, depois, transportados para o destino final, onde eram montados, com parafusos e rebites, dando origem a monumentos arquitetônicos grandiosos.

Contudo, as dificuldades de cálculo, associadas à definição dos parâmetros das estruturas triangulares, tornaram restrito o uso desse tipo de estrutura metálica a obras de grande porte. De fato, para definir as dimensões das peças individuais e da estrutura como um todo, é preciso conhecer o tamanho real da estrutura, a carga máxima e os diversos impactos que ela deverá suportar. Fazer todos esses cálculos era uma tarefa muito complexa e a falta de ferramentas que facilitassem sua realização era um fator crítico.

Hoje, porém, a situação é outra. Depois dos avanços alcançados com a tecnologia computacional e do surgimento de programas especializados, o uso de estruturas pré-fabricadas se tornou frequente.

Projetada por Gustave Eiffel (1832-1923), em 1889, em comemoração aos 100 anos da Revolução Francesa, a Torre Eiffel, em Paris, tem 317 metros de altura, e sua base suporta as mais de 10.000 toneladas de metal de que é feita sua estrutura.

Conhecido como "ninho de pássaro", o principal estádio dos Jogos Olímpicos de 2008 (em Pequim, China) apresenta uma das estruturas metálicas pré-fabricadas mais avançadas.

Alexander Graham Bell (sentado) à frente de uma estrutura tridimensional pré-fabricada em St. Louis, Missouri (EUA), na década de 1920.

3. SEMELHANÇA

Dizemos que duas figuras são semelhantes quando uma delas é ampliação, cópia ou redução da outra, mantendo a mesma forma e as proporções.

Assim, uma foto e sua ampliação são figuras semelhantes, bem como um desenho e sua redução.

Atenção!

Figuras semelhantes têm sempre a mesma forma e podem ter o mesmo tamanho ou não.

PANTHERMEDIA/KEYDISC

No caso de dois polígonos, eles são semelhantes quando as medidas de seus ângulos internos são respectivamente iguais e as medidas de seus lados são respectivamente proporcionais.

Vamos estudar mais detalhadamente a semelhança de triângulos.

3.1 SEMELHANÇA DE TRIÂNGULOS

Como o triângulo é um polígono, podemos dizer que:

> Dois triângulos são semelhantes quando eles têm os ângulos internos respectivamente congruentes entre si e as medidas dos lados respectivamente proporcionais.

Os dois triângulos *ABC* e *DEF* dados abaixo são semelhantes.

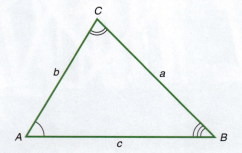
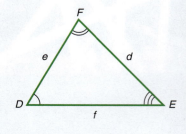

428 MATEMÁTICA — UMA CIÊNCIA PARA A VIDA

Observe a correspondência dos ângulos internos congruentes:

$$\hat{A} \cong \hat{D}, \hat{B} \cong \hat{E} \text{ e } \hat{C} \cong \hat{F}$$

E a proporcionalidade entre os lados correspondentes:

$$\frac{a}{d} = \frac{b}{e} = \frac{c}{f} = k$$

Indicamos a semelhança desses dois triângulos assim:

$$\triangle ABC \sim \triangle DEF$$

Saiba +

O símbolo △ significa "triângulo".

OBSERVAÇÕES

1. A constante k é chamada de *constante de proporcionalidade* ou *razão de semelhança*.
2. A razão entre quaisquer comprimentos correspondentes de dois triângulos semelhantes é sempre igual à constante k de proporcionalidade.
3. A razão entre as áreas de dois triângulos semelhantes de razão de semelhança k é k^2.

EXERCÍCIO RESOLVIDO

ER. 8 Sabendo que $\triangle ABC \sim \triangle DEF$, $AB = 5$ cm, $AC = 7$ cm, $BC = 8$ cm e $DE = 10$ cm, calcule o perímetro do $\triangle DEF$.

Resolução: Da semelhança dada, temos:

$$\frac{AB}{DE} = \frac{AC}{DF} = \frac{BC}{EF} \Rightarrow \frac{5}{10} = \frac{7}{DF} = \frac{8}{EF} \Rightarrow DF = 14 \text{ cm e } EF = 16 \text{ cm}$$

Assim, o perímetro do $\triangle DEF$ é 40 cm (10 + 14 + 16).
Veja outra forma de resolver essa questão.

Note que a razão $\frac{AB}{DE}$ nos dá a constante de proporcionalidade:

$$\frac{AB}{DE} = \frac{5}{10} = \frac{1}{2} \text{ (razão de semelhança)}$$

A razão entre os perímetros desses triângulos também nos dá a razão de semelhança. Assim, vem:

perímetro do $\triangle ABC$: 5 cm + 7 cm + 8 cm = 20 cm
perímetro do $\triangle DEF = x$

$$\frac{20}{x} = \frac{1}{2} \Rightarrow x = 40 \text{ cm}$$

EXERCÍCIOS PROPOSTOS

11. Determine o perímetro de um triângulo semelhante a outro de perímetro 12 cm, sabendo que o lado de medida 20 cm do primeiro corresponde ao de medida 4 cm do segundo.

12. A razão de semelhança entre dois triângulos, do maior para o menor, é 3. Sabendo que, no triângulo menor, as medidas de um lado e da altura correspondente a esse lado são, respectivamente, 4 cm e 6 cm, calcule a área do triângulo maior.

Conheça mais...

Projetos para construção, tanto de residências como de grandes obras (complexos industriais, hidrelétricas, metrôs etc.), requerem um planejamento detalhado que inclui plantas e, muitas vezes, maquetes. As plantas são representações bidimensionais que permitem estudar os detalhes estruturais da obra: a distribuição dos cômodos ou compartimentos, das redes elétrica, hidráulica e de telecomunicações etc. Já as maquetes são reproduções tridimensionais em escala reduzida.

Utilizadas principalmente para edificações de maior porte, as maquetes são construídas com material leve (cera, barro, isopor, por exemplo) a partir das plantas da construção e dos detalhes arquitetônicos.

Uma maquete e a obra que ela representa são figuras semelhantes e como tal mantêm as mesmas proporções da obra em tamanho real, o que permite visualizar como ficará o projeto antes mesmo do início de sua construção.

Acima, a ponte estaiada Octávio Frias de Oliveira sobre o rio Pinheiros, em São Paulo, e sua maquete, abaixo, que auxiliou no planejamento de sua construção.

Casos de semelhança de triângulos

Quando você estudou as relações de congruência e de semelhança entre dois triângulos, viu que existem algumas condições que nos permitem concluir essas relações examinando somente alguns elementos convenientes do par de triângulos considerados.

Quanto à semelhança de triângulos, temos os seguintes casos:

- **Caso AA**

Se dois triângulos têm dois ângulos internos respectivamente congruentes, então esses triângulos são semelhantes.

- **Caso LAL**

Se dois triângulos têm dois lados correspondentes proporcionais e os ângulos internos formados por eles são congruentes, então os triângulos são semelhantes.

- **Caso LLL**

Se dois triângulos têm os três lados correspondentes proporcionais, então eles são semelhantes.

Vejamos agora algumas exercícios resolvidos em que vamos aplicar esses casos de semelhança.

Exercícios Resolvidos

ER. 9 Obtenha o valor de x na figura, sabendo que $r \parallel \overleftrightarrow{AB}$.

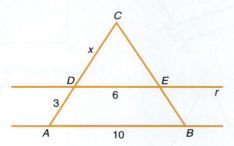

Resolução: De $\overline{DE} \parallel \overline{AB}$, obtemos $m(\hat{A}) = m(\hat{D})$, $m(\hat{B}) = m(\hat{E})$ e $\hat{C}$ é ângulo comum aos triângulos ABC e DEC. Logo, pelo caso AA, vem:

$$\triangle ABC \sim \triangle DEC \Rightarrow \frac{x}{x+3} = \frac{6}{10} \Rightarrow 10x = 6x + 18 \Rightarrow 4x = 18 \Rightarrow x = 4{,}5$$

ER. 10 Mostre que os triângulos ABC e BCD são semelhantes.

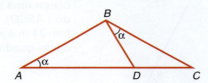

Resolução: Observe que $m(B\hat{A}C) = m(C\hat{B}D)$. Além disso, $\hat{C}$ é ângulo comum. Assim, pelo caso AA, os triângulos ABC e BCD são semelhantes.

Tópicos de Geometria Plana **431**

▶ **ER. 11** Calcule as medidas x e y, em centímetros, na figura abaixo, sendo AC = 13.

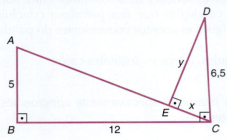

Resolução: Pelo caso AA, temos △ABC ~ △CED.

Assim:

$\frac{x}{5} = \frac{y}{12} = \frac{6,5}{13} \Rightarrow \begin{cases} \frac{x}{5} = \frac{6,5}{13} \Rightarrow x = 2,5 \\ \frac{y}{12} = \frac{6,5}{13} \Rightarrow y = 6 \end{cases}$

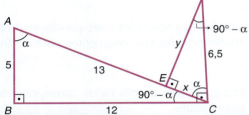

Exercícios Propostos

13. Obtenha a razão de semelhança entre os △ABC e △ADE da figura a seguir, sendo $\overline{DE} \parallel \overline{BC}$.

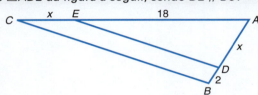

14. Na figura, $\overline{AB} \parallel \overline{DE}$. Determine a medida de $\overline{AB}$.

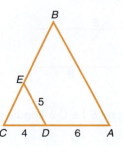

15. Obtenha a medida x na figura:

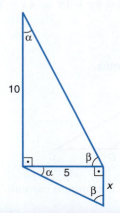

16. Qual é a área do quadrado ABCD da figura abaixo?

17. Considerando os triângulos ABC e DEF dados abaixo, calcule o perímetro do triângulo ABC.

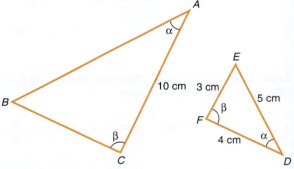

18. [ARQUITETURA] O terreno de uma escola é triangular e o prédio em que são ministradas as aulas ocupa uma região determinada por um quadrado (ABCD) inscrito nesse triângulo, cuja base tem 24 m e altura, 8 m. Calcule a medida do lado desse quadrado.

432 MATEMÁTICA — UMA CIÊNCIA PARA A VIDA

19. [PAISAGISMO] Em um terreno, a parte ocupada pela casa é um retângulo (ABCD) e o restante foi gramado. Sabendo-se que AB = 2 · BC, AE = 5 e AF = 6, calcule as dimensões da região ocupada pela casa.

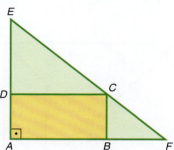

20. No retângulo ABCD, temos $\frac{AB}{BC} = \frac{1}{2}$. Determine AB e BC.

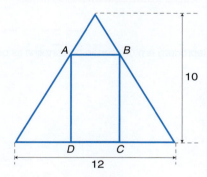

21. Sabendo que AB = 20 cm, AC = 15 cm e BD = 12 cm, calcule a medida do segmento $\overline{DE}$ na figura abaixo.

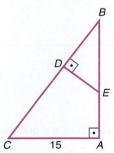

22. Considere os quadrados de lados 4, x e 9 da figura abaixo. Determine o valor de x.

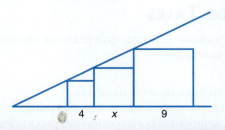

23. Calcule o valor de x nas figuras abaixo.

a)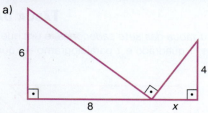

b)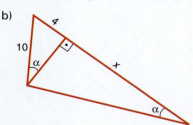

24. [MEDIÇÃO] Em certa hora do dia, a sombra de um poste mede 4 m. Determine a altura desse poste, sabendo que nesse mesmo horário a sombra de um homem de 1,80 m é 1,50 m.

25. [MARCENARIA] Deseja-se confeccionar uma mesa de madeira cujo tampo tem o formato de um trapézio, como mostra a figura abaixo. Determine a medida x.

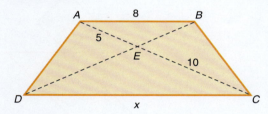

26. Na figura, a reta r é mediatriz de $\overline{AB}$. Determine x, sabendo que s // r.

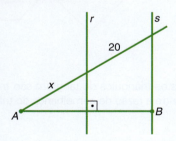

27. No trapézio ABCD a seguir, E e F são pontos médios dos lados não paralelos a que pertencem. Nessas condições, usando semelhança de triângulos, calcule o comprimento de $\overline{EF}$.

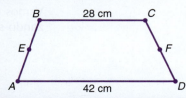

Enigmas, Jogos & Brincadeiras

TÁBUA DAS SETE SABEDORIAS

O tangram, ou *tábua das sete sabedorias*, é um quebra-cabeça chinês composto de sete peças — 5 triângulos de vários tamanhos, 1 quadrado e 1 paralelogramo —, que podem ser posicionadas de maneira que formem um quadrado.

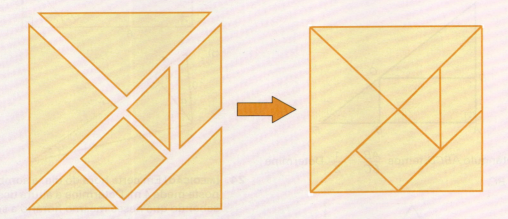

Essas peças podem ser reorganizadas para formar novas figuras. Reproduza em um cartão ou cartolina as peças e tente fazer as figuras abaixo.

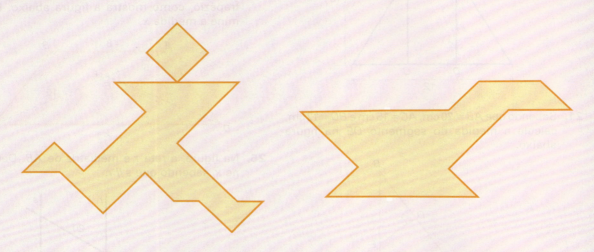

Todos os triângulos do tangram são *triângulos retângulos semelhantes*.
Encontre a razão de semelhança do triângulo pequeno para o médio, do médio para o grande e do pequeno para o grande.

4. O Teorema de Tales

Vamos rever agora um importante teorema, que pode ser demonstrado utilizando-se a semelhança de triângulos.

> Um feixe de retas paralelas interceptadas por duas transversais determina, nessas transversais, segmentos correspondentes proporcionais.

Na figura abaixo, por exemplo, as retas r_1, r_2, r_3 e r_4 são paralelas entre si, e as retas s e t são transversais a esse feixe de paralelas.

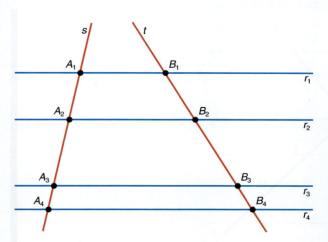

Dessa forma, pelo teorema de Tales são verdadeiras as seguintes relações:

- $\dfrac{A_1A_2}{B_1B_2} = \dfrac{A_2A_3}{B_2B_3}$
- $\dfrac{A_1A_2}{B_1B_2} = \dfrac{A_1A_4}{B_1B_4}$

Tales de Mileto (cerca de 624 a.C.-548 a.C.), filósofo grego, matemático e astrônomo. Credita-se a ele as primeiras deduções sistematizadas em Geometria.

EXERCÍCIOS RESOLVIDOS

ER. 12 [URBANISMO] Um condomínio foi projetado de modo que do portão principal saem duas alamedas não paralelas entre si e transversais às demais ruas de circulação, que formam um feixe de paralelas. Abaixo apresentamos um desenho simplificado dessa situação:

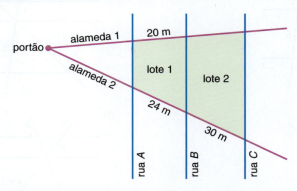

Calcule o comprimento da lateral do lote 2 que fica voltada para a alameda 1.

Resolução: Sendo ℓ o comprimento dessa lateral, pelo teorema de Tales, temos:

$$\dfrac{\ell}{20} = \dfrac{30}{24} \Rightarrow 24 \cdot \ell = 30 \cdot 20 \Rightarrow 4 \cdot \ell = 100 \Rightarrow \ell = 25 \text{ m}$$

Tópicos de Geometria Plana

EXERCÍCIOS RESOLVIDOS

ER. 13 Calcule os valores de *x* e *y* na figura a seguir, sendo *r* // *s* // *t* // *u*.

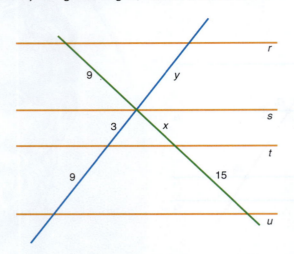

Resolução: Pelo teorema de Tales, temos:

- $\dfrac{3}{9} = \dfrac{x}{15}$

  $\dfrac{1}{3} = \dfrac{x}{15}$

  $x = 5$

- $\dfrac{9}{15} = \dfrac{y}{9}$

  $\dfrac{3}{5} = \dfrac{y}{9}$

  $5y = 27$

  $y = 5,4$

Recorde

$5y = 27$

$\dfrac{5y}{5} = \dfrac{27}{5}$

$y = 5,4$

EXERCÍCIOS PROPOSTOS

28. Nas figuras a seguir, as retas *r*, *s* e *t* são paralelas. Calcule o valor de *x* em cada caso.

a)
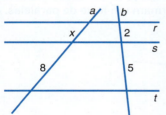

b)
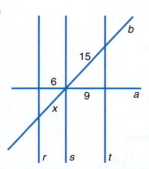

c)
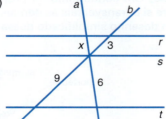

d)
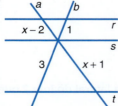

29. [AGRIMENSURA] Observe a planta a seguir, que mostra dois lotes em forma de trapézios com frentes para as ruas A e B. Determine o valor de x, em metros.

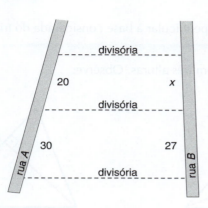

32. Na figura, $a \parallel b \parallel c \parallel d \parallel e$. Determine a medida do segmento $\overline{AE}$.

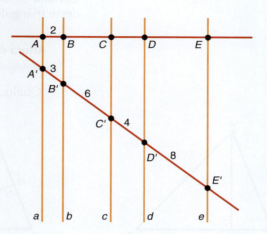

30. As retas r, s e t são paralelas. Determine as medidas de $\overline{AB}$ e de $\overline{BC}$, sabendo que $AC = 90$ cm.

33. Obtenha o valor da medida $x = PQ$ na figura, sabendo que $r \parallel s \parallel t$.

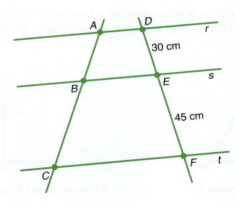

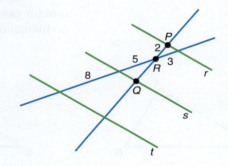

31. No triângulo ABC da figura, $\overline{MN} \parallel \overline{BC}$. Calcule a medida de $\overline{AB}$.

34. Determine x e y na figura, sendo $\overline{AB} \parallel \overline{CD}$.

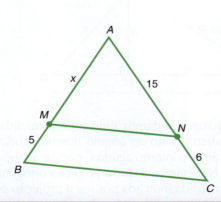

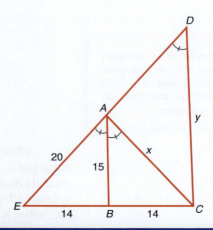

Tópicos de Geometria Plana **437**

5. Relações Métricas nos Triângulos Retângulos

Ceviana de um triângulo é qualquer segmento com extremos em um vértice desse triângulo e em um ponto do lado oposto (ou de seu prolongamento).

Altura é a ceviana perpendicular à base considerada do triângulo.

Qualquer triângulo tem três alturas. Observe:

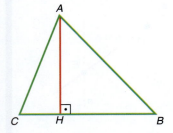 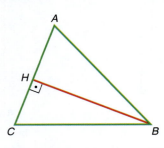 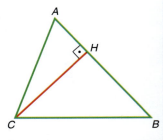

$\overline{AH}$ é a altura relativa ao lado $\overline{BC}$.　　$\overline{BH}$ é a altura relativa ao lado $\overline{AC}$.　　$\overline{CH}$ é a altura relativa ao lado $\overline{AB}$.

Nos triângulos retângulos, a altura relativa a qualquer um dos catetos é o outro cateto e a altura relativa à hipotenusa é um segmento sempre interno ao triângulo.

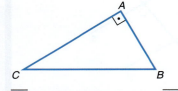 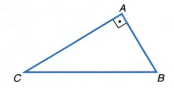 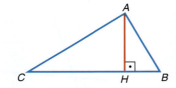

$\overline{AC}$ é a altura relativa ao cateto $\overline{AB}$.　　$\overline{AB}$ é a altura relativa ao cateto $\overline{AC}$.　　$\overline{AH}$ é a altura relativa à hipotenusa $\overline{BC}$.

Considere, agora, o triângulo retângulo ABC abaixo, em que $\overline{AH}$ é a altura relativa à hipotenusa $\overline{BC}$.

Faça

Existem outras duas cevianas importantes em um triângulo. Pesquise sobre elas e mostre alguns exemplos fazendo o desenho dos triângulos.

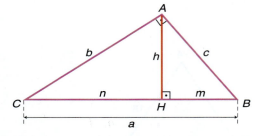

Observe que nesse triângulo estamos indicando a medida da hipotenusa por a, a medida do cateto oposto ao ângulo interno agudo $\hat{B}$ por b, a medida do cateto oposto ao ângulo interno agudo $\hat{C}$ por c e a medida da altura relativa à hipotenusa por h. Note também que a projeção ortogonal do cateto $\overline{AC}$ sobre a hipotenusa tem medida indicada por n e a projeção ortogonal do cateto $\overline{AB}$ sobre a hipotenusa tem medida indicada por m.

A altura $\overline{AH}$ divide o triângulo ABC em outros dois triângulos retângulos: ABH e ACH.

O triângulo ABH é semelhante ao triângulo ABC, pois ambos têm um ângulo reto e o ângulo $\hat{B}$ é comum aos dois triângulos.

Assim sendo, os lados homólogos dos triângulos são proporcionais, ou seja:

$$\frac{c}{a} = \frac{h}{b} = \frac{m}{c}$$

Pela propriedade fundamental das proporções, temos:

$$a \cdot h = b \cdot c \quad \text{e} \quad c^2 = a \cdot m$$

O triângulo ACH também é semelhante ao triângulo ABC, pois ambos têm um ângulo reto e o ângulo $\hat{C}$ é comum aos dois triângulos. Assim sendo, os lados homólogos dos triângulos são proporcionais:

$$\frac{b}{a} = \frac{h}{c} = \frac{n}{b}$$

Dessas proporções obtemos também:

$$b^2 = a \cdot n$$

Se $\triangle ACH \sim \triangle ABC$ e $\triangle ABH \sim \triangle ABC$, então $\triangle ACH \sim \triangle ABH$.
Assim, também podemos formar as proporções:

$$\frac{c}{b} = \frac{h}{n} = \frac{m}{h}$$

Dessa forma, temos ainda:

$$h^2 = m \cdot n$$

Todas essas relações, junto com o teorema de Pitágoras, são conhecidas como *relações métricas em um triângulo retângulo*.

Resumindo, temos:

- O produto das medidas da hipotenusa e da altura é igual ao produto das medidas dos catetos.

$$a \cdot h = b \cdot c$$

- O quadrado da medida de um cateto é igual ao produto da medida da hipotenusa pela medida da projeção do cateto considerado.

$$c^2 = a \cdot m \quad \text{e} \quad b^2 = a \cdot n$$

- O quadrado da medida da altura é igual ao produto das medidas das projeções dos catetos.

$$h^2 = m \cdot n$$

- Teorema de Pitágoras: o quadrado da medida da hipotenusa é igual à soma dos quadrados das medidas dos catetos.

$$a^2 = b^2 + c^2$$

Recorde
Lados homólogos são lados opostos aos ângulos correspondentes congruentes de dois triângulos semelhantes.

Faça
Prove a afirmação dada ao lado.

Atenção!
A altura aqui considerada é sempre em relação à hipotenusa.

Exercícios Resolvidos

ER. 14 Determine o valor de x em cada figura:

a) 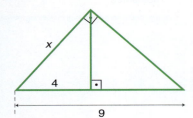 b) 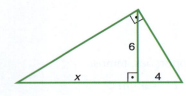 c)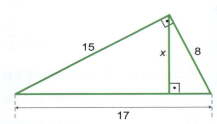

Resolução:

a) Note que x é a medida de um cateto, 4 é a medida da projeção relativa a esse cateto e 9 é a medida da hipotenusa. Assim:

$$x^2 = 4 \cdot 9 \Rightarrow x^2 = 36 \Rightarrow x = 6 \text{ (pois } x > 0)$$

b) Agora, 6 é a medida da altura relativa à hipotenusa, x e 4 são as medidas das projeções. Daí:

$$6^2 = x \cdot 4 \Rightarrow x = 9$$

c) 8 e 15 são as medidas dos catetos e 17 a da hipotenusa. Assim:

$$x \cdot 17 = 8 \cdot 15 \Rightarrow x = \frac{120}{17}$$

ER. 15 Demonstre o teorema de Pitágoras usando as demais relações métricas estudadas no triângulo retângulo.

Resolução: Da figura, temos:

$b^2 = ma$ e $c^2 = na$

Daí, vem:

$b^2 + c^2 = ma + na$
$b^2 + c^2 = a(m + n)$
$b^2 + c^2 = a^2$

que é a relação de Pitágoras.

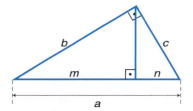

ER. 16 No triângulo abaixo, determine a medida de cada projeção dos catetos sobre a hipotenusa e a medida da altura relativa à hipotenusa.

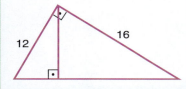

Resolução: Aplicando o teorema de Pitágoras, vem:

$a^2 = 12^2 + 16^2$
$a = 20$ (pois $a > 0$)

Assim, temos:

$12^2 = m \cdot 20 \Rightarrow m = 7,2$
$16^2 = n \cdot 20 \Rightarrow n = 12,8$
$16 \cdot 12 = 20 \cdot h \Rightarrow h = 9,6$

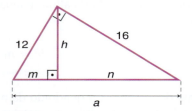

Exercícios Propostos

35. Obtenha a medida *x* em cada triângulo retângulo abaixo.

a)
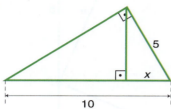

b)
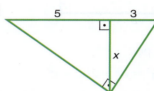

c)
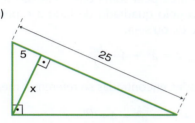

d)
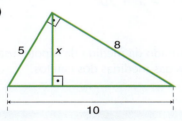

e)
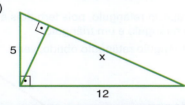

36. Obtenha a razão entre as áreas das regiões triangulares I e II, nessa ordem, da figura abaixo.

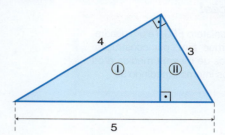

37. Sabendo que a razão entre as áreas das regiões I e II da figura a seguir é $\frac{16}{9}$, determine *AC* e *BC*.

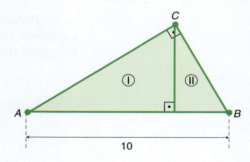

38. Obtenha o valor de *x*:

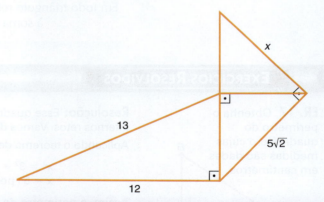

5.1 O TEOREMA DE PITÁGORAS

Você já estudou o teorema de Pitágoras — a relação métrica mais importante em um triângulo retângulo. Há diversas maneiras de se provar esse teorema.

Vamos apresentar aqui uma dessas demonstrações, que independe de outra relação métrica.

Na figura da página seguinte, os pontos *E*, *F*, *G* e *H* dividem o quadrado *ABCD* em quatro triângulos retângulos congruentes (*HAE*, *EBF*, *FCG* e *GDH*) e em um quadrado (*EFGH*).

Faça

Pesquise outras formas de demonstrar o teorema de Pitágoras.

Tópicos de Geometria Plana **441**

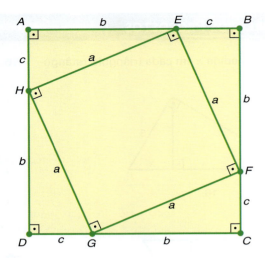

Atenção!

O quadrilátero *EFGH* é um quadrado porque tem, por construção, os lados de mesma medida e os ângulos internos medindo 90°.

A área do quadrado *ABCD* é dada por:

$$A_{quadrado(ABCD)} = (b + c)^2 = b^2 + 2bc + c^2$$

Podemos achar essa mesma área pela soma das áreas das figuras que compõem esse quadrado (formado pelo quadrado de lado *a* e pelos quatro triângulos retângulos de catetos *b* e *c*), ou seja:

$$A_{quadrado(ABCD)} = a^2 + 4 \cdot \frac{bc}{2}$$

Então, como as duas expressões encontradas se referem à mesma área, temos:

$$b^2 + 2bc + c^2 = a^2 + 4 \cdot \frac{bc}{2}$$
$$b^2 + 2bc + c^2 = a^2 + 2bc$$
$$b^2 + c^2 = a^2$$

> Em todo triângulo retângulo, o quadrado da medida da hipotenusa é igual à soma dos quadrados das medidas dos catetos.

Exercícios Resolvidos

ER. 17 Obtenha o perímetro do quadrilátero cujas medidas são dadas em centímetros.

Resolução: Esse quadrilátero é um trapézio retângulo, pois tem dois ângulos internos retos. Vamos dividi-lo em um retângulo e um triângulo.

Aplicando o teorema de Pitágoras no triângulo retângulo obtido, vem:

$$x^2 = 3^2 + 4^2$$
$$x = 5 \ (\text{pois } x > 0)$$

Assim, o perímetro do trapézio é dado por:

$$P = 5 + 8 + 4 + 5 = 22$$
$$P = 22 \text{ cm}$$

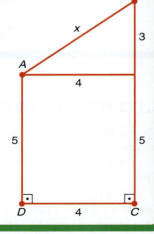

ER. 18 Calcule a área de um triângulo isósceles cujos lados medem 5 cm, 5 cm e 8 cm.

Resolução: Vamos fazer um desenho que represente esse triângulo:

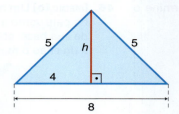

Atenção!
Pode-se demonstrar que todo triângulo, cujos lados medem a, b e c, no qual se verifica a relação $a^2 = b^2 + c^2$ é um triângulo retângulo.

Recorde
Em um triângulo isósceles, que tem um lado de medida diferente dos outros dois, a base é, normalmente, esse lado de medida diferente.

Consideremos h a medida da altura relativa ao lado de medida 8 cm (base do triângulo isósceles). Daí:

$$5^2 = h^2 + 4^2 \Rightarrow h = 3 \text{ (pois } h > 0\text{)}$$

Desse modo, a área é dada por:

$$A = \frac{3 \cdot 8}{2} \Rightarrow A = 12 \text{ cm}^2$$

Enigmas, Jogos & Brincadeiras

Deu Nó!

Atualmente se acredita que o triângulo pitagórico 3, 4 e 5 (que é retângulo) já era conhecido muito antes do tempo de Pitágoras. Os egípcios já o utilizavam para produzir ângulos retos. Para isso, eles usavam uma corda com 12 nós, separados por distâncias iguais entre si, conforme a figura ao lado.

Descubra e explique como eles faziam isso.

Tópicos de Geometria Plana 443

Exercícios Propostos

39. Nos triângulos retângulos abaixo, determine o valor de x.

a)
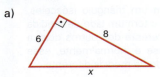

b)
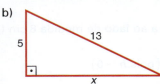

c)
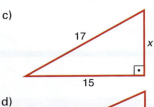

d)
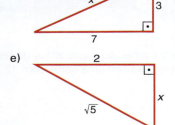

e)
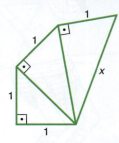

40. Em um trapézio isósceles (lados não paralelos congruentes), as bases medem 8 cm e 16 cm. Obtenha o perímetro desse trapézio, sabendo que sua altura é 3 cm.

41. Calcule a medida da diagonal de um retângulo de lados 2 cm e 3 cm.

42. Determine o valor de x na figura abaixo.

43. Calcule a medida da altura relativa à base de um triângulo isósceles de lados 13 cm, 13 cm e 10 cm.

44. Calcule a medida da diagonal de um quadrado de lado 4 cm.

45. Calcule a medida da altura de um triângulo equilátero de lado 4 cm.

46. [MEDIÇÃO] Um mastro de 4 m de altura é quebrado pelo vento e sua ponta encontra o chão a 2 m de sua base, como mostra a figura. A que altura x do chão o mastro foi quebrado?

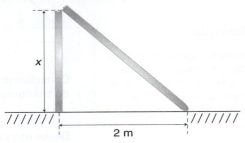

47. Determine a medida da hipotenusa de um triângulo retângulo, sabendo que as medidas de seus lados formam uma progressão aritmética de razão 1.

48. Na figura abaixo, as circunferências de raios 18 cm e 8 cm são tangentes entre si. A reta r é tangente às duas circunferências nos pontos A e B, respectivamente. Determine a medida de $\overline{AB}$, sabendo que O_1 e O_2 são os centros das circunferências.

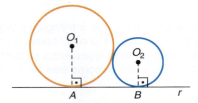

49. Calcule a medida do raio da circunferência de centro O de cada figura abaixo.

a)
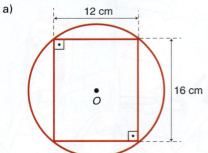

b)
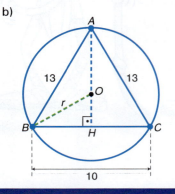

Encare Essa!

1. Calcule a medida de uma diagonal de um pentágono regular de lado 1 cm.

2. Mostre geometricamente que a média geométrica $(\sqrt{ab})$ entre dois números positivos é menor ou igual à média aritmética $\left(\dfrac{a+b}{2}\right)$ entre esses dois números positivos.

3. (Fuvest – SP) Na figura, $AC = a$, $BC = b$, O é o centro da circunferência, $\overline{CD}$ é perpendicular a $\overline{AB}$ e $\overline{CE}$ é perpendicular a $\overline{OD}$.

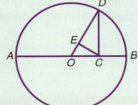

a) Calculando $\dfrac{1}{ED}$ em função de a e b, prove que ED é a média harmônica de a e b.

Observação: A média harmônica entre dois números positivos a e b é definida por $\dfrac{2ab}{a+b}$.

b) Comprove na figura que $\dfrac{a+b}{2} \geq \sqrt{ab} > ED$.

4. Determine a medida da altura relativa ao lado $\overline{AB}$ do triângulo abaixo.

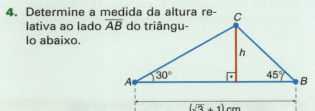

História & Matemática

Originalmente, a Geometria surgiu como um campo do conhecimento que abarcava princípios empíricos relacionados ao espaço, suas relações, comprimentos, ângulos, áreas e volumes, reconhecimento e comparação de semelhanças e diferenças em objetos físicos etc. Nesse contexto, tais princípios foram desenvolvidos para suprir necessidades práticas nas construções, na Astronomia etc.

Diferentemente das geometrias babilônica e egípcia, que eram direcionadas às necessidades práticas, a geometria grega era essencialmente teórica, tinha maior autonomia, sendo o ramo do conhecimento de maior importância e perfeição, que servia de base a todas as outras áreas do conhecimento. Os gregos impulsionaram fortemente a Matemática, particularmente a Geometria, por meio de pensadores como Tales, Pitágoras, Euclides, Arquimedes etc.

Marcando fortemente sua maneira de fazer matemática, a geometria grega se organiza estruturalmente segundo o chamado *método axiomático*, que consiste em tomar por verdadeiras certas proposições matemáticas a partir das quais se chega a outras verdades matemáticas por meio de uma sequência de afirmações encadeadas logicamente. A obra grega representativa de uma organização do conhecimento matemático de modo axiomático-dedutivo é *Os Elementos*, do matemático Euclides (325-265 a.C.), referência para diversos outros matemáticos gregos, como Arquimedes (287-212 a.C.) e Apolônio (262-190 a.C.), por exemplo.

Detalhe do afresco *A Escola de Atenas* de Rafael, de 1511, em que retrata Euclides fazendo uso de um compasso. Esse afresco foi pintado nos aposentos do Papa Júlio II, no Vaticano, em Roma.

Assim, a passagem histórica de geometrias anteriores, tais como a egípcia e a babilônica, para a geometria grega caracterizou-se pela mudança de metodologia de tentativa e erro para dedução lógica, deixando-se de pensar em como resolver um problema com uma aproximação satisfatória a um determinado fim prático para se pensar em justificativas articuladas logicamente, fundamentadoras de um determinado resultado. Há, portanto, na matemática grega uma mudança significativa no que concerne à precisão, na medida em que se assume explicitamente que os objetos geométricos são abstrações que se aproximavam de objetos físicos. Diferenciando os gregos de maneira impressionante, a teoria axiomática, expressa originalmente na estrutura da obra de Euclides, serviu de modelo para a prática da matemática posterior, bem como de diferentes teorias científicas.

Reflexão e ação

Faça uma pequena pesquisa sobre a vida de Tales, Pitágoras e Euclides, citando algumas contribuições deles para a Matemática, principalmente na Geometria.

ATIVIDADES DE REVISÃO

1. Obtenha a medida x de um ângulo, sabendo que $\left(x + \dfrac{x}{2} + 20°\right)$ corresponde à medida de um ângulo raso.

2. Na figura a seguir, os lados $\overline{DE}$, $\overline{FG}$ e $\overline{BC}$ são paralelos. Sendo $\dfrac{AB}{AD} = 5$ e $AD = FD$, calcule a razão entre as medidas dos segmentos $\overline{DE}$ e $\overline{FG}$.

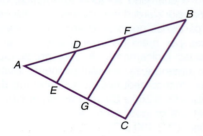

3. Na figura abaixo, determine o valor de x e y, sabendo que as retas r, s e t são paralelas.

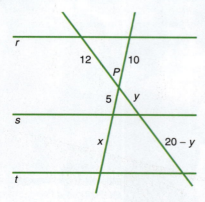

4. [ENGENHARIA] Calcule a altura, em relação ao chão, da rampa do Palácio do Planalto em Brasília, sabendo que seu comprimento é de 32,4 metros. Leve em conta que uma pessoa, depois de andar 24,3 metros, a partir de sua base, se encontra a 3 metros de altura do chão.

5. Determine o perímetro do triângulo ADE na figura a seguir, sabendo que $\overline{DE} \parallel \overline{BC}$.

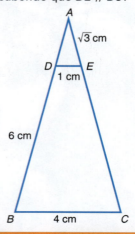

6. [AGRIMENSURA] Um terreno triangular será dividido por uma rua conforme a figura abaixo. Sabendo que $\overline{BE} \parallel \overline{CD}$, $AB = 4$ m, $BC = 2$ m, $ED = 3$ m e $CD = 12$ m, determine o comprimento da rua.

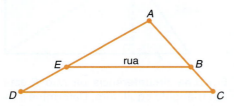

7. Determine o valor de x na figura abaixo, sendo $AB = AC = 1$ cm.

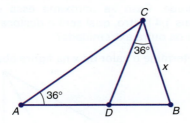

8. Determine a medida da altura relativa à hipotenusa de um triângulo retângulo de catetos 5 e 12.

9. Em um trapézio isósceles, as bases medem x cm e $(x + 16)$ cm, e a medida dos lados não paralelos é de 10 cm cada. Determine a altura desse trapézio.

10. [DECORAÇÃO] Para a festa junina de um condomínio, o prédio foi enfeitado com bandeirinhas colocadas em dois fios de aço, conforme mostra a figura a seguir. Determine o comprimento de fio utilizado.

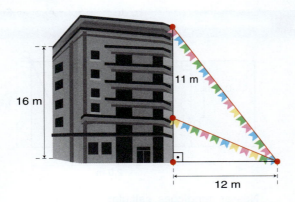

11. Obtenha a medida h de uma altura de um triângulo equilátero em função da medida ℓ de seu lado.

12. [ARTES] Uma folha de papel retangular é dobrada conforme mostra a figura a seguir. Determine o comprimento da dobra indicada.

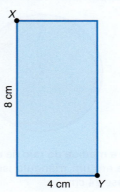

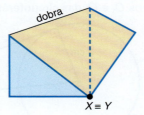

13. Obtenha a medida do raio da circunferência abaixo, sendo $ABCD$ um quadrado de lado 8 cm e $\overline{BC}$ tangente à circunferência de centro O.

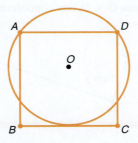

14. Considerando a sequência de triângulos a seguir, determine a medida do segmento $\overline{A_6A}$.

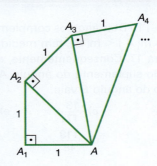

15. Determine a área de um triângulo cujos lados medem o dobro da medida dos lados de um triângulo retângulo isósceles de perímetro $(2 + \sqrt{2})$.

Tópicos de Geometria Plana **447**

16. [DESIGN] Uma moeda foi cunhada com a figura de um hexágono regular inscrito na sua circunferência, que tem raio 1. Determine a área desse hexágono.

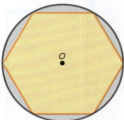

17. Determine a medida do raio de uma circunferência inscrita em um triângulo isósceles de lados 20 cm e base 24 cm.

18. Na figura abaixo, determine a distância entre os centros O_1 e O_2 das circunferências.

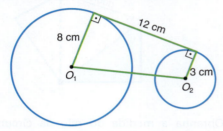

19. Determine a distância entre os pontos de tangência na figura abaixo, sabendo que a distância entre os centros O_1 e O_2 das circunferências é 13 cm.

20. [MEDIÇÃO] Determine o perímetro de um terreno que tem a forma do trapézio representado pela figura a seguir.

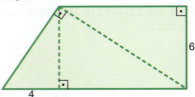

21. Em uma circunferência de raio R está inscrito um triângulo equilátero. Determine a medida do lado desse triângulo em função de R.

22. [COTIDIANO] Apoiando-se uma tábua de 6,5 metros de comprimento em uma parede, a outra extremidade ficará a 3,9 metros da base dessa parede. Caso se aproxime essa extremidade mais 1,4 metro, qual será o deslocamento vertical da outra extremidade?

23. Determine o valor de x na figura abaixo.

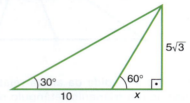

24. Na figura abaixo, determine a medida dos segmentos $\overline{CD}$ e $\overline{DE}$, sendo $AC = 3$ cm e $BC = 4$ cm.

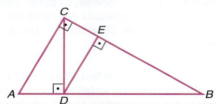

QUESTÕES PROPOSTAS DE VESTIBULAR

1. (PUC – PR) Dois ângulos complementares $\hat{A}$ e $\hat{B}$, sendo $m(\hat{A}) < m(\hat{B})$, têm medidas na razão de 13 para 17. Consequentemente, a razão da medida do suplemento do ângulo $\hat{A}$ para o suplemento do ângulo $\hat{B}$ vale:

a) $\dfrac{43}{47}$ c) $\dfrac{13}{17}$ e) $\dfrac{47}{43}$

b) $\dfrac{17}{13}$ d) $\dfrac{119}{48}$

2. (UFG – GO) Em um jogo de sinuca, uma bola é lançada do ponto O para atingir o ponto C, passando pelos pontos A e B, seguindo a trajetória indicada na figura a seguir.

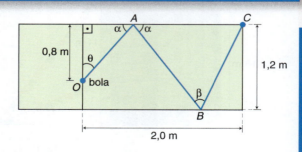

Nessas condições, calcule:

a) a medida do ângulo β em função da medida do ângulo θ;
b) o valor de x indicado na figura.

3. (UTFPR) Na figura a seguir, temos $r \parallel s$ e $t \parallel u \parallel v$.

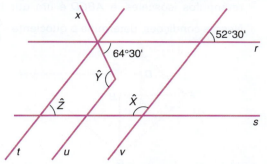

Com base nos estudos dos ângulos formados por retas paralelas cortadas por uma transversal, pode-se afirmar que:

I. O ângulo $\hat{X}$ mede $127°30'$.
II. O ângulo $\hat{Y}$ mede $117°$.
III. O ângulo $\hat{Z}$ mede $64°30'$.

Analise as proposições acima e identifique a alternativa correta.

a) Somente as afirmações I e II estão corretas.
b) Somente as afirmações I e III estão corretas.
c) Somente a afirmação I está correta.
d) As afirmações I, II e III estão corretas.
e) As afirmações I, II e III estão incorretas.

4. (UFT – TO – adaptada) Na figura a seguir, considere $m(\hat{A}) = 30°$, $\alpha = \dfrac{m(\hat{B})}{3}$ e $\beta = \dfrac{m(\hat{C})}{3}$.

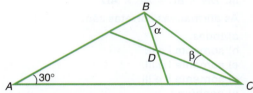

No triângulo BDC, a medida do ângulo $\hat{D}$ é:

a) $90°$ b) $130°$ c) $150°$ d) $120°$

5. (UFPE) Na figura abaixo, o triângulo ABC é retângulo em A. O ponto D é o "pé" da bissetriz do ângulo $\hat{A}$. E é o ponto de interseção de $\overline{AB}$ com a perpendicular a $\overline{CD}$ traçada em D.

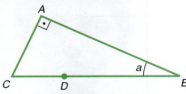

Para qualquer triângulo ABC retângulo em A, com $AC < AB$, é possível afirmar que:

(1) $\overrightarrow{CE}$ é a bissetriz do ângulo $A\hat{C}B$
(2) $m(E\hat{C}A) = m(C\hat{B}A)$
(3) $E\hat{C}A$ e $C\hat{B}A$ são complementares
(4) $m(E\hat{C}A) = m(E\hat{D}A)$
(5) $m(E\hat{C}A) = 45° - a$

6. (FGV – SP) O triângulo ABC da figura a seguir é acutângulo.

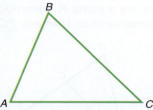

Trace duas alturas, $\overline{AD}$ e $\overline{BE}$, do triângulo ABC. Demonstre que:

a) Os triângulos ADC e BEC são semelhantes.
b) Os triângulos ABC e DEC são semelhantes.

7. (Uespi) Um teleférico une os picos A e B de dois morros de altitudes 600 m e 800 m, respectivamente, sendo de 700 m a distância entre as retas verticais que passam por A e B. Na figura abaixo, que não guarda as devidas proporções com as medidas reais, o ponto T representa o teleférico subindo.

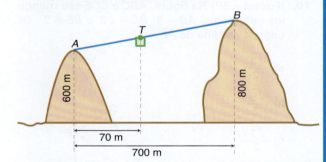

Nessas condições e desprezando as dimensões do teleférico, calcule a que altura do solo ele se encontra, quando seu deslocamento horizontal é de 70 m.

a) 620 m   c) 650 m   e) 730 m
b) 640 m   d) 720 m

8. (UFG – GO) Em um sistema de coordenadas cartesianas são dados os pontos $A(0, 0)$, $B(0, 2)$, $C(4, 2)$, $D(4, 0)$ e $E(x, 0)$, onde $0 < x < 4$. Considerando os segmentos $\overline{BD}$ e $\overline{CE}$, obtêm-se os triângulos T_1 e T_2 destacados na figura.

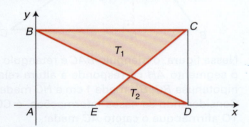

Para que a área do triângulo T_1 seja o dobro da área de T_2, o valor de x é:

a) $2 - \sqrt{2}$ c) $4 - \sqrt{2}$ e) $8 - 4\sqrt{2}$
b) $4 - 2\sqrt{2}$ d) $8 - 2\sqrt{2}$

Tópicos de Geometria Plana **449**

9. (FGV – SP) No triângulo ABC, AB = 8, BC = 7, AC = 6 e o lado $\overline{BC}$ foi prolongado, como mostra a figura, até o ponto P, formando-se o triângulo PAB, semelhante ao triângulo PCA.

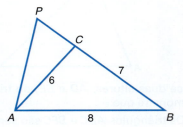

O comprimento do segmento $\overline{PC}$ é:
a) 7
b) 8
c) 9
d) 10
e) 11

10. (Fuvest – SP) Na figura, ABC e CDE são triângulos retângulos, AB = 1, BC = $\sqrt{3}$ e BE = 2 · DE. Logo, a medida de $\overline{AE}$ é:

a) $\dfrac{\sqrt{3}}{2}$
b) $\dfrac{\sqrt{5}}{2}$
c) $\dfrac{\sqrt{7}}{2}$
d) $\dfrac{\sqrt{11}}{2}$
e) $\dfrac{\sqrt{13}}{2}$

11. (UFT – TO) Observe esta figura:

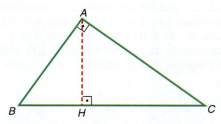

Nessa figura, o triângulo BAC é retângulo em A; o segmento $\overline{AH}$ corresponde à altura relativa à hipotenusa $\overline{BC}$; $\overline{BH}$ mede 1 cm e $\overline{HC}$ mede 4 cm. Considerando-se essas informações, é CORRETO afirmar que o cateto $\overline{AC}$ mede:

a) $2\sqrt{5}$ cm
b) $3\sqrt{5}$ cm
c) $4\sqrt{5}$ cm
d) 5 cm

12. (UFBA) Na figura abaixo, todos os triângulos são retângulos isósceles, e ABCD é um quadrado. Nessas condições, determine o quociente $\dfrac{GH}{CE}$.

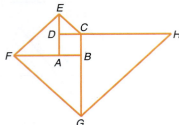

13. (UFJF – MG) Na figura a seguir, encontra-se representado um trapézio retângulo ABCD de bases $\overline{AB}$ e $\overline{CD}$, onde:

$$m(A\hat{D}N) = m(N\hat{D}C) = m(A\hat{C}B) = \beta$$

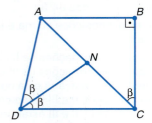

Considere as seguintes afirmativas:

I. AD × NC = AN × CD
II. AB × DN = BC × AN
III. DN × BC = AC × AD

As afirmativas corretas são:
a) todas.
b) somente I e II.
c) somente I e III.
d) somente II e III.
e) nenhuma.

14. (UFRRJ – adaptada) Observe a figura abaixo que demonstra um padrão de harmonia, segundo os gregos.

Há muito tempo os gregos já conheciam o número de ouro $\phi = \dfrac{1 + \sqrt{5}}{2}$, que é aproximadamente 1,618. Tal número foi durante muito tempo "padrão de harmonia". Por exemplo, ao se tomar a medida de uma pessoa (altura) e dividi-la pela medida que vai da linha umbilical até o chão, vê-se que a razão é a mesma que a da medida do queixo até a testa, em relação à medida da linha dos olhos até o queixo, e é igual ao número de ouro.

Considere a cantora Ivete Sangalo, harmoniosa, segundo os padrões gregos. Assumindo que a sua distância da linha umbilical até o chão é igual a $\dfrac{22 \cdot (\sqrt{5} - 1)}{25}$ m, determine a altura dela.

15. (PUC – RJ) Uma reta paralela ao lado $\overline{BC}$ de um triângulo ABC intercepta os lados $\overline{AB}$ e $\overline{AC}$ do triângulo em P e Q, respectivamente, onde $AQ = 4$, $PB = 9$ e $AP = QC$. Então, o comprimento de $\overline{AP}$ é:

a) 5
b) 6
c) 8
d) 2
e) 1

16. (UFRRJ) Pedro está construindo uma fogueira representada pela figura abaixo.

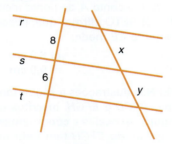

Ele sabe que a soma de x com y é 42 e que as retas r, s e t são paralelas. A diferença $x - y$ é:

a) 2
b) 4
c) 6
d) 10
e) 12

17. (PUC – SP) Dois mastros verticais, com alturas de 2 m e 8 m, têm suas bases fixadas em um terreno plano, distantes 10 m uma da outra. Se duas cordas fossem esticadas, unindo o topo de cada mastro com a base do outro, a quantos metros da superfície do terreno ficaria a intersecção das cordas?

a) 2,4
b) 2,2
c) 2
d) 1,8
e) 1,6

18. (UFPR) Em uma rua, um ônibus com 12 m de comprimento e 3 m de altura está parado a 5 m de distância da base de um semáforo, o qual está a 5 m do chão. Atrás do ônibus para um carro, cujo motorista tem os olhos a 1 m do chão e a 2 m da parte frontal do carro, conforme indica a figura abaixo.

Determine a menor distância (d) que o carro pode ficar do ônibus de modo que o motorista possa enxergar o semáforo inteiro.

a) 13,5 m
b) 14,0 m
c) 14,5 m
d) 15,0 m
e) 15,5 m

19. (UEFS – BA) Em uma praça retangular $ABCD$, no ponto médio de $\overline{AB}$, é colocado, perpendicularmente a $\overline{AB}$, um poste de iluminação, LM, de 4 m de altura.

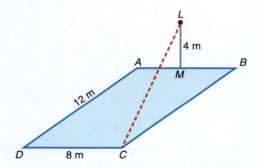

Considerando-se $\sqrt{11} = 3,3$, pode-se afirmar que a distância da lâmpada L ao vértice C da praça mede, em metros, aproximadamente:

a) 18
b) 17
c) 16
d) 14
e) 13

20. (UECE) Se 5, 12 e 13 são as medidas em metros dos lados de um triângulo, então o triângulo é:

a) isósceles
b) equilátero
c) retângulo
d) obtusângulo

21. (UFRN) A figura abaixo é um semicírculo de centro O e diâmetro $\overline{AB}$.

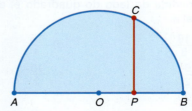

Um ponto C está sobre o semicírculo, de modo que $\overline{PC}$ é perpendicular a $\overline{AB}$. O quadrado da distância do ponto P ao ponto C é:

a) $(OA)^2 + (OP)^2$
b) $(OA)^2 - (OP)^2$
c) $(AP)^2 + (PB)^2$
d) $(AP)^2 - (PB)^2$

22. (UFRGS – RS) Considere os triângulos I, II e III caracterizados abaixo através das medidas de seus lados.

- triângulo I: 9, 12 e 15
- triângulo II: 5, 12 e 13
- triângulo III: 5, 7 e 9

Quais são triângulos retângulos com as medidas dos lados em progressão aritmética?

a) apenas o triângulo I
b) apenas o triângulo II
c) apenas o triângulo III
d) apenas os triângulos I e III
e) apenas os triângulos II e III

23. (UFG – GO – adaptada) Em um terreno triangular, com 1.200 m² de área, um dos lados mede 60 m. Deseja-se construir, nesse terreno, um galpão cujo piso retangular tem 504 m² de área, conforme a figura a seguir.

De acordo com a figura, o menor perímetro possível do piso do galpão, em metros, é:

a) 90
b) 92
c) 100
d) 110
e) 128

24. (UFSC) Considere um triângulo equilátero cujo lado mede 12 cm de comprimento e um quadrado em que uma das diagonais coincida com uma das alturas desse triângulo. Nessas condições, determine a área (em cm²) do quadrado.

25. (UFJF – MG) Seja o triângulo de base igual a 10 m e altura igual a 5 m com um quadrado inscrito, tendo um lado contido na base do triângulo.
A medida do lado do quadrado é, em metros, igual a:

a) $\dfrac{10}{3}$
b) $\dfrac{5}{2}$
c) $\dfrac{20}{7}$
d) $\dfrac{15}{4}$
e) $\dfrac{15}{2}$

26. (UFG – GO) Uma pista retangular para caminhada mede 100 por 250 metros. Deseja-se marcar um ponto P, conforme figura a seguir, de modo que o comprimento do percurso ABPA seja a metade do comprimento total da pista.

Calcule a distância entre os pontos B e P.

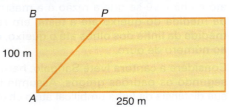

27. (UFMG) Uma folha de papel quadrada, ABCD, que mede 12 cm de lado, é dobrada na reta r, como mostrado nesta figura:

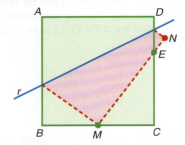

Feita essa dobra, o ponto D sobrepõe-se ao ponto N, e o ponto A, ao ponto médio M, do lado $\overline{BC}$. É CORRETO afirmar que, nessas condições, o segmento $\overline{CE}$ mede:

a) 7,2 cm
b) 7,5 cm
c) 8,0 cm
d) 9,0 cm

28. (UFPE) Nas ilustrações a seguir temos dois quadrados, ABCD e EFGH, inscritos em triângulos retângulos isósceles e congruentes.
Se o quadrado EFGH tem lado medindo $6\sqrt{2}$, determine a área do quadrado ABCD.

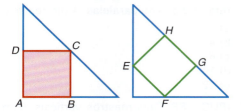

29. (Unicamp – SP – adaptada) Dois navios partiram ao mesmo tempo, de um mesmo porto, em direções perpendiculares e a velocidades constantes. Trinta minutos após a partida, a distância entre os dois navios era de 15 km e, após mais 15 minutos, um dos navios estava 4,5 km mais longe do porto que o outro. Qual a distância de cada um dos navios até o porto de saída 270 minutos após a partida?

30. (Fuvest – SP) Uma escada de 25 dm de comprimento se apoia em um muro do qual seu pé dista 7 dm. Se o pé da escada se afastar mais 8 dm do muro, qual será o deslocamento verificado pela extremidade superior da escada?

Programas de Avaliação Seriada

1. (PASES – UFV – MG) A figura abaixo ilustra três prédios I, II e III situados em uma mesma avenida retilínea. Rafael, no topo do prédio II, observa sob uma mesma linha de visada o topo do prédio I e a base do III e, de maneira análoga, o topo do prédio III e a base do I.

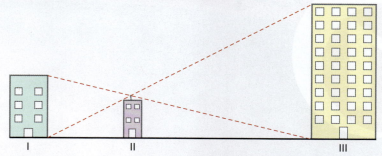

Sabendo-se que as alturas dos prédios I e III têm, respectivamente, 30 m e 60 m e que Rafael tem 1,70 m de altura, é CORRETO afirmar que a medida, em metros, que mais se aproxima da altura do prédio II é:

a) 20,30
b) 21,30
c) 18,30
d) 19,30
e) 17,30

2. (SAS – UEG – GO) Uma pessoa curiosa observou que num determinado instante a sombra projetada no solo por um prédio era de 20 metros de comprimento, enquanto, no mesmo instante, o muro que o cerca, com 2 m de altura, projetava uma sombra que media 80 centímetros. De acordo com essa relação, a altura do prédio é:

a) 50 m
b) 55 m
c) 40 m
d) 35 m

3. (PAS – UnB – DF – adaptada) Pitágoras foi um filósofo e matemático grego do século VI a.C.

É impossível mencionar Pitágoras sem vir à mente o famoso teorema que leva o seu nome. Segundo o teorema de Pitágoras, um triângulo de lados medindo 3, 4 e 5 é um triângulo retângulo.
A respeito desse assunto, julgue os itens que se seguem.

(1) Existem infinitos conjuntos formados por três números inteiros positivos que são os comprimentos dos lados de triângulos retângulos.
(2) Além de 3, 4 e 5, existem outros três números inteiros, positivos e consecutivos que são os comprimentos dos lados de um triângulo retângulo.

4. (PISM – UFJF – MG) Um triângulo ABC tem os lados medindo $AB = 12$ cm, $AC = 16$ cm e $BC = 20$ cm. Sejam D um ponto pertencente ao lado $\overline{AB}$ e E um ponto pertencente ao lado $\overline{AC}$, formando um novo triângulo ADE. O segmento $\overline{DE}$ é paralelo ao lado $\overline{BC}$ do triângulo ABC e é tal que $DE = 5$ cm.

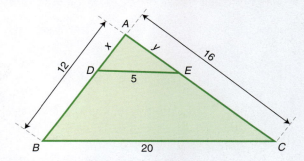

a) Qual é a área, em cm², do triângulo ABC?
b) Determine, em cm, os comprimentos $AD = x$ e $AE = y$.
c) Encontre a razão entre a área do triângulo ADE e a área do triângulo ABC.

Tópicos de Geometria Plana **453**

Capítulo 11

Objetivos do Capítulo

Quanto ao estudo do triângulo retângulo:
▶ Explorar as razões trigonométricas seno, cosseno e tangente.
▶ Estabelecer a relação fundamental da Trigonometria nesse contexto.
▶ Aplicar, em diferentes situações, essas razões trigonométricas.

Trigonometria no Triângulo Retângulo

Uma Estimativa Brilhante

Certamente, você já olhou para a Lua e as estrelas, mas provavelmente nunca se perguntou como os antigos — sem as ferramentas da tecnologia de que dispomos hoje — conseguiam estimar a que distância esses astros estavam da Terra. Como você estimaria essas distâncias se não as conhecesse e sem os recursos tecnológicos de hoje?

Desde o Egito Antigo, passando pela Grécia e por diversas regiões da Europa, acreditava-se que a Lua, o Sol e as estrelas eram, na realidade, deuses e que, de acordo com suas posições no céu, eventos importantes, como uma colheita melhor ou um inverno menos rigoroso, ocorreriam. Assim, determinar precisamente a época dos solstícios de verão e de inverno (datas em que o Sol está mais perto e mais longe da Terra, respectivamente), em que os raios solares têm certo padrão, bem como as posições relativas desses objetos celestes, passou a ser essencial nessas culturas.

Dessa necessidade surgiu, na Grécia, a ideia de relacionar ângulos com distâncias e, em um primeiro momento, a melhor figura encontrada para realizar esse estudo foi o triângulo retângulo. A partir daí foi possível estimar a distância entre astros, como a da Terra à Lua e a da Terra ao Sol.

Com os conhecimentos básicos sobre triângulos e relações entre seus lados e seus ângulos, objeto de estudo da Trigonometria, por volta de 300 a.C. já se havia chegado a uma estimativa da distância Terra-Lua e Terra-Sol e do valor de 87° para o ângulo formado por esses astros (Lua-Terra-Sol). Essa é uma aproximação incrível para a época (o valor exato do ângulo é 89,5°) e foi feita apenas com o uso da Trigonometria no triângulo retângulo, tema deste nosso capítulo.

1. Ângulos e Lados no Triângulo Retângulo

Para iniciar, vamos relembrar alguns conceitos com os quais você já teve contato em seus estudos de Geometria.

Como sabemos, um triângulo é um polígono de três lados e, por isso, tem três ângulos internos. Quando um desses ângulos internos é reto, temos um *triângulo retângulo*.

Os lados de um triângulo retângulo têm nomes especiais:

- Os lados que determinam o ângulo reto são denominados **catetos**.
- O lado maior, que é oposto ao ângulo reto, é chamado de **hipotenusa**.

> **Recorde**
> Ângulo reto é aquele que mede 90°.

No triângulo retângulo *ABC* abaixo, temos que:

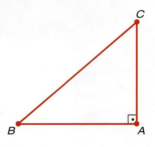

- o ângulo interno $\hat{A}$ é reto;
- os lados $\overline{AB}$ e $\overline{AC}$ são catetos;
- o lado maior $\overline{BC}$ é a hipotenusa.

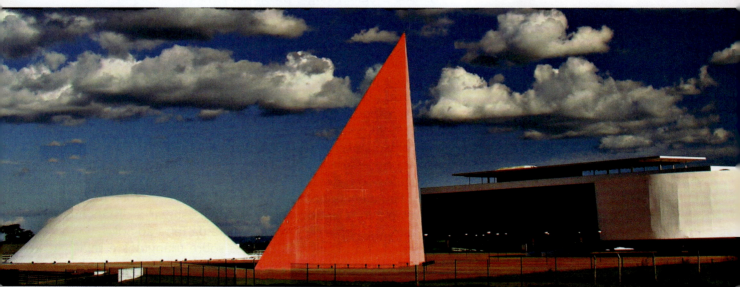

ADELANO LÁZARO

Centro Cultural Oscar Niemeyer em Goiânia, Goiás.

Observações

1. Os lados de um triângulo que determinam um de seus ângulos internos são chamados de **lados adjacentes** a esse ângulo.
2. Dois ângulos internos de um triângulo são chamados de **ângulos adjacentes** ao lado do triângulo que é comum a esses dois ângulos.

1.1 OS ÂNGULOS AGUDOS DE UM TRIÂNGULO RETÂNGULO

Os ângulos internos de um triângulo retângulo distintos do ângulo reto são sempre *ângulos agudos*.

De fato, observe o triângulo retângulo ABC ao lado, reto em A. Nele, temos:

m$(B\hat{A}C)$ = 90°

m$(A\hat{B}C)$ = α e α > 0°

m$(B\hat{C}A)$ = β e β > 0°

α + β + 90° = 180°

α + β = 90°

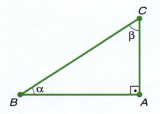

Isto é, α e β são complementares. Assim:

$$0° < α < 90° \quad e \quad 0° < β < 90°$$

Logo, os ângulos $A\hat{B}C$ e $B\hat{C}A$ são agudos.

No △ABC dado, podemos identificar ainda que:

Recorde
O símbolo △ significa "triângulo".

- $\overline{AB}$ é *cateto adjacente* ao ângulo agudo $A\hat{B}C$;
- $\overline{AB}$ é *cateto oposto* ao ângulo agudo $B\hat{C}A$;
- $\overline{AC}$ é *cateto adjacente* ao ângulo $B\hat{C}A$ e *cateto oposto* ao ângulo $A\hat{B}C$.

EXERCÍCIOS PROPOSTOS

1. Desenhe um triângulo retângulo, denomine seus vértices e faça as seguintes identificações:
   a) hipotenusa
   b) catetos
   c) catetos adjacentes a cada ângulo interno agudo
   d) catetos opostos a cada ângulo interno agudo

2. Considerando a figura abaixo, classifique como verdadeira ou falsa cada uma das afirmações a seguir.
   a) $\overline{AB}$ é adjacente a $A\hat{B}D$ no △ABD.
   b) $\overline{BC}$ é cateto no △ABD.
   c) $\overline{AD}$ é cateto adjacente a $A\hat{B}D$ no △ABD.
   d) $\overline{DE}$ é hipotenusa no △EAD.
   e) $\overline{DE}$ é cateto no △BDE.
   f) $\overline{BC}$ é cateto oposto a $D\hat{A}C$ no △DAC.
   g) $\overline{BD}$ é cateto no △BCD.
   h) $\overline{BE}$ é hipotenusa no △BDE.

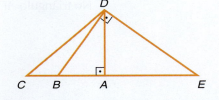

2. AS RAZÕES TRIGONOMÉTRICAS

Celso e Eduardo decidem atravessar um rio a nado e partem juntos de um mesmo local. Eduardo, forte e bom nadador, faz toda a travessia perpendicularmente à margem. Celso, por sua vez, tem mais dificuldade e, devido à correnteza, termina seu percurso em um trajeto que teve um desvio de 37° em relação à margem de onde partiu e distante do local aonde chegou Eduardo.

A distância entre os dois, na chegada, depende do ângulo de desvio (37°) do trajeto de Celso e da largura do rio.

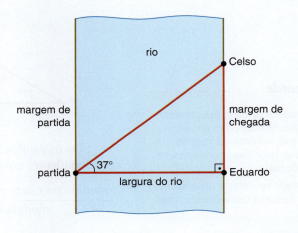

Trigonometria no triângulo retângulo 457

A figura abaixo representa um esquema dessa situação, supondo alguns valores para a largura do rio: 8 m, 16 m e 48 m.

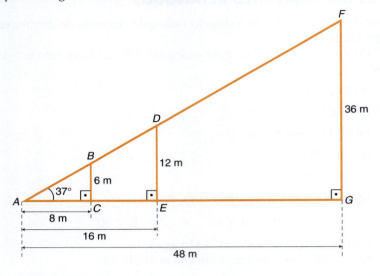

Pelo teorema de Pitágoras, podemos determinar a medida da hipotenusa em cada triângulo.

No triângulo ABC:

$$8^2 + 6^2 = 100 = (10)^2$$

No triângulo ADE:

$$(16)^2 + (12)^2 = 400 = (20)^2$$

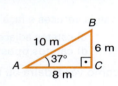
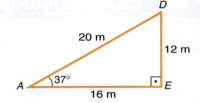

No triângulo AFG:

$$(48)^2 + (36)^2 = 3.600 = (60)^2$$

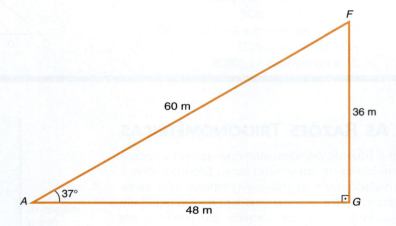

Recorde

Dois ou mais triângulos são semelhantes quando possuem ângulos correspondentes de mesma medida ou lados correspondentes proporcionais.

Quando se verifica uma dessas condições, a outra é decorrente.

Os triângulos ABC, ADE e AFG são semelhantes, pois têm os ângulos correspondentes congruentes e, portanto, seus lados são proporcionais:

$$\frac{\text{medida do cateto oposto ao ângulo de 37°}}{\text{medida da hipotenusa}} = \frac{6}{10} = \frac{12}{20} = \frac{36}{60} = 0{,}60$$

458 MATEMÁTICA — UMA CIÊNCIA PARA A VIDA

A **razão constante** 0,60 entre as medidas do cateto oposto ao ângulo de 37° e da hipotenusa é chamada de **seno** de 37°, ou seja, para qualquer ângulo agudo α, temos:

$$\text{seno de } \alpha = \frac{\text{medida do cateto oposto a } \alpha}{\text{medida da hipotenusa}}$$

Também podemos fazer outra proporção:

$$\frac{\text{medida do cateto adjacente ao ângulo de 37°}}{\text{medida da hipotenusa}} = \frac{8}{10} = \frac{16}{20} = \frac{48}{60} = 0{,}80$$

Agora, a **razão constante** 0,80 entre as medidas do cateto adjacente ao ângulo de 37° e da hipotenusa é chamada de **cosseno** de 37°. Assim, para qualquer ângulo agudo α, temos:

$$\text{cosseno de } \alpha = \frac{\text{medida do cateto adjacente a } \alpha}{\text{medida da hipotenusa}}$$

Podemos ainda estabelecer a proporção considerando os dois catetos de cada triângulo:

$$\frac{\text{medida do cateto oposto ao ângulo de 37°}}{\text{medida do cateto adjacente ao ângulo de 37°}} = \frac{6}{8} = \frac{12}{16} = \frac{36}{48} = 0{,}75$$

Nesse caso, a **razão constante** 0,75 entre as medidas dos catetos oposto e adjacente ao ângulo de 37° é chamada de **tangente** de 37°. Então, considerando um ângulo agudo α, temos:

$$\text{tangente de } \alpha = \frac{\text{medida do cateto oposto a } \alpha}{\text{medida do cateto adjacente a } \alpha}$$

Assim, conhecendo uma dessas razões e a largura do rio, podemos determinar quantos metros Celso e Eduardo nadaram e, ainda, qual a distância entre eles.

Tomando como exemplo a largura de 8 m e sabendo que a tangente de 37° é 0,75, ao fim da travessia Eduardo está no ponto C e Celso, no ponto B.

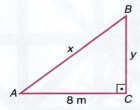

Para calcular quantos metros cada um nadou, fazemos assim:

- x indica quanto Celso nadou
- y indica a distância entre Celso e Eduardo, na chegada à outra margem

Como o trajeto de Eduardo é perpendicular à margem, a largura do rio equivale à quantidade de metros que Eduardo nadou, ou seja, 8 m.

Trigonometria no triângulo retângulo **459**

Observamos que a razão entre o cateto de medida y, oposto a 37°, e o de 8 m, adjacente a esse ângulo, é a tangente de 37°. Assim:

$$\text{tangente de } 37° = \frac{\text{medida do cateto oposto a } 37°}{\text{medida do cateto adjacente a } 37°}$$

$$\text{tangente de } 37° = \frac{y}{8}$$

$$0{,}75 = \frac{y}{8}$$

$$y = 6 \text{ m}$$

A medida da hipotenusa (x) pode, agora, ser determinada pelo teorema de Pitágoras:

$x^2 = 8^2 + 6^2 = 100 \Rightarrow x = 10$ m (para medida do lado, vale apenas $x > 0$)

Logo, Eduardo nadou 8 m, Celso nadou 10 m e a distância entre eles, na chegada, era 6 m.

Note que, apesar de os triângulos apresentarem tamanhos diferentes, as razões obtidas dependem apenas do ângulo agudo escolhido.

Como isso ocorre, foram tabelados os valores do seno, do cosseno e da tangente dos ângulos de 1°, 2°, ..., 89°, que apresentamos mais adiante, na página 477.

Resumindo, em um triângulo retângulo, em relação a um de seus ângulos agudos (α), podemos estabelecer as seguintes razões:

- seno de $\alpha = \dfrac{\text{medida do cateto oposto a } \alpha}{\text{medida da hipotenusa}}$

- cosseno de $\alpha = \dfrac{\text{medida do cateto adjacente a } \alpha}{\text{medida da hipotenusa}}$

- tangente de $\alpha = \dfrac{\text{medida do cateto oposto a } \alpha}{\text{medida do cateto adjacente a } \alpha}$

que indicamos assim:

seno de α = sen α cosseno de α = cos α tangente de α = tg α

Responda
- O que é um ângulo agudo?
- Como se chama um ângulo que mede 90°?

Essas são as chamadas **razões trigonométricas**, que fazem parte da Trigonometria, área da Matemática que estuda medidas em triângulos e que será vista mais profundamente no 2.º ano deste curso. Aqui vamos trabalhar com essas razões apenas considerando os ângulos agudos de um triângulo retângulo.

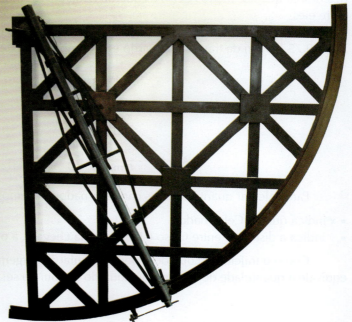

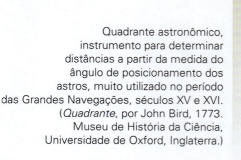

Quadrante astronômico, instrumento para determinar distâncias a partir da medida do ângulo de posicionamento dos astros, muito utilizado no período das Grandes Navegações, séculos XV e XVI. (*Quadrante*, por John Bird, 1773. Museu de História da Ciência, Universidade de Oxford, Inglaterra.)

Exercícios Resolvidos

ER. 1 Obtenha o valor de x em cada caso, sabendo que todas as medidas indicadas estão em centímetros e que sen 65° = 0,90, cos 65° = 0,42 e tg 65° = 2,14.

a)
b)
c)

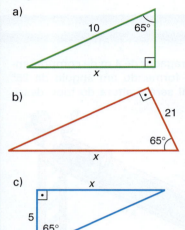

Resolução: Em todos os casos, o ângulo agudo mede 65°. O que devemos fazer é identificar o que representam as medidas envolvidas, em relação ao triângulo e ao ângulo dado. Com isso, podemos escolher a razão trigonométrica que deve ser utilizada.

a) Observando a figura, vemos que a medida fornecida é a da hipotenusa (lado oposto ao ângulo reto) e x indica a medida do cateto oposto ao ângulo de 65°.

Sendo assim, utilizamos a razão seno.

$$\text{sen } 65° = \frac{x}{10} \Rightarrow 0{,}90 = \frac{x}{10} \Rightarrow x = 9 \text{ cm}$$

b) Nesse caso, conhecemos a medida do cateto adjacente ao ângulo de 65° e queremos saber a medida da hipotenusa (x).

Logo, devemos usar a razão cosseno.

$$\cos 65° = \frac{21}{x} \Rightarrow 0{,}42 = \frac{21}{x} \Rightarrow x = \frac{21}{0{,}42} \Rightarrow x = 50 \text{ cm}$$

c) Agora, conhecemos a medida do cateto adjacente ao ângulo de 65° e desejamos saber a medida do cateto oposto a esse mesmo ângulo.

Nesse caso, usamos a razão tangente.

$$\text{tg } 65° = \frac{x}{5} \Rightarrow 2{,}14 = \frac{x}{5} \Rightarrow x = 10{,}7 \text{ cm}$$

ER. 2 [MEDIÇÃO] Uma pessoa, cujos olhos estão a 1,80 m de altura em relação ao chão, está situada a 4 m de uma árvore e vê o topo desta sob um ângulo de 25°.

Determine a altura aproximada da árvore.

Use sen 25° = 0,42, cos 25° = 0,91 e tg 25° = 0,47.

Resolução: Vamos fazer um esquema da situação.

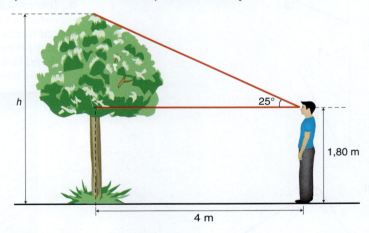

Da ilustração, podemos destacar o triângulo retângulo ao lado.

Note que temos a medida do cateto adjacente ao ângulo de 25° e precisamos da medida do cateto oposto a esse ângulo para, depois, determinar a altura h da árvore.

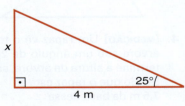

Assim, devemos usar a razão tangente.

$$\text{tg } 25° = \frac{x}{4} \Rightarrow 0{,}47 = \frac{x}{4} \Rightarrow x = 1{,}88$$

Como $h = x + 1{,}80$, temos:

$$h = 1{,}88 + 1{,}80 = 3{,}68$$

Logo, a altura da árvore é 3,68 m.

Trigonometria no triângulo retângulo **461**

Observações

1. Lembre-se de que as razões seno, cosseno e tangente são constantes para um mesmo ângulo agudo de qualquer triângulo retângulo, independentemente das medidas dos lados do triângulo considerado.
2. Com o auxílio da tabela de valores do seno, cosseno e tangente de ângulos agudos e aplicando as razões trigonométricas convenientes, é possível descobrir as medidas de lados e de ângulos internos de qualquer triângulo retângulo.

Exercícios Propostos

Para resolver as questões de 3 a 9, consulte a tabela de razões trigonométricas da página 477.

3. Determine o seno, o cosseno e a tangente do ângulo α em cada caso.

   a)
   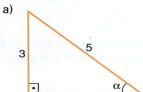

   b)
   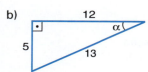

   c)
   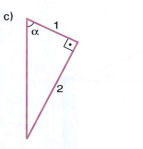

   d)
   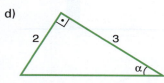

4. [MEDIÇÃO] Um rapaz vê o topo de uma árvore sob um ângulo de 28°. Determine a altura da árvore, sabendo que o rapaz está a 7,5 m da base dessa árvore.

   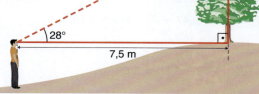

5. [LAZER] Um escorregador de 4 m de comprimento será instalado formando um ângulo de 25° com o chão. Qual será a altura do topo desse escorregador?

   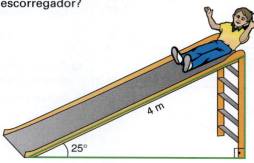

6. [DECORAÇÃO] Os moradores de um edifício colocaram uma linha de luzes como enfeite de Natal, conforme mostra a figura a seguir. Determine o comprimento dessa linha, sabendo que a altura do edifício é 44 m e o ângulo que a linha de luzes forma com a parede do prédio é de 28°.

   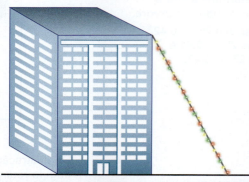

   Na época de Natal, é comum as pessoas decorarem suas casas, prédios ou ruas com luzes e imagens que lembrem essa data.

7. **[MEDIÇÃO]** Uma pessoa em O enxerga o pico de um monte sob um ângulo de 20°. Após andar 500 m para a frente, em P, ela enxerga esse mesmo pico sob um ângulo de 36°.
Qual é a altura do morro?

8. **[MEDIÇÃO]** Um terreno possui o formato de um quadrilátero ABCD, como mostra a figura a seguir.
Obtenha a medida AB da frente do terreno, sabendo que CD = 8 m e m(A$\hat{C}$D) = 50°.

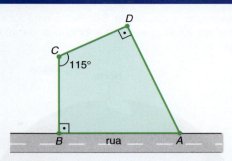

9. Na figura abaixo, determine a medida do ângulo α, sabendo que ABCD é um retângulo.

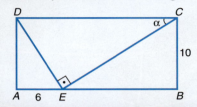

Tecnologia & Desenvolvimento

TRIGONOMETRIA E SISTEMA DE POSICIONAMENTO GLOBAL (GPS)

Relógio com GPS.

O GPS – Sistema de Posicionamento Global (*Global Positioning System*, em inglês) constitui hoje um equipamento de uso comum. Ele pode ser encontrado em aviões, caminhões, navios, submarinos, satélites, carros e até mesmo em relógios, isolado ou como parte de sistemas maiores, como os sistemas de navegação, comuns nos veículos modernos. Com o uso desses aparelhos, a posição de um veículo ou pessoa é conhecida em segundos.

Você sabia que a Trigonometria é fundamental na operação do GPS?

Para entender isso, precisamos compreender como funcionam esses sistemas de localização por satélite.

Com certeza, de seus estudos de Geografia você se lembra do sistema de *coordenadas geográficas* (latitude/longitude), que nada mais são do que *ângulos*, medidos a partir do centro da Terra e com relação a uma referência. Essas coordenadas são utilizadas para posicionamento global, isto é, a partir delas localiza-se um ponto em qualquer parte do planeta.

Trigonometria no triângulo retângulo **463**

Por exemplo, a cidade de São Paulo está localizada na latitude de 23,54 graus Sul e longitude de 46,63 graus Oeste.

Localização geográfica da cidade de São Paulo (23,54° S; 46,63° O).

Desenvolvido pelo Departamento de Defesa norte-americano para ser utilizado com fins civis e militares, o GPS é um sistema de posicionamento que opera em todo o planeta e que permite o cálculo preciso das coordenadas de um lugar qualquer na Terra (latitude, longitude e altitude), onde estiver um receptor de sinais GPS. Um sistema como esse só é possível graças aos avanços na engenharia e tecnologia espacial.

Atualmente, há mais de 30 satélites artificiais que dão duas voltas ao redor da Terra a cada dia e que enviam continuamente sinais de rádio.

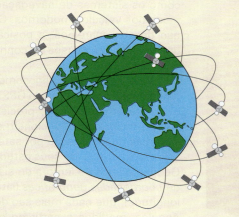

Rede de satélites GPS.

Os satélites são distribuídos de maneira que, em cada ponto da Terra, estejam sempre "visíveis" no mínimo quatro satélites ("visível", nesse caso, quer dizer acima do campo de vista local).

Com os diferentes sinais enviados por esses quatro satélites, recebidos pelo aparelho GPS, pode-se, então, calcular a latitude, a longitude e a altitude do lugar onde o receptor se encontra.

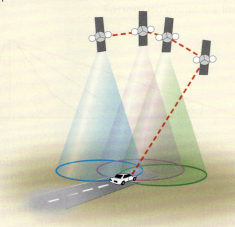

Os sinais de três satélites localizam a posição exata do GPS. O quarto satélite faz a sincronização dos sinais (clock).

Para realizar esse cálculo, é necessário conhecer bem a posição de cada satélite que enviou o seu sinal para o aparelho GPS e o instante em que o aparelho recebeu cada um desses sinais (relógios atômicos — de grande precisão — são utilizados pelo sistema). O fato de que a luz se propaga a velocidade constante (300.000 km/s, no vácuo) permite calcular a distância precisa de cada satélite ao receptor GPS.

Assim, uma vez obtida a posição do aparelho, a Trigonometria (senos, cossenos e tangentes) é utilizada para determinar as coordenadas geográficas latitude e longitude (e também a altitude) do aparelho receptor. Tal cálculo final é bastante simples. Para entendê-lo, vejamos o caso bidimensional, em que podemos simular o cálculo da latitude, representada pelo ângulo $\hat{a}$:

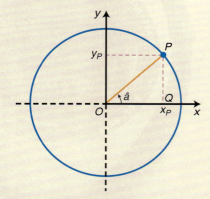

Latitude no caso bidimensional (duas dimensões).

A posição P de um ponto qualquer no plano é dada por duas coordenadas cartesianas, x_P e y_P.

Imagine que essas coordenadas pertencem a um ponto de uma circunferência. O segmento de reta que

464 MATEMÁTICA — UMA CIÊNCIA PARA A VIDA

une a origem O do sistema ao ponto P é o raio da circunferência. Se soubermos que a latitude do ponto P é dada pelo ângulo formado por esse raio e a direção positiva do eixo x, como fazer para calcular esse ângulo?

Veja que basta aplicar seus conhecimentos sobre Trigonometria no triângulo OPQ, que é retângulo em Q, e reconhecer que as coordenadas de P (x_P, y_P) são as medidas dos catetos adjacente e oposto ao ângulo $\hat{a}$ (latitude), identificado a partir de sua tangente.

Similarmente, no caso de três dimensões, conhecendo as coordenadas x, y e z de um ponto P no espaço, podemos calcular sua latitude, longitude e altitude. É isso que fazem os aparelhos receptores GPS. Observe que, no caso da Terra, o sistema tem eixos x, y e z, com origem O no centro da Terra, eixo z apontando para o Polo Norte e eixo x apontando para o cruzamento entre as linhas do Equador e do meridiano de Greenwich.

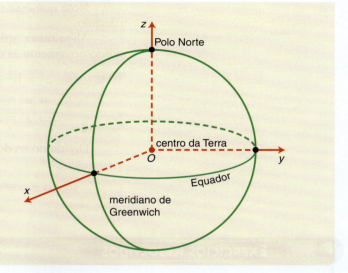

3. Relações Importantes Envolvendo as Razões Trigonométricas

Aprendemos até agora algumas razões trigonométricas que relacionam as medidas dos lados de um triângulo retângulo com as medidas de seus ângulos internos agudos.

Um fato importante que você deve ter notado é o de que essas razões não dependem fundamentalmente das medidas dos lados e sim das dos ângulos.

Esse fato nos sugere buscar relações entre as razões trigonométricas que estudamos. Para isso, considere o triângulo retângulo abaixo, em que $0° < \alpha < 90°$.

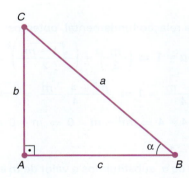

Nesse triângulo, temos:

- $\cos \alpha = \dfrac{c}{a}$ ①
- $\mathrm{sen}\, \alpha = \dfrac{b}{a}$ ②
- $\mathrm{tg}\, \alpha = \dfrac{b}{c}$ ③

De ① e ②, temos:

$$c = a \cdot \cos \alpha \quad \text{e} \quad b = a \cdot \mathrm{sen}\, \alpha$$

Substituindo essas expressões em ③, vem:

$$\mathrm{tg}\, \alpha = \dfrac{b}{c} \Rightarrow \mathrm{tg}\, \alpha = \dfrac{a \cdot \mathrm{sen}\, \alpha}{a \cdot \cos \alpha} \Rightarrow \boxed{\mathrm{tg}\, \alpha = \dfrac{\mathrm{sen}\, \alpha}{\cos \alpha}}$$

Note que essa relação também não depende das medidas dos lados do triângulo.

Além disso, aplicando o teorema de Pitágoras no △ABC dado e substituindo novamente as expressões para b e c, obtemos:

$$a^2 = b^2 + c^2 \Rightarrow a^2 = (a \cdot \operatorname{sen} \alpha)^2 + (a \cdot \cos \alpha)^2 \Rightarrow$$
$$\Rightarrow a^2 = a^2 \cdot (\operatorname{sen} \alpha)^2 + a^2 \cdot (\cos \alpha)^2 \Rightarrow$$
$$\Rightarrow a^2 = a^2 \cdot (\operatorname{sen}^2 \alpha + \cos^2 \alpha)$$

Dividindo os dois membros da igualdade obtida por a^2, temos:

$$\operatorname{sen}^2 \alpha + \cos^2 \alpha = 1 \quad \textbf{(relação fundamental da Trigonometria)}$$

EXERCÍCIOS RESOLVIDOS

ER. 3 Sabendo que α é a medida de um ângulo agudo interno de um triângulo retângulo e que sen α = 0,25, calcule cos α e tg α.

Faça
Explique por que cos α é positivo.

Resolução: Da relação fundamental, temos:

$$\operatorname{sen}^2 \alpha + \cos^2 \alpha = 1 \Rightarrow \left(\frac{1}{4}\right)^2 + \cos^2 \alpha = 1 \Rightarrow$$
$$\Rightarrow \cos^2 \alpha = 1 - \frac{1}{16} \Rightarrow \cos^2 \alpha = \frac{15}{16} \Rightarrow$$
$$\Rightarrow \cos \alpha = \frac{\sqrt{15}}{4} \text{ (pois } \cos \alpha > 0\text{)}$$

Para o cálculo de tg α, fazemos assim:

$$\operatorname{tg} \alpha = \frac{\operatorname{sen} \alpha}{\cos \alpha} = \frac{\frac{1}{4}}{\frac{\sqrt{15}}{4}} = \frac{1}{\sqrt{15}}$$

$$\operatorname{tg} \alpha = \frac{\sqrt{15}}{15}$$

ER. 4 Determine para que valor real positivo de m temos sen α = $\frac{m}{2}$ e cos α = $\frac{\sqrt{4-m}}{2}$, com 0° < α < 90°, e obtenha o valor de α, em graus.

Recorde
$m^2 - m = 0$
$m(m - 1) = 0$
$m = 0$ ou $m - 1 = 0$
$\qquad m = 1$

Resolução: Aplicando a relação fundamental, obtemos:

$$\operatorname{sen}^2 \alpha + \cos^2 \alpha = 1 \Rightarrow \left(\frac{m}{2}\right)^2 + \left(\frac{\sqrt{4-m}}{2}\right)^2 = 1 \Rightarrow$$
$$\Rightarrow \frac{m^2}{4} + \frac{4-m}{4} = 1 \Rightarrow \frac{m^2 + 4 - m}{4} = 1 \Rightarrow$$
$$\Rightarrow m^2 - m + 4 = 4 \Rightarrow m^2 - m = 0 \Rightarrow m = 0 \text{ ou } m = 1$$

Como $m > 0$, temos $m = 1$.

Para determinar o valor de α, substituímos o valor de m encontrado em uma das razões dadas e, depois, consultamos a tabela de razões trigonométricas da página 477.

$$\operatorname{sen} \alpha = \frac{m}{2} \Rightarrow \operatorname{sen} \alpha = \frac{1}{2} = 0{,}5 \Rightarrow \alpha = 30°$$

EXERCÍCIOS PROPOSTOS

10. Obtenha os valores de sen β e cos β, com 0° < β < 90°, sabendo que tg β = 2.

11. Resolva, em ℝ, a equação $x^2 - (2 \cdot \operatorname{sen} \gamma)x - \cos^2 \gamma = 0$ na incógnita x, sendo 0° < γ < 90°.

466 MATEMÁTICA — UMA CIÊNCIA PARA A VIDA

Matemática, Ciência & Vida

A construção de uma rampa de acesso deve seguir algumas recomendações estruturais de forma que minimize o esforço necessário para subir esse plano inclinado, e as relações trigonométricas estudadas neste capítulo auxiliam a determinar qual é o melhor ângulo de inclinação para esse plano.

Em Física, você estudou as forças necessárias para movimentar um objeto sobre um plano inclinado. Agora, com os conhecimentos de Trigonometria no triângulo retângulo, você pode perceber melhor a importância de se projetar corretamente o ângulo de inclinação de um plano. Suponha, por exemplo, que uma carga de 100 kg deva ser deslocada para dentro de um caminhão por uma rampa com inclinação de 30°, com 2,4 m de comprimento, conforme mostra a figura abaixo.

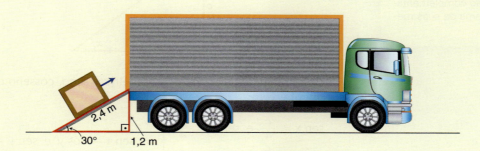

Utilizando nossos conhecimentos de Física e desprezando o atrito, podemos identificar as forças que atuam na carga, que são a força normal ($\vec{N}$) e a força peso ($\vec{P}$), que pode ser decomposta em suas componentes horizontal ($\vec{P_x}$) e vertical ($\vec{P_y}$).

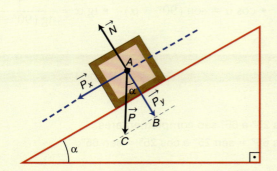

Para conseguirmos deslocar a caixa para cima, é preciso exercer uma força maior do que $\vec{P_x}$. Observe que a intensidade de $\vec{P_x}$ é a medida do cateto oposto ao ângulo α, e a intensidade de $\vec{P}$ é a medida da hipotenusa do triângulo retângulo ABC. Assim, vem:

$$\operatorname{sen} \alpha = \frac{\text{medida do cateto oposto}}{\text{medida da hipotenusa}} = \frac{P_x}{P} = \frac{P_x}{mg}$$

em que α é o ângulo de inclinação (30°), m é a massa da carga (100 kg) e g é a aceleração da gravidade (aproximadamente 10 m/s²).

Como seno de 30° é igual a 0,5, temos:

$$0,5 = \frac{P_x}{100 \cdot 10} \Rightarrow P_x = 500 \text{ N}$$

Ou seja, para movimentarmos a carga para dentro do caminhão, seria preciso exercer uma força maior do que 500 N.

Se repetirmos esses cálculos para rampas mais longas, porém menos inclinadas, veremos que, quanto menor a inclinação, menor a força que precisa ser exercida para movimentar a carga.

Naturalmente, ao projetar as rampas, deve-se levar em conta a extensão a ser percorrida *versus* a inclinação do plano.

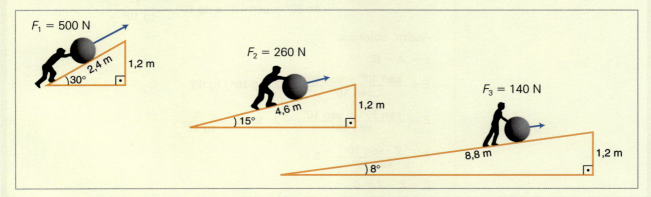

Trigonometria no triângulo retângulo **467**

4. Seno, Cosseno e Tangente de Ângulos Complementares

Faça

Justifique o fato de os ângulos internos agudos de um triângulo retângulo serem complementares.

Você já sabe que os ângulos internos de um triângulo retângulo são dois agudos e um reto. Por isso, esses dois ângulos agudos são complementares.

Agora, considere o triângulo retângulo abaixo, em que x e y indicam as medidas de ângulos internos e a, b e c indicam as medidas dos lados desse triângulo.

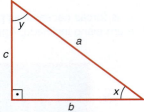

Recorde

Dois ângulos são complementares quando a soma de suas medidas é 90°.

Determinando as razões trigonométricas seno, cosseno e tangente para esse triângulo, vem:

$$\left.\begin{array}{l} \sen x = \dfrac{c}{a} \text{ e } \sen y = \dfrac{b}{a} \\ \cos x = \dfrac{b}{a} \text{ e } \cos y = \dfrac{c}{a} \end{array}\right\} \Rightarrow \sen x = \cos y \text{ e } \sen y = \cos x$$

$$\tg x = \dfrac{c}{b} \text{ e } \tg y = \dfrac{b}{c} \Rightarrow \tg x = \dfrac{1}{\tg y}$$

sendo x e y medidas de ângulos complementares.

De modo geral, para $0° < \alpha < 90°$, temos:

- $\sen \alpha = \cos(90° - \alpha)$
- $\cos \alpha = \sen(90° - \alpha)$
- $\tg \alpha = \dfrac{1}{\tg(90° - \alpha)}$

Faça

Consulte a tabela de razões trigonométricas e verifique essas relações.

EXERCÍCIOS RESOLVIDOS

ER. 5 Simplifique as expressões:

a) $E = \dfrac{\sen 25° \cdot \sen 65°}{\cos 25° \cdot \cos 65°}$

b) $E = A - B$, sendo

$A = \dfrac{\sen 10° + \cos 80°}{\sen 10°}$

$B = 2 \cdot \tg 10° \cdot \tg 80°$

Resolução:

a) Os ângulos de medidas 25° e 65° são complementares.
Logo, sabemos que $\cos 65° = \sen 25°$ e $\cos 25° = \sen 65°$.
Desse modo, temos:

$$E = \dfrac{\sen 25° \cdot \sen 65°}{\cos 25° \cdot \cos 65°} = \dfrac{\sen 25° \cdot \cos 25°}{\cos 25° \cdot \sen 25°} = 1$$

b) Como os ângulos de medidas 10° e 80° são complementares, vem:

$$\cos 80° = \sen 10° \text{ e } \tg 80° = \dfrac{1}{\tg 10°}$$

Assim, obtemos:

$E = A - B$

$E = \dfrac{\sen 10° + \cos 80°}{\sen 10°} - 2 \cdot \tg 10° \cdot \tg 80°$

$E = \dfrac{\sen 10° + \sen 10°}{\sen 10°} - 2 \cdot \tg 10° \cdot \dfrac{1}{\tg 10°}$

$E = \dfrac{2 \cdot \sen 10°}{\sen 10°} - 2$

$E = 2 - 2 = 0$

ER. 6 Na figura abaixo, determine x sabendo que $\cos a = \dfrac{15}{17}$.

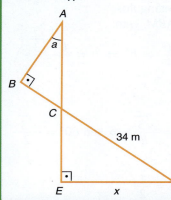

Resolução: Observando a figura, podemos determinar x.

- $\operatorname{sen}(90° - a) = \dfrac{x}{34}$
- $\operatorname{sen}(90° - a) = \cos a$

Então, temos:

$\dfrac{x}{34} = \dfrac{15}{17}$

$x = 30$

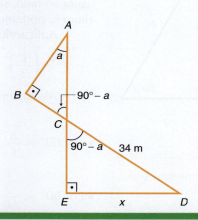

Exercícios Propostos

12. Simplifique as expressões:

a) $E = \dfrac{\operatorname{sen} 50° \cdot \operatorname{sen} 40°}{\cos 50° \cdot \cos 40° \cdot \operatorname{sen} 30°}$

b) $E = \operatorname{tg} 35° \cdot \operatorname{tg} 55° + \left(\dfrac{\operatorname{sen} 20° + \cos 70°}{\operatorname{sen} 20°} \right)^2$

13. Determine $\cos a$ na figura abaixo.

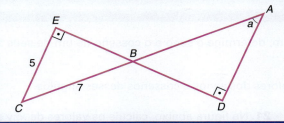

14. Simplifique a expressão $E = \dfrac{\cos x}{\operatorname{tg}(90° - x)}$, para $0° < x < 90°$.

15. Resolva, em $\mathbb{R}$, a equação do 2.º grau

$$x^2 \cdot \operatorname{tg}(90° - \alpha) - 2x + \operatorname{tg} \alpha = 0,$$

com $0° < \alpha < 90°$.

16. Determine o valor real de x tal que:

$(\operatorname{sen} \beta \cdot \cos \beta)x^2 + [2 \cdot \operatorname{sen}(90° - \beta)]x - \operatorname{tg} \beta = 0$

com $0° < \beta < 90°$

17. Sabendo que $\operatorname{sen} \gamma + \cos \gamma = a$ e $\operatorname{sen} \gamma - \cos \gamma = b$, com $0° < \gamma < 90°$, e $a^2 \neq b^2$, encontre o valor de E em função de a e b para:

$$E = (\operatorname{sen}^4 \gamma - \cos^4 \gamma) \cdot \operatorname{tg}(90° - \gamma)$$

5. Seno, Cosseno e Tangente dos Ângulos Notáveis

Os ângulos de 30°, 45° e 60° são chamados de **ângulos notáveis**, pois são comumente encontrados em triângulos e em quadriláteros.

Em nosso cotidiano, esses ângulos estão presentes, por exemplo, nas vagas de estacionamento demarcadas em 45°, que possibilitam um maior número de vagas sem atrapalhar a circulação de outros veículos.

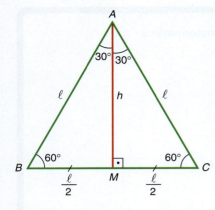

5.1 ÂNGULOS NOTÁVEIS A PARTIR DO TRIÂNGULO EQUILÁTERO

Em todo triângulo equilátero a mediana coincide com a altura. Por isso, na figura ao lado, se M é ponto médio do lado $\overline{BC}$, o segmento $\overline{AM}$ é também a altura e, portanto, ABM e ACM são triângulos retângulos.

Aplicando o teorema de Pitágoras no $\triangle ABM$, vem:

$$\ell^2 = \left(\frac{\ell}{2}\right)^2 + h^2 \Rightarrow \ell^2 = \frac{\ell^2}{4} + h^2 \Rightarrow \frac{3\ell^2}{4} = h^2 \Rightarrow h = \frac{\ell \cdot \sqrt{3}}{2}$$

Assim, temos:

- $\operatorname{sen} 60° = \dfrac{h}{\ell} = \dfrac{\frac{\ell \cdot \sqrt{3}}{2}}{\ell} = \dfrac{\ell \cdot \sqrt{3}}{2} \cdot \dfrac{1}{\ell} = \dfrac{\sqrt{3}}{2} \Rightarrow \operatorname{sen} 60° = \dfrac{\sqrt{3}}{2}$

- $\cos 60° = \dfrac{\frac{\ell}{2}}{\ell} = \dfrac{\ell}{2} \cdot \dfrac{1}{\ell} = \dfrac{1}{2} \Rightarrow \cos 60° = \dfrac{1}{2}$

- $\operatorname{tg} 60° = \dfrac{h}{\frac{\ell}{2}} = \dfrac{\frac{\ell \cdot \sqrt{3}}{2}}{\frac{\ell}{2}} = \dfrac{\ell \cdot \sqrt{3}}{2} \cdot \dfrac{2}{\ell} = \sqrt{3} \Rightarrow \operatorname{tg} 60° = \sqrt{3}$

Como $\operatorname{sen} 30° = \cos 60°$, $\cos 30° = \operatorname{sen} 60°$ e $\operatorname{tg} 30° = \dfrac{1}{\operatorname{tg} 60°}$, pois 30° e 60° são medidas de ângulos complementares, temos:

- $\operatorname{sen} 30° = \dfrac{1}{2}$
- $\cos 30° = \dfrac{\sqrt{3}}{2}$
- $\operatorname{tg} 30° = \dfrac{\sqrt{3}}{3}$

Faça
Pesquise e defina mediana e altura de um triângulo.

Recorde
Racionalizando o denominador:
$$\dfrac{1}{\sqrt{3}} = \dfrac{1 \cdot \sqrt{3}}{\sqrt{3} \cdot \sqrt{3}} = \dfrac{\sqrt{3}}{3}$$

EXERCÍCIOS PROPOSTOS

18. Se um triângulo equilátero tem lado medindo 3,5 cm, determine o seno e o cosseno de um de seus ângulos internos.

19. Determine a tg 30° e a tg 60° usando somente os valores dos senos e cossenos desses ângulos.

20. Calcule a distância (d) entre dois lados opostos de um hexágono que tem todos os lados medindo 20 cm e todos os ângulos internos de mesma medida, como ilustra a figura abaixo.

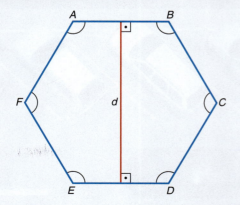

21. Na figura abaixo, calcule os valores de x, y e z.

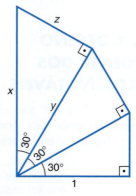

470 MATEMÁTICA — UMA CIÊNCIA PARA A VIDA

5.2 ÂNGULOS NOTÁVEIS A PARTIR DO QUADRADO

Quando traçamos a diagonal de um quadrado, ele fica dividido em dois triângulos retângulos congruentes.

Aplicando o teorema de Pitágoras no triângulo ABC da figura ao lado, vem:

$$d^2 = \ell^2 + \ell^2 = 2\ell^2 \Rightarrow d = \ell \cdot \sqrt{2} \text{ (com } d > 0\text{)}$$

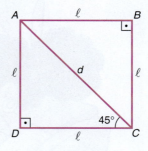

Assim, temos:

- $\operatorname{sen} 45° = \dfrac{\ell}{d} = \dfrac{\ell}{\ell \cdot \sqrt{2}} = \dfrac{1}{\sqrt{2}} = \dfrac{\sqrt{2}}{2} \Rightarrow \operatorname{sen} 45° = \dfrac{\sqrt{2}}{2}$

- $\cos 45° = \operatorname{sen} 45° = \dfrac{\sqrt{2}}{2} \Rightarrow \cos 45° = \dfrac{\sqrt{2}}{2}$

- $\operatorname{tg} 45° = \dfrac{\operatorname{sen} 45°}{\cos 45°} = \dfrac{\operatorname{sen} 45°}{\operatorname{sen} 45°} = 1 \Rightarrow \operatorname{tg} 45° = 1$

EXERCÍCIOS PROPOSTOS

22. Determine a tg 45° usando a razão: $\dfrac{\text{medida do cateto oposto a } \alpha}{\text{medida do cateto adjacente a } \alpha}$

23. Calcule o perímetro (soma das medidas dos lados) do quadrilátero ABCD abaixo.

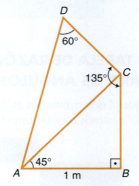

24. Determine, na figura abaixo, o valor de x.

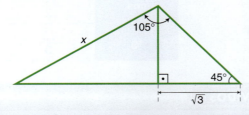

Enigmas, Jogos & Brincadeiras

JOGO DA MEMÓRIA TRIGONOMÉTRICO

O jogo é composto de dois grupos de fichas coloridas dadas na página seguinte. Você deve confeccionar essas fichas e arrumá-las sobre uma mesa, deixando a informação trigonométrica virada para baixo.

Duas fichas de cores diferentes são consideradas um par quando o valor escrito nelas é igual.

A cada rodada, os jogadores devem escolher uma ficha de cada cor e, caso elas formem um par, devem retirá-las da mesa. Caso contrário, elas são devolvidas para o mesmo lugar.

Vence o jogo aquele que formar mais pares. Convide seus colegas para jogar e divirtam-se! Vocês podem inventar outros pares de fichas.

5.3 A TABELA DE RAZÕES TRIGONOMÉTRICAS PARA OS ÂNGULOS NOTÁVEIS

Agora que já determinamos as razões trigonométricas dos ângulos notáveis (30°, 45° e 60°), vamos montar uma tabela com esses valores.

Faça

Reúna-se com um colega, troquem ideias e descubram uma forma simples de montar essa tabela.

	30°	45°	60°
sen	$\frac{1}{2}$	$\frac{\sqrt{2}}{2}$	$\frac{\sqrt{3}}{2}$
cos	$\frac{\sqrt{3}}{2}$	$\frac{\sqrt{2}}{2}$	$\frac{1}{2}$
tg	$\frac{\sqrt{3}}{3}$	1	$\sqrt{3}$

Exercícios Resolvidos

ER. 7 Determine o valor de x em cada um dos triângulos abaixo.

a)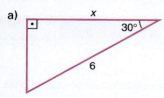

b)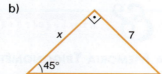

c)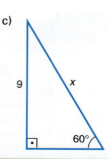

Resolução:

a) $\cos 30° = \dfrac{x}{6}$

$\dfrac{\sqrt{3}}{2} = \dfrac{x}{6}$

$x = \dfrac{6\sqrt{3}}{2}$

$x = 3\sqrt{3}$

b) $\tg 45° = \dfrac{7}{x}$

$1 = \dfrac{7}{x}$

$x = 7$

c) $\sen 60° = \dfrac{9}{x}$

$\dfrac{\sqrt{3}}{2} = \dfrac{9}{x}$

$x = \dfrac{18}{\sqrt{3}}$

$x = \dfrac{18 \cdot \sqrt{3}}{3}$

$x = 6\sqrt{3}$

ER. 8 Determine os valores de x e de y na figura abaixo.

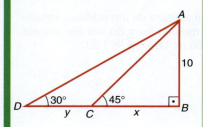

Resolução: No triângulo ABC, temos:

$$\tg 45° = \dfrac{10}{x} \Rightarrow 1 = \dfrac{10}{x} \Rightarrow x = 10$$

No triângulo ABD, temos:

$$\tg 30° = \dfrac{10}{y+x} \Rightarrow \dfrac{\sqrt{3}}{3} = \dfrac{10}{y+10} \Rightarrow$$

$$\Rightarrow \sqrt{3}(y+10) = 30 \Rightarrow y+10 = \dfrac{30}{\sqrt{3}} \Rightarrow$$

$$\Rightarrow y = \dfrac{30\sqrt{3}}{3} - 10 \Rightarrow y = 10\sqrt{3} - 10 \Rightarrow$$

$$\Rightarrow y = 10(\sqrt{3} - 1)$$

ER. 9 [TOPOGRAFIA] Para determinar a altura de um edifício, um engenheiro colocou um teodolito a 150 m de distância do prédio e mediu um ângulo de 30° formado pelo topo do edifício e a linha horizontal imaginária na altura da lente do teodolito. Calcule a altura aproximada desse edifício, sabendo que a lente está a 1,80 m do chão.

Resolução: Vamos fazer um esquema da situação:

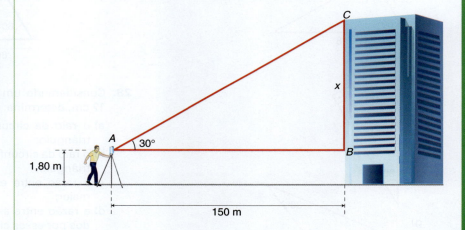

Do triângulo ABC, vem:

$$\tg 30° = \dfrac{x}{150} \Rightarrow \dfrac{\sqrt{3}}{3} = \dfrac{x}{150} \Rightarrow x = 50\sqrt{3}$$

Como $\sqrt{3} \simeq 1{,}73$, temos que $x \simeq 86{,}5$ m.

Logo, a altura aproximada do edifício é dada por $(86{,}5 + 1{,}8)$ m, ou seja, 88,3 m.

Trigonometria no triângulo retângulo **473**

Exercícios Propostos

25. Determine a medida y em cada triângulo.

a)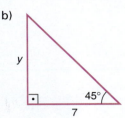

b)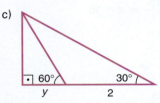

c)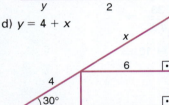

d) y = 4 + x
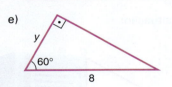

e) f) g) h)
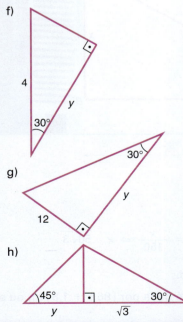

26. [MEDIÇÃO] Uma pessoa vê, do alto de uma torre, um avião sob um ângulo de 30°, como mostra o esquema a seguir. Determine a distância entre a pessoa e o avião, sabendo que a torre tem 90 m de altura.

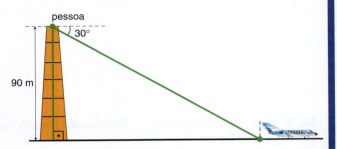

27. [MEDIÇÃO] Calcule a altura de um edifício, sabendo que em determinada hora do dia ele projeta uma sombra de 60 m. Use $\sqrt{3} = 1,73$.

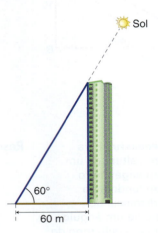

28. Considerando um triângulo equilátero de lado 12 cm, determine:

a) o raio da circunferência circunscrita a esse triângulo;
b) o raio da circunferência inscrita nesse mesmo triângulo;
c) a razão entre esses raios, do menor para o maior;
d) a razão entre as áreas dos círculos delimitados por essas circunferências, do menor para o maior.

29. Determine a área do círculo cuja circunferência é circunscrita a um quadrado de lado 6 cm.

30. Uma circunferência de raio 3 cm está inscrita em um losango. Faça um desenho que represente essa situação e, em seguida, calcule a medida do lado desse losango, sabendo que um de seus ângulos internos mede 120°.

474 MATEMÁTICA — UMA CIÊNCIA PARA A VIDA

Conheça mais...

O teodolito é um instrumento utilizado para medir ângulos e, a partir de triangulações, determinar distâncias. Inventado pelo italiano Paulo Ignazio Pietro Porro (1801-1875) na primeira metade do século XIX, esse aparelho atualmente é fundamental para fazer medições das mais variadas naturezas, desde a altura de um edifício, passando por distâncias em terrenos irregulares, até medidas astronômicas.

Quando falamos em teodolito, pensamos em um único modelo, porém existe uma série deles, com adaptações específicas para cada tipo de aplicação.

O princípio de funcionamento de todos os modelos de teodolito é focar o objeto cuja grandeza (por exemplo, a altura de um prédio) desejamos determinar, a partir de uma distância conhecida, e medir o ângulo sob o qual aquele objeto é visto. A partir daí, com a medida do ângulo, a distância conhecida e a tangente desse ângulo, é possível encontrar a altura desejada, por exemplo.

Atualmente existem teodolitos eletrônicos que nos fornecem automaticamente as medições desejadas. Para isso, basta informar a distância conhecida e focar o objeto. Entretanto, os modelos manuais ainda são largamente utilizados, apesar de não serem tão práticos quanto os eletrônicos.

Teodolito: instrumento que mede ângulos, muito utilizado por topógrafos.

Modelo de teodolito de 1793, construído em Londres.

Encare Essa!

1. (Fuvest – adaptada) O segmento com extremos nos pontos em que duas circunferências se interceptam é visto pelos seus centros sob ângulos de 90° e 60°, respectivamente. Sabendo que a distância entre os centros dessas circunferências é $(\sqrt{3} + 1)$, obtenha as medidas de seus raios.

2. (Uespi) Quantos são os triângulos não congruentes com lados de medidas inteiras e que têm um ângulo medindo 60° e um lado adjacente a esse ângulo que mede 8?

a) 2
b) 3
c) 4
d) 5
e) 6

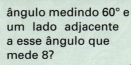

Trigonometria no triângulo retângulo **475**

História & Matemática

O desenvolvimento da Trigonometria não resultou do trabalho de uma pessoa ou de uma civilização apenas, mas de milhares de anos e de importantes culturas. Há registros de ideias associadas à Trigonometria nas civilizações egípcia e babilônia, particularmente em problemas práticos de Astronomia, Navegação e Agrimensura, relacionados a cálculos de distâncias. Tais civilizações já conheciam resultados envolvendo razões de lados em triângulos. Os egípcios, por exemplo, utilizaram uma forma de Trigonometria para a construção de pirâmides no segundo milênio antes de Cristo. Os antigos astrônomos babilônios obtiveram registros detalhados a respeito do movimento dos planetas e do Sol, assim como de eclipses lunares, o que exigia o conhecimento de cálculos sofisticados envolvendo distâncias angulares medidas na esfera celestial.

Na cultura grega, a Trigonometria desenvolveu-se em grande parte a serviço da Astronomia, da Navegação e da Geografia, bem como de cálculos envolvendo o tempo. Embora não haja Trigonometria nos trabalhos de Euclides e de Arquimedes no sentido literal da palavra, há teoremas na obra *Os Elementos*, de Euclides, apresentados de modo geométrico, que são equivalentes a fórmulas e leis trigonométricas específicas. O matemático e astrônomo Hiparco de Niceia (190-120 a.C.) empregou relações entre lados e ângulos de um triângulo retângulo, sendo a primeira tabela trigonométrica possivelmente compilada por ele. A Trigonometria grega teve ainda valiosas contribuições de Menelau de Alexandria (70-130 d.C.) e de Cláudio Ptolomeu (85-165 d.C.).

No século XV, o matemático Regiomontano (1436-1476) desenvolveu importantes trabalhos para a Trigonometria, mais particularmente em Astronomia, no que concerne à observação de cometas e eclipses lunares. Em 1464, ele escreveu *De Triangulis Omnimodis*, um tratado sistemático sobre metodologia para a resolução de problemas envolvendo medidas no triângulo.

Atualmente, a Trigonometria tem um significado mais amplo, que vai muito além do estudo de triângulos, com aplicações frequentes em modelos matemáticos para Mecânica, Eletricidade, Acústica, Música, Engenharia Civil etc.

Reflexão e ação

Vamos, agora, vivenciar algumas vantagens de aplicar Trigonometria na resolução de problemas. Com base em seus conhecimentos sobre Trigonometria no triângulo retângulo, aprendidos neste capítulo, estabeleça um método para que uma pessoa possa calcular a altura de um prédio, sabendo a que distância dela se encontra o edifício, bem como a altura que seus olhos distam do chão. Para isso, utilize apenas um transferidor e um objeto em forma de régua.

Faça uma experiência usando o método estabelecido e verifique se o resultado obtido é plausível, comparando o valor obtido com a altura do prédio (multiplique o número de andares pela altura aproximada de cada andar).

Gravura que retrata o geógrafo Cláudio Ptolomeu (à esquerda) e o geômetra Euclides.

Tabela de razões trigonométricas para ângulos agudos
(com valores aproximados)

Ângulo	Seno	Cosseno	Tangente	Ângulo	Seno	Cosseno	Tangente
1°	0,0175	0,9998	0,0175	46°	0,7193	0,6947	1,0354
2°	0,0349	0,9994	0,0349	47°	0,7314	0,6820	1,0724
3°	0,0523	0,9986	0,0524	48°	0,7431	0,6691	1,1106
4°	0,0698	0,9976	0,0700	49°	0,7547	0,6561	1,1503
5°	0,0872	0,9962	0,0875	50°	0,7660	0,6428	1,1917
6°	0,1045	0,9945	0,1051	51°	0,7771	0,6293	1,2349
7°	0,1219	0,9925	0,1228	52°	0,7880	0,6157	1,2798
8°	0,1392	0,9903	0,1406	53°	0,7986	0,6018	1,3270
9°	0,1564	0,9877	0,1583	54°	0,8090	0,5878	1,3763
10°	0,1736	0,9848	0,1763	55°	0,8192	0,5736	1,4282
11°	0,1908	0,9816	0,1944	56°	0,8290	0,5592	1,4825
12°	0,2079	0,9781	0,2126	57°	0,8387	0,5446	1,5400
13°	0,2250	0,9744	0,2309	58°	0,8480	0,5299	1,6003
14°	0,2419	0,9703	0,2493	59°	0,8572	0,5150	1,6644
15°	0,2588	0,9659	0,2679	60°	0,8660	0,5000	1,7320
16°	0,2756	0,9613	0,2867	61°	0,8746	0,4848	1,8040
17°	0,2924	0,9563	0,3058	62°	0,8829	0,4695	1,8805
18°	0,3090	0,9511	0,3249	63°	0,8910	0,4540	1,9626
19°	0,3256	0,9455	0,3444	64°	0,8988	0,4384	2,0502
20°	0,3420	0,9397	0,3639	65°	0,9063	0,4226	2,1446
21°	0,3584	0,9336	0,3839	66°	0,9135	0,4067	2,2461
22°	0,3746	0,9272	0,4040	67°	0,9205	0,3907	2,3560
23°	0,3907	0,9205	0,4244	68°	0,9272	0,3746	2,4752
24°	0,4067	0,9135	0,4452	69°	0,9336	0,3584	2,6049
25°	0,4226	0,9063	0,4663	70°	0,9397	0,3420	2,7477
26°	0,4384	0,8988	0,4878	71°	0,9455	0,3256	2,9039
27°	0,4540	0,8910	0,5095	72°	0,9511	0,3090	3,0780
28°	0,4695	0,8829	0,5318	73°	0,9563	0,2924	3,2705
29°	0,4848	0,8746	0,5543	74°	0,9613	0,2756	3,4880
30°	0,5000	0,8660	0,5774	75°	0,9659	0,2588	3,7322
31°	0,5150	0,8572	0,6008	76°	0,9703	0,2419	4,0112
32°	0,5299	0,8480	0,6249	77°	0,9744	0,2250	4,3307
33°	0,5446	0,8387	0,6493	78°	0,9781	0,2079	4,7047
34°	0,5592	0,8290	0,6745	79°	0,9816	0,1908	5,1447
35°	0,5736	0,8192	0,7002	80°	0,9848	0,1736	5,6728
36°	0,5878	0,8090	0,7266	81°	0,9877	0,1564	6,3152
37°	0,6018	0,7986	0,7536	82°	0,9903	0,1392	7,1142
38°	0,6157	0,7880	0,7813	83°	0,9925	0,1219	8,1419
39°	0,6293	0,7771	0,8098	84°	0,9945	0,1045	9,5167
40°	0,6428	0,7660	0,8392	85°	0,9962	0,0872	11,4243
41°	0,6561	0,7547	0,8694	86°	0,9976	0,0698	14,2923
42°	0,6691	0,7431	0,9004	87°	0,9986	0,0523	19,0937
43°	0,6820	0,7314	0,9325	88°	0,9994	0,0349	28,6361
44°	0,6947	0,7193	0,9657	89°	0,9998	0,0175	57,1314
45°	0,7071	0,7071	0,1000				

Atividades de Revisão

1. Determine o valor de x em função de α, β e h na figura abaixo.

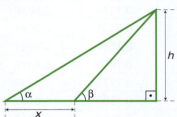

2. Considere um triângulo ABC retângulo em A. Se sen $\hat{B}$ = 0,6, determine tg $\hat{C}$.

3. Calcule o valor de $E = a^2 + b^2 + c^2$ em que: $a = 3 \cdot \sen \alpha \cdot \cos \beta$, $b = 3 \cdot \sen \alpha \cdot \sen \beta$ e $c = 3 \cdot \cos \alpha$, com $0° < \alpha < \beta < 90°$.

4. Sabendo que $\sen x = \frac{1}{3}$, calcule o valor de:
$$\cos^2 x \cdot (\tg^2 x + 1) + 3 \cdot \sen x$$

5. Sendo $\cos x = \frac{2\sqrt{2}}{3}$, com $0° < x < 90°$, calcule:
   a) sen x
   b) tg x

6. A figura abaixo representa o pentágono ABCDE. Calcule a medida de $\overline{AE}$ em função de a, b e θ, sendo BC = b, CD = a e m($D\hat{F}E$) = θ, com $0° < \theta < 90°$.

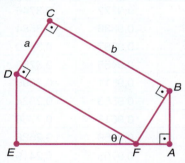

7. Resolva, em ℝ, a equação $x^2 - (2 \cdot \tg \theta)x - 1 = 0$, com $0° < \theta < 90°$.

8. Com base na figura a seguir, determine a medida do raio da circunferência em função do ângulo θ.

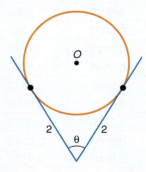

9. [ESPORTE] A FIFA recomenda que um árbitro de futebol procure correr, durante a partida, sempre entre os extremos opostos das grandes áreas. Qual é a distância percorrida por um árbitro que segue a recomendação e faz esse percurso 60 vezes durante uma partida?
(Adote: sen 71° = 0,95.)

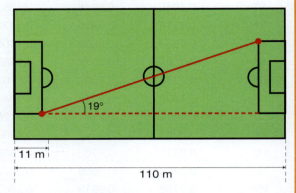

10. Uma reta é tangente a uma circunferência de raio 1, como mostra a figura.

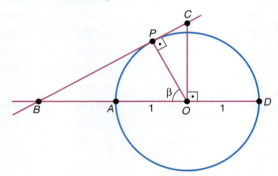

Determine em função de β a razão $\frac{AB}{PB}$.

11. [MEDIÇÃO] Um terreno tem o formato de um pentágono, como mostra a figura a seguir. Calcule o perímetro desse terreno.

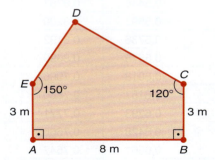

12. [ENGENHARIA] Uma pessoa deseja construir um curral na forma de um quadrado em um terreno cujo formato é um triângulo retângulo isósceles,

de modo que um dos lados desse curral está sobre a hipotenusa desse triângulo. Qual é a área do curral, sabendo que a hipotenusa do triângulo mede $8\sqrt{2}$ m?

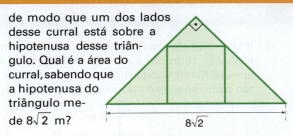

13. [AVIAÇÃO] Uma pessoa de 1,80 m de altura anda, em linha reta, em uma rua que fica ao nível do mar. Em certo ponto ela para e olha um helicóptero que está ao alto, fixo em um ponto. Para isso, ela é obrigada a olhar para cima sob um ângulo de 30° com a horizontal. Depois, anda mais 100 m e olha novamente para o helicóptero, agora sob um ângulo de 45° com a horizontal. Faça uma figura que represente a situação e determine a que altura do chão o helicóptero se encontra nesse momento.
(Use $\sqrt{3} = 1{,}73$.)

14. [TECNOLOGIA] Ao ser inclinado 30° com a linha do horizonte a partir da Terra, um radar detectou a presença de um satélite, conforme a figura. Sabendo que esse satélite está a 1.440 km da Terra (medida de $\overline{AD}$), faça uma estimativa para o raio da Terra.
(Adote cos 15° = 0,966 e sen 15° = 0,259.)

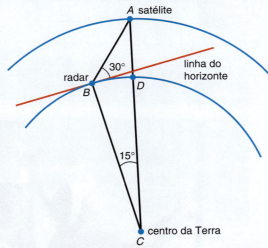

15. Considere um triângulo com vértices A, B e C.

a) Calcule a área desse triângulo, sabendo que $AB = 10$ cm, $AC = 12$ cm e m$(B\hat{A}C) = 30°$.

b) Prove que se $AB = a$, $AC = b$ e m$(B\hat{A}C) = \alpha$, então a área do $\triangle ABC$ é $\frac{1}{2} \cdot ab \cdot \text{sen } \alpha$, com $0° < \alpha < 90°$.

16. Simplifique as seguintes expressões:

a) $A = \cos^2 5° + \cos^2 45° + \cos^2 85°$
b) $B = \text{tg } 1° \cdot \text{tg } 2° \cdot \text{tg } 3° \cdot ... \cdot \text{tg } 87° \cdot \text{tg } 88° \cdot \text{tg } 89°$
c) $C = \dfrac{\cos^2 25° \cdot (1 + \text{sen}^2 65°)}{1 - \cos^4 25°}$

17. [ENGENHARIA] Um teleférico foi construído para conduzir os habitantes de uma cidade ao alto de um morro. No caminho, foi construída uma parada em razão da existência de um belo mirante. A figura a seguir ilustra a situação. Sabendo que no primeiro trecho (até a parada) o teleférico percorre metade do que percorre no segundo, e que a altura do morro é de 400 m, calcule a distância percorrida pelo teleférico em cada trecho.

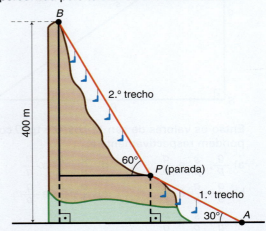

18. [MEDIÇÃO] Desejando determinar a altura de um mastro, tomou-se no chão um segmento de 10 m com extremidades equidistantes da base do mastro. Esticou-se uma corda do extremo do mastro até os extremos desse segmento e mediu-se um ângulo de 45°. Depois, esticou-se outra corda do extremo do mastro até o ponto médio do segmento considerado, obtendo-se um ângulo de 60°. Qual é a altura desse mastro?

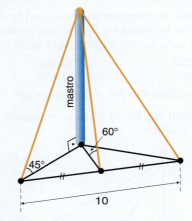

19. Determine a medida da altura relativa à base $\overline{BC}$ do triângulo isósceles ABC, sabendo que a medida do ângulo $\hat{A}$ é 120° e a área do triângulo é 12 m².

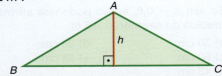

Questões Propostas de Vestibular

1. (UFAM) Use o triângulo SPQ, retângulo em S:

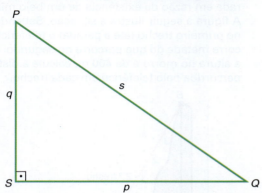

Então os valores de sen Q, cos Q e tg Q correspondem respectivamente a:

a) $\dfrac{q}{p}$, $\dfrac{s}{p}$ e $\dfrac{q}{p}$

b) $\dfrac{q}{s}$, $\dfrac{q}{p}$ e $\dfrac{p}{s}$

c) $\dfrac{s}{q}$, $\dfrac{s}{p}$ e $\dfrac{p}{q}$

d) $\dfrac{q}{s}$, $\dfrac{p}{s}$ e $\dfrac{p}{q}$

e) $\dfrac{q}{s}$, $\dfrac{p}{s}$ e $\dfrac{q}{p}$

2. (PUC – MG) Um avião levanta voo sob um ângulo de 30°.

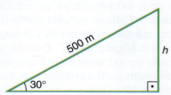

Então, depois que tiver percorrido 500 m, conforme indicado na figura, sua altura h em relação ao solo, em metros, será igual a:

a) 250
b) 300
c) 400
d) 435

Considere sen 30° = 0,50 e cos 30° = 0,87.

3. (Uneal) Na figura abaixo, o ângulo $\hat{A}$ é reto e DC = 50 cm.

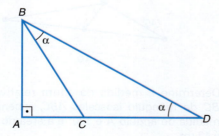

Se sen α = 0,6, então podemos afirmar que a medida do segmento $\overline{AB}$ é:

a) 30 cm
b) 50 cm
c) 48 cm
d) 38 cm
e) 68 cm

4. (PUC – RS) Um campo de vôlei de praia tem dimensões 16 m por 8 m. Duas jogadoras, A e B, em um determinado momento de um jogo, estão posicionadas como na figura abaixo.

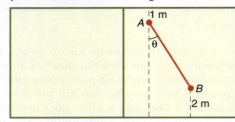

A distância x, percorrida pela jogadora B para se deslocar paralelamente à linha lateral, colocando-se à mesma distância da rede em que se encontra a jogadora A, é:

a) $x = 5 \cdot \text{tg } \theta$
b) $x = 5 \cdot \text{sen } \theta$
c) $x = 5 \cdot \cos \theta$
d) $x = 2 \cdot \text{tg } \theta$
e) $x = 2 \cdot \cos \theta$

480 MATEMÁTICA — UMA CIÊNCIA PARA A VIDA

5. (Unesp) Um ciclista sobe, em linha reta, uma rampa com inclinação de 3 graus a uma velocidade constante de 4 metros por segundo. A altura do topo da rampa em relação ao ponto de partida é 30 m.

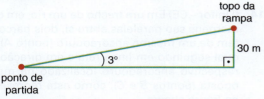

Use a aproximação sen 3° = 0,05 e responda. O tempo, em minutos, que o ciclista levou para percorrer completamente a rampa é:

a) 2,5
b) 7,5
c) 10
d) 15
e) 3

6. (Unesp) Dois edifícios, X e Y, estão um em frente ao outro, num terreno plano. Um observador, no pé do edifício X (ponto P), mede um ângulo α em relação ao topo do edifício Y (ponto Q). Depois disso, no topo do edifício X, num ponto R, de forma que RPTS forme um retângulo e $\overline{QT}$ seja perpendicular a $\overline{PT}$, esse observador mede um ângulo β em relação ao ponto Q no edifício Y.

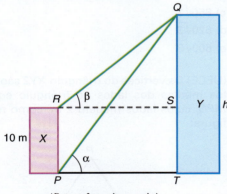

(figura fora de escala)

Sabendo que a altura do edifício X é 10 m e que 3 · tg α = 4 · tg β, a altura h do edifício Y, em metros, é:

a) $\frac{40}{3}$
b) $\frac{50}{4}$
c) 30
d) 40
e) 50

7. (UFC – CE) Na figura abaixo, o triângulo ABC é retângulo em B.

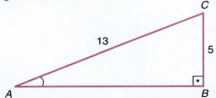

O cosseno do ângulo $B\hat{A}C$ é:

a) $\frac{12}{13}$
b) $\frac{11}{13}$
c) $\frac{10}{13}$
d) $\frac{6}{13}$
e) $\frac{1}{13}$

8. (Unesp – adaptada) Numa fábrica de cerâmica, produzem-se lajotas triangulares. Cada peça tem a forma de um triângulo isósceles cujos lados congruentes medem 10 cm, e o ângulo da base tem medida x, como mostra a figura a seguir. Determine a medida h(x) da altura, a medida b(x) da base e a área A(x) de cada peça em função de sen x e cos x.

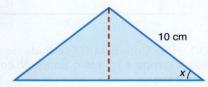

9. (UFLA – MG) Um aparelho é construído para medir alturas e consiste de um esquadro com régua de 10 cm e outra régua deslizante que permite medir tangentes do ângulo de visada α, conforme o esquema abaixo.

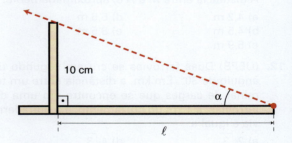

Uma pessoa, utilizando o aparelho a 1,5 m do solo, toma duas medidas, com distância entre elas de 10 metros, conforme esquema a seguir.
Sendo ℓ_1 = 30 cm e ℓ_2 = 20 cm, calcule a altura da árvore.

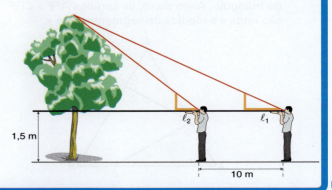

Trigonometria no triângulo retângulo **481**

10. (UFRRJ) Milena, diante da configuração representada abaixo, pede ajuda aos vestibulandos para calcular o comprimento x da sombra do poste, mas, para isso, ela informa que sen α = 0,6. Calcule o comprimento x da sombra.

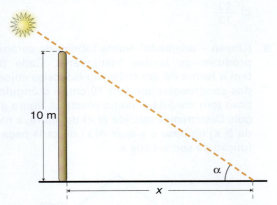

11. (PUC – RS) Uma bola foi chutada do ponto M, subiu a rampa e foi até o ponto N, conforme a figura a seguir.

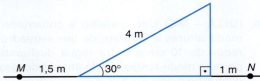

A distância entre M e N é, aproximadamente:

a) 4,2 m   d) 6,5 m
b) 4,5 m   e) 8,5 m
c) 5,9 m

12. (UEPB) Duas ferrovias se cruzam segundo um ângulo de 30°. Em km, a distância entre um terminal de cargas que se encontra em uma das ferrovias, a 4 km do cruzamento, e a outra ferrovia é igual a:

a) $2\sqrt{3}$ d) $4\sqrt{3}$
b) 2   e) $\sqrt{3}$
c) 8

13. (Fuvest – SP) O triângulo ABC da figura a seguir é equilátero de lado 1. Os pontos E, F e G pertencem, respectivamente, aos lados $\overline{AB}$, $\overline{AC}$ e $\overline{BC}$ do triângulo. Além disso, os ângulos $A\hat{F}E$ e $C\hat{G}F$ são retos e a medida do segmento $\overline{AF}$ é x.

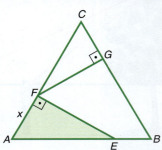

Assim, determine:
a) a área do triângulo AFE em função de x;
b) o valor de x para o qual o ângulo $F\hat{E}G$ também é reto.

14. (Unifor – CE) Em um trecho de um rio, em que as margens são paralelas entre si, dois barcos partem de um mesmo ancoradouro (ponto A), cada qual seguindo em linha reta e em direção a um respectivo ancoradouro localizado na margem oposta (pontos B e C), como está representado na figura abaixo.

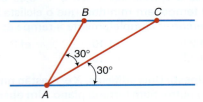

Se nesse trecho o rio tem 900 metros de largura, a distância, em metros, entre os ancoradouros localizados em B e C é igual a:

a) $900\sqrt{3}$
b) $720\sqrt{3}$
c) $650\sqrt{3}$
d) $620\sqrt{3}$
e) $600\sqrt{3}$

15. (UECE) Os vértices do triângulo XYZ são os pontos médios dos lados do triângulo equilátero MPQ, cujos lados medem 2 m, como mostra a figura:

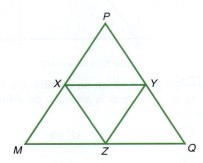

Se h_1 e h_2, respectivamente, são as alturas dos triângulos XYZ e MPQ, então o produto $h_1 \cdot h_2$ é, em m², igual a:

a) $\dfrac{2}{3}$

b) $\dfrac{3}{4}$

c) $\dfrac{3}{2}$

d) $\dfrac{4}{3}$

16. (Udesc) Encontre os valores de *x* e *y* na figura abaixo.

Dados: sen 30° = $\frac{1}{2}$; *PQ* = 10 m, *TR* = 2,3 m, *PT* = *x* e *QS* = *y*

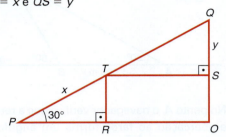

17. (Fuvest – SP – adaptada) Para calcular a altura de uma torre, utilizou-se o seguinte procedimento ilustrado na figura: um aparelho (de altura desprezível) foi colocado no solo a uma certa distância da torre e emitiu um raio em direção ao ponto mais alto da torre. O ângulo determinado entre o raio e o solo foi de α = 60°. Em seguida, o aparelho foi deslocado 4 metros em direção à torre e o ângulo então obtido foi β, com tg β = $3\sqrt{3}$.

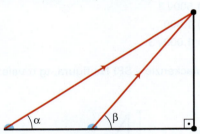

É correto afirmar que a altura da torre, em metros, é:

a) $4\sqrt{3}$
b) $5\sqrt{3}$
c) $6\sqrt{3}$
d) $7\sqrt{3}$
e) $8\sqrt{3}$

18. (UEL – PR) Um engenheiro fez um projeto para a construção de um prédio (andar térreo e mais 6 andares), no qual a diferença de altura entre o piso de um andar e o piso do andar imediatamente superior é de 3,5 m.

Durante a construção, foi necessária a utilização de rampas para transporte de material do chão do andar térreo até os andares superiores. Uma rampa lisa de 21 m de comprimento fazendo ângulo de 30° com o plano horizontal foi utilizada. Uma pessoa que subir essa rampa inteira transportará material, no máximo, até o piso do:

a) 2.º andar
b) 3.º andar
c) 4.º andar
d) 5.º andar
e) 6.º andar

19. (UFG – GO) Uma empresa de engenharia deseja construir uma estrada ligando os pontos *A* e *B*, que estão situados em lados apostos de uma reserva florestal, como mostra a figura a seguir.

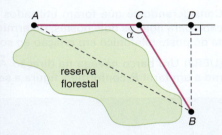

A empresa optou por construir dois trechos retilíneos, denotados pelos segmentos $\overline{AC}$ e $\overline{CB}$, ambos com o mesmo comprimento. Considerando que a distância de *A* até *B*, em linha reta, é igual ao dobro da distância de *B* a *D*, o ângulo α, formado pelos dois trechos retilíneos da estrada, mede:

a) 110°
b) 120°
c) 130°
d) 140°
e) 150°

20. (Udesc) Sobre um plano inclinado deverá ser construída uma escadaria.

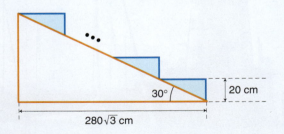

Sabendo que cada degrau da escada deverá ter uma altura de 20 cm e que a base do plano inclinado mede $280\sqrt{3}$ cm, conforme mostra a figura acima, então a escada deverá ter:

a) 10 degraus
b) 28 degraus
c) 14 degraus
d) 54 degraus
e) 16 degraus

Trigonometria no triângulo retângulo **483**

21. (UFG – GO) Para dar sustentação a um poste telefônico, utilizou-se um outro poste com 8 m de comprimento fixado ao solo a 4 m de distância do poste telefônico, inclinado sob um ângulo de 60°, conforme a figura a seguir.

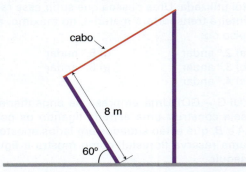

Considerando-se que foram utilizados 10 m de cabo para ligar os dois postes, determine a altura do poste telefônico em relação ao solo.

22. (UERJ) Um barco navega na direção $\overleftrightarrow{AB}$, próximo a um farol P, conforme a figura a seguir.

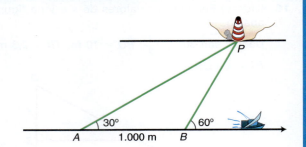

No ponto A, o navegador verifica que a reta $\overleftrightarrow{AP}$, da embarcação ao farol, forma um ângulo de 30° com a direção $\overleftrightarrow{AB}$. Após a embarcação percorrer 1.000 m, no ponto B o navegador verifica que a reta $\overleftrightarrow{BP}$, da embarcação ao farol, forma um ângulo de 60° com a mesma direção $\overleftrightarrow{AB}$.

Seguindo sempre a direção $\overleftrightarrow{AB}$, a menor distância entre a embarcação e o farol será equivalente, em metros, a:

a) 500
b) $500\sqrt{3}$
c) 1.000
d) $1.000\sqrt{3}$

23. (Mackenzie – SP) Na figura, tg α vale:

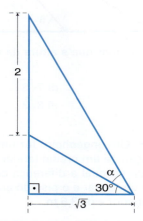

a) $\dfrac{1}{3}$

b) $\dfrac{2}{\sqrt{3}}$

c) $\dfrac{1}{\sqrt{3}}$

d) $\dfrac{3}{4}$

e) $\dfrac{2}{3}$

484 MATEMÁTICA — UMA CIÊNCIA PARA A VIDA

PROGRAMAS DE AVALIAÇÃO SERIADA

1. (PSS – UFPB – adaptada) Em um determinado edifício, os primeiros andares são destinados às garagens e ao salão de festas e os demais andares, aos apartamentos. Interessado nas dimensões desse prédio, um topógrafo coloca um teodolito (instrumento óptico para medir ângulos) a uma distância d do prédio. Com um ângulo de 30°, esse topógrafo observou que o primeiro piso de apartamentos está a uma altura de 11,80 m do solo; e com um ângulo de 60°, visualizou o topo do edifício, conforme a figura abaixo.

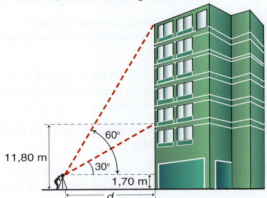

De acordo com esses dados e sabendo-se que a luneta do teodolito está a 1,70 m do solo, a altura do edifício é:

a) 31 m   c) 30,30 m   e) 32 m
b) 23,60 m   d) 21,90 m

2. (PSS – UEPG – PR) Na figura abaixo, $MP = 5$ cm.

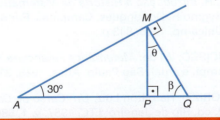

Então, é correto afirmar que:

a) $AP = 10\sqrt{3}$ cm   d) $MQ = 10$ cm
b) $PQ = \dfrac{5\sqrt{3}}{3}$ cm   e) $AQ = \dfrac{10\sqrt{3}}{3}$ cm
c) $AM = 5\sqrt{3}$ cm

3. (PISM – UFJF – MG) Um muro com 1 metro de altura se encontra a 3 metros de uma parede de uma casa. Uma escada, que está apoiada no chão e na parede, toca o muro e faz um ângulo de 45° com o chão. Suponha que o muro e a parede são perpendiculares ao chão e que este é plano (veja a figura).

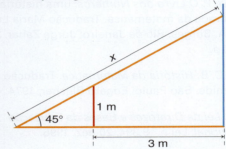

O comprimento x, em metros, da escada é:

a) 2   d) $3\sqrt{2}$
b) $\sqrt{2}$ e) $4\sqrt{2}$
c) $2\sqrt{2}$

4. (PIS – UFOP – MG) Zezinho empinou sua pipa em uma praia com muito vento, utilizando seus 200 metros de linha. O ângulo entre a linha e o plano da praia era de aproximadamente 60°. Considerando que a linha estava retilínea e desconsiderando a altura de Zezinho, identifique a alternativa que apresenta a altura aproximada da pipa em relação à praia:

a) 50 metros   c) 140 metros
b) 100 metros   d) 174 metros

Trigonometria no triângulo retângulo **485**

BIBLIOGRAFIA

BARBANTI, L.; MALACRIDA JÚNIOR, S. A. *Matemática Superior:* um primeiro curso de cálculo. São Paulo: Pioneira, 1999. 247 p.

BARBOSA, J. L. M. *Geometria Euclidiana Plana.* Rio de Janeiro: SBM, 1995. 161 p.

BENTLEY, P. *O Livro dos Números:* uma história ilustrada da matemática. Tradução Maria Luiza X. de A. Borges. Rio de Janeiro: Jorge Zahar, 2009. 272 p.

BOYER, C. B. *História da Matemática.* Tradução Elza F. Gomide. São Paulo: Edgard Blücher, 1974. 488 p.

BRASIL. *Lei de Diretrizes e Bases da Educação Nacional.* Lei n.º 9.394, 20 dez. 1996.

_____. *Parâmetros Curriculares Nacionais:* ensino médio: ciências da natureza, matemáticas e suas tecnologias. Brasília: Ministério da Educação/Secretaria de Educação Média e Tecnológica, 1999.

_____. *Parâmetros Curriculares Nacionais+ (PCN+):* ensino médio: ciências da natureza, matemáticas e suas tecnologias. Brasília: Ministério da Educação/Secretaria de Educação Média e Tecnológica, 2002.

BUSHAW, D. et al. *Aplicações da Matemática Escolar.* Tradução Hygino H. Domingues. São Paulo: Atual, 1997. 354 p.

CALLIOLI, C. A.; DOMINGUES, H. H.; COSTA, R. C. F. *Álgebra Linear e Aplicações.* 4. ed. rev. São Paulo: Atual, 1983. 332 p.

CAMARGO, I. de; BOULOS, P. *Geometria Analítica:* um tratamento vetorial. 3. ed. rev. e ampl. São Paulo: Prentice-Hall, 2005. 543 p.

CARAÇA, B. de J. *Conceitos Fundamentais da Matemática.* 9. ed. Lisboa: Livraria Sá da Costa, 1989. 318 p.

CARMO, M. P. do; MORGADO, A. C.; WAGNER, E. *Trigonometria – Números Complexos.* Rio de Janeiro: IMPA/VITAE, 1992. 121 p.

CAROLI, A. de; CALLIOLI, C. A.; FEITOSA, M. O. *Matrizes, Vetores, Geometria Analítica:* teoria e exercícios. 10. ed. São Paulo: Nobel, 1978. 167 p.

CARVALHO, P. C. P. *Introdução à Geometria Espacial.* Rio de Janeiro: SBM, 1993. 93 p.

CASTRUCCI, B. *Elementos de Teoria dos Conjuntos.* 11. ed. São Paulo: Nobel, 1982. 129 p.

_____. *Fundamentos da Geometria:* estudo axiomático do plano euclidiano. Rio de Janeiro: LTC, 1978. 195 p.

COXFORD, A. F. (Org.); SHULTE, A. P. (Org.). *As ideias da álgebra.* Tradução Hygino H. Domingues. São Paulo: Atual, 1994. 285 p.

CRESPO, A. A. *Estatística Fácil.* 17. ed. São Paulo: Saraiva, 2002. 224 p.

DANTAS, M. M. de S. et al. *As Transformações Geométricas e o Ensino da Geometria.* Salvador: EDUFBA, 1996. v. 1, 153 p.

DAVIS, P. J.; HERSH, R. *A Experiência Matemática.* Tradução João Bosco Pitombeira. 4. ed. Rio de Janeiro: F. Alves, 1989. 481 p.

_____. *O Sonho de Descartes.* Tradução Mário C. Moura. 2. ed. Rio de Janeiro: F. Alves, 1998. 335 p.

EVES, H. *Introdução à História da Matemática.* Tradução Hygino H. Domingues. Campinas: Editora da Unicamp, 1995. 843 p.

FRANCISCO, W. de. *Matemática Financeira.* 5. ed. rev. ampl. e atual. São Paulo: Atlas, 1985. 319 p.

GUIDORIZZI, Hamilton Luiz. *Um Curso de Cálculo.* 2. ed. Rio de Janeiro: LTC, 1987. v. 1, 586 p.

HÖNIG, C. S. *Introdução às Funções de uma Variável Complexa.* 3. ed. rev. e ampl. São Paulo: Instituto de Matemática e Estatística da Universidade de São Paulo, 1971. 246 p.

KING, J. P. *The Art of Mathematics.* New York: Plenum, 1992. 313 p.

LIMA, E. L. (Ed.). *Exame de Textos:* análise de livros de matemática para o ensino médio. Rio de Janeiro: VITAE/IMPA/SBM, 2001. 467 p.

LIMA, E. L. *Curso de Análise.* 8. ed. Rio de Janeiro: IMPA, 1976. v. 1, 344 p.

_____. *Logaritmos.* 4. ed. Rio de Janeiro: SBM, 2009. 118 p.

Lima, E. L. *Matemática e Ensino*. Rio de Janeiro: SBM, 2001. 202 p.

_____. *Medida e Forma em Geometria:* comprimento, área, volume e semelhança. Rio de Janeiro: IMPA/VITAE, [19--]. 98 p.

LIMA, E. L. et al. *A Matemática do Ensino Médio*. 2. ed. Rio de Janeiro: SBM, 1997. 3 v.

_____. *Temas e Problemas*. Rio de Janeiro: SBM, 2001. 193 p.

LINDQUIST, M. M. (Org.); SHULTE, A. P. (Org.). *Aprendendo e Ensinando Geometria*. Tradução Hygino H. Domingues. São Paulo: Atual, 1994. 308 p.

LIPSCHUTZ, S. *Teoria dos Conjuntos*. Tradução Fernando Vilain Heusi da Silva. São Paulo: McGraw-Hill do Brasil, 1972. 337 p.

_____. *Teoria e Problemas de Probabilidade*. Tradução Ruth Ribas Itacarabi. 3. ed. rev. São Paulo: McGraw-Hill do Brasil, 1972. 228 p.

MAOR, E. *e: a história de um número*. Tradução Jorge Calife. Rio de Janeiro: Record, 2003. 291 p.

MILIES, C. P.; COELHO, S. P. *Números:* uma introdução à matemática. São Paulo: Editora da Universidade de São Paulo, 2000. 240 p.

MLODINOW, L. *A Janela de Euclides:* a história da geometria, das linhas paralelas ao hiperespaço. Tradução Enézio de Almeida. 1. ed. São Paulo: Geração Editorial, 2004. 295 p.

MONTEIRO, L. H. J. *Elementos de Álgebra*. Rio de Janeiro: LTC, 1974. 552 p.

MORGADO, A. C. de O. et al. *Análise Combinatória e Probabilidade*. Rio de Janeiro: IMPA/VITAE, 1991. 171 p.

MORGADO, A. C.; WAGNER, E.; ZANI, S. C. *Progressões e Matemática Financeira*. 5. ed. Rio de Janeiro: SBM, 2005. 121 p.

NIVEN, I. *Números:* racionais e irracionais. Tradução Renate Watanabe. Rio de Janeiro: SBM, 1984. 216 p.

PAPPAS, T. *The Joy of Mathematics:* discovering mathematics all around you. rev. ed. San Carlos: Wide World Publishing/Tetra, 1989. 240 p.

SANTOS, J. P. de O.; MELLO, M. P.; MURARI, I. T. C. *Introdução à Análise Combinatória*. Campinas: Editora da Unicamp, 1995. 295 p.

SHOKRANIAN, S.; SOARES, M.; GODINHO, H. *Teoria dos Números*. Brasília: Editora da UnB, 1994. 336 p.

SOCIEDADE BRASILEIRA DE MATEMÁTICA. *Revista do Professor de Matemática*. Rio de Janeiro, ano 28, 2010. Quadrimestral.

SPIEGEL, M. R. *Estatística*. Tradução, revisão e adaptação Carlos Augusto Crusius. 2. ed. São Paulo: McGraw-Hill do Brasil, 1985. 454 p.

STEWART, I. *Almanaque das Curiosidades Matemáticas*. Tradução Diego Alfaro. Rio de Janeiro: Jorge Zahar, 2009. 313 p.

_____. *Mania de Matemática:* diversão e jogos de lógica e matemática. Tradução Maria Luiza X. de A. Borges. Rio de Janeiro: Jorge Zahar, 2005. 207 p.

Crédito das Fotos

As fotografias de abertura de cada capítulo têm direitos autorais reservados por:

Cap. 1 — p. 2-3 — Jupiterimages

Cap. 2 — p. 48-49 — Mascarucci/Corbis/Latinstock

Cap. 3 — p. 108-109 — Roberto Rinaldi/Corbis/Latinstock

Cap. 4 — p. 158-159 — Carey Wagner/NYT/The New York Times/Latinstock

Cap. 5 — p. 206-207 — Panthermedia/Keydisc

Cap. 6 — p. 238-239 — Panthermedia/Keydisc

Cap. 7 — p. 268-269 — Panthermedia/Keydisc

Cap. 8 — p. 308-309 — Panthermedia/Keydisc

Cap. 9 — p. 366-367 — Grasiele L. F. Cortez

Cap. 10 — p. 414-415 — Fábio Colombini

Cap. 11 — p. 454-455 — NASA

Banco de Questões de Vestibular

Capítulo 1

Conjuntos

1. (UERGS – RS) Sendo A, B e C três conjuntos não vazios quaisquer e $A \subset B$, tem-se como verdadeira a afirmação:

   a) $A \cap B = B$
   b) $A - B = C$
   c) $A \cup B = B$
   d) $A \cup B = A \cap B$
   e) $B - A = B - C$

2. (Ibmec – SP) No diagrama abaixo, U representa o conjunto de todos os alunos de uma escola. Estão também representados os seguintes subconjuntos de U:

   Q: alunos da escola que gostam de quiabo
   D: alunos da escola com mais de dezesseis anos de idade
   P: alunos da escola que gostam do professor Pedro
   M: alunos da escola que gostam de Matemática

   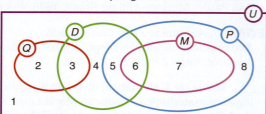

   Em todas as regiões do diagrama, identificadas com um número de 1 a 8, há pelo menos um aluno representado. Então, é correto afirmar que:

   a) Se um aluno gosta de quiabo, então ele não tem mais do que dezesseis anos.
   b) Pelo menos um aluno que gosta de Matemática tem mais do que dezesseis anos e gosta de quiabo.
   c) Se um aluno gosta do professor Pedro, então ele gosta de Matemática.
   d) Todo aluno que gosta de Matemática e tem mais do que dezesseis anos gosta do professor Pedro.
   e) Se um aluno com mais de dezesseis anos não gosta do professor Pedro, então ele não gosta de quiabo.

3. (UEPA) A Teoria dos Conjuntos nos ajuda a interpretar situações como o compartilhamento de arquivos de música entre aparelhos móveis. Os arquivos do *FolkMusic*, um *software* de aparelhos móveis, representam conjuntos e as músicas são elementos desses conjuntos. O diagrama abaixo representa uma situação de compartilhamento de músicas entre arquivos do *FolkMusic*.

   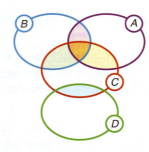

   Com base no diagrama, é correto afirmar que:

   a) O arquivo A, o arquivo B e o arquivo C possuem músicas em comum.
   b) O arquivo A, o arquivo B, o arquivo C e o arquivo D possuem músicas em comum.
   c) O arquivo B e o arquivo D possuem músicas em comum.
   d) O arquivo C só possui músicas em comum com o arquivo B.
   e) O arquivo C só possui músicas em comum com o arquivo A.

4. (Cefet – CE) Constituição de 1824: quem votava?

   "De cada 30 homens, 14 eram escravos e não podiam votar. Dos 16 livres, 10 não tinham renda suficiente para votar. Dos restantes, 5 votantes escolhiam um único eleitor, que votava nos deputados e senadores."

   SCHMIDT, M. *Nova História Crítica*.
   São Paulo: Nova Geração, 2008. p. 346.

   A alternativa que expressa a fração "número de homens livres que não votavam nos deputados e senadores sobre o número de homens que não podiam votar" é a:

   a) $\dfrac{5}{14}$
   b) $\dfrac{15}{24}$
   c) $\dfrac{1}{10}$
   d) $\dfrac{1}{14}$
   e) $\dfrac{5}{24}$

5. (UFS – SE) Ana (A), Beatriz (B), Carmem (C), Daniela (D) e Edna (E) disputam uma corrida. Sabendo que não houve empates e que:

   • Edna é mais veloz que Beatriz,
   • Daniela é mais veloz que Carmem e
   • Ana é mais veloz que Beatriz,

   qual dos resultados abaixo, ordenados da primeira à última a chegar, não poderá ocorrer?

   a) AEBDC
   b) DEABC
   c) AEDBC
   d) DCEAB
   e) ABDCE

6. (UFOP – MG) Se o conjunto A possui 67 elementos e o conjunto B possui 48 elementos, então o número de elementos do conjunto A ∩ B é, no máximo:

a) 0
b) 115
c) 1
d) 48

7. (Unifor – CE) Considerando o universo das pessoas que responderam a uma pesquisa, sejam: V o conjunto das pessoas que têm mais de 20 anos, A o conjunto das pessoas que têm automóveis e M o conjunto das pessoas que têm motos. Admitindo que A ⊂ V, M ⊂ V e A ∩ M ≠ ∅, é correto afirmar que:

a) Toda pessoa que não tem automóvel tem menos de 20 anos.
b) Toda pessoa que não tem moto não tem mais de 20 anos.
c) As pessoas que não têm mais de 20 anos não podem ter automóveis.
d) As pessoas que não têm automóveis não podem ter motos.
e) Algumas pessoas que têm menos de 20 anos podem ter automóveis.

8. (UCS – RS) Pretende-se construir um aeroporto num determinado município, e três locais estão sendo cogitados para esse fim: A, B e C. A tabela a seguir resume o resultado de um levantamento de opinião feito entre as lideranças do município acerca do melhor local para essa instalação.

Número de pessoas que se manifestaram a favor						
de um único local			de exatamente dois dos 3 locais			dos 3 locais	de outro local que não A, B ou C
A	B	C	A e B	B e C	A e C		
1.000	600	900	300	500	400	100	300

Pelos dados da tabela e considerando o total de pessoas que responderam à consulta, a porcentagem das que se manifestaram a favor da instalação do aeroporto em outro lugar que não C foi, aproximadamente, de

a) 44,7%
b) 53,6%
c) 40,5%
d) 59,5%
e) 64%

9. (Udesc – adaptada) O que os brasileiros andam lendo?

O brasileiro lê, em média, 4,7 livros por ano. Este é um dos principais resultados da pesquisa Retratos da Leitura no Brasil, encomendada pelo Instituto Pró-Livro ao Ibope Inteligência, que também pesquisou o comportamento do leitor brasileiro, as preferências e as motivações dos leitores, bem como os canais e a forma de acesso aos livros.

Associação Brasileira de Encadernação e Restaure, adapt.

Supõe-se que em uma pesquisa envolvendo 660 pessoas, cujo objetivo era verificar o que elas estão lendo, obtiveram-se os seguintes resultados: 100 pessoas leem somente revistas, 300 pessoas leem somente livros e 150 pessoas leem somente jornais. Supõe-se ainda que, dessas 660 pessoas, 80 leem livros e revistas, 50 leem jornais e revistas, 60 leem livros e jornais e 40 leem revistas, jornais e livros.

Em relação ao resultado dessa pesquisa, são feitas as seguintes afirmações:

I. Apenas 40 pessoas leem pelo menos um dos três meios de comunicação citados.
II. Quarenta pessoas leem somente revistas e livros, e não leem jornais.
III. Apenas 440 pessoas leem revistas ou livros.

Identifique a alternativa **correta**.

a) Somente as afirmativas I e III são verdadeiras.
b) Somente as afirmativas I e II são verdadeiras.
c) As afirmativas I, II e III são verdadeiras.
d) Somente a afirmativa II é verdadeira.
e) Somente a afirmativa I é verdadeira.

10. (Ibmec – SP) Considere as duas afirmações seguintes, feitas a respeito de três conjuntos de números inteiros A, B e C.

I. Se x é elemento de A, então x é elemento de B.
II. x é um número par pertencente a B se, e somente se, x é elemento de C.

Para que as duas afirmações sejam verdadeiras para todo x inteiro, os conjuntos A, B e C podem ser dados por:

a) A = {3, 4, 5, 10}, B = {3, 4, 5, 10} e C = {3, 4, 5, 10}
b) A = {3, 4, 5, 10}, B = {3, 4, 10} e C = {4, 10}
c) A = {3, 10}, B = {3, 4, 5, 10} e C = {4, 10}
d) A = {3, 10}, B = {4, 10} e C = {4, 10}
e) A = {3, 10}, B = {3, 4, 10} e C = {4, 5, 10}

11. (UEFS – BA) Sabe-se sobre os conjuntos não vazios X e Y que:

• X tem um número par de elementos;
• Y tem um número ímpar de elementos;
• X ∩ Y é um conjunto unitário;
• o número de subconjuntos de Y é o dobro de subconjuntos de X.

Com base nessas informações, pode-se concluir que o número de elementos de X ∪ Y é igual ao:

a) dobro do número de elementos de X.
b) dobro do número de elementos de Y.
c) triplo do número de elementos de X.
d) triplo do número de elementos de Y.
e) quádruplo do número de elementos de X.

12. (UFOP – MG) A respeito dos números
   $a = 0{,}499999\ldots$ e $b = 0{,}5$
   é correto afirmar:
   a) $b = a + 0{,}011111\ldots$
   b) $a = b$
   c) a é irracional e b é racional
   d) $a < b$

13. (Unifor – CE) Se $A = \dfrac{1}{\sqrt{3 + \sqrt{2}}}$ e $B = \dfrac{1}{\sqrt{3 - \sqrt{2}}}$,
   então o produto AB está compreendido entre:
   a) 2,4 e 2,5   d) 0,2 e 0,3
   b) 1,2 e 1,3   e) 0 e 0,1
   c) 0,37 e 0,38

Capítulo 2

Estudo Geral de Funções

14. (PUC – RS) Após quase meio ano em construção nas oficinas do Museu de Ciências e Tecnologia da PUCRS, a réplica em escala 1 : 3 do barco Beagle, usado por Darwin em suas expedições, foi transportada através do *campus* da Universidade para a área do Museu. O modelo é um dos pontos altos da exposição inaugurada no dia 24 de março, que ficará aberta ao público até dezembro de 2009.

Podemos estabelecer uma regra para determinar as medidas do navio original (y), conhecendo as dimensões da réplica (x). Essa regra será:
a) $y = x^3$ d) $y = \dfrac{x}{3}$
b) $y = x + 3$ e) $y = 3x$
c) $y = x - 3$

15. (Cefet – CE) Dados os conjuntos
   $A = \{0, 2, 4, 6, 8\}$ e $B = \{1, 3, 5, 9\}$
   enumere os elementos da seguinte relação:
   $R = \{(x, y) \in A \times B \mid y = x + 1\}$

16. (UFPR) Considere a função f definida no conjunto dos números naturais pela expressão $f(n + 2) = f(n) + 3$, com $n \in \mathbb{N}$, e pelos dados $f(0) = 10$ e $f(1) = 5$. É correto afirmar que os valores de $f(20)$ e $f(41)$ são, respectivamente:
   a) 21 e 65   d) 23 e 44
   b) 40 e 56   e) 40 e 65
   c) 21 e 42

17. (Mackenzie – SP) O número de indivíduos de um certo grupo é dado por $f(x) = \left(10 - \dfrac{1}{10^x}\right) \cdot 1.000$, sendo x o tempo medido em dias. Desse modo, entre o 2.º e 3.º dia, o número de indivíduos do grupo:
   a) aumentará em exatamente 10 unidades.
   b) aumentará em exatamente 90 unidades.
   c) diminuirá em exatamente 9 unidades.
   d) aumentará em exatamente 9 unidades.
   e) diminuirá em exatamente 90 unidades.

18. (Unifor – CE) O conjunto imagem da função real de variável real dada por
   $f(x) = 3x - 2 + \sqrt{-(x^2 - 4x + 4)}$ é:
   a) $\mathbb{R}_+$
   b) $\mathbb{R}_-$
   c) $\left\{y \in \mathbb{R} \mid y \geq \dfrac{2}{3}\right\}$
   d) $\left\{y \in \mathbb{R} \mid \dfrac{2}{3} \leq y \leq 4\right\}$
   e) $\{4\}$

19. (UFMG) Nesta figura, está representado o gráfico da função $y = f(x)$:

Com base nas informações desse gráfico, identifique a alternativa cuja figura **melhor** representa o gráfico da função $g(x) = f(1 - x)$.

a)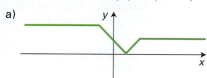

b)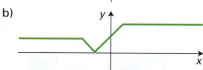

c)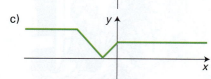

d)

20. (Unifesp) Uma função $f: \mathbb{R} \to \mathbb{R}$ diz-se **par** quando $f(-x) = f(x)$, para todo $x \in \mathbb{R}$, e **ímpar** quando $f(-x) = -f(x)$, para todo $x \in \mathbb{R}$.

a) Quais, dentre os gráficos exibidos, melhor representam funções pares ou funções ímpares? Justifique sua resposta.

Gráfico I

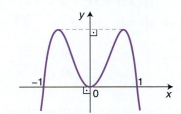

Gráfico II

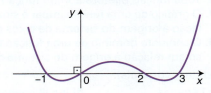

Gráfico III

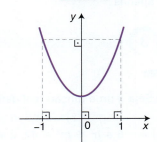

Gráfico IV

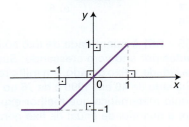

Gráfico V

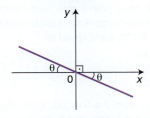

b) Dê dois exemplos de funções, $y = f(x)$ e $y = g(x)$, sendo uma par e outra ímpar, e exiba os seus gráficos.

21. (UFMA) As figuras abaixo ilustram os gráficos das funções $g_1: \mathbb{R} \to \mathbb{R}$, $g_2: \mathbb{R} \to \mathbb{R}$ e $g_3: \mathbb{R} \to \mathbb{R}$, respectivamente.

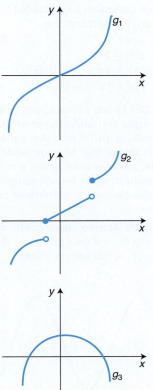

A partir dos gráficos acima, são feitas as seguintes afirmações:

I. g_1 é sobrejetora.
II. g_2 é crescente.
III. g_3 é bijetora.

Então:

a) II e III são falsas e I é verdadeira.
b) Todas são falsas.
c) I e II são verdadeiras e III é falsa.
d) Todas são verdadeiras.
e) I e III são verdadeiras e II é falsa.

22. (Fatec – SP) Sejam f e g funções de $\mathbb{R}$ em $\mathbb{R}$, tais que $g(x) = f(2x + 3) + 5$, para todo x real. Sabendo que o número 1 é um zero da função f, conclui-se que o gráfico da função g passa necessariamente pelo ponto:

a) $(-2, 3)$ c) $(1, 5)$ e) $(5, 3)$
b) $(-1, 5)$ d) $(2, 7)$

23. (UEFS – BA) Sendo $f(x) = \begin{cases} 2 - x^2, \text{ se } x < 0 \\ 2x - 3, \text{ se } x \geq 0 \end{cases}$,

o valor da razão $\dfrac{f\left(f\left(\dfrac{1}{2}\right)\right)}{1 + f(0)}$ é igual a:

a) $f(0)$ c) $f(1)$ e) $f\left(\dfrac{3}{2}\right)$
b) $f\left(\dfrac{1}{2}\right)$ d) $f(2)$

Banco de questões de vestibular **491**

24. (UECE) As funções reais de variável real f e g são definidas pelas expressões $f(x) = px + q$ e $g(x) = mx + n$. A relação entre os coeficientes p, q, m e n que garantem a igualdade $(f \circ g)(x) = (g \circ f)(x)$, para todo número real x é:

a) $pn + qm = 0$
b) $pn - qm = 0$
c) $p(n - 1) + m(q - 1) = 0$
d) $(p - 1)n + (1 - m)q = 0$

25. (UnB – DF) Leões cercam, em silêncio, gazelas que bebem água tranquilamente em um lago qualquer. De repente, o grupo percebe a presença do inimigo e sai em disparada. Mas os leões avançam em velocidade, até que uma presa é rendida e, em questão de tempo, após ter alimentado uma família de leões, sua carcaça é eliminada por abutres e pela Natureza.

Os gráficos abaixo descrevem as populações de leões — $g(t)$ — e de gazelas — $f(t)$ — ao longo do tempo — t —, em escala linear.

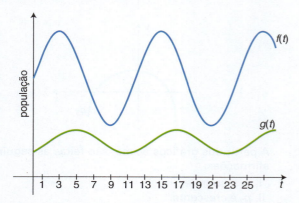

Tendo como base as informações do gráfico e do texto acima, julgue os próximos itens, com relação à situação descrita no texto.

(1) A população descrita pela função $g(t)$ começa a diminuir no instante em que a população descrita pela função $f(t)$ atinge o menor valor. Com isso, em alguns momentos, ocorre uma redução do número de predadores, o que implica o aumento da população de presas.

(2) É correto afirmar que $g(t) \leq g(t + 6)$, para $0 < t < 25$.

(3) Se $h(t)$ denota a população de abutres no instante t e $h(t + 3) = g(t)$, então a população de abutres ultrapassa a de gazelas nos instantes em que esta população de gazelas estiver com a menor quantidade de indivíduos.

(4) Considere que $h(t)$ denote a população de abutres no instante t e que as populações das 3 espécies referidas no texto, para $t > 25$, estejam relacionadas no tempo pelas equações $h(t) \times f(t - 6) = f(t) + g(t - 4)$ e $h(t + 3) = g(t)$. Nessa situação, caso ocorra a extinção das gazelas no instante $t_0 > 25$, de acordo com as equações apresentadas, ocorrerá a extinção dos abutres no instante $t_0 + 5$.

26. (UNEB – BA) De uma função real injetora $y = f(x)$, sabe-se que $f(-1) = 3$, $f(1) = 0$ e $f(2) = -1$. Se $f(f(x - 1)) = 3$, então $f(x - 2)$ é igual a:

a) -2 d) 2
b) 0   e) 3
c) 1

27. (UEFS – BA) Sendo f e g funções reais com
$$f(g(x)) = 3x^2 - 2 \text{ e } f(x) = 3x + 1$$
pode-se afirmar que $g(\sqrt{x + 1})$, com $x \geq -1$, é igual a:

a) x d) $\sqrt{x - 1}$
b) $3x$ e) $\sqrt{x + 1} - 2$
c) $x + 2$

28. (Uespi) Analise as afirmativas abaixo para toda função real.

I. Toda função bijetora admite função inversa.
II. O gráfico de uma função ímpar é simétrico em relação à origem do sistema de eixos cartesianos.
III. O conjunto domínio de uma função par é simétrico em relação à origem do sistema cartesiano.

Está(ão) correta(s):

a) I apenas   d) II e III apenas
b) I e III apenas   e) I, II e III
c) I e II apenas

Capítulo 3

Função Afim

29. (UEPB) Seja g uma função real definida por
$$g(x) = mx + n$$
Se $g(1) = -6$ e $n^2 - m^2 = 42$, o valor de $m - n$ é igual a:

a) 7   d) 5
b) -7 e) 6
c) -5

30. (UCS – RS) A quantidade de lixo sólido gerado nas cidades por ano vem crescendo. Suponha que, em uma cidade, o lixo gerado, em milhares de toneladas, tenha sido de 40 em 1990 e de 76 no ano de 2006. O modelo matemático que melhor expressa a relação entre a quantidade anual de lixo gerado nessa cidade e o tempo (em anos) decorrido desde 1990 é uma função afim (ou linear, segundo alguns autores).

Esse modelo prevê que, em milhares de toneladas, a quantidade de lixo sólido gerado na cidade, no ano de 2020, será igual a:

a) 112,30   d) 120
b) 107,50   e) 112
c) 115,25

31. (UFRPE) Seja f a função, com domínio e contradomínio o conjunto dos números reais, que associa a cada real x o menor valor dentre os reais $2x$, $x + 1$ e $-x + 5$. O gráfico de f, para $-1 \leq x \leq 6$, está esboçado a seguir.

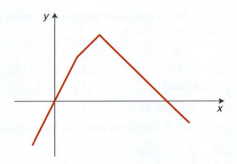

Qual o valor máximo atingido por *f*?
a) 1
b) 2
c) 3
d) 4
e) 5

32. (Unicamp – SP) Duas locadoras de automóveis oferecem planos diferentes para a diária de um veículo econômico. A locadora Saturno cobra uma taxa fixa de R$ 30,00, além de R$ 0,40 por quilômetro rodado. Já a locadora Mercúrio tem um plano mais elaborado: ela cobra uma taxa fixa de R$ 90,00 com uma franquia de 200 km, ou seja, o cliente pode percorrer 200 km sem custos adicionais. Entretanto, para cada km rodado além dos 200 km incluídos na franquia, o cliente deve pagar R$ 0,60.

a) Para cada locadora, represente no gráfico abaixo a função que descreve o custo diário de locação em termos da distância percorrida no dia.

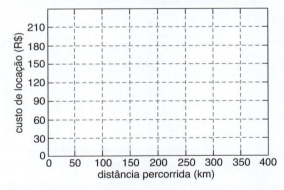

b) Determine para quais intervalos cada locadora tem o plano mais barato. Supondo que a locadora Saturno vá manter inalterada a sua taxa fixa, indique qual deve ser seu novo custo por km rodado para que ela, lucrando o máximo possível, tenha o plano mais vantajoso para clientes que rodam quaisquer distâncias.

33. (Unesp) O consumo médio de oxigênio em mL/min por quilograma de massa (mL/min · kg) de um atleta na prática de algumas modalidades de esporte é dado na tabela seguinte.

Esporte	Consumo médio de O_2 em mL/min · kg
natação	75
tênis	65
marcha atlética	80

Dois atletas, Paulo e João, de mesma massa, praticam todos os dias exatamente duas modalidades de esporte cada um. Paulo pratica diariamente 35 minutos de natação e depois *t* minutos de tênis. João pratica 30 minutos de tênis e depois *t* minutos de marcha atlética. O valor máximo de *t* para que João não consuma, em mL/kg, mais oxigênio que Paulo, ao final da prática diária desses esportes, é:
a) 45
b) 35
c) 30
d) 25
e) 20

34. (UEFS – BA) Sendo

$L = \left\{ x \in \mathbb{R} \mid \dfrac{x+3}{x-3} < 1 \right\}$ e

$M = \left\{ x \in \mathbb{R} \mid \dfrac{x-3}{x+3} \leq 1 \right\}$

pode-se afirmar que o número de elementos do conjunto $Q = L \cap M \cap \mathbb{Z}$ é:
a) 0
b) 3
c) 5
d) 6
e) infinito

35. (ESPM – SP) Suponha que o faturamento *F*, em reais, obtido na venda de *n* artigos seja dado por $F = 2{,}5n$ e que o custo *C*, em reais, da produção dos mesmos *n* artigos seja $C = 0{,}7n + 360$. Nessas condições, para evitar prejuízo, o número mínimo de artigos que devem ser produzidos e vendidos pertence ao intervalo:
a) [194, 197]
b) [198, 203]
c) [207, 217]
d) [220, 224]
e) [230, 233]

36. (Uespi) Os gráficos ilustrados abaixo são de duas funções afins, *f* e *g*, que têm como domínio o conjunto dos números reais.

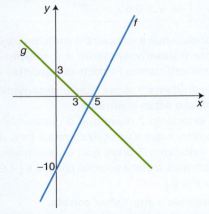

Nessas condições, é correto afirmar que o conjunto solução da desigualdade

$f(x) \cdot g(x) > 0$

com *x* variando no conjunto $\mathbb{R}$ dos números reais é:
a) $\{ x \in \mathbb{R} \mid 3 < x < 6 \}$
b) $\{ x \in \mathbb{R} \mid 3 < x < 5 \}$
c) $\{ x \in \mathbb{R} \mid 2 < x < 6 \}$
d) $\{ x \in \mathbb{R} \mid 0 < x < 3 \}$
e) ∅

37. (UFSCar – SP – adaptada) O gráfico esboçado representa a massa média, em quilogramas, de um animal de determinada espécie em função do tempo de vida t, em meses.

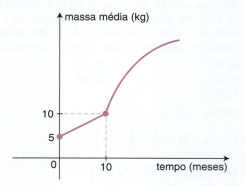

a) Para $0 \leq t \leq 10$, o gráfico é um segmento de reta. Determine a expressão da função cujo gráfico é esse segmento de reta e calcule a massa média do animal com 6 meses de vida.

b) Para $t \geq 10$ meses, a expressão da função que representa a massa média do animal, em quilogramas, é:
$$P(t) = \frac{120t - 1.000}{t + 10}$$
Determine o intervalo de tempo t para o qual $10 < P(t) \leq 70$.

38. (Udesc) Ao determinar o domínio da função dada por $g(x) = \sqrt{\dfrac{2x}{x+2}}$, um estudante fez o seguinte desenvolvimento:

$$\frac{2x}{x+2} \geq 0 \Rightarrow x \geq 0 \text{ e } x+2 > 0 \Rightarrow$$
$$\Rightarrow x \geq 0 \text{ e } x > -2$$

e concluiu que a solução é o conjunto $\{x \in \mathbb{R} \mid x \geq 0\}$. Sobre o desenvolvimento e a solução acima, três outros estudantes fizeram as seguintes análises:

- O estudante 1 disse que o desenvolvimento e a solução estão incorretos.
- O estudante 2 disse que o desenvolvimento está correto, e que a solução correta é $\{x \in \mathbb{R} \mid x > -2\}$.
- O estudante 3 disse que o desenvolvimento está incorreto, e que a solução correta é $\{x \in \mathbb{R} \mid x < -2 \text{ ou } x \geq 0\}$.

Identifique a alternativa **correta**.

a) Somente a análise dos estudantes 1 e 3 está correta.
b) Somente a análise dos estudantes 1 e 2 está correta.
c) Somente a análise dos estudantes 2 e 3 está correta.
d) Somente a análise do estudante 1 está correta.
e) Somente a análise do estudante 2 está correta.

39. (UEL – PR) O conjunto solução da inequação
$$\frac{(x-3)^4 \cdot (x^3 - 2x^2)}{x^2 - 1} \geq 0 \text{ é:}$$

a) $[-1, 3]$
b) $]-1, +\infty[$
c) $]-1, 0[\cup]0, 3]$
d) $[-1, 3] \cup [2, +\infty[$
e) $]-1, 1[\cup [2, +\infty[$

40. (FEI – SP) O conjunto solução da inequação
$$\frac{2x-4}{x-2} > \frac{5}{3} \text{ é:}$$

a) $\{x \in \mathbb{R} \mid x \geq 2\}$
b) $\{x \in \mathbb{R} \mid x \leq 2\}$
c) $\{x \in \mathbb{R} \mid x \neq 2\}$
d) $\mathbb{R}$
e) vazio

41. (Unicamp – SP – adaptada) Sejam dadas as funções $f(x) = px$ e $g(x) = 2x + 5$, em que p é um parâmetro real. Supondo que $p = -5$, determine para quais valores reais de x tem-se:
$$f(x) \cdot g(x) < 0$$

Capítulo 4

Função Quadrática

42. (UFAL) O gráfico da função quadrática
$$f(x) = ax^2 + bx + c$$
está descrito abaixo:

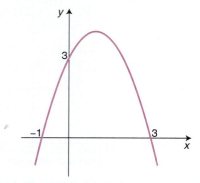

A função f que melhor representa o gráfico acima é:

a) $f(x) = -x^2 + 2x + 3$
b) $f(x) = x^2 - 2x - 3$
c) $f(x) = -x^2 - 2x + 3$
d) $f(x) = -x^2 + 2x - 3$
e) $f(x) = x^2 - 2x + 3$

43. (Cefet – MA) O gráfico da função quadrática que passa pelos pontos $(1, 8)$, $(0, 3)$ e $(2, -1)$ tem:

a) concavidade voltada para cima e não corta o eixo dos x.
b) concavidade voltada para baixo e corta o eixo dos x em dois pontos distintos.
c) vértice no ponto $V = \left(\dfrac{7}{6}, \dfrac{7}{5}\right)$.
d) concavidade voltada para baixo e corta o eixo dos x em apenas um ponto.
e) o máximo valor quando $x = \dfrac{5}{7}$.

44. (Unicamp – SP) Durante um torneio paraolímpico de arremesso de peso, um atleta teve seu arremesso filmado. Com base na gravação, descobriu-se a altura (y) do peso em função de sua distância horizontal (x), medida em relação ao ponto de lançamento. Alguns valores da distância e da altura são fornecidos na tabela abaixo.

Distância (m)	Altura (m)
1	2,0
2	2,7
3	3,2

Seja $y(x) = ax^2 + bx + c$ a função que descreve a trajetória (parabólica) do peso.
a) Determine os valores de a, b e c.
b) Calcule a distância total alcançada pelo peso nesse arremesso.

45. (Unesp) Na Volta Ciclística do Estado de São Paulo, um determinado atleta percorre um declive de rodovia de 400 metros e a função $d(t) = 0{,}4t^2 + 6t$ fornece, aproximadamente, a distância, em metros, percorrida pelo ciclista, em função do tempo t, em segundos. Pode-se afirmar que a velocidade média do ciclista (isto é, a razão entre o espaço percorrido e o tempo) nesse trecho é:
a) superior a 15 m/s.   d) igual a 15 m/s.
b) igual a 17 m/s.   e) igual a 14 m/s.
c) inferior a 14 m/s.

46. (UFSCar – SP) A parábola determinada pela função $f: \mathbb{R} \to \mathbb{R}$ tal que $f(x) = ax^2 + bx + c$, com $a \neq 0$, tem vértice de coordenadas $(4, 2)$. Se o ponto de coordenadas $(2, 0)$ pertence ao gráfico dessa função, então o produto $a \cdot b \cdot c$ é igual a:
a) -12 d) 6
b) -6 e) 12
c) 0

47. (UERJ) Uma bola de beisebol é lançada de um ponto O e, em seguida, toca o solo nos pontos A e B, conforme representado no sistema de eixos ortogonais:

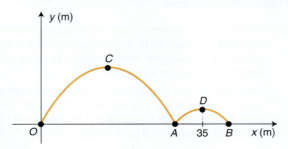

Durante sua trajetória, a bola descreve duas parábolas com vértices C e D. A equação de uma dessas parábolas é $y = \dfrac{-x^2}{75} + \dfrac{2x}{5}$.

Se a abscissa de D é 35 m, a distância do ponto O ao ponto B, em metros, é igual a:
a) 38   c) 45
b) 40   d) 50

48. (UFC – CE) O coeficiente b da função quadrática $f: \mathbb{R} \to \mathbb{R}$, com $f(x) = x^2 + bx + 1$, que satisfaz a condição $f(f(-1)) = 3$, é igual a:
a) -3 d) 1
b) -1 e) 3
c) 0

49. (ESPM – SP) O preço cobrado por um lote de x unidades de uma certa peça é dado pela função $p(x) = \dfrac{x^2}{5} - 2x + 15$, em milhares de reais.
Um comerciante precisa adquirir 30 unidades dessa peça. Ele fará maior economia se dividir sua compra em:
a) 6 lotes de 5 peças
b) 4 lotes de 5 e 1 lote de 10 peças
c) 2 lotes de 10 e 2 lotes de 5 peças
d) 3 lotes de 10 peças
e) 2 lotes de 15 peças

50. (UEFS – BA) Uma *delicatessen* que costuma vender 30 tortas por dia, ao preço unitário de R$ 18,00, fez uma promoção, em um determinado dia, reduzindo esse preço a R$ 15,00, o que elevou o número de unidades vendidas para 36.
Se o número de unidades vendidas é função do primeiro grau do preço, então o valor do preço que maximiza a receita diária é, em reais, igual a:
a) 14,00   d) 20,00
b) 16,50   e) 22,50
c) 18,50

51. (UFPE) Quando o preço do pão francês era de R$ 0,12 a unidade, uma padaria vendia 1.000 unidades diariamente. A cada aumento de R$ 0,01 no preço de cada pão, o número de pães vendidos por dia diminui de 50 unidades. Reajustando adequadamente o preço do pão, qual a quantia máxima (em reais) que pode ser arrecadada diariamente pela padaria com a venda dos pães?

52. (UERGS – RS) A soma de todas as soluções inteiras da inequação
$$x^2 - 10x + 20 < 0$$
é igual a:
a) 10   d) 20
b) -10 e) 25
c) 15

53. (Udesc) O conjunto solução da inequação $x^2 - 2x - 3 \leq 0$ é:
a) $\{x \in \mathbb{R} \mid -1 < x < 3\}$
b) $\{x \in \mathbb{R} \mid -1 < x \leq 3\}$
c) $\{x \in \mathbb{R} \mid x < -1 \text{ ou } x > 3\}$
d) $\{x \in \mathbb{R} \mid x \leq -1 \text{ ou } x \geq 3\}$
e) $\{x \in \mathbb{R} \mid -1 \leq x \leq 3\}$

54. (Mackenzie – SP) Em $\mathbb{R}$, a solução do sistema
$\begin{cases} x - 1 \leqslant 3x - 3 \\ x^2 - 4 \geqslant 0 \end{cases}$ é:

a) $[2, +\infty[$
b) $]-\infty, -2]$
c) $[1, 2]$
d) $[-2, 0]$
e) $[0, 1]$

55. (UFMS) Qual é o valor do produto de todos os valores inteiros de x onde as imagens da função dada por $f(x) = 5 - \dfrac{x}{4}$ são maiores que as imagens da função $g(x) = x^2 - 9x + 5$ e menores que as imagens da função $h(x) = \dfrac{x}{2} + 1$?

56. (Unirio – RJ) Resolva, no conjunto dos números reais, a inequação:
$$\dfrac{x-6}{x-4} \leqslant x$$

Capítulo 5

Função Modular

57. (PUC – MG) O valor de $|2 - \sqrt{5}| + |3 - \sqrt{5}|$ é:

a) $5 - 2\sqrt{5}$
b) $5 + 2\sqrt{5}$
c) 5
d) $1 + 2\sqrt{5}$
e) 1

58. (UFRN) Um posto de gasolina encontra-se localizado no km 100 de uma estrada retilínea. Um automóvel parte do km 0, no sentido indicado na figura abaixo, dirigindo-se a uma cidade a 250 km do ponto de partida.

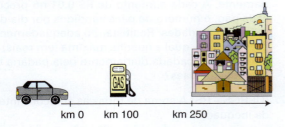

km 0 km 100 km 250

Num dado instante, x denota a distância (em quilômetros) do automóvel ao km 0. Nesse instante, a distância (em quilômetros) do veículo ao posto de gasolina é:

a) $|100 + x|$
b) $x - 100$
c) $100 - x$
d) $|x - 100|$

59. (UFES) Sejam f e g as funções definidas para todo $x \in \mathbb{R}$ por
$$f(x) = x^2 - 4x + 4 \text{ e } g(x) = |x - 1|$$

a) Calcule $f(g(x))$ e $g(f(x))$.
b) Esboce os gráficos das funções compostas $(f \circ g)$ e $(g \circ f)$.

60. (Mackenzie – SP) Na figura, temos os esboços dos gráficos de:
$$f(x) = x^2 - 4x \text{ e } g(x) = -|x + a| + b$$

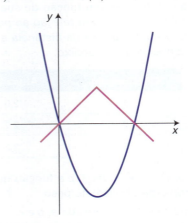

Então, $g(5)$ vale:
a) -3
b) -4
c) -2
d) -1
e) -5

61. (Udesc) A soma dos valores de x que formam o conjunto solução da equação $5 \cdot |x| + 2 = 12$ é:
a) 3
b) 0
c) -1
d) 2
e) -3

62. (FGV – SP) A soma dos valores inteiros de x que satisfazem simultaneamente as desigualdades $|x - 5| < 3$ e $|x - 4| \geqslant 1$ é:
a) 25
b) 13
c) 16
d) 18
e) 21

63. (UFMG) Quantos números inteiros satisfazem a desigualdade $\dfrac{|n - 20|}{n - 2} \geqslant 1$?
a) 8
b) 11
c) 9
d) 10

Capítulo 6

Função Exponencial

64. (UFMT) Um professor de matemática, desejando verificar a capacidade de entendimento e interpretação da linguagem matemática de seus alunos, propôs a seguinte questão:

"Admitindo que uma potência de base 10 com expoente 0,3 é igual a 2 e que uma potência de base 10 com expoente 0,48 é igual a 3, a que expoente deve-se elevar o número 3 para obter o número 12?"

Nessas condições, os alunos que interpretaram e resolveram corretamente essa questão responderam:

a) 2,25
b) 2,15
c) 2,35
d) 2,5
e) 2,75

496 MATEMÁTICA — UMA CIÊNCIA PARA A VIDA

65. (PUC – RJ) $41.000 \times 10^{-5} + 3 \times 10^{-4}$ é igual a:
 a) 0,4013
 b) 0,4103
 c) 0,0413
 d) 0,44
 e) 0,044

66. (UFRJ) O professor escreveu no quadro:

> **DESAFIO:**
> Qual é o maior: $\sqrt[3]{1.800}$ ou $12,34$?

Resolva o desafio proposto pelo professor.

67. (Fatec – SP) Seja k um número real positivo. Simplificando a expressão $(k^{0,5} + k^{-0,5})^2 - (3 + k^{-1})$ obtém-se:
 a) k
 b) $k - 1$
 c) $k - 3$
 d) $k - k^{-1}$
 e) $k + 2k^{-1} - 3$

68. (Udesc) Se $p = 2^{3^2}$, $q = (4^2)^3$, $r = 8^{2^3}$ e $s = \left(\dfrac{pq}{r}\right)^{\frac{1}{3}}$, então se pode afirmar que:
 a) $0 < s < \dfrac{1}{4}$
 b) $0 < s < \dfrac{1}{2}$
 c) $0 < s < 1$
 d) $1 < s < 2$
 e) $2 < s < 4$

69. (UERGS – RS) Considere as seguintes assertivas:
 I. $(\sqrt{3} + 1) \cdot (\sqrt{3} - 1)$ é um número inteiro.
 II. $\sqrt[3]{-8}$ é um número real.
 III. $-1^{\frac{1}{2}} + \left(\dfrac{1}{2}\right)^{-1}$ é um número racional.

Quais são verdadeiras?
 a) apenas I
 b) apenas I e II
 c) apenas I e III
 d) apenas II e III
 e) I, II e III

70. (Unifesp) Sob determinadas condições, o antibiótico gentamicina, quando ingerido, é eliminado pelo organismo à razão de metade do volume acumulado a cada 2 horas. Daí, se k é o volume da substância no organismo, pode-se utilizar a função $f(t) = k \cdot \left(\dfrac{1}{2}\right)^{\frac{t}{2}}$ para estimar a sua eliminação depois de um tempo t, em horas. Nesse caso, o tempo mínimo necessário para que uma pessoa conserve no máximo 2 mg desse antibiótico no organismo, tendo ingerido 128 mg numa única dose, é de:
 a) 12 horas e meia
 b) 12 horas
 c) 10 horas e meia
 d) 8 horas
 e) 6 horas

71. (FGV – SP – adaptada) A curva de Gompertz é o gráfico de uma função expressa por $N = C \cdot A^{k^t}$, em que A, C e K são constantes. É usada para descrever fenômenos como a evolução do aprendizado e o crescimento do número de empregados de muitos tipos de organizações. Suponha que, com base em dados obtidos em empresas de mesmo porte, o diretor de Recursos Humanos da Companhia Nacional de Motores (CNM), depois de um estudo estatístico, tenha chegado à conclusão de que, após t anos, a empresa terá $N(t) = 10.000 \cdot (0,01)^{(0,5)^t}$ funcionários ($t \geq 0$).

Nessas condições, responda:

 I. Segundo esse estudo, o número inicial de funcionários empregados pela CNM foi de:
 a) 10.000
 b) 200
 c) 10
 d) 500
 e) 100

 II. O número de funcionários que estarão empregados na CNM, após dois anos, será de:
 a) $10^{3,5}$
 b) $10^{2,5}$
 c) 10^2
 d) $10^{1,5}$
 e) $10^{0,25}$

 III. Depois de quanto tempo a CNM empregará 1.000 funcionários?
 a) 6 meses
 b) 1 ano
 c) 3 anos
 d) 1 ano e 6 meses
 e) 2 anos e 6 meses

72. (UFRGS – RS) Considere as desigualdades abaixo:
 I. $3^{2.000} < 2^{3.000}$
 II. $-\dfrac{1}{3} < \left(-\dfrac{1}{3}\right)^2$
 III. $\dfrac{2}{3} < \left(\dfrac{2}{3}\right)^2$

Quais são verdadeiras?
 a) apenas I
 b) apenas II
 c) apenas I e II
 d) apenas I e III
 e) apenas II e III

73. (UEPB) Suponha que $2^x + 2^{-x} = m$. Desse modo, $8^x + 8^{-x}$ tem valor:
 a) m^3
 b) $3m - m^3$
 c) $m^3 - 2m$
 d) $m^3 - 3m$
 e) $4m$

74. (UECE) Se x e y são dois números reais tais que:
$$6^{x+y} = 36 \text{ e } 6^{x+5y} = 216$$
então $\dfrac{x}{y}$ é igual a:
 a) 8
 b) 7
 c) 9
 d) 10

75. (FGV – SP) Sendo x e y números reais tais que
$$\dfrac{4^x}{2^{x+y}} = 8 \text{ e } \dfrac{9^{x+y}}{3^{5y}} = 243$$
então $x \cdot y$ é igual a:
 a) -4
 b) $\dfrac{12}{5}$
 c) 4
 d) 6
 e) 12

76. (Unirio – RJ) Resolva, no conjunto $\mathbb{R}$ dos números reais, a equação exponencial $9^x + 3^x = 2$.

77. (Udesc) O conjunto solução da inequação $\left(\sqrt[3]{2^{(x-2)}}\right)^{x+3} > (4)^x$ é:

a) $S = \{x \in \mathbb{R} \mid -1 < x < 6\}$
b) $S = \{x \in \mathbb{R} \mid x < -6 \text{ ou } x > 1\}$
c) $S = \{x \in \mathbb{R} \mid x < -1 \text{ ou } x > 6\}$
d) $S = \{x \in \mathbb{R} \mid -6 < x < 1\}$
e) $S = \{x \in \mathbb{R} \mid x < -\sqrt{6} \text{ ou } x > \sqrt{6}\}$

Capítulo 7

Função Logarítmica

78. (UNEB – BA) Sabendo-se que $x \in \mathbb{R}$ é tal que

$$\sqrt{3^{(2-x^2)}} = \frac{1}{27}$$

e considerando-se log 2 = 0,30, pode-se afirmar que log |x| pertence ao intervalo:

a)]−∞, −3]
b)]−3, −2]
c)]−2, 0]
d)]0, 1]
e) [1, +∞[

79. (UFRGS – RS) Sabendo-se que $\log_b a^2 = x$ e que $\log_{b^2} a = y$, pode-se afirmar que x é igual a:

a) y
b) y^2
c) y^4
d) 2y
e) 4y

80. (Ibmec – SP) Dos valores abaixo, aquele que mais se aproxima do resultado de

$$2^{\log_3 2} \cdot 4^{\log_3 2} \cdot 8^{\log_{27} 10}$$

é o número:

a) 1   b) 2   c) 4   d) 8   e) 16

81. (UFSCar – SP) Adotando-se log 2 = a e log 3 = b, o valor de $\log_{1,5} 135$ é igual a:

a) $\dfrac{3ab}{b-a}$
b) $\dfrac{2b - a + 1}{2b - a}$
c) $\dfrac{3b - a}{b - a}$
d) $\dfrac{3b + a}{b - a}$
e) $\dfrac{3b - a + 1}{b - a}$

82. (Unesp) O altímetro dos aviões é um instrumento que mede a pressão atmosférica e transforma esse resultado em altitude. Suponha que a altitude h acima do nível do mar, em quilômetros, detectada pelo altímetro de um avião seja dada em função da pressão atmosférica p, em atm, por:

$$h(p) = 20 \cdot \log_{10} \frac{1}{p}$$

Num determinado instante, a pressão atmosférica medida pelo altímetro era 0,4 atm. Considerando a aproximação $\log_{10} 2 = 0{,}3$, a altitude h do avião nesse instante, em quilômetros, era de:

a) 5   b) 8   c) 9   d) 11   e) 12

83. (UFRN) A escala decibel de som é definida pela seguinte expressão: $B = 10 \cdot \log \dfrac{I}{I_0}$. Nessa expressão, B é o nível do som, em decibels (dB), de um ruído de intensidade física I, e I_0 é a intensidade de referência associada ao som mais fraco percebido pelo ouvido humano.

Som	Nível do som em dB
som mínimo	0
raspagem de folhas	10
sussurro	20
conversação normal	60
banda de rock	80
orquestra	90
máximo suportável	120

De acordo com a expressão dada e a tabela acima, pode-se concluir que, em relação à intensidade de uma conversação normal, a intensidade do som de uma orquestra é:

a) 1.000 vezes superior.
b) 200 vezes superior.
c) 100 vezes superior.
d) 2.000 vezes superior.

84. (UCB – DF) O percurso de um carro, em um trecho de um rali, está representado no gráfico a seguir, onde os pontos de partida, A, e chegada, C, pertencem ao gráfico da função $f(x) = 2 \cdot \log_2 x$. O carro fez o percurso descrito pela poligonal ABC, sendo que o segmento de reta $\overline{AB}$ está sobre o eixo Ox e $\overline{BC}$ é paralelo ao eixo Oy. O ponto B tem abscissa x = 4. O triângulo determinado pelos pontos A, B e C é retângulo em B.

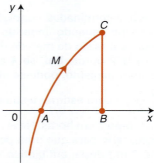

Com base nessas informações e considerando as distâncias, em km, julgue os itens abaixo, identificando (V) para os verdadeiros e (F) para os falsos.

(1) O carro percorreu mais que 8 km.
(2) O carro percorreu 7 km.
(3) Um outro carro que usar o percurso AMC percorre mais de 5 km.
(4) A área do triângulo determinado pelos pontos A, B e C é 12 km².
(5) O perímetro do triângulo determinado pelos pontos A, B e C é 12 km.

85. (UEFS – BA) Se α é uma solução da equação
$$1 - 2 \cdot 3^{x \cdot \log_3 2} = 0$$
então $\log_{\frac{1}{2}}(1 - \alpha)$ é igual a:

a) -1
b) $-\dfrac{1}{2}$
c) 0
d) $\dfrac{1}{3}$
e) $\dfrac{3}{2}$

86. (Fuvest – SP) O número real a é o menor dentre os valores de x que satisfazem a equação:
$$2 \cdot \log_2(1 + x\sqrt{2}) - \log_2(x\sqrt{2}) = 3$$
Então, $\log_2\left(\dfrac{2a + 4}{3}\right)$ é igual a:

a) $\dfrac{1}{4}$
b) $\dfrac{1}{2}$
c) 1
d) $\dfrac{3}{2}$
e) 2

87. (UECE) Sejam f, g de $\mathbb{R}$ em $\mathbb{R}$ funções definidas por:
$$f(x) = \log_7(x^2 + 1) \text{ e } g(x) = 7^x$$
O valor de $g(f(1)) \cdot g(f(0))$ é:

a) 0
b) 1
b) 2
d) 7

88. (UEG – GO) Em uma pesquisa, após n meses da constatação da existência de uma epidemia, o número de pessoas por ela atingidas era:
$$f(n) = \dfrac{40.000}{2 + 15 \cdot 4^{-2n}}$$
Nessas condições, o tempo para que a epidemia atinja pelo menos 4.000 pessoas é de aproximadamente:

a) 9 dias
b) 8 dias
c) 7 dias
d) 5 dias

(Dados: log 2 = 0,3 e log 3 = 0,48)

89. (UEM – PR) Identifique o que for **correto**.

(01) Se a é um número real positivo e $a \neq 1$, então:
$$\log_a\left(\log_a \dfrac{1}{a^a}\right) = -1$$

(02) $\log_{\frac{1}{3}} 3 < \log_3 \dfrac{1}{2}$

(04) $\left(\dfrac{3}{4}\right)^{2x + 7} < \left(\dfrac{4}{3}\right)^{x - 4}$ para todo $x > -1$

(08) Sendo $f(x) = 3^{2x + 5}$ e a e b números reais satisfazendo $f(a - 1) = 9 \cdot f(b)$, então $a - b = 2$.

(16) As soluções da equação
$$1 + \log_{10}(x + 1) = \log_{10}(x^2 - 14)$$
são $x = -2$ e $x = 12$.

Dê como resposta a soma dos números associados às proposições corretas.

90. (Fuvest – SP) O conjunto dos números reais x que satisfazem a inequação
$$\log_2(2x + 5) - \log_2(3x - 1) > 1$$
é o intervalo:

a) $\left]-\infty, -\dfrac{5}{2}\right[$
b) $\left]\dfrac{7}{4}, +\infty\right[$
c) $\left]-\dfrac{5}{2}, 0\right[$
d) $\left]\dfrac{1}{3}, \dfrac{7}{4}\right[$
e) $\left]0, \dfrac{1}{3}\right[$

91. (UFC – CE) Considere a função $f: \,]0, +\infty[\, \to \mathbb{R}$ com $f(x) = \log_3 x$.

a) Calcule $f\left(\dfrac{6}{162}\right)$.
b) Determine os valores de $a \in \mathbb{R}$ para os quais $f(a^2 - a + 1) < 1$.

92. (UFBA) Considere $f(x) = \log_2 x$, $g(x)$ e $h(x)$ funções reais tais que, no sistema de coordenadas cartesianas:

- o gráfico de g é obtido do gráfico de f através de uma translação de uma unidade, na direção do eixo Ox, para a esquerda, seguida de uma translação de duas unidades, na direção do eixo Oy, para cima;
- o gráfico de h é simétrico ao gráfico de g em relação ao eixo Oy.

Com base nessas informações, determine os valores de x que satisfazem a inequação $h^{-1}(x) > \dfrac{1}{2}$.

Capítulo 8

Sequências

93. (UnB – DF – adaptada) A razão áurea é uma relação matemática definida algebricamente pela expressão $\dfrac{a + b}{a} = \dfrac{a}{b} = \varphi$, em que a e b representam números, e φ, uma constante de valor aproximado igual a 1,618. A razão áurea está presente em diversas situações, que, por traduzir beleza e harmonia, é também encontrada na Arquitetura, nas Artes Visuais e, muito frequentemente, na Música.

Assim como a razão áurea, a sequência de Fibonacci está presente em situações naturais, como no crescimento de vegetais e na reprodução de animais. Trata-se de uma sequência numérica, definida da seguinte maneira: o primeiro e o segundo números da sequência são 1; os números seguintes são obtidos somando-se os dois números imediatamente anteriores na sequência.

Dessa forma, o terceiro número é 2, o quarto é 3, e assim sucessivamente.

Certas plantas mostram os números de Fibonacci no crescimento de seus galhos. Por exemplo, a figura a seguir ilustra um galho de uma planta que produziu 1 folha em um 1.º estágio, 2 folhas no 2.º estágio e 3 folhas no 3.º estágio. Dessa forma, no 4.º estágio desse galho, existiriam 5 folhas.

Nesses galhos, normalmente, as folhas não crescem uma acima das outras, pois isso prejudicaria as folhas de baixo: elas crescem seguindo uma distribuição helicoidal, como mostrado na figura.

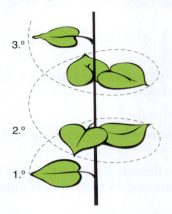

A partir dessas informações, julgue o item que se segue.

Definindo-se $f_n = \dfrac{a_{n+1}}{a_n}$, em que a_n é o n-ésimo termo da sequência de Fibonacci, conclui-se que:

$$f_{n+1} \times f_n = f_n + 1$$

Dessa forma, assumindo-se que os valores de f_n, para n suficientemente grande, são aproximadamente iguais a determinado valor $\varphi > 0$, é correto concluir que esse valor de φ é a razão áurea.

94. (UFC – CE) O último algarismo da soma
$$1 + 6 + 6^2 + 6^3 + \ldots + 6^{2.006}$$
é igual a:
   a) 5
   b) 6
   c) 7
   d) 8
   e) 9

95. (PUC – SP) Três números positivos estão em PA. A soma deles é 12 e o produto é 18. O termo do meio é:
   a) 2
   b) 6
   c) 5
   d) 4
   e) 3

96. (UCB – DF) O avô de Renata prometeu que lhe daria apenas moedas de 25 centavos, durante quatro meses. Na primeira semana, ele deu 16 moedas e, a cada semana seguinte, daria 4 moedas a mais do que havia dado na semana anterior. Considerando que um mês tem em média 4,5 semanas e que Renata guardou todas as moedas, julgue os itens abaixo, assinalando (V) para os verdadeiros e (F) para os falsos.

   (1) Nas três primeiras semanas Renata recebeu um total de R$ 15,00.
   (2) Na décima oitava semana Renata recebeu R$ 18,00, como pagamento desta semana.
   (3) Ao final de quatro meses, Renata terá acumulado um total de R$ 225,00.
   (4) Ao final de nove semanas, Renata terá acumulado um total de R$ 54,00.
   (5) Renata precisa comprar um vestido no valor de R$ 72,00. Para isso vai gastar todas as moedas que ganhar em dois meses.

97. (UERJ) Dois corredores vão se preparar para participar de uma maratona.

   Um deles começará correndo 8 km no primeiro dia e aumentará, a cada dia, essa distância em 2 km; o outro correrá 17 km no primeiro dia e aumentará, a cada dia, essa distância em 1 km. A preparação será encerrada no dia em que eles percorrerem, em quilômetros, a mesma distância. Calcule a soma, em quilômetros, das distâncias que serão percorridas pelos dois corredores durante todos os dias do período de preparação.

98. (Unicamp – SP) Considere a sucessão de figuras apresentada a seguir. Observe que cada figura é formada por um conjunto de palitos de fósforo.

   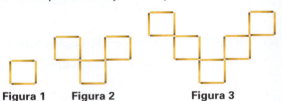

   Figura 1   Figura 2   Figura 3

   a) Suponha que essas figuras representam os três primeiros termos de uma sucessão de figuras que seguem a mesma lei de formação. Suponha também que F_1, F_2 e F_3 indiquem, respectivamente, o número de palitos usados para produzir as figuras 1, 2 e 3, e que o número de fósforos utilizados para formar a figura n seja F_n. Calcule F_{10} e encontre a expressão geral de F_n.
   b) Determine o número de fósforos necessários para que seja possível exibir concomitantemente todas as primeiras 50 figuras.

99. (Unifesp) Uma pessoa resolveu fazer sua caminhada matinal passando a percorrer, a cada dia, 100 metros mais do que no dia anterior. Ao completar o 21.º dia de caminhada, observou ter percorrido, nesse dia, 6.000 metros. A distância total percorrida nos 21 dias foi de:
   a) 125.500 m
   b) 105.000 m
   c) 90.000 m
   d) 87.500 m
   e) 80.000 m

100. (Fuvest – SP) A soma das frações irredutíveis, positivas, menores que 10, de denominador 4, é:
   a) 10
   b) 20
   c) 60
   d) 80
   e) 100

101. (UFRPE) Qual a soma dos naturais, entre 100 e 1.000, que tem o dígito das unidades igual a 7?
   a) 49.680
   b) 49.690
   c) 49.700
   d) 49.710
   e) 49.720

102. (UFPR) Considere a seguinte tabela de números naturais. Observe a regra de formação das linhas

500 MATEMÁTICA — UMA CIÊNCIA PARA A VIDA

e considere que as linhas seguintes sejam obtidas seguindo a mesma regra.

```
1
2 3 4
3 4 5 6 7
4 5 6 7 8 9 10
5 6 7 8 9 10 11 12 13
⋮ ⋮ ⋮ ⋮ ⋮ ⋮ ⋮ ⋮ ⋮
```

a) Qual é a soma dos elementos da décima linha dessa tabela?
b) Use a fórmula da soma dos termos de uma progressão aritmética para mostrar que a soma dos elementos da linha n dessa tabela é
$$S_n = (2n - 1)^2$$

103. (UFBA) Considerando-se a sequência de números reais dada por $a_0 = 1$ e $a_n = \dfrac{2n^2 + 8}{17n} \cdot a_{n-1}$ para $n \in \mathbb{N}^*$, é correto afirmar:

(01) Todos os termos da sequência são positivos.
(02) Para qualquer $n \in \mathbb{N}$, a_n é um número racional.
(04) $(a_1, a_2, a_3, ...)$ é uma progressão geométrica.
(08) Para $n \in \mathbb{N}^*$, $a_n > a_{n-1}$ se, e somente se, $n > 8$.
(16) Existe $n \in \mathbb{N}^*$ tal que $a_n = n \cdot a_{n-1}$.

Dê como resposta a soma dos números associados às proposições corretas.

104. (Uespi) Certo dia um botânico descobriu que 8 km² dos 472.392 km² de uma reserva florestal haviam sido infestados por um fungo que danificava as folhas das árvores. Sabe-se que o estudo sobre proliferação desse tipo de fungo indica que, a cada mês, ele triplica sua área de contaminação.

Nessas condições, caso não seja tomada nenhuma providência para debelar a proliferação desse fungo, em quantos meses, a partir do instante da descoberta da contaminação, somente $\dfrac{2}{3}$ da área dessa reserva florestal ainda não estará infestada?

a) 8
b) 9
c) 10
d) 11
e) 12

105. (UFS – SE) Considere a sequência de termo geral:
$$a_n = 3 \cdot \left(\dfrac{1}{2}\right)^n, \text{ com } n \in \mathbb{N}^*$$

A soma dos 10 primeiros termos dessa sequência é um número p tal que:

a) $0 < p < 1$
b) $1 < p < 2$
c) $2 < p < 4$
d) $4 < p < 5$
e) $5 < p < 9$

106. (UFSC) Identifique a(s) proposição(ões) CORRETA(S):

(01) O vigésimo termo da progressão aritmética $(x, x + 10, x^2, ...)$ com $x < 0$ é 186.
(02) A soma dos n primeiros números naturais ímpares é $n^2 + 1$.
(04) O termo $\dfrac{1}{1.024}$ encontra-se na décima segunda posição na progressão geométrica $\left(2, 1, \dfrac{1}{2}, ...\right)$.
(08) Sabendo que a sucessão $(x, y, 10)$ é uma PA crescente e a sucessão $(x, y, 18)$ é uma PG crescente, então $xy = 12$.
(16) O valor de x na igualdade
$$x + \dfrac{x}{3} + \dfrac{x}{9} + ... = 12$$
na qual o primeiro membro é a soma dos termos de uma PG infinita, é 10.

Dê como resposta a soma dos números associados às proposições corretas.

107. (Uneal) Seja a um número real que satisfaz a seguinte equação:
$$a + \dfrac{a}{3} + \dfrac{a}{9} + \dfrac{a}{27} + ... = 6$$
Dessa forma, podemos afirmar que o valor de a é:

a) 2
b) $\dfrac{1}{4}$
c) $\dfrac{1}{2}$
d) 4
e) 3

108. (UEL – PR) O valor da soma infinita
$$\dfrac{3}{4} - \dfrac{4}{9} + \dfrac{9}{16} - \dfrac{8}{27} + \dfrac{27}{64} - \dfrac{16}{81} + ...$$
é:

a) $\dfrac{2}{3}$
b) $\dfrac{5}{6}$
c) $\dfrac{7}{6}$
d) $\dfrac{5}{3}$
e) $\dfrac{7}{3}$

109. (UFPel – RS) Uma cooperativa teve, no mês de janeiro de 2008, um lucro na venda de um determinado produto e projetou, para esse ano, ampliar a cada mês, em relação ao anterior, esse lucro em $\dfrac{1}{10}$.

Com base no texto, é correto afirmar que a sequência de lucros mensais dessa cooperativa, quanto a esse produto, forma uma progressão:

a) aritmética de razão $\dfrac{11}{10}$.
b) geométrica de razão $\dfrac{1}{10}$.
c) geométrica de razão $\dfrac{11}{10}$.
d) geométrica de razão $\dfrac{1}{5}$.
e) aritmética de razão $\dfrac{1}{5}$.

110. (UFMS) Considere uma sequência de números positivos que formam uma progressão geométrica de razão 24. Se tomarmos uma sequência formada pelos logaritmos decimais dos números da progressão geométrica, construiremos outra progressão.

(Dados: logaritmos decimais log 2 = 0,3 e log 3 = 0,5)

Identifique a(s) proposição(ões) correta(s).

(001) A sequência dos logaritmos decimais forma uma progressão geométrica.

(002) A sequência dos logaritmos decimais forma uma progressão aritmética.

(004) A razão da progressão formada pelos logaritmos decimais é igual a 1,4.

(008) A razão da progressão formada pelos logaritmos decimais é igual a 1,7.

(016) A razão da progressão formada pelos logaritmos decimais é igual a 6.

Dê como resposta a soma dos números associados às proposições corretas.

111. (UEM – PR) Os números x, y e z formam uma PA crescente cuja soma é igual a 48. Somando-se 8 unidades a z, a nova sequência passa a formar uma PG. Então o valor de z é...

112. (UFAC) Dentre as sequências abaixo somente uma não representa uma PA ou uma PG. Em qual dos itens abaixo ela aparece?

a) sequência dos números pares positivos
b) sequência dos números primos maiores que 21 e menores que 70
c) $-27, -9, -3, -1, -\frac{1}{3}, -\frac{1}{9}$ ...
d) 2, 4, 8, 16, 32, 64, 128, ...
e) $\frac{3}{2}, \frac{3\sqrt{2}}{4}, \frac{3}{4}, \frac{3\sqrt{2}}{8}, \frac{3}{8}, \frac{3\sqrt{2}}{16}$, ...

113. (UEFS – BA) Sendo M um subconjunto de $\mathbb{Z}_+^*$, define-se uma função bijetora $f: \mathbb{Z}_+^* \to M$ por $f(1) = 1$, $f(2) = 3$, $f(3) = 9$, $f(4) = 27$, ... e assim sucessivamente. Então:

a) os elementos de M formam uma PA de razão r = 2 cujo décimo termo é 110.
b) os elementos de M formam uma PG de razão q = 2 cujo oitavo termo é 2^7.
c) os elementos de M não formam progressão aritmética nem geométrica.
d) $f^{-1}(x) = 1 + \log_2 x$
e) $f^{-1}(x) = 1 + \log_3 x$

Capítulo 9

MATEMÁTICA FINANCEIRA

114. (UFS – SE) Em determinado dia, a bilheteria de um teatro arrecadou um total de R$ 5.814,00, vendendo igual número de entradas para estudantes e não estudantes. Se o preço da entrada para estudantes é metade do preço da entrada para não estudantes, quanto foi arrecadado com a venda das entradas para não estudantes?

a) R$ 3.870,00
b) R$ 3.872,00
c) R$ 3.874,00
d) R$ 3.876,00
e) R$ 3.878,00

115. (UFRJ) Sabe-se que vale a pena abastecer com álcool um certo automóvel bicombustível (flex) quando o preço de 1 L de álcool for, no máximo, 60% do preço de 1 L de gasolina. Suponha que 1 L de gasolina custe R$ 2,70. Determine o preço máximo de 1 L de álcool para que seja vantajoso usar esse combustível.

116. (UFRGS – RS) A tabela abaixo apresenta o cálculo do custo da violência, feito pela Organização Mundial de Saúde.

	Custo da violência
Estados Unidos	3,3% do PIB
Europa	5% do PIB
Brasil	10,5% do PIB
América Latina	13% do PIB
África	14% do PIB

OMS. *The economic dimensions of interpersonal violence*, July 2004.

Os custos da violência na América Latina e na Europa seriam iguais se, e somente se, o PIB da Europa superasse o PIB da América Latina exatamente em:

a) 100%
b) 130%
c) 160%
d) 200%
e) 260%

117. (UFSCar – SP) Com o reajuste de 10% no preço da mercadoria A, seu novo preço ultrapassará o da mercadoria B em R$ 9,99. Dando um desconto de 5% no preço da mercadoria B, o novo preço dessa mercadoria se igualará ao preço da mercadoria A antes do reajuste de 10%. Assim, o preço da mercadoria B, sem o desconto de 5%, em reais, é:

a) 222,00
b) 233,00
c) 299,00
d) 333,00
e) 466,00

118. (PUC – RJ) A tabela a seguir representa a variação percentual do preço do pão em relação ao mês anterior:

Mês	Variação
outubro	+8%
novembro	+5%

Nesses dois meses, o aumento percentual em relação ao mês de setembro foi de:
a) 13,4%   d) 40%
b) 13,0%   e) 3%
c) 9,8%

119. (UFPE) O preço do produto X é 20% menor que o do produto Y, e este, por sua vez, tem preço 20% maior que o do produto Z. Se os preços dos três produtos somam R$ 237,00, quanto custa, em reais, o produto Z?

120. (UFC – CE) A massa crua com que é fabricado um certo tipo de pão é composta por 40% de água. Para obtermos um pão assado de 35 gramas, é necessária uma massa inicial de 47 gramas. Qual o valor aproximado do percentual de água evaporada durante o tempo de preparo desse pão, sabendo-se que a água é a única substância perdida durante esse período?

121. (UFSC) Identifique a(s) proposição(ões) CORRETA(S).

(01) $\dfrac{80\%}{2\%} = 40\%$

(02) $(30\%)^2 = 0,09$

(04) As promoções do tipo "leve 5 e pague 4", ou seja, levando-se um conjunto de 5 unidades, paga-se o preço de 4, acenam com um desconto sobre cada conjunto vendido de 25%.

(08) Uma pedra semipreciosa de 20 gramas caiu e se partiu em dois pedaços de 4 g e 16 g. Sabendo-se que o valor, em uma certa unidade monetária, desta pedra é igual ao quadrado de sua massa expressa em gramas, a perda é de 32% em relação ao valor da pedra original.

(16) Um quadro cujo preço de custo era R$ 1.200,00 foi vendido por R$ 1.380,00. Nesse caso, o lucro obtido na venda, sobre o preço de custo, foi de 18%.

Dê como resposta a soma dos números associados às proposições corretas.

122. (Fuvest – SP) Há um ano, Bruno comprou uma casa por R$ 50.000,00. Para isso, tomou emprestados R$ 10.000,00 de Edson e R$ 10.000,00 de Carlos, prometendo devolver-lhes o dinheiro, após um ano, acrescido de 5% e 4% de juros, respectivamente. A casa valorizou 3% durante esse período de um ano. Sabendo-se que Bruno vendeu a casa hoje e pagou o combinado a Edson e Carlos, o seu lucro foi de:
a) R$ 400,00   d) R$ 700,00
b) R$ 500,00   e) R$ 800,00
c) R$ 600,00

123. (FGV – SP) A rede Corcovado de hipermercados promove a venda de uma máquina fotográfica digital pela seguinte oferta: "leve agora e pague daqui a 3 meses". Caso o pagamento seja feito à vista, Corcovado oferece ao consumidor um desconto de 20%. Caso um consumidor prefira aproveitar a oferta, pagando no final do 3.º mês após a compra, a taxa anual de juros simples que estará sendo aplicada no financiamento é de:
a) 20%   d) 80%
b) 50%   e) 120%
c) 100%

124. (UFBA) Um capital aplicado no prazo de dois anos, a uma taxa de juros compostos de 40% ao ano, resulta no montante de R$ 9.800,00. Sendo x% a taxa anual de juros simples que, aplicada ao mesmo capital durante o mesmo prazo, resultará no mesmo montante, determine x.

125. (UEG – GO) Um valor M_0 aplicado à taxa unitária i por período, no regime de juros compostos, produz ao final de n períodos o montante M dado pela expressão:

$$M = M_0 \cdot (1 + i)^n$$

Dessa forma, utilizando as aproximações log 2 = = 0,30 e log 3 = 0,48, o valor de R$ 2.800,00 aplicado à taxa de 20% ao ano produzirá o montante de R$ 3.500,00 ao final de:
a) 1 ano e 2 meses   c) 1 ano e 4 meses
b) 1 ano e 3 meses   d) 1 ano e 5 meses

126. (Uespi) Um investidor aplicou seu capital a juros simples, durante 60 dias, à taxa de 4% ao mês. Se a aplicação fosse a juros compostos, nas mesmas condições de período e taxa, teria recebido R$ 16,00 a mais de montante. Qual foi o capital aplicado?
a) R$ 10.000,00   d) R$ 7.000,00
b) R$ 9.000,00   e) R$ 6.000,00
c) R$ 8.000,00

127. (Udesc) Um poupador depositou na caderneta de poupança a quantia de R$ 100.000,00, no dia primeiro de março. Sabendo que a taxa de remuneração é constante e igual a um por cento ao mês, e que o resultado final obtido é dado pela fórmula

$$V = P\left(1 + \dfrac{i}{100}\right)^t$$

em que P é o valor inicial depositado, i é a taxa de remuneração e t é o tempo, então o valor V, após 5 meses, é:

a) $\left(\dfrac{101}{100}\right)^5$ d) $\left(\dfrac{1,01}{10}\right)^5$

b) $\left(\dfrac{101}{10}\right)^5$ e) 101^5

c) $\dfrac{101^5}{10^6}$

128. (Unicamp – SP) Um capital de R$ 12.000,00 é aplicado a uma taxa anual de 8%, com juros capitalizados anualmente. Considerando que não foram feitas novas aplicações ou retiradas, encontre:
a) o capital acumulado após 2 anos;
b) o número inteiro mínimo de anos necessários para que o capital acumulado seja maior que o dobro do capital inicial.
(Se necessário, use log 2 = 0,301 e log 3 = 0,477.)

Capítulo 10

Tópicos de Geometria Plana

129. (Unesp) Uma certa propriedade rural tem o formato de um trapézio como na figura. As bases $\overline{WZ}$ e $\overline{XY}$ do trapézio medem 9,4 km e 5,7 km, respectivamente, e o lado $\overline{YZ}$ margeia um rio.

(figura fora de escala)

Se o ângulo $X\hat{Y}Z$ é o dobro do ângulo $X\hat{W}Z$, a medida, em km, do lado $\overline{YZ}$ que fica à margem do rio é:

a) 7,5
b) 5,7
c) 4,7
d) 4,3
e) 3,7

130. (UFPR) Um terreno possui o formato de um triângulo retângulo cujos catetos medem 60 m e 30 m. O proprietário pretende construir nesse terreno uma casa de planta retangular, de modo que dois lados do retângulo fiquem sobre os catetos, e um vértice do retângulo pertença à hipotenusa, como na figura abaixo.

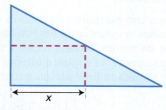

Nessas condições, obtenha:

a) a área do retângulo cuja base x mede 30 m;
b) a expressão que fornece a área do retângulo em função da medida variável x;
c) o valor de x para o qual se tem o retângulo de maior área.

131. (UFPE) Na ilustração a seguir, os segmentos $\overline{BC}$ e $\overline{DE}$ são paralelos.

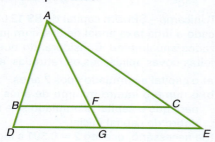

Se $BC = 12$, $DG = 7$ e $GE = 8$, quanto mede $\overline{FC}$?

a) 6,2
b) 6,3
c) 6,4
d) 6,5
e) 6,6

132. (UCS – RS) Devido à existência de um lago entre dois pontos P e Q, um topógrafo, para avaliar a distância entre eles, utilizou uma estratégia cuja representação gráfica (na qual foi usada escala de 1 : 10.000, e o segmento $\overline{PQ}$ é paralelo ao segmento $\overline{RS}$) está abaixo.

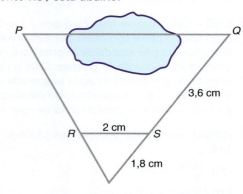

Com base nessas informações, qual é a distância real entre os pontos P e Q?

a) 600 m
b) 540 m
c) 400 m
d) 720 m
e) 1.080 m

133. (UFBA)

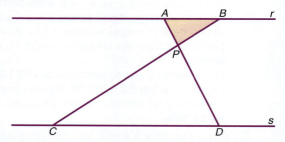

Considere a figura acima em que:
- a distância entre as retas paralelas r e s é igual a 20 u.c.;
- os segmentos $\overline{AB}$ e $\overline{CD}$ medem, respectivamente, 10 u.c. e 30 u.c.;
- P é o ponto de intersecção dos segmentos $\overline{AD}$ e $\overline{BC}$.

Com base nesses dados, calcule a área do triângulo APB, em u.a.

134. (UFRJ) O triângulo ABC da figura a seguir tem ângulo reto em B.

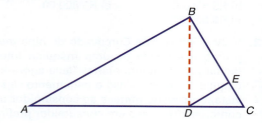

O segmento $\overline{BD}$ é a altura relativa a $\overline{AC}$. Os segmentos $\overline{AD}$ e $\overline{DC}$ medem 12 cm e 4 cm, respectivamente. O ponto E pertence ao lado $\overline{BC}$ e $BC = 4 \cdot EC$. Determine o comprimento do segmento $\overline{DE}$.

135. (UFMG) Nesta figura, estão representadas três circunferências, tangentes duas a duas, e uma reta tangente às três circunferências:

Sabe-se que o raio de cada uma das duas circunferências maiores mede 1 cm. Então, é CORRETO afirmar que a medida do raio da circunferência **menor** é:

a) $\dfrac{1}{3}$ cm
b) $\dfrac{1}{4}$ cm
c) $\dfrac{\sqrt{2}}{2}$ cm
d) $\dfrac{\sqrt{2}}{4}$ cm

136. (FGV – SP) No quadriculado abaixo, está representado o caminho percorrido por uma joaninha eletrônica, em que o menor quadrado tem lado cujo comprimento representa 1 m.

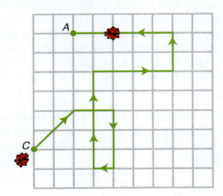

A distância real entre o ponto de partida C da joaninha e o de chegada A é:

a) $2\sqrt{10}$ m
b) $2\sqrt{5}$ m
c) $2\sqrt{2}$ m
d) 2 m
e) $\dfrac{2\sqrt{2}}{3}$ m

137. (UECE) O perímetro de um triângulo retângulo mede 24 m e sua hipotenusa mede 10 m. A medida da área desse triângulo é:

a) 8 m²
b) 12 m²
c) 14 m²
d) 24 m²

138. (Uespi) Na ilustração a seguir, temos um paralelogramo composto por seis triângulos equiláteros com lados medindo 1. Qual a medida da diagonal do paralelogramo, indicada na figura?

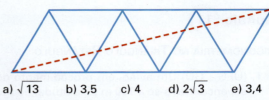

a) $\sqrt{13}$ b) 3,5 c) 4 d) $2\sqrt{3}$ e) 3,4

139. (UEG – GO) Uma forma comum de colocar o cadarço em um tênis é o modelo americano que está exibido na figura.

americano

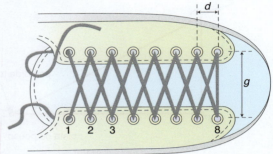

Considerando que as distâncias g e d são constantes, que o tênis tenha 8 pares de ilhoses que estão numerados de 1 a 8, conforme a figura, e que o comprimento do cadarço restante, após passar pelo par de ilhoses número 1, é de 20 cm de cada lado, então o comprimento total do cadarço é:

a) $g + 14(g^2 + d^2)^{\frac{1}{2}} + 40$

b) $2g + 14(g^2 + d^2)^{\frac{1}{2}} + 40$

c) $g + 16(g^2 + d^2)^{\frac{1}{2}} + 40$

d) $2g + 16(g^2 + d^2)^{\frac{1}{2}} + 40$

140. (Fuvest – SP) Uma folha de papel ABCD de formato retangular é dobrada em torno do segmento $\overline{EF}$, de maneira que o ponto A ocupe a posição G, como mostra a figura.

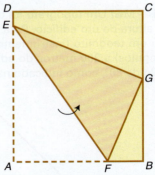

Se $AE = 3$ e $BG = 1$, então a medida do segmento $\overline{AF}$ é igual a:

a) $\dfrac{3\sqrt{5}}{2}$
b) $\dfrac{7\sqrt{5}}{8}$
c) $\dfrac{3\sqrt{5}}{4}$
d) $\dfrac{3\sqrt{5}}{5}$
e) $\dfrac{\sqrt{5}}{3}$

Capítulo 11

TRIGONOMETRIA NO TRIÂNGULO RETÂNGULO

141. (UFG – GO) Um avião, em procedimento de pouso, encontrava-se a 700 m de altitude, no momento em que a linha que liga o trem de pouso ao ponto de toque formava um ângulo θ com a pista de pouso, conforme a ilustração abaixo.

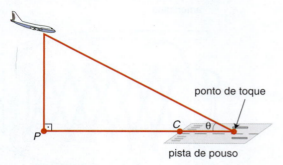

Para a aterrissagem, o piloto programou o ponto de toque do trem de pouso com o solo para 300 m após a cabeceira da pista, indicada por C na figura. Sabendo que sen θ = 0,28 e que o ponto P é a projeção vertical do trem de pouso no solo, a distância, em metros, do ponto P ao ponto C corresponde a:

a) 1.700
b) 2.100
c) 2.200
d) 2.500
e) 2.700

142. (UFC – CE) Sejam α e β os ângulos agudos de um triângulo retângulo. Se sen α = sen β e se a medida da hipotenusa é 4 cm, a área desse triângulo (em cm²) é:

a) 2
b) 4
c) 8
d) 12
e) 16

143. (UFJF – MG) Um topógrafo foi chamado para obter a altura de um edifício. Para fazer isso, ele colocou um teodolito (instrumento óptico para medir ângulos) a 200 metros do edifício e mediu um ângulo de 30°, como indicado na figura a seguir.

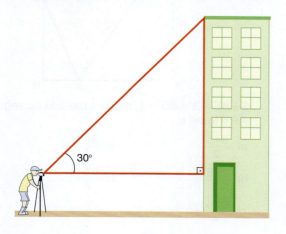

Sabendo que a luneta do teodolito está a 1,5 metro do solo, pode-se concluir que, dentre os valores adiante, o que MELHOR aproxima a altura do edifício, em metros, é:

a) 112
b) 115
c) 117
d) 120
e) 124

(Use os valores sen 30° = 0,5, cos 30° = 0,866 e tg 30° = 0,577.)

144. (Ibmec – SP) No triângulo ABC da figura, retângulo em A, temos $A\hat{B}C = \alpha$, AC = 3 e AB = tg α.

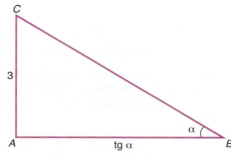

Então, o perímetro do triângulo vale:

a) $\sqrt{3} + 4$
b) $2\sqrt{3} + 4$
c) $3\sqrt{3} + 3$
d) $2\sqrt{2} + 3$
e) $3\sqrt{2} + 4$

145. (UCS – RS) Em Engenharia Civil, afirmar que uma rampa tem declive de x% significa dizer que a tangente do ângulo α que a rampa forma com um plano horizontal é igual a x. Qual é o comprimento, em metros, de uma rampa, construída sobre uma plataforma plana, se ela tiver declive de 0,75% e altura, em seu ponto mais alto, igual a 3 metros?

a) 7,5   b) 2,15   c) 2,5   d) 4   e) 5

146. (Unifesp) Os triângulos que aparecem na figura da esquerda são retângulos e os catetos $\overline{OA_1}$, $\overline{A_1A_2}$, $\overline{A_2A_3}$, $\overline{A_3A_4}$, $\overline{A_4A_5}$, ..., $\overline{A_9A_{10}}$ têm comprimento igual a 1.

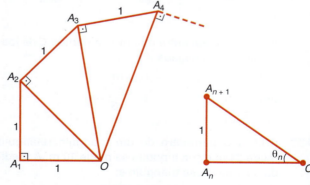

a) Calcule os comprimentos das hipotenusas: $\overline{OA_2}$, $\overline{OA_3}$, $\overline{OA_4}$ e $\overline{OA_{10}}$.

b) Denotando por θ_n o ângulo $A_n\hat{O}A_{n+1}$, conforme figura da direita, descreva os elementos a_1, a_2, a_3 e a_9 da sequência (a_1, a_2, a_3, ..., a_8, a_9), sendo $a_n = \text{sen } \theta_n$.

506 MATEMÁTICA — UMA CIÊNCIA PARA A VIDA

147. (UEM – PR – adaptada) Para obter a altura *CD* de uma torre, um matemático, utilizando um aparelho, estabeleceu a horizontal *AB* e determinou as medidas dos ângulos α = 30° e β = 60° e a medida do segmento $\overline{BC}$ é 5 m, conforme especificado na figura. Nessas condições, qual é a altura da torre, em metros?

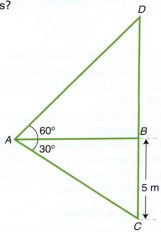

148. (UFG – GO) A figura abaixo representa uma pipa simétrica em relação ao segmento $\overline{AB}$, onde $\overline{AB}$ mede 80 cm.

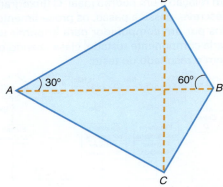

Então a área da pipa, em m², é de:
a) $0,8\sqrt{3}$
b) $0,16\sqrt{3}$
c) $0,32\sqrt{3}$
d) $1,6\sqrt{3}$
e) $3,2\sqrt{3}$

149. (Unifesp) Dois triângulos congruentes *ABC* e *ABD*, de ângulos 30°, 60° e 90°, estão colocados como mostra a figura, com as hipotenusas $\overline{AB}$ coincidentes.

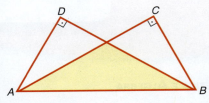

Se *AB* = 12 cm, a área comum aos dois triângulos, em centímetros quadrados, é igual a:
a) 6
b) $4\sqrt{3}$
c) $6\sqrt{3}$
d) 12
e) $12\sqrt{3}$

150. (Unesp) A figura mostra duas circunferências de raios 8 cm e 3 cm, tangentes entre si e tangentes à reta *r*. Os pontos *C* e *D* são os centros das circunferências.

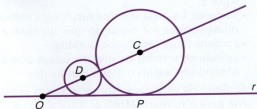

Se α é a medida do ângulo $C\hat{O}P$, o valor de sen α é:
a) $\dfrac{1}{6}$
b) $\dfrac{5}{11}$
c) $\dfrac{1}{2}$
d) $\dfrac{8}{23}$
e) $\dfrac{3}{8}$

Banco de questões de vestibular **507**

Banco de Questões do Enem

Aritmética e Álgebra

Números e operações

1. Os números de identificação utilizados no cotidiano (de contas bancárias, de CPF, de Carteira de Identidade etc.) usualmente possuem um dígito de verificação, normalmente representado após o hífen, como em 17326-9. Esse dígito adicional tem a finalidade de evitar erros no preenchimento ou digitação de documentos. Um dos métodos usados para gerar esse dígito utiliza os seguintes passos:

   • multiplica-se o último algarismo do número por 1, o penúltimo por 2, o antepenúltimo por 1, e assim por diante, sempre alternando multiplicações por 1 e por 2;
   • soma-se 1 a cada um dos resultados dessas multiplicações que for maior do que ou igual a 10;
   • somam-se os resultados obtidos;
   • calcula-se o resto da divisão dessa soma por 10, obtendo-se assim o dígito verificador.

   O dígito de verificação fornecido pelo processo acima para o número 24685 é:

   a) 1   b) 2   c) 4   d) 6   e) 8

Números e análise de tabela

2. O índice de massa corpórea (IMC) é uma medida que permite aos médicos fazer uma avaliação preliminar das condições físicas e do risco de uma pessoa desenvolver certas doenças, conforme mostra a tabela abaixo.

IMC	Classificação	Risco de doença
menos de 18,5	magreza	elevado
entre 18,5 e 24,9	normalidade	baixo
entre 25 e 29,9	sobrepeso	elevado
entre 30 e 39,9	obesidade	muito elevado
40 ou mais	obesidade grave	muitíssimo elevado

Disponível em: <www.somatematica.com.br>.

Considere as seguintes informações a respeito de João, Maria, Cristina, Antônio e Sérgio.

Nome	Massa (kg)	Altura (m)	IMC
João	113,4	1,80	35
Maria	45	1,50	20
Cristina	48,6	1,80	15
Antônio	63	1,50	28
Sérgio	115,2	1,60	45

Os dados das tabelas indicam que:

a) Cristina está dentro dos padrões de normalidade.
b) Maria está magra, mas não corre risco de desenvolver doenças.
c) João está obeso e o risco de desenvolver doenças é muito elevado.
d) Antônio está com sobrepeso e o risco de desenvolver doenças é muito elevado.
e) Sérgio está com sobrepeso, mas não corre risco de desenvolver doenças.

Interpretação de diagrama

3. Em uma fábrica de equipamentos eletrônicos, cada componente, ao final a linha de montagem, é submetido a um rigoroso controle de qualidade, que mede o desvio percentual (D) de seu desempenho em relação a um padrão ideal. O fluxograma a seguir descreve, passo a passo, os procedimentos executados por um computador para imprimir um selo em cada componente testado, classificando-o de acordo com o resultado do teste:

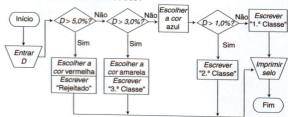

Os símbolos usados no fluxograma têm os seguintes significados:

- Entrada e saída de dados
- Decisão (testa uma condição, executando operações diferentes caso essa condição seja verdadeira ou falsa)
- Operação

Segundo essa rotina, se D = 1,2%, o componente receberá um selo com a classificação:

a) "Rejeitado", impresso na cor vermelha.
b) "3.ª Classe", impresso na cor amarela.
c) "3.ª Classe", impresso na cor azul.
d) "2.ª Classe", impresso na cor azul.
e) "1.ª Classe", impresso na cor azul.

Operações com conjuntos

4. Um fabricante de cosméticos decide produzir três diferentes catálogos de seus produtos, visando a públicos distintos. Como alguns produtos estarão presen-

508 MATEMÁTICA — UMA CIÊNCIA PARA A VIDA

tes em mais de um catálogo e ocupam uma página inteira, ele resolve fazer uma contagem para diminuir os gastos com originais de impressão. Os catálogos C_1, C_2 e C_3 terão, respectivamente, 50, 45 e 40 páginas. Comparando os projetos de cada catálogo, ele verifica que C_1 e C_2 terão 10 páginas em comum; C_1 e C_3 terão 6 páginas em comum; C_2 e C_3 terão 5 páginas em comum, das quais 4 também estarão em C_1. Efetuando os cálculos correspondentes, o fabricante concluiu que, para a montagem dos três catálogos, necessitará de um total de originais de impressão igual a:

a) 135 b) 126 c) 118 d) 114 e) 110

Operações com conjuntos

5. Antes de uma eleição para prefeito, certo instituto realizou uma pesquisa em que foi consultado um número significativo de eleitores, dos quais 36% responderam que iriam votar no candidato X; 33%, no candidato Y e 31%, no candidato Z. A margem de erro estimada para cada um desses valores é de 3% para mais ou para menos. Os técnicos do instituto concluíram que, se confirmado o resultado da pesquisa,

a) apenas o candidato X poderia vencer e, nesse caso, teria 39% do total de votos.
b) apenas os candidatos X e Y teriam chances de vencer.
c) o candidato Y poderia vencer com uma diferença de até 5% sobre X.
d) o candidato Z poderia vencer com uma diferença de, no máximo, 1% sobre X.
e) o candidato Z poderia vencer com uma diferença de até 5% sobre o candidato Y.

Função

6. **NOVO ENEM** Para cada indivíduo, a sua inscrição no Cadastro de Pessoas Físicas (CPF) é composto por um número de 9 algarismos e outro número de 2 algarismos, na forma $d_1 d_2$, em que os dígitos d_1 e d_2 são denominados dígitos verificadores. Os dígitos verificadores são calculados, a partir da esquerda, da seguinte maneira: os 9 primeiros algarismos são multiplicados pela sequência 10, 9, 8, 7, 6, 5, 4, 3, 2 (o primeiro por 10, o segundo por 9, e assim sucessivamente); em seguida, calcula-se o resto r da divisão da soma dos resultados das multiplicações por 11, e se esse resto r for 0 ou 1, d_1 é zero, caso contrário $d_1 = 11 - r$. O dígito d_2 é calculado pela mesma regra, na qual os números a serem multiplicados pela sequência dada são contados a partir do segundo algarismo, sendo d_1 o último algarismo, isto é, d_2 é zero se o resto s da divisão por 11 das somas das multiplicações for 0 ou 1, caso contrário, $d_2 = 11 - s$.

Suponha que João tenha perdido seus documentos, inclusive o cartão de CPF e, ao dar queixa da perda na delegacia, não conseguisse lembrar quais eram os dígitos verificadores, recordando-se apenas que os nove primeiros algarismos eram 123.456.789. Nesse caso, os dígitos verificadores d_1 e d_2 esquecidos são, respectivamente:

a) 0 e 9 c) 1 e 7 e) 0 e 1
b) 1 e 4 d) 9 e 1

Análise de gráficos

7. Após a ingestão de bebidas alcoólicas, o metabolismo do álcool e sua presença no sangue dependem de fatores como massa corporal, condições e tempo após a ingestão.

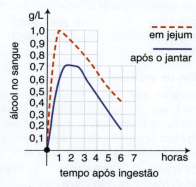

Revista *Pesquisa* FAPESP. São Paulo, n. 57, set. 2000.

O gráfico mostra a variação da concentração de álcool no sangue de indivíduos de mesma massa que beberam três latas de cerveja cada um, em diferentes condições: em jejum e após o jantar.

Tendo em vista que a concentração máxima de álcool no sangue permitida pela legislação brasileira para motoristas é 0,6 g/L, o indivíduo que bebeu após o jantar e o que bebeu em jejum só poderão dirigir após, aproximadamente:

a) uma hora e uma hora e meia, respectivamente.
b) três horas e meia hora, respectivamente.
c) três horas e quatro horas e meia, respectivamente.
d) seis horas e três horas, respectivamente.
e) seis horas, igualmente.

Texto para as questões 8 e 9

O gráfico a seguir ilustra a evolução do consumo de eletricidade no Brasil, em GWh, em quatro setores de consumo, no período de 1975 a 2005.

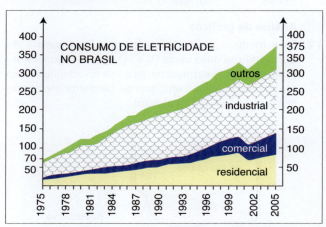

Balanço Energético Nacional.
Brasília: MME, 2003 (com adaptações).

Banco de questões do ENEM **509**

Análise de gráficos

8. A racionalização do uso da eletricidade faz parte dos programas oficiais do governo brasileiro desde 1980. No entanto, houve um período crítico, conhecido como "apagão", que exigiu mudanças de hábitos da população brasileira e resultou na maior, mais rápida e significativa economia de energia. De acordo com o gráfico, conclui-se que o "apagão" ocorreu no biênio:

a) 1998-1999   d) 2001-2002
b) 1999-2000   e) 2002-2003
c) 2000-2001

Análise de gráficos

9. Observa-se que, de 1975 a 2005, houve aumento quase linear do consumo de energia elétrica. Se essa mesma tendência se mantiver até 2035, o setor energético brasileiro deverá preparar-se para suprir uma demanda total aproximada de:

a) 405 GWh   c) 680 GWh   e) 775 GWh
b) 445 GWh   d) 750 GWh

Análise de gráficos

10. O gráfico abaixo, obtido a partir de dados do Ministério do Meio Ambiente, mostra o crescimento do número de espécies da fauna brasileira ameaçadas de extinção.

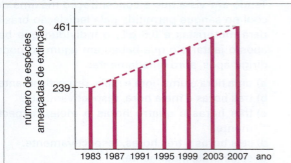

Se mantida, pelos próximos anos, a tendência de crescimento mostrada no gráfico, o número de espécies ameaçadas de extinção em 2011 será igual a:

a) 465   c) 498   e) 699
b) 493   d) 538

Análise de gráficos

11. Para medir o perfil de um terreno, um mestre de obras utilizou duas varas (V_I e V_{II}), iguais e igualmente graduadas em centímetros, às quais foi acoplada uma mangueira plástica transparente, parcialmente preenchida por água (figura abaixo).

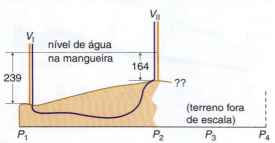

Ele fez 3 medições que permitiram levantar o perfil da linha que contém, em sequência, os pontos P_1, P_2, P_3 e P_4. Em cada medição, colocou as varas em dois diferentes pontos e anotou suas leituras na tabela a seguir. A figura representa a primeira medição entre P_1 e P_2.

Medição	Vara I Ponto	Vara I Leitura L_I (cm)	Vara II Ponto	Vara II Leitura L_{II} (cm)	Diferença $L_I - L_{II}$ (cm)
1.ª	P_1	239	P_2	164	75
2.ª	P_2	189	P_3	214	−25
3.ª	P_3	229	P_4	174	55

Ao preencher completamente a tabela, o mestre de obras determinou o seguinte perfil para o terreno:

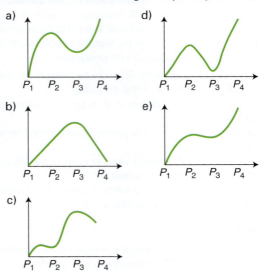

Análise de gráficos

12. O gráfico abaixo modela a distância percorrida, em km, por uma pessoa em certo período de tempo. A escala de tempo a ser adotada para o eixo das abscissas depende da maneira como essa pessoa se desloca.

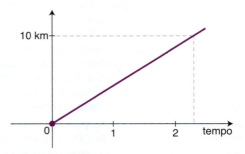

Qual é a opção que apresenta a melhor associação entre meio ou forma de locomoção e unidade de tempo, quando são percorridos 10 km?

a) carroça — semana   d) bicicleta — minuto
b) carro — dia   e) avião — segundo
c) caminhada — hora

510 MATEMÁTICA — UMA CIÊNCIA PARA A VIDA

Regra de três e função afim

13. O mapa abaixo representa um bairro de determinada cidade, no qual as flechas indicam o sentido das mãos do tráfego.

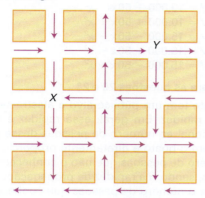

Sabe-se que esse bairro foi planejado e que cada quadra representada na figura é um terreno quadrado, de lado medindo 200 metros. Desconsiderando-se a largura das ruas, qual seria o tempo, em minutos, que um ônibus, em velocidade constante e igual a 40 km/h, partindo do ponto X, demoraria para chegar até o ponto Y?

a) 25 min   c) 2,5 min   e) 0,15 min
b) 15 min   d) 1,5 min

Equação do 1.º grau

14. Um grupo de 50 pessoas fez um orçamento inicial para organizar uma festa, que seria dividido entre elas em cotas iguais. Verificou-se ao final que, para arcar com todas as despesas, faltavam R$ 510,00, e que 5 novas pessoas haviam ingressado no grupo. No acerto foi decidido que a despesa total seria dividida em partes iguais pelas 55 pessoas. Quem não havia ainda contribuído pagaria a sua parte, e cada uma das 50 pessoas do grupo inicial deveria contribuir com mais R$ 7,00.

De acordo com essas informações, qual foi o valor da cota calculada no acerto final para cada uma das 55 pessoas?

a) R$ 14,00   c) R$ 22,00   e) R$ 57,00
b) R$ 17,00   d) R$ 32,00

Função afim

15. A figura abaixo representa o boleto de cobrança da mensalidade de uma escola, referente ao mês de junho de 2008.

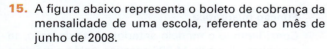

Se $M(x)$ é o valor, em reais, da mensalidade a ser paga, em que x é o número de dias em atraso, então:

a) $M(x) = 500 + 0,4x$ d) $M(x) = 510 + 40x$
b) $M(x) = 500 + 10x$ e) $M(x) = 500 + 10,4x$
c) $M(x) = 510 + 0,4x$

Função afim

16.

VENDEDORES JOVENS
Fábrica de LONAS — Vendas no Atacado
10 vagas para estudantes, 18 a 20 anos, sem experiência.
Salário: R$ 300,00 fixo + comissão de R$ 0,50 por m² vendido.
Contato: 0xx97-43421167 ou atacadista@lonaboa.com.br

Na seleção para as vagas desse anúncio, feita por telefone ou correio eletrônico, propunha-se aos candidatos uma questão a ser resolvida na hora. Deveriam calcular seu salário no primeiro mês, se vendessem 500 m de tecido com largura de 1,40 m, e no segundo mês, se vendessem o dobro. Foram bem-sucedidos os jovens que responderam, respectivamente:

a) R$ 300,00 e R$ 500,00
b) R$ 550,00 e R$ 850,00
c) R$ 650,00 e R$ 1.000,00
d) R$ 650,00 e R$ 1.300,00
e) R$ 950,00 e R$ 1.900,00

Função afim

17. Um experimento consiste em colocar certa quantidade de bolas de vidro idênticas em um copo com água até certo nível e medir o nível da água, conforme ilustrado na figura a seguir. Como resultado do experimento, concluiu-se que o nível da água é função do número de bolas de vidro que são colocadas dentro do copo.

O quadro a seguir mostra alguns resultados do experimento realizado.

Número de bolas (x)	Nível da água (y)
5	6,35 cm
10	6,70 cm
15	7,05 cm

Disponível em: <www.penta.ufrgs.br>.
Acesso em: 13 jan. 2009 (adaptado).

Qual a expressão algébrica que permite calcular o nível da água (y) em função do número de bolas (x)?

a) $y = 30x$
b) $y = 25x + 20,2$
c) $y = 1,27x$
d) $y = 0,7x$
e) $y = 0,07x + 6$

Função afim

18. O excesso de "peso" pode prejudicar o desempenho de um atleta profissional em corridas de longa distância como a maratona (42,2 km), a meia-maratona (21,1 km) ou uma prova de 10 km. Para saber uma aproximação do intervalo de tempo a mais perdido para completar uma corrida devido ao excesso de "peso", muitos atletas utilizam os dados apresentados na tabela e no gráfico:

Altura (m)	Massa (kg) ideal para atleta masculino de ossatura grande, corredor de longa distância
1,57	56,9
1,58	57,4
1,59	58,0
1,60	58,5
⋮	⋮

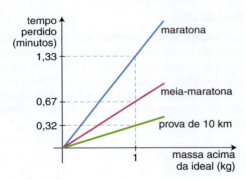

Tempo × Massa
(Modelo Wilmore e Benke)

Usando essas informações, um atleta de ossatura grande, pesando 63 kg e com altura igual a 1,59 m, que tenha corrido uma meia-maratona, pode estimar que, em condições de massa ideal, teria melhorado seu tempo na prova em:

a) 0,32 minuto
b) 0,67 minuto
c) 1,60 minuto
d) 2,68 minutos
e) 3,35 minutos

Função quadrática

19. Um posto de combustível vende 10.000 litros de álcool por dia a R$ 1,50 cada litro. Seu proprietário percebeu que, para cada centavo de desconto que concedia por litro, eram vendidos 100 litros a mais por dia. Por exemplo, no dia em que o preço do álcool foi R$ 1,48, foram vendidos 10.200 litros.

Considerando x o valor, em centavos, do desconto dado no preço de cada litro, e V o valor, em reais, arrecadado por dia com a venda do álcool, então a expressão que relaciona V e x é:

a) $V = 10.000 + 50x - x^2$
b) $V = 10.000 + 50x + x^2$
c) $V = 15.000 - 50x - x^2$
d) $V = 15.000 + 50x - x^2$
e) $V = 15.000 - 50x + x^2$

Texto para as questões 20 e 21

Um boato tem um público-alvo e alastra-se com determinada rapidez. Em geral, essa rapidez é diretamente proporcional ao número de pessoas desse público que conhecem o boato e diretamente proporcional também ao número de pessoas que não o conhecem. Em outras palavras, sendo R a rapidez de propagação, P o público-alvo e x o número de pessoas que conhecem o boato, tem-se:

$$R(x) = k \cdot x \cdot (P - x)$$

onde k é uma constante positiva característica do boato.

Função quadrática

20. O gráfico cartesiano que melhor representa a função $R(x)$, para x real, é:

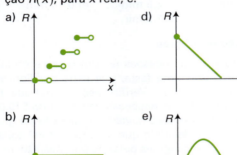

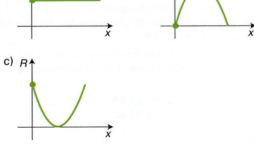

Função quadrática

21. Considerando o modelo anteriormente descrito, se o público-alvo é de 44.000 pessoas, então a máxima rapidez de propagação ocorrerá quando o boato for conhecido por um número de pessoas igual a:

a) 11.000
b) 22.000
c) 33.000
d) 38.000
e) 44.000

Exponencial

22. A duração do efeito de alguns fármacos está relacionada à sua meia-vida, tempo necessário para que a quantidade original do fármaco no organismo se reduza à metade. A cada intervalo de tempo correspondente a uma meia-vida, a quantidade de fármaco existente no organismo no final do intervalo é igual a 50% da quantidade no início desse intervalo.

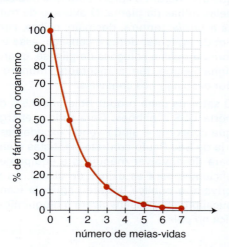

O gráfico acima representa, de forma genérica, o que acontece com a quantidade de fármaco no organismo humano ao longo do tempo.

FUCHS, F. D.; WANNMA, C. I. *Farmacologia Clínica*.
Rio de Janeiro: Guanabara Koogan, 1992. p. 40.

A meia-vida do antibiótico amoxicilina é de 1 hora. Assim, se uma dose desse antibiótico for injetada às 12h em um paciente, o percentual dessa dose que restará em seu organismo às 13h30min será aproximadamente de:

a) 10%
b) 15%
c) 25%
d) 35%
e) 50%

Sequências

23. A contagem de bois

Em cada parada ou pouso, para jantar ou dormir, os bois são contados, tanto na chegada quanto na saída. Nesses lugares, há sempre um potreiro, ou seja, determinada área de pasto cercada de arame, ou mangueira, quando a cerca é de madeira. Na porteira de entrada do potreiro, rente à cerca, os peões formam a seringa ou funil, para afinar a fila, e então os bois vão entrando aos poucos na área cercada. Do lado interno, o condutor vai contando; em frente a ele, está o marcador, peão que marca as reses. O condutor conta 50 cabeças e grita: — Talha! O marcador, com o auxílio dos dedos das mãos, vai marcando as talhas. Cada dedo da mão direita corresponde a 1 talha, e da mão esquerda, a 5 talhas. Quando entra o último boi, o marcador diz: — Vinte e cinco talhas! E o condutor completa: — E dezoito cabeças. Isso significa 1.268 bois.

Boiada, comitivas e seus peões.
In: *O Estado de S. Paulo*,
ano VI, ed. 63, 21 dez. 1952
(com adaptações).

Para contar os 1.268 bois de acordo com o processo descrito no texto, o marcador utilizou:

a) 20 vezes todos os dedos da mão esquerda.
b) 20 vezes todos os dedos da mão direita.
c) todos os dedos da mão direita apenas uma vez.
d) todos os dedos da mão esquerda apenas uma vez.
e) 5 vezes todos os dedos da mão esquerda e 5 vezes todos os dedos da mão direita.

Sequências

24. O jornal de uma pequena cidade publicou a seguinte notícia:

CORREIO DA CIDADE
ABASTECIMENTO COMPROMETIDO
O novo polo agroindustrial em nossa cidade tem atraído um enorme e constante fluxo migratório, resultando em um aumento da população em torno de 2.000 habitantes por ano, conforme dados do nosso censo:

Ano	População
1995	11.965
1997	15.970
1999	19.985
2001	23.980
2003	27.990

Esse crescimento tem ameaçado nosso fornecimento de água, pois os mananciais que abastecem a cidade têm capacidade para fornecer até 6 milhões de litros de água por dia. A prefeitura, preocupada com essa situação, vai iniciar uma campanha visando estabelecer um consumo médio de 150 litros por dia, por habitante.

A análise da notícia permite concluir que a medida é oportuna. Mantido esse fluxo migratório e bem-sucedida a campanha, os mananciais serão suficientes para abastecer a cidade até o final de:

a) 2005
b) 2006
c) 2007
d) 2008
e) 2009

Razões

25. Uma cooperativa de radiotáxis tem como meta atender, em no máximo 15 minutos, a pelo menos 95% das chamadas que recebe. O controle dessa meta é feito ininterruptamente por um funcionário que utiliza um equipamento de rádio para monitoramento. A cada 100 chamadas, ele registra o número acumulado de chamadas que não foram atendidas em 15 minutos. Ao final de um dia, a cooperativa apresentou o seguinte desempenho:

Total acumulado de chamadas	100	200	300	400	482
Número acumulado de chamadas não atendidas em 15 minutos	6	11	17	21	24

Esse desempenho mostra que, nesse dia, a meta estabelecida foi atingida:

a) nas primeiras 100 chamadas.
b) nas primeiras 200 chamadas.
c) nas primeiras 300 chamadas.
d) nas primeiras 400 chamadas.
e) ao final do dia.

Sequências e proporção

26. A Música e a Matemática se encontram na representação dos tempos das notas musicais, conforme a figura seguinte.

Um compasso é uma unidade musical composta por determinada quantidade de notas musicais em que a soma das durações coincide com a fração indicada como fórmula do compasso. Por exemplo, se a fórmula de compasso for $\frac{1}{2}$, poderia ter um compasso ou com duas semínimas ou uma mínima ou quatro colcheias, sendo possível a combinação de diferentes figuras. Um trecho musical de oito compassos, cuja fórmula é $\frac{3}{4}$, poderia ser preenchido com:

a) 24 fusas.
b) 3 semínimas.
c) 8 semínimas.
d) 24 colcheias e 12 semínimas.
e) 16 semínimas e 8 semicolcheias.

Proporção

27. Álcool, crescimento e pobreza

O lavrador de Ribeirão Preto recebe em média R$ 2,50 por tonelada de cana cortada. Nos anos 80, esse trabalhador cortava cinco toneladas de cana por dia. A mecanização da colheita o obrigou a ser mais produtivo. O corta-cana derruba agora oito toneladas por dia.

O trabalhador deve cortar a cana rente ao chão, encurvado. Usa roupas mal-ajambradas, quentes, que lhe cobrem o corpo, para que não seja lanhado pelas folhas da planta. O excesso de trabalho causa a *birola*: tontura, desmaio, cãibra, convulsão. A fim de aguentar dores e cansaço, esse trabalhador toma drogas e soluções de glicose, quando não farinha mesmo. Tem aumentado o número de mortes por exaustão nos canaviais.

O setor da cana produz hoje uns 3,5% do PIB. Exporta US$ 8 bilhões. Gera toda a energia elétrica que consome e ainda vende excedentes. A indústria de São Paulo contrata cientistas e engenheiros para desenvolver máquinas e equipamentos mais eficientes para as usinas de álcool. As pesquisas, privada e pública, na área agrícola (cana, laranja, eucalipto etc.) desenvolvem a bioquímica e a genética no país.

Folha de S.Paulo, 11 mar. 2007 (com adaptações).

Considere-se que cada tonelada de cana-de-açúcar permita a produção de 100 litros de álcool combustível, vendido nos postos de abastecimento a R$ 1,20 o litro. Para que um corta-cana pudesse, com o que ganha nessa atividade, comprar o álcool produzido a partir das oito toneladas de cana resultantes de um dia de trabalho, ele teria de trabalhar durante:

a) 3 dias   c) 30 dias   e) 60 dias
b) 18 dias   d) 48 dias

Proporção

28. Uma cooperativa de colheita propôs a um fazendeiro um contrato de trabalho nos seguintes termos: a cooperativa forneceria 12 trabalhadores e 4 máquinas, em um regime de trabalho de 6 horas diárias, capazes de colher 20 hectares de milho por dia, ao custo de R$ 10,00 por trabalhador por dia de trabalho, e R$ 1.000,00 pelo aluguel diário de cada máquina. O fazendeiro argumentou que fecharia contrato se a cooperativa colhesse 180 hectares de milho em 6 dias, com gasto inferior a R$ 25.000,00.

Para atender às exigências do fazendeiro e supondo que o ritmo dos trabalhadores e das máquinas seja constante, a cooperativa deveria

a) manter sua proposta.
b) oferecer 4 máquinas a mais.
c) oferecer 6 trabalhadores a mais.
d) aumentar a jornada de trabalho para 9 horas diárias.
e) reduzir em R$ 400,00 o valor do aluguel diário de uma máquina.

Proporção

29. O *Aedes aegypti* é vetor transmissor da dengue. Uma pesquisa feita em São Luís-MA, de 2000 a 2002, mapeou os tipos de reservatório onde esse mosquito era encontrado. A tabela a seguir mostra parte dos dados coletados nessa pesquisa.

Tipos de reservatórios	População de *A. aegypti*		
	2000	2001	2002
pneu	895	1.658	974
tambor/tanque/depósito de barro	6.855	46.444	32.787
vaso de planta	456	3.191	1.399
material de construção/peça de carro	271	436	276
garrafa/lata/plástico	675	2.100	1.059
poço/cisterna	44	428	275
caixa-d'água	248	1.689	1.014
recipiente natural, armadilha, piscina e outros	615	2.658	1.178
Total	10.059	58.604	38.962

Caderno Saúde Pública, v. 20, n. 5, Rio de Janeiro, out. 2004 (com adaptações).

Se mantido o percentual de redução da população total de *Aedes aegypti* observada de 2001 para 2002, teria sido encontrado, em 2003, um número total de mosquitos:

a) menor que 5.000.
b) maior que 5.000 e menor que 10.000.
c) maior que 10.000 e menor que 15.000.
d) maior que 15.000 e menor que 20.000.
e) maior que 20.000.

Proporção

30. Uma escola lançou uma campanha para seus alunos arrecadarem, durante 30 dias, alimentos não perecíveis para doar a uma comunidade carente da região. Vinte alunos aceitaram a tarefa e nos primeiros 10 dias trabalharam 3 horas diárias, arrecadando 12 kg de alimentos por dia.

Animados com os resultados, 30 novos alunos somaram-se ao grupo, e passaram a trabalhar 4 horas por dia nos dias seguintes até o término da campanha. Admitindo-se que o ritmo de coleta tenha se mantido constante, a quantidade de alimentos arrecadados ao final do prazo estipulado seria de:

a) 920 kg
b) 800 kg
c) 720 kg
d) 600 kg
e) 570 kg

Proporção

31. O gás natural veicular (GNV) pode substituir a gasolina ou álcool nos veículos automotores. Nas grandes cidades, essa possibilidade tem sido explorada, principalmente, pelos táxis, que recuperam em um tempo relativamente curto o investimento feito com a conversão por meio da economia proporcionada pelo uso do gás natural. Atualmente, a conversão para gás natural do motor de um automóvel que utiliza a gasolina custa R$ 3.000,00. Um litro de gasolina permite percorrer cerca de 10 km e custa R$ 2,20, enquanto um metro cúbico de GNV permite percorrer cerca de 12 km e custa R$ 1,10. Desse modo, um taxista que percorra 6.000 km por mês recupera o investimento da conversão em aproximadamente:

a) 2 meses
b) 4 meses
c) 6 meses
d) 8 meses
e) 10 meses

Proporção

32. Segundo as regras da Fórmula 1, a massa mínima do carro, de tanque vazio, com o piloto, é de 605 kg, e a gasolina deve ter densidade entre 725 e 780 gramas por litro. Entre os circuitos nos quais ocorrem competições dessa categoria, o mais longo é *Spa-Francorchamps*, na Bélgica, cujo traçado tem 7 km de extensão. O consumo médio de um carro da Fórmula 1 é de 75 litros para cada 100 km.

Suponha que um piloto de uma equipe específica, que utiliza um tipo de gasolina com densidade de 750 g/L, esteja no circuito de *Spa-Francorchamps*, parado no *box* para reabastecimento. Caso ele pretenda dar mais 16 voltas, ao ser liberado para retornar à pista, seu carro deverá pesar, no mínimo:

a) 617 kg
b) 668 kg
c) 680 kg
d) 689 kg
e) 717 kg

Proporção e porcentagem

33. Para se obter 1,5 kg do dióxido de urânio puro, matéria-prima para a produção de combustível nuclear, é necessário extrair-se e tratar-se 1,0 tonelada de minério. Assim, o rendimento (dado em % em massa) do tratamento do minério até chegar ao dióxido de urânio puro é de:

a) 0,10%
b) 0,15%
c) 0,20%
d) 1,5%
e) 2,0%

Porcentagem

34. A resolução das câmeras digitais modernas é dada em *megapixels*, unidade de medida que representa um milhão de pontos. As informações sobre cada um desses pontos são armazenadas, em geral, em 3 bytes. Porém, para evitar que as imagens ocupem muito espaço, elas são submetidas a algoritmos de compressão, que reduzem em até 95% a quantidade de bytes necessários para armazená-las.
Considere:

1 kB = 1.000 bytes,   1 MB = 1.000 kB,
1 GB = 1.000 MB

Utilizando uma câmera de 2.0 *megapixels* cujo algoritmo de compressão é de 95%, João fotografou 150 imagens para seu trabalho escolar. Se ele deseja armazená-las de modo que o espaço restante no dispositivo seja o menor espaço possível, ele deve utilizar:

a) um CD de 700 MB.
b) um *pendrive* de 1 GB.
c) um HD externo de 16 GB.
d) um *memory stick* de 16 MB.
e) um cartão de memória de 64 MB.

Banco de questões do ENEM **515**

Porcentagem

35. Uma resolução do Conselho Nacional de Política Energética (CNPE) estabeleceu a obrigatoriedade de adição de biodísel ao óleo dísel comercializado nos postos. A exigência é que, a partir de 1.º de julho de 2009, 4% do volume da mistura final seja formada por biodísel. Até junho de 2009, esse percentual era de 3%. Essa medida estimula a demanda de biodísel, bem como possibilita a redução da importação de dísel de petróleo.

Disponível em: <http://www1.folha.uol.com.br>. Acesso em: 12 jul. 2009 (adaptado).

Estimativas indicam que, com a adição de 4% de biodísel ao dísel, serão consumidos 925 milhões de litros de biodísel no segundo semestre de 2009. Considerando-se essa estimativa, para o mesmo volume da mistura final dísel/biodísel consumida no segundo semestre de 2009, qual seria o consumo de biodísel com a adição de 3%?

a) 27,75 milhões de litros
b) 37,00 milhões de litros
c) 231,25 milhões de litros
d) 693,75 milhões de litros
e) 888,00 milhões de litros

Média aritmética e porcentagem

36. O carneiro hidráulico ou aríete, dispositivo usado para bombear água, não requer combustível ou energia elétrica para funcionar, visto que usa a energia da vazão de água de uma fonte. A figura a seguir ilustra uma instalação típica de carneiro em um sítio, e a tabela apresenta dados de seu funcionamento.

$\dfrac{h}{H}$ Altura da fonte dividida pela altura da caixa	V_f Água da fonte necessária para o funcionamento do sistema (litros/hora)	V_b Água bombeada para a caixa (litros/hora)
$\dfrac{1}{3}$		180 a 300
$\dfrac{1}{4}$		120 a 210
$\dfrac{1}{6}$	720 a 1.200	80 a 140
$\dfrac{1}{8}$		60 a 105
$\dfrac{1}{10}$		45 a 85

A eficiência energética ε de um carneiro pode ser obtida pela expressão:

$$\varepsilon = \dfrac{H}{h} \times \dfrac{V_b}{V_f}$$

cujas variáveis estão definidas na tabela e na figura.

Se, na situação apresentada, $H = 5 \times h$, então, é mais provável que, após 1 hora de funcionamento ininterrupto, o carneiro hidráulico bombeie para a caixa-d´água:

a) de 70 a 100 litros de água.
b) de 75 a 210 litros de água.
c) de 80 a 220 litros de água.
d) de 100 a 175 litros de água.
e) de 110 a 240 litros de água.

Análise de gráficos e porcentagem

37. O gráfico a seguir mostra a evolução, de abril de 2008 a maio de 2009, da população economicamente ativa para seis Regiões Metropolitanas pesquisadas.

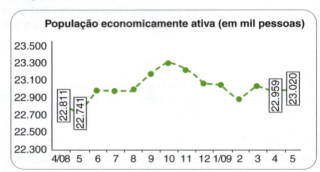

IBGE, Diretoria de Pesquisas, Coordenação de Trabalho e Rendimento, Pesquisa Mensal de Emprego. Disponível em: <www.ibge.gov.br>.

Considerando que a taxa de crescimento da população economicamente ativa, entre 5/9 e 6/9, seja de 4%, então o número de pessoas economicamente ativas em 6/9 será igual a:

a) 23.940
b) 32.228
c) 920.800
d) 23.940.800
e) 32.228.000

Matemática Financeira

38. Uma pousada oferece pacotes promocionais para atrair casais a se hospedarem por até oito dias. A hospedagem seria em apartamento de luxo e, nos três primeiros dias, a diária custaria R$ 150,00, preço da diária fora da promoção. Nos três dias seguintes, seria aplicada uma redução no valor da diária, cuja taxa média de variação, a cada dia, seria de R$ 20,00. Nos dois dias restantes, seria mantido o preço do sexto dia. Nessas condições, um modelo para a promoção idealizada é apresentado no gráfico a seguir, no qual o valor da diária é função do tempo medido em número de dias.

516 MATEMÁTICA — UMA CIÊNCIA PARA A VIDA

De acordo com os dados e com o modelo, comparando o preço que um casal pagaria pela hospedagem por sete dias fora da promoção, um casal que adquirir o pacote promocional por oito dias fará uma economia de:

a) R$ 90,00   c) R$ 130,00   e) R$ 170,00
b) R$ 110,00   d) R$ 150,00

Juro simples

39. João deve 12 parcelas de R$ 150,00 referentes ao cheque especial de seu banco e cinco parcelas de R$ 80,00 referentes ao cartão de crédito. O gerente do banco lhe ofereceu duas parcelas de desconto no cheque especial, caso João quitasse essa dívida imediatamente ou, na mesma condição, isto é, quitação imediata, com 25% de desconto na dívida do cartão. João também poderia renegociar suas dívidas em 18 parcelas mensais de R$ 125,00. Sabendo desses termos, José, amigo de João, ofereceu-lhe emprestar o dinheiro que julgasse necessário pelo tempo de 18 meses, com juros de 25% sobre o total emprestado.

A opção que dá a João o menor gasto seria:

a) renegociar suas dívidas com o banco.
b) pegar emprestado de José o dinheiro referente à quitação das duas dívidas.
c) recusar o empréstimo de José e pagar todas as parcelas pendentes nos devidos prazos.
d) pegar emprestado de José o dinheiro referente à quitação do cheque especial e pagar as parcelas do cartão de crédito.
e) pegar emprestado de José o dinheiro referente à quitação do cartão de crédito e pagar as parcelas do cheque especial.

Juro composto

40. João deseja comprar um carro cujo preço à vista, com todos os descontos possíveis, é de R$ 21.000,00, e esse valor não será reajustado nos próximos meses. Ele tem R$ 20.000,00, que podem ser aplicados a uma taxa de juros compostos de 2% ao mês, e escolhe deixar todo o seu dinheiro aplicado até que o montante atinja o valor do carro. Para ter o carro, João deverá esperar:

a) dois meses, e terá a quantia exata.
b) três meses, e terá a quantia exata.
c) três meses, e ainda sobrarão, aproximadamente, R$ 225,00.
d) quatro meses, e terá a quantia exata.
e) quatro meses, e ainda sobrarão, aproximadamente, R$ 430,00.

Geometria e Medidas

Medidas e raciocínio lógico

41. Joana frequenta uma academia de ginástica onde faz exercícios de musculação. O programa de Joana requer que ela faça 3 séries de exercícios em 6 aparelhos diferentes, gastando 30 segundos em cada série. No aquecimento, ela caminha durante 10 minutos na esteira e descansa durante 60 segundos para começar o primeiro exercício no primeiro aparelho. Entre uma série e outra, assim como ao mudar de aparelho, Joana descansa por 60 segundos.

Suponha que, em determinado dia, Joana tenha iniciado seus exercícios às 10h30min e finalizado às 11h7min. Nesse dia e nesse tempo, Joana:

a) não poderia fazer sequer a metade dos exercícios e dispor dos períodos de descanso especificados em seu programa.
b) poderia ter feito todos os exercícios e cumprido rigorosamente os períodos de descanso especificados em seu programa.
c) poderia ter feito todos os exercícios, mas teria de ter deixado de cumprir um dos períodos de descanso especificados em seu programa.
d) conseguiria fazer todos os exercícios e cumpriria todos os períodos de descanso especificados em seu programa, e ainda se permitiria uma pausa de 7 min.
e) não poderia fazer todas as 3 séries dos exercícios especificados em seu programa; em alguma dessas séries deveria ter feito uma série a menos e não deveria ter cumprido um dos períodos de descanso.

Unidades de medida

42.
Técnicos concluem mapeamento do Aquífero Guarani

O Aquífero Guarani localiza-se no subterrâneo dos territórios da Argentina, Brasil, Paraguai e Uruguai, com extensão total de 1.200.000 quilômetros quadrados, dos quais 840.000 quilômetros quadrados estão no Brasil. O Aquífero armazena cerca de 30 mil quilômetros cúbicos de água e é considerado um dos maiores do mundo.

Na maioria das vezes em que são feitas referências à água, são usadas as unidades metro cúbico e litro, e não as unidades já descritas. A Companhia de Saneamento Básico do Estado de São Paulo (SABESP) divulgou, por exemplo, um novo reservatório cuja capacidade de armazenagem é de 20 milhões de litros.

*Disponível em: <http://noticias.terra.com.br>.
Acesso em: 10 jul. 2009 (adaptado).*

Comparando as capacidades do Aquífero Guarani e desse novo reservatório da SABESP, a capacidade do Aquífero Guarani é:

a) $1,5 \times 10^2$ vezes a capacidade do reservatório novo.
b) $1,5 \times 10^3$ vezes a capacidade do reservatório novo.

c) $1,5 \times 10^6$ vezes a capacidade do reservatório novo.
d) $1,5 \times 10^8$ vezes a capacidade do reservatório novo.
e) $1,5 \times 10^9$ vezes a capacidade do reservatório novo.

Ângulos

43. As figuras a seguir exibem um trecho de um quebra-cabeça que está sendo montado. Observe que as peças são quadradas e há 8 peças no tabuleiro da Figura A e 8 peças no tabuleiro da Figura B. As peças são retiradas do tabuleiro da Figura B e colocadas no tabuleiro da Figura A na posição correta, isto é, de modo a completar os desenhos.

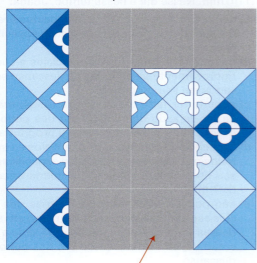

Figura A

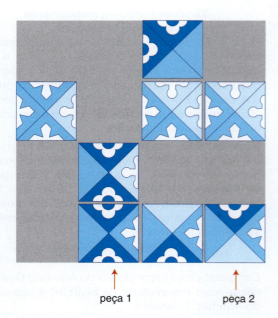

Figura B

Disponível em: <http://pt.etemityii.com>. Acesso em: 14 jul. 2009.

É possível preencher corretamente o espaço indicado pela seta no tabuleiro da Figura A colocando a peça:

a) 1 após girá-la 90° no sentido horário.
b) 1 após girá-la 180° no sentido anti-horário.
c) 2 após girá-la 90° no sentido anti-horário.
d) 2 após girá-la 180° no sentido horário.
e) 2 após girá-la 270° no sentido anti-horário.

Semelhança

44. A figura a seguir mostra as medidas reais de uma aeronave que será fabricada para utilização por companhias de transporte aéreo. Um engenheiro precisa fazer o desenho desse avião em escala de 1 : 150.

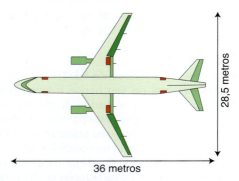

Para o engenheiro fazer esse desenho em uma folha de papel, deixando uma margem de 1 cm em relação às bordas da folha, quais as dimensões mínimas, em centímetros, que essa folha deverá ter?

a) 2,9 cm × 3,4 cm
b) 3,9 cm × 4,4 cm
c) 20 cm × 25 cm
d) 21 cm × 26 cm
e) 192 cm × 242 cm

Semelhança de triângulos

45. Um marceneiro deseja construir uma escada trapezoidal com 5 degraus, de forma que o mais baixo e o mais alto tenham larguras respectivamente iguais a 60 cm e a 30 cm, conforme a figura a seguir.

Os degraus serão obtidos cortando-se uma peça linear de madeira cujo comprimento mínimo, em centímetros, deve ser:

a) 144
b) 180
c) 210
d) 225
e) 240

Semelhança de triângulos

46. A rampa de um hospital tem na sua parte mais elevada uma altura de 2,2 metros. Um paciente ao caminhar sobre a rampa percebe que se deslocou 3,2 metros e alcançou uma altura de 0,8 metro. A distância, em metros, que o paciente ainda deve caminhar para atingir o ponto mais alto da rampa é:

a) 1,16 metro
b) 3,0 metros
c) 5,4 metros
d) 5,6 metros
e) 7,04 metros

Semelhança de triângulos

47. A sombra de uma pessoa que tem 1,80 m de altura mede 60 cm. No mesmo momento, a seu lado, a sombra projetada de um poste mede 2,00 m. Se, mais tarde, a sombra do poste diminui 50 cm, a sombra da pessoa passa a medir:

a) 30 cm
b) 45 cm
c) 50 cm
d) 80 cm
e) 90 cm

Teorema de Pitágoras

48.

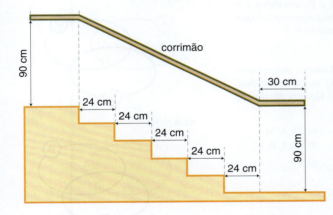

Na figura acima, que representa o projeto de uma escada com 5 degraus de mesma altura, o comprimento total do corrimão é igual a:

a) 1,8 m
b) 1,9 m
c) 2,0 m
d) 2,1 m
e) 2,2 m

Teorema de Pitágoras

49. Quatro estações distribuidoras de energia A, B, C e D estão dispostas como vértices de um quadrado de 40 km de lado. Deseja-se construir uma estação central que seja ao mesmo tempo equidistante das estações A e B e da estrada (reta) que liga as estações C e D.

A nova estação deve ser localizada:

a) no centro do quadrado.
b) na perpendicular à estrada que liga C e D passando por seu ponto médio, a 15 km dessa estrada.
c) na perpendicular à estrada que liga C e D passando por seu ponto médio, a 25 km dessa estrada.
d) no vértice de um triângulo equilátero de base $\overline{AB}$, oposto a essa base.
e) no ponto médio da estrada que liga as estações A e B.

Medidas de tempo

50. O sistema de fusos horários foi proposto na Conferência Internacional do Meridiano, realizada em Washington, em 1884. Cada fuso corresponde a uma faixa de 15° entre dois meridianos. O meridiano de Greenwich foi escolhido para ser a linha mediana do fuso zero. Passando-se um meridiano pela linha mediana de cada fuso, enumeram-se 12 fusos para leste e 12 fusos para oeste do fuso zero, obtendo-se, assim, os 24 fusos e o sistema de zonas de horas. Para cada fuso a leste do fuso zero, soma-se 1 hora, e, para cada fuso a oeste do fuso zero, subtrai-se 1 hora. A partir da Lei n.° 11.662/2008, o Brasil, que fica a oeste de Greenwich e tinha quatro fusos, passa a ter somente 3 fusos horários.

Em relação ao fuso zero, o Brasil abrange os fusos 2, 3 e 4. Por exemplo, Fernando de Noronha está no fuso 2, o estado do Amapá está no fuso 3 e o Acre, no fuso 4.

A cidade de Pequim, que sediou os XXIX Jogos Olímpicos de Verão, fica a leste de Greenwich, no fuso 8. Considerando-se que a cerimônia de abertura dos jogos tenha ocorrido às 20h8min, no horário de Pequim, do dia 8 de agosto de 2008, a que horas os brasileiros que moram no estado do Amapá devem ter ligado seus televisores para assistir ao início da cerimônia de abertura?

a) 9h8min, do dia 8 de agosto
b) 12h8min, do dia 8 de agosto
c) 15h8min, do dia 8 de agosto
d) 1h8min, do dia 9 de agosto
e) 4h8min, do dia 9 de agosto

Respostas

Capítulo

Exercícios Propostos

1. V, F, F, V, F, F

2. a) 4   b) 4   c) 3

3. a) $x = 3$
   b) $x = 1$ e $y = -1$
      ou $x = 1$ e $y = 1$
   c) Não existe.
   d) Não existe.

4. Não, pois nenhum triângulo retângulo é equilátero, ele sempre tem um lado maior que os outros dois (a hipotenusa).

5. a) 1; conjunto finito e unitário
   b) zero; conjunto vazio, finito
   c) 4; conjunto finito
   d) 3; conjunto finito
   e) conjunto infinito

6. a) $\{0, 1, 3, 5, 7\}$
   b) $\{0, 1, 4\}$
   c) resposta pessoal

7. a) $n(A) = 1$ e) $n(E) = 0$
   b) $n(B) = 3$ f) $n(F) = 0$
   c) $n(C) = 3$ g) $n(G) = 3$
   d) $n(D) = 2$

8. F, V, F, F, V

9. a) $P \not\subset C$ e $C \not\subset P$
   b) $Q_\ell \subset Q_p$
   c) $Q_t \not\subset Q_r$ e $Q_r \not\subset Q_t$
   d) $Q_q \subset Q_r$

10. a) Não para as duas situações. Nada podemos afirmar sobre o número de elementos de B, e ele pode ser finito ou infinito.
    b) Não, pode-se afirmar apenas que o conjunto A tem no máximo 15 elementos. Como o conjunto B é finito e $A \subset B$, podemos concluir que A também é finito.

11. a) dois subconjuntos:
       $\emptyset$ e $\{1\}$
    b) quatro subconjuntos:
       $\emptyset, \{1\}, \{2\}$ e $\{1, 2\}$
    c) apenas um subconjunto:
       ele próprio

12. A conclusão é válida, ou seja, a partir das duas premissas, com certeza, a terceira afirmação é verdadeira.

13. $\mathcal{P}(A) = \{\emptyset, \{-2\}, \{1\}, \{2\}, \{-2, 1\}, \{-2, 2\}, \{1, 2\}, \{-2, 1, 2\}\}$

14. F, F, F, V, F, V, V, V

15. a) $N = \{-1, -30, -11, -9, -7, -5, -3, -2, 30, 10, 8, 6, 5, 4, 3, 2, \sqrt{2}\}$
    $M = \{30, 10, 8, 6, 3, 2\}$
    $H = \{5, 4, 3, 2, \sqrt{2}\}$
    $K = \{\sqrt{2}\}$
    b) $K \subset H, K \subset N, H \subset N$ e $M \subset N$

16. Q é o conjunto dos quadriláteros; A, o conjunto dos paralelogramos; E, o conjunto dos trapézios; C, o conjunto dos quadrados; B e D, um deles é o conjunto dos retângulos e o outro é o conjunto dos losangos.

17. V, V, F, V, V, F, V, F

18. A conclusão não é válida, pois a partir das premissas não se pode concluir, com certeza, que a terceira afirmação é verdadeira.

19. a) $\{3, 4\}$ e) $\{3, 4, 5\}$
    b) $\{3, 4, 5, -1, 8\}$ f) $\{5, 3, 8, 4\}$
    c) C g) C
    d) A

20. resposta pessoal

21. 16

22. 3

23. $A \cup B = B$ e $A \cap B = A$

24. a) $A \cap C$ b) $A \cap C$ c) A

25. demonstração

26. a) $\{5, -1\}$ c) $\{8\}$
    b) $\{8\}$

27. a) $\emptyset$ d) $\emptyset$ g) C
    b) C e) C h) $\emptyset$
    c) $\emptyset$ f) A i) $\emptyset$

28. a) $\{3, -3, 1\}$
    b) $\{10; 0,5; 3; -3; 1\}$
    c) $\{3, -3, 1\}$
    d) $\{2; 0; -2; 10; 0,5\}$
    e) $\{5, -5\}$
    f) $\{10; 0,5; 3; -3; 1; 40; -40; 200\}$

29. a) $A - B$
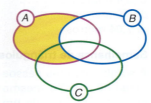
b) $A - C$
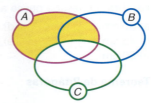
c) $A \cap B \cap C$
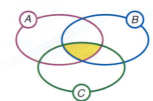
d) $A \cap B$
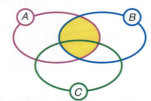
e) $A \cap C$
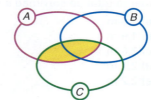
f) $B \cap C$

g) $(A \cap B) - C$

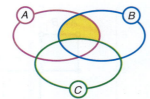

h) $(A - B) \cap C$

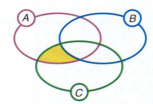

i) $A \cap (B - C)$

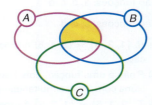

30. 200

31. 4

32. 37

33. V, F, F, V, V, F, V, V, F, F, V, F

34. V, V, V, V, V, F

35. a) conjunto dos números inteiros positivos
b) conjunto dos números racionais não nulos
c) conjunto dos números racionais não negativos
d) conjunto dos números racionais não positivos

36. a) $\frac{4}{9}$ c) $\frac{23}{99}$
b) $\frac{12}{9}$ d) $\frac{243}{990} = \frac{27}{110}$

37. demonstrações

38. a) complementar de $\mathbb{Z}$ em relação a $\mathbb{Q}$; números racionais fracionários (não inteiros)
b) complementar de $\mathbb{N}$ em relação a $\mathbb{Q}$; números racionais não naturais
c) complementar de $\mathbb{N}$ em relação a $\mathbb{Z}$; números inteiros negativos

39. a) $4\sqrt{2}$ cm
b) 4π cm
c) $d = 5{,}64$ cm; $C = 12{,}56$ cm

40. V, F, F, V, V, F, V, F, V, V, F

41. F, V, V, F, V, F

42. a) números reais não nulos
b) números racionais não positivos
c) números racionais fracionários (não inteiros) positivos
d) números irracionais
e) números racionais ($\mathbb{Q}$)
f) conjunto vazio ($\emptyset$)
g) números reais não inteiros

43.

44. a)
b)
c)
d)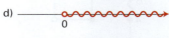
e)
f)

45. $A = \,]3, +\infty[$, $B = [5, +\infty[$,
$C = \,]-\infty, -1[$, $D = [0, +\infty[$,
$E = [0, 7]$ e $F = \,]-\infty, 0[$

46. a) $[3, 4[$
b) $]1, 7[$
c) $]1, 3[\cup [4, 7[$

47. a) $\{x \in \mathbb{R} \mid 3 \leq x < 5\}$
b) $\{x \in \mathbb{R} \mid 2 < x \leq 7\}$
c) $\{x \in \mathbb{R} \mid -1 \leq x \leq 3\}$
d) $\{x \in \mathbb{R} \mid -2 < x < 4\}$
e) $\{x \in \mathbb{R} \mid 2 \leq x < 8\}$
f) $\{x \in \mathbb{R} \mid -8 < x \leq 3\}$
g) $\{1\}$
h) $\{\ \}$
i) $\{x \in \mathbb{R} \mid x \leq 1\}$

48. a) $]-2, 5]$
b) $]4, +\infty[$
c) $]-\infty, -2[\cup]-2, 2]$
d) $[0, 2] \cup [4, 5[$

49. a) $]3, 6]$
b) $[2, 7]$
c) $[2, 3] \cup]6, 7]$
d) $\emptyset$
e) $\emptyset$
f) A

50. $A \cup B = [2, 8]$ e $A \cap B = \,]4, 5]$

51. 0,4 e 2,6

Encare Essa!

1. d
2. c
3. a) demonstração
b) 5

Atividades de Revisão

1. a) 4 d) infinitos
b) 6 e) infinitos
c) 6 f) zero

2. $\emptyset$, $\{1\}$, $\{2\}$, $\{3\}$, $\{1, 2\}$, $\{1, 3\}$, $\{2, 3\}$ e $\{1, 2, 3\}$

3. 8

4. a) $\{-2, -1, 0, 1, 2, 3, 4, 5\}$
b) $\{0, 1, 2, 3\}$
c) $\{1, 3, 5\}$
d) $\{6, 8, 10\}$
e) $\{-2, -1, 0, 1, 2, 3, 4, 5, 6, 8, 10\}$
f) $\{0, 2\}$

5. 20

6. a) 150 c) 150
b) 400

7. a) 1.100 c) 3.500
b) 1.500

8. 50

9. a) $\frac{5}{9}$ c) $\frac{63}{55}$
b) $\frac{4}{11}$

10. a) o zero
b) o 9; o 7; o 2
c) o 2

11. V, F, V, V, F, F, F, F, V

12. V, V, V, F, F, V, F, F, F

13. demonstração

14. a) $A = [3, +\infty[$ d) $D = \,]-3, 5]$
b) $B = \,]-\infty, 5[$ e) $E = [5, 8[$
c) $C = [2, 7]$ f) $F = \,]2, 4[$

15. a) $[2, 6[$
b) $]3, 5]$
c) $[2, 3]$
d) $]5, 6[$
e) $]-\infty, 2[\cup]5, +\infty[$
f) $]-\infty, 3] \cup [6, +\infty[$

16. a) $]5, 7]$ d) $]7, 9[$
b) $[2, 9[$ e) $]6, 7]$
c) $[2, 5]$ f) $]3, 5]$

17. $(a-b)$ ab a b $\frac{1}{a}$
0 $(b-a)$ 1

18. $6 \leq x + y \leq 8$;
valor mínimo: 6;
valor máximo: 8

Questões Propostas de Vestibular

1. c
2. c
3. d
4. a
5. d
6. a
7. c
8. e
9. e
10. c
11. a
12. 93
13. 5
14. e
15. d
16. a) 29   b) 5   c) 127
17. a
18. b
19. b
20. c
21. a
22. $\dfrac{41}{90}$
23. b
24. a
25. a
26. e
27. d

Programas de Avaliação Seriada

1. C, E, C, C
2. b
3. V, F, F, V
4. c

Capítulo 2

Exercícios Propostos

1. $A(3, 4)$ do 1.º quadrante, $B(-2, 1)$ do 2.º quadrante, $C(-3, -3)$ do 3.º quadrante, $D(1, -4)$ do 4.º quadrante, $E(6, 0) \in$ eixo x, $F(-1, 0) \in$ eixo x, $G(0, 0)$ ponto dos eixos x e y (origem) e $H(0, 3) \in$ eixo y

2.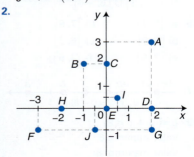

3. F, V, V, V, F, V, V, F

4. a) $\{(1, 0), (1, 2), (1, 4), (3, 0), (3, 2), (3, 4), (5, 0), (5, 2), (5, 4), (7, 0), (7, 2), (7, 4)\}$

   b) $\{(0, 1), (0, 3), (0, 5), (0, 7), (2, 1), (2, 3), (2, 5), (2, 7), (4, 1), (4, 3), (4, 5), (4, 7)\}$

   c) $\{(0, 0), (0, 2), (0, 4), (2, 0), (2, 2), (2, 4), (4, 0), (4, 2), (4, 4)\}$

   d) $\{(1, 4), (3, 2), (5, 0)\}$

   e) $\{(1, 0), (3, 0), (5, 0), (7, 0), (3, 2), (5, 2), (7, 2), (5, 4), (7, 4)\}$

5. a) $A \times B$

   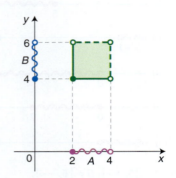

   b) $B \times A$

   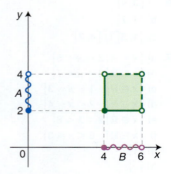

   c) $(A \cup B) \times (A \cup B)$

   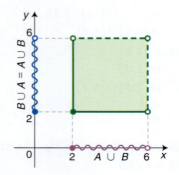

   d) $(A \times B) \cup (B \times A)$

   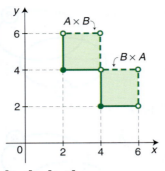

6. a) $[2, 4] \times [1, 3]$
   b) $]2, 4] \times [1, 3[$
   c) $]2, 4] \times [1, 3]$
   d) $]2, 4[\times]1, 3[$

7. São funções: a, b, c, d

8. São funções: a, c, d

9. a) $R: \{1, 3, 5\} \to \{2, 4, 6\}$ é uma função.
   b) P não é uma função, pois 1 se relaciona com 2 e 4, simultaneamente.
   c) $T: \{2, 4, 6\} \to \{1, 3, 5\}$ é uma função.
   d) $U: \{1, 3, 5\} \to \{2\}$ é uma função.

10. a, c, e

11. a) $D(f) = \{0, 1, 2, 3\}$,
       $CD(f) = \{2, 3, 4, 5\} = \text{Im}(f)$
    b) $D(g) = \{0, -1, 1, 2, -2\}$,
       $CD(g) = \mathbb{R}$ e $\text{Im}(g) = \{0, 1, 4\}$
    c) $D(h) = \{0, 1, 2, 3\}$, $CD(h) = \mathbb{R}_+$
       e $\text{Im}(h) = \{0, 1, \sqrt{2}, \sqrt{3}\}$

12. a) $D(f) = \,]-5, 8]$
    b) $\text{Im}(f) = [-4, 6]$
    c) $f(0) = 4$, $f(8) = 2$ e $f(-5)$ não existe
    d) 2 e 7
    e) valor máximo: 6 e valor mínimo: -4
    f) valor máximo para $x = -2$ e valor mínimo para $x = 5$

13. a) -1, 1 e 2   c) Não há.
    b) 1 e 3

14. a) 3   c) 2 e 3
    b) -2 e 1   d) 1 e 2

15. a) $\mathbb{R} - \{3\}$
    b) $\mathbb{R} - \{3, -3\}$
    c) $[1, +\infty[$
    d) $[-2, 5[$
    e) $\{x \in \mathbb{R} \mid x \geq 4 \text{ e } x \neq 5\}$
    f) $[-5, +\infty[$
    g) $\{x \in \mathbb{R} \mid x \geq 3 \text{ e } x \neq 4\}$
    h) $\{x \in \mathbb{R} \mid x \geq 2 \text{ e } x \neq 11\}$

16. a) $\text{Im}(f) = \mathbb{R}$
b) $\text{Im}(f) = \mathbb{N} - \{0, 1\}$
c) $\text{Im}(f) = \{2, 3, 4\}$

17. a)

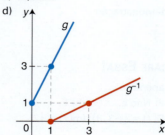

Esse ponto nos dá a quantidade de quilogramas (1.000 kg) que se pode transportar para que o valor do carreto (1.000 reais) seja o mesmo nas duas empresas.

b) resposta pessoal

c) A solução dessa equação é a abscissa do ponto de intersecção.

d) Até uma carga de 1.000 kg é mais vantajoso contratar a empresa NÃO DEIXO CAIR CACHORRO. Acima dessa massa, o preço do carreto é menor na empresa NUNCA QUEBRO COPO. No entanto, para uma carga de exatamente 1.000 kg, tanto faz qual dessas duas empresas se contrate, já que o carreto tem, nesse caso, mesmo valor.

18. a

19. a) função polinomial do 1.º grau
b) função polinomial do 3.º grau
c) função polinomial do 4.º grau
d) função polinomial do 6.º grau
e) função polinomial constante

20. a) $a = 2$
b) $a = \pm 1$
c) $a = -2$ e $b = -6$
d) $a = -2$
e) não existe

21. a) $\text{Im}(g) = \{2, 1\}$
b) $\text{Im}(f) = [2, 3[$

22. a) $V(m) = \begin{cases} 120, \text{ para } 0 \leq m \leq 100 \\ 0{,}3m + 90, \text{ para } m > 100 \end{cases}$
b) R$ 135,00

23. a) Em $]0, 2]$ e $[5, 7]$ a função cresce, e em $[2, 5]$ decresce.
b) A função é constante (não cresce nem decresce).
c) A função é crescente.
d) A função é decrescente.

24. função par: b, c, g
função ímpar: a

25. função par: a, d
função ímpar: b, e
função nem par nem ímpar: c

26. b, e

27. a) só sobrejetora
b) bijetora
c) nem injetora nem sobrejetora
d) função t: nem injetora nem sobrejetora
função r: bijetora

28. só injetora: a
só sobrejetora: b
nem injetora nem sobrejetora: c
bijetora: d

29. Não é.

30. $B = [1, 2]$

31. a) $g^{-1}(x) = \dfrac{x - 3}{2}$
b) $g^{-1}(x) = \dfrac{3x - 2}{5}$
c) $g^{-1}(x) = \sqrt[3]{x}$
d) $g^{-1}(x) = x^3 - 1$
e) g^{-1} não existe

32. a) $h^{-1}: \mathbb{R} - \{2\} \to \mathbb{R} - \{1\}$
tal que $h^{-1}(x) = \dfrac{x + 3}{x - 2}$
b) $h^{-1}: \mathbb{R}^* \to \mathbb{R} - \{3\}$
tal que $h^{-1}(x) = \dfrac{3x + 1}{x}$
c) $h^{-1}: \mathbb{R}_- \to \mathbb{R}_+$
tal que $h^{-1}(x) = \sqrt{-x}$

33. a) O par $(1, 2)$ indica que para **1** visita mensal são cobradas **2** centenas de reais e o par $(2, 5)$ indica que para **2** visitas mensais são cobradas **5** centenas de reais.
b) $g^{-1}(x) = \dfrac{1}{3}x + \dfrac{1}{3}$

34. a) Quanto mais o preço do produto aumenta, menos pessoas se dispõem a comprá-lo.
b) 16 pessoas; nenhuma
c) $f^{-1}: [0, 16] \to [1, 5]$ tal que $f^{-1}(x) = 5 - \sqrt{x}$

35. a) O ponto $(0, 0)$ nos dá $x = 0$ e $y = 0$, que indicam que no momento em que o surto se iniciou no primeiro país, zero dezenas de pessoas contraíram a gripe no outro país. Já o ponto $(1, 1)$ nos dá $x = 1$ e $y = 1$, que indicam que após 1 mês do surto ter iniciado no primeiro país, 1 dezena de pessoas contraíram a gripe no outro país.

b)

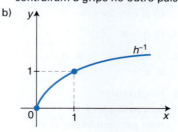

36. a) $g(0)$ indica o total a ser pago quando o número de quilômetros rodados é zero, ou seja, determina o valor da bandeirada.
b) demonstração
c) 12,5 km
d)

37. a) 11
b) 5
c) $f(g(x)) = 4x^2 - 4x + 3$
d) $g(f(x)) = 2x^2 + 3$
e) $f(f(x)) = x^4 + 4x^2 + 6$
f) $g(g(x)) = 4x - 3$

38. 64

39. a)

b) 7
c) $f(g(q))$ indica a lei da função que nos fornece o faturamento a partir da quantia investida em propaganda.

40. 1

41. $g(x) = 2x^2 + 2x - 1$

42. a) 11
b) 5
c) $f(x) = x^2 + 5x + 5$

43. $f(x) = \dfrac{2x + 7}{3}$

44. $(f \circ f)(x) = -\dfrac{1}{x + 1}$

45. $a = \dfrac{5}{3}$

46. $a = 2$ e $b = 1$ ou $a = -2$ e $b = -3$

47. a) 3
b) $3 = f(1)$
c) 15
d) 15

48. $k = -2$

49. $(f \circ g \circ h)(x) = -x + 1$

50. a) zero
b) 3
c) zero

51. 1

Respostas **523**

52. $g(x) = x^2 - 2x + 3$

53. $g(f(x)) = x + 1$

54. $f(x) = \dfrac{3x - 5}{2}$

55. apenas -1

56. demonstração

57. $\dfrac{1}{7}$

Encare Essa!

1. apenas c
2. a) Não é.   b) É.
3. $D(f) = \{-3, 3\}$; $Im(f) = \{2\}$

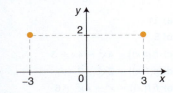

Atividades de Revisão

1. d
2. a
3. $F \times G$

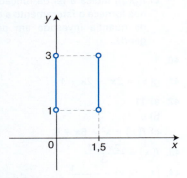

4. a) $f(t) = 4t$
   b) 162,5 horas
5. 8
6. a) $D(f) = \mathbb{R}$, $CD(f) = \mathbb{R}$ e $Im(f) = \mathbb{R}_+$
   b) $D(f) = \mathbb{N}$, $CD(f) = \mathbb{N}$ e $Im(f) = \{y \in \mathbb{N} \mid y \geq 4\}$
   c) $D(f) = \{0, 1\}$, $CD(f) = \mathbb{R}$ e $Im(f) = \{0, 1\}$
7. a) 3,5
   b) zero
   c) $-\dfrac{20}{3}$

8. a) $]-2, 7[$
   b) $[-3, 10[$
   c) $]-2, 6]$
   d) 6
   e) $f(4) = 3$, $f(1) = 2$, $f(0) = 3$; $f(7)$ e $f(-2)$ não existem
   f) 0, 4 e 5,5

9. a) $\mathbb{R}$
   b) $\mathbb{R} - \{-2\}$
   c) $\{x \in \mathbb{R} \mid x \geq -2 \text{ e } x \neq 1\}$
   d) $[-11, 0[\cup]0, 1]$

10. a) $Im(f) = \{-3, 3\}$
    b) $Im(g) = [0, +\infty[$
    c) $Im(h) = [0, +\infty[$
    d) $Im(p) = \{0, 1, 2\}$
    e) $Im(q) = [0, 1]$

11. a) $D(f) = \{0, 1, 2, 3, 4\}$ e $CD(f) = \mathbb{N}$
    b) $f(0) = 1$, $f(1) = 1$, $f(2) = 2$, $f(3) = 6$ e $f(4) = 24$
    c) conjunto imagem de f

12. e

13. a) 2   d) -1
    b) 3   e) 0,5
    c) zero

14. demonstração

15. $x = 0$

16. a) $x \in \{-2, 1, 4\}$
    b) $x \in \{-2, 0, 3\}$
    c) $x \in]-2, 1[\cup]4, 5[$
    d) $x = -2$ ou $0 \leq x \leq 3$
    e) $x \in]0, 1[\cup]3, 4[$
    f) $x \in [-2, 0] \cup [1, 3] \cup [4, 5[$

17. a) f cresce em $[0; 0,5]$ e decresce em $[0,5; 1]$.
    b) valor mínimo: 0 e valor máximo: 1

18. a) $[0, 2]$, $[4, 6]$ e $[7, 9]$
    b) $[2, 4]$, $[6, 7]$ e $[9, 12]$
    c) 1 ano (ou 12 meses)
    d) no mês 2
    e) não

19. zero (não há pontos de intersecção)

20. a) $g(x) = 2$
    b) $g(x) = 2x + h - 4$

21. $D(f) = \mathbb{R} - \{3\}$

22. I. b, f   III. d
    II. a   IV. c, e

23. função par: c
    função ímpar: a, b
    nem par nem ímpar: d, e

24. a) O ponto $(0, 1)$ indica que no início havia 1 milhar de bactérias, e o ponto $(2, 4)$ indica que em 2 minutos o número de bactérias já havia passado para 4 milhares.
    b)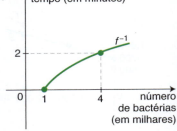
    c) aos pontos $(1, 0)$ e $(4, 2)$, respectivamente

25. a) $B = \mathbb{R} - \{1\}$ b) $B = [0, +\infty[$

Questões Propostas de Vestibular

1. a
2. d
3. a
4. c
5. b
6. 1.506 g
7. d
8. b
9. b
10. e
11. e
12. d
13. e
14. c
15. a
16. b
17. c
18. c
19. $h(x) = x - 14$ e $h(1) = -13$
20. b
21. 29
22. c
23. d
24. e
25. a
26. a) 2
    b) $f(x) = \dfrac{x}{2}$
    c) $x = 15$
27. e

Programas de Avaliação Seriada

1. C, E, E
2. d
3. c

Capítulo 3

Exercícios Propostos

1. a) função polinomial do 1.º grau
   b) função constante
   c) para $a \neq 0$ é função polinomial do 1.º grau e para $a = 0$ é função constante
   d) para $k \neq 0$ não é função afim e para $k = 0$ é uma função polinomial do 1.º grau
   e) para $k = 0$ e $x \neq 0$ é função constante e para $k \neq 0$ não é função afim

2. $a = -1$ e $b = 1$
3. 4
4. a) -1
   b) $-3\sqrt{3} - 1$
   c) $-3a - 1$
   d) $-3a - 4$
5. a) varia em função da quantidade de horas trabalhadas
   b) $S(x) = 10x + 250$; função polinomial do 1.º grau
6. a) $\text{Im}(f) = \mathbb{R}$
   b) $\text{Im}(f) = \mathbb{R}$
   c) $\text{Im}(f) = \mathbb{R}$
   d) $\text{Im}(f) = \{-1\}$
   e) $\text{Im}(f) = \mathbb{R}$
   f) $\text{Im}(f) = \{6\}$
   g) $\text{Im}(f) = \mathbb{R}$
   h) $\text{Im}(f) = \{0\}$
7. a)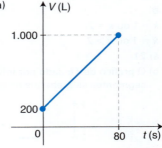
   b) 300 L
   c) 30 s
8. a) $a = 1$ e $b = 2$; $f(x) = x + 2$
   b) $a = -\dfrac{3}{2}$ e $b = 3$; $f(x) = -\dfrac{3}{2}x + 3$
   c) $a = 0$ e $b = 3$; $f(x) = 3$
   d) $a = \dfrac{1}{3}$ e $b = \dfrac{4}{3}$; $f(x) = \dfrac{1}{3}x + \dfrac{4}{3}$
   e) $a = -\dfrac{4}{3}$ e $b = 4$; $f(x) = -\dfrac{4}{3}x + 4$
   f) $a = 2$ e $b = 0$; $f(x) = 2x$
9. a)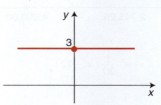
   b) (gráfico)
   c)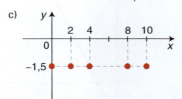
10. a
11. (gráfico)
12. a) -3 m
    b) 1,5 s
    c) 2 m/s
    d) a velocidade do movimento
13. a) $y = 350 + 0{,}05x$
    b) função polinomial do 1.º grau
    c) R$ 600,00
    d) R$ 63.000,00
    e) Recebe só o valor fixo de R$ 350,00.
    f) 0,05
14. a) 0,5
    b) não há
    c) 0
15. $m = 9$
16. 8
17. a) $\text{Im}(f) = \{y \in \mathbb{R} \mid y \leq -1{,}5\}$
    b) $\text{Im}(g) = [-10, 10]$
18. a) $y = x$
    b) sim; função linear
    c) (gráfico)
19. a) o conjunto imagem
    b) h de $\mathbb{R}$ em $\mathbb{R}$
    tal que $h(x) = \begin{cases} -x + 2, & \text{se } x \leq 0 \\ 0, & \text{se } 0 < x \leq 1 \\ x - 1, & \text{se } 1 < x < 2 \\ 4, & \text{se } x = 2 \\ 3, & \text{se } x > 2 \end{cases}$
20. a) $(0, -12)$; $(-4, 0)$
    b) não
21. a) não há   c) não há
    b) 5   d) 0
22. a) $\{y \in \mathbb{R} \mid y \leq 1\}$
    b) $\{y \in \mathbb{R} \mid y = -2 \text{ ou } y > 3\}$
    c) $[1, +\infty[$
    d) $\mathbb{R}$
    e) $\mathbb{R}^*$
23. a) dois   c) nenhum
    b) infinitos
24. a) $y = x + 2$
    b) $y = 0$
25. a) $y = \dfrac{1}{3}x + 1$ c) $y = 3x$
    b) $y = -x + 3$
26. a) resposta pessoal
    b) sim
27. a) crescente
    b) decrescente
    c) para $k < 2$, crescente; para $k > 2$, decrescente; e para $k = 2$, constante
    d) decrescente
28. $m < 0$
29. $k > \dfrac{2}{5}$
30. a) 77 °F   b) 10 °C   c) sim
31. a) $\text{Im}(f) = [3, +\infty[$
    f cresce para $x \geq 1$
    b) $\text{Im}(f) = \mathbb{R}_+$
    f decresce para $x \leq 1$
    e cresce para $x > 1$
    c) $\text{Im}(f) = \{y \in \mathbb{R} \mid y > -2\}$
    f decresce para $x < 0$
    e cresce para $x \geq 0$
    d) $\text{Im}(f) = \,]-\infty, 4]$
    f cresce para $x \leq 1$
    e decresce nos intervalos
    $1 < x \leq 4$ e $x > 4$

Respostas **525**

32. F, V, V, F, F

33. a) R$ 19,08

b) $f(x) = \begin{cases} 0, \text{ se } 0 < x \leq 1.372,81 \\ 0,15x - 205,92, \text{ se } 1.372,81 < x \leq 2.743,25 \\ 0,275x - 548,82, \text{ se } x > 2.743,25 \end{cases}$

c)

34. $g^{-1}(x) = \dfrac{x}{8} + \dfrac{1}{2}$

35. a) $f(x) = 30x + 12$ b) $f^{-1}(x) = \dfrac{1}{30}(x - 12)$

36. a) $h^{-1}(x) = 5x$ b) 25 m

37. $c^{-1}(x) = \dfrac{x}{2} + 2$

38.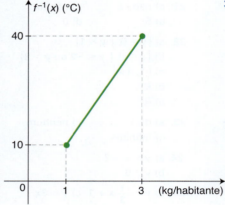

39.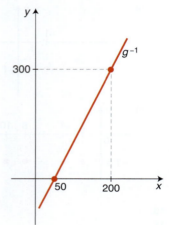

40. a) $f(x) = 2x - 3$:
  $y = 0$ para $x = 1,5$
  $y < 0$ para $x < 1,5$
  $y > 0$ para $x > 1,5$
  $g(x) = 5 - x$:
  $y = 0$ para $x = 5$
  $y < 0$ para $x > 5$
  $y > 0$ para $x < 5$
  $h(x) = -x$:
  $y = 0$ para $x = 0$
  $y < 0$ para $x > 0$
  $y > 0$ para $x < 0$
b) para $x \leq 8$

41. a) $V(x) = 8x$
b) $C(x) = 5x + 3.000$
c) No mês em que vender mais de 1.000 pares de chinelos.

42. a) $S = \{x \in \mathbb{R} \mid x > 3\}$ d) $S = \{x \in \mathbb{R} \mid x \leq 2\}$
b) $S = \{x \in \mathbb{R} \mid x \geq 0,5\}$ e) $S = \{x \in \mathbb{R} \mid x \geq 5\}$
c) $S = \{x \in \mathbb{R} \mid x > 3\}$ f) $S = \{x \in \mathbb{R} \mid x < 1\}$

43. no mínimo 201

44. mais de 14 km

45. É uma quantia maior que 200 reais.

46. a) $y = 200 - x$ b) entre 180 e 185 bpm

47. a) $y = 15 + 5,2x$
b) no mínimo 19

48. após 7 anos

49. menos de 100 min

50. a) $S = [3, 5]$
b) $S = \,]0,5; 3]$
c) $S = [1, +\infty[$
d) $S = \emptyset$
e) $S = \,]4, 5]$

51. a) $4 < x \leq 5$ b) $1,5 \leq x \leq 3$

52. a) $[-3, +\infty[$ c) $[-3, 2[$
b) $\mathbb{R} - \{2\}$

53. a) -3 b) 2

54. a) $x \leq -\dfrac{5}{3}$ ou $x \geq \dfrac{1}{2}$
b) $0 \leq x \leq 1$ ou $x \geq 3$
c) $x < 1$ e $x \neq -1$
d) $x > 2$ e $x \neq 5$
e) $x \leq 1$ ou $x \geq 2$
f) $x \leq 1$ ou $x = 2$

55. a) $S = \left\{x \in \mathbb{R} \mid x < -\dfrac{1}{2} \text{ ou } x > -\dfrac{1}{5}\right\}$
b) $S = \{x \in \mathbb{R} \mid -1 < x \leq 2\}$
c) $S = \{x \in \mathbb{R} \mid x \leq -2\}$
d) $S = \{x \in \mathbb{R} \mid x < 1 \text{ ou } 2 \leq x < 3\}$

56. a) $\{x \in \mathbb{R} \mid x \leq -3 \text{ ou } 1 \leq x \leq 2\}$
b) $\left\{x \in \mathbb{R} \mid x < \dfrac{1}{2}\right\}$
c) $\{x \in \mathbb{R} \mid 1 \leq x < 2 \text{ ou } x \geq 3\}$
d) $\{x \in \mathbb{R} \mid 0 \leq x < 1 \text{ ou } x \geq 4\}$

57. a) $-5, -4$ e -3
b) 2, 3, 4, 5, 6, ...
c) só -3
d) ..., $-3, -2, -1, 0$

58. $x > 1$

Encare Essa!

1. b

2. $k = 1$ ou $k = 2$;
  $x \leq 1$ ou $x > 2$

3. a) 21
b) O gráfico de f é dado por infinitos segmentos semiabertos do tipo:

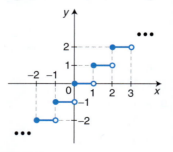

4. V, F, V, V, V

5. e

ATIVIDADES DE REVISÃO

1. a) $f(x) = 5x - 200$, com $x \in \mathbb{N}$ e $x \leq 100$
b) 41

2. a)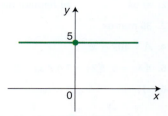

b)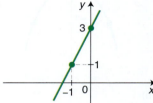

c)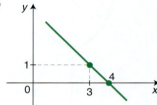

d)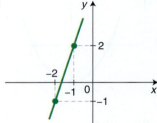

e)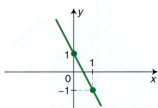

3. a)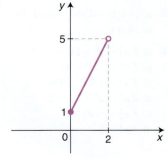

b)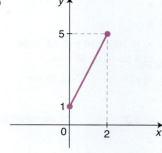

c)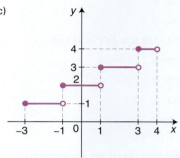

4. a) $f(x) = 3$
b) $f(x) = -\dfrac{1}{2}x + 3$
c) $f(x) = 3x - 1$
d) $f(x) = 2x$
e) $f(x) = -x$

5. a) $\{1, 3, 5\}$
b) $\{0, 1\}$
c) $[0, 1]$

6. a) $y = 0$ para $x = 0$
$y < 0$ para $x < 0$
$y > 0$ para $x > 0$
b) $y = 0$ para $x = -\dfrac{1}{3}$
$y < 0$ para $x < -\dfrac{1}{3}$
$y > 0$ para $x > -\dfrac{1}{3}$

7. $k > \dfrac{7}{6}$

8. acima de 60 horas semanais

9. a)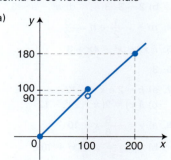

b) R$ 107,78
c) Sim, pois agora é impossível que uma pessoa cujo valor da compra sem desconto ultrapasse 100 reais pague um valor igual ou menor que outra cujo valor da compra foi menos de 100 reais.

10. a) $V(t) = \dfrac{25}{6}t$, com $0 \leq t \leq 120$
b) após 1 h e 12 min

11. $y = 20x$; 60

12. a) $P_1(x) = 1{,}50x$; $P_2(x) = 30 + x$ e $P_3(x) = 150$
b)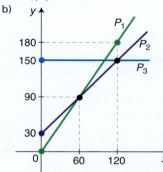

c) Para um tempo de conversação menor do que 60 min, o plano 1 é o mais vantajoso. Para 60 min, tanto faz o plano 1 ou o plano 2. Para um tempo entre 60 e 120 min, o plano 2 é o mais vantajoso. Para 120 min, tanto faz o plano 2 ou o plano 3. E, finalmente, para mais de 120 min, o plano 3 é o mais vantajoso.

13. Maria

14. a) $f(t) = \begin{cases} 40, \text{ se } 0 \leq t \leq 100 \\ 0{,}3t + 10, \text{ se } t > 100 \end{cases}$
b)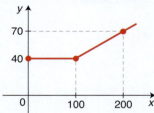

15. $m > 1$

16. a) $]-\infty, 2] \cup [3, +\infty[$
b) $]-\infty, 2[\cup [3, +\infty[$
c) $[3, 4] \cup]5, +\infty[$
d) $[2, 3]$
e) $[5, 6[$

17. 4,5

18. a) $D(f) = \mathbb{R} - \{-2\}$
b) $\text{Im}(f) = \mathbb{R} - \{-3\}$
c) não

19. a) π b) demonstração

20. -1

21. $[2, 3[$

22. a) $y = x$
b) $y = -x$
c) $y = x - 1$
d) $y = 2x + 2$
e) $y = -\dfrac{1}{3}x$

Respostas **527**

23.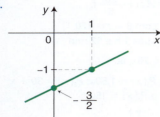

24. $-\dfrac{2}{3}$

25. a) $(-1, -1)$ b) sim

26. -3

27. $a = 0$, $b = 0$ e $c < 10$

28. a) $1 \leq x < 3$ b) $-\dfrac{16}{11} < x < \dfrac{25}{13}$

29. a) $S = [2, 3] \cup [5, +\infty[$
b) $S =]-\infty, -4[\cup]-4, 1[\cup]2, +\infty[$
c) $S =]-2, -1[\cup]2, +\infty[$
d) $S =]-\infty, -3[\cup]-3, 2[$

30. a) resposta pessoal
b) resposta pessoal
c) 0, 1 e 2
d) não existe
e) não existe

Questões Propostas de Vestibular

1. a) $b = 1.600$ e $q = \dfrac{11}{5}$
b) R$ 3.360,00

2. c

3. a

4. c

5. a

6. b

7. c

8. c

9. b

10. c

11. e

12. e

13. a) R$ 3,75   b) 30 km

14. d

15. c

16. a

17. c

18. c

19. a) $v(m) = \dfrac{5}{4}m$, com $m \geq 0$
b) 24 g

20. 63

21. 19

22. a

23. 5

24. a) A: R$ 57,50 e B: R$ 40,00
b) a partir de 68 min

25. $h(y) = \dfrac{y - 320}{5}$ e 16 cm

26. c

27. a) 2,3   b) demonstração

28. d

29. a

30. b

31. $133{,}5 \leq FCT \leq 181{,}45$

32. b

33. d

34. a

35. d

Programas de Avaliação Seriada

1. I. d, II. a, III. c

2. e

3. a

Capítulo 4

Exercícios Propostos

1. a, g

2. a) $a = 7$, $b = 5$ e $c = 2$
b) $a = 1$, $b = 3$ e $c = 0$
c) $a = -1$, $b = 0$ e $c = 4$
d) $a = -8$, $b = 0$ e $c = 5$
e) $a = 2$, $b = m + 3$ e $c = 1$
f) $a = 1$, $b = -3$ e $c = k + 1$
g) $a = 1$, $b = -4$ e $c = 3$
h) $a = 3$, $b = -6$ e $c = 3$

3. a) -1 c) $a^2 - 3a - 1$
b) $2 - 3\sqrt{3}$ d) $a^2 - a - 3$

4. $m = -\dfrac{1}{2}$ e $n = \dfrac{3}{2}$

5. $f(x) = x^2 - 4x + 3$

6. 3

7. a) $h = 2$ e $k = -12$
b) $f(x) = 2(x - 2)^2 - 12$

8. a) $y = -\dfrac{5}{6}x + 10$
b) $A_{DEFG} = -\dfrac{5}{6}x^2 + 10x$

9. a) $-\sqrt{3}$ e $\sqrt{3}$ c) não há
b) 0 e 1

10. a) $m < \dfrac{1}{8}$
b) $m = \dfrac{1}{8}$
c) $m > \dfrac{1}{8}$

11. dois zeros para $k < \dfrac{49}{12}$,
um único zero para $k = \dfrac{49}{12}$
e não tem zeros para $k > \dfrac{49}{12}$

12. a) 54   b) heptágono

13. 36 metros

14. $A = 40x - x^2$

15. $f(4) = 6$, $f(2) = 7$ e $f(3) = 2$

16. a)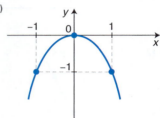

b)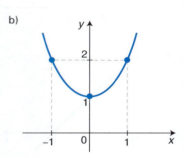

c)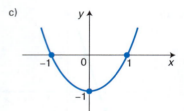

d)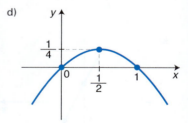

17. a) $y = -x^2 + 2x - 3$
b) $y = x^2 + 2x$

18. a) $(-2{,}5; -0{,}25)$ c) $(0, 2)$
b) $(4, 4)$

19. a) $f(x) = x^2 - 2x + 1$
b) $f(x) = -x^2 + 4x$
c) $f(x) = 1{,}5x^2 - 4{,}5x + 3$
d) $f(x) = x^2 - 2x + 2$
e) $f(x) = -x^2 + 4$
f) $f(x) = 2x^2 + 1$

20. 16

21. a) $\Delta = 0$
b) Nesse caso, a função tem dois zeros e a parábola pode ter concavidade voltada para baixo ou para cima, mas sempre cruza o eixo x em dois pontos.

22. a) 2 e 4; $V(3, -1)$; $(0, 8)$; concavidade voltada para cima
b) -3 e 1; $V(-1, 4)$; $(0, 3)$; concavidade voltada para baixo
c) $2 - \sqrt{2}$ e $2 + \sqrt{2}$; $V(2, -2)$; $(0, 2)$; concavidade voltada para cima
d) 0 e 6; $V(3, -9)$; $(0, 0)$; concavidade voltada para cima
e) não há zeros; $V(0, -4)$; $(0, -4)$; concavidade voltada para baixo
f) -2; $V(-2, 0)$; $(0, 4)$; concavidade voltada para cima
g) $-0,5$; $V(-0,5; 0)$; $(0, 1)$; concavidade voltada para cima
h) não há zeros; $V(0, 3)$; $(0, 3)$; concavidade voltada para cima

23. a)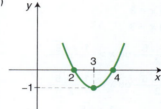

b)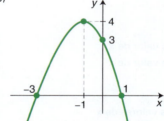

c)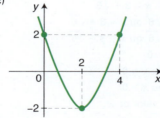

d)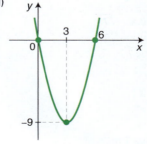

e)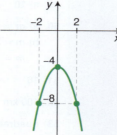

f)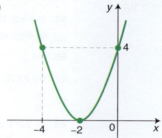

g)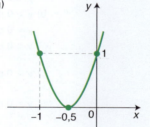

h)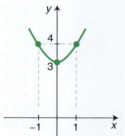

24. $k > 2$

25. $m < 1,5$

26. $k > -1$

27. $k < -3$

28. a) $m \neq 1$
b) $m = -1$

29. a) $a > 0$, $c > 0$ e $\Delta > 0$
b) $a < 0$, $c < 0$ e $\Delta = 0$
c) $a > 0$, $c > 0$ e $\Delta < 0$
d) $a < 0$, $c > 0$ e $\Delta > 0$

30. a) $b > 0$
b) $b = 0$
c) $b < 0$
d) $b = 0$

31. $k = 0$ ou $k = -4$

32. c

33. a)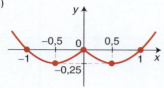

b)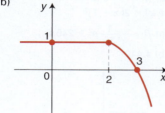

c)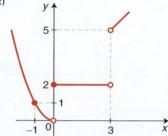

34. $x = 1$ ou $x = 2$

35. nenhuma

36. a)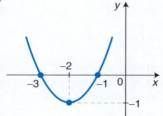

b)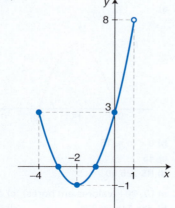

Respostas **529**

c)

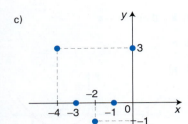

37. a) $m = -4$ e $n = 7$ b) $m = -2,5$ e $n = 0,5$
38. $f(x) = 2(x-1)^2$
39. a) $R = -\dfrac{1}{36}n^2 + 245n$
    b) 4.410
    c)

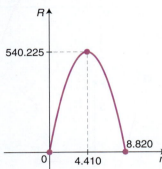

40. demonstração
41. às 17 horas
42. a) função quadrática b) não
43. a) $[-3, +\infty[$ e) $\left]-\infty, \dfrac{13}{4}\right]$
    b) $]-\infty, 12]$ f) $[0, +\infty[$
    c) $[1, +\infty[$ g) $]-\infty, 0]$
    d) $\left[-\dfrac{1}{8}, +\infty\right[$
44. a) valor mínimo = 1   d) valor mínimo = −5
    b) valor máximo = −1   e) valor mínimo = −8
    c) valor máximo = 4,5   f) valor máximo = 3,25
45. a) $k = -3$ b) $k = \pm 3$
46. $m = -8$
47. a)

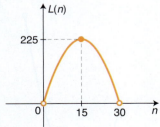

    b) $0 < n \leq 15$
    c) 15
    d) R$ 225,00
48. a) $[7, 20]$ (valores em horas) c) às 14 horas
    b) das 14h às 20h   d) 36 °C

49. a) 10   b) 250
50. a) $m = n = 5$
    b) $m = 3$ e $n = -3$ ou
       $m = -3$ e $n = 3$
51. 16
52. 100 km
53. quadrado de lado 15 cm
54. a) $x = 2$ b) $x = 6$ e $y = 2$
55. a) não; 100 dias
    b) sim; 48 dias e 5.408 indivíduos
56. 1,6
57. R$ 43,20
58. $\dfrac{4}{3}$
59. a) $y > 0$ para $x < 2$ ou $x > 4$
       $y = 0$ para $x = 2$ ou $x = 4$
       $y < 0$ para $2 < x < 4$
    b) $y > 0$ para $1 < x < 3$
       $y = 0$ para $x = 1$ ou $x = 3$
       $y < 0$ para $x < 1$ ou $x > 3$
    c) $y > 0$ para $x < \dfrac{1-\sqrt{5}}{2}$ ou $x > \dfrac{1+\sqrt{5}}{2}$
       $y = 0$ para $x = \dfrac{1-\sqrt{5}}{2}$ ou $x = \dfrac{1+\sqrt{5}}{2}$
       $y < 0$ para $\dfrac{1-\sqrt{5}}{2} < x < \dfrac{1+\sqrt{5}}{2}$
    d) $y > 0$ para $x \neq 1$
       $y = 0$ para $x = 1$
       $y < 0$ para nenhum valor de x
    e) $y > 0$ para nenhum valor de x
       $y = 0$ para $x = 3$
       $y < 0$ para $x \neq 3$
    f) $y > 0$ para todos os valores de x
       $y = 0$ e $y < 0$ para nenhum valor de x
    g) $y > 0$ para $3 - \sqrt{6} < x < 3 + \sqrt{6}$
       $y = 0$ para $x = 3 - \sqrt{6}$ ou $x = 3 + \sqrt{6}$
       $y < 0$ para $x < 3 - \sqrt{6}$ ou $x > 3 + \sqrt{6}$
    h) $y > 0$ para $-1 < x < 0$
       $y = 0$ para $x = -1$ ou $x = 0$
       $y < 0$ para $x < -1$ ou $x > 0$
    i) $y > 0$ para nenhum valor de x
       $y = 0$ para $x = 0$
       $y < 0$ para $x \neq 0$
    j) $y > 0$ para $x < -\sqrt{7}$ ou $x > \sqrt{7}$
       $y = 0$ para $x = -\sqrt{7}$ ou $x = \sqrt{7}$
       $y < 0$ para $-\sqrt{7} < x < \sqrt{7}$
60. $-2 < x < 3$ e $x \neq \dfrac{1}{2}$
61. $k > 1$
62. $m > 1$
63. medida do lado menor que 7 m

64. a) $S = \{x \in \mathbb{R} \mid x < 1 \text{ ou } x > 3\}$
    b) $S = \{x \in \mathbb{R} \mid 1 \leq x \leq 3\}$
    c) $S = \{x \in \mathbb{R} \mid 1 < x < 2\}$
    d) $S = \{x \in \mathbb{R} \mid x \leq -1 \text{ ou } x \geq 3\}$
    e) $S = \{3\}$
    f) $S = \mathbb{R} - \{-1\}$
    g) $S = \emptyset$
    h) $S = \{x \in \mathbb{R} \mid x \leq -\sqrt{3} \text{ ou } x \geq \sqrt{3}\}$
    i) $S = \{x \in \mathbb{R} \mid x \leq 0 \text{ ou } x \geq 4\}$
    j) $S = \mathbb{R}$

65. 11

66. 1, 2, 3, 4 e 5

67. a) $1 < x \leq 2$
    b) $-2 \leq x \leq 1$ ou $x = 2$
    c) $x \leq 0$ ou $x \geq 4$

68. a) $]-\infty, 2] \cup [6, +\infty[$
    b) $]-\infty, 2[\cup]5, +\infty[$
    c) $[0, 1[$
    d) $\mathbb{R} - \{1\}$

69. a) $k > 9$ b) $k < -1$

70. a) $m < -1$ b) $-4 \leq m \leq 4$

71. mais de 5 peças

72. entre 4h e 20h

73. a) $x < 1$ e $x \neq -1$
    b) $x < 1$ ou $2 < x < 4$
    c) $x \leq -3$ ou $1 \leq x < 4$
    d) $x \leq -2$ ou $0 < x \leq 2$
    e) $x \leq -1$ ou $0 < x \leq 2$

74. duas

75. a) $\{x \in \mathbb{R} \mid x \geq 1\}$
    b) $\{x \in \mathbb{R} \mid 1 < x < 2 \text{ ou } x > 5\}$

76. $0 < x < 1$

77. $S = \{x \in \mathbb{R} \mid x < -1 \text{ ou } 1 < x < 2 \text{ ou } x > 5\}$

Encare Essa!

1. $\ell = \dfrac{P}{4}$ e $A = \dfrac{P^2}{16}$

2. não

3. a) $b \leq -4\sqrt{3}$ ou $b \geq 4\sqrt{3}$
   b) $b = 8$

Atividades de Revisão

1. $y = 0{,}4x^2 - 2{,}4x + 4$

2. a)
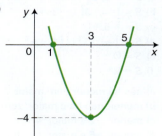

b)
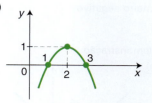

c)
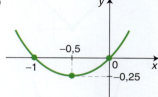

d)
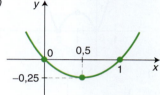

e)
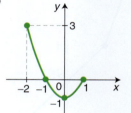

f)
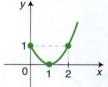

3. $a > 0$, $b < 0$, $c < 0$ e $\Delta > 0$

4. $m = 2$ e $n = 5$

5. $n = 20$

6. a) às 12 horas   b) $A = 20$

7. $\simeq 105$ m

8. a) $A(x) = -\dfrac{2}{3}x^2 + 10x$
   b) $]0, 15[$
   c) $7{,}5$ cm
   d) $37{,}5$ cm²

9. 100 reais

10. $\dfrac{100}{3}$

11. R$ 2.012,00

12. R$ 6,00

13. $k > \dfrac{9}{4}$

14. $k > 25$

15. $k = \pm 2\sqrt{6}$

16. a) $y = \sqrt{25 - x^2}$
    b) $[0, 5]$

17. $m \neq 2$

18. $-12 < k < 12$

19. 2

20. a) $x \leq 1$ ou $x \geq 4$
    b) $x < 3$ ou $x > 4$
    c) não existe x real
    d) $-\sqrt{5} < x < \sqrt{5}$
    e) $-1 \leq x \leq 1$ ou $6 \leq x \leq 8$

21. a) $]-\infty, 1] \cup [7, +\infty[$
    b) $[3, 4]$
    c) $]-\infty; 0{,}5] \cup [1, 7[$

22. a) $x > -1$ e $x \neq 1$
    b) $-1 < x < 0$ ou $x > 1$
    c) $x \leq 2$ e $x \neq 1$ ou $x > 3$

23. a) $[1, 2] \cup]5, +\infty[$
    b) $]5, +\infty[$

24. $S = \{x \in \mathbb{R} \mid x \geq -1 \text{ e } x \neq 3 \text{ e } x \neq 7\}$

25. $-4 < m < 4$

Questões Propostas de Vestibular

1. d
2. 1.506 g
3. c
4. c
5. d
6. a
7. b
8. b
9. a
10. b
11. 55
12. d
13. 12
14. c
15. c
16. c
17. d
18. d
19. e
20. e
21. c

22. a) no mínimo 70
b) 65
c) no máximo 70

23. e

24. a) R$ 800,00   b) R$ 5,50

25. a

26. d

27. a

28. a

29. a) $0 < x < 16$
b) $x = 8$ e $y = 16$

30. a) para todo x real
b) para $x = -0,5$

31. a

32. a

33. a

34. a) $3 \leq x \leq 4$ b) 7 m e 4 m

35. a) t real tal que $0 \leq t \leq 10$
b) 6 s

36. d

37. c

38. a) até 1 semana após a aplicação
b) sim, após 2 semanas da aplicação
c) a partir da 5.ª semana

39. 30

40. c

Programas de Avaliação Seriada

1. V, V, V, F
2. C, E, C, C
3. c
4. b

Capítulo 5

Exercícios Propostos

1. a) 8   d) a
b) $5 + \pi$ e) $-a$
c) 4

2. a) $2\sqrt{3} - 2$ c) $3 - \sqrt{3}$
b) 1   d) zero

3. a) 1   b) -1

4. demonstração

5. V, F, V, V, V, F, F, V, F, F, V, F, V

6. a) $2x - 2$ c) 1
b) x d) $x - 1$

7. a) $-x + 2$
b) $x + 1$

8. inteiro negativo

9. 1

10. demonstração

11. a)

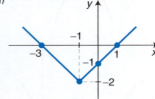

b)

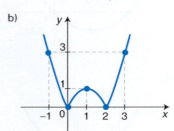

c)

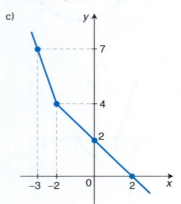

d)

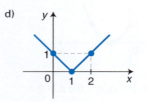

e)

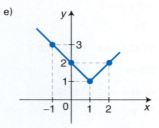

f)

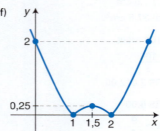

g)

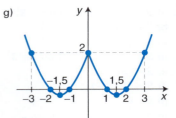

h)

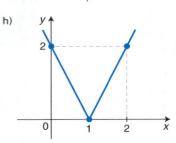

12. a) $[3, +\infty[$ d) $\{-3\}$
b) $[0, +\infty[$ e) $\{-1, 1\}$
c) $[-3, +\infty[$

13. a) sim
b) $[1, +\infty[$
c) $\{1\}$; não
d) constante; não

14. a) $S = \{\sqrt{2}, -\sqrt{2}\}$
b) $S = \{-\sqrt{2}\}$
c) $S = \emptyset$
d) $S = \{10, -4\}$
e) $S = \{-1, 4\}$
f) $S = \{1\}$
g) $S = \left\{\dfrac{3}{2}\right\}$
h) $S = \{1, -1\}$
i) $S = \{1, 7\}$
j) $S = \emptyset$

15. a) uma   d) nenhuma
b) quatro   e) uma
c) duas

16. a) a I   c) a I
b) a I   d) a II

17. a) $x = 0$, $x = -4$ ou $x = -2$
b) $x = 3$
c) Não há solução em $\mathbb{Z}$.
d) $x = 1$ ou $x = -1$
e) $x = 0$

18. V, F, V, F

19. a) $S = [-2, 2]$
b) $S =]-\infty, -3[\cup]3, +\infty[$
c) $S =]-5, 5[$
d) $S =]-\infty, -1] \cup [1, +\infty[$
e) $S = \emptyset$
f) $S = \mathbb{R}^*$

20. a) não há menor nem maior
b) menor: não há e maior: zero
c) menor: -2 e maior: 4
d) menor: -5 e maior: não há

21. a) 0 ou 1
    b) resposta pessoal
    c) resposta pessoal
    d) não existe
    e) resposta pessoal
    f) não existe
    g) resposta pessoal
    h) não existe

Encare Essa!

1. a) $f(x) = |x|$
   b) $f(x) = |x - 2|$
   c) $f(x) = |x - 1| - 2$
2. b
3. sim, o $[1, +\infty[$
4. três
5. $\dfrac{3}{4}$, 1 e $\dfrac{5}{4}$

Atividades de Revisão

1. a) 1   b) 1   c) 1   d) -1
2. -2
3. nenhum
4. a)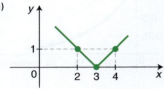
   b)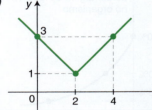
   c)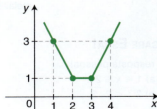
   d)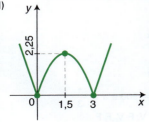

5. a) $[0, +\infty[$ c) $[-2, +\infty[$
   b) $[-3, +\infty[$

e)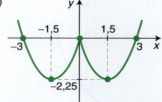

6. $m > -1$
7. a)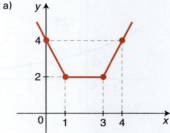
   b) $\dfrac{1}{2}$ e $\dfrac{7}{2}$
   c) $S = [1, 3]$ e $S = \emptyset$, respectivamente
   d) $[2, +\infty[$
8. a) $x = \dfrac{5}{2}$
   b) $x = 6$ ou $x = -6$
   c) $x = 1$, $x = -1$, $x = 2$ ou $x = -2$
9. zero
10. uma
11. no dia 300
12. $x \in \{4\sqrt{2}, -4\sqrt{2}, 0\}$
13. a) $x = 2$ ou $x = 4$
    b)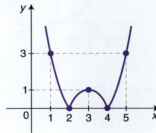
14. $A \cap B = \emptyset$ e
    $A \cup B =]-\infty, -5[\cup]-2, 8[\cup]9, +\infty[$
15. $x < -3$ ou $x > 3$
16. após 45 minutos
17. a) $S = \emptyset$
    b) $S = \{x \in \mathbb{R} \mid x \leqslant -1 \text{ ou } x \geqslant 9\}$

Questões Propostas de Vestibular

1. c
2. a
3. a)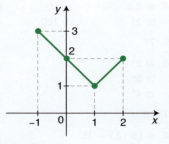
   b) 5,5 u.a.
4. e
5. c
6. d
7. b
8. d
9. 3
10. $x = -2$ ou $x = 6$
11. a
12. 40
13. a
14. a
15. d
16. $S = \{-2\}$
17. d
18. b
19. d
20. V, V, F, F, V
21. c
22. b
23. e
24. 12

Programas de Avaliação Seriada

1. e
2. e
3. V, V, F, V, V
4. c

Capítulo 6

Exercícios Propostos

1. 9.801
2. $(0,3)^3 < 5^0 < 2^3 < 3^2$
3. a) $0,0016 = 0,16\%$
   b) -27
   c) $\dfrac{4}{9}$

Respostas **533**

4. a) 0,5   c) π^2
b) 2^x d) 180

5. 77

6. a) 2^4
b) 3^x
c) 4^7

7. 18

8. a) $(5 \cdot 3)^2 = 15^2$
b) 3^5
c) $\dfrac{1}{7^6}$
d) 3^4
e) $5^{-1} = \dfrac{1}{5}$
f) -2^2

9. $2^0 = 1$

10. a) $a^{2,5}$
b) a^3
c) a^{-4}

11. 243

12. sete

13. a) $2 \cdot \sqrt[10]{2}$ b) $5 \cdot \sqrt[12]{5^5}$

14. a) $3^{\frac{15}{16}}$ b) 3^1

15. $f(3) = 8$, $f(-5) = \dfrac{1}{32}$
e $f(0,5) = \sqrt{2}$

16. 1

17. 0,5

18. não

19. a) $N(x) = 105 \cdot 3^x$
b) 8.505

20. a) $S(x) = 500 \cdot (1,02)^x$
b) R$ 530,60

21. a) 2^{4x}
b) 3^{4x}
c) $h(x) = 6^{4x} = 1.296^x$
d) 36
e) 6

22. $h(x) = 4^x$

23. $x = 1$

24. a) crescente
b) decrescente

25. a) decrescente, pois $a = 0,25$ e, portanto, $0 < a < 1$
b) crescente, pois $a = 25 > 1$
c) crescente, pois $a = 2,5 > 1$

26. Pode-se observar que todas as funções são crescentes.

27. a)
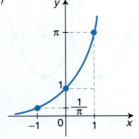

b)
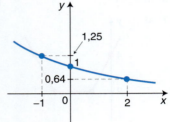

c)
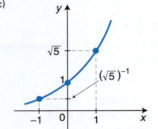

d)
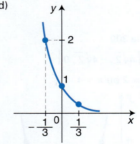

28. a, d, e

29. a) $y = (2,5)^x$
b) $y = (0,5)^x$
c) $y = (\sqrt{5})^x$

30. I. b, d, f
II. e
III. d, f

31. a) nenhum, ou seja, zero números inteiros
b) apenas um, o -3

32. a) $S = \{1\}$ d) $S = \{2\}$
b) $S = \{2\}$ e) $S = \{1,5\}$
c) $S = \{1\}$ f) $S = \varnothing$

33. número racional fracionário; $\dfrac{4}{5} = 0,8$

34. 28

35. a) $x \geqslant 1$ d) $-1 < x < 2$
b) $x < 1,5$ e) $x \geqslant -2$
c) $x < -9$ f) $x > -1$

36. a) $S = \{x \in \mathbb{R} \mid 0 \leqslant x \leqslant 2\}$;
maior inteiro: 2
b) $S = \,]1, 2[$;
maior inteiro: não há

37. $0,5 \leqslant x < 1$

38. a) 45 °C
b) após 6 minutos

39. após 4 anos

40. $N(t) = 100.000 \cdot \left(\sqrt[3]{2}\right)^t$

41. após 6 anos

42. a) Isso significa que, decorridos 8 dias, a quantidade de iodo-131 administrada no paciente estará reduzida à metade. E assim por diante, a cada 8 dias passados, cairá à metade do valor restante.
b) 32 dias; 4 meias-vidas
c)
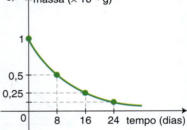

d)
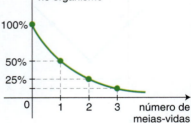

Encare Essa!

1. resposta pessoal
2. a) $1 \leqslant x \leqslant 2$
b) $2^{\sqrt{2}} < 2\sqrt{2}$

Atividades de Revisão

1. 3
2. $8k$
3. 4
4. 27
5. $k = 900$ e $a = \dfrac{1}{3}$
6. V, V, F, V, F, F

7. $\left(\dfrac{1,3}{1,1}\right)^{10} \simeq (1,18)^{10}$

8. b

9. a) ≃ 1.996 habitantes
   b) ≃ 19.608 habitantes
   c) ≃ 166.667 habitantes
   d) ≃ 666.667 habitantes
   e) ≃ um milhão de habitantes tanto daqui a 100 anos quanto daqui a 200 anos

10. a)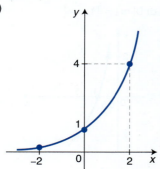

    b)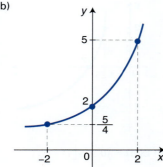

    c)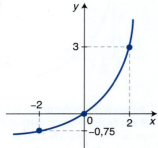

    d)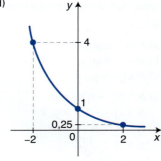

    e)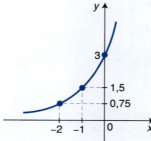

    f)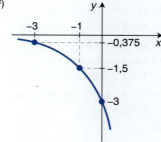

11. $a = 1$ e $c = 0,5$

12. $d < c < a < b$

13. a) $S = \{2\}$
    b) $S = \left\{-\dfrac{1}{2}\right\}$
    c) $S = \emptyset$
    d) $S = \{-1, 8\}$
    e) $S = \{3\}$
    f) $S = \{-1, 0, 1\}$
    g) $S = \{-0,5\}$
    h) $S = \{0, 1, 2\}$

14. $b = 3$ e $T = 72\ °C$

15. após 4 horas

16. a) $x = 0$
    b) $x = 1$
    c) $x = 0$ ou $x = 1$
    d) $x = 0$ ou $x = 2$

17. a) dois   c) um
    b) zero

18. $x = 2$ e $y = 0$

19. Para $k = 0$, temos $x = 0$ e para $k = -\dfrac{1}{2}$, temos $x = \dfrac{1}{2}$.

20. a) $S = [2, +\infty[$
    b) $S =]-\infty, -1]$
    c) $S = \mathbb{R}$
    d) $S = \emptyset$
    e) $S = \left]\dfrac{5}{7}, +\infty\right[$
    f) $S =]-0,5; +\infty[$

21. $x < -2$ ou $x > 2$

22. a) $S = \{x \in \mathbb{R} \mid x \leq 1 \text{ ou } x \geq 3\}$
    b) $S =]0, 1[$
    c) $S = \{x \in \mathbb{R} \mid x < -1 \text{ ou } 0 < x < 1\}$

23. a) três: 1, 2 e 3
    b) uma: o zero

24. $1 \leq x \leq 3$

QUESTÕES PROPOSTAS DE VESTIBULAR

1. a
2. b
3. d
4. a
5. a
6. e
7. d
8. d
9. a
10. 25 mg; $200 \cdot 2^{\frac{-t}{6}}$ mg
11. d
12. b
13. b
14. c
15. c
16. c
17. a
18. d
19. c
20. −1 ou 1
21. a
22. 12 anos
23. 14
24. c
25. d
26. e
27. 4
28. c
29. $x = 6$
30. a
31. a
32. c
33. e

PROGRAMAS DE AVALIAÇÃO SERIADA

1. c
2. d
3. d
4. E, E, E, C

Capítulo 7

Exercícios Propostos

1. $x = \log_{1,2} \dfrac{T}{20}$

2. $x = \log_4 5$

3. $x = \log_{1,02} 3$

4. a) 2   g) 1,25
   b) 5   h) $\dfrac{14}{3}$
   c) -5 i) 0,5
   d) zero   j) -3
   e) $\dfrac{4}{3}$ k) $-\dfrac{3}{7}$
   f) -3

5. $\dfrac{2}{7}$

6. a) 15   c) -3
   b) 15   d) 1,5

7. a) 0,2   c) $\sqrt{3}$
   b) 32

8. a) 5   c) 25
   b) 15   d) 25

9. a) m c) $0,5m$
   b) $2m$ d) $-m$

10. -1

11. a) 3   d) 2
    b) 1   e) 20
    c) -1

12. sim, a tecla ln

13. a) 0,9   f) 1,56
    b) 0,96   g) 0,24
    c) 1,5   h) 0,24
    d) 1,08   i) $-1,47$
    e) 1,66

14. $\dfrac{m}{4}$

15. $E = 3r + 2s - \dfrac{t}{3}$

16. a) $A = 0$ b) $B = \log_2(x-1)$

17. $E = p + 2$

18. $E = 3$; natural

19. a) -3 c) 7
    b) -2 d) -1

20. $\log 2 = 0,30$ e $\log 3 = 0,48$

21. -3

22. a) 3   b) 2,5

23. a) $\dfrac{4}{\log_2 10}$ c) $\dfrac{\log_2 14}{\log_2 10}$
    b) $\dfrac{\log_2 20}{\log_2 10}$ d) $\dfrac{5}{\log_2 e}$

24. a) 4   b) $\dfrac{5}{6}$

25. a) 1,6   d) zero
    b) 0,4   e) 0,62
    c) 1,25

26. a) $\dfrac{\alpha}{\alpha+3}$
    b) $\dfrac{2}{\alpha}$
    c) $\dfrac{2\alpha+6}{\alpha}$

27. $\dfrac{1}{3}$

28. -1

29. zero

30. $\dfrac{z + xy + 2x}{3x}$

31. a) $x < 1$ ou $x > 3$
    b) $-1 < x < 1$ ou $x > 3$
    c) $x < 2$ ou $x > 5$

32. a) $x < 4$ e $x \neq 3$
    b) não existe x real
    c) $1 < x < 3$ e $x \neq 2$

33. $f(2) = 1$, $f(32) = 5$, $f(1) = 0$ e $f(0,5) = -1$

34. 32

35. -2

36. sim

37. a) $]2, 5[$ b) $]2, 3[$

38. $x = 9$

39. demonstração

40. a) $f(x^4) = 4 \cdot f(x)$
    b) $g(x^4) = 4 \cdot g(x) = 8 \cdot f(x)$
    c) $h(x) = \log x^{12}$
    d) -12
    e) -48

41. a) crescente   b) decrescente

42. a) decrescente   c) crescente
    b) crescente

43. a) $D(f) =]0, +\infty[$

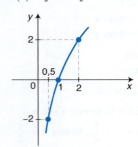

b) $D(g) = \mathbb{R}^*$

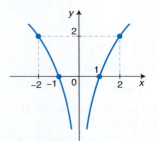

c) $D(h) =]0, +\infty[$

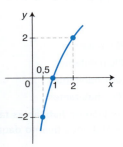

d) $D(m) =]1, +\infty[$

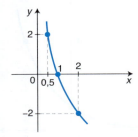

e) $D(n) =]1, +\infty[$

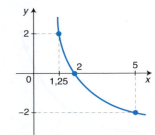

f) $D(p) =]0, +\infty[$

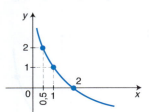

44. É possível observar que o gráfico de g é um deslocamento vertical do gráfico de f, no caso, de 1 unidade para cima. Já o gráfico de h é um deslocamento horizontal do gráfico de f, no caso, de 1 unidade para a esquerda.

45. b, d, f

46. a) $f(x) = \log_{\sqrt{3}} x$
    b) $g(x) = \log_{\pi} x$
    c) $h(x) = \log_{0,1} x$

47. a) $h^{-1}: \mathbb{R}_+^* \to \mathbb{R}$ tal que
    $h^{-1}(x) = -1 + \log_3 x$
    b) $h^{-1}: \mathbb{R} \to \mathbb{R}_+^*$ tal que
    $h^{-1}(x) = \dfrac{10^x}{2}$

48. c, e

49. a) $h(x) = 2^x - 1$
b) $p(x) = x$
c) $h^{-1}: \,]-1, +\infty[\,\to\, \mathbb{R}$ tal que $h^{-1}(x) = g(x)$

50. I. nenhuma
II. a, c, e, f
III. b, d

51. a) $S = \emptyset$
b) $S = \{5\}$
c) $S = \{1, 100\}$

52. a) $x = \dfrac{3\sqrt{13} - 7}{2}$
b) $x = 1$
c) $x = 3$ ou $x = \dfrac{1}{3}$

53. número racional fracionário; $\dfrac{13}{4} = 3{,}25$

54. a) o 1.000   b) o 16

55. uma

56. a) $x = 27$ e $y = 9$
b) $x = 3$ e $y = \sqrt[3]{2}$

57. 700

58. a) 27   c) 0,25
b) 25   d) $-\log_{1,5} 3$

59. a) $S = \,]0, 9[$
b) $S = \,]2, 34]$
c) $S = \,]1, +\infty[$
d) $S = \,[9, +\infty[$
e) $S = \,]-1, 7[$

60. a) -2 e 3
b) 2 (única solução inteira)
c) menor: -5 e maior: não há
d) não há
e) 13 e 84

61. a) $D(f) = \,]1; 1{,}5]$
b) $D(g) = \,]-2, 23]$

62. no ano 2080

63. $\simeq$ 1 h 43 min

64. $-0{,}018$

65. a) $\simeq 1{,}4 \cdot 10^{-6}$
b) 495.000 s

66. $\simeq$ 13.312 anos

Encare Essa!

1. a) $\log_2 x^4 = 4 \cdot f(x)$
b) $\log_3 x^4 = 4 \cdot g(x)$
c) $h(x) = (1 + \log_3 2)(\log_2 x^4)$
d) $-4 \cdot (1 + \log_3 2)$
e) $-8 \cdot (1 + \log_3 2)$

2. a) Para $a > 1$, pode haver nenhum, um ou dois pontos comuns. Para $0 < a < 1$, há apenas um ponto comum.
b) nenhuma, uma ou duas soluções

3. a) 2   b) 10

Atividades de Revisão

1. a) 2   d) -2
b) 3   e) -1
c) 10   f) $\dfrac{7}{4}$

2. $\dfrac{5}{3}$

3. a) 2   c) -1
b) 3   d) zero

4. a) 1   c) 3
b) 2   d) 6

5. 302 algarismos

6. a) 0,78   e) 1,18
b) 0,9   f) 0,7
c) 0,36   g) 1,66
d) 1,08

7. -1

8. 1

9. 1

10. $\dfrac{\alpha + 1}{\alpha + \beta}$

11. $4 + 2m$

12. demonstração

13. 200

14. 1

15. $1 - \dfrac{a}{2}$

16. 120

17. a) $1 < x < 10$ e $x \neq 2$
b) $3 < x < 5$ e $x \neq 4$

18. a) $x > 1$
b) $-1 < x < 0$ ou $x > 1$
c) $-1 < x < 0$ ou $x > 1$

19. a) $x = \log_2 3$
b) $x = 0$ ou $x = \log_2 3$
c) $x = 32$

20. 4 vezes

21. 5,26

22. sim

23. $\simeq$ 6 anos

24. a) $T = 25 \cdot (0{,}81)^t$
b) 3 minutos e 45 segundos (3,75 min)

25. 4,92 anos ($\simeq$ 4 anos e 11 meses)

26. a)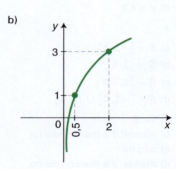

b)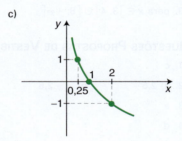

c)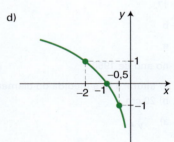

d)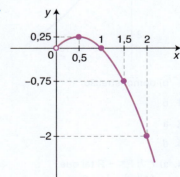

27. $a = 3$, $b = 2$ e $c = 5$

28. 2

29. $\operatorname{Im}(f) = \mathbb{R}_+$

30. 10

31. $\sqrt{3}$

32.

33. a) $x = 26$
b) $x = 3$
c) $x = -2$ ou $x = 3$

34. 3; natural

35. a) $x = 0,5$ ou $x = 2$
b) $x = 0$ ou $x = 2$
c) $x = 3$ ou $x = 9$
d) $x = 4,2$

36. 4

37. a) $S = \,]-3, 4[$
b) $S = \,]3, 5[$
c) $S = \,]0, \sqrt[3]{9}\,[$
d) $S = [-1, 0[\,\cup\,]3, 4]$

38. a) 1 e 5
b) menor: 1 e maior: não há
c) não há
d) menor: 3 e maior: não há

39. para $x \in \,]3, 4] \cup [8, +\infty[$

Questões Propostas de Vestibular

1. c

2. a) 2,5   b) $\simeq -2,5$

3. a

4. d

5. 17

6. b

7. e

8. no ano de 1960

9. a) altura: 1 m e medida do diâmetro: 10 cm
b) 20 cm

10. a)
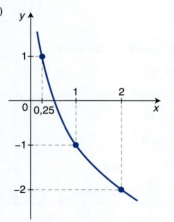
b) demonstração

11. b

12. a

13. d

14. a) $f^{-1}: \mathbb{R}_+^* \to \mathbb{R}$ tal que
$f^{-1}(x) = \log_2 2x$

b)
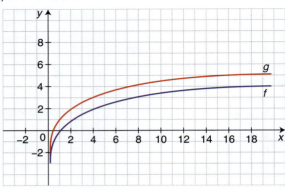

15. c

16. a) 22 ovelhas
b) a partir de 9 anos e 6 meses

17. 7 minutos

18. a) $S_f = \left\{\dfrac{\sqrt{3}}{3}\right\}$ e $S_g = \{27\}$
b) demonstração

19. b

20. c

21. d

22. d

23. 64

24. a

25. b

26. d

27. b

28. 11

29. c

30. a

31. a

32. a

33. a

34. d

35. e

36. b

37. d

38. c

39. 28

40. e

41. C, C, C

42. $7,29 \times 10^{15}$ km

43. b

44. a) 36%   b) ,1,5 hora

45. c

PROGRAMAS DE AVALIAÇÃO SERIADA

1. d
2. a
3. d
4. a

Capítulo 8

EXERCÍCIOS PROPOSTOS

1. a) 5, 7, 9 e 11
   b) 1, 2, 4 e 8
   c) 5, 16, 33 e 56
   d) $2, \frac{3}{2}, \frac{4}{3}$ e $\frac{5}{4}$
2. a) (1, 2, 6, 24, 120)
   b) demonstração
3. 7
4. a)

   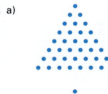

   b) (1, 3, 6, 10, 15, 21, ...)
   c) $a_n = a_{n-1} + n$
5. 6
6. a) $-\frac{1}{2}, \frac{1}{3}, -\frac{1}{4}, \frac{1}{5}$ e $-\frac{1}{6}$
   b) $-\frac{23}{60}$
7. 18
8. 21
9. 120
10. do 3
11. 18
12. 8
13. R$ 6,00
14. 5
15. a) 3
    b) 8
    c) 120
16. a) Não é.   c) É.
    b) É.   d) Não é.
17. a) crescente e infinita
    b) decrescente e finita
    c) constante e infinita
    d) crescente e finita
    e) decrescente e infinita
    f) crescente e finita

18. -5
19. 8
20. -2
21. $a_1 = 2$ e $r = 3$
22. 1
23. 8
24. $x = 2$ ou $x = 1,5$
25. $\frac{22}{17}$
26. 10
27. $E = 11b$
28. 40°, 60° e 80°
29. 3, 5 e 7
30. 19 cm
31. 14
32. 50
33. demonstração
34. $a_1 = -5$ e $r = 3$
35. 7
36. a) 30   c) 15
    b) 44   d) 59
37. -1
38. 57
39. R$ 170,00
40. R$ 450,00
41. $r = 6$ e $a_1 = 9$
42. vigésima segunda posição (22.º termo)
43. 24
44. 17 vezes
45. 749
46. $\left(5, \frac{20}{3}, \frac{25}{3}, 10, \frac{35}{3}, \frac{40}{3}, 15\right)$
47. 17,5 cm
48. 8
49. (10, 15, 20, 25, 30, 35, 40, 45, 50, 55)
50. 12, 14, 16, 18 e 20
51. 155
52. zero
53. 65
54. 30
55. 900
56. R$ 51.700,00
57. a) 1.751
    b) 1.830
    c) Não há dados suficientes para responder a essa pergunta.

58. $a_1 = -1$ e $r = 2$
59. 22
60. 11
61. 465
62. 315
63. $S_n = n^2$
64. $S_n = n^2 - n$
65. $a_1 = 5$ e $r = 3$
66. 19
67.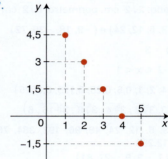
68. a) É.   d) É.
    b) Não é.   e) É.
    c) É.   f) É.
69. 192
70. 162
71. $q = 3$ e (2, 6, 18, ...) ou $q = -3$ e (2, -6, 18, ...)
72. 8
73. $40\sqrt{2}$
74. $x = \pm 2\sqrt{15}$
75. $q = 3 - 2\sqrt{2}$
76. Uma PG desse tipo não é crescente nem decrescente.
77. a) $\frac{5\sqrt{2}}{2}$ cm
    b) 50 cm²
78. Uma PG é a sequência das medidas dos lados de cada quadrado e a outra é a sequência das áreas desses quadrados.
79. 9
80. 3, 6 e 12
81. (8; 4; 2; 1; 0,5), de razão 0,5, ou (8; -4; 2; -1; 0,5), de razão $-0,5$
82. (10, 20, 40)
83. $3\sqrt{3}$
84. (1, 3, 9, 27, 81)

Respostas **539**

85. $\left(-\dfrac{\sqrt{3}}{3}, \sqrt{3}, -3\sqrt{3}, 9\sqrt{3}, -27\sqrt{3}, 81\sqrt{3}\right)$
86. 192
87. $7\sqrt{2}$
88. 32
89. 250 anos
90. a) $\dfrac{\sqrt{3}}{3}$ b) décima primeira   c) 11
91. 7
92. $a_1 = 1$ e $q = 3$
93. $a_n = 2^{n-1}$
94. lado: $2\sqrt{2}$ cm, perímetro: $8\sqrt{2}$ cm e área: 8 cm²
95. $(3, 6, 12, 24)$ e $(-9, 18, -36, 72)$
96. $q = 3$
97. $-2 < x < 1$
98. $(4; 2; 1; 0,5; 0,25; 0,125; 0,0625)$
99. $\left(3, 3\sqrt[5]{2}, 3\sqrt[5]{4}, 3\sqrt[5]{8}, 3\sqrt[5]{16}, 6\right)$
100. 3, 6, 12, 24, 48, 96, 192, 384, 768, 1.536, 3.072, 6.144 e 12.288
101. $(1, -3, 9, -27, 81)$
102. 8
103. 3.069
104. 728
105. $E = 4.095$
106. $93\left(\sqrt{2} + 1\right)$
107. $(1, 2, 4, 8, ...)$
108. $8\left(3 + \sqrt{2}\right)$
109. 127
110. $a_1 = 2$ e $q = 0,5$
111. 2
112. 0,5
113. $x = 9$
114. $x = 1,25$
115. $2\sqrt{2}$
116. $E = 2\sqrt{2}$
117. a)

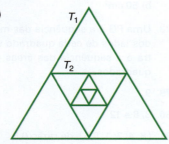

b) 24 cm
c) $\dfrac{16\sqrt{3}}{3}$ cm²
118. $\dfrac{1.024\pi}{5}$
119. 40 m

120. a)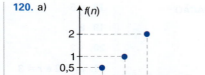

b)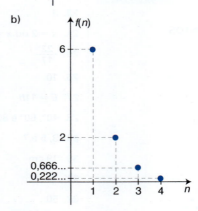

121. $a_1 = 1,5$ e $q = 0,5$
122. a)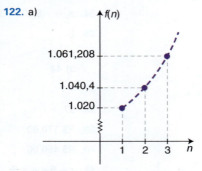

b) demonstração
c) $q = 1,02$
123. $\dfrac{512}{23}$
124. $a_{16} = 384$ e $a_{17} = 18$
125. $a = 3$ e $b = 6$
126. demonstração
127. a) $x = 32$ e $y = 128$ b) demonstração
128. demonstração
129. 16.384
130. demonstração
131. PA: $(2, 4, 6, 8)$ e PG: $(4, 8, 16, 32)$
132. demonstração
133. $(6, 12, 24)$
134. $\left(\dfrac{4}{5}, \dfrac{8}{5}, \dfrac{16}{5}\right)$
135. $n = 19$
136. 3,75
137. 1.044
138. $\dfrac{8}{5}$
139. 20
140. após 6 anos

Encare essa!

1. $\dfrac{1.820}{243}$

2. a) PG decrescente e infinita, com razão $\dfrac{3}{4}$ e $a_1 = E_0$
   b) demonstração
   c) demonstração

Atividades de Revisão

1. a) 6, 10 e 14
   b) $-2, -2$ e 0
   c) $-1, \log_2 3$ e -2

2. 55

3. $-\dfrac{1}{3}$

4. $r = 8$

5. $x = -\dfrac{7}{2}$

6. 287

7. 31

8. 20

9. R$ 39.000,00

10. 889

11. 14

12. 5

13. 400

14. $a_1 = -3, r = 2$ e $a_5 = 5$

15. 63

16. 9

17. 24

18. $\left(4 - \dfrac{\sqrt{70}}{2}, 4, 4 + \dfrac{\sqrt{70}}{2}\right)$

19. 108

20. 48

21. $(1, 3, 9)$

22. $q = 2$

23. $q = 4\pi^2$

24. $x \geq 2$

25. $(2, 4, 8, 16, 32, 64)$

26. $8 \cdot \left[\left(\dfrac{3}{2}\right)^8 - 1\right]$

27. -341

28. $\dfrac{q^{20} - 1}{q^2 - 1}$

29. $\dfrac{3}{2} \cdot \left[1 - \left(\dfrac{1}{3}\right)^{20}\right]$

30. demonstração

31. no máximo 9

32. $n = 6$

33. $x = \dfrac{5}{6}$

34. 1,25

35. $\dfrac{400}{3}$

36. 160

37. 7

Questões Propostas de Vestibular

1. c

2. $\sqrt{2}, 6\sqrt{2}, 2\sqrt{2}, 12\sqrt{2}, 4\sqrt{2}, 24\sqrt{2}, 8\sqrt{2}$ e $48\sqrt{2}$

3. d

4. c

5. d

6. d

7. e

8. e

9. a

10. $a = 0{,}8$ e $b = -0{,}8$

11. c

12. c

13. c

14. d

15. c

16. c

17. c

18. e

19. d

20. a

21. d

22. a) $P_n = 4n$ e $r = 4$
    b) $B_1 = \dfrac{1}{4}, B_2 = \dfrac{1}{2}$ e $B_3 = \dfrac{3}{4}$; $S_{40} = 205$

23. c

24. e

25. a

26. d

27. 8

28. c

29. e

30. d

31. 0,4 mg

32. a

33. b

34. e

35. d

36. c

37. a

38. d

39. a

40. $200 \cdot \left[1 - \left(\dfrac{1}{2}\right)^{2.006}\right]$ cm²

41. c

42. d

43. a

44. e

45. a

46. e

47. e

48. c

49. $m = 5$ e $n = 7$ ou $m = -1$ e $n = -5$

50. A sequência é dada por $c_n = b_n - a_n$, em que $b_n = 3^n$ e $a_n = 3n - 2$, com $n \in \mathbb{N}^*$.

51. e

52. 15

53. d

54. e

Programas de Avaliação Seriada

1. c

2. C, C, C, C

3. b

4. b

Capítulo 9

Exercícios Propostos

1. R$ 5,00

2. R$ 360,00

3. a de 2 kg

4. 1.200 g de açúcar e 80 g de sal

5. 300

6. R$ 140,00

7. 700, 800 e 1.000 reais

8. $x = 1$ atm e $y = 0{,}75$ L

9. a) Fez mais. b) 105, 70 e 35

10. R$ 1.984,50

11. Cristina: R$ 500,00 e Inês: R$ 2.000,00

12. Guilherme: R$ 2.100,00 e Suzana: R$ 3.500,00

13. 120, 60, 40 e 30

14.
a) 40% g) 25%
b) 34% h) 128%
c) 30% i) 144%
d) 50% j) 18%
e) 500% k) 24%
f) 90%

15. 25%

16. 4%

17. 50%

18. 40%

19. 70%

20.
a) 10 d) 0,05
b) 15 e) 10
c) 60

21. 47.500

22. 12,5 L

23. 70%

24. R$ 62,40

25. 45 reais

26. R$ 2.500,00

27. 2.500

28. 20%

29. R$ 27.600,00

30. 100%

31. 10%

32. R$ 144,00

33. 33,33%; 25%

34. R$ 80,50

35.
a) R$ 1.173,00; não
b) 0,9775 (ou 97,75%)

36. 210.000

37. R$ 40,00

38. R$ 115,50

39. 32

40. 44%

41. R$ 276,82

42. R$ 50,00

43.
a) sim; 4% menor
b) não

44. R$ 2.100,00

45. R$ 12.800,00

46. 20 anos

47. 20%

48. 60.000 L

49. 30%

50.
a) ≃ 11.279 L
b) R$ 4.627,00

51. R$ 27.750.000,00

52. R$ 500,00

53. 25%

54. R$ 720,00 e R$ 480,00

55. R$ 453,60

56. R$ 1.504,00

57.

58. 2,5%

59. R$ 200,00

60. a) R$ 390,00 b) R$ 1.197,00

61. R$ 1.669,07

62. 20%

63. R$ 732,05

64. R$ 800,00

65. R$ 231,70

66. capital: R$ 5.000,00 e montante: R$ 6.272,00

67. o fundo 1

68.

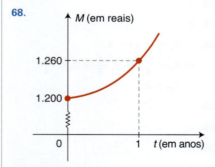

69. 9 anos e 9 meses

70. 10

71. a I

72.

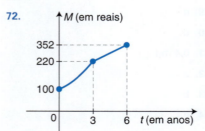

73. R$ 12.441,60

74. R$ 104,83

75. R$ 744,06

76. ≃ R$ 1.537,31

77. menor na 3.ª e maior na 2.ª

78.
a) 30% c) 10%
b) 7,5%

79.
a) 72,8% c) 20%
b) 46,41%

80. Indiferente, pois as duas situações geram o mesmo rendimento.

Encare Essa!

1. b

2. e

Atividades de Revisão

1. 28

2. 50

3. 2.000.000

4. 2,8 L

5.
a) 50% c) 600
b) 600 d) 169%

6. $\frac{5}{3}$

7. $\frac{3}{4}$

8. 9%

9. 40

10. 4%

11. 20%

12. 3

13. R$ 6.000,00

14. 20%

15. 56%

16. 16%

17. R$ 1.720,00

18. ≃ 33%

19. ≃ 7,3% a mais

20. 5%

21. R$ 509,60

22. 30%

23. 3 anos e 9 meses

24. 6 anos

25. R$ 824,32

26. R$ 2.000,00

27. a) R$ 1.075,61 b) R$ 351,22

28. R$ 84,00
29. taxa proporcional: 90% e taxa equivalente: 119,7%

Questões Propostas de Vestibular

1. c
2. 5.800 L
3. 30 L de gasolina e 15 L de álcool
4. e
5. d
6. c
7. d
8. c
9. a
10. c
11. d
12. c
13. e
14. Diminui de 16%.
15. c
16. R$ 1.000,00
17. 3
18. d
19. d
20. d
21. d
22. d
23. e
24. d
25. 40 de morango e 10 de caramelo
26. a) R$ 6,00 e R$ 7,50
    b) Taís: 560 g e André: 616 g
    c)

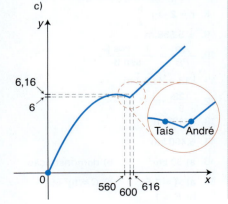

27. d
28. a
29. d
30. a
31. e
32. c
33. 9

Programas de Avaliação Seriada

1. E, E, C, E
2. a
3. F, F, V, F, V
4. b

Capítulo 10

Exercícios Propostos

1. quatro
2. $x = 40°$, $y = 60°$ e $z = 80°$; todos
3. a) $x = 140°$ e $y = 40°$
   b) $x = 90°$ e $y = 120°$
   c) $x = 60°$ e $y = 110°$
   d) $x = 60°$ e $y = 15°$
4. a) Todos medem 80°.
   b) Todos medem 70°.
5. 140°
6. 180°
7. a) 55°   b) 60°   c) 30°
8. 120°
9. 540°
10. $a_i = 108°$ e $a_e = 72°$
11. 60 cm
12. 108 cm²
13. $\dfrac{4}{3}$
14. 12,5
15. 2,5
16. 36
17. 30 cm
18. 6 m
19. 1,875 e 3,75
20. $AB = \dfrac{60}{17}$ e $BC = \dfrac{120}{17}$
21. 9 cm
22. 6
23. a) 3   b) 21

24. 4,8 m
25. 16
26. 20
27. 35 cm
28. a) 3,2   c) 2
    b) 10   d) 3,5
29. 18 m
30. $AB = 36$ cm e $BC = 54$ cm
31. 17,5
32. 14
33. $\dfrac{16}{3}$
34. $x = 20$ e $y = 30$
35. a) 2,5   d) 4
    b) $\sqrt{15}$ e) $\dfrac{144}{13}$
    c) 10
36. $\dfrac{16}{9}$
37. $AC = 8$ e $BC = 6$
38. $5\sqrt{2}$
39. a) 10   d) $\sqrt{58}$
    b) 12   e) 1
    c) 8
40. 34 cm
41. $\sqrt{13}$ cm
42. 2
43. 12 cm
44. $4\sqrt{2}$ cm
45. $2\sqrt{3}$ cm
46. 1,5 m
47. 5
48. 24 cm
49. a) 10 cm   b) $\dfrac{169}{24}$

Encare Essa!

1. $\dfrac{1 + \sqrt{5}}{2}$ cm
2. demonstração
3. demonstrações
4. 1 cm

Atividades de Revisão

1. $\left(\dfrac{320}{3}\right)^0$
2. $\dfrac{1}{2}$
3. $x = \dfrac{35}{3}$ e $y = 6$
4. 4 m

5. $(3 + \sqrt{3})$ cm
6. 8 m
7. $\dfrac{\sqrt{5} - 1}{2}$ cm
8. $\dfrac{60}{13}$
9. 6 cm
10. 33 m
11. $h = \dfrac{\sqrt{3}}{2} \cdot \ell$
12. $2\sqrt{5}$ cm
13. 5 cm
14. $\sqrt{6}$
15. 2
16. $\dfrac{3\sqrt{3}}{2}$
17. 6 cm
18. 13 cm
19. 12 cm
20. $28 + 2\sqrt{13}$
21. $\ell = R\sqrt{3}$
22. 0,8 m
23. 5
24. $CD = 2,4$ cm e $DE = 1,92$ cm

Questões Propostas de Vestibular

1. e
2. a) $\beta = 2\theta$ b) 0,5 m
3. a
4. b
5. F, F, F, V, V
6. demonstrações
7. a
8. b
9. c
10. c
11. a
12. 4
13. b
14. 1,76 m
15. b
16. c
17. e
18. d
19. e
20. c

21. b
22. a
23. b
24. 54 cm²
25. a
26. 105 m
27. c
28. 81
29. 108 km e 81 km
30. 4 dm

Programas de Avaliação Seriada

1. c
2. a
3. C, E
4. a) 96 cm²
   b) $x = 3$ cm e $y = 4$ cm
   c) $\dfrac{1}{16}$

Capítulo 11

Exercícios Propostos

1. respostas pessoais
2. V, F, F, V, V, F, F, V
3. a) $\operatorname{sen} \alpha = \dfrac{3}{5}$, $\cos \alpha = \dfrac{4}{5}$ e $\operatorname{tg} \alpha = \dfrac{3}{4}$
   b) $\operatorname{sen} \alpha = \dfrac{5}{13}$, $\cos \alpha = \dfrac{12}{13}$ e $\operatorname{tg} \alpha = \dfrac{5}{12}$
   c) $\operatorname{sen} \alpha = \dfrac{2\sqrt{5}}{5}$, $\cos \alpha = \dfrac{\sqrt{5}}{5}$ e $\operatorname{tg} \alpha = 2$
   d) $\operatorname{sen} \alpha = \dfrac{2\sqrt{13}}{13}$, $\cos \alpha = \dfrac{3\sqrt{13}}{13}$ e $\operatorname{tg} \alpha = \dfrac{2}{3}$
4. $\simeq 4$ m
5. $\simeq 1{,}69$ m
6. $\simeq 50$ m
7. 365 m
8. $\simeq 11{,}28$ m
9. $\simeq 31°$
10. $\operatorname{sen} \beta = \dfrac{2\sqrt{5}}{5}$ e $\cos \beta = \dfrac{\sqrt{5}}{5}$
11. $x = \operatorname{sen} \gamma + 1$ ou $x = \operatorname{sen} \gamma - 1$
12. a) $E = 2$ b) $E = 5$
13. $\dfrac{5}{7}$
14. $E = \operatorname{sen} x$

15. $x = \operatorname{tg} \alpha$
16. $x \in \left\{ \dfrac{-\cos \beta + 1}{\operatorname{sen} \beta \cdot \cos \beta}, \dfrac{-\cos \beta - 1}{\operatorname{sen} \beta \cdot \cos \beta} \right\}$
17. $E = \dfrac{ab(a - b)}{a + b}$
18. $\operatorname{sen} 60° = \dfrac{\sqrt{3}}{2}$ e $\cos 60° = \dfrac{1}{2}$, independentemente da medida do lado do triângulo equilátero
19. $\operatorname{tg} 30° = \dfrac{\sqrt{3}}{3}$ e $\operatorname{tg} 60° = \sqrt{3}$
20. $20\sqrt{3}$ cm
21. $x = \dfrac{8\sqrt{3}}{9}$, $y = \dfrac{4}{3}$ e $z = \dfrac{4\sqrt{3}}{9}$
22. 1
23. $(2 + \sqrt{6})$ m
24. $2\sqrt{3}$
25. a) 10   d) $4 + 4\sqrt{3}$ g) $12\sqrt{3}$
    b) 7   e) 4   h) 1
    c) 1   f) $2\sqrt{3}$
26. 180 m
27. 103,8 m
28. a) $4\sqrt{3}$ cm   c) 0,5
    b) $2\sqrt{3}$ cm   d) 0,25
29. 18π cm²
30. $4\sqrt{3}$ cm

Encare Essa!
1. $\sqrt{2}$ e 2
2. c

Atividades de Revisão
1. $x = \dfrac{h(\operatorname{tg} \beta - \operatorname{tg} \alpha)}{\operatorname{tg} \beta \cdot \operatorname{tg} \alpha}$
2. $\dfrac{4}{3}$
3. $E = 9$
4. 2
5. a) $\dfrac{1}{3}$ b) $\dfrac{\sqrt{2}}{4}$
6. $b \cdot \cos \theta + a \cdot \operatorname{sen} \theta$
7. $x \in \left\{ \dfrac{\operatorname{sen} \theta - 1}{\cos \theta}, \dfrac{\operatorname{sen} \theta + 1}{\cos \theta} \right\}$
8. $r = 2 \cdot \operatorname{tg} \dfrac{\theta}{2}$
9. $\simeq 5.558$ m
10. $\dfrac{AB}{PB} = \dfrac{1 - \cos \beta}{\operatorname{sen} \beta}$
11. $(18 + 4\sqrt{3})$ m
12. $\dfrac{128}{9}$ m²
13. $\simeq 138$ m
14. 6.400 km
15. a) 30 cm²   b) demonstração
16. a) $A = 1{,}5$ c) $C = \operatorname{tg}^2 65°$
    b) $B = 1$

17. ≃ 179 m e ≃ 358 m
18. ≃ 6,12 m
19. $2\sqrt[4]{3}$ m

Questões Propostas de Vestibular

1. e
2. a
3. c
4. a
5. a
6. d
7. a
8. $h(x) = 10 \cdot \operatorname{sen} x$ (cm),
   $b(x) = 20 \cdot \cos x$ (cm) e
   $A(x) = 100 \cdot \operatorname{sen} x \cdot \cos x$ (cm²)
9. 11,5 m
10. ≃ 13,33 m
11. c
12. b
13. a) $A_{AFE} = \dfrac{\sqrt{3}}{2} x^2$
    b) $\dfrac{1}{5}$
14. e
15. c
16. $x = 4{,}6$ m e $y = 2{,}7$ m
17. c
18. b
19. b
20. c
21. $(6 + 4\sqrt{3})$ m
22. b
23. c

Programas de Avaliação Seriada

1. e
2. b
3. e
4. d

Banco de Questões de Vestibulares

1. c
2. d
3. a
4. b

5. e
6. d
7. c
8. b
9. d
10. c
11. a
12. b
13. c
14. e
15. $(0, 1), (2, 3), (4, 5)$ e $(8, 9)$
16. e
17. d
18. e
19. d
20. a) par: IV e V
       ímpar: I e III
    b) resposta pessoal
21. c
22. b
23. d
24. d
25. E, E, E, C
26. b
27. a
28. e
29. a
30. b
31. c
32. a)
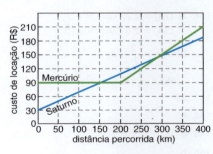
    b) Saturno: $0 \leq x < 150$ e $x > 300$
       Mercúrio: $150 < x < 300$
       R$ 0,30
33. a
34. c
35. b
36. b
37. a) 8 kg   b) $10 < t \leq 34$

38. a
39. e
40. c
41. $x < -\dfrac{5}{2}$ ou $x > 0$
42. a
43. b
44. a) $a = -0{,}1$, $b = 1$ e $c = 1{,}1$
    b) 11 m
45. a
46. e
47. b
48. d
49. d
50. b
51. 64 reais
52. e
53. e
54. a
55. 336
56. $2 \leq x \leq 3$ ou $x > 4$
57. e
58. d
59. a) $g(f(x)) = |x^2 - 4x + 3|$ e
       $f(g(x)) = (|x - 1| - 2)^2$
    b)
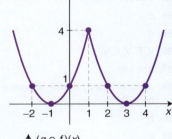
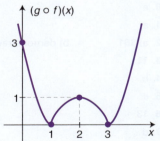
60. d
61. b
62. e
63. c
64. a
65. b

66. 12,34
67. b
68. c
69. e
70. b
71. I. e   II. a   III. b
72. b
73. d
74. b
75. c
76. $x = 0$
77. c
78. d
79. e
80. e
81. e
82. b
83. a
84. F, V, V, F, V
85. a
86. b
87. c
88. c
89. 14
90. d
91. a) -3 b) $-1 < a < 2$
92. $x < 1$
93. correto
94. c
95. d
96. V, F, V, F, V
97. 385 km
98. a) $F_{10} = 76$ e $F_n = 8n - 4$, com $n \in \mathbb{N}^*$
    b) 10.000
99. b
100. e
101. a
102. a) 361   b) demonstração
103. 11
104. b
105. c
106. 13
107. d
108. d
109. c
110. 6
111. 24
112. b
113. e
114. d

115. R$ 1,62
116. c
117. a
118. a
119. 75
120. 63,8%
121. 10
122. c
123. c
124. 48
125. b
126. a
127. b
128. a) R$ 13.996,80   b) 10 anos
129. e
130. a) 450 m²
    b) $A = -\dfrac{x^2}{2} + 30x$
    c) 30
131. c
132. a
133. 25
134. $2\sqrt{3}$
135. b
136. a
137. d
138. a
139. a
140. d
141. b
142. b
143. c
144. c
145. e
146. a) $OA_2 = \sqrt{2}$, $OA_3 = \sqrt{3}$, $OA_4 = 2$ e $OA_{10} = \sqrt{10}$
    b) $a_1 = \dfrac{\sqrt{2}}{2}$, $a_2 = \dfrac{\sqrt{3}}{3}$, $a_3 = \dfrac{1}{2}$ e $a_9 = \dfrac{\sqrt{10}}{10}$
147. 20
148. b
149. e
150. b

Banco de Questões do ENEM

1. e
2. c
3. d
4. c
5. d
6. a
7. c
8. c
9. c
10. c
11. a
12. c
13. d
14. d
15. c
16. c
17. e
18. e
19. d
20. e
21. b
22. d
23. d
24. e
25. e
26. d
27. d
28. d
29. e
30. a
31. b
32. b
33. b
34. e
35. d
36. d
37. d
38. a
39. e
40. c
41. b
42. e
43. c
44. d
45. d
46. d
47. b
48. d
49. c
50. a